工业结晶技术

Industrial Crystallization Technology

卫宏远　党乐平　等编著

化学工业出版社

·北京·

内容简介

《工业结晶技术》系统介绍了结晶过程中涉及的概念和基础理论、工业结晶的工艺技术和设备、结晶器的设计和应用，并通过结合工程经验和应用实例，加深读者对结晶学理论的理解。同时，紧跟行业发展前沿，全面介绍了近些年新发展起来的现代分析、结晶过程控制技术和模拟分析结晶过程的方法，为读者提供了创新的发展方向和方法。

《工业结晶技术》共八章，分别为晶体学基础、结晶过程热力学、结晶过程动力学、结晶过程分析与建模、工业结晶工艺及设备、结晶器设计与放大、晶体产品表征方法与过程测量技术、前沿结晶研究与技术发展。

本书可作为高等院校化工、制药、食品、材料以及相关专业的教材和教学参考资料，也可作为上述行业的研发设计、生产技术人员的参考书。

图书在版编目（CIP）数据

工业结晶技术 / 卫宏远等编著. —北京：化学工业出版社，2023.4（2025.1 重印）
ISBN 978-7-122-42984-1

Ⅰ.①工… Ⅱ.①卫… Ⅲ.①工业结晶 Ⅳ.①O78

中国国家版本馆 CIP 数据核字（2023）第 033160 号

责任编辑：徐雅妮　　　　　　　　　　　　文字编辑：黄福芝
责任校对：刘曦阳　　　　　　　　　　　　装帧设计：王晓宇

出版发行：化学工业出版社（北京市东城区青年湖南街 13 号　邮政编码 100011）
印　　装：北京盛通数码印刷有限公司
787mm×1092mm　1/16　印张 25½　字数 603 千字　2025 年 1 月北京第 1 版第 2 次印刷

购书咨询：010-64518888　　　　　　　　　　售后服务：010-64518899
网　　址：http://www.cip.com.cn
凡购买本书，如有缺损质量问题，本社销售中心负责调换。

定　　价：158.00 元

Industrial
Crystallization
Technology

　　结晶是工业中常见的一种精制提纯方法，与精馏等工艺相比，具有能耗低、设备结构简单、产品纯度高等优势，因此在化工、食品、医药等领域得到了广泛应用。在国际上，近年来工业结晶技术发展迅速，新基础理论的提出和新领域的拓展层出不穷。在国内，随着新材料、生物医药以及精细化工行业的不断发展，对结晶工艺技术和装备的创新提出了更为迫切的需求。同时，我国工业生产中所应用的结晶工艺和装备技术水平相对较低，严重制约了高端产品的生产和行业可持续发展，是众多"卡脖子"技术（例如，许多高端电子级产品的生产工艺、新药开发等）中的关键工艺。因此，结晶工艺与设备的开发、研究与创新以及高端人才的培养是当务之急。

　　尽管结晶技术应用广泛，但理论发展仍不够成熟，属于半科学半经验的"艺术"状态，特别是在国内，有关工业结晶的专业书籍非常少，以工业结晶技术应用为主题的书籍更是严重缺乏，不能满足我国目前的科研与产业化发展，更不能满足培养相关技术人才的需要。为此，本书全面系统地阐述工业结晶技术的基础理论与应用，并详细介绍了目前国际上有关结晶技术发展以及理论研究领域的最新动向。本书使读者不仅可以初步掌握结晶的基础理论和方法，还可以正确理解和选择各种结晶工艺、设备以及控制方法，为从事本专业的科学研究工作和工程技术工作打下基础。

　　本书共分八章，第 1～3 章分别介绍了晶体学基础、结晶过程的热力学和动力学，以建立结晶技术的基础理论框架；第 4 章详细介绍了结晶过程数学分析，并对各种结晶工艺过程建模，通过案例来说明各种模型的应用；第 5 章在前几章的理论基础上，具体介绍了工业界所应用的不同结晶工艺、设备以及控制晶体产品质量的策略；第 6 章用大量的篇幅详尽地介绍了工业结晶器的设计与放大；第 7 章系统介绍了有关晶体产品的表征方法和仪器，特别介绍了有关最新发展的一些在线监测技术（PAT）；最后，第 8 章综合国际上有关结晶技术的最新科研动向，介绍了结晶领域的非常规技术和发展方向，以期为读者提供科研和创新思路。本书不但系统介绍了结晶过程中所涉及的基本概念和基础理论，还对结晶工艺技术和设备、结晶器的设计和应用进行了全面的介绍，并通过结合大量的工程经验和应用实例的方式进行了阐述，以加深读者对结晶学理论的理解，体会如何将理论与实际应用相结合。近些年新发展起来的现代结晶过程分析、控制技术和模拟分析结晶过程的方法也是值得读者了解的。

　　本书由卫宏远主持编著，制定整本书的结构和内容，并参与各章节的编写和审核。第 1～3 章由佟瑶参与编写，第 4 章及第 5 章的 1～5 节、8 节由于秋硕参与编写，第 5 章的 6～7 节及第 7 章由刘文举参与编写，第 6 和第 8 章由党乐平参与编写。在编写过程中，编者结合了多年的研究经验和成果。此外，天津大学、西北大学、河南工业大学和大连工业大学的研究生苏冠文、赵盐鹏、何家玮、张蕊、高宁灿、刘国钊、叶凯茹、石排风、王朝、李洪升、师菲艳等参与了收集资料、排版校对等工作，在此一并表示感谢！

在编著本书的过程中查阅了大量的最新中外研究资料与学术文献，力求全面、完整地将结晶领域的知识、技术与最新进展介绍给读者。每章末都列出了相应的参考文献，为读者追本溯源、深入理解本书中的知识提供了渠道。

本书在编写出版过程中得到了国内外众多学者和专家的指导和帮助，特别感谢大连理工大学彭孝军院士、华东理工大学于建国教授和北京理工大学庞思平教授在本书的编写过程中给予的指正和指导。愿借本书问世之机，对他们的帮助和支持表示衷心感谢！同时，要特别感谢化学工业出版社在本书整个编写和出版过程中自始至终的鼓励与支持。

由于时间限制本书不可避免地还存在一些问题需要修正，敬请读者批评，我们将进一步修订和完善。

编者
2023 年 6 月

目录

Industrial
Crystallization
Technology

第1章

晶体学基础

1.1 固体结晶学

晶体是其内部结构的质点元（原子、离子或分子）在三维空间周期性重复排列的固体。晶体的微观结构与物质的宏观物理、化学性质密切相关，决定着物质的晶形、密度、熔点、溶解度、溶出速率、颜色等。因此，了解物质晶体结构，将有助于在物质内部微观结构、原子尺度的基础上阐明物质各种性能的机制，对研究物质结构与性能之间的关系和规律具有重要意义。

1.1.1 晶体的概念

晶体（crystal）是原子、离子或分子等内部质点在三维空间进行周期性重复排列而得到的固体物质。这种质点在三维空间的周期性重复排列又称为格子构造，因此也可以认为，晶体是具有格子构造（lattice）的固体[1]。根据定义，可知晶体的格子构造（通称为"晶格"）是一个非常重要的基本概念，后面几节将详细介绍。这里说晶体是固体，主要是相对液体及气体而言。不难发现，自然界中绝大多数固体物质均是晶体，例如人们常用的食盐、冰糖，以及建筑所用的砂子、水泥基岩石等，都是晶体。实际上，只要是晶体，不论是何种物质，均有区别于非晶态固体、液体及气体的共同规律和基本特性。

α-石英（α-quartz）是一种常见的晶体，其外部形态如图 1-1 所示，从图中可以看出，α-石英具有规则的凸几何多面体外形。而在其内部，如图 1-2 所示，1 个 Si^{4+} 周围规则地排列着 4 个 O^{2-}，而且观察发现，这种排列具有严格的周期性，图中线条框出的菱形区域即为一个最小的重复单元。假设 α-石英柱体的宽度为 1cm，那么在其内部某一个方向上，这种周期就多达 2×10^7 个。我们把这种大范围的周期性的规则排列称为长程有序（long-range order）。

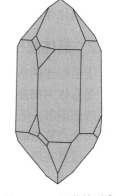

此外，图 1-3 给出了 SiO_2 玻璃的平面结构。值得注意的是，玻璃虽然也是固体，但它并不是晶体。观察其内部排列，不难发现，尽管 1 个 Si^{4+} 周围也同样排列 4 个 O^{2-}，但 Si^{4+} 和 O^{2-} 的排列并不像 α-石英一样长程有序，而只是局部范围的，仅仅在原子近邻具有周期性，这类现象称为短程有序（short-range order）。

图 1-1　α-石英的形态

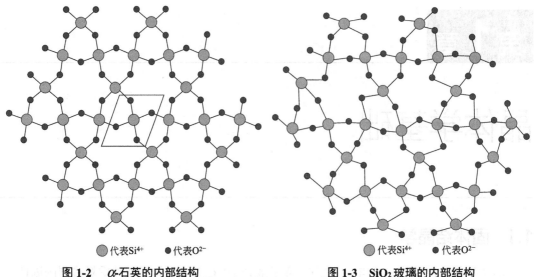

| 图 1-2 | α-石英的内部结构 | 图 1-3 | SiO₂ 玻璃的内部结构 |

对于液体和气体而言，前者只是短程有序，而后者既不是长程有序，也不是短程有序，这与晶体具有本质的差别。此外，玻璃、液体和气体也没有一定的外表形态，这一点也区别于晶体。

非晶质体与晶体在性质上是截然不同的两类物体，非晶质体是指内部质点在三维空间排列不具有周期性的固体。这里只是狭义地引入这个概念，即非晶质体是一类固体，而不包括其他的液体、气体等物质态。由于非晶质体不具有空间格子构造，所以其基本性质与晶体有显著的差别。晶体的一些基本性质都是非晶质体所没有的，如非晶质体不具有规则的几何外形、没有对称性、非各向异性、对 X 射线不能产生衍射等。上面提到的玻璃便是一个典型的非晶质体。

然而，非晶质体和晶体在一定条件下可以相互转化。由于非晶质体是一种没有达到内能最小的不稳定物体，因此，它必然要向取得内能最小的结晶状态转化，最终成为稳定的晶体。非晶质体到晶体的这种转变大多是自发进行的。例如，火山作用可形成的非晶岩石——火山玻璃，在自然条件下可以转变为晶质态，这种作用也称为晶化作用或脱玻璃化作用。与这一作用相反，一些含放射性元素的晶体，受放射性元素发生蜕变时释放出来的能量的影响，使原晶体的格子构造遭到破坏变为非晶质体，这种作用称为变生非晶质化或玻璃化作用。

1.1.2　晶体晶格

上面所述的格子构造，即晶体内部质点（原子、离子或分子）在三维空间的周期性排列，是晶体内部最基本的特征。从数学意义上，这种内部质点的周期性排列可以抽象成为周期性的图形，结晶学中称为晶格（lattice），也称空间晶格（space lattice）。其中，晶格中的每一个点称为晶格点（lattice point）或结点（node）。这种晶格点的性质和环境是完全相同的，值得注意的是，它与质点不同，质点指的是结构中具体的原子、离子或分子。

为了进一步理解空间晶格的概念，这里以 NaCl 结构为例，依次介绍直线、平面及空间晶格。

1. 直线晶格

质点在某个方向上等距离的排列，称为行列（row），如图 1-4 所示。在 y 轴方向上，NaCl 结构中质点 Na^+ 与 Cl^- 排列的情况，即为一个行列。其中，Na^+ 与 Cl^- 等距离且相间排列，并且 Na^+ 与 Na^+ 及 Cl^- 与 Cl^- 之间均相距 a[图 1-4(a)]。若把 y 轴方向上的 Na^+ 抽象出来 [图 1-4(b)]，并用一个几何点来替代，也即用晶格点来代表质点 Na^+，则可得如图 1-4(c) 所示的图形。同理，若把 Cl^- 抽象为几何点，同样可以得到完全相同的图形。此外，若在 Na^+ 与 Cl^- 之间任取一点，那么在行列的两端一定可以找到环境与之相同的另外的点，即最终也可获得上述图形。

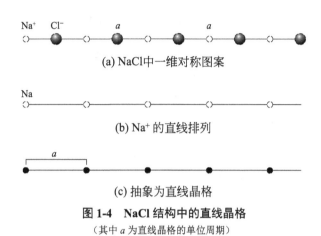

(a) NaCl中一维对称图案

(b) Na^+ 的直线排列

(c) 抽象为直线晶格

图 1-4 NaCl 结构中的直线晶格

（其中 a 为直线晶格的单位周期）

如上所述，可以得出直线晶格的定义，即在一条直线上等距离分布的不限点集。用数学方法来处理，直线晶格可表示为：

$$R = ma \qquad (1-1)$$

式中，R 是该直线晶格所有晶格点的集合；m 为任意整数，$m = 0, \pm1, \pm2, \cdots$；$a$ 表示单位平移矢量（基矢）。因为晶格点是可以通过平移而重复得到的，故它也叫平移群。

很明显，由任意两个结点即可决定一个行列。每个行列上两个相邻结点之间的距离，即为一个最小的重复周期，称为结点间距（row-spacing）。对于一个空间晶格，可以存在无限多个不同方向的行列，但是，在相互平行的行列中，其结点间距必然相等；而在不平行的行列中，其结点间距一般不相等。

2. 平面晶格

在直线晶格的基础上，同理，可以定义质点的面状分布为面网（plane net），进而引出平面上晶格点周期分布的无限点集，即平面晶格。继续以 NaCl 结构为例，图 1-5(a) 给出了与 xy 平面平行的面网平面图，表示了 Na^+ 与 Cl^- 的分布情况。类似于上述一维图形的处理，若把图形中的 Na^+（实线）或 Cl^-（虚线）连接起来，可获得相同的图形，如图 1-5(b) 所示。同样，若用几何点来替代 Na^+ 或 Cl^-，那么就可以得到平面晶格，如图 1-5(c) 所示。毋庸置疑，若以其他环境相同的任一点为晶格点，也可得相同的图形。

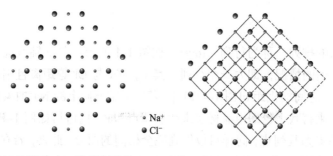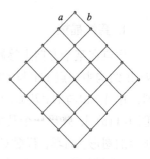

(a) NaCl结构中二维对称图案　　　(b) 连接 Na⁺ 或 Cl⁻ 所得的几何图案　　　(c) 平面晶格图形
（a与b为两个直线方向上的几何点重复周期）

图 1-5　NaCl 结构中的平面晶格

综上，平面晶格可认为是直线晶格的组合，可知平面晶格的数学表达式为：

$$R = ma + nb \tag{1-2}$$

式中，R 为平面晶格的平移群；m 与 n 表示平面结点指数；a 和 b 为基矢，由 $a+b$ 构成的四边形叫单位平行四边形，整个平面晶格可以视为由单位平行四边形构成。

很明显，两个任意相交的适当行列即可决定一个面网。对于一个空间晶格，可以存在无限多个不同方向的面网，但是，在相互平行的面网中，其单位面积内的结点数，即面网密度必然相等；而且任意两个相邻面网间的垂直距离，即面网间距（inter-planar spacing）也必然相等。

3. 空间晶格

在二维晶格的基础上，进一步推广到三维空间，就可以得到三维空间周期性分布的无限点集，即空间晶格，其数学表达式如下：

$$R = ma + nb + pc \tag{1-3}$$

式中，R 表示空间晶格的平移群；m，n，p 表示空间结点指数；a，b，c 为基矢，由 $a+b+c$ 构成的平行六面体称为空间晶格，整个空间晶格可以看作是由无数空间晶格构成的集合。

图 1-6(a) 给出了 NaCl 晶体的三维结构，基于上述一维与二维晶格的处理方法，同理，以 Na⁺与 Cl⁻为结点，可以抽象得到三维空间晶格，如图 1-6 (b) 所示。

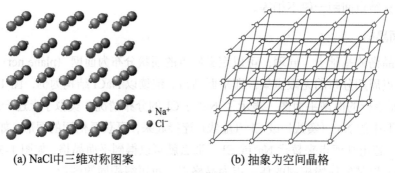

(a) NaCl中三维对称图案　　　　　　(b) 抽象为空间晶格

图 1-6　NaCl 晶体的空间晶格

显然，由三个不共面的适当行列即可决定一个空间晶格。空间晶格本身将被这三组相交行列划分成一系列平行叠置的平行六面体，结点就分布在它们的角顶上[图 1-6 (b)]。每一平行六面体的三组棱长恰好就是三个相应行列的结点间距。

1.1.3 晶体内部结构的空间划分和坐标系

1. 空间晶格的划分

晶体可认为是由空间晶格中的最小重复单位，即平行六面体在三维空间毫无间隙地、平行地重复堆砌而成。每种晶体结构的结点分布是客观存在的，而平行六面体的选择却是人为的。对于同一种晶格构造，其平行六面体的选择可以有多种不同的方法。如图 1-7 所示，二维晶格的划分可有 a～f 种不同的选择。同理，对于三维空间晶格的划分也如此，但是要划分出既可以适应结点的对称性，又能用来描述晶体结构基元排列周期性的平行六面体单元，确实是有限的。因此，在晶体学中，选择平行六面体必须遵循如下的原则：

① 所选取的平行六面体应能反映结点分布固有的对称性；

② 在保证上述前提下，所选取的平行六面体棱与棱之间的直角应力求最多；

③ 在满足上述两个条件的基础上，所选取的平行六面体的体积应力求最小。

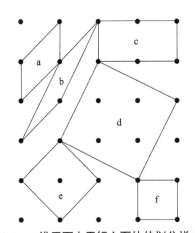

图 1-7　二维平面上平行六面体的划分样式

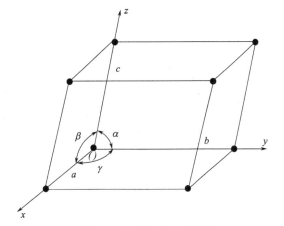

图 1-8　晶格参数及其表达

按照上述原则，分析图 1-7 中所示的各种情况，可知按照第 f 种方法来选取平行六面体最合适。将按照上述原则选定的平行六面体称为单位平行六面体（unit parallelepipedon），其形状和大小可由晶格参数（a, b, c, α, β, γ）来表征（如图 1-8）。

单位平行六面体的对称性符合空间晶格的对称性，如果确定了单位平行六面体，那么就意味着确定了空间晶格的坐标系。根据以上平

表 1-1　7 个晶系及其晶格参数

晶系	晶格参数
立方	$a=b=c$，$\alpha=\beta=\gamma=90°$
六方	$a=b\neq c$，$\alpha=\beta=90°$，$\gamma=120°$
四方	$a=b\neq c$，$\alpha=\beta=\gamma=90°$
三方	$a=b=c$，$\alpha=\beta=\gamma\neq90°$
正交	$a\neq b\neq c$，$\alpha=\beta=\gamma=90°$
单斜	$a\neq b\neq c$，$\alpha=\gamma=90°\neq\beta$
三斜	$a\neq b\neq c$，$\alpha\neq\beta\neq\gamma\neq90°$

行六面体的选择原则，可以在空间晶格中划分出 7 种平行六面体，这 7 种空间晶格类型对应着 7 个晶系（crystal system），并且它们分别属于各个晶系中对称程度最高的那个点群。图 1-9 和表 1-1 分别给出了这 7 个晶系的单位平行六面体的形状和晶格参数。通常，人们将立方晶系称作高级晶系，六方、四方和三方晶系称作中级晶系，而把正交、单斜和三斜晶系称作低级晶系。

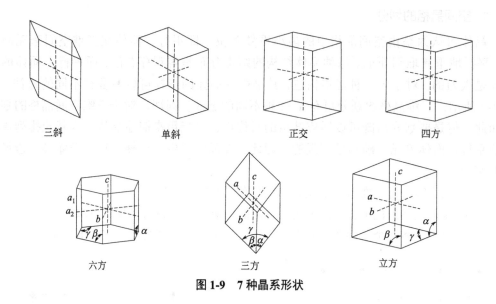

三斜　　　　　　单斜　　　　　　正交　　　　　　四方

六方　　　　　　三方　　　　　　立方

图 1-9　7 种晶系形状

2. 14 种布拉维晶格

上面所述的 7 种晶格类型虽然考虑了晶格的对称性，但是并没有考虑平行六面体中结点的分布特点。通常来讲，如图 1-10 所示，对于一个平行六面体，其结点的分布最多有以下四种类型。

① 原始晶格（primitive lattice，符号 P）：结点分布于平行六面体的 8 个角顶上的空间晶格。通常来讲，三方晶系棱面体晶格（rhombohedral lattice）也属于原始晶格，但是一般用符号 R 表示，以区别于一般的原始晶格。

② 底心晶格（end-centered lattice）：结点分布于平行六面体的角顶及某一对面的中心。因为共有 3 组相对的面，所以根据分布结点的相对面在坐标系中的方位，又可细分为三种类型：C 心晶格（C-centered lattice）：结点分布于平行六面体的角顶和平行（001）一对平面的中心；A 心晶格（A-centered lattice）：结点分布于平行六面体的角顶和平行（100）一对平面的中心；B 心晶格（B-centered lattice）：结点分布于平行六面体的角顶和平行（010）一对平面的中心。一般情况下所谓底心晶格即为 C 心晶格，当 A 心晶格或 B 心晶格能转换成 C 心晶格时，应尽可能地予以转换。

③ 体心晶格（body-centered lattice，符号 I）：结点分布于平行六面体的 8 个角顶和体中心。

④ 面心晶格（face-centered lattice，符号 F）：结点分布于平行六面体的角顶和 3 对面的中心。

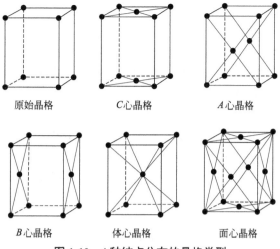

原始晶格　　　　　　　C心晶格　　　　　　　A心晶格

B心晶格　　　　　　　体心晶格　　　　　　　面心晶格

图 1-10　4 种结点分布的晶格类型

　　如何从无限多的平行六面体中抽选出既能充分代表晶体内部的全部结构特性，又能适应结点对称性的最小的平行六面体，曾是晶体学上十分重要的课题[2]。布拉维（Bravier）于 1848 年最先推导并论证了七种晶系总共只能存在 14 种晶格形式，后称为布拉维晶格，如表 1-2 中所列。

表 1-2　14 种布拉维晶格

晶系	原始晶格（P）	底心晶格（C）	体心晶格（I）	面心晶格（F）
三斜		$C=P$	$I=P$	$F=P$
单斜			$I=C$	$F=C$
斜方				
四方		$C=P$		$F=I$
三方		与本晶系对称不符	$I=R$	$F=R$
六方		不符合六方对称	与空间晶格的条件不符	与空间晶格的条件不符
等轴		与本晶系对称不符		

1.1.4　晶胞

布拉维晶格的选定，意味着在空间晶格中选定了一个晶体学坐标系。空间晶格实际上是从实际晶体结构中抽象出来的。在晶体结构中，相当于对应空间晶格中的单位平行六面体，被称为单位晶胞（unit cell），即单位晶胞是能够反映整个晶体结构特征的最小重复结构单元。

对于单位晶胞来说，其有两个基本要素：①晶胞的大小和形状，主要由晶胞参数（cell parameters）a、b、c、α、β、γ来表征，在数值上与相对应的平行六面体的晶格参数相一致；②晶胞内部各个原子的坐标位置，主要由原子坐标参数（x，y，z）表示。原子坐标参数的意义主要是指由晶胞原点指向原子的矢量 R，用单位矢量 a、b、c 来表达，即：

$$R = xa + yb + zc \qquad (1-4)$$

由以上可知，确定了晶胞的这两个基本要素，则相应晶体的空间结构才可以完全知道。由于从一个晶胞出发可以借助于平移而重复出整个晶体结构出来，因此，在描述晶体结构时，只需要阐明单位晶胞的特征即可。

1.1.5　晶体学符号

1. 晶面符号

晶面符号（face symbol）是指根据晶面与晶轴之间的空间关系，利用简单的数字符号形式来表达晶面在晶体上的相对方位的一种晶体学指标。目前，国际上常用米勒指数（Miller indice）来表示晶面指标，其一般形式为（hkl），其中的 h、k、l 称为晶面指数（face indice），它们分别与晶轴 x、y、z 的顺序相对应。

对于晶体的任意一个晶面，其晶面指数等于该晶面在晶轴上的截距系数的倒数比化简后的互质整数。下面就三轴定向来说明如何求解晶面指数，在图 1-11 中，晶面 ABC 与晶轴 x、y、z 分别相交于 A、B、C 三点，其在三个晶轴上的截距分别为 OA、OB、OC。根据图 1-11 可知，$OA=2a$、$OB=3b$、$OC=6c$（这里的 a、b、c 分别为晶轴 x、y、z 的轴单位），由此可知晶面在 3 个晶轴上的截距系数分别为 2、3、6，则其倒数比即为 $1/2 : 1/3 : 1/6 = 3 : 2 : 1$。故可得该晶面的晶面指数为 3、2、1，加上小括号，即可得到该晶面的米勒指数为（321）。

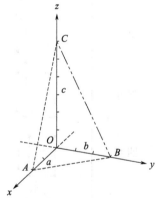

图 1-11　求晶面指标的图解

关于晶面的米勒指数，有以下几点需要注意：

① 晶面指数的排列顺序必须严格按照晶轴 x、y、z 的顺序，不能颠倒；

② 晶面指标只具有空间方位意义而不能确定具体的空间位置，这主要是由于其指数之间是比例关系；

③ h、k、l 三个数值是数学上互质的，即三者之间不能有公约数，而且还需满足通过坐标原点的平面方程 $hx + ky + lz = 0$；

④ 由于晶面与晶轴的负端也会相交，即截距值有正负之分，因此晶面指数也有正负之

分，当写成晶面指标的形式时，负号需要写在相应的晶面指数之上；

⑤ 当晶面与某一晶轴平行时，其在该晶轴上的截距和截距系数视为无穷大，此时相应的晶面指数为 0。

经验表明，在晶体生长过程中，晶体外形的晶面指标越高，该晶面出现的机会越小，晶体外形在该方向的尺寸也越小。一般实际晶面指标超过 10 的极为罕见。

2. 晶棱符号

表征晶棱方向的符号叫作晶棱符号（edge symbol），通常由三个整数 u、v、w 以中括号 $[uvw]$ 表示。类似于晶面符号，晶棱符号同样不涉及晶棱的具体位置，它是用来表达晶体学中某一方向的量，即所有平行的晶棱具有同一种晶棱符号。

首先，因晶棱是代表某一行列的量，故将其平移时总是能使之通过晶轴的交点，即晶体中心（坐标原点）；其次，在其上任意取坐标 (x, y, z)，并以 x、y、z 轴上的轴单位 a、b、c 来度量，即可求得比值 $x/a : y/b : z/c = u : v : w$。最后，将此比值用中括号括起来，可得 $[uvw]$，即为该晶棱的符号，其中，u、v、w 称作晶棱指数。

以图 1-12 为例，将晶体的晶棱 OP 平移并使其经过晶轴交点，在其上任意取一点 M，则 M 在三个坐标轴上的长度分别为 MR、MK、MF，并且其长度分别为相应轴单位的 1 倍、2 倍、3 倍。则可得比值为：

$$u : v : w = \frac{MR}{a} : \frac{MK}{b} : \frac{MF}{c} = \frac{1a}{a} : \frac{2b}{b} : \frac{3c}{c} = 1 : 2 : 3 \tag{1-5}$$

至此，可得 OP 的晶棱符号为 $[123]$。

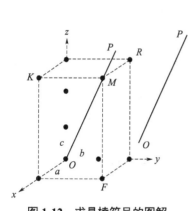

图 1-12　求晶棱符号的图解

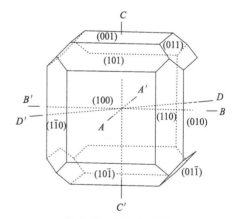

图 1-13　晶体的晶带

3. 晶带符号

最初，人们从晶体外形上引出了晶带（zone）的概念，认为两个晶面相交为一个晶棱，数个晶面（一般指三个以上）相交的棱彼此平行时，则称此数个晶面构成了一个晶带。也就是彼此之间互交的棱均相互平行的一组晶面的组合称为晶带。

晶带轴（zone axis）为表示晶带方向的一根直线，它平行于该晶带中所有的晶面，即平行于该晶带中各个晶面的公共互交棱方向，可以用来表示晶带符号。它在晶体上的方向可以用相应的晶棱符号来表示，这一符号即为晶带符号。因此，晶带符号与晶棱符号在本质上并无区别。但是，由于晶带表示的是一组晶面，因此在具体表述时，常在后面加上"晶带"一词，以便与晶棱相区分。例如，"[102]晶带"并不等于"[102]"，前者表示一组晶面，而后者表示一条晶棱。

在图 1-13 中，晶面 $(1\bar{1}0)$、(100)、(110)、(010) 之间的交棱相互平行，它们之间组成一个晶带，平行于此组平行晶棱并且经过晶体中心的直线 CC' 即表示此晶带的晶带轴。此组晶棱的符号，即为该晶带轴的符号，记为[001]晶带。同理，还可以识别出晶带轴为 BB' 的晶带[010]，晶带轴为 AA' 的晶带[100]。

1.1.6 晶格缺陷

在理想的完整晶体中，原子按照一定的次序严格地处在空间有规则的、周期性的晶格点上。但对于实际晶体而言，在晶体形成条件、原子的热运动以及其他外界条件的影响下，原子的排列不可能像理想晶体那样完整和规则，往往存在偏离了理想晶体结构的区域。这些与完整周期性晶格结构的偏离就是晶格缺陷，它破坏了晶体的对称性。

晶格缺陷几乎和所有的结构敏感性质有关，并且决定着实际晶体的自身特性。实验已经证实，晶体的塑性形变是晶格畸变和晶格移动的结果；晶体的热膨胀不仅与原子的非谐振动有关，而且是晶格缺陷增加的一种宏观表现；离子晶体中的电流主要是由荷电的晶格缺陷的移动而引起的；此外，晶体中缺陷的合并还和晶体的相变等现象密切相关。晶格缺陷不仅对晶体的物理、化学等性质具有重要的影响，而且对晶体材料的开发与应用亦具有非常重要的意义。晶格缺陷的研究是现代晶体学的重要内容。此外，晶格缺陷也会对晶体的生长产生重要影响。晶格缺陷可以用缺陷延伸到晶格中的维度 D 来表征，如表 1-3 列出了常见的缺陷类型与相对应的维度 D。一般情况下，晶格缺陷主要指前三种类型，现分述如下。

表 1-3　晶格缺陷类型与相对应的维度 D

缺陷类型	D	示例
点缺陷	0	空位、间隙质点和杂质质点
线缺陷	1	位错和点缺陷链
面缺陷	2	堆垛层错、晶界
体缺陷	3	包裹体

1. 点缺陷

点缺陷（point defect）是发生在一个或若干个质点范围内的晶格缺陷。其特征是三个方向上的尺寸都很小，只在某些位置发生，只影响近邻几个原子。常见的点缺陷包括：空位、间隙质点、杂质质点。如图 1-14 所示。

（1）空位

在实际晶体的晶格中，并不是每个平衡位置都被原子所占据，总有极少数位置是空着的，即由晶格位置上缺失正常应有的质点而造成的现象，叫作空位。空位的出现，使其周围的原子偏离平衡位置，发生晶格畸变（distortion），因此空位是一种点缺陷。如图 1-14 所示的 A 和 A_1 位置，分别表示单个质点和双质点的缺失形成的空位。

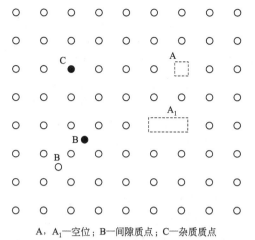

A，A₁—空位；B—间隙质点；C—杂质质点

图 1-14　点缺陷的几种类型

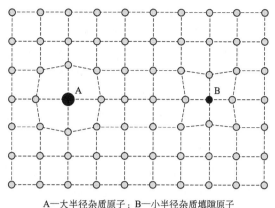

A—大半径杂质原子；B—小半径杂质填隙原子

图 1-15　杂质原子造成的晶格畸变

（2）间隙质点

间隙质点，也称填隙。指在晶格结构正常排列的质点之间，存在多余的质点填充晶格空隙的现象（如图 1-14 中的 B 位置）。晶格中原子间的空隙是很小的，一个原子硬挤进去，必然使周围的原子偏离平衡位置，造成晶格畸变，因此间隙质点也是一种点缺陷。通常，这种间隙质点既可以是晶体自身固有成分中的质点，也可为其他杂质成分的质点（图中的黑点）。当间隙质点为晶体本身固有成分中的质点时，它具有与其正常的晶格位置不相符的配位数。如在 NaCl 晶体中，填隙离子 Na^+ 的配位数不为正常的 6 而是 4。

（3）杂质质点

杂质质点，也叫替位。指杂质成分的质点代替了晶体本身固有成分的质点，并占据了被替代质点的晶格位置（图 1-14 中的 C 位置）的现象。由于替位与被替位质点在半径、电价等方面存在差异，因而可造成形式不同、程度不等的晶格畸变，但由于这类缺陷只是质点大小的量级，所以不会影响结构的改变，如图 1-15 所示。

晶体结构中若产生其本身固有成分质点的空位或填隙原子可造成晶体结构的总电价失衡。如 NaCl 晶体中 Cl^- 的空位可造成正电荷过剩，Na^+ 的空位则造成负电荷过剩；同样 Cl^- 或 Na^+ 的填隙可分别造成负、正电荷的过剩。为保持晶体结构总的电价平衡，当晶体结构中产生一个点缺陷时，往往会同时伴随另外一个点缺陷的产生。

在一定温度条件下，当晶格中某质点脱离原结构位置而成为间隙质点时，为保持总电价平衡，该质点的原位置形成空位；此时，空位和间隙质点同时产生且数目相等，这种类型的缺陷首先由弗伦克尔(Frenkel)提出，故称为弗伦克尔缺陷（如图 1-16 中 A 所示）。弗伦克尔缺陷的空位和间隙质点是成对产生、成对运动的，如果间隙质点跳入空位，则它们就会复合而湮灭。

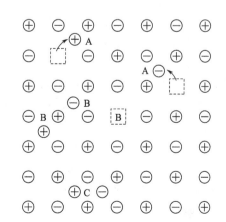

A—弗伦克尔缺陷；B—肖特基缺陷；C—肖特基缺陷的反型体

图 1-16　离子晶格点缺陷示意图

若空位-间隙质点不是成对地产生，而是只产生空位或只产生间隙质点，那么这种缺陷叫肖特基（Schottky）缺陷（如图1-16中B所示）。肖特基缺陷的产生可分为两个过程：首先是晶体表面质点因为热运动而离开自己的点位置，形成一个空位，随后晶体内部相同质点运动到晶体表面接替这个空位，于是在晶体内部形成空位。这一过程不产生间隙质点，可视为晶体表面的空位运动到了晶体内部。对离子晶体而言，晶体为保持总电价平衡，其本身固有成分中阳、阴离子的空位将同时成对出现。同理，如果晶体固有成分中的阳、阴离子作为间隙离子同时成对出现，这种现象则称为肖特基缺陷的反型体（如图1-16中C所示）。

2. 线缺陷

线缺陷（line defect）的主要特征是在两个方向上的尺寸很小，而在另一个方向上的尺寸很大，属于这一类的缺陷主要是位错（dislocation）。位错的概念是1934年由泰勒提出的，直到1950年才被实验所证实具有位错的晶体结构，可看成是局部晶格沿一定的原子面发生晶格的滑移的产物。位错是一种极为重要的晶体缺陷，它是在晶体中某处有一列或若干列原子发生了有规律的位错现象，使长度达几百至几万个原子间距、宽约几个原子间距范围的原子离开其平衡位置，发生有规律的错动。与点缺陷不同，点缺陷扰乱了晶体局部的短程有序，位错扰乱了晶体面网的规则平行排列，位错周围的质点排列偏离了长程有序的周期重复规律。位错有多种类型，其中最简单、最基本的有两种：刃型位错（edge dislocation）和螺型位错（screw dislocation），如图1-17。

(a) 完整晶体　　　　(b) 刃型位错　　　　(c) 螺型位错

图1-17　位错的类型

（1）刃型位错

刃型位错如图1-17（b）所示，晶体的上半部分已经发生了局部滑移，左边是未滑移区，右边是已滑移区，原子向左移动了一个原子间距。在已滑移区和未滑移区之间，出现了一个多余的半原子面，好像一片刀刃插入晶体，中止在内部。沿着半原子面的"刃边"，晶格发生了很大的畸变，这就是一条刃型位错。如图1-18所示，晶格畸变中心的联线就是刃型位错线（图中画"⊥"处）。位错线并不是一个原子列，而是一个晶格畸变的"管道"。

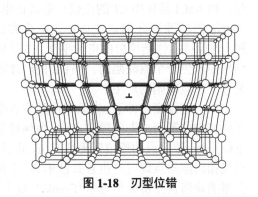

图1-18　刃型位错

（2）螺型位错

螺型位错如图1-17(c)所示，晶体的上半部分已经发生了局部滑移，左边是未滑移区，右边是已滑移区，原子相对移动了一个原子间距。在已滑移区和未滑移区之间，有一个很窄的过渡区，如图 1-19 所示。在过渡区中，原子都偏离了平衡位置，使原子面畸变成一串螺旋面。在螺旋面的轴心处，晶格畸变最大，这就是一条螺型位错。螺型位错也不是一个原子列，而是一个螺旋状的晶格畸变"管道"。

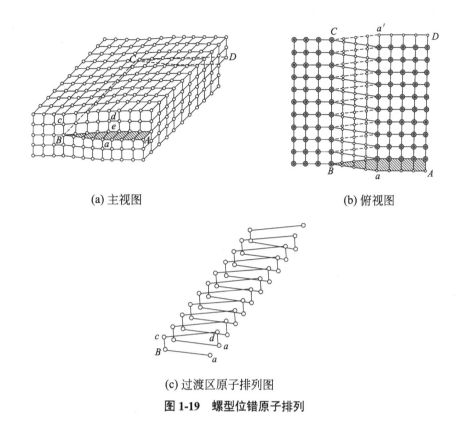

(a) 主视图   (b) 俯视图

(c) 过渡区原子排列图

图 1-19　螺型位错原子排列

由以上可知，无论对于刃型位错还是螺型位错，都有一个共同点，就是在位错的一边是已滑移区，另一边是未滑移区，位错就是已滑移区和未滑移区在滑移面上的边界线。

3. 面缺陷

面缺陷（interfacial defect）是沿着晶格内或晶粒间的某个面两侧大约几个原子间距范围内出现的晶格缺陷。其特征是在一个方向上的尺寸很小，另两个方向上的尺寸相对很大。面缺陷主要是同种晶体内的晶界、小角晶界、层错和异种晶体间的相界等。下面简单介绍这几种面缺陷的特征。

（1）平移晶界

晶格中的一部分沿着某一面相对于另一部分滑动（或平移）。以滑移面为界，晶体的晶格构造规律被破坏，如图 1-20 所示。

（2）堆垛层错

晶体结构中周期性的相互平行的堆垛层有其固有的顺序，如果堆垛层偏离了原来固有的顺序，周期性

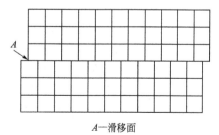

A—滑移面

图 1-20　平移界面示意图

改变，则认为发生了堆垛层错。其主要有两种基本的形式，即抽出型层错和插入型层错。如结构中正常层堆垛序列为 ABCABCABC…[图 1-21（a）]，当抽出一层（C 层）后堆垛层序变为 ABCABABC…[图 1-21（b）]，而插入一层（A 层）则变为 ABCABACABC…[图 1-21（c）]。由此可见，层错只是破坏了质点的次近邻关系，并未改变最近邻的关系。

(a) 完整晶体   (b) 抽出型层错   (c) 插入型层错

图 1-21　堆垛层错产生示意图

(3) 晶界

多晶体由许多晶粒构成，由于各晶粒的位向不同，晶粒之间存在晶界。当相邻两晶粒位向差小于 15°时，称为小角度晶界（low-angle boundary）；位向差大于 15°时，称为大角度晶界（high-angle boundary）。

小角度晶界是由一系列位错排列而成的，如图 1-22（a）所示。大角度晶界的原子排列处于紊乱过渡状态，如图 1-22（b）所示。

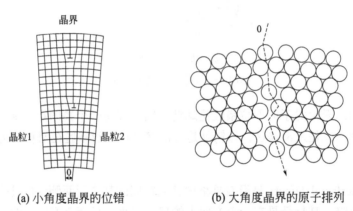

(a) 小角度晶界的位错   (b) 大角度晶界的原子排列

图 1-22　两种晶界示意图

即使在一个晶粒内部，原子排列的位向也不完全一致，由许多晶格位向差小于 2°的小晶块构成。这种小晶块称为亚晶粒（subgrain），亚晶粒的边界称为亚晶界。如图 1-23 所示为 Al-Ni 合金的亚晶粒。

在晶界或者亚晶界上，原子的排列偏离平衡位置，晶格畸变较大，位错密度较高，原子处于较高的能量状态，原子的活性较大，因此对金属中的许多过程的进行，具有极为重要的作用。

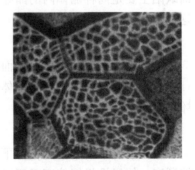

图 1-23　Al-Ni 合金的亚晶粒

（4）相界

结构或者化学成分不同的晶粒之间的界面称为相界。根据相界两边晶粒结构的差异和配合程度，可以进一步分出三种相界。

① 共格相界[图 1-24（a）]，相界两边晶粒的晶体参数接近相同，相界两边晶格结构完全调和。

② 部分共格相界[图 1-24（b）]，此相界两边晶粒的晶体参数有一定差别，两边晶格部分调和。

③ 非共格相界[图 1-24（c）]，相界两边晶粒的晶体参数差异较大，且晶格没有共同的部分。

相界和晶界的区别在于前者属于不同种晶粒之间的界面，而后者属于同种晶粒的界面。

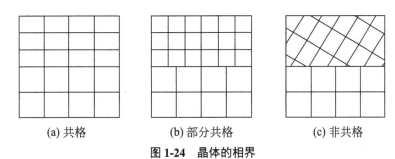

(a) 共格　　　　　　　　(b) 部分共格　　　　　　　(c) 非共格

图 1-24　晶体的相界

1.1.7　晶体基本性质

晶体内部的周期性决定了晶体具有一些区别于其他状态物质的性质，主要包括以下几点。

（1）均一性

均一性是指晶体内部各处都具有相同性质的特性，即晶体在任意两个部分的化学组成和物理性质等是相同的。假设在晶体的 x 处和 $x + x'$ 处取得小晶体，则晶体的均一性可用数学公式来描述：

$$F(x) \equiv F(x + x') \tag{1-6}$$

式中，F 表示化学组成及物理性质等量度。如比重、密度、热导性及膨胀性等晶体本身性质，无论块体大小它们都保持着各自的一致性，即晶体的均一性。

（2）异向性

因观测晶体的方向不同而表现出晶体性质上的差异，即晶体的物理性质及几何量度与其方向性有关，这种特性叫作晶体的异向性。假设在晶体中任取 n_1 和 n_2 两个不同的方向，则可得：

$$F(n_1) \neq F(n_2) \tag{1-7}$$

即在晶体不同的方向上，其物理性质和几何度量均有所差异。例如蓝晶石具有典型的异向性，其在不同方向上具有不同硬度，即蓝晶石在（100）面上沿着 z 方向的硬度为 5.5，而在 z 垂直方向上其硬度则为 6.5，因此蓝晶石也称为二硬石。

（3）对称性

对称性是指晶体中的相同部分（如外形上的相同晶面、晶棱，内部结构中的相同面网、行列或原子、离子等）或性质，能够在不同位置或方向上有规律地重复出现的特性。在式（1-7）中，如果在不同方向 n_1、n_2，甚至 n_n 可由对称操作而重合，则：

$$F(n_1) = F(n_2) = \cdots = F(n_n) \tag{1-8}$$

即说明晶体的相同部分是关于 $n_1, n_2, \cdots, n_n$ 呈对称配置的。晶体内质点排列的周期重复本身就是一种对称，这种对称是由晶体内能最小所促成的一种属于微观范畴的对称，即微观对称。因此，从这个意义上来说，一切晶体都是具有对称性的。另外，晶体内质点排列的周期重复性是因方向而异的，但并不排斥质点在某些特定方向上出现相同的排列情况。晶体中这种相同情况规律的出现，可导致晶体外形（如晶面、晶棱、角顶）上呈有规律的重复，以及在一些晶体本身的物理性质方面也呈现出规律性的重复。

（4）自范性

自范性也称为自限性，即晶体具有能够自发地形成封闭的凸几何多面体外形的特性。通常，所得的凸几何多面体的晶面数（F）、晶棱数（E）及顶点数（V）之间符合欧拉定律：

$$F + V = E + 2 \tag{1-9}$$

晶体的理想外形都是几何上规则的，由于晶体是由晶格构造组成的，其内部质点排列的规律性必然会体现在每一个面网上。此外，晶体的外表面即面网的外在体现，显然也必将是规则的。

（5）最小内能

在相同热力学条件下，相比于同种物质的非晶体相（非晶固体、液体与气体），晶体的内能最小，因此，晶体的结构也最为稳定。所谓内能，包括质点的动能与势能。一般来讲，动能与物体所处的热力学条件有关，因而它不是可比较量。势能取决于质点间的距离与排列，它可以反映内能的大小。晶体是具有晶格构造的固体，内部质点间的引力与斥力达到平衡使其具有规律性的排列，因此，当质点间距离增大或缩小时，都会导致质点间相对势能的增加。对于非晶固体、液体与气体，它们的内部质点排列均不规律，导致它们的势能大于晶体，即在相同的热力学条件下，它们的内能部分要大于晶体。

另外，晶体还具有确定、明显的熔点，对 X 射线能产生衍射效应等特征。晶体以上这些基本性质，都是由其内部质点排列的周期性所决定的。

1.2 晶体的固体形态

许多有机和无机化合物都能够以不同的固体形式存在，它们既可以以有序的晶体形式存在，也可以以无序的无定形形式存在。此外，这些化合物还能以区别于晶体和无定形形式的中间相存在，包括构象无序晶体、塑形晶体和液晶。不同的固体形式中分子的排序方式不同，因而它们的固体微观有序性也不同。自然界中的固体物质，大部分是以晶体形式存在的。其中，晶体又包括不同的固体形态，如多晶型、成盐和共晶。本节中，我们将分别对其进行简单介绍。

1.2.1 多晶型

大多数有机和无机化合物可以以不同的固态形式存在。当固体形态长程有序时，被称为"晶体"；反之，当固体形态不具有长程有序，或仅具有短程有序时，被称为"无定形"。

在结晶过程中因受各种因素影响，固体晶体分子内或分子间相互作用力或结合方式会发生改变，相应地，分子或原子在晶格中的空间排列也会发生改变，这些因素均可使晶体出现两种或两种以上的空间群和晶胞参数，进而导致不同晶体结构的出现。也就是说，如果同一物质由于内部分子结构或排列的不同而具有两种或者两种以上不同晶体结构，这种现象通常被称为"多晶型"（polymorphs）[3-5]，多晶型的定义最早是由 McCrone 提出的[6]。如图 1-25 给出了苯甲酰胺（benzamide）的三种晶型的空间排列。

晶型 I　　　　　　　　　　晶型 II　　　　　　　　　　晶型 III

图 1-25　苯甲酰胺三种晶型的结构[7]

一般来说，多晶型可以分为构象多晶型（conformational polymorphism）[8]、构型多晶型（configuration polymorphism）[9]以及假多晶型（pseudopolymorphism）三种[10]。构象多晶型是指同一种物质因分子构象的差异而产生的多晶型现象，这也是最常见和最主要的多晶型形式；构型多晶型是指分子在晶体内部排列方式不同而产生的多晶型现象，也就是说，此种多晶型是由分子的构型（如几何异构体或互变异构体）而引起的；假多晶型，也称为溶剂化物（solvates），是由溶剂复合而产生的溶剂化合物，即溶剂分子以一定化学计量比或非化学计量比的形式嵌入到晶体晶格中。需要指出的是，尽管溶剂化物与多晶型有所差异，但是同一药物的不同溶剂化物也会直接影响药物的溶解度，甚至影响其生物利用度等。因此，一般认为假多晶型也是多晶型的一种[11]。此外，溶剂化物在医药和化学工业中也有非常广泛的应用，并显示出相当重要的价值。其中，当溶剂分子为水时，得到的溶剂化物也叫作水合物（hydrates），同样具有特殊的实用价值。溶剂化物在熔点、密度、晶习、生物利用度等方面与多晶型物行为相似。在《欧洲药典》中，58%的药物能形成多晶型，57%能形成水合物，而 20%能形成其他溶剂化物[12]。

目前，人们还发现同一物质的同一批产品中同时存在两种或两种以上的晶型（或溶剂化物），即伴随多晶型现象（concomitant polymorphsim）[13]。早在 1832 年，Wöhler 首次发现多晶型时就确定了伴随多晶型现象的存在，他们发现苯甲酰胺两种不同晶习的产品能够同时析出[14]。之后文献中相继报道了大量伴随多晶型现象及相关研究[15-19]。伴随多晶型现象的出现是一把双刃剑：一方面，药物生产的目的是通过可重复的、稳定的工艺获得纯的药物晶型，伴随多晶型现象的出现破坏了这一目的的实现；而另一方面，伴随多晶型现象的出现又给实际的生产工艺提供了更多的信息来实现控制多晶型的目的。

多晶型现象在有机物和无机物中都很常见。然而，对于小分子有机药物（分子量<1000）而言，根据文献报道，其出现多晶型、溶剂化物和水合物的比例各不相同。图 1-26（a）列

出了《欧洲药典》中关于 808 种固体有机药物多晶型态的统计学数据[20]。此外，人们还对 180 种药物进行了多晶型、溶剂化物及水合物的筛选实验，结果如图 1-26 (b) 所示。对比图 1-26 (a) 和图 1-26 (b) 不难发现，在《欧洲药典》中药物出现多晶型态的统计学概率要低于通过晶型筛选实验得到的多晶型概率，这主要是由于一些活性药物分子（active pharmaceutical ingredients, API）在很早之前就已经被发现了，而当时多晶型筛选的技术尚未完善，因此当时许多 API 的多晶型未能及时被发现。然而，从上述结果中我们可以看出，对于有机药物分子来说，其出现多晶型态的概率依然是很大的。那么，假若在多晶型筛选上再接再厉，相信绝大多数物质（>85%）的多晶型态将会进一步浮出水面。

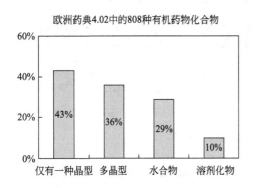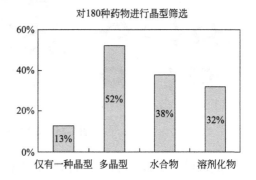

(a) 市场上关于API的统计学数据　　　　　　(b) 对180种有机分子进行多晶型筛选的结果

图 1-26　有机分子的多晶型态出现的概率

由于同一个化合物的不同晶型具有不同的自由能（详见下节），因此不同晶型的物理化学性质将会有所差异，即溶解度、熔点、密度、硬度、折射率、物理和化学稳定性、热容、吸湿性等等。对于溶剂化物和水合物，由于其具有不同的化学组成，通常它们的性质差异更大。虽然在成品中很少涉及溶剂化物，但是许多水合物常被用作药物产品的最终形式。不同晶型之间理化性质的差异意味着产品最终的固态形式至关重要。例如，在制药、动物保健和农业化学工业中，固体的溶解度常常是最重要的性质，因为它可以影响化合物的生物利用度。此外，其他性质（如熔点、稳定性、压实性等）同样起着重要作用。在食品工业中，多晶型可能会影响产品的口感，例如只有一种特定晶型的可可黄油才具有制作巧克力所需的特性。此外，在颜料工业中，产品颜色会受到多晶型态的影响；而染料或添加剂的不同多晶型态还会影响其光稳定性等。综上所述，筛选出一个化合物的所有多晶型态，并确定它们的性质，进而选择合适的晶型，同时确保这种晶型可以重复生产，并在整个生命周期内不会发生不希望的转变过程，都是至关重要的。

关于多晶型，还有一个非常重要的方面就是知识产权[21]。通常，一种性能得到显著改善的新型固态晶型的发现可以申请授予专利，从而产生重要的经济效益。

值得注意的是，晶型和晶形是两个完全不同的概念。晶型指的是晶体的结构，而晶形指的是晶体的宏观形态特征，例如晶体是立方形、针状或片状等[20]。同一个晶型可以很容易地以不同的形态结晶出来；然而，不同的晶型也可以结晶得到相同的形态。换句话说，晶型和晶形彼此之间是相互独立的。

有关多晶型的热力学、晶型转化与控制将在第 8 章 8.1 节中进一步详细阐述。

1.2.2 成盐

药物成盐（salt formation）是指在溶液中酸性或碱性药物电离，然后与反离子通过离子键结合，再以盐的形式共同结晶出来的过程。成盐不仅能提高溶解度，还能改善药物的可制造性、稳定性、生物利用度及患者的依从性。药物成盐虽然改变了 API 的性质，但不会影响原有药物的化学结构。成盐后的盐型药物对加快工业生产、剂型开发、改善生物制剂特性及延长专利保护都具有重要意义[22]。目前，关于利用药物成盐改善药物性质的报道相当多，如用于治疗麻风病的药物氯苯吩嗪不溶于水，Bolla 等[23]将氯苯吩嗪分别与甲磺酸、马来酸、异烟酸、烟碱酸、丙酸和水杨酸成盐后，盐在 60%乙醇-水溶液中的溶解度是原料药的 2～90 倍不等，溶出速率也有明显提升，如图 1-27 所示。

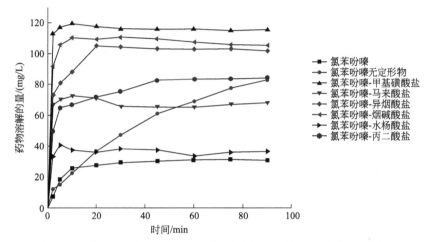

图 1-27　氯苯吩嗪成盐后在 60%乙醇-水溶液中的溶解度（T=37℃）

目前临床所用药物中近一半是盐。Paulekuhn 等[24]对美国食品药品监督管理局 2006 年前上市的 1356 个药物进行统计发现，碱性药物成盐的比例为 38.6%，酸性药物成盐的比例为 12.8%。沈芳等[22]对 2010 版《中华人民共和国药典》中 736 个药物进行统计分析发现，碱性药物成盐的比例为 23.0%，酸性药物成盐的比例为 10.1%，两性药物成盐的比例为 6.9%。

1.2.3 共晶

共晶（cocrystal），是一种不同于传统的盐类、多晶型、溶剂化物的晶体存在形式。最早见诸于文献报道的分别是 1844 年和 1893 年发现的氢醌的两种共晶[25,26]。然而，关于共晶狭义和广义上的定义仍然没有统一的定论。不同的研究人员从各自角度诠释了共晶的定义，见表 1-4。

表 1-4　共晶的定义

作者	共晶的定义	参考文献
G. P. Stahly	"在同一晶格中包含两个或多个不同分子的分子复合物"	[27]
B. R. Bhogala 等	"通过任何类型或分子间相互作用的组合将两种或多种化合物结合在一起的多组分固态集合体"	[28]
S. L. Childs	"由两种或多种成分组成的晶体材料，通常以化学计量比表示，每种成分是原子、离子化合物或分子"	[29]

作者	共晶的定义	参考文献
C. B. Aakeröy 等	"由离散的中性分子组成的化合物……排除所有包含离子的固体，包括复杂的过渡金属离子" "由在环境条件下为固体的反应物组成" "结构上均一的晶体材料，包含两个或多个以确定的化学计量数量存在的中性结构单元"	[30]
A. D. Bond	"多组分分子晶体的同义词"	[31]
W. Jones	"通过非共价相互作用（通常包括氢键）在晶格中结合在一起的两种或多种中性分子成分的晶体复合物"	[32]
P. Vishweshwar 等	"在分子或离子 API 和共晶配体之间形成的环境条件下为固体"	[33]

从广义的角度，人们认为共晶是一个混合晶体或是在一个晶体中含有两个不同的成分，此成分可以是原子、离子化合物或者分子。根据这一广义定义，溶剂化物、水合物、笼形包合物都被划入共晶的范围。而从超分子化学和晶体工程的角度，认为共晶是不同种类的分子间发生特殊的选择性相互作用而形成的具有特定结构的分子有序组合体。Aakeröy 和 Salmon 列举了这类化合物的特征，并提出共晶是固态物质反应后的产物，把客体分子为液体或气体的笼形包合物和包藏复合物排除在共晶的范围之外。到目前为止，学术界对"什么是共晶"这一问题一直没有清晰一致的明确定义。但是纵观文献上关于共晶的报道可知，Aakeröy 提出的定义已经被广泛接受。在此定义的基础上，可以对同一分子在不同条件下结晶时所得产物的晶体类型进行划分[34]，结果如图 1-28 所示。同种分子间按照不同的空间排列规则形成不同的固体形态，若排列杂乱无章则称之为无定形；若按不同规则周期性重复排列则形成多晶型，如晶型Ⅰ，晶型Ⅱ，……。当不同种类分子间发生分子间相互作用时，若分子间发生质子转移则成盐；反之，若室温下构成晶体的纯组分中如果有一个是液体，则为溶剂化物，而各组分都是固体则称之为共晶。同时，我们对药物共晶作出定义：药物共晶是指活性药物成分与其他生理上可接受的酸、碱、盐、非离子化合物分子以氢键、π键等非共价键形式相连而结合在同一晶格中，其所有的组成成分在室温下均以固态形式存在。

有关共晶方面的理论与技术将在第 8 章 8.5 节中进一步详细叙述。

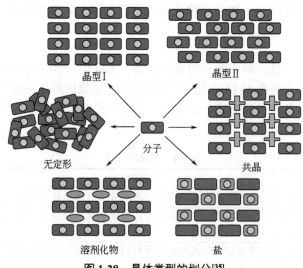

图 1-28　晶体类型的划分[35]

主要符号说明

英文字母	含义		
$\boldsymbol{a}$	基矢	k	晶面指数
a	晶格参数	l	晶面指数
b	晶格参数	m	结点指数
$\boldsymbol{b}$	基矢	n	结点指数
$\boldsymbol{c}$	基矢	p	结点指数
c	晶格参数	P	原始晶格
C	底心晶格	$\boldsymbol{R}$	晶格的平移群
D	维度	希腊字母	含义
F	面心晶格	α	晶格参数
h	晶面指数	β	晶格参数
I	体心晶格	γ	晶格参数

参考文献

[1] 秦善. 晶体学基础[M]. 北京：北京大学出版社，2006.

[2] 陈敬中. 现代晶体化学——理论与方法[M]. 北京：高等教育出版社，2004.

[3] Ferrari E S，Davey R J，Cross W I，et al. Crystallization in polymorphic systems：the solution-mediated transformation β to α glycine[J]. Crystal Growth & Design，2003，3（1）：53-60.

[4] 庞怡诺，殷恭宽. 药物多晶型[J]. 华西药学杂志，2000，15（3）：197-199.

[5] Kitamura M，Nakamura K. Effects of solvent composition and temperature on polymorphism and crystallization behavior of thiazole-derivative[J]. Journal of Crystal Growth，2002，236（4）：676-686.

[6] McCrone W C. Physics and chemistry of the organic solid state[M]. New York：Wiley-Interscience，1965：725-767.

[7] Thun J，Seyfarth L，Butterhof C，et al. Wöhler and Liebig revisited：176 years of polymorphism in benzamide- and the story still continues！[J]. Crystal Growth & Design，2009，9（5）：2435-2441.

[8] Vippagunta S R，Brittain H G，Grant D J W. Crystalline solids[J]. Advanced Drug Delivery Reviews，2001，48（1）：3-26.

[9] Stephenson G A，Borchardt T B，Byrn S R，et al. Conformational and color polymorphism of 5-methyl-2-（2-nitrophenyl）amino-3-thiophenecarbonitrile[J]. Journal of Pharmaceutical Sciences，1995，84（11）：1385-1386.

[10] 任国宾，王静康，徐昭. 同质多晶现象[J]. 中国抗生素杂志，2005，30（1）：32-37.

[11] Kristl A，Srčič S，Vrečer F，et al. Polymorphism and pseudopolymorphism：influencing the dissolution properties of the guanine derivative acyclovir[J]. International Journal of Pharmaceutics，1996，139（1）：231-235.

[12] 张修元，刘伟. 在研磨过程中多晶型的转变[J]. 山东医药工业，2001，20（1）：29-31.

[13] Bernstein J，Davey R J，Henck J-O. Concomitant polymorphs[J]. Angewandte Chemie（International Ed in English），1999，38（23）：3440-3461.

[14] Wöhler F. Untersuchungen über das radikal der benzoesäure[J]. Ann Pharm，1832，3：249-287.

[15] Roelands C P M，Jiang S，Kitamura M，et al. Antisolvent crystallization of the polymorphs of L-histidine

as a function of supersaturation ratio and of solvent composition[J]. Crystal Growth & Design，2006，6
（4）：955-963.

[16] Du W，Yin Q，Bao Y，et al. Concomitant polymorphism of prasugrel hydrochloride in reactive crystalliza-
tion[J]. Industrial & Engineering Chemistry Research，2013，52（46）：16182-16189.

[17] Jiang S，ter Horst J H，Jansens P J. Concomitant polymorphism of o-aminobenzoic acid in antisolvent
crystallization[J]. Crystal Growth & Design，2008，8（1）：37-43.

[18] Zhu L，Wang L Y，Sha Z L，et al. Interplay between thermodynamics and kinetics on polymorphic
appearance in the solution crystallization of an enantiotropic system，gestodene[J]. Crystal Growth & Design，
2017，17（9）：4582-4595.

[19] Wang G，Wang Y，Ma Y，et al. Concomitant crystallization of cefuroxime acid and its acetonitrile solvate
in acetonitrile and water solution[J]. Industrial & Engineering Chemistry Research，2014，53（36）：14028-
14035.

[20] Hifiker R. Polymorphism in the pharmaceutical industry[M]. Wiley-VCH Verlag GmbH：2006.

[21] Bernstein J. Polymorphism in molecular crystals[M]. Oxford：Oxford Science Publications，2002.

[22] 沈芳，苏顾，周伟澄. 成盐药物的研究与开发[J]. 药学进展，2012，36（4）：151-156.

[23] Bolla G，Nangia A. Clofazimine mesylate: a high solubility stable salt[J]. Crystal Growth & Design，2012，
12（12）：6250-6259.

[24] Paulekuhn G S，Dressman J B，Saal C. Trends in active pharmaceutical ingredient salt selection based on
analysis of the orange book database[J]. Journal of Medicinal Chemistry，2007，50（26）：6665-6672.

[25] Wöhler F. Untersuchungen über das narcotin und seine zersetzungsproducte[J]. Justus Liebigs Annalen Der
Chemie，1844，50（1）：1-28.

[26] Ling A R，Baker J L. XCVI.——Halogen derivatives of quinone part Ⅲ. Derivatives of quinhydrone[J].
Journal of the Chemical Society，1893，63：1314-1327.

[27] Stahly G P. Diversity in single-and multiple-component crystals. The search for and prevalence of
polymorphs and cocrystals[J]. Crystal Growth & Design，2007，7（6）：1007-1026.

[28] Bhogala B R，Nangia A. Ternary and quaternary co-crystals of 1,3-cis，5-cis-cyclohexanetricarboxylic acid
and 4,4'-bipyridines[J]. New Journal of Chemistry，2008，32（5）：800-807.

[29] Childs S L，Hardcastle K I. Cocrystals of piroxicam with carboxylic acids[J]. Crystal Growth & Design，
2007，7（7）：1291-1304.

[30] Aakeröy C B，Salmon D J. Building co-crystals with molecular sense and supramolecular sensibility[J].
Cryst Eng Comm，2005，7（72）：439-448.

[31] Bond A D. What is a co-crystal? [J]. CrystEngComm，2007，9（9）：833-834.

[32] Jones W，Trask A V. Pharmaceutical cocrystals：an emerging approach to physical property enhancement[J].
MRS Bulletin，2006，31（11）：875-879.

[33] Vishweshwar P，McMahon J A，Bis J A，et al. Pharmaceutical co-crystal[J]. Journal of Pharmaceutical
Sciences，2006，95（3）：499-516.

[34] Braga D，Grepioni F，Maini L，et al. Crystal polymorphism and multiple crystal forms[J]. Structure &
Bonding，2009，132：25-50.

第2章

结晶过程热力学

　　结晶是复杂的相变过程，涉及传热、传质、动量传递与反应。为研究结晶过程，并为结晶器设计、结晶过程控制、结晶工艺优化提供具体和准确的数据，就必须对结晶过程的热力学和动力学进行系统详细的分析。结晶过程首先是相分离，即晶核的形成；然后是围绕晶核的成长，最后体系又达到相平衡状态。因此，研究结晶体系的相平衡、体系的亚稳状态（热力学）非常重要，其直接影响结晶过程的成核、生长以及后续的聚结、老化等二次过程（动力学）。本章将对结晶提纯原理、溶解度和相平衡，以及体系过饱和状态进行详细介绍。有关结晶过程动力学部分将在第3章叙述。

2.1　结晶提纯原理

　　结晶可以看作是将目标化合物从初始原料或从含有副产物的混合物中分离出来的过程。由于结晶过程对杂质具有排斥性，因此结晶可以用来提纯目标产物。结晶过程对杂质的排除能力受目标分子与杂质分子的结构、性质等方面差异影响明显。与纯晶体相比，含有杂质的晶体在热力学上是不稳定的，因此结晶提取也是一种分子识别过程。此外，杂质在目标晶体中的有限的互溶度和晶体生长速度过快等动力学效应会影响排斥效应，进而限制或降低提纯效果。

　　通常，杂质分子可以通过一定的溶解度或动力学作用而嵌入到晶格中，还可以作为流体包裹体以三维缺陷的形式嵌入到生长晶体中（图2-1右），亦可以通过包埋在晶体之间以及附着在晶体表面的母液嵌入到产物晶格中（图2-1左）。对于结晶过程，虽然在原则上，母液的去除过程是简单的，然而实际过程中往往母液的去除并不彻底，并且这是杂质的最重要来源。

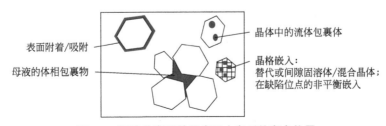

图2-1　固液分离后结晶产品中杂质的存在位置

除了固溶体的形成以外，其他所有过程都是动力学控制的，并可以通过改变结晶条件进行调控。而固溶体的形成是一个热力学控制的过程。表 2-1 总结了杂质嵌入类型及提纯的典型方法。

表 2-1　杂质嵌入类型及提纯方法[1]

类型	物理性质	提纯方法
吸附于表面	表面张力和黏度	洗涤和离心
宏观尺寸的包裹物	表面不规则性	粉碎、再聚合和洗涤
微观尺度的包裹物	台阶行为	发汗、再悬浮
晶格嵌入	分子形状相似	发汗、分步结晶

2.1.1　固态中的溶解度

杂质和目标化合物可以通过两种不同的机理形成固溶体，并且我们认为固溶体是提纯过程的极限情况。其中，杂质分子占据主体分子之间的位点，形成所谓的间隙混合晶体，或者杂质（客体）分子取代目标化合物（主体）分子，形成所谓的替代混合晶体。不同分子形成固溶体的前提是其形状和尺寸具有一定的相似性。根据 Garside 等[1]在其专著中的报道，在二元熔融相图中，约有 14% 的有机物系统表现出（部分或全部）固态混溶性。因此，混合晶体的形成并不罕见。在目标分子与杂质部分混溶的情况下，结晶产物（P）可以达到的最大纯度由 P 与杂质（Imp）的二元体系相图确定。只有在图 2-2 (a) 中目标化合物和杂质处于完全不混溶状态时，才能通过严格控制结晶条件得到高纯度的结晶产品。但是，当目标分子与杂质处于完全混溶状态时，通过结晶只能实现部分提纯，即可能需要多次结晶才能获得高纯度的 P。如图 2-2 (b) 所示，最初的杂质含量为 $x_{Imp}=x_0$，经过第一次提纯以后，目标分子 P 中依然含有 $x_{Imp,s}$ 的杂质。很显然，根据杠杆规则可知，相图中联结线的位置决定了提纯的程度和产品收率。

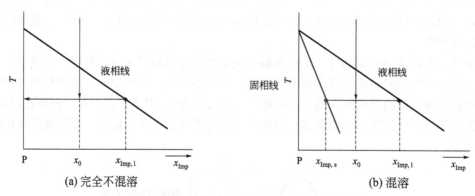

图 2-2　固态下完全不混溶和混溶的相行为示意图

为了对形状相似的客体分子嵌入主体分子晶格中的比例进行量化处理，人们引入了分布系数 k_{eq}，它等于固相中杂质含量 $x_{Imp,s}$ 与液相中杂质含量 $x_{Imp,l}$ 的比值（这里的 x 表示摩尔分数）。假定两相在给定温度下处于平衡状态，该系数称为热力学分布（或分凝）系数，如式（2-1）所示：

$$k_{eq} = x_{Imp,s} / x_{Imp,l} \qquad (2\text{-}1)$$

热力学分布系数仅在接近目标组分的区域内保持恒定，即相对于杂质处于理想稀释状态（固相线和液相线是线性的）。当 k_{eq} 等于 1 时，说明没有实现任何提纯；当 k_{eq} 小于 1 时，说明实现了一定程度的提纯；显然，当 k_{eq} 等于 0 时，提纯程度最高。

2.1.2 分级结晶

对每一步分离后得到的固相再进行连续提纯来实现逐级提纯的过程，称为分级结晶。它不同于简单的重结晶过程：在分级结晶过程中，将获得的晶体和母液重复分馏。通常，应将两种或两种以上的化合物分开，目的是将每种化合物分离为纯物质。如果目标化合物和杂质形成固溶体，则可能需要复杂的分级方法才能最终实现物质的提纯。该过程最好用二元相图来说明。图 2-3 显示了一个固态完全混溶系统的相图。

假设将一个初始组成 x_0 的熔融体冷却至温度 T_0，则其沿联结线分离为组成为 $x_{Imp,s1}$ 的固相和组成为 $x_{Imp,l1}$ 的液相。结果导致该液相中杂质组成变大，而在固相中（由组成为 $x_{Imp,s1}$ 的混合晶体组成）杂质组成减小，也就是说已经实现了第一次的部分提纯。然后，将固相从液相中分离出来，并对固相进行下一步（熔融/重结晶）的提纯。将这个熔融固相冷却到温度 T_1，当达到平衡时，其再一次分离成一个新的液相和固相，与第一步相比，其纯度更高（$x_{Imp,s2} < x_{Imp,s1}$）。在熔融体和混晶之间达到平衡时，熔融体总是富含熔点温度较低的组分，而混晶则富含熔点温度较高的组分（Konovalow 法则）。如图 2-3 所示，每个进一步的提纯步骤都会提高目标化合物的纯度。第 5 章 5.5 节将详细讲述熔融结晶提纯技术。

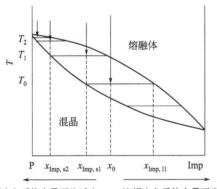

固相中杂质的含量逐步减小，
即产品纯度逐步提高

液相中杂质的含量逐步增加

图 2-3 目标化合物（P）和杂质（Imp）在固态下具有完全混溶性的相图

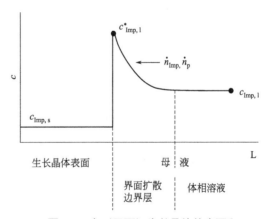

生长晶体表面   母 液   L

界面扩散边界层   体相溶液

图 2-4 在（平面）生长晶体的表面和液相界面处的杂质浓度

2.1.3 杂质的包裹和表面吸附

热力学分布系数 k_{eq} 表征了通过结晶可以获得的最大纯度，它是针对特定物系的参数。在实际工艺条件下，结晶材料中嵌入的杂质数量通常高于热力学预测的值。这主要来源于与非平衡相关的不同因素，也就是说，在结晶过程中通常会发生动力学控制的生长过程。

对于一个同时含有目标分子和杂质分子的母相，不同的构筑单元会吸附在生长晶体的表面。晶体生长过程中对杂质会产生排斥作用，导致需要用目标分子来取代杂质分子，后者的约束更强。快速生长过程将不可避免地导致一些杂质分子的动力学嵌入。对于既包含目标分子又包含杂质分子的母相，这两种类型（目标分子和杂质分子）的构筑单元都将吸附在生长晶体的表面上。

此外，如图 2-4 所示，生长晶体表面对杂质的排斥作用将会导致晶体界面处杂质的浓度增加，其浓度的增加与生长速率成正比，并且还取决于体相中的杂质水平和消耗程度；对于体相中的高浓度杂质，界面处杂质的浓度会大幅增加。通过体相中的扩散和对流作用均可以降低杂质的浓度水平。因此，生长动力学和混合过程都会影响杂质的水平。

在实际的结晶过程中（例如在工业规模的结晶器中），嵌入目标产品中的杂质含量通常与结晶动力学密切相关。显然，为了达到足够的生产力，通常会提高生长速率，进而引起晶体中的母液包裹物含量增加，导致杂质含量增加。大多数结晶工艺中的生长速率在 10～100nm/s 之间。一般情况下，有机化合物的分子晶体的生长速率比无机盐的离子晶体的生长速率慢十倍。

$$k_{\mathrm{eff}} = x_{\mathrm{Imp,s}} / x_{\mathrm{Imp,l}} \tag{2-2}$$

考虑到与热力学的偏差，在实际工艺条件下定义了有效分配系数 k_{eff}[式（2-2）]。该公式类似于式（2-1），但是有效分配系数是根据实际结晶条件下测得的参数而得出的。也就是说，参数 $x_{\mathrm{Imp,s}}$ 为固相中的杂质含量和 $x_{\mathrm{Imp,l}}$ 为液相中的杂质含量，它们是从分离过程中获得的值。相反，式（2-1）中的参数与相图相关。因此，有效分配系数还包括结晶动力学的影响，特别是晶体生长速率和质量传递速率。

2.2 溶解度和相平衡

固液相平衡（solid-liquid equilibria，SLE）是所有熔融和溶液结晶过程的热力学基础，因此其对工业结晶过程的设计具有非常重要的意义。然而，人们通常对目标化合物的相图并不熟知，特别是对于精细化工和制药领域的新物质。其中，更难的是描述了两种物质，例如，目标化合物和杂质，或手性体系的两个对映体在溶剂中达到平衡状态时的三元相图。而且，通常人们感兴趣的物质往往缺乏相应的溶解度数据。通过实验手段来测定溶解度是一项冗长而又耗时的工作，而且往往需要足够量的物质，而得到足够量产品物质在工艺研究开发的初期阶段往往是很难满足的。另外，实验过程中通常需要结合不同的分析技术来确定平衡状态下物质的溶解度，并对固相进行特征分析。

由于溶解平衡所涉及的范围非常广泛，故本书中无法涵盖所有的领域。在这里，重点讨论结晶过程中相图的确定及应用。首先，讨论溶解度的概念及影响溶解度的因素；其次，从热力学角度讨论了相平衡和相图中的一般问题。接下来的部分主要涉及熔融和溶液平衡，我们列举了典型的示例以及说明了相图的测量过程。其中还涉及其他一些测量相图的技术。

2.2.1 溶解度

了解溶解度是成功开发结晶工艺的必要条件。为了开发和设计结晶过程，有必要知道结晶开始时有多少溶质可以溶解在溶剂体系中，结晶过程结束时又有多少溶质会留在溶剂中以及多少溶质析出。对于溶液结晶过程，物质的溶解度仅仅是该物质在特定溶剂体系中能够溶解的平衡（最大）量。当溶质浓度达到溶解极限时，溶液即达到饱和状态。当溶液达到饱和状态以后，溶质不再发生溶解，此时，溶液中溶解的溶质浓度保持不变。注意，在这种条件下，溶质向溶剂中的溶解与溶液中固体的析出处于动态平衡。

1. 溶解度及其单位

在给定的温度和压力下可以溶解在特定溶剂（或溶剂混合物）中的最大固体量，即为（平衡）饱和浓度，也称为溶解度。通常情况下，压力的影响可以忽略不计。当溶质浓度达到其溶解度极限时，溶液达到饱和状态。如图 2-5 给出了溶质在溶剂中达到溶解平衡的过程及涉及的一些常用术语。

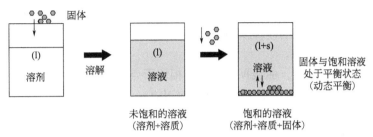

图 2-5　溶解平衡过程及其涉及的术语

通常，可以使用不同的单位来表示给定物质的溶解度，例如质量分数或摩尔分数（w_i 或 x_i)，每 100g 溶剂中溶解多少 g 溶质，单位体积（L）液体或溶剂中溶解多少 g 的溶质，或每 1000mol 溶剂中溶解多少 mol 的溶质。到底选择哪种溶解度单位主要根据实际应用来确定，例如，当研究的体系为水合物或溶剂化物时，通常选择最后一种单位来表示溶解度。在使用不同来源的数据时应格外小心，因为参考介质（溶剂或溶液）可能不同。此外，对于不同组成单位之间的相互转换，还需要测量相关温度下的密度，尤其是涉及与体积相关的单位。

2. 自由能-组成相图

为了深入地理解溶解度的热力学特征，首先介绍自由能-组成相图[2]，如图 2-6 所示，该图显示了二元系统的吉布斯自由能曲线，其中 y 轴上的 G 表示系统的吉布斯自由能，x 轴上的 x 表示目标化合物的摩尔分数。具体地，该系统中的第一组分可以是目标化合物，而第二组分可以简单地是溶剂。在这种情况下，温度和压力均保持恒定。

观察图 2-6 可以发现，曲线 I 在整个组成范围内均表现为向下凹的曲线。在这种情况下，任意组成下的二元混合物的吉布斯自由能均低于两个独立组分的自由能。因此，任意组成下的二元混合物都比两个独立组分更稳定，并且将变成一个单相。在数学上，该曲线的形状可以描述为：

$$G < 0 \quad 且 \quad \frac{\partial^2 G}{(\partial x)^2} > 0 \quad (2\text{-}3)$$

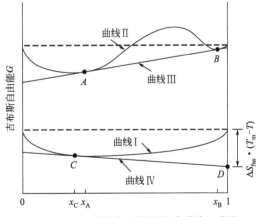

图 2-6　二元系统自由能曲线随系统组成的变化及两个平衡相的形成条件

另一种情况为曲线Ⅱ，它包括两条上凹的曲线和一条下凹的曲线。此外，图中还有第三条曲线Ⅲ，它与曲线Ⅱ相切，并且切点为曲线Ⅱ的两个上凹曲线的最低点 A 和 B。

通常，对于曲线Ⅱ来说，过点 A（或 B）作Ⅱ-x 曲线的切线，此切线在左右两纵坐标的截距分别为该组成下两组分的吉布斯自由能。因此，对于图 2-6 来说，曲线Ⅲ与左右两纵坐标的截距分别等于组分一（目标化合物）和组分二（溶剂）在组成 x_A（或 x_B）处的吉布斯自由能。那么，对于组分一来说，组成 x_A 处的吉布斯自由能等于组成 x_B 处的吉布斯自由能。同理，对于组分二也是如此。也就是说，点 A 和 B 处于平衡状态。其中，点 A 代表第一平衡相（溶解药物的溶剂），点 B 代表第二平衡相（油相或含有溶剂的无定形药物相）。在自由能-组成相图中，点 A 和 B 称为双节点。双节点 A 和 B 是温度和压力的函数。如果系统的组成低于 A 点，则表示系统处于未饱和状态。如果系统的组成位于点 A 和 B 之间，则此时溶液处于过饱和状态。

类似地，对于固液平衡，曲线Ⅳ与曲线Ⅰ相切于点 C（平衡溶解度），并且其与 y 轴交于点 D（平衡结晶固体）。在数学上，它通常可以表示为[3]：

$$\mu(固相)=\mu(液相)=\mu(液相纯组分在温度T处)+RT\ln a \tag{2-4}$$

其中，$\ln a$ 可以表示为：

$$\ln a = \ln(x_i^{SAT}\gamma_i^{SAT}) = \frac{\Delta_{fus}S}{R}\left(1-\frac{T_m}{T}\right) \tag{2-5}$$

式中，μ 表示偏摩尔吉布斯自由能；T 表示温度；T_m 表示化合物的熔点；R 为理想气体常数；$\Delta_{fus}S$ 为熔化熵；a 为目标化合物在溶液中的活度，其值与表示溶液中溶解化合物的量直接相关，即溶解度 x_i^{SAT} 和活度系数 γ_i^{SAT}。在式（2-5）中，假定该化合物液相和固相之间的热容差可以忽略不计。

上述两个方程表明，温度、化合物作为液相和固相之间化学势的差和熔化熵均会直接影响溶解度的大小。此外，溶剂以及溶液中的杂质会影响活度系数。而且，化合物的化学结构和成盐形式会影响熔化熵和活度系数，进而也会影响其溶解度大小。接下来，将详细阐述这些变量对溶解度的影响。

3. 溶解度的影响因素

（1）温度

首先，讨论温度对溶解度的影响，如图 2-7 所示。该图显示了一种降血脂药物洛伐他汀（lovastatin）在甲醇/水混合溶剂体系中的溶解度随温度的变化。观察图 2-7 可以发现，在不同比例的甲醇/水混合溶剂中，洛伐他汀的溶解度均随温度的升高而增大，即这一趋势与甲醇/水混合溶剂的比例无关。这种溶解行为在有机化合物中非常常见，可称为具有正溶解度，并且其溶解度随温度的变化趋势与式（2-5）相吻合。

然而，对于某些化合物，特别是无机盐，其在溶剂中的溶解度可能不受温度的影响，或者其溶解度随温度的升高反而减小。其中，碳酸钙水溶液（硬水）就是一个典型的例子，它在水中的溶解度随温度的升高而减小。这种逆溶解度现象在生活中经常可以遇到，比如热水锅炉中经常会出现严重的水垢沉积问题，这主要是由于热水锅炉中的温度较高，从而导致锅炉中碳酸钙在水中溶解度减小，最终达到过饱和状态并发生沉淀结晶，形成水垢。但是，根据经验，对于大部分有机物或药物，这种逆溶解度现象是非常罕见的。

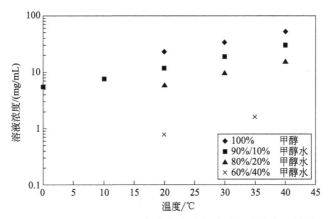

图 2-7　洛伐他汀在不同混合溶剂中溶解度随温度的变化趋势[4]

综上所述，由于温度对物质的溶解度会产生显著的影响，因此常常利用温度来调控结晶过程。例如，可以简单地通过升高温度将某种化合物溶解在特定的溶剂体系中；反之，也可以通过降低温度将化合物从溶液中结晶出来。有关冷却结晶技术的应用将在第 5 章 5.1 节中详细介绍。

（2）溶剂

除了温度以外，溶剂也会对物质的溶解度产生重要影响。图 2-8 为一定温度下，洛伐他汀在甲醇/水混合溶剂的溶解度随溶剂中甲醇组成的变化趋势，其中，水作为反溶剂。观察图 2-8 可以发现，洛伐他汀的溶解度随混合溶剂中甲醇含量的增加而增大，也就是说，它的溶解度随水含量的增加而显著减小。这是溶解度随混合溶剂中反溶剂的增加而单调减小的一个典型事例。

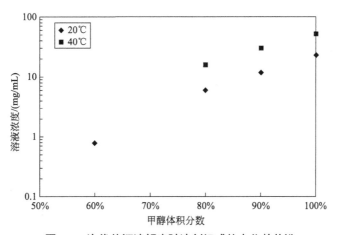

图 2-8　洛伐他汀溶解度随溶剂组成的变化趋势[4]

然而，在某些溶剂体系中，物质的溶解度变化趋势可能是非线性的。在甲苯/乙腈混合溶剂中，药物中间体甲磺酸盐（mesylate）的溶解度随混合溶剂中甲苯含量的变化趋势，如图 2-9 所示，其中乙腈作为反溶剂。观察图 2-9 可知，随着混合溶剂中甲苯含量的增加，甲磺酸盐的溶解度出现先增大后减小的趋势，并且在甲苯含量为 50%时达到最大值。相比于图 2-8 所示的溶解度随溶剂组成单调变化的情况，图 2-9 中的这种溶解度随溶剂组成的非线性变化行为出现的频率较低,但对于某些体系仍然是存在的。通常,我们可以简单地认为这种溶解度随溶剂组成的非线性变化行为与汽液平衡中(低沸点)恒沸物的存在相类似,即恒沸物的沸点比任何一种纯组分都低。出现这种非线性变化的原因,主要是溶剂对溶质的活度系数产生影响,进而影响了溶解度,如式(2-5)所示。

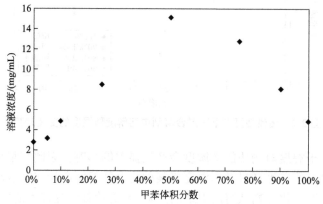

图 2-9　一种药物中间体溶解度随溶剂组成的变化[4]

　　类似于温度,溶剂组成也是控制结晶过程的一个常见变量。例如,若想对溶解在特定溶剂体系中的均相混合物进行分离,可以考虑通过添加反溶剂来改变混合物的溶解度,从而将其中的某种物质结晶提纯出来。有关反溶剂结晶技术的应用将在第 5 章 5.3 节中详细介绍。

　　此外,溶剂除了可以影响物质的溶解度以外,还可以对其他结晶变量产生显著的影响,包括晶型、溶剂化物、晶体形貌、结晶动力学等。在本书的后续章节中,将陆续讨论溶剂对这些变量的影响。

　　(3) 杂质

　　溶解度除了受到温度和溶剂的影响以外,溶液中可能存在的杂质也能在很大程度上影响目标化合物的溶解度。如图 2-10 所示,通过实验得到了洛伐他汀在纯溶剂和母液中的溶解度曲线。这里,母液是指结晶后所得悬浮液的上层清液,其中通常含有未被结晶的杂质。从图 2-10 中可知,洛伐他汀在母液中的溶解度明显大于其在纯溶剂中的溶解度。

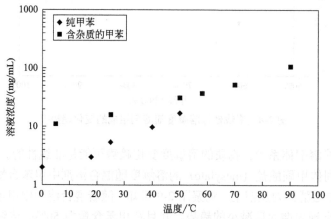

图 2-10　杂质对目标化合物溶解度的影响[4]

杂质的存在而导致化合物的溶解度增大是一种常见的现象，尤其是母液中存在的杂质。然而，关于杂质影响目标化合物溶解度的原因尚不明确，尽管它们的化学结构与目标化合物可能有一些相似之处，但很难对母液中存在的杂质进行结构表征。通常在实际应用中，事先并不知道杂质如何影响目标化合物的溶解度，因此必须通过实验来进一步确定。综上，由于杂质对溶解度存在潜在的影响，在进行结晶实验时，如果不同批次的起始原料中杂质的含量存在差异，那么应谨慎进行实验。此外，杂质的存在还会进一步影响结晶动力学过程，将在后续内容中详细讨论。

（4）化学结构和成盐形式

如果两种化合物具有相似的化学结构，那么我们会倾向于认为它们具有相似的溶解度。然而，这可能并不适用于所有的体系，因此应该谨慎地做出这样的假设。图 2-11 为洛伐他汀和辛伐他汀在甲醇/水混合溶剂体系中的溶解度。尽管洛伐他汀和辛伐他汀具有非常相似的化学结构，其中辛伐他汀只是比洛伐他汀多了一个甲基基团而已，然而，从图中可以看出，两种化合物在甲醇/水混合溶剂体系中的溶解度具有显著差异。

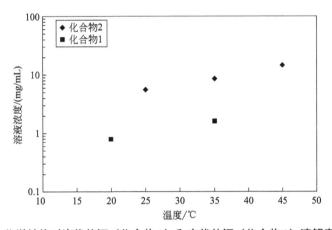

图 2-11 化学结构对洛伐他汀（化合物 1）和辛伐他汀（化合物 2）溶解度的影响[4]

如果一种化合物含有一个（或多个）酸性或碱性官能团，这种化合物形成盐以后其溶解度会发生显著改变。毋庸置疑，不同种类的盐具有不同的溶解度。

由于改变成盐形式会显著影响其溶解度，因此改变成盐形式是用来指导和调控结晶过程的另一种技术。例如，第一种情况，目标化合物可能在所选定溶剂中具有较小的溶解度。但是，如果将其制备成盐以后，其溶解度会明显增大并完全可溶。然后，可以进一步采用冷却结晶或添加反溶剂结晶的方法来获得纯盐。第二种情况，目标化合物在选定溶剂中具有较大的溶解度，那么也可以将其制备成在选定溶剂中具有较小溶解度的盐。然后，盐将会从溶液中结晶出来，这种方法通常称为反应结晶。以上两种情况都已经被成功应用于实际生产过程中，部分技术可参见第 5 章的内容。

与改变溶剂相类似，改变成盐形式也会影响晶体的其他性质，包括晶体形态、多晶型、结晶动力学、制剂、药物稳定性等等。因此，在选择成盐形式时，除了要考虑溶解度的变化以外，还需要考虑以上因素。

4. 溶解度的测量与预测

目前测定溶解度的方法主要有两种。一种是静态法，该方法是将过量的固体与纯溶剂或混合溶剂放入带有夹套的结晶器中，设置实验温度与搅拌速率，将悬浮液搅拌一段时间（最好搅拌一夜）。然后，停止搅拌并静置一段时间，分析清液中的溶质浓度即为该条件下的溶解度，或测定未溶固体的量反过来推算饱和溶液中的晶体浓度。静态法对达到溶解平衡的速率没有限制，所以对溶解速率快和慢的物质都可以使用，但是测定效率较低、耗时长、样品和试剂用量大。另一种是动态法，该方法是在带夹套的结晶器内放入定量的溶剂或混合溶剂，恒温下搅拌，然后分批次加入待测固体。每次加入固体之后搅拌 1h 以上，使固体充分溶解。辅助激光技术确定固体有无溶清（溶解澄清）。到测量后期每批加入固体量为 10mg 左右，当最后一次加入的固体无法再溶清时，此时由累计加入的固体量来计算溶解度。图 2-12 和图 2-13 分别是激光变温动态法测量溶解度实验装置示意图和实物图。动态法对测定达到平衡较快的物系有独特优点，样品耗量少、测定效率较高且不必对所测物系建立专门的分析方法。

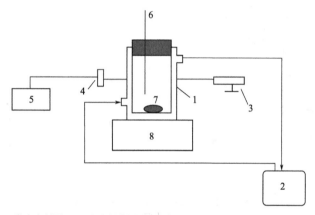

1—结晶器；2—水浴；3—激光发射器；4—激光接收器；5—数字显示装置；6—温度计；7—磁转子；8—电磁搅拌装置

图 2-12 激光变温动态法测量溶解度实验装置示意图

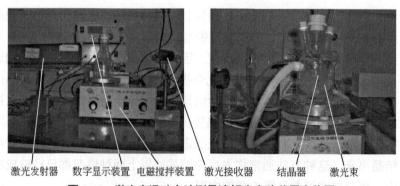

激光发射器 数字显示装置 电磁搅拌装置 激光接收器   结晶器   激光束

图 2-13 激光变温动态法测量溶解度实验装置实物图

在新药开发初期，一方面受原料供应的限制，另一方面又迫切需要尽快确定新药结晶过程中适合的溶剂体系以及结晶温度范围。以上两方面的因素推动了高通量筛选设备的广泛应用[5]。目前市场上已经有许多从事高通量筛选设备的商业单位。通常，高通量筛选设备包含多个从微升到毫升范围的容器或小瓶，从而保证用户能够在非常有限的原料供应下进行多组实验。其中，这项技术的关键优势是所有的操作都是自动化的，可以重复进行多组实验[6]。

除了高通量筛选设备以外，工业上另一个发展趋势是在线分析仪器的使用，例如红外（FTIR）、拉曼（Raman）、紫外/可见（UV/Vis）或近红外（NIR）分光光度计，这些仪器都属于在线监测技术（PATs）[7-9]。通常，这些仪器都包含一个传感器探头，实验中可以直接将探头浸入溶液中。因此，在线分析仪器的使用完全避免了离线取样以及与取样过程相关的实验误差等。这些在线测量技术将在第 7 章中进一步详细介绍。相比于高通量筛选方法，在线分析技术更有利于实时监测整个实验过程。

分光光度计可以用于测定目标化合物的溶解度或溶液浓度。实验过程中，首先需要利用已知浓度的样品对仪器进行校正，从而建立溶解度（溶液浓度）与光谱峰面积之间的关系，即标准曲线，然后再通过峰面积来进一步确定未知样品的浓度。然而，任何技术都不是完美的，利用分光光度计测量溶解度也存在一定的局限性和问题，例如实验处理量较小，可能会出现峰移、峰重叠等。因此，针对特定化合物在较宽的温度范围及溶剂组成下，仍需开发出适用于其溶解度测定的精确方法。

由于溶解度受到多种因素的影响，所以在测量溶解度过程中，要注意以下几个方面。

① 物质的纯度：杂质的存在会对被测体系的热力学性质产生重大的影响，并且像电导率等方法对杂质十分敏感。

② 温度的控制：在溶解度的测定过程中，温度的精确控制和测定是至关重要的，绝大多数物质的溶解度均是温度的函数。

③ 溶解平衡的建立：为了使体系建立充分的溶解平衡，一般采用充分搅拌，同时要保证充分的平衡时间。

④ 溶剂的选择：要选择合适的溶剂，不能与所测物质发生反应，如果溶剂挥发性很大要加装冷凝设备。

⑤ 测量方法的选择：测量一种物质的一条溶解度曲线时，要使用一种测量方法，对于不同的物质的溶解度曲线的测量，可以根据情况选择适合的方法。

⑥ 其他因素：要防止一些外来因素的影响，如操作过程中污染的影响等。

近年来，关于溶解度的预测也受到越来越多研究者的关注，尤其是在学术研究领域。目前，人们已经建立了较为完整的用来预测汽液平衡的数据库[3]。然而，相对于汽液平衡来说，预测固液平衡的相关研究仍处于初级阶段[10]。目前随着这一领域的迅速发展，相信其未来的潜力不容忽视[11]。

5. 溶解度对结晶的重要性

在结晶过程中，溶解度是一个关键因素。如前所述，根据溶解度数据可以已知在结晶开始时有多少溶质可以溶解于溶剂体系中，结晶过程结束时又有多少溶质会留在溶剂体系中，以及在溶解度允许的情况下杂质的去除率为多少。

例如，如果目标化合物在温度为 50℃和 0℃的溶解度分别为 100mg/mL 和 10mg/mL，那么，在温度为 50℃时将 100g 的目标化合物溶解在 1L 溶剂中，通过合理设计结晶过程，当温度降到 0 ℃时，可以在 1L 溶剂中结晶得到 90g 的目标化合物。该结晶过程的收率为：

$$90/100 = 90\% \tag{2-6}$$

目标化合物与溶液中杂质的溶解度比，以及起始原料的纯度限制了目标化合物在纯度可接受前提下可获得的最大理论收率。继续以前面的例子来讨论，假设起始原料中含有质量分数为 15%的杂质，并且该杂质的溶解度与目标化合物的溶解度相等。那么，这种情况下把 100g 含 85g 目标化合物与 15g 杂质的起始原料加到 1L 的溶剂中，最终结晶产品中将含有 85-10=75g 的目标化合物，和 15-10=5g 的杂质，因此，最终产品的纯度为 75/(75+5)=93.75%。在这种情况下，收率为 75/85=88%。

为了提高收率，我们可以增加起始原料的加入量，即 1L 溶剂中起始原料量增加到 117g，这样最终结晶产品中大约含有 100g 的目标化合物。采用这种方法可以将收率增加到最大值：即 (100-10)/100=90%，但是最终产品的纯度将会降低至 90/[(17-10)+90]=92.78%。

通过上述计算过程，我们可以看出溶解度对设计结晶过程有重要影响。由于通常情况下很难测得杂质的溶解度，因此很难预测出收率和产品纯度之间的关系。但是，收率和产品纯度之间的一般性关系仍然成立：收率越高，纯度越低，反之亦然。综上所述，显然，测量溶解度数据有助于确定结晶过程可以达到的极限。

此外，测量溶解度数据也有助于确定结晶过饱和度和结晶动力学，这将在后续内容里阐述。同时，掌握溶解度信息也有助于优化上游的合成过程。

2.2.2　相平衡与相图

液体的蒸发、蒸汽的凝结、固体的溶解、液体的结晶、熔体的析晶以及不同晶型的转变等等都是人们熟知的相变化过程，也是科学工作者和生产技术人员十分关注的课题。在一个多相体系中，随着温度、压力和浓度的变化，相的种类、数量及各相中物质的含量都要相应地发生变化。如果对这个系统进行深入系统的研究并用几何图形来描绘实验结果，那么这个图形就可以反映出该系统在一定组成、温度和压力下，达到平衡时所处的状态。也即可以反映该系统在平衡条件下的相态，可直观反映出系统内有哪些相，每一相的组成如何，各相之间相对数量多少等。这种几何图形称之为相图，也叫平衡图或状态图。它是处于平衡或准平衡状态下系统的组分、物相和外界条件相互关系的几何描述。相图用物理化学理论来阐明固体材料形成过程的本质，为生产、研究和开发新材料提供理论依据，在许多科学技术领域中已成为解决实际问题不可缺少的工具。

1. 相平衡和相图简介

(1) 相、相律和二元系统

体系中具有相同物理和化学性质的均匀部分的总和称为相，不同相之间由界面隔开。相可以是气态、液态和固态，也可以是纯物质（纯相）或不同物质组成的混合物（混合相）。例如，气态的氧是纯相，而作为空气成分的氧、氮和二氧化碳的混合物是混合相。任何两种或两种以上完全互溶的液体或固体也是一个单相系统。另外，非混溶液体或固体的混合物是两相或两相以上的非均相系统。例如，把氯化钠加入水中，当溶液未达到饱和状态时，只有一个单独的液相，但是，如果继续向溶液中加入氯化钠直至过量时，这时一个新相，也就是固相会出现。在这样一个非均相系统中，系统的宏观性质在两相之间的相界面处跳跃，即发生不稳定的变化。

相数和物质的数量多少无关，和物质是否连续无关，通常用来 P 表示。相有以下几种特征：

① 一个相可以包含几种物质，即几种物质可以形成一个相；

② 一种物质可以有几个相，例如水可有固相（冰）、气相（水蒸气）和液相（水）；

③ 固相机械混合物中有几种物质就有几个相；

④ 一个相可连续成一个整体，亦可不连续，例如水中的许多冰块，所有的冰块的总和为一相。

系统中每一个能够单独分离出来并且独立存在的化学均匀物质称为物种或组元。决定一个相平衡系统的成分所必需的最少物种（组元）数称为独立组元数，通常用 N 来表示。习惯上把具有 N 个独立组元的系统称为 N 元系统。只有在特定条件下，独立组元和组元的含义才是相同的。表 2-2 列出了常见的溶液平衡系统中的 N 值。基于独立组元数，当 N=1，2，…，5 时，可以分别把系统称作一元，二元，三元，四元或者五元系统。例如，表 2-2 中最后一行给出了海洋盐系统，即五元系统的特征。

表 2-2　不同系统中的独立组分数 N

系统	N
H_2O	1
H_2O+乙醇	2
H_2O+NaCl	2（3−1）
D-苏氨酸+L-苏氨酸+ H_2O	3
H_2O+NaCl+KCl	3（4−1）
H_2O+NaCl+NH_4HCO_3	4（5−1）
Na^+、K^+、Mg^{2+}/Cl^-、SO_4^{2-}/H_2O	5（6−1）

自由度是在一定范围内不引起平衡系统内相数目增减的最少独立的热力学参数（如温度、压力、组分的浓度等）的数目，通常，平衡系统的自由度数用 F 表示。一个系统中有几个独立变量数就有几个自由度。

相律是表达一个处于热力学平衡状态的系统中相数 P、独立组元数 N 与自由度数 F 三者之间关系的规律，它是 J. W. Gibbs 于 1875 年得到的极其普遍而重要的规律[12]，其表达式如下：

$$P + F = N + 2 \tag{2-7}$$

或

$$F = N - P + 2 \tag{2-8}$$

相律在热力学平衡系统中普遍适用，它为所有相图建立了理论基础。相律的应用必须注意以下几点：

① 由于相律是基于热力学平衡条件推导而得到的，因而它只能处理真实的热力学平衡体系。

② 相律表达式中的"2"代表外界条件的温度和压强。应根据影响体系平衡状态的实际外界条件数来增减。如果电场、磁场或重力场对平衡状态有影响，则相律中"2"应为"3"、"4"或"5"。如所研究的体系为固态物质，可忽略压强的影响，则相律中的"2"可改为"1"。

③ 必须正确判断独立组元数、独立化学反应式、相数以及限制条件数，才能正确应用相律。

④ 自由度只取 0 以上的正值。如出现自由度为负值，则说明体系可能处于非平衡状态。

相图形象地表示了（二维或三维中）在温度、压力和浓度（或组成）的一系列范围内系统中各相之间的平衡。它规定了平衡条件，即温度，压力和组成以及在该条件下的相。因此，对于固液平衡，相图还可以说明系统中出现的固相，如多晶型态、溶剂化物或中间化物。

现在来考虑二元系统的固液平衡。二元系统是含有两个组元（$N=2$）的系统，如CaO-SiO_2系统、NaO-SiO_2系统等。根据相律可知$F=N-P+2=4-P$，由于所讨论的系统至少应有一个相，所以系统最大的自由度数为3，即独立变量除了温度、压力以外，还要考虑组元的浓度。对于三个变量的系统，必须用三个坐标的立体模型来表示。

但是，通常情况下，硅酸盐系统是凝聚系统，可以不考虑压力的改变对系统相平衡的影响，此时相律可以表示为：$F=N-P+1$，在后面所要讨论的二元、三元、四元系统都是凝聚系统，不再做特别说明。

可见，在二元凝聚系统中平衡共存的相数最多为三个，最大的自由度为2，这两个自由度就是指温度T和两组元中任一组元的浓度x。因此，二元凝聚系统相图仍然可以用平面图来表示，即以温度-组成图表示。这类系统的特点是：两个组元在液态时能以任意比例互溶，形成单相溶液；固相完全不互溶，两个组元各自从液相分别结晶；组元间不生成化合物。如图2-14所示为最简单的（具有一个低共熔点）的二元系统相图。

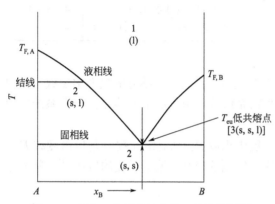

图2-14　具有一个低共熔点的二元系统相图

图2-14中点$T_{F,A}$为纯组分A的熔点，点$T_{F,B}$为纯组分B的熔点。$T_{F,A}T_{eu}$线是不同组成的高温熔体在冷却过程中开始析出A晶相的温度的连线，在这条线上液相和A晶相两相平衡共存。同理，$T_{F,B}T_{eu}$线是不同组成的高温熔体在冷却过程中开始析出B晶相的温度的连线，在这条线上液相和B晶相两相平衡共存。$T_{F,A}T_{eu}$线和$T_{F,B}T_{eu}$线都称为液相线，也可以理解为由于第二组元的加入而使熔点（或凝固点）变化的曲线。根据相律，在液相线上$P=2$，$F=1$。

通过点T_{eu}的水平线称为固相线，是不同组成熔体结晶结束温度的连接。两条液相线和固相线把整个相图分为四个相区：液相线以上的区域为液相的单相区，用L表示，在单相区内$P=1$，$F=2$；相平衡共存区（L+A）以及（L+B）的两相区，在该两区域内的液相组成可用结线（等温线）与对应曲线的交点决定；固相线以下的区域是A晶相和B晶相平衡共存区（A+B），在两相平衡共存的相区内$P=1$，$F=2$。

两条液相线与固相线的交点T_{eu}称为低共熔点。该点处液相与A晶相、B晶相三相平衡共存。就是说，冷却时按T_{eu}点的A、B比例同时析出A晶相和B晶相；加热时按T_{eu}点的A、B比例成熔融液相。这是系统加热时熔融成液相的最低温度，在该点析出的固体混合物称为低共熔混合物。在T_{eu}点相数$P=3$，自由度数$F=0$，表示系统的温度和液相的组成都不能变，故T_{eu}点是二元无变量点。在此点，当系统被加热或冷却时，只是引起液相对固相的比例量的增加或减少，温度和组成没有变化。

可以应用杠杆规则对相图进行定量分析，即系统中平衡共存的两相的含量与两相状态点到系统总状态点的距离成反比。即含量愈多的相，其状态点到系统总状态点的距离愈近。

(2) 熔融平衡和溶液平衡

在这里，关于熔融平衡和溶液平衡这两个术语，首先需要做一些说明。尤其是从实际应用的角度出发，熔融结晶和溶液结晶两者之间常常是有区别的，这里用"溶液"来表示一种均相液体混合物，并且将传统溶剂作为其中一种组分。然而，从热力学观点来看，并不需要一定要对两者作区分。通常，溶液指的是两种或两种以上物质形成的均相混合物，其中，两种或两种以上的物质可以是气体、液体或固体。在这方面，可以认为熔融体是一种接近冰点的液体，因此可以将其当作溶液来处理。关于熔融平衡和溶液平衡相图的形式类比如图 2-15 所示。

图 2-15（a）中显示了两个化合物 A 和 B 的二元熔融（或熔点）相图。通常，液相线表示其中一种化合物在另一种化合物中的溶解度。因此，图中的液相线即为 A 在 B 中的溶解度曲线。图 2-15（b）给出了化合物 A 与溶剂的二元相图，根据相图可以得到化合物 A 在溶剂中的溶液平衡数据。在图 2-15（b）中，A 的液相线也是开始于 A 的熔点，即 $T_{F,A}$，在理想情况下其与图 2-15（a）中 A 的液相线相同，这是由于凝固点的降低只取决于组成，而不取决于二元体系中第二组分的性质。因此，以上两种相图，虽然一种表示熔融平衡，另一种表示某一组分在溶剂中的溶液平衡，但都可以用同样的方法来处理。而且，图 2-15（b）中 A 在溶剂中的液相线即为 A 在该溶剂中的"经典"溶解度曲线。当把图 2-15（b）中的相图向右旋转 90° 时（见图 2-16），可得到溶解度曲线的典型表示形式，即浓度或组成随温度的变化。

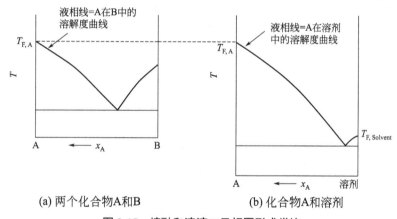

(a) 两个化合物A和B　　　　　(b) 化合物A和溶剂

图 2-15　熔融和溶液二元相图形式类比

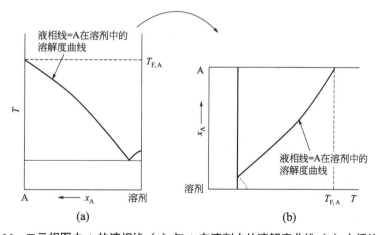

(a)　　　　　　　　(b)

图 2-16　二元相图中 A 的液相线（a）与 A 在溶剂中的溶解度曲线（b）之间的关系

在以下内容中，将分别讨论熔融平衡和溶液平衡在测定以及应用方面的区别。

(3) 固液相平衡的热力学描述：相图中的液相线

相图中液相线的热力学描述基于经典的平衡理论，将不再详细阐述。这里，仅仅简要地推导最终常用的简化关系。

以一个任意物质 A 为考察系统，其中，固相中的 A（[A]'）与液相中的 A（[A]"）处于平衡状态。其中，物质 A 应满足在液态时不发生解离，而且其在固态时不能与其他组分完全混溶。从基本平衡条件的公式推导得出，对于这种固液平衡，可以应用克拉珀龙-克劳修斯（Clapeyron-Clausius）方程的形式来描述：

$$\left(\frac{\partial \ln a}{\partial T}\right)_p = \frac{\Delta_F H(T)}{RT^2} \tag{2-9}$$

式中，a 为 A 在液相中的活度；R 表示气体常数；$\Delta_F H$ 为 A 的熔化焓。这个方程描述了恒压下 A 在二元体系中的活度随温度的变化关系。

用摩尔分数 x 和活度系数 γ 的乘积来代替活度，即可得到式（2-10）：

$$\left[\frac{\partial \ln(x\gamma)}{\partial T}\right]_p = \frac{\Delta_F H(T)}{RT^2} \tag{2-10}$$

根据基尔霍夫（Kirchhoff）关系可以将 $\Delta_F H$ 写成与温度的关系，如下：

$$\Delta_F H(T) = \Delta_F H_{T_F} + \int_{T_F}^{T} \Delta_F C_p dT \tag{2-11}$$

式中，T_F 为组分的熔点；$\Delta_F C_p$ 为摩尔相变热容。其中，$\Delta_F C_p$ 由液体和固体的摩尔热容之差得出，并且摩尔热容通常取决于温度，如下所示：

$$\Delta_F C_p(T) = C_{p,l}(T) - C_{p,s}(T) \tag{2-12}$$

进一步假设二元混合物在液相中为理想状态，因此其活度系数为 1，并且式（2-12）中 $\Delta_F C_p$ 与温度的关系可以忽略不计，则可以推导得到著名的 Schröder-van Laar 方程，如式（2-13）所示，它描述了二元体系中一个组分的液相线的变化趋势：

$$\ln[x(T)] = \frac{\Delta_F H_{T_F}}{R}\left(\frac{1}{T_F} - \frac{1}{T}\right) - \frac{\Delta_F C_p}{R}\left(\ln \frac{T_F}{T} + 1 - \frac{T_F}{T}\right) \tag{2-13}$$

然而，式（2-13）仍然很复杂，除了需要知道熔点和熔化焓以外，还需要知道摩尔热容数据。通常来说，相比于式（2-13）中的第一项，第二项（即包含摩尔热容的那一项）可以忽略不计，在此基础上，并将 $\Delta_F H_{T_F} = \Delta_F H$ 代入，即可得到简化的 Schröder-van Laar 方程：

$$\ln[x(T)] = \frac{\Delta_F H}{R}\left(\frac{1}{T_F} - \frac{1}{T}\right) \tag{2-14}$$

虽然式（2-14）只适用于理想系统（由于做了相应的简化），但它仍然可以根据熔点和熔化焓来近似地预测物质的液相线曲线，其中利用差示扫描量热法（DSC）可以容易地测定物质的熔点和熔化焓。在计算了二元体系中两种组分的液相线之后，可以进一步根据两条液相线的交点得出相图中低共熔点的组成。考虑到实际体系与理想体系有一定的偏离，可以通过引入活度系数 γ，利用 $(x\gamma)$ 来取代 x 对式（2-14）进行一定的修正。

液相线（如前所述）对应于物质在任意溶剂中的理想溶解度曲线，因此，它只能用于非常粗略地估算和预测溶解度。

一般来说，对于离子化合物，其在溶剂中总的溶解焓由熔化焓、混合热、离解热和溶剂化热几个部分共同组成：

$$\Delta_S H = \Delta_F H + \Delta_{mix} H + \Delta_{dissoc} H + \Delta_{solv} H \tag{2-15}$$

然而，在没有解离的情况下，对于无限稀释的理想溶液，混合热与溶剂化热对溶解过程的贡献是微不足道的，故可得到 $\Delta_F H \approx \Delta_S H$。因此，上述 Schröder-van Laar 方程中采用熔化焓来估算有机物质达到溶解平衡时的溶解度与温度之间关系是一种很好的近似方法。

（4）三元和四元体系相图

三元相图与二元相图的差别在于其增加了一个成分变量。三元相图的基本特点为：

① 完整的三元相图是三维的立体模型。对于恒压三元相图，一般采用 T，x_A（或 w_A）或 x_B（或 w_B）两个强度量作为变量，这样的相图占一个三维空间。

② 三元体系中可以发生四相平衡转变。由相律可以确定二元体系中的最大平衡相数为 3，而三元体系中的最大平衡相数为 4。

③ 除单相区及两相平衡区以外，三元相图中三相平衡区也占有一定空间。根据相律得知，三元体系三相平衡时存在一个自由度，所以三相平衡转变是变温过程，反映在相图上，三相平衡区必将占有一定空间，不再是二元相图中的水平线。

二元体系的组成可用一条直线上的点来表示，表示三元体系组成的点则位于两个坐标轴所限定的三角形内，这个三角形叫作成分三角形或浓度三角形。常用的成分三角形是等边三角形，有时也用直角三角形或等腰三角形表示成分。其中，等边三角形的浓度表示法如图 2-17 所示。

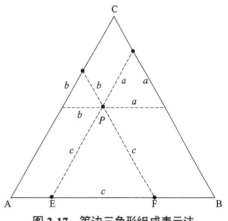

图 2-17　等边三角形组成表示法

图中的三个顶点分别表示纯组分 A、B、C，相应的边为二元系中两个组分的相对含量。三角形内部不同位置的点表示由三个组分所形成的某个三元系统。例如图中的 P 点，经 P 引三条线分别平行于三角形的三条边，构成三个等边小三角形 Δaaa，Δbbb，Δccc。这三个等边小三角形位于等边大三角形内，九条边总和正好等于大三角形的三条边之和，而且 $a+b+c=AB=BC=AC$。可见，在三角形内任一点都是有对应的 a、b、c 三个值，而且这三个数值之和是定值，总是等于三角形的一边长。因此可以用这三个小三角形的边长 a、b、c 来表示三角形内任一点的组成含量。把三角形每一条边分为 100 等份，则 P 点就可以用同一单位来度量，a 表示 P 组成点的 A 含量，b 表示 P 组成点的 B 含量，c 表示 P 组成点的 C 含量，$a+b+c=100$。例如在 AB 边，从 B 端向左量 a 个单位表示 A 含量，从 A 端向右量 b 个单位表示 B 含量，$100-(a+b)$ 便是 C 含量。表示浓度的单位有质量分数（%），摩尔分数（%）或摩尔分数（x）。

现在考虑该三角形为棱柱的底面并且垂直于该三角形的轴代表温度变量，则可以得到三维相图，如图 2-18 所示。在此，棱柱的三个垂直面代表三个二元系统 A/B、B/C 和 A/C，且均为简单低共熔混合物。棱柱内部液相线下方的每个点代表由三个组分所形成的某个三元系统。根据相律可知，系统中最多四个相可以平衡共存，即 $P=4$，自由度数 $F=0$。类似于二元低共熔相图，在三元低共熔相图中，这个三元无变量点，即图 2-18 中的 P 点是用来表征三个固相成分与低共熔组分的饱和溶液处于平衡状态时的最低温度。但是，三维相图在实际应用中很不方便。另外，在实际应用中往往并非对所有组成范围均感兴趣，也并非对所有温度范围的相平衡都感兴趣。所以，通常固定另一个强度变量，例如固定温度的恒温截面，这样就会获得二维相图（如图 2-18 中的阴影区域所示），以此来表示系统的固液相平衡。

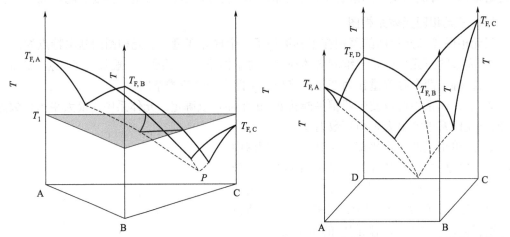

图 2-18　三元系统 A、B 和 C 的三维相图　　图 2-19　四元系统 A、B、C 和 D 相图的三维表示

　　类似于三元系统，四元系统可以用三维棱柱表示，但此时是一个正方形作为棱柱底面，正方形的四个角在拐角处。图 2-19 中给出了由四个任意组分 A、B、C 和 D 组成的四元系统相图。同样，棱柱的四个垂直面代表简单的低共熔二元系统 A/B、B/C、C/D 和 A/D。类似于三元系统，对于四元相图，也通常通过固定温度的恒温截面，获得简化的相图。

2. 熔融相图

（1）相图的类型及其出现

　　首先提出这样一个问题：在描述二元系统固液相平衡时会用到哪种相图？通过查找文献，可以发现熔融相图的形式是多种多样的，特别是对于无机物和金属体系。此外，文献中很少有人报道和描述有机物的相图。然而，所有（甚至是复杂的）相图都可以简化为几个基本相图的组合形式，或是在其基础上进行了一定的修改。

　　以二元有机混合物为例，图 2-20 给出了一些相图的主要类型以及它们出现的频率。

　　一般来说，可以根据系统在固态下是否混溶来对其进行分组。第一组固态不混溶性（a～c 型）约占相图总数的 86%，为系统相图的主要组成部分，它主要包含具有中间化合物的系统（图 2-20 中的 b 型和 c 型）和具有低共熔点的系统（如图 2-20 中的 a 型）。其中后者，即具有低共熔点的系统是常见的类型，一半以上的系统属于该类型。此外，中间化合物可以是一致熔融化合物，也可以是不一致熔融化合物。图 2-20 中 b 型为具有一个一致熔融化合物的系统的典型相图，其中一致熔融化合物是一种稳定的化合物，与正常的纯物质一样具有固定的熔点，加热该化合物到其熔点时，即熔化为液态，所产生的液相与化合物的晶相组成相同，故称为一致熔融，其化合物则称为一致熔融化合物。这种相图的特征是具有一个最高熔点不变量。而 c 型为具有一个不一致熔融化合物的二元系统相图，其中不一致熔融化合物是一种不稳定化合物，加热该化合物到某一温度便发生分解，分解产物是一种液相和一种晶相，二者与原来化合物组成完全不同，故称为不一致熔融，其化合物称为不一致熔融化合物，它只能在固态中存在，不能在液态中存在。事实上，可以视为 b 型相图是两种"a 型"相图的组合，两者都以中间化合物为一个共同的成分。

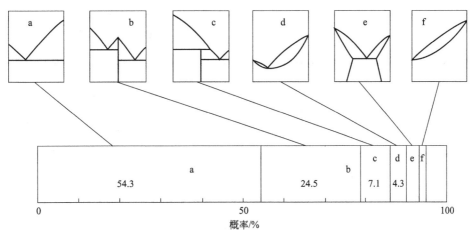

图 2-20　各种类型的二元有机混合物固液平衡相图的概率分布[13]

从图 2-20 中可以看出，固态混溶性（d～f 型）出现的频率要低于不混溶性出现的频率（a～c 型）。完全混溶可以在相图中表示为熔点极小值（d 型）、熔点极大值（图中未显示）或没有极值（f 型）。此外，在含有中间化合物的系统和具有简单低共熔点的系统中也可以发生部分混溶（如 e 型）。然而，文献上报道的这种类型的相图数量很少，而且通常情况下系统中的部分混溶性很难识别。这可能归因于以下几点：①低混溶性几乎无法被检测到；②固态分子的流动性较低，导致几乎无法实现平衡测量。然而，掌握系统中部分混溶性的知识对于提纯过程至关重要，由于其限制了结晶过程可以达到的纯度。

图 2-20 中仅给出了固液平衡相图。此外，固-固平衡（如多晶型的相变）、液-液平衡（如液-液分层）以及非平衡现象（非平衡状态）会使熔融相图变得更加复杂，进而导致相图的测量过程变得更加困难。

（2）熔融相图的测量

由于固液相平衡的复杂性，很多学者使用热力学模型对其进行预测，并且随着热力学的发展以及实验数据的不断积累，这种理论预测的精度一直在不断提高，但远未达到可以取代实验的水平。实验中，熔融相图最常用的测量方法为热分析法。其原理是根据系统在冷却或加热过程中，温度随时间的变化关系来判断体系中有无相变发生。

表 2-3 中列出了不同的热分析方法，以及每种方法中的测定参数。通常，除了可以对熔化行为进行定性或半定量评估的热光分析（TOA）技术之外，差示扫描量热法（DSC）是建立二元相图最重要的手段，它是一种将与物质内部相转变有关的热流作为时间和温度的函数进行测量的热分析技术。根据测量方法的不同，DSC 可分为功率补偿式差热扫描量热法和热流式差示扫描量热法。功率补偿型 DSC 工作原理建立在所谓"零位平衡"原理上。DSC 热系统可分为两个控制环路，其中一个环路作为平均温度控制，以保证按照一定

的速率升高样品和参比物的温度；另外一个环路用来保证当样品和参比物之间一旦出现温度差时能够调节功率输入以消除这种温度差，也称零位平衡的原理。

表2-3　研究纯物质和混合物熔融行为的主要热分析方法及其测量的相关性质

测定参数	方法
光学特性（例如透光率）	TOA
ΔH（ΔT）	DSC，Rcal（反应量热法），DTA（差热分析）
晶格性质	PXRD
质量损失	TG

热流型 DSC 的热分析系统与功率补偿型 DSC 差别较大。热流型 DSC 是将待测样品和参比物同时放在同一铜片上，在相同的功率下由同一个热源加热，铜片的作用是给样品和参比物传热并作为测量温度热电偶结点的一极，镍铬合金片与铜片组成的热电偶记录样品和参比物的温差。镍铬合金片和镍铝合金线组成的热电偶测定样品和参比物的温度。热流型 DSC 实际上测定的量是样品与参比物二者的温差，然后根据热流方程，将温差换算成热功率差作为信号的输出。其中，热流型 DSC 是最常用的技术，因为这种技术简单易行，并且样品的处理量更大，尤其对于非均相混合物和热容测量来说是首选。

热重法（TG），是指在程序控制温度下测量待测样品的质量与温度变化关系的一种热分析技术。在实际应用中，TG 经常与其他分析方法连用，进行综合热分析，用得最多的就是 TG-DSC 综合热分析法。因此，利用 TG-DSC 技术可以清晰地确定质量保持恒定的相变过程，以及与质量损失有关的降解或脱水过程。X 射线粉末衍射（PXRD）是用于固相分析的非常强大的工具，并且是一种能够通过确定固相结构信息来判断是否发生相变的技术。它可以确定系统中是否发生了多晶型转变，固溶体与共晶的形成等过程，从而为熔融相图的研究提供相关信息。

由于 DSC 是定量研究固液相平衡的基本方法，因此这里对其进行简要的介绍。图 2-21 给出了测量过程中温度随时间的线性变化程序，只要没有发生与物质内部相转变有关的热流行为，则待测样品和参比物的温度都将以相同的斜率增加。由于参比物和待测样品的热容存在差异，则在 T_R 和 T_S 之间可能会出现一个很小但恒定的偏差。实验中通常使用在测定温度范围内不会发生任何热转变的惰性材料（如氧化铝或空气）作为参比物。由于参比物稳定地遵循温度程序，因此如果发生了热效应，则待测样品的温度会偏离参比物的温度。例如，假若发生了吸热的熔化过程，如图 2-21 所示，则待测样品的温度将落后于参比物的温度。当相变结束后，待测样品的温度 T_S 会再次遵循温度程序。然后，绘制温差或相应的热流 HF 与时间或温度的关系图，可以发现一个代表样品熔化过程的峰。根据定义，通常将峰的起始温度 T_{on} 作为物质的熔化温度 T_F。根据 DSC 曲线所包围的面积，可以得到相应的熔化焓。峰的最高温度 T_{max} 表示熔化过程的结束。其中，温差 $\Delta T = T_S - T_R$，热流 HF 可以根据仪器校准提供的量热系数 K 和温差 ΔT 计算得到，即 $HF = K\Delta T$。

以二元系统的相图为例，图 2-22 说明了如何从两种组分的不同混合物的 DSC 曲线中得出相图中的液相线和固相线。在该图的下部给出了系统的相图；而上部显示了特定组成的 DSC 曲线，以及在它基础上推导出的液相线。

接下来，以图 2-22 所示的四个例子来说明如何解释这种 DSC 曲线。如前所述，纯物质的熔化或低共熔系统的相变始终显示为一个单个的峰。这种情况对应的 DSC 曲线为 D 和 E，分别记为情况 1 和情况 2。由于曲线 D 是指系统中测得的最低温度，因此它可能与低共熔点 $T_{eu, 2}$ 相关。曲线 E 表征了单一物质的熔化过程，并且对应于非化学计量的中间化合物的一致熔融。情况 3 表示系统组成接近纯组分 1，相对应的 DSC 曲线 F 首先出现一个尖峰，紧接着出现一个较宽的热效应的峰。其中，第一个尖峰与低共熔点 $T_{eu, 1}$ 有关，紧接着出现的较宽的峰对应熔融体中过量的组分 1 的溶解过程，在此基础上可以得出系统的 $T_{eu, 1}$ 和 T_{liq}。图 2-22 中的情况 4 表示组成接近纯组分 2 的混合系统的 DSC 曲线，并且曲线中仅有一个宽峰。它表征了始终有两相存在的二元体系中固溶体的逐步熔化过程，因此属于单变系统。热效应的起始温度和最大峰值代表了固相线和液相线的位置。

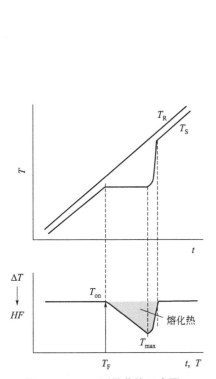

图 2-21 DSC 测量曲线示意图

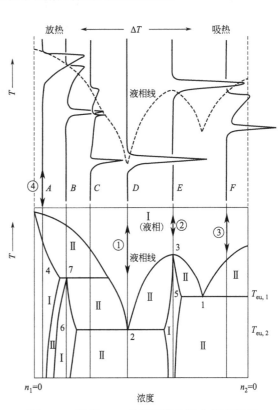

图 2-22 根据 DSC 曲线提供的组成-温度数据推导出假定的二元系统相图[14]

值得注意的是，实际应用中通常将 DSC 曲线与其他的分析方法相结合，例如 TG、TOA、PXRD、拉曼光谱或红外（IR）光谱等，可以更好地理解物质发生的分解以及相变过程等。

通常，为了准确地进行 DSC 测量实验，需要认真地准备样品并选择适当的测试条件。此外，为了确保达到平衡条件，实验中还应保持较低的加热速率，并保证待测样品是少量且细小分散的。考虑热滞后效应的存在，建议在每个扫描速率下单独进行温度校准。而且，实验过程中应使用规定流量的氩气或氮气作为吹扫气体。

3. 溶液平衡

(1) 溶解度曲线

表示物质的溶解度与温度之间关系的图形称为溶解度曲线。它提供了物质在不同温度下及特定溶剂中的溶解信息，因此它对结晶过程的开发至关重要。如前所述，对于冷却结晶过程，根据物质在所涉及的温度范围内的溶解度差异，可以确定结晶过程可能的产率。此外，特定物质 A 的溶解度曲线代表 A-溶剂二元相图中的液相线。因此，它也提供了物质在特定温度下可能存在的相的相关信息，例如是否存在溶剂化物或某些多晶型物。

下面我们首先介绍无机物的溶解度曲线。图 2-23 中给出了一些无机物在水中的溶解度曲线。从图中可以看出，不同无机物的溶解度随温度的变化趋势有所差异。例如，硝酸钾的溶解度会随着温度的升高而迅速增大；氯化钾的溶解度随温度的增加趋势比较平缓；而氯化钠在水中的溶解度几乎与温度无关。不同物质的溶解度数值可能相差很大，甚至会超过几个数量级。例如，当温度为 20℃时，硝酸钙和氯化钙的溶解度分别为 129g/100g 和 74.5g/100g，而硫酸钙作为微溶盐，它的溶解度仅为 0.2g/100g，与硝酸钙和氯化钙相比，其溶解度低了将近 500 倍。

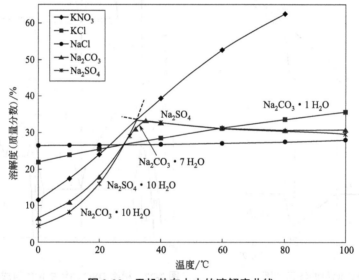

图 2-23　无机盐在水中的溶解度曲线

对于酸、碱及其组成的盐来说，其溶解度主要取决于溶液的 pH 值。因此，对于制药工业中常用的盐，获取其溶解度随 pH 变化的曲线具有重要的意义。

然而，并非所有物质的溶解度曲线都符合稳定的变化趋势。例如，观察图 2-23 中的碳酸钠和硫酸钠的溶解度曲线，不难发现，当温度达到某个值后（大约 30℃），它们的溶解度突然随着温度的增加而减小。也就是说，虽然在低温下它们的溶解度随温度的升高而增大，但在更高温度下发生了所谓的逆溶解度现象。这种溶解度曲线的不连续性总是表示溶液中发生了由溶剂化物或多晶型转变而引起的相变。这意味着，在低于和高于相变温度时，会出现不同的固相。对于硫酸钠，在低温下，十水合硫酸钠（芒硝）是稳定的相；当温度超过相转变温度32.4℃时，从水溶液中结晶出来的无水物是稳定的固相。当温度范围在32～35.3℃之间时，介于碳酸钠十水合物和一水合物之间的另外一个相，即碳酸钠七水合物会出现。事实上，碳酸钠的溶解度曲线不仅仅反映了一个物质的溶解度行为，而是代表了三个物质的溶解度曲线，每条溶解度曲线对应于在相应温度下稳定存在的相，并且三条曲线分别在转变温度下相交。此外，外推线表示亚稳态的溶解度曲线，这对于利用亚稳平衡作为结晶动力学推动力的分离过程是非常重要的。

溶解度曲线的一般趋势可以从Le Chatelier原理得出，它认为溶解过程是打破并形成新键的反应过程，例如，在离子晶体（盐）中打破了离子键并由于离子水合而形成了（弱）静电力离子-偶极相互作用，如：

$$NaCl/H_2O \longleftrightarrow Na_{aq}^+ + Cl_{aq}^- \tag{2-16}$$

通常，反应焓即为溶解焓。对于吸热的溶解过程，平衡会随着温度的升高而转移到更高的溶解度，从而导致溶解度随温度的升高而增大，这些物质可称为具有正溶解度。另一方面，放热溶解过程导致其溶解度随温度的升高反而减小，即所谓具有逆溶解度。在大多数情况下，溶解焓为正值，也就是说，大多数物质会吸收热量而溶解。

如前所述，利用简化的Schröder-van Laar方程[式(2-14)]可以表示理想溶解度与温度的关系。此方程仅允许根据目标化合物的DSC熔化焓数据预测溶解度。但是，在无限稀释的溶液（$\Delta_s H_\infty$，所谓的"第一"溶解热）中，溶解焓通常近似于实际情况。对于大多数无机物质，该值是已知的，可以从数据库中查找；对于有机化合物，关于其溶解焓的报道较少，需要进行测量。由于查找和测量的过程耗时且浪费原料，因此利用DSC技术快速获得熔化焓有助于初步估算溶解度曲线。

由于式（2-14）是对数函数，因此通常将摩尔分数表示的溶解度的对数与温度的倒数绘制成函数关系，如图2-24所示。

在这里，给出了最常见情况，即物质的溶解度随温度的升高而增大。显而易见的是，在式（2-14）中应用熔化焓确定溶解度与温度的关系时，得到的直线斜率总是负的，这意味着物质具有正溶解度。因此，只有当溶化焓为负值的情况下，才可以得到逆溶解度。

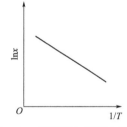

图 2-24 溶解度与温度之间的关系（van't Hoff）曲线

可以将溶解焓与溶解度曲线的斜率联系起来。在表2-4中，给出了图2-23中涉及的盐的$\Delta_s H_\infty$值。观察表2-4，不难发现，硝酸钾的溶解度随温度升高而急剧增大这一现象与其相对较高的溶解焓有关。同样，氯化钠溶解度与温度之间的较弱（正）的依赖关系表现为其较低（也为正）的$\Delta_s H_\infty$值。在室温下，盐（如硫酸钠和碳酸钠）的无水物形成稳定水合物时的溶解焓为负值，这是由于水合过程是强放热的。

表2-4 不同的盐在无限稀释的溶液中的溶解焓（$\Delta_s H_\infty$）

盐	Na$_2$SO$_4$	Na$_2$SO$_4$·10H$_2$O	Na$_2$CO$_3$	Na$_2$CO$_3$·10H$_2$O	NaCl	KNO$_3$
$\Delta_s H_\infty$/（kJ/mol）	−1.2	78.3	−23.4	67.8	3.9	36.0

以上讨论的均为无机物的溶解度。对于有机物质来说，其也会发生逆溶解度行为。例

如，非常复杂的天然产物磺胺胍和天冬氨酸，它们在水中均会发生逆溶解度行为。此外，对于互变多晶型体系，经常可以发现其溶解度曲线会出现不连续性，这主要是由多晶型物发生相转变而引起的。通常，对于互变多晶型体系，一种晶型向另一种晶型的转变发生在相变温度 T_t 处[图 2-25 (a)]，并且这一过程是可逆的。相反，如果多晶型为单变体系，那么可以发现其不同晶型的溶解度曲线并不相交，也就是说，晶型变化与温度无关。相对于其中一种晶型来说，另外一种晶型总是处于亚稳态，因此具有较高的溶解度[图 2-25 (b)]。

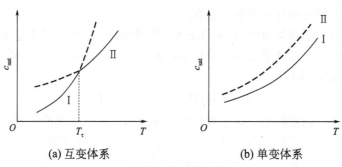

(a) 互变体系　　　　　　　　(b) 单变体系

图 2-25　多晶型物系的溶解度曲线

图 2-26 中给出了某种医药中间体在不同有机溶剂以及混合溶剂中的溶解度。此外，图中还给出了根据 van't Hoff 方程拟合得到的理想溶解度曲线。从图中可以看出，溶解度符合线性趋势，而且相关系数 R^2 均大于 0.99。对比实验结果与拟合得到的结果，可以发现药物中间体在一些溶剂体系中的溶解度高于理想值，而在一些溶剂中会低于理想值。并且，药物中间体在乙酸乙酯中的溶解度几乎与拟合得到的理想值相吻合，在纯乙酸乙酯中加入庚烷会降低药物中间体的溶解度。此外，从图中可以看出实际溶解度曲线的斜率似乎与理想情况相差不大。但是，由理想溶解度曲线斜率得出的溶解焓在 23.1kJ/mol 和 37.1kJ/mol 之间变化，而纯化合物的熔融焓为 41kJ/mol。

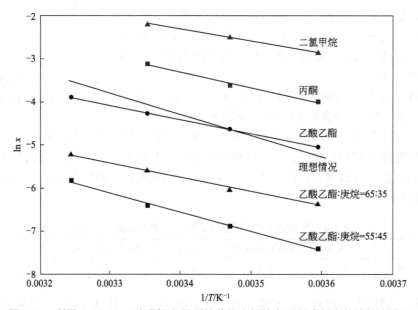

图 2-26　利用 van't Hoff 公式拟合得到的药物中间体在不同溶剂中的溶解度曲线

（2）三元系统的溶液平衡（以对映异构体为例）

如前所述，在许多情况下会涉及三元系统，即包含三相（一相为溶剂）的系统。例如，溶质-溶液系统中的单一杂质，非对映异构盐或手性系统的两种对映异构体的分离，以及使用两种溶剂[溶质通常在一种溶剂中高度可溶，而在另一种溶剂中仅微溶（如溶析结晶）]的情况。在制药工业、农业化学和精细化学工业（例如香料和香料化学产品的生产）中，非对映异构盐的分离和手性对映异构体的分离都是非常关键的。在这些工业中，对纯的对映异构体（简称对映体）而不是外消旋体（两种等量的对映体组成的混合物）的需求稳步增长。接下来，将以两种对映体和一种溶剂的三元系统为例，来阐明三元溶液平衡。

图 2-27 给出了二元熔融相图和三元溶解度相图的等温截面之间的关系。由于手性系统的两种对映异构体具有相同的熔点和熔化焓，因此，当它们以 1:1 组成的混合物（即外消旋体）的相图是对称的。同理，对映体的溶解度图也亦如此，如图 2-27 所示。因此，通常仅需测量相图的一半即可根据对称性绘制得到整个相图。

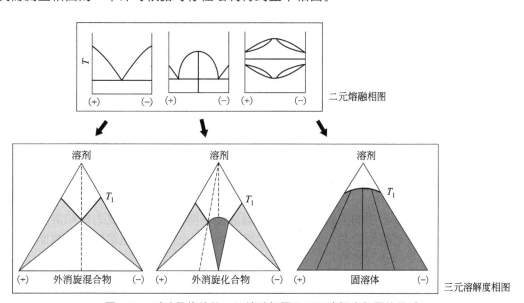

图 2-27   对映异构体的二元熔融相图和三元溶解度相图的关系
粗线表示相关的液相（饱和）线，(+) 和 (−) 表示两种对映体

图 2-27 中显示了三种主要类型的系统，从左至右依次为：简单的低共熔（即 1:1 的混合外消旋混合物或聚合物），中间化合物（所谓的外消旋化合物）和固溶体（这里指的是固态完全可混溶）。可以看出，三元系统中的溶解度等温线的形状与二元系统中的液相线有关。三元相图中的浅灰色区域代表对映异构体的存在区域，其中在平衡状态下，纯的对映异构体可以固相结晶。外消旋化合物溶解度等温线以下的深灰色区域对应于该中间化合物的存在区域，即当系统组成位于此区域时，结晶得到的外消旋化合物是固相。两相区域由一个三相区域分隔，其中只能在动力学推动的非平衡条件下结晶得到纯对映异构体。如联结线所示，对于固溶体系统，固溶体始终是与特定组成的液相处于平衡状态的固相。

图 2-28 中给出了一个简单低共熔和外消旋化合物形成的系统，即氨基酸苏氨酸（Thr）和精细化学品扁桃酸（MA）在溶剂水中的三元相图。图中包含了不同温度下测得的平衡数据，并且实验过程中未形成溶剂化物。由于苏氨酸在水中的溶解度较低，因此图 2-28 中左

侧相图中仅显示了相图的上半部分（质量分数轴）。在两种体系中，其溶解度均随温度的升高而增大。而扁桃酸对映体的溶解度比外消旋化合物的溶解度小。发现手性扁桃酸体系中的低共熔点的组成（摩尔分数）分别约为 0.3 和 0.7。所谓的"低共熔线"是线性的，溶液对于 (S)-扁桃酸和 (RS)-扁桃酸都是饱和的，然而其他系统不一定是这种情况。在三元系统的这条线上，系统具有一个自由度，该自由度可能是导致曲线最终形状的组分变量。

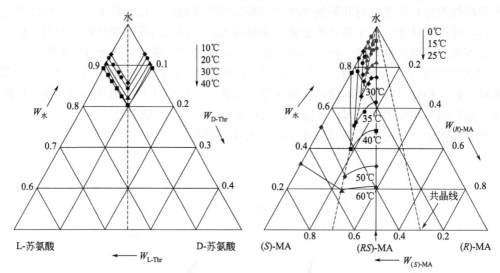

图 2-28　苏氨酸（Thr）和扁桃酸（MA）对映体在水中的三元溶解度相图

2.3　过饱和度、介稳区和诱导期

溶液浓度恰好等于溶质的溶解度，即达到固液相平衡状态时，称之为饱和溶液。而当溶液中含有的溶质超过饱和量时，则称之为过饱和溶液。过饱和度是溶液结晶的推动力。溶液可以通过多种途径达到过饱和，如图 2-29 所示[15]。

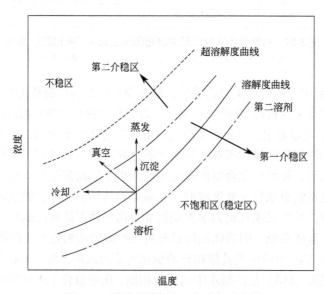

图 2-29　溶液的溶解度和超溶解度曲线

过饱和度作为结晶过程的驱动力是结晶工艺控制最重要的参数，它对结晶过程中初级成核与二次成核、晶体生长以及聚结行为的发生都有重要的影响。然而，在较低的过饱和度下，一般来说溶液中不可能自发地产生晶核，只有超过一定的过饱和度才能自发成核。刚刚开始自发成核临界点时的溶液浓度称为该溶质的超溶解度。结晶物质的溶解度曲线与超溶解度曲线构成其介稳区，介稳区的下界为溶解度曲线，上界为超溶解度曲线。介稳区也就是指溶解度曲线上的饱和点到能自发成核的极限过饱和点之间的浓度区域。

丁绪淮等[16]研究结果表明，超溶解度曲线实际上是取决于结晶过程环境参数的一簇曲线。为了得到粒度较大、晶型较好的晶体，结晶过程的操作曲线应控制在介稳区内，以防止结晶过程进入不稳定区，避免晶体质量恶化。

2.3.1 自由能-组成图

就像饱和溶液总是位于平衡线上一样，过饱和溶液总是位于其溶解度曲线之外。为了更加深入地了解介稳态现象，图 2-30 给出了自由能-组成图，并且该图显示了更多细节。此外，相关文献中给出了更详细的讨论[15-18]。

如图 2-30 所示，点 A 和点 B 是曲线Ⅱ上两个向下凹部分的下部平衡点。在图 2-30 中，确定了沿着曲线Ⅱ的两个附加点 C 和 D。这两个点是向下凹曲线变为向上凸曲线的拐点，被称为旋节点，可以用数学方式表示为：

$$\frac{\partial^2 G}{(\partial x)^2} = 0 \tag{2-17}$$

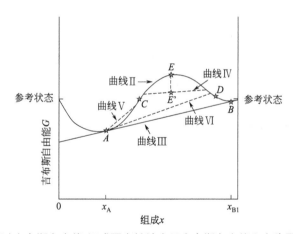

图 2-30 通过吉布斯自由能-组成图定性地表示吉布斯自由能和介稳区宽度的关系

旋节点是自由能-组成曲线上的不稳定点。组成在点 C 和 D 区域内的系统将会自发分离为两个相，并且最终其组成分别到达平衡点 A 和 B。例如，对于该区域内的点 E，其分离成通过曲线Ⅳ连接的两相，这两相的自由能之和等于点 E'，该点始终低于 E 点的初始自由能。因此，组成位于点 C 和 D 之间的系统始终是不稳定的。可以将旋节点 C 视为结晶的介稳区宽度。

对于介稳区内的任意一点，即在点 A 和点 C 之间，对原始状态的微小扰动可能会导致两相的分离，如曲线Ⅴ。组成位于曲线Ⅴ上的系统，其吉布斯自由能高于初始状态点。因此，此时的相分离是不利的，系统最终将返回其初始状态并保持过饱和状态。但是，如果系统受到了足够大的扰动，则相分离可以跨越到自由能-组成相图曲线（如曲线Ⅵ）的另一侧，此时分离导致总的吉布斯自由能低于初始状态。对于这种情况，相分离是有利的，此时系统将释放其过饱和度，并出现第二个相。

显然，根据系统的性质，过饱和溶液的介稳区宽度可能很大。而且，过饱和溶液在形成第二固相之前可能在很长一段时间内保持介稳态，即具有较长的诱导期。

2.3.2 过饱和度

如果系统处于平衡状态，则过饱和度是结晶过程的主要推动力，过饱和度的大小与结晶的速率密切相关。过饱和度可用无量纲表达式定义[19]：

$$\frac{\mu - \mu^*}{RT} = \ln\frac{\alpha}{\alpha^*} = \ln\frac{\gamma c}{\gamma^* c^*} \tag{2-18}$$

式中，μ 为化学势；c 为溶液浓度；α 为活度；γ 为活度系数；*表示饱和状态。过饱和度常用的表达式有浓度梯度 Δc、过饱和度比 S 和相对过饱和度 σ 等，这些表示法的定义如下所示。

$$\Delta c = c - c^* \tag{2-19}$$

$$S = \frac{c}{c^*} \tag{2-20}$$

$$\sigma = \Delta c / c^* = (c - c^*) / c^* = S - 1 \tag{2-21}$$

式中，c^* 和 c 分别为饱和浓度和过饱和浓度（任何一种浓度表示法）。过饱和度的数值对所用浓度单位非常敏感，在使用的时候要注意单位的统一。

对于采用浓度差来描述过饱和度，存在理想溶液与活度系数为 1 的假设前提。一般应用中常常忽略活度系数，但在非理想溶液中以及精确研究晶体成核、生长的系统中活度系数是不能忽略的。另外，还可以通过温度差表示过饱和度，虽然不常使用，但文献中经常提及。温度差即在已知浓度的某溶液中，当前温度与溶液饱和时的温度之差值。

2.3.3 介稳区和诱导期

与溶解度相似，过饱和溶液的介稳区宽度和诱导期受多种因素的影响，包括温度、溶剂组成、化学结构、成盐形式、溶液中的杂质等。因此，尽管旋节点是热力学性质，但在实验中很难测量介稳区宽度的绝对值。然而，定性地了解介稳区宽度和诱导期有助于结晶过程的设计。

从自由能-组成图中可以看出，如果没有其他复杂因素（例如热分解或化学分解），则可以推测随着系统的温度升高，旋节点和双节点之间的距离应变小。此推测基于以下假设：在足够高的温度下，两相将彼此自由混合（假设完全混溶）。因此，系统变为单相，即曲线Ⅱ收敛到曲线Ⅵ，或点 A 与点 B 更加靠近并相互融合，如图 2-30 所示。这种情况的发生，则意味着在较高温度下，介稳区宽度也将变得更窄，诱导期更短。从广义上讲，这种假设与在冷却结晶方面的经验是一致的。对于溶析结晶或反应结晶，在较低的反溶剂含量下，可以推测介稳区宽度将会变窄，而诱导期会更短。然而，还需要更多的数据来证实这一假设。如前所述，此假设可能有许多例外。至于杂质的影响，随着溶液中杂质含量的增加，介稳区宽度通常会变宽，而诱导期则会变长。

其他因素，如目标化合物晶种的存在，未溶解的外来固体颗粒，甚至搅拌强度，都可能影响介稳区宽度和诱导期。显然，这些因素会干扰和改变自由能-组成曲线。通常，这些因素将同时降低介稳区宽度和诱导期。

2.3.4 介稳区测量和预测

无论是在过饱和状态还是饱和状态下，都可以通过从工艺过程中获取浆液样品来离线确定溶液浓度。但是，这种方法由于温度变化和溶剂蒸发而变得更加复杂。另外，取样过程通常是费时费力的。如前所述，在线分析仪器（如中红外 FTIR 或紫外-可见分光光度法）可以测量溶液浓度并根据溶解度计算过饱和度。准确测定过饱和度可以极大地增加对结晶动力学的理解，并有助于结晶过程的发展。

与过饱和度的确定过程相比，准确地测定介稳区宽度和诱导期通常要更耗时且困难。这是因为介稳区的宽度和诱导期受各种因素影响。因此，当操作环境发生改变时，数据可能无法重现。另一方面，对于许多工业应用来说，精确测量介稳区宽度或诱导时间并不是至关重要的。通常，粗略估计的几个数据点足以设计结晶过程。

为了测量介稳区的宽度，第一步是根据溶解度数据制备略微未饱和的溶液。对于冷却结晶过程，将澄清的未饱和溶液以有限的速率冷却以产生过饱和度。在冷却过程中，溶液变得浑浊，并在特定的冷却速率下记录亚稳态区的边界。由于冷却速率会影响测得的介稳区宽度，因此可能需要使用不同的冷却速率进行多次重复实验。冷却速率为零的渐近点决定了最终的真实介稳态点。为了构建完整的介稳区宽度曲线，需要在不同的初始溶液浓度下重复此方法。对于溶析结晶过程，可以开发类似的方法来测量其介稳区宽度。此外，可以通过使用在线粒度分析仪[如聚焦光束反射测量仪（FBRM）]来测量介稳区宽度，该设备可以检测和测量颗粒大小，而无需进行外部取样分析[20]。

上述关于溶解度的讨论表明，假定自由能-组成曲线是有效的，理论上就有可能推测得到介稳区宽度。然而，由于问题的复杂性，在实际应用中首选实验验证的方法。

2.3.5 对结晶过程的影响

过饱和度的产生是进行结晶过程的必要条件。通常，可以通过改变温度、溶剂组成及其成盐形式来产生过饱和度。

通常，对于介稳区宽度较窄的间歇结晶过程，用于产生过饱和度的操作窗口较小。因而，更倾向促进细晶粒的成核，反之亦然。

但实际结晶过程中，并不总是希望溶液具有较宽的介稳区宽度。图 2-31 显示了结晶过程中酒石酸盐的浓度分布[4]。通过将 L-酒石酸加入到含有游离碱的乙腈/乙酸乙酯/水混合溶剂中而形成酒石酸盐。如图 2-31 所示，如果晶种表面积不够大，在向游离碱中添加酒石酸后，溶液会在很长一段时间内保持高度过饱和。高度过饱和溶液的存在，再加上过饱和度的缓慢释放，可能会导致一些问题

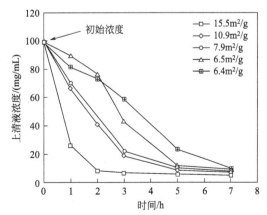

图 2-31 结晶过程中晶种表面积对过饱和度消耗的影响

的出现。首先，过饱和度的缓慢释放将显著延长批处理的时间周期。其次，高度过饱和的溶液可能导致不可预测的成核，这将难以控制，并且会导致从实验室到工厂，以及批次之间的产品性能出现不一致。

过饱和度和诱导期在旋光异构体的动力学拆分中可以起到重要的作用，例如布洛芬赖氨酸的拆分[4]。一方面，为了保持所需异构体的光学纯度，必须在整个结晶过程中将不需要的异构体保持在其过饱和状态。如果不需要的异构体从溶液中结晶出来，则所需异构体的光学纯度将降低。另一方面，重要的是确保将需要的异构体从溶液中结晶出来，其与不期望的异构体具有相同的起始过饱和度。这是两个相互矛盾的要求。为了克服这个难题，需保持溶液中具有大量所需异构体的晶种，以加速所需异构体的结晶，而不需要的异构体则保持过饱和状态。

主要符号说明

英文字母	含义与单位		希腊字母	含义
a	活度，$mol \cdot L^{-1}$		γ	活度系数
$\Delta_F C_p$	摩尔相变热容，$J \cdot mol^{-1} \cdot K^{-1}$		μ	化学势
c	溶液浓度，$kg \cdot m^{-3}$		σ	相对过饱和度
Δc	浓度梯度，$kg \cdot m^{-3}$		**上标**	**含义**
F	自由度数		$*$	平衡
k_{eff}	有效分配系数		0	0K
N	独立组元数		**下标**	**含义**
P	相数		eff	有效
R	理想气体常数，$J \cdot K^{-1} \cdot mol^{-1}$		Imp	杂质
S	过饱和度比		eq	平衡
T	绝对温度，K			
T_m	化合物的熔点，K			
T_F	组分的熔点			

参考文献

[1] Garside J，Davey R J，Jones A G. Advances in industrial crystallization[M]. London：Butterworth-Heinemann，1991.

[2] Balzhiser R E，Wass A，Samuels M R，et al. Chemical engineering thermodynamics：the study of energy，entropy and equilibrium[J]. Prentice Hall，1972：437-443.

[3] Robert C，Reid J M，Prausnitz T S. The properties of gases and liquids[M]. New York：McGraw-Hill Book Company，1977.

[4] Tung H H，Paul E L，Midler M，et al，Crystallization of organic compounds：An industrial perspective[M]. New Jersey：John Wiley & Sons，Inc.，2009.

[5] Lipinski C A，Lombardo F，Dominy B W，et al. Experimental and computational approaches to estimate

solubility and permeability in drug discovery and development settings[J]. Advanced Drug Delivery Reviews，1997，23（1）：3-25.

[6] Alsenz J，Kansy M. High throughput solubility measurement in drug discovery and development[J]. Advanced Drug Delivery Reviews，2007，59（7）：546-567.

[7] Dunuwila D D，Berglund K A. ATR FTIR spectroscopy for in situ measurement of supersaturation[J]. Journal of Crystal Growth，1997，179（1）：185-193.

[8] Podkulski D E. How do new process analyzers measure up？[J]. Chemical Engineering Progress，1997，93（10）：33-46.

[9] Togkalidou T，Tung H H，Sun Y，et al. Solution concentration prediction for pharmaceutical crystallization processes using robust chemometrics and ATR FTIR spectroscopy[J]. Organic Process Research & Development，2002，6（3）：317-322.

[10] Kolář P，Shen J W，Tsuboi A，et al. Solvent selection for pharmaceuticals[J]. Fluid Phase Equilibria，2002，194-197：771-782.

[11] Tung H H，Tabora J，Variankaval N，et al. Prediction of pharmaceutical solubility via NRTL-SAC and COSMO-SAC[J]. Journal of Pharmaceutical Sciences，2008，97（5）：1813-1820.

[12] Gibbs J W. Equilibrium of heterogeneous substances[J]. Transations of the Connecticut Academy of Arts and Sciences，1877，3：343-524.

[13] Garside J，Davey R J，Jones A G. Advances in industrial crystallization[M]. Oxford：Butterworth-Heinemann，1991.

[14] Wunderlich B. Thermal analysis[M]. Boston：Academic Press，1990.

[15] Mullin J W. Crystallization[M]. Oxford：Butterworth-Heinemann，2001.

[16] 丁绪淮，谈遒. 工业结晶[M]. 北京：化学工业出版社，1985.

[17] Balzhiser R E，Samuels M R，Eliassen J D. Chemical engineering thermodynamics[M]. Englewood Cliffs：Prentice-Hall，1972.

[18] Debenedetti P G. Metastable liquids-concepts and principles[M]. Princeton：Princeton University Press，1995.

[19] 王静康. 结晶//时钧，汪家鼎，余国琮，等. 化学工程手册[M]. 2 版. 北京：化学工业出版社，1996.

[20] Birch M，Fussell S J，Higginson P D，et al. Towards a PAT-based strategy for crystallization development[J]. Organic Process Research & Development，2005，9（3）：360-364.

第**3**章

结晶过程动力学

3.1 晶体成核

为了从液体、溶液或熔融体中产生大量晶体，必须通过增加溶质的浓度、降低相对于平衡值的温度或增加液体的压力来引起过饱和。在连续结晶过程中，过饱和状态是持续的，而在间歇结晶中，过饱和状态是及时消耗的。当溶液浓度超过溶解度后，溶液处于过饱和状态，而过饱和状态是不稳定的，为了减缓溶液过饱和度并使溶液向平衡态移动，溶液中的分子开始相互作用从而形成微小晶体粒子，即晶核。晶核是晶体生长过程必不可少的核心。根据晶核的形成模式和过程特性可将成核分为两大类：初级成核（primary nucleation）和二次成核（secondary nucleation）。在无任何粒子存在情况下的自发成核，通常被称为"初级成核"。相反地，如果过饱和溶液中已含有一种或多种正在结晶的溶质晶体，有时这些母体晶体可以进一步（由于机械力作用）产生出足够大尺寸晶核，这种成核过程叫作"二次成核"。晶核的类型和晶核的形成速率会影响晶体的粒度分布、多晶型态及其他性质，因此，对成核过程的精准控制是获得目标产品的关键。

通常，在澄清溶液中进行间歇结晶过程时，成核过程既可通过初级成核，也可通过向过饱和溶液中添加晶种来实现。

3.1.1 初级成核

1. 初级均相成核

为了更好地了解成核现象，首先讨论经典成核理论（classical nucleation theory，CNT）的热力学和动力学[1,2]。结晶是沿着浓度和结构这两个有序参数的一阶相变过程。当晶体从熔融体中成核时，主要需要结构波动，而从稀溶液中形成晶核则需要密度和结构两者波动。在经典方法中，假定这些变化是同时进行的。这里将集中讨论溶液成核。

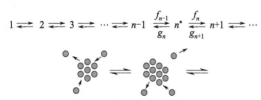

虽然在非结晶溶液中，溶质的平均浓度保持恒定，但溶液浓度的局部波动会导致许多团簇的形成，且这些团簇也可能再次散开，这是一个可逆的过程。经典成核理论认为，这些团簇是由溶质单元（生长单元或分子）的附着和分离形成的，如图3-1所示。原则上，包含多

图 3-1 通过溶质单元的附着或分离造成团簇尺寸变化示意图

个溶质单元的团簇之间发生相互碰撞，从而促进团簇的生长，但这些团簇的浓度始终比溶质单元的浓度低得多。

在不饱和或刚刚达到饱和状态的溶液中，团簇的形成和衰减处于平衡状态，该溶液无法形成新相。然而，在过饱和溶液中，当形成的团簇达到临界尺寸时，这些团簇要么散开，要么形成晶核并进一步长大。下面将推导出关于晶核尺度、成核过程做功大小 W^*（或成核自由能垒）以及成核速率的表达式。

（1）晶核尺度

形成晶核的自由能表示溶液自发形成晶核的趋势。十九世纪末，Gibbs 将形成晶核的自由能（ΔG）分为体相自由能（ΔG_v）和表面自由能（ΔG_s）两个部分，并认为两项之间将发生相互竞争：每一个被加到团簇中的溶质单元一方面会导致团簇自由能的减少，减少量为 $\Delta\mu$（此处将其视为每个溶质分子而不是液体和固体中每摩尔溶质的化学势差）；另一方面，团簇界面的增大会促进自由能的增加。这两项都取决于构成团簇分子的溶质单元数 n，也依赖于团簇的尺寸：

$$\Delta G = \Delta G_v + \Delta G_s \tag{3-1}$$

$$\Delta G = -\frac{k_v L^3}{V_m}\Delta\mu + k_a L^2 \gamma \tag{3-2}$$

式中，L 为团簇尺寸；k_a 和 k_v 分别为面积形状因子和体积形状因子；γ 为界面能，$J\cdot m^{-2}$；V_m 为摩尔体积，$V_m = M/(\rho_c N_A)$，$m^3\cdot mol^{-1}$，其中 N_A 为阿伏伽德罗常数；$\Delta\mu$ 为自由能的减少量。

由于这类团簇的形状与球形类似，因此，式（3-2）可进一步写成：

$$\Delta G = -\frac{4\pi r^3}{3V_m}\Delta\mu + 4\pi r^2 \gamma \tag{3-3}$$

式中，r 为团簇的半径，m。

如图 3-2 所示，吉布斯自由能在某个临界团簇尺寸（晶核尺度）下达到最大值。因此，低于此晶核尺度的每个团簇最终均会衰变，而超过此尺度的所有晶核最终均将生长，这是由于 ΔG 只有在新溶质附着时才会降低。

对式（3-3）中自由能进行求导得最小值，从而求得该临界团簇半径，令：

$$\frac{d(\Delta G)}{dr} = -\frac{4\pi r^2}{V_m}\Delta\mu + 8\pi r\gamma = 0 \tag{3-4}$$

进一步整理可得：

$$r^* = \frac{2\gamma V_m}{\Delta\mu} \tag{3-5}$$

继而求得在一个团簇中溶质单元的数量 n^* 为：

$$n^* = \frac{4}{3}\times\frac{\pi r^{*3}}{V_m} \tag{3-6}$$

将式（3-5）代入可得：

$$n^* = \left(\frac{2a\gamma}{3\Delta\mu}\right)^3 \tag{3-7}$$

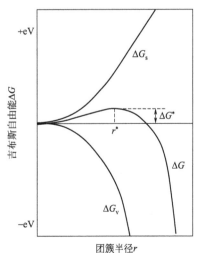

图 3-2　晶核成核过程中体系自由能的变化

式中，a 为团簇表面一个溶质单元的表面积，m^2。则相应的临界吉布斯自由能为：

$$\Delta G^* = \frac{1}{3} \times 4\pi r^{*2} \gamma \tag{3-8}$$

$$\Delta G^* = \frac{16\pi \gamma^3 V_m^2}{3\Delta \mu^2} \tag{3-9}$$

又由于 $\Delta \mu = kT \ln S$（其中 S 为过饱和度比），可得：

$$\Delta G^* = \frac{16\pi \gamma^3 V_m^2}{3k^2 T^2 (\ln S)^2} \tag{3-10}$$

如果溶液的过饱和度已知，那么可以首先计算 n^*。可以根据 n^* 值大小判断是否可以发生初级成核：当 $n^* < 10$ 时，则可以发生初级成核；当 $n^* > 200$ 时，则初级成核是不现实的。为此，必须先知道 γ 值。如果假设团簇的 γ 值与晶体的 γ 值几乎相同，虽然通常来说这不太可能，但可以根据界面张力 γ 与溶解度 c_{eq} 之间的关系来估算其值，如图 3-3 所示，此曲线是由 Nielsen 和 Söhnel 于 1971 年绘制而成的。此外，γ 值的大小也可以根据式（3-11）计算而得，此式于 2001 年由 Mersmann 提出：

$$\gamma = \beta \frac{kT}{V_m^{2/3}} \ln \left(\frac{\rho_c}{Mc_{eq}} \right) \tag{3-11}$$

式中，c_{eq} 为平衡浓度，对于立方体团簇，$\beta = 0.414$。

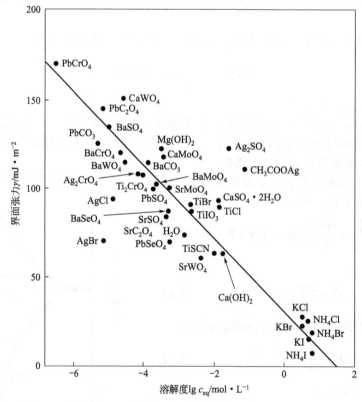

图 3-3 界面张力随溶解度的变化[3]

因此可以得出：溶质单元数量 n^* 和成核过程所做的功 ΔG^* 都与过饱和度有关，并且可以根据晶核界面能的值来计算它们的值。由于成核速率是由可以越过成核能垒的晶核数量所决定的，因此可以用阿伦尼乌斯速率方程（Arrhenius action rate equation）来表示成核速率。

（2）成核速率

成核速率 $J(t)$ 定义为在一定时间间隔、一定体积 V 内超临界团簇的数量 N 的变化：

$$J(t) = \frac{1}{V} \times \frac{\mathrm{d}N}{\mathrm{d}t} \tag{3-12}$$

超临界团簇的尺寸介于溶质单元数量 n^* 和最大尺寸 M 之间，其中 N 可以表示为：

$$N = V \int_{n^*}^{M} Z(n,t)\,\mathrm{d}n \tag{3-13}$$

式中，$Z(n, t)$ 为含有 n 个溶质单元的团簇的计数浓度。

在固定条件下，当推动力 μ 为常数时，J 等于通过晶核尺度的净通量 $J(n^*)$，如图 3-4 所示。

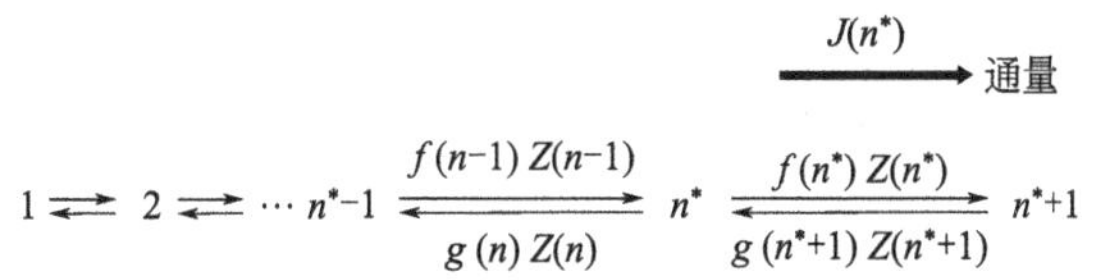

图 3-4　由溶质单元的附着和分离而导致的浓度净变化 $J(n^*)$

在图 3-4 中，$Z(n)$ 为含有 n 个溶质单元的团簇的固定计数浓度，$f(n)$ 和 $g(n)$ 为溶质单元与尺寸为 n 的团簇之间附着和分离的频率。这些频率等于团簇表面上单位时间的数量通量或撞击数，也可以看作通量密度与团簇表面积的乘积。通过将 $Z(n)$ 与平衡值 $c(n)$ 相关联，再经简化，可以由式（3-12）和式（3-13）得出成核速率 J，如式（3-14）所示[4]：

$$J = zf(n^*)c(n^*) \tag{3-14}$$

其中，z 为 Zel'dovich 因子，其表达式为：

$$z = \left(\frac{\Delta G^*}{3\pi kT n^{*2}} \right)^{1/2} \tag{3-15}$$

Zel'dovich 因子指的是临界晶核尺度的团簇成为稳定团簇的概率。它实际上是一个常数，其值在 0.01 到 1 之间。

附着频率（入射通量乘以团簇表面积）既可以通过溶质单元向团簇表面的体积扩散来控制，也可以通过界面转移来控制，两种情况下，均假设黏附因子为 1，则可进一步得到：

$$f(n^*) = f_0(n^*)S \tag{3-16}$$

和

$$G(n^*) = c_0 \left[-\frac{\Delta G^*}{kT} \right] \tag{3-17}$$

式中，$f_0(n^*)$ 为平衡频率；c_0 是溶液中成核位点的浓度，因此，$c_0 = 1/V_m$。

将这些方程结合起来可以得到：

$$J = AS \exp\left[-\frac{\Delta G^*}{kT}\right] \quad \text{或} \quad J = AS \exp\left[-\frac{16\pi\gamma^3 V_m^2}{3k^3 T^3 (\ln S)^2}\right] \tag{3-18}$$

其中

$$A = c_0 f_0(n^*) z \tag{3-19}$$

在此,近似或严格不依赖于 S 的动力学因子 A 由下式给出:

$$A = \sqrt{\frac{kT}{\gamma}} \times \frac{Dc_{eq} N_A}{V_m} \ln S \tag{3-20}$$

此式适用于由体积扩散控制的生长过程,而式(3-21)适用于由表面反应控制的生长过程,如下:

$$A = 2\sqrt{\frac{\gamma}{kT}} \times \frac{Dc_{eq} N_A}{2r} \tag{3-21}$$

式中,D 为单个分子的扩散系数,$m^2 \cdot s^{-1}$;r 为半径,m。

根据式(3-18),可以计算出经典成核速率,并将其与测量值进行比较。它是一种阿伦尼乌斯类型的表达式,与指数中 S 的变化相比,指前因子 AS 中 S 的变化影响较小。因此,指前因子中的 S 通常等于1。A 的值通常为 10^{30} 晶核/m^3,或者在其基础上正负几个数量级。

在某些熔融物和黏性溶液的冷却结晶过程中,如柠檬酸,已观察到异常的成核特性。在较高的过冷度下,溶液变得更加黏稠,成核速率在达到最大值后降低。

2. 初级非均相成核

在实际结晶过程中,均相成核的现象很少发生,因为均相成核需要在非常干净的溶液中进行,以避免任何可能引起成核灰尘和颗粒的存在。因此,除非达到非常高的过饱和度,否则大多数情况下会发生非均相成核,即由于存在与溶质不同的界面而促进的成核现象,如图3-5所示。润湿角 θ 反映了底物受晶核的"润湿"程度,相对于均相成核过程来说,底物的存在会大大降低非均相成核过程的成核能垒,即:

$$\Delta G^*_{hetero} = \varphi \Delta G^*_{homo} \tag{3-22}$$

其中,$0 < \varphi < 1$。

完全润湿时(即 $\theta = 0°$),$\varphi = 0$;当 $\theta = 90°$ 时,$\varphi = 0.5$。当底物和晶核完全一致时,$\varphi = 0$。大多数情况会形成二维晶核,而二维晶核中产生的侧面面积会导致界面能的增加。

通过用 γ^3_{eff} 来替换式(3-18)中的 γ^3,可得到以下表达式:

$$J_{hetero} = A_{hetero} S \exp\left[-\frac{16\pi\gamma^3_{eff} V_m^2}{3k^3 T^3 (\ln S)^2}\right] \tag{3-23}$$

其中

$$A_{hetero} = c_{0,het} f_0(n^*) z \tag{3-24}$$

理论上,常数 A_{hetero} 的值比 A 低得多,由于活性位点的浓度 c_0 要低得多(例如拟合得到的值为1019),而且在底物上的晶核 $f_0(n^*)$ 也较低。对于 z,假定其与均相成核的值类似。

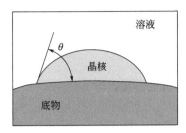

图 3-5 外来底物上的成核过程[4]

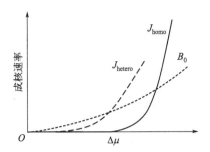

图 3-6 成核速率与过饱和度（μ）的关系

（J_{homo} 和 J_{hetero} 分别为均相成核和非均相成核速率，B_0 为二次成核速率）

因此，在非均相成核过程中有两种相反的影响起主要作用，总体效果取决于过饱和度。在较低的过饱和度下，指数项的影响占主导地位，即 $J_{hetero} > J_{homo}$，并且 A_{hetero} 的值在 10^{10} 到 10^{20} 范围之间。

实际过程中，除了沉淀结晶情况，其他过程中很少遇到过饱和度较高的情况，在大多数过程中，动力学方程中的指数项占主导地位，即 $J_{hetero} < J_{homo}$，如图 3-6 所示。

由于大多数情况下缺乏 γ_{eff} 值，因此无法计算 J_{hetero} 的值。只能假设 γ_{eff} 值为 γ_{homo} 值的一半或者三分之一而粗略地估算 J_{hetero} 的值。

3.1.2 成核速率的测量

关于诱导期和介稳区的相关理论已在第 2 章中进行了介绍，这里不再赘述，这里将着重讨论成核速率的测量。下面介绍在实际结晶过程中测量不同过饱和状态下成核速率的两种方法。

在恒定过饱和度下，测量成核速率常用的方法包括：①测量晶核数量 N 随时间的变化关系；②测量成核概率；③测量诱导期 t_i。下面主要讨论前两种方法。

1. 测量晶核数量 N 随时间的变化关系

随着时间推移，在体积为 V 的容器中以恒定过饱和度生长出的新晶核，进一步形成晶体的数量由式（3-25）计算：

$$N(t) = JVt \tag{3-25}$$

其中，$N(t)$ 可以通过粒子计数技术进行测量，根据曲线 $N(t) \sim t$ 的斜率可知一定 V 下的 $J(S)$ 值。

在 T 形混合器中，将两股进料流 A 和 B 进行混合产生沉淀时，将容器中的过饱和度维持在足够低的水平以防止发生进一步成核，那么 T 形混合器出口管的长度决定了混合物进入容器之前的反应时间 t。计算生长出的颗粒数，如果大力搅拌可以防止再次聚结，则可以成功测量 $N(t)$ 的值并进一步计算得到 J[5]。

2. 测量成核概率

目前，可以用两种不同的测量方法来确定成核概率。在第一种方法中，将大量小体积粒子暴露在恒定过饱和度下，暴露时间为 t。然后，在显微镜下观察小体积粒子，从而计算成核粒子所占分数[6]。

在第二种方法中，将几毫升的溶液暴露于恒定的过饱和状态中，持续时间为 t，并将给定时间段的每个实验重复多次。然后记录发生成核的部分[7]。

随后，将概率 $P(t)$ 绘制为恒定过饱和度下随时间变化的函数，并与下述概率函数进行拟合计算：

$$P(t) = 1 - e^{-JV(t-t_0)}$$ (3-26)

从拟合结果中可以得到 J，并且可以通过 J 值获得其他参数。

3.1.3 非经典成核

非经典成核是一个没有具体物理意义的术语，主要用于描述几种不符合经典成核特性的成核现象。在本章中，它主要指分两步进行的成核现象，其中首先形成亚稳相，然后再进一步形成稳定的结晶相。当在过饱和状态下稳定结晶相的成核作用动力学阻力较大时，晶核可能会在更快形成的中间相液体或固相的致密化步骤。

经典成核理论最初是为了研究从稀相和无序相中形成致密的流体相而发展起来的。如前所述，对于溶液中晶体的成核过程，至少有两个参数，如密度和结构，是区分旧相和新相所必需的。在经典成核理论中，假定沿两个参数的跃迁是同时进行的。然而，在许多情况下，实际溶液中的成核速率要比经典成核理论所预测的值低许多数量级。因此，有研究者认为成核过程分为两个连续步骤进行，其中第一步仅仅是与形成中间液相或固相有关的致密化步骤，最终的结构重排在后续步骤中进行[8-11]。

1. 涉及中间液相的两步成核

许多有机物，特别是蛋白质系统，在其相图中显示出液-液（L-L）相分离现象。冷却后，可以在溶液中形成稳定致密的液滴，其尺寸最大可达数百纳米，然后在液滴内部或界面处形成具有稳定结构的晶核。然而，最近发现，在许多相对于晶体而言是过饱和状态的溶液中，液-液区域外的低密度和高密度区域之间存在亚稳态平衡。亚稳态致密相是由密度波动引起的，并以比稀溶液更高的自由能包含在团簇分子中。当体系的能垒低于形成稳定液滴需要克服的能垒时，此时可以将这个亚稳相从稀溶液中分离出来。这些亚稳相团簇的结构波动随后将导致晶核的形成。图 3-7 给出了以上两步过程的示意图[8]。

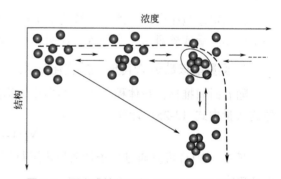

图 3-7　两步成核机理与 CNT 的对比示意图[8]

根据单核机理，即每个液滴仅形成一个晶核，可以计算从致密液滴的前体相生长出的晶体数量[4]。

某些情况下，晶核数量随时间的变化 $N_c(t)$ 与液滴成核速率以及液滴中晶体的成核速率有关。首先，假设在某一瞬间产生了一定数量（N_0）的等体积（v_0）液滴，且晶体成核速率 J_c 是恒定的，则可得成核晶体的数量 $N_c(t)$ 为：

$$N_c(t) = N_0 \left[1 - \exp(-J_c v_0 t) \right]$$ (3-27)

如果观察时间较短，那么上式可简化为：$N_c(t) = N_0 J_c v_0 t$。

在另一种特殊情况下，两步成核速率均是固定的，则晶体数量 $N_c(t)$ 为时间的线性函数。这也取决于两步过程的滞后时间 $\boldsymbol{\Phi}$，滞后时间只是液滴中晶核出现的平均时间：

$$N_c(t) = J_c V(1-\boldsymbol{\Phi}) \tag{3-28}$$

在蛋白质结晶中，一步成核和两步成核过程甚至可以同时发生[12]。例如，对于类淀粉蛋白，不仅存在热力学上稳定的固体原纤维相，而且还存在亚稳态的低聚体相。在一步成核机理中，蛋白质的单体直接聚合成原纤维，而在两步成核机理中，蛋白质单体首先聚合成低聚体相，然后由低聚体相再转化为原纤维。

Lee 等[13]的研究结果表明，在类淀粉-β_{1-40} 蛋白质的结晶过程中，已经成核的低聚体进一步发生了构象转变形成了原纤维。然而，一步成核和两步成核机理是极端的，而且中间的聚合步骤是依赖于具体条件的。为了进一步探索这些条件，Auer 等[12]通过计算机模拟计算出低聚体和原纤维的溶解度，然后分别计算了温度为 T=310K 时，A-β_{1-40} 的一步成核过程原纤维、两步成核过程中低聚体以及原纤维的成核速率 J_1、J_0 和 J_2。其中，J_1 取决于蛋白质单体的浓度，它是根据修正的经典成核速率方程计算出来的，而 J_0 是根据经典均相成核速率方程计算出来的。假设每个低聚体液滴中只有一个原纤维成核，则 J_2 可以表示为 J_0 随时间变化的函数。这些结果与 Lee 等[13]的发现并不冲突。从图 3-8 可以看出，成核机理取决于单体浓度，并且随时间略有变化。

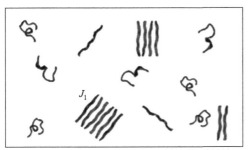

(a) β链直接聚合成具有β折叠结构的原纤维

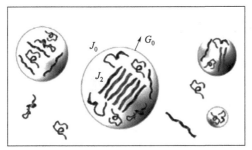

(b) 首先聚合成亚稳态低聚体，然后再转化为原纤维

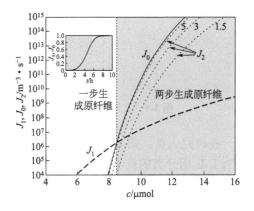

(c) 原纤维形成过程的一步（J_1）和两步（J_0和J_2）成核速率与单体蛋白浓度的关系（以小时为单位）

图 3-8　类淀粉蛋白质成核机理示意

众所周知，在比较稠密的液滴中，液体较高的黏度阻碍了成核作用，另外，预致密化作用可加快固体的成核过程。因此，在尺寸和密度不断变化的亚稳态（相对于溶液）团簇中，通过结构变化引起的晶体成核通常比在稠密液滴中进行得更快。

这种团簇型两步成核机理的第一步是快速形成瞬态致密团簇。它们的形成速率通常比总的晶体成核速率快十个数量级。因此，可以视从既有团簇形成晶核的过程为速率控制步骤[10]。

中间亚稳态的两步反应机理的成核速率为：

$$J = Ac_1 \exp[-\Delta G_2^* / (kT)] \tag{3-29}$$

其中，ΔG_2^* 表示团簇内部成核能垒，可以通过实验从 $J(c)$ 曲线的斜率中求得。Ac_1 取代了式（3-27）中的指前项，c_1 是团簇中溶质的浓度，例如溶菌酶常被作为模型蛋白来研究。

$$A = \varphi_2 k_2 T / \eta \tag{3-30}$$

式中，φ_2 为团簇体积分数；k_2 为速率常数；T 为温度；$\eta(c_1, T)$ 为团簇内部的黏度。对于溶菌酶来说，团簇体积分数估计值为 $10^{-7} \sim 10^{-6}$。

根据此成核速率方程，可以得出两步机理预测的值比经典成核理论所预测的值小九个数量级。这是由于团簇体积分数较低，而致密团簇黏度较高，因此指前因子的值明显较低。另外，晶核与致密团簇之间的界面能比稀溶液中的界面能低。

随着温度的降低，过饱和度会增加，进而导致成核速率 J 急剧增加。这一直持续到 $T = T_{sp}$ 时，即动力学液-晶旋节点，此时临界晶核达到单个分子的尺寸大小，J 达到最大值（见图 3-9）。在该温度以下，致密液体团簇的体积变小，并且团簇内部的浓度变高。

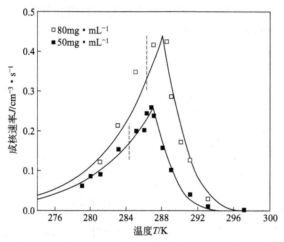

图 3-9 在两种不同溶菌酶浓度下的成核速率 J 与温度 T 的关系曲线[8]

一些研究人员，如 Myerson 的团队[14]，已经利用实验和模拟研究证明了对于大分子和不具有 L-L 相分离的有机小分子，两步反应机理均适用，这表明该机理是溶液中许多结晶过程的基础。在他们的一些研究中，使用激光对准亚稳态团簇中的分子，一旦激光束在溶液中遇到足够大的团簇，第二个成核步骤，即团簇中分子的结构化则开始。

2. 涉及中间固相的两步成核

两步成核机理也存在于（生物）矿物成核中。然而，其成核过程与上述的两步机理存在重要区别。第一步，溶液中形成大小可变的液体亚稳态团簇；第二步，形成小而稳定的固体预成核团簇，而该过程中并没有明显的活化能垒，因为带有水合化壳的预成核团簇几乎没有相界面，这些团簇可以看作是与溶液处于平衡状态的无定形溶质。团簇尺寸可以通过超速离心法和冷冻电镜确定。对于碳酸钙团簇，超速离心法测得其尺寸大小为 $2 \sim 3nm$[15]。而由于冷冻透射电镜技术无法观察到水合化壳，故而该技术测得尺寸为 $0.6 \sim 1nm$。在过饱和状态下，这些微小团簇需要聚结，然后才能发生结构变化。

(1) 碳酸钙的成核

由于碳酸钙是目前研究最多的矿化体系，在此以该化合物为例来讨论两步反应机理。对于预成核团簇中的无定形碳酸钙（ACC），当溶液 pH 较低时，其会变成更加稳定的晶型（ACC I），而在 pH 值较高的溶液中则会变成较不稳定的晶型（ACC II）。

Sommerdijk 团队使用冷冻透射电镜研究了碳酸钙成核过程的初始阶段[16]。当含有预成核团簇的溶液相对于 ACC 是过饱和状态时，这些团簇发生聚结过程，并在几分钟内形成小的纳米颗粒，其粒度约为预成核团簇尺寸的 30 倍。经过更长的反应时间之后，在溶液中可以观察到较大的 ACC 颗粒与预成核团簇共存。其断层成像图显示，在诸如浮在溶液表面的硬脂酸单层模板存在的情况下，较大的团簇优先聚集在有机模板的表面。在这些附着的团簇中，分子组合取向为球霰石或方解石的晶体得到长大（见图 3-10），而溶液中附着在较大颗粒上的微小预成核团簇则通过溶解和重结晶生长。

然而，ACC 最终晶型的形成过程还取决于随后的动力学过程，其中杂质、添加剂或模板同样起重要的作用[15]。

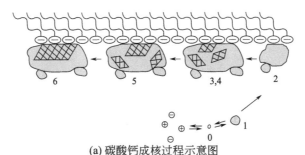

(a) 碳酸钙成核过程示意图

[模板表面ACC团簇的聚集和生长（步骤1、2），在无定形ACC中小晶体区域的形成（步骤3、4），晶体进一步生长（步骤5），单晶的定向生长（步骤6）]

(b) 成核步骤中的断层成像图
（黑色箭头指向附着在方解石晶体上的预核簇）

图 3-10　碳酸钙成核机理示意图及成核过程断层成像

(2) 磷酸钙的成核

除了碳酸钙以外，另一个被深入报道的（生物）矿化过程是磷酸钙。Sommerdijk 团队[17]使用冷冻透射电镜研究了来自模拟母液中的成核过程的初始阶段，结果发现其与碳酸钙成核过程有许多相似之处。在成核之前，溶液中也存在稳定的预成核团簇，利用冷冻透射电镜测量其尺寸为 1~2nm。在没有模板存在的情况下，当溶液达到过饱和状态时，仅形成了非常松散的预成核团簇网络，这些网络并不会导致固体晶体结构的形成。然而，在花生四烯酸的朗缪尔单分子层存在的情况下，产生了尺寸约 50nm 的预成核团簇聚集体，这意味着成核过程的开始，该聚集体在单分子层中发生致密化，成为无定形态磷酸钙（ACP）的无定形前体。经过 12h 以后，尺寸约为 120nm 的碳酸羟基磷灰石晶体（c-HA）在界面处外延生长（见图 3-11 和图 3-12）。

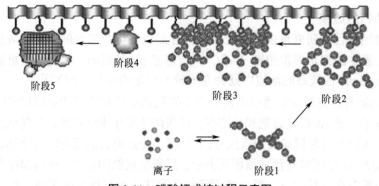

图 3-11　磷酸钙成核过程示意图

[疏松网络（阶段 1）、ACP（阶段 4）和 c-HA（阶段 5）[16]]

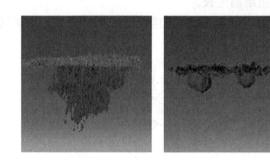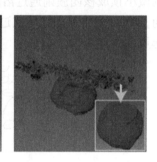

图 3-12　第 3、4 和 5 阶段的断层成像图

[箭头指向 c-HA 的（110）面]

3.1.4　二次成核

1. 二次成核机理

二次成核是指在母体晶体界面处发生的成核过程。因此，在二次成核过程中，需要至少一个母体或主体晶体的存在。与初级成核所需的相对较高的过饱和度相反，二次成核发生在较低至中等过饱和度之间。二次成核的机理和来源非常复杂，目前用于解释二次成核的理论主要分为两类：A，来源于已存在溶液中的母晶；B，来源于液相中的溶质。

具体分类如下。

A1：初始或晶尘成核（initial breeding or dust breeding）。如果将干燥的晶种加入到溶液中，通常会产生初始或晶尘成核，即二次成核来源于晶种。干燥处理后的晶种受到摩擦作用而导致一些小碎片黏附在晶种表面。当将晶种加到溶液中时，这些附着在表面的小碎片会掉落到溶液中，并成为晶核。因此，建议在将晶种作为浆料投入到结晶器（通常为间歇式）之前，首先将晶种悬浮于不饱和溶液中，使掉落到溶液中的小碎片发生溶解。

A2：树枝状成核（dendritic breeding）。树枝状成核只是发生在高度过饱和的情况下，在晶体生长过程中会出现晶面不稳定，也就是晶体的角落和边缘位置经历了比晶体表面、中间位置更高的过饱和状态，因此形成了跳跃状晶体甚至树枝晶。这些突出的晶体部分很容易断裂而二次成核。

在过饱和度较高的情况下，特定晶体表面的粗糙化也会发生，随后晶体会以一束针的形式进一步生长。然而，这些针状晶体更容易折断，掉落在其上的碎片在溶液中成为了成核区域，这种现象被称为针状成核（needle breeding）。

在过饱和度非常高的状态下，还可以形成易碎裂的不规则多晶聚集体。这些碎片充当二次成核区域，这个过程称为多晶成核（polycrystalline breeding）。以上这些二次成核机理只发生在较高过饱和度下，结晶过程中应该避免这些成核现象，因为它们会对晶体的质量产生不利影响。

A3：接触或磨损成核（contact or attrition nucleation）。是二次成核最重要的来源。在有搅拌的结晶器中，当生长的晶体与结晶器壁、搅拌桨或其他晶体之间发生碰撞时会产生大量的碎片，进而成为新的晶核。接触成核被认为是工业结晶过程中获得晶核最简单也是最好的方法。

B1：杂质浓度梯度成核理论（impurities concentration gradient theory）。由 Botsaris[18,19] 等分别在 1972 和 1997 年提出：假设溶液中存在的溶质晶体使得溶液组成变得复杂，晶体会使其附近区域的局部过饱和度增大，这便是成核的原因。溶液中杂质溶解也会影响成核速率，有些杂质作用于晶面形成的浓度梯度会增大成核的可能性。

B2：流体剪应力成核（fluid shear nucleation）。由 Power[20] 于 1963 年提出，该机理给出了两种假设来解释二次成核。第一种假设认为：过饱和度很高时，晶体表面呈树枝状，由于流体作用或树枝粗化作用，晶体表面发生破碎从而形成晶粒；另一种假设认为晶体与溶液的界面表层是二次成核的来源。

除以上所述二次成核机理外，有研究人员还提出了另一种机理，即认为二次成核并不是来自晶体表面本身，而是来自与晶体表面相邻的包含生长单元的团簇或聚集体。这些团簇在碰撞的作用下掉落到溶液中，并充当为成核区域。由于这一被称为催化成核（catalytic breeding）的机理还没有得到可靠证明，因此将不再进一步讨论。

接下来主要讨论磨损成核（attrition nucleation），因为它是最有意义的二次成核机理。

如果更加仔细地考虑磨损成核机理，可以确定新晶核的形成过程主要包括三个连续步骤。第一步是母晶与结晶器的部件或其他晶体的碰撞而形成磨损碎片。第二步是将已经在母晶表面形成的碎片运输到体相。最后一步主要涉及晶体碎片的存活，该晶体碎片比母晶更容易溶解，因为它们具有变形的晶格，该晶格是晶体碎片从母晶脱落时受到机械冲击而产生的。在大多数模型中，上述步骤可能会同时出现，而很难单独识别某一个步骤[21,22]。下面将讨论一些经常使用的二次成核模型。

2. 二次成核：幂次定律

在生长晶体的悬浮液中，可以用最经典的幂次定律来描述二次成核速率 B_0，其中包含三个实验可测得的参数，其分别是生长速率 G、搅拌器转速 N 和浆液中固体含量或晶浆密度 M_T：

$$B_0 = k_N G^i N^h M_T^j \tag{3-31}$$

式中，$i = b/g$；$h = 3k$；B_0 为二次成核速率，$m^{-3} \cdot s^{-1}$。由于生长速率 G 与相对过饱和度 σ 有直接关系，并符合 $G = k_g \sigma^g$，可以用 σ 来替代 G，并将转速 N 用特定的输入功率 P_0 来表示，则幂次定律也可写成如下式：

$$B_0 = k_N^1 \sigma^b P_0^k M_T^j \tag{3-32}$$

通常，b、k 和 j 的值在一定范围内，即 $1<b<3$，$0.6<k<0.7$，$j=1$ 或 2。对于以晶体-搅拌桨叶碰撞为主的二次成核过程，$j=1$；以晶体-晶体碰撞为主的二次成核过程，$j=2$。式（3-31）中的三个变量 $G(\sigma)$、N 和 M_T 对于二次成核过程至关重要。此外，结晶器的几何形状，如叶轮类型、叶片数量和操作规模也会对 B_0 产生重要影响。这些影响已经包括在了 k_N 或 k_N^1 中。二次成核速率 B_0 实际上是有效成核速率，因为它表示在单位时间单位体积的结晶器中以零尺寸生长的晶核数量。因此，可得：

$$n_0 = \left[\frac{\mathrm{d}N}{\mathrm{d}L}\right]_{L=0} = \left[\frac{\mathrm{d}N}{\mathrm{d}t}\right]\left[\frac{\mathrm{d}t}{\mathrm{d}L}\right]_{L=0} = \frac{B_0}{G} \tag{3-33}$$

由于磨损成核过程涉及的三个步骤集中表示在一个方程式中，因此很难将幂次定律中幂的数值与这些步骤的机理相关联。因此，该方程的预测能力非常低，尤其是在实验的进一步放大过程中。

通过肉眼观察可以清楚地发现，特别是较大晶体的棱角和边缘更容易发生磨损，并且其对二次成核起主要作用。对于较小的晶体，碰撞过程的冲击能量不足以引起磨损。在大型结晶器中，当磨损是由晶体-桨叶的碰撞引起时，晶体的边缘和拐角大多数情况下是有时间通过生长而愈合的，然后再在同一拐角或边缘发生另一次碰撞。然而，在循环时间较短的小型结晶器中，生长愈合的可能性较小。这就解释了为什么来自小型结晶器的晶体通常比来自大型结晶器的晶体更加圆润。

当该定律用于描述连续操作结晶器中晶体粒度分布的动态行为时，如图 3-13 所示，可明显发现该定律的模拟曲线与实验测得曲线存在偏差，这可能是该定律将晶体的总质量包含在方程中，从而导致该定律存在明显不足。

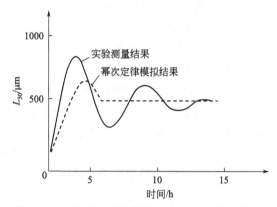

图 3-13　结晶器中晶体粒度分布(CSD)的动态行为

3. 二次成核：碰撞机理

基于大量的磨损实验，并对搅拌釜式反应器中碰撞频率和碰撞能量进行理论评估，Evans 等[23]提出了二次成核模型。他们认为成核速率是两个步骤的结果，首先在晶体表面上产生碎片，然后将这些碎片从母晶的表面转移到悬浮液中。

在该模型中，二次成核速率由晶体碰撞所确定。假定在晶体撞击时产生的晶核数量与撞击能量成正比，则成核速率等于碰撞能量 $E(x)$ 和尺寸范围 x 内的碰撞频率 $\omega(x)$ 的乘积。

原则上，三种不同类型的粒子碰撞会导致磨损：晶体-晶体、晶体-桨叶和晶体-结晶器的碰撞。由于重力和涡流会引起速度差异，因此存在两种类型的晶体-晶体碰撞。对于晶体-结晶器的碰撞，主要是由结晶器中的整体运动和液体的湍流引起的。

Evans 模型的推导过程在数学上非常复杂，在此不作详细介绍。若对原始模型作一些修正，即只考虑由整体运动引起的晶体-桨叶碰撞，没有晶体-结晶器碰撞，并且只有一种类型的晶体-晶体碰撞，那么可以得到合适的简化模型。此外，在 Ottens 等[24]提出的理论之后，人们引入下边界来计算晶体粒度分布的积分性质。积分计算中的这个下边界阐明了一个事实，即非常小的晶体对成核速率的影响可以忽略不计，因为与较大的晶体相比，它们受到的流体动力和机械力均是微不足道的。对于成核速率 B，可以归纳为如下表达式：

$$B = K_E(S)\left[K_{c\text{-}i}\frac{N_p}{P_0}k_v\rho_c P_{susp}m_3 + K_{c\text{-}c}\rho_{sl}\varphi_c\varepsilon^{5/4}L_{50}^4 m_0\right] \tag{3-34}$$

式中，S 为过饱和度比；$m_3 = \int_{L_{c\text{-}i}}^{\infty}L^3 n(L)\mathrm{d}L$；$m_0 = \int_{L_{c\text{-}c}}^{\infty}n(L)\mathrm{d}L$；$N_p$ 为搅拌桨功率常数，也称为桨叶牛顿数；P_0 为搅拌的输入功率；ρ 为密度；P_{susp} 为将颗粒悬浮在结晶器中所需的最小功率；φ_c 为晶体的体积分数；m 为矩；k_v 为体积形状因子；K_E 为每次碰撞的晶核数；$K_{c\text{-}i}$ 为晶体-桨叶碰撞常数；$K_{c\text{-}c}$ 为晶体-晶体碰撞常数；ε 为颗粒分数；$L_{c\text{-}i}$ 和 $L_{c\text{-}c}$ 为矩的积分下边界。

另外，参数 K_E 与晶体表面的结构有关，并认为其对过饱和度比（S）的依赖性较小，上述方程式中的数值需要根据实验数据进行拟合估算。

对上述模型进行分析，并根据硫酸铵水溶液在实验室规模的 20L DT 结晶器和 1100L DTB 结晶器中的实验值分别估算模型参数。结果表明，该模型能够很好地描述两种结晶器的动态行为，如图 3-14 所示。然而，该模型并没有预测价值。

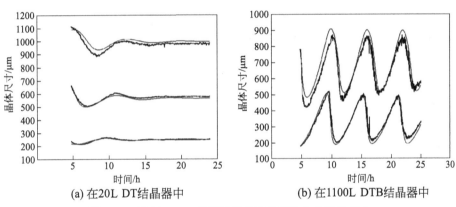

(a) 在20L DT结晶器中   (b) 在1100L DTB结晶器中

图 3-14　使用 Evans 模型进行晶体粒度分布的数值拟合

4. 二次成核：母晶的磨损行为

O'Meadhra[25]提出了另一种模拟结晶过程动力学的方法，他确定了在生长条件下母晶的磨损函数。

相比于粒度较小的晶体，晶体粒度分布中粒度较大的晶体会遭受更多的磨损，并且超过一定大小后，它们的生长甚至可以通过其磨损得到补偿。

对于完全混合悬浮及产品移出（MSMPR）结晶器，如图 3-15 所示为粒数密度的对数与晶体粒度的关系曲线，对于较大颗粒的晶体，曲线向下弯曲反映了这一点。

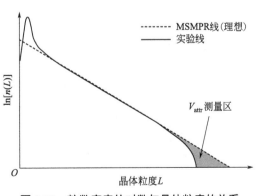

图 3-15　粒数密度的对数与晶体粒度的关系

可以通过引入磨损速率 G_{att} 来考虑晶体的粒度减小，该磨损速率会抵消动力学生长速率 G_{kin}。因此，晶体的总生长速率等于：

$$G_{eff} = G_{kin} - G_{att}(L) \tag{3-35}$$

式中，G_{eff} 为有效生长速率，$m \cdot s^{-1}$；G_{kin} 可由式（3-36）表示：

$$G_{kin} = G(L, \sigma) \tag{3-36}$$

其中，σ 为相对过饱和度。值得注意的是，这种有效生长速率的计算方法仅适用于真正混合良好的结晶器，因此大多数情况下仅对相对较小的结晶器体积（大约 20 L）有效。否则，曲线向下弯曲的部分也可能在某种程度上是由结晶器的内部结构引起的。这会导致较大的晶体更容易沉降，尤其是在过饱和度最高的沸腾区域（蒸发结晶的情况下）。

根据 MSMPR 粒数密度方程与合适的动力学方程进行计算可得 CSD 曲线，将其与测得的 CSD 曲线进行拟合，可得出磨损速率 G_{att}。实验得到的磨损速率 G_{att} 随 L 的增加而增加。它可以由下式表示：

$$G_{att} = K_{att} \left(1 - \frac{1}{1 + (L/L_a)^m} \right) \tag{3-37}$$

式中，m 代表图 3-16 中曲线的斜率；L_a 代表拐点。

文献中还有关于 G_{att} 及 G_{eff} 的其他表达形式，例如 $G_{eff} = G_{kin} f_{att}$，其中 f_{att} 为晶体-长度依赖因子。

通过研究浸没在具有相同折射率的液体中的晶体，可以进一步确定晶体遭受磨损的程度，以及它是否与磨损函数的计算结果相一致。

根据磨损速率 G_{att}，可以计算出体积磨损速率为：

$$\dot{V}_{att} = 3k_v \int_0^{L_{max}} G_{att}(L) n(L) L^2 dL \tag{3-38}$$

式中，$\dot{V}_{att}$ 为体积磨损速率，$m^3 \cdot m^{-3} \cdot s^{-1}$。

现在可以假定许多体积等于 $\dot{V}_{att}$ 的碎片每秒以较小的粒度范围进入 CSD，并记为出生函数 $B(L)$，此出生函数可以表示为：

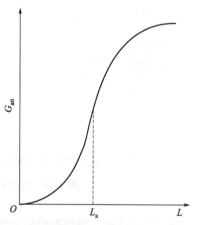

图 3-16　磨损速率 G_{att} 与晶体粒度 L 的关系

$$B(L) = \dot{V}_{att} H(L) \tag{3-39}$$

式中，$B(L)$ 为出生函数，$m^{-4} \cdot s^{-1}$；$H(L)$ 为碎片分布的归一化对数正态分布函数。为了获得实际生长晶核的成核速率，提出了生存效率 $\eta_{survival}$ 这一术语。它是过饱和度的函数，由于较高的过饱和度可以促进晶核生长，其表达式为：

$$\eta_{survival} = k_{survival} \sigma \tag{3-40}$$

值得注意的是，去除效率已经包含在 $\dot{V}_{att}$ 中。

这种模型的优点是未考虑二次晶核的来源。此外，它的缺点是，与幂次定律一样，它没有任何预测的价值。

5. 二次成核：物理损耗模型

尽管可能在晶体表面、边缘或拐角处发生碰撞，但在晶体悬浮液中，拐角处最有可能产生磨损碎片，由于接触面积较小，因此会形成较高的局部应力。对浸没在具有相同折射率的液体中的晶体进行研究发现，晶体的棱角最容易损坏。O'Meadhra[25]也证明了这一点，此外，Chianese 等[26]的研究表明，当晶体变圆润时，损耗函数 G_{att} 在非生长条件下几乎减小至零。

Gahn 和 Mersmann[21]提出的物理损耗模型是基于以下假设：晶体的拐角位置有助于产生磨损碎片。将该模型与 Ploß 等[27,28]提出的模型联系在一起，使我们在基于材料性质和物理概念之上，对于产生二次成核的基本方法向前迈进了一大步，同时，这种方法也应该具有更多的预测价值。

该方法包括三个步骤：

第一步是确定每秒内与搅拌桨叶片和桨叶边缘发生碰撞的晶体数量，以及每次碰撞所对应的冲击能量。

第二步是确定单次碰撞的冲击能量与磨损碎片的数量，及其总体积之间的关系，以及它们的归一化数量密度分布。

最后一步是让这些磨损碎片生长到 CSD 的过程，并将此建模方法与二次成核函数 $B(L)$ 或体积磨损速率 $\dot{V}_{att}$ 联系起来。

Ploß 和 Mersmann[27,28]提出的模型可以用于确定靠近桨叶位置晶体的速度分布及其与桨叶碰撞的概率。

碰撞速度和晶体与桨叶碰撞的概率主要取决于桨叶附近的局部两相流流型。由于这种流型的复杂性，Gahn 等[21]提出了基于几何考虑的简化模型，其分别计算了晶体与桨叶边缘和搅拌桨叶片的碰撞速度和碰撞概率。其中，将桨叶沿其半径分成 j 段。进行该分段是因为流体相和桨叶之间存在相对速度，因此颗粒的碰撞速度也是距轴的距离的函数。此外，假设晶体遵循流体相性质，即没有滑移现象。

值得注意的是，与叶片碰撞的晶体要多于与桨叶边缘碰撞的晶体，但是与桨叶边缘碰撞的能量更大。实际上，与叶片或任意桨叶分割段 j 的边缘发生碰撞的粒度为 i 的晶体总数 Z_{ij} 为：

$$Z_{ij} = N_i \frac{\varphi_{circ}}{V_{cryst}} \eta_{target,ij} \eta_{geo,j} \tag{3-41}$$

式中，N_i 为粒度 i 的晶体数量；φ_{circ} 为结晶器内的循环流率；V_{cryst} 为结晶器的体积；$\eta_{target,ij}$ 为目标效率；$\eta_{geo,j}$ 为几何效率。目标效率 $\eta_{target,ij}$ 是衡量粒度为 i 的晶体与桨叶任意分割段 j 发生碰撞的概率。几何效率 $\eta_{geo,j}$ 是衡量晶体在任意分割段 j 中概率的度量。这些效率可以根据桨叶的几何特性、桨叶周围的速度分布（假设晶体遵循流体相性质）、晶体与桨叶平面的轴向速度、桨叶分割段的切向速度、晶体的粒度 L_i 以及流体的黏度计算得到。

此外，晶体的碰撞速度也可以根据垂直于搅拌桨叶片或边缘的晶体速度，或根据假定与目标效率 $\eta_{target,ij}$ 相等的阻尼因子来计算。根据该碰撞速度和粒度为 L_i 的晶体的质量，如图 3-17 所示，可以计算出碰撞能量为：

$$W_{p,ij} = \frac{1}{2} \rho k_v L_i^3 w_{coll,ij}^2 \tag{3-42}$$

Gahn 和 Mersmann[21]提出了一个模型，用于计算在坚硬平坦表面和圆锥形晶体角之间的单次碰撞中产生的磨损碎片的体积。此模型通过其相关的机械性质（维氏硬度 H，断裂阻力 Γ/K_r，剪切模量 μ），将磨损体积 $V_{a,ij}$ 与晶体的碰撞能量 $W_{p,ij}$ 相关联，其如下所示：

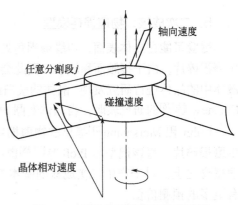

$$V_{a,ij} \approx \frac{2}{3} \times \frac{H^{2/3}K_r}{\mu\Gamma}W_{p,ij}^{4/3} \qquad (3\text{-}43)$$

式（3-43）中的力学性能也可以用摩擦常数 C 来表示，即：

图 3-17 晶体与搅拌桨叶片的碰撞

$$V_{a,ij} \approx CW_{p,ij}^{4/3} \qquad (3\text{-}44)$$

该模型假定损坏的晶体拐角在随后发生相同拐角的碰撞之前将会有足够的时间进行愈合。如果此愈合过程未能及时完成，那么晶体拐角将会越来越圆润。对于已经变得很圆润的晶体，其磨损阻力会增大，从而导致有效断裂阻力值增大。

能够引起断裂并从晶体中移除材料所需的最小冲击能量为：

$$W_{p,min} \approx 64\frac{\mu^3\Gamma}{K_r^3 H^5} \qquad (3\text{-}45)$$

该值可以根据材料的属性计算得出，因此对于每个给定的物质来说其均是一个常数。这也意味着对于每一个粒度为 L_i 的晶体，都对应着可以产生磨损的一个最小碰撞速度 $w_{coll,ij}$，即最小碰撞速度与晶体粒度之间存在一定的关系。图 3-18 中给出了 $(NH_4)_2SO_4$ 的最小碰撞速度与晶体粒度之间的关系曲线，从图中可以看出，当碰撞速度为 $6m \cdot s^{-1}$ 时，只有粒度大于 80μm 的晶体才会发生磨损破碎。因此，实际过程中仅需考虑碰撞能量大于 $W_{p,min}$ 的情况。

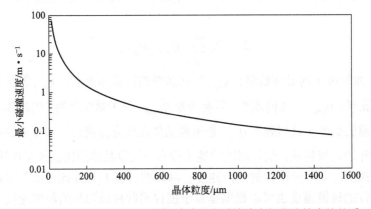

图 3-18 $(NH_4)_2SO_4$ 晶体磨损破碎最小碰撞速度与晶体粒度的关系

该模型还提供了碎晶的归一化密度函数，其中 L_{min} 和 L_{max} 分别为形成碎晶的最小和最大粒度：

$$q(L)_{ij} = \frac{2.25}{L_{\min}^{-2.25} - L_{\max}^{-2.25}} L^{-3.25} \tag{3-46}$$

$$\int_{L_{\min}}^{L_{\max}} q(L)\, \mathrm{d}L = 1 \tag{3-47}$$

$$L_{\min} = \frac{32}{3} \frac{\mu \Gamma}{K_{\mathrm{r}} H^2} \tag{3-48}$$

$$L_{\max} = \frac{1}{2} \left(\frac{K_{\mathrm{r}}}{\mu \Gamma} \right)^{1/3} H^{2/9} W_{\mathrm{p},ij}^{4/9} \tag{3-49}$$

值得注意的是，碎晶的最小粒度仅是材料性能的函数，因此与冲击能量无关，并且对于每种给定材料均是常数。

综上，可知碎晶的总数量为：

$$N_{\mathrm{fragments},ij} \approx \frac{\pi}{21} \times \frac{H^{1/2} K_{\mathrm{r}}^{3/4}}{k_{\mathrm{v}} (\mu \Gamma)^{3/4}} \left(\frac{1}{L_{\min}^{2.25}} - \frac{1}{L_{\max}^{2.25}} \right) W_{\mathrm{p},ij} \tag{3-50}$$

$$\approx 7 \times 10^{-4} \frac{H^5 K_{\mathrm{r}}^3}{k_{\mathrm{v}} \mu^3 \Gamma^3} W_{\mathrm{p},ij} \tag{3-51}$$

通常，碎晶的粒度分布在 $2 \sim 100 \mu\mathrm{m}$ 范围内。

在此连续步骤中，磨损速率与二次成核速率相关。假定在单次碰撞过程中形成的破损碎晶仍残留一定应力，那么相比于那些无应力的晶体，这些破损碎晶的化学势 $\Delta\mu$ 将增加。这些粒度为 L_{fragment} 的碎晶体现在其各自的长度和应力 W^* 上，在 Gahn 模型中等于 $\Gamma/(kTL_{\mathrm{fragment}})$。

因此，它们的饱和浓度 $c_{\mathrm{eq,real}}$ 可以写成：

$$c_{\mathrm{eq,real}} = c_{\mathrm{eq}} \exp\left(\frac{\Gamma_{\mathrm{K}}}{kTL_{\mathrm{fragment}}} \right) \tag{3-52}$$

结果，碎晶生长的实际推动力会下降。利用该方程，可以消除将要溶解的碎晶。其他碎晶以一定的生长速率长到 CSD 中，其中包括生长速率较为分散的小晶体。Γ_{K} 的值必须通过实验确定。

Gahn 模型利用 W^* 来描述在母晶碰撞和磨损破碎过程中，引入碎晶中的塑性变形应力，其中 W^* 有两个主要缺点。首先，这种塑性变形应力与 Rittinger 定律有关，该定律只是用来描述在磨损破碎过程中形成附加表面积所需的能量，并不包括塑性变形应力。其次，初始粒度为 L 的晶体具有与生长到粒度为 L 的晶体相同的应变能。这与晶体生长期间应该发生的晶体愈合是矛盾的。

该方法无法提供具有零粒度晶核的二次成核速率 B_0 或二次成核分布的出生函数 $B(L)$，但是可以根据每次碰撞的残存碎晶和碰撞次数，计算出生长到 CSD 的晶核。由于此计算需要初始 CSD，因此如果将此成核模型用作预测工具，则意味着始终需要进行迭代循环。

综上，根据 Evans 模型、O'Meadhra 模型和 Gahn 模型修订的模型均适用于描述结晶过程的动力学行为。

3.2 晶体生长

临界晶核形成后，溶质分子或离子继续在晶核上堆积，体系的总自由能将随着晶核的增大而迅速下降，晶核得以不断长大，晶体进入生长阶段。研究晶体生长的理论多数以晶面生长速率为出发点，并采用数学方法表示。

在 19 世纪和 20 世纪初，人们对晶体形态的研究产生了极大兴趣，并在此期间收集了大量数据。然而，它们无法解释能够以多种形式生产晶体的根本原因。此外，很明显，晶体生长的条件和生长速率对晶体的纯度和形态均有重要影响。

Dhanaraj 等[29]认为影响晶体生长速率，并进而影响晶体"习性"（habit）和"特征"（characteristics）的最重要因素包括：

① 结晶过程推动力，即过饱和度；
② 晶体生长环境，即晶体是从熔融还是溶液中生长；
③ 溶质-溶剂相互作用能，即晶体生长所用溶剂的性质；
④ 杂质，通过吸附在生长台阶上并改变边缘自由能。

3.2.1 基本概念

某一特定晶面的生长速率主要由其平均线性生长速率 R_{lin} 来描述，其中，R_{lin} 是指该晶面在与其垂直方向上的生长速率。由于一种晶体通常具有一个以上的不同晶面（hkl），所以总的线性生长速率可以有不同的定义方式。其中，最常用的一种定义方式是将晶体总的线性生长速率与单位时间单位表面积上晶体质量的增加联系起来：

$$R_A = \frac{1}{A_{cryst}} \times \frac{dm_{cryst}}{dt} = \frac{\rho_{cryst}}{k_a L^2} \times \frac{dL^3}{dt} = 3\frac{k_v}{k_a}\rho_{cryst}G = 6\frac{k_v}{k_a}\rho_{cryst}R_{lin} \tag{3-53}$$

式中，R_A 为单位时间单位面积晶体增加的质量，$kg \cdot m^{-2} \cdot s^{-1}$；$A_{cryst}$ 为晶体表面积，m^2；m_{cryst} 为晶体质量，kg；t 为时间，s；ρ_{cryst} 为密度，$kg \cdot m^{-3}$；k_v 为体积形状因子；k_a 为面积形状因子；L 为特征长度，m；G 为晶体总生长速率，$m \cdot s^{-1}$；R_{lin} 为平均线性生长速率，$m \cdot s^{-1}$。

对于球形来说，有：

$$\frac{k_a}{k_v} = 6 \tag{3-54}$$

将上式代入式（3-53）可得：

$$R_A = \frac{1}{A_{cryst}} \times \frac{dm_{cryst}}{dt} = \frac{1}{2}\rho_{cryst}G = \rho_{cryst}R_{lin} \tag{3-55}$$

其中

$$G = \frac{dL}{dt} = 2R_{lin} \tag{3-56}$$

3.2.2 晶体生长机理

尽管接下来主要讨论溶液中的晶体生长过程，但是对于所有的晶体生长机理来说，总生长速率均取决于以下因素：

① 生长晶体表面的横向键（lateral bonds，为晶体材料的一种特性）；
② 与溶剂之间的相互作用；

③ 与晶体表面发生碰撞的生长单元数量（与溶解度有关）。

溶液中一旦形成晶核，则溶质分子或离子会继续一层层地排列上去而形成晶粒，这就是晶体的生长。溶液中的晶体生长过程大致可分为两个步骤：首先，待结晶的溶质生长单元靠扩散作用穿过晶体表面的一个静止液层，由溶液中转至晶体表面，即溶质扩散步骤；然后，到达晶体表面的溶质分子嵌入晶体，晶体长大，即表面反应步骤。图3-19给出了溶液中晶体生长的两步过程示意图，图中曲线为垂直于晶体表面的浓度分布，c_b为主体相浓度，c_i为在晶体-溶液界面的浓度，c_{eq}为生长单元最终嵌入晶体表面的生长部位的平衡浓度。

对于 NaCl 和（NH_4）$_2SO_4$ 等高度可溶性化合物的晶体生长过程来说，表面反应步骤通常不是速率控制步骤，其速率主要是由在晶体表面厚度为δ的停滞层或扩散层扩散所决定的。对于此类物系，由于$c_i=c_{eq}$，因此扩散过程推动力等于（c_b-c_{eq}）。

相反，对于难溶性化合物来说，表面反应步骤是晶体生长过程的速率控制步骤，此时反应推动力为（c_b-c_{eq}），因为$c_i=c_b$。然而，对于大多数化合物，在计算其生长速率时，必须同时考虑两个步骤。

对于熔融结晶的生长过程，通过体相的结晶热传输成为第三个速率控制步骤。对于高度浓缩的溶液也是如此，例如，在高度水合盐的结晶情况下，该溶液几乎可以被视为熔融体来处理。

在以下各节中，将首先给出表面反应控制过程的生长机理和相关的生长速率方程。然后，讨论体积扩散控制过程的生长速率方程。最后，给出两种过程共同控制情况下的生长速率方程。

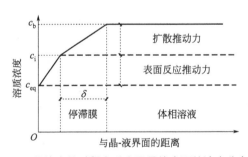

图 3-19　晶体生长过程中垂直于晶体表面的浓度分布　图 3-20　Kossel 模型中晶体生长"平台"类似梯田

3.2.3　晶体表面

晶体生长理论是基于对晶体表面结构的理解而发展起来的。其中最早的模型由 Kossel 提出，虽然它并不是很完善，但确实有助于我们了解晶体成核和生长过程[30]。该模型形象化地认为晶体表面是由立方体单元组成的，并形成了单原子高度的"层"，其生长受台阶（或边缘）的限制。每一步在其边棱上都包含一个或多个扭折位。台阶之间的区域称为平台，其形态类似梯田（如图3-20所示）。

平台可能包含单个吸附的生长单元、团簇或空位。如图3-21所示，根据此模型，附着在平面上的生长单元仅需形成一个键，而附着在台阶和扭折处的生长单元则有机会分别形成两个和三个键。因此，生长单元会首选吸附在扭折位点，因为它们提供了最稳定的构象。

因此，生长单元吸附在扭折位点进行生长。扭折沿着台阶移动，导致台阶生长。此后，形成了新的台阶。随后我们将讨论新台阶形成的机理。

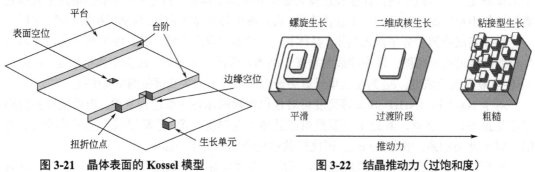

图 3-21　晶体表面的 Kossel 模型

图 3-22　结晶推动力（过饱和度）对晶体生长机理的影响[31]

3.2.4　表面反应控制的生长

如上所述，在原子或分子水平上，生长晶体的表面结构受到如下几个因素的影响：首先是表面层中原子、离子和分子之间的结合能，其次是溶剂、温度和结晶推动力（过饱和度）。其中，过饱和度推动力对晶体表面形貌具有较大影响，如图 3-22 所示。从图中可以看出，在过饱和度推动力较小的情况下，晶体的生长趋于平滑。随着过饱和度推动力的增加，晶体的生长由平滑变得粗糙。

1. 平滑生长

为形成光滑的晶面（通常在中等生长条件下发生），需要连续生长层的有序沉积，即平滑生长（smooth growth）。如图 3-22 所示，其可以通过沿晶体表面的台阶传递来实现。生长单元向晶体表面扩散，并在扭折位置长入晶体。这可以直接从体相中进行反应，或者更有可能在生长单元沿表面和台阶的扩散之后发生。因为，在扭折处，生长单元可以在三个方向上成键，因此该位置最有利于反应的发生。因此，在存在台阶（总是包含扭折点）的情况下，层的生长是可能的。

但是，其必须有新台阶的来源。新台阶的来源有两种，并根据其来源将两种层生长机理命名为："螺旋生长"模型和"出生与扩展"模型。

（1）螺旋生长模型

为了在低过饱和度下生长，必须要有新台阶的来源，在晶体表面出现的螺旋位错可作为新台阶即接触点的来源，即螺旋生长模型（spiral growth model）。

通常在晶体中产生缺陷。台阶将围绕缺陷线弯曲，因此形成螺旋状的丘陵，因为台阶是生长单元在晶体表面发生反应的首选位置。在该模型中，一层完成后，位错仍然存在（见图 3-23 和图 3-24）。

图 3-23　产生螺旋生长的晶体螺旋位错示意图[32]

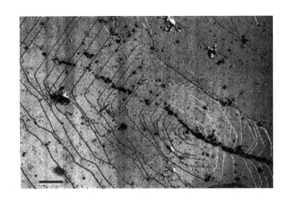

**图 3-24　来自巴西米纳斯吉拉斯州（Minas Gerais，Brazil）的绿宝石晶体的
（0001）面上元素生长螺旋的 DICM 显微照片**

（左下角标尺=500μm，其中，小点是在位错露出的位置上选择性形成的蚀刻坑[33]）

这些观点首先由 Frank[34]提出，然后由 Burton 等[35]将其公式化为 BCF 生长模型。此外，该模型也称为螺旋生长台阶蔓延模型。

该机理中，晶体的线性生长速率 R_{lin} 与台阶沿着表面的移动速度 v_{step}、台阶的高度 h 和台阶的密度成正比，其中台阶的密度为台阶距离 λ_0 的倒数，即：

$$R_{lin}=\frac{v_{step}h}{\lambda_0}=\frac{v_{step}h}{19r_{2D}^*} \tag{3-57}$$

式中，v_{step} 为台阶速度，$m\cdot s^{-1}$；h 为台阶高度，m；λ_0 为台阶距离，m；r_{2D}^* 为二维晶核的半径，m。

台阶的速度 v_{step} 取决于与台阶某一位置发生碰撞的生长单元通量与离开该台阶的生长单元通量之差。沿着台阶，吸附在生长单元表面积 h^2 的生长单元的数量 j 为：

$$j=(f-g)h^2 \tag{3-58}$$

式中，f、g 为通量密度，$m^{-2}\cdot s^{-1}$。在这种情况下，g 等于平衡通量密度 f^*，这是由于在平衡状态时，通量 g 和 f 是相等的。

当生长单元被吸附到台阶上时，在垂直于台阶方向上增加的长度为 h（即生长单元的高度），此时 v_{step} 可以表示为：

$$v_{step}=\left(f-f^*\right)h^3=h^3f^*\left[e^{\frac{\Delta\mu}{kT}}-1\right] \tag{3-59}$$

$$v_{step}=h^3f^*\left(S-1\right)=V_mf^*\left(S-1\right)=V_mf^*\sigma \tag{3-60}$$

其中，f^* 为平衡通量密度，$m^{-2}\cdot s^{-1}$；h 为一个生长单元的高度，m。二维晶核的半径可以由下式表示：

$$r_{2D}^*=\frac{\gamma_{edge}V_m}{\Delta\mu} \tag{3-61}$$

式中，$\Delta\mu$ 为结晶过程推动力，$J\cdot mol^{-1}\cdot K^{-1}$；$\gamma_{edge}$ 为台阶的边缘自由能，J；V_m 为摩尔体积，$m^3\cdot mol^{-1}$。那么式（3-57）可以写成：

$$R_{\text{lin}} = \frac{1}{19} \times \frac{f^* h}{\gamma_{\text{edge}}} \sigma \Delta \mu \tag{3-62}$$

进一步整理可得:

$$R_{\text{lin}} = k_r \sigma^2 \tag{3-63}$$

式中, k_r 为抛物线型生长速率常数, $m \cdot s^{-1}$。该方程式又称为抛物线型生长定律。

当过饱和度较高时, 可以得到:

$$R_{\text{lin}} = k_r \sigma \tag{3-64}$$

在这种情况下, k_r 为线性生长速率常数, $m \cdot s^{-1}$。

换句话说, 随着溶液过饱和度的增加, 晶体生长速率与溶液过饱和度之间的关系从抛物线变为线性。这是因为随着过饱和度的增加, 扩散速率变慢, 因此, 在扩散受限的生长中, 在较高的过饱和度下, 晶体生长速率与溶液过饱和度之间会出现线性依赖关系[36]。值得注意的是, k_r 通过 f^* 与化合物在溶液中的溶解度直接相关。

(2) 出生与扩展模型

出生与扩展 (birth and spread, B&S) 模型是层生长模型, 也被称为 "核上核" 模型、"二维成核" 模型或多核模型。它的新台阶来源于晶体表面上二维晶核的形成, 该二维晶核通过沿晶体表面横向扩展而形成小岛。在其顶部出现一个新的小岛之前, 该小岛可以生长并覆盖在整个台阶表面 (单核模型), 或者更可能的是小岛可以在全部表面成核并嵌入由横向分布的小岛形成的新的不完整层中, 如图 3-25 所示。在此模型中, 假定沿岛的台阶是各向同性的 (在各个方向上是均匀的)。然而实际情况通常并非这样, 台阶将沿晶体学上的重要方向排列, 并接近晶面的侧面。

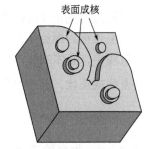

表面成核

图 3-25 出生和扩展模型示意图[32]

仅当过饱和度足以克服二维成核能垒时, 才能发生二维成核。方程式 (3-61) 给出了二维晶核的临界尺寸。

该生长机理下的晶体线性生长速率为:

$$R_{\text{lin}} = \left(\frac{1}{3} \pi v_{\text{step}}^2 J_{\text{2D}} \right)^{1/3} h \tag{3-65}$$

式中, R_{lin} 为线性生长速率, $m \cdot s^{-1}$; v_{step} 为台阶速度, $m \cdot s^{-1}$; J_{2D} 为二维成核速率, $m^{-2} \cdot s^{-1}$; h 为一个生长单元的高度, m。

O'Hara 和 Reid[36]在成核理论的基础上提出了单位时间单位面积二维晶核的形成速率:

$$J_{\text{2D}} = A_{\text{2D}} S e^{\left[\frac{B_{\text{2D}}}{\ln S} \right]} \tag{3-66}$$

其中

$$A_{\text{2D}} = z c_0 f \left(n_{\text{2D}}^* \right) \tag{3-67}$$

$$B_{\text{2D}} = \frac{\pi h V_{\text{m}} \gamma_{\text{edge}}^2}{(kT)^2} \tag{3-68}$$

式中, J_{2D} 为二维成核速率, $m^{-2} \cdot s^{-1}$; S 为过饱和度比; z 为 Zel'dovich 因子; c_0 为活性

位点的浓度，m^{-3}，$f\left(n_{2D}^{*}\right)$ 为生长单元在表面积为 $2\pi r_{2D}^{*}h$ 的临界晶核边缘处的附着频率。这将导致：

$$R_{\text{lin}} = k_{\text{r}}\left(S-1\right)^{2/3} S^{1/3} \text{e}^{-\frac{B_{2D}}{3\ln S}} \tag{3-69}$$

式中，k_{r} 为指数型生长速率常数。

根据 O'Hara 和 Reid[36]的原始推导结果，在 J_{2D} 方程中使用 $\left(\ln S\right)^{1/2}$ 代替 S，R_{lin} 的表达式近似为：

$$R_{\text{lin}} = k_{\text{r}}\sigma^{5/6}\text{e}^{-\frac{B_{2D}}{3\sigma}} \tag{3-70}$$

再次注意，由于 f^{*} 与化合物的溶解度有关，因此生长速率 R_{lin} 取决于溶解度。

由于此线性生长速率 R_{lin} 表达式中存在指数项，那么一旦超过二维成核所需的过饱和度的临界值，线性生长速率就会急剧增加（见图 3-26）。图 3-27 显示了三水铝矿基面上晶核的出生和扩展。

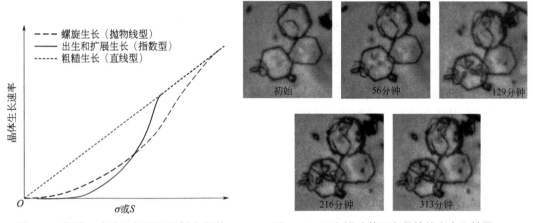

图 3-26　螺旋、出生和扩展及粗糙生长的晶体生长曲线

图 3-27　三水铝矿基面上晶核的出生和扩展

2. 粗糙生长

粗糙的表面总是不利于产品晶体的质量，为了避免出现粗糙的晶体表面，可以通过严格选择操作条件来调控过饱和度和温度。生成粗糙表面的晶体生长称为粗糙生长（rough growth）。

然而，有时粗糙的表面是不可避免的。由于优先的生长位点不再存在于晶体表面上，因此这些晶面的生长速率仅取决于与晶体表面生长位点处发生碰撞的来自体相的生长单元通量与离开的生长单元通量之差（如图 3-28 所示）。黏附在表面积 h^{2} 处的生长单元数量 j 等于：

$$j = \left(f-g\right)h^{2} \tag{3-58}$$

其中，通量密度 g 等于平衡通量密度 f^{*}，则有：

$$j = f^{*}\left[\text{e}^{\frac{\Delta\mu}{kT}}-1\right]h^{2} = h^{2}f^{*}\left(S-1\right) = h^{2}f^{*}\sigma \tag{3-71}$$

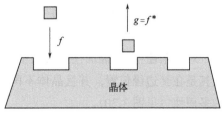

图 3-28　生长单元与粗糙晶面之间的通量

当将生长单元附着到晶体表面时，在垂直于晶体表面的方向上增加的长度为 h（即生长单元的高度），并且线性生长速率 R_{lin} 变为：

$$R_{lin} = jh = f^* V_m \sigma \tag{3-72}$$

$$R_{lin} = k_r \sigma \tag{3-73}$$

k_r 再次与 f^* 成正比，因此其与化合物的溶解度有关。对于粗糙生长，R_{lin} 线性依赖于 σ。可以通过计算 f^* 对 R_{lin} 进行粗略估算。

通常，在低 σ 值下，螺旋生长机理起决定性作用。在较高的 σ 值下，B&S 机理将起主要作用，而在更高的 σ 值（表面粗糙）下，线性生长机理占主导地位。

在正常操作条件下，螺旋生长是最常见的晶体生长机理。尽管在该模型中 k_r 与溶解度成正比，但 Nielsen[37]的研究结果表明，对于遵循抛物线型生长定律的电解质来说，k_r 值不仅受 c_{eq} 的影响，还受反应频率（等于 10^{-3} 倍脱水频率）的影响。这是由于扩散活化能，离子为了发生反应必须脱水并同时发生扩散跳跃。

3. 热力和动力学粗糙化

除了由高过饱和度条件而导致的粗糙生长之外，在中等生长条件下（如图 3-29 所示），平坦的晶面也可以通过热力和动力学粗糙化（thermal and kinetic roughening）而变得粗糙。粗糙生长和动力学粗糙化之间只有微小的区别。在剧烈的动力学粗糙处理下，这些面变得弯曲。需要使表面变粗糙才能使其粗糙生长，这可能是由过饱和度太高，或者是温度太高（对于弱有机晶体而言）而导致的。盐的热粗糙化将永远不会发生。

（1）热粗糙化

每个晶面（hkl）都具有其临界温度 T_R，即粗糙化温度，大于该临界温度 T_R，该表面会变得粗糙，即热粗糙化（thermal roughening）。对于盐来说，由于强烈的离子相互作用，其晶面的粗糙化温度极高，在正常的工作温度下未观察到热粗糙化现象。此外，对于盐来说，绝不会在其熔点温度以下进行热粗糙化。由于离子键作用太强而无法使边缘自由能变为零。零边缘自由能的含义是，将构筑单元从生长层的位置移到该层顶部位置，而无需消耗任何能量。因此，构筑单元与其相邻单元之间的作用力必须在热粗糙化温度下变为零。

相反，对于有机化合物，其粗糙化温度有时可能会非常接近室温，如从己烷溶液中生长的石蜡晶体，其（110）面的 T_R 等于 11 ℃，如图 3-29 所示。

晶体表面的这种平滑与粗糙之间相转变的阶次参数是边缘自由能，即 γ_{edge}，在 $T=T_R$ 时，其值为零。这意味着表面已变粗糙，即获得更大的表面积（请参见图 3-30）不会消耗额外的（边缘）自由能。然后，可以将生长单元放置在晶体表面上的任何位置。

对于粗糙生长，晶面往往会趋于变得圆润，尤其是在其边缘位置，并且晶体不再具有良好的多面性（见图 3-30）。

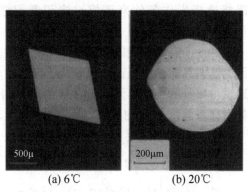

(a) 6℃   (b) 20℃

图 3-29 从己烷中生长的石蜡晶体[38]

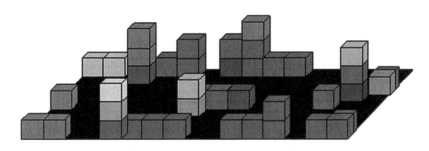

图 3-30　在 $T \geqslant T_R$ 处的表面粗糙化

（2）动力学粗糙化

另一种粗糙现象称为"动力学粗糙（kinetic roughening）"，它是由较高的过饱和度引起的。在盐体系中也可以观察到此现象。如果结晶过程的过饱和推动力 μ 超过了相应的二维临界成核值而成为生长单位量级的值，或者更确切地说，形成二维临界晶核所需的活化能变为 kT 的数量级，晶体表面则会变得粗糙。两种粗糙化机理之间的主要区别在于，在动力学粗糙化过程中，边缘自由能仍然不为零。如图 3-31 所示为动力学粗糙化的示例。

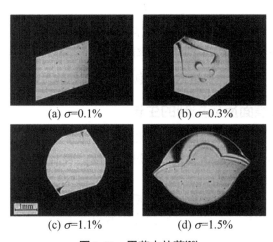

(a) $\sigma=0.1\%$　　　　(b) $\sigma=0.3\%$

(c) $\sigma=1.1\%$　　　　(d) $\sigma=1.5\%$

图 3-31　甲苯中的萘[39]

3.2.5　体积扩散控制的生长

对于非常易溶的化合物，体积扩散控制的生长通常占主导地位。在这些情况下，表面反应不是速率控制步骤，而通过停滞边界层向晶体表面提供或扩散生长单元是速率控制步骤。因此，它也被称为扩散层模型。

对于这种生长模型，可以根据菲克定律（即使是非常浓的溶液）得出晶体的质量增加表达式：

$$\frac{\mathrm{d}m_{\text{cryst}}}{\mathrm{d}t} = \frac{D}{\delta} A_{\text{cryst}} \left(c_b - c_{\text{eq}} \right) \tag{3-74}$$

式中，$c_b - c_{\text{eq}}$ 为质量传递的推动力，$\text{kg} \cdot \text{m}^{-3}$；$\delta$ 为边界层厚度，m；D 为扩散系数，$\text{m}^2 \cdot \text{s}^{-1}$。

质量传递系数 k_d，可以由下式给出：

$$k_d = \frac{D}{\delta} \quad (3-75)$$

并且可以从舍伍德数（Sherwood）方程式得出：

$$Sh = \frac{k_d L}{D} \quad (3-76)$$

为了计算 Sh 值，可以使用文献中提供的几种拟合方程，例如 $Sh = 2 + 0.6\, Re^{1/2}\, Sc^{1/3}$[40]。$Sh$ 值通常在 2 到 10 之间。仅需对高度浓缩的溶液进行校正，以解决对流传输（水分子的反扩散）：

$$\frac{dm_{cryst}}{dt} = \frac{k_d}{(1-\omega)} A_{cryst} \left(c_b - c_{eq} \right) \quad (3-77)$$

式中，ω 为溶质的质量分数；k_d 为质量传递系数，$m \cdot s^{-1}$。

因此，对于大多数溶液，总的线性生长速率可由下式得出：

$$R_{lin} = \frac{k_a}{6k_v \rho_{cryst}} \times \frac{1}{A_{cryst}} \times \frac{dm_{cryst}}{dt} = \frac{k_a k_d}{6k_v \rho_{cryst}} \left(c_b - c_{eq} \right) \quad (3-78)$$

或者

$$R_{lin} = \frac{k_a k_d}{6k_v \rho_{cryst}} c_{eq} \sigma \quad (3-79)$$

R_{lin} 与 σ 之间符合线性关系，并且 R_{lin} 与溶解度 c_{eq} 直接相关。在绘制好的 $R_{lin}(\sigma)$ 曲线中，它将始终具有最大的生长速率，在给定的过饱和度下，晶体可以以该最大生长速率生长。

3.2.6 体积扩散和表面反应控制的生长

除溶解度之外，不同的晶体粒度和过饱和度均可以影响哪种生长机理在晶体生长中占主导地位。对于粒度非常小的晶体和极低的过饱和度，表面反应过程始终是主要的晶体生长过程。

但是，在许多情况下，体积扩散和表面反应都会对最终的晶体生长速率产生影响，因此必须推导两者的组合方程。为此，最好用以下方程式来描述晶体生长的两步过程。

对于扩散过程：

$$R_A = k_d \left(c_b - c_i \right) \quad (3-80)$$

对于反应过程：

$$R_A = k_r \left(c_i - c_{eq} \right)^r \quad (3-81)$$

式中，R_A 为单位时间单位表面积晶体质量的增加量，$kg \cdot m^{-2} \cdot s^{-1}$；$c_b$ 为体相中的溶质浓度，$kg \cdot m^{-3}$；c_{eq} 为溶解度，$kg \cdot m^{-3}$；c_i 为界面处的溶质浓度，$kg \cdot m^{-3}$。

式（3-81）是与螺旋、B&S 或粗糙生长有关的简化生长速率方程。质量守恒要求表面反应的质量通量等于从溶液体相到达晶体表面的扩散质量通量，并从方程式（3-80）和式（3-81）中消除 c_i，可以得到：

$$R_A = k_r \left[\left(c_b - c_{eq} \right) - \frac{1}{A_{cryst} k_d} \times \frac{dm_{cryst}}{dt} \right]^r \quad (3-82)$$

当 $r = 1$ 时，式（3-82）可以重新整理为：

$$R_{A} = K_{G} \left(c_{b} - c_{eq}\right) \tag{3-83}$$

式中，K_{G} 为基于质量的晶体生长速率系数，$m \cdot s^{-1}$。其中：

$$\frac{1}{K_{G}} = \frac{1}{k_{d}} + \frac{1}{k_{r}} \tag{3-84}$$

$r=1$ 的情况仅适用于螺旋生长情况，而对于粗糙生长而言，最好避免这种情况。

对于较低的 σ 值，在 $r=2$ 时发生螺旋增长。对于 $r=2$，可从方程式（3-82）获得式（3-85）：

$$R_{A} = k_{d} \left(c_{b} - c_{eq}\right) + \frac{k_{d}^{2}}{2k_{r}} - \left[\frac{k_{d}^{4}}{4k_{r}^{2}} + \frac{k_{d}^{3} \left(c_{b} - c_{eq}\right)}{k_{r}}\right]^{1/2} \tag{3-85}$$

对于更高的 r 值，不再可能导出 R_{A} 的简化表达式。

但是，仅在 B&S 表面反应模型中发现了较高的 r 值，该模型描述了难溶盐的生长机理，对于那些情况，体积扩散通常不是限速步骤。

因此，出于工程目的，通常使用这种形式的简化表达：

$$\frac{1}{A_{cryst}} \times \frac{dm_{cryst}}{dt} = K_{G} \left(c_{b} - c_{eq}\right)^{g} \tag{3-86}$$

通常，$1 \leqslant g \leqslant 2$，且 $g > 2$ 仅用于难溶性化合物。

同时，定义晶体的线性生长速度为 $G = dL/dt$。通过式（3-53）可以将 G 与式（3-86）相关联。

$$G = \frac{k_{a} K_{G}}{3 k_{v} \rho_{cryst}} \left(c_{b} - c_{eq}\right)^{g} = \frac{k_{a} K_{G}}{3 k_{v} \rho_{cryst}} c_{eq} \sigma^{g} \tag{3-87}$$

或

$$G = k_{g} \sigma^{g} \tag{3-88}$$

式中，k_{g} 为基于线性生长速率的晶体生长速率系数，$m \cdot s^{-1}$。

Mersmann 和 Kind[41]绘制了许多盐的线性生长速率与相应过饱和度的函数关系。该图（见图 3-32）显示，当 σ 值约为 0.01 时，高度可溶性盐具有大约 $10^{-7} m \cdot s^{-1}$ 的线性生长速率；当 σ 值为 10～100 时，微溶性盐在 10% 处具有 $10^{-9} \sim 10^{-8} m \cdot s^{-1}$ 的线性生长速率。

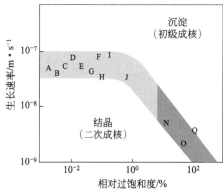

图 3-32 不同盐的生长速率与相对
过饱和度的关系[41]

[A：KCl，B：NaCl，C：(NH₂)₂CS，D：(NH₄)₂SO₄，E：KNO₃，
F：Na₂SO₄，G：K₂SO₄，H：(NH₄)Al(SO₄)₂，
I：K₂Cr₂O₇，J：KAl(SO₄)₂，N：CaCO₃，O：TiO₂，Q：BaSO₄]

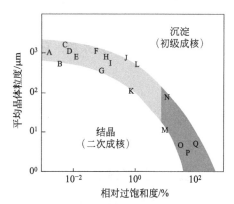

图 3-33 不同盐的平均晶体粒度与
相对过饱和度的关系[41]

[A：KCl，B：NaCl，C：(NH₂)₂CS，D：(NH₄)₂SO₄，
E：KNO₃，F：Na₂SO₄，G：K₂SO₄，H：(NH₄)Al(SO₄)₂，
I：K₂Cr₂O₇，J：KAl(SO₄)₂，K：KClO₃，L：NiSO₄，
M：BaF₂，N：CaCO₃，O：TiO₂，P：CaF₂，Q：BaSO₄]

此外，易溶盐相应的平均晶体粒度约 600 μm，而微溶盐约为 10 μm，它们的平均晶体粒度跨度很大（见图3-33）。

3.2.7 温度的影响

表面反应和体积扩散步骤均与温度有关。这种依赖性的特征在于：

$$k_r = k_{r0}e^{-E_r/(RT)} \tag{3-89}$$

和

$$k_d = k_{d0}e^{-E_d/(RT)} \tag{3-90}$$

其中 E_r 和 E_d 是相应过程的阿伦尼乌斯活化能。通常，E_r 为 40～60 kJ·mol^{-1}，而 E_d 为 10～20 kJ·mol^{-1}。

3.2.8 传热控制的生长

对于溶液中的晶体生长过程，结晶热的传递不是速率限制步骤。热量传递仅在非常高的溶质浓度下或熔融结晶中才起作用，因为必须将生长晶体界面处的结晶潜热转移到熔融体或冷却表面。对于传热控制的晶体生长过程，传质速率为：

$$\frac{dm_{cryst}}{dt} = -\alpha A_{cryst}\frac{\Delta T}{\Delta H_{cr}} \tag{3-91}$$

式中，α 为传热系数，W·m^{-2}·K^{-1}；$\Delta T = T_b - T_{eq}$，K；ΔH_{cr} 为结晶焓变，J·kg^{-1}。其中 $\alpha = \lambda/\delta_h$，$\lambda$ 为热导率，W·m^{-1}·K^{-1}；δ_h 为传热边界层厚度，m。这里，也可以表示为 $\alpha = \lambda Nu/L$，其中 L 为晶体的特征粒度。相应的 Nu 值可以在文献中获得。

3.2.9 传质和传热控制的生长

存在传质和传热同时决定质量随时间 $\left(dm_{cryst}/dt\right)_{m\&h}$ 的增加而增加的情况。基于传质表达式与传热表达式的结合，并使用 Nývlt[42] 给出的 ΔT 和 Δc 推动力之间的关系，可推导出以下晶体生长同时受热量和质量传递限制的表达式：

$$\left(\frac{dm_{cryst}}{dt}\right)_{m\&h} = \left[\left(\frac{dm_{cryst}}{dt}\right)_m^{-1} + \left(\frac{dm_{cryst}}{dt}\right)_h^{-1}\right]^{-1} = k_{m\&h}A_{cryst}\left(c_b - c_{eq}\right) \tag{3-92}$$

式中，$k_{m\&h}$ 为总的传质系数，它包括传质和传热的贡献，m·s^{-1}。可以由下式给出：

$$\frac{1}{k_{m\&h}} = \frac{1}{k_d c_{eq}(T_i)} + \frac{\Delta H_{cr}^2 c_{eq}(T_i)}{\alpha RT^2 M} \tag{3-93}$$

式中，c_{eq} 为溶解度，kg·m^{-3}；M 为结晶物质的摩尔质量，kg·mol^{-1}；R 为理想气体常数，J·K^{-1}·mol^{-1}。

3.2.10 生长速率分散

长期以来，人们一直认为相同生长条件下，相同材料的几何相似的晶体具有相同的生长速率。但是，实验结果表明，具有最初窄粒度分布的一批晶体可以在进一步向外生长期间显著扩展其分布。同样，在 MSMPR 结晶器中连续生长的晶体粒度分布显示，较

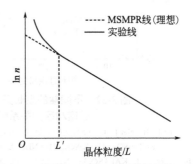

图 3-34 理想 MSMPR 结晶器中的 CSD

小晶体的 $\ln n$ 对 L 曲线具有向上的曲率（见图 3-34）。

这只能解释为较小的晶体具有较小的生长速率。只有当新生晶体达到一定粒度 L' 时，它们的生长速率才能达到其母晶的生长速率。

这种现象称为粒度相关生长，并且引入粒度相关生长速率函数来描述观察到的 CSD：

$$G_L(L,t) = G(L)G(t) \tag{3-94}$$

其中，$G(t)$ 取决于相对过饱和度 $\sigma(t)$，$G(L)$ 取决于晶体粒度。

Garside 和 Jančić[43]，Tavare[44] 和 Berglund[45] 对最常用的 $G(L)$ 函数进行了修订。最近，Wang 和 Mersmann[46] 提出了以下方程式：

$$G(L) = 1 - e^{-\left(\frac{L}{L_g}\right)^n} \tag{3-95}$$

式中，n 和 L_g 为拟合参数。

在显微镜下观察通过一次或二次成核而产生的微小晶体的生长，也可以发现并非所有相同大小的小晶体在相同条件下都具有相同的生长速率，这个现象被称为生长速率分散。Ristić 等[47] 的测量结果表明，对于几种物质，较小的晶体（高度视物质而定，粒度范围从 $1\mu m$ 到 $200\,\mu m$）包含高度的无序度。对于通过二次接触成核而产生的晶体，这种无序现象是由母体晶体碰撞过程中引入磨损碎片中的应力引起的。这些晶核是否可以存活并增长到晶种群中取决于它们所承受的应力大小和过饱和度。如果晶核进一步长大，则初始碎片所受的应力会导致晶体的形成，这些晶体由较小的块组成，这些块彼此之间会产生取向误导。这种错误的取向可以通过镶嵌扩散 η（与失配角有关）来量化，并且可以根据 Laue X 射线衍射图确定（见图 3-35）。

当晶体进一步生长时，其外表面所受的应力降低，这种现象称为愈合，并且当晶体超过一定粒度时，其平均生长速率将与它们的母体晶体相同。

根据较小晶体所受的应力情况，它们的溶解度较高，并且它们处于一个较低的过饱和度区域，其过饱和度值低于计算所得的对于较大晶体相应的过饱和度 σ。

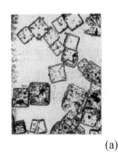
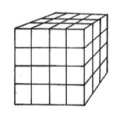

(a)　　　　　　　　　　(b)

图 3-35　（a）具有镶嵌结构的小晶体和（b）在 Laue 衍射图中引起的拉长而不是圆形斑点[48]

所以，粒度较小晶体的生长速率可以表示为：

$$G_L(\eta,L,t) = k_g\left[\sigma - \frac{W_i(\eta,L)}{kT}\right]^g \tag{3-96}$$

式中，W_i 为每个晶体的应力能，J。

此外，van der Heijden 和 van der Eerden[49] 推导了 W_i 的简化表达式：

$$W_i = \frac{A_1 \eta}{\sqrt{L}} \ln\left(\frac{A_2 \sqrt{L}}{\eta}\right) \tag{3-97}$$

$$A_1 = \frac{3\mu b V_m}{8\pi(1-\nu)\sqrt{l}}$$

式中，
$$A_2 = \frac{\alpha b}{4\pi r_c} \tag{3-98}$$

$$\ln\alpha = \frac{3}{4(1-\nu)}$$

式中，μ 为剪切模量；b 为伯格斯矢量；V_m 为摩尔体积；ν 为泊松比；l 为晶体上点缺陷之间的距离；r_c 为长度尺度，低于该尺度时线性弹性理论失效，m。

由于方程式（3-96）和式（3-97）清楚地表明了 G 与 L 之间的依赖关系，并且由于该方程可以将 η 的恒定平均值轻易地转换为与粒度相关的函数，因此这就解释了为什么粒度相关生长和生长速率分散函数在数学上无法区分。这两种现象具有相同的物理基础。式（3-96）也可以用于计算较小晶体的生长速率。在这种情况下，可以用 $\Gamma/L_{\text{fragment}}$ 替代式（3-96）中的 W_i，其中 Γ 为表示物质特性的参数。

令人惊讶的是，在实验中通过显微镜可以观察到，初级晶核也表现出生长速率分散现象。这可能是由于在初级团簇生长过程中会形成应力。

3.3　晶种、老化与 Ostwald 熟化

除了成核与晶体生长外，对最终结晶产品有重要影响的还包括二次过程，包括 Ostwald 熟化、相转移、聚结和破碎等。二次过程对晶体产品的晶型、晶习和纯度均具有较大影响，对于医药结晶产品来说，则有可能影响药效，所以对结晶中二次过程的研究是非常必要的。

3.3.1　晶种

晶种颗粒的产生有多种方式，本书多处均讨论了它们的产生和使用。许多晶种生成过程，包括接触成核和研磨得到的晶种颗粒具有比预期更大的物理应力和更宽的粒度分布，更有利于晶体的生长。在添加晶种或初始成核以后，经常利用晶种的老化，以使种群具有较高溶解速率的小颗粒最小化。通常，较小的颗粒是表面应力和 Ostwald 熟化结合的结果，而较大的颗粒则只是由表面应力导致的。

3.3.2　老化与 Ostwald 熟化

老化通常在晶体产生之后开始，并对最终晶体产品质量产生影响，老化包括 Ostwald 熟化及相转移等。Ostwald 熟化是许多沉淀系统中的重要过程。熟化可改变晶体产品的粒度分布，使粒度分布变窄。前人对于 Ostwald 熟化做了大量的工作，其中，Tavare 等[44]的工作具有代表性，他们把临界粒度的概念引入间歇反应结晶器 Ostwald 熟化过程的研究中。Ostwsld 熟化的结果使小粒子溶解而大粒子长大。Ostwald 熟化进行的速率很大程度上取决于粒子的大小及其溶解度。在通常情况下 Ostwald 熟化速率比较慢，当过饱和度较高时，为扩散控制生长；当过饱和度较低时，则可能为表面反应控制生长[50,51]。老化的推动力是

溶液中小粒度粒子与大粒度粒子溶解度之差,小于微米级的粒子溶解度满足Gibbs-Thomson方程。粒子的生长速率是正或负，也就是粒子是生长还是溶解，决定于 Gibbs-Thomson 方程所确定的临界粒度方程：

$$L_c = \frac{2K_A M_c \zeta}{3K_v RT \rho_c \ln S} \tag{3-99}$$

粒度小于临界粒度的粒子在溶液中的溶解度增大，因此这些粒子会溶解，而粒度大于临界粒度的粒子会继续长大。

另一种粒子老化过程是相转移[52]，它是指最初的介稳相通过相的转变而成为最终产品。介稳相可能是一个非晶态物质、最终产品的多晶型物或一些受污染的系统物质等。Ostwald递变法则指出：对于一个不稳定的化学系统，其瞬间的变化趋势并不是立刻达到给定条件下最稳定的热力学状态，而是首先到达自由能损失最小的邻近状态。按照这个法则，对于存在若干反应的结晶过程，动力学则是过程的控制因素。所以，结晶过程首先析出的常常是介稳的固体相态，随后才能转变为更稳定的固体相态。这样的例子很多，诸如由一种晶型转变为另一种晶型、由一种水合物转变为另一种水合物、由一种水合物转变为无水物、由无定形沉淀物转变为晶体产品等。而对于多晶型物的结晶过程来讲，相转移具有更重要的意义，因为一般来讲结晶的目标产物往往是多晶型物的介稳态，在进行多晶型控制过程中，必须防止相转移的发生，以免影响最终晶体产品的质量。

在单一的温度下，通过正常的动力学平衡过程可以使晶种（有时是最终产品）发生老化或熟化，但高温（尤其是温度起伏循环）往往会大大加速晶种的老化或熟化过程。

3.4 结晶过程中的聚结现象

通常，在结晶过程的所有阶段都能观察到聚结现象，尤其是在有小颗粒参与的情况下。聚结现象对于颗粒的形成、产品的干燥以及最终产品的存储和使用都会产生影响。这里提到的聚结体概念，既包括被固体包围比较松散、容易分解的聚结体，也包括被固体紧密包围的仅在较强作用力下才可使其分解的聚结体。本节将讨论一些比较重要的聚结过程，以及聚结与结晶过程相关条件的关系。此外，本节也将介绍一些可以抑制和引发聚结的相关技术手段。

3.4.1 聚结机理和动力学

1. 聚结过程

聚结是工业结晶中经常遇到的一种二次过程，特别是在反应沉淀结晶和大部分的溶析结晶过程中。聚结不仅影响晶体的成核，也会影响晶体生长，并对产品的外观、纯度和粒度分布产生较大的影响[53]。到目前为此，聚结机理仍未完全清楚。聚结的复杂性不仅与悬浮液的流体力学、粒子间的各种作用力（如静电作用、范德华力、聚结体键合力等）等有关，也与粒子的外观形状有关。

通常认为聚结过程由以下三个连续的基本步骤组成[54]：

① 在外力作用下晶体之间发生碰撞（contact）；

② 粒子通过弱作用力而相互黏结（aggregate）[55]；

③ 由于分子生长在聚结体之间搭桥，形成坚固的聚结体（agglomeration）。对于剪切流场中的颗粒，该过程如图 3-36 所示。

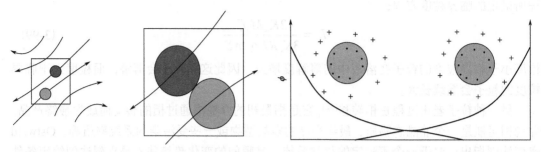

图 3-36　剪切流场中两个颗粒的聚结过程示意图[53]　　**图 3-37　等电荷粒子之间的斥力（聚结过程必须要克服这种斥力）**

阻止颗粒之间发生聚结的排斥力为静电作用力（图 3-37）。表面电荷通常被称为 zeta 电势，它是可以测量的。表面电荷受许多参数的影响，如 pH、离子强度（pI）或添加剂。图 3-38 显示了表面电荷与它们之间的变化关系。从图中可以看出，溶液 pH 的变化有效地改变了表面电荷，从而改变了聚结的趋势。较低的表面电荷通常会促进聚结，而较高的表面电荷通常会阻碍聚结，其主要是通过阻碍初次接触来实现的。

聚结体中不同大小的初级颗粒需要不同的作用力范围。尽管分子间作用力足以将聚结体中非常细小的颗粒结合在一起，但若要将更大的颗粒结合在一起，则需要液体或固体桥来实现，而适宜的过饱和度（$\sigma > 0$）是颗粒之间形成固体桥的必要条件。因此，在晶体生长过程中可能会形成固体桥，过饱和度越高，更有可能发生胶结作用。此外，在干燥过程中通过沉积残余固体也可以形成固体桥（图 3-39）。

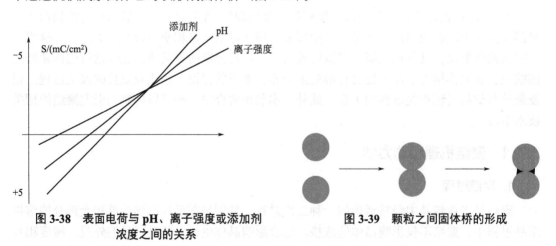

图 3-38　表面电荷与 pH、离子强度或添加剂浓度之间的关系　　**图 3-39　颗粒之间固体桥的形成**

2. 聚结动力学

聚结动力学可以理解为准双分子反应。如果只考虑一种粒度的粒子，则聚结动力学可以用方程式（3-100）来描述。其中，N 为粒子密度，α 表示双分子碰撞的效率：

$$-\dot{N} = \alpha \beta N^2 \tag{3-100}$$

聚结晶核β取决于聚结机理和粒径（图 3-40）。当粒径较小时，即 $r<1\mu m$，由微小颗粒在溶液中的不规则波动而引起的布朗运动足以形成有效的聚结作用，这叫作同向聚结；当粒径较大时，即 $r>1\mu m$，母液相的速度梯度是颗粒碰撞并聚结的必要条件，这叫作异向聚结。

基于式（3-100），可以进一步计算出聚结的半衰期，$t_{1/2}=1/(\alpha\beta N_0)$。利用图 3-40 中聚结晶核的数值，可以求得粒径为 5μm，悬浮密度为 50g/L 的悬浮颗粒的聚结半衰期。由于 $N_0=10^{15}\,m^{-3}$，$\beta=5\times10^{-17}\,m^3\cdot s^{-1}$，可得其半衰期为 $t_{1/2}\approx30s$。则可以粗略估算出在 60s 内时，其粒径已经翻倍了。

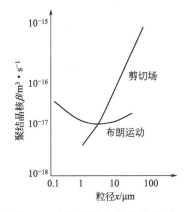

图 3-40 聚结晶核与粒径的关系

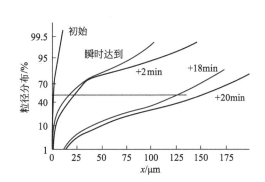

图 3-41 初始颗粒直径为 5μm 的悬浮颗粒的粒径分布随时间的变化

3.4.2 影响聚结过程的参数

小颗粒很容易聚结，大颗粒却很难聚结。图 3-41 显示了悬浮液中初始直径为 5μm 的颗粒的粒径变化情况。当粒径超过 50～100μm 时，几乎停止聚结。

此外，研究结果表明，聚结还与颗粒密度有关。如图 3-42 所示，颗粒密度随聚结时间的变化而降低。

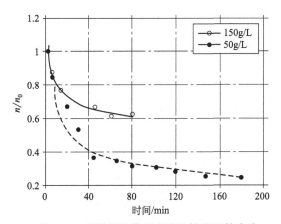

图 3-42 两种不同悬浮密度的糖的颗粒密度随聚结时间的变化

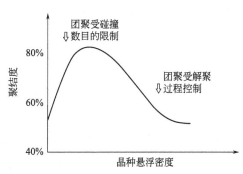

图 3-43 用于 Bayer 过程的晶种粒径与悬浮液密度之间的函数变化关系

聚结与解聚之间存在着明显的竞争关系，如图 3-43 所示，即 Bayer 过程中加入的晶种粒度与悬浮密度之间存在着函数变化关系。最初，聚结度的变化趋势符合式 (3-100)，并且聚结度随着悬浮密度的增加而增加。随后，当超过一定的悬浮密度以后，聚结度下降，即导致聚结体分解的碰撞过程成为主导。

此外，过饱和度也会对聚结过程产生影响，如图 3-44 所示。图中给出了三种不同的过饱和度下聚结体的平均直径与时间的变化关系。从图中可以看出，聚结过程中过饱和度越高，聚结颗粒之间的相互结合力越强，即聚结体的尺寸越大。

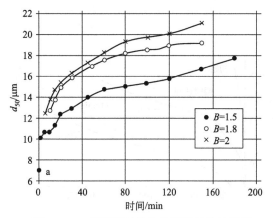

图 3-44　三种不同过饱和度下聚结体粒径随
时间的变化关系
（图中：B 为过饱和度）

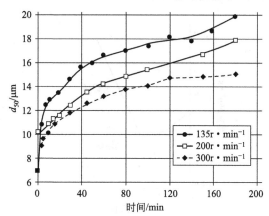

图 3-45　三种不同搅拌速率下聚结体的平均
粒径随时间的变化趋势

除了过饱和度以外，搅拌速率也会影响聚结过程，图 3-45 给出了在三种不同搅拌速率下，聚结体的平均粒径随时间的变化。观察不同搅拌速率下的曲线，可以看出颗粒聚结度随搅拌速率的增加而减小，这主要是由于当搅拌速率增大时，颗粒之间的解聚程度增加，从而使聚结程度减小。

3.4.3　结晶过程的聚结

聚结现象可以发生在结晶过程的任何阶段。溶液高的过饱和度和小颗粒的不断形成，导致结晶过程容易产生聚结颗粒。因此，如果溶液中形成了聚结颗粒，建议检查结晶过程中的每一个步骤。如图 3-46 所示，在有晶种加入的结晶过程中也会产生严重的聚结现象，尤其是当晶种尺寸较小时。在如图显示的情况中，晶种具有微米级的尺度，其粒径为 $d_{50} \approx 3\mu m$。尽管产品聚结体中初级颗粒的尺寸与晶种的用量成正比，但是聚结过程并不取决于晶种，因此，聚结过程依然难以控制。

大多数情况下，乍一看产品似乎是由可分离的初级颗粒组成的，但是仔细观察就会发现事实并非如此。图 3-47 为经激光衍射和

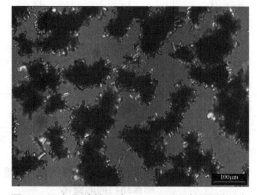

图 3-46　当晶种粒径为 $d_{50} \approx 3\mu m$ 时的聚结现象

筛分分析两种方法确定的粒径分布情况，由图中可见两者得到的结果一致。然而，如果筛分的量较大（1kg 规模），将在 1mm 筛上留下约 2%的超大颗粒，而这些颗粒则为聚结体。值得注意的是，这么小的部分很难通过激光衍射检测到。

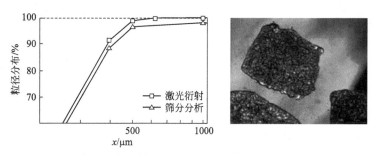

图 3-47　经激光衍射和筛分分析两种方法确定的颗粒粒径分布对比

最后，利用显微镜观察小于 1mm 的筛上筛分物，可以看到聚结体的粒径分布在 500～1000μm 之间（图 3-48）。注意，在此粒径范围内的颗粒比例也仅占 3%～5%。

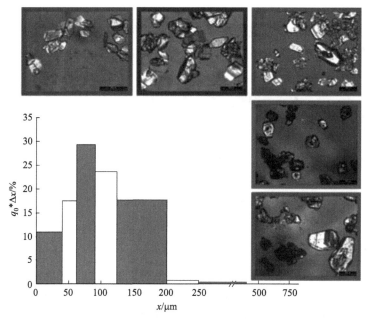

图 3-48　五组筛分颗粒的显微镜图像

为了准确测量聚结体的粒径，样品的分散技术是必不可少的。图 3-49 显示了严重聚结的针状初级粒子粒度分布结果。干燥分散可以使聚结体部分崩解，但令人惊讶的是，悬浮分散过程并未导致聚结体充分崩解。因此，悬浮分散过程有时可以通过超声来进行辅助分散。

然而，聚结并非都是不利的，有时候还可以利用聚结现象来设计产品。例如，球形聚结是结晶过程中经常发生的聚结现象，现以扑热息痛（对乙酰氨基酚）的球形聚结为例，来说明聚结在产品设计过程中的重要应用。固态的扑热息痛很难通过直接压片制片。而通过形成球形聚结体，则可以克服这一障碍。从图 3-50 中可以看出，这些球形聚结体确实具有均匀的粒径分布。

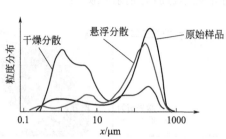
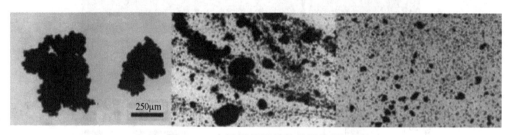

图 3-49 严重聚结的针状初级粒子粒径分布

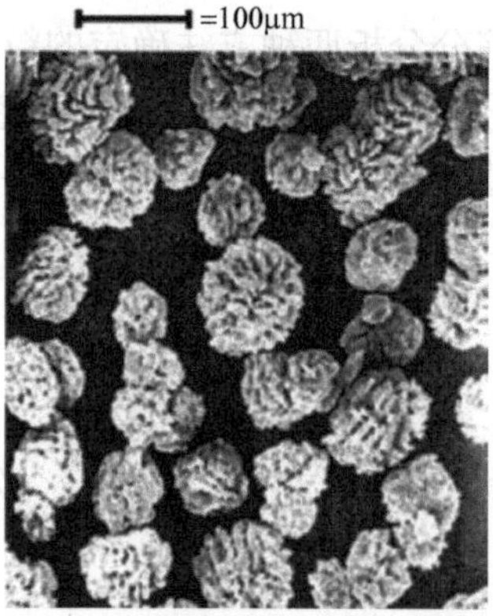

图 3-50 通过控制结晶过程获得对乙酰氨基酚的球形聚结体

（图2中标注：干燥分散、悬浮分散、原始样品；纵轴 粒度分布，横轴 $x/\mu m$；刻度 0.1、10、1000）

（图3标注：=100μm）

3.4.4 聚结体的力学性能

聚结体的力学性能可以反映其形成的机理，同时还可以反映出聚结体在进一步加工过程中的行为。

为了定性评价聚结体的硬度或抗崩解性，可将物体置于显微镜载玻片和盖玻片之间的油中，并逐渐施加渐渐增大的力。如图 3-51 所示，容易观察到弱的聚结体很容易崩解。

（图中标注：250μm）

图 3-51 定性评价聚结体的硬度[56]

3.4.5 磨损破碎

对于处于搅拌状态的固体悬浮液，磨损破碎是难以避免的。工业结晶器中几乎都是处于搅拌状态的晶浆流体，所以磨损现象显而易见。磨损是由流体中粒子与粒子、粒子与搅拌桨、粒子与器壁碰撞和（或者）湍流剪应力造成的。

1. 基本粒子的磨损机理及其影响

在应力作用下，晶体发生形变，长径比逐渐变大，在基本粒子的连接点处应力逐渐增大，当此处的应力超过某一临界值时，晶体便会破裂，此时磨损可能会按照两种机理发生：磨蚀（abrasion）机理和破碎（breakage）机理。磨蚀是指晶体表面上的粗糙细小粒子被流体冲击而慢慢移除，从而渐渐改变晶体大小的过程；破碎是指晶体分裂成为更小的具有一定粒度大小的晶体碎片，而原来的晶体瞬间解体消失的过程。

磨损的影响是多重的，其最主要的贡献是作为二次成核的主要来源之一，另外，还会使平均粒度减小，改变粒度分布和晶体的外部形态。磨蚀的发生对晶体的粒度分布影响不大，因为它是流体缓慢作用的过程，粒度变化是渐进的，但这种缓慢的变化使得细小晶体增多，最终导致晶体粒度分布出现双峰。破碎是母体破碎成为体积相当的数个子晶而自身消失的过程，粒度分布变化明显，但往往并不产生双峰，而是以单峰的形式出现。

2. 破碎的量化研究

大量文献[57,58]报道了影响结晶过程磨损现象的操作因素，主要有时间、搅拌强度、晶体粒度、悬浮密度、过饱和度等。借鉴气泡和液滴破碎的大量研究结论，将其应用于考察固体的破碎过程。如稳定存在的最大粒子粒径 L_{max}，处于该粒径的粒子在流体中不再发生破碎，最大粒径的提出使人们可以量化破碎过程对系统中粒度分布的影响，可以明确判断破碎是否发生。目前，大多数量化破碎过程的方法都与粒数平衡方程有关，并结合破碎速率函数和破碎分布函数来表征破碎的影响。

主要符号说明

英文字母	含义与单位
a	活度，$mol \cdot L^{-1}$
A_{cryst}	晶体表面积，m^2
c	溶液浓度，$kg \cdot m^{-3}$
c_{eq}	平衡浓度或溶解度，$kg \cdot m^{-3}$
c_0	溶液中成核活性位点的浓度，m^{-3}
c_b	体相中的溶质浓度，$kg \cdot m^{-3}$
c_i	晶体-溶液界面处的浓度，$kg \cdot m^{-3}$
$c_b - c_{eq}$	质量传递的推动力，$kg \cdot m^{-3}$
f	通量密度，$m^{-2} \cdot s^{-1}$
f^*	平衡通量密度，$m^{-2} \cdot s^{-1}$
g	通量密度，$m^{-2} \cdot s^{-1}$
ΔG_2^*	团簇内部成核能垒，$kJ \cdot mol^{-1}$
ΔG	形成晶核的自由能，$kJ \cdot mol^{-1}$
ΔG_v	体相自由能，$kJ \cdot mol^{-1}$
ΔG_s	表面自由能，$kJ \cdot mol^{-1}$
G_{att}	磨损速率，$m \cdot s^{-1}$
G_{kin}	动力学生长速率，$m \cdot s^{-1}$
G_{eff}	有效生长速率，$m \cdot s^{-1}$
G	晶体总生长速率，$m \cdot s^{-1}$
ΔH_{cr}	结晶焓变，$J \cdot kg^{-1}$
h	台阶的高度，或称一个生长单元的高度，m
H^0	0 K 下的焓值，$J \cdot kg^{-1}$
J_0	指前因子
J_{2D}	二维成核速率，$m^{-2} \cdot s^{-1}$
k_{eq}	热力学平衡分布系数
k	玻尔兹曼常数
k_v	体积形状因子
k_a	面积形状因子
k_d	质量传递系数，$m \cdot s^{-1}$
$k_{m\&h}$	总的传质系数，包括传质和传热的贡献，$m \cdot s^{-1}$
K_G	基于质量的晶体生长速率系数，$m \cdot s^{-1}$
k_g	基于线性生长速率的晶体生长速率系数，$m \cdot s^{-1}$
k_r	生长速率常数，$m \cdot s^{-1}$
K_{c-i}	晶体-搅拌桨叶碰撞常数
K_{c-c}	晶体-晶体碰撞常数
L	团簇的尺寸或特征长度，m
M	结晶物质的摩尔质量，$kg \cdot mol^{-1}$
m	矩
m_{cryst}	晶体质量，kg
N	超临界团簇的数量
N_p	功率，也称为搅拌桨叶的牛顿数，W
N_A	阿伏伽德罗常数
N_i	粒度范围为 i 的晶体数量
n	构成团簇分子的溶质单元数
P_0	搅拌桨的输入功率，W
P_{susp}	将颗粒悬浮在容器中所需的最小功率，W
R_A	晶体总的线性生长速率，$m \cdot s^{-1}$
R_{lin}	平均线性生长速率，$m \cdot s^{-1}$

R_A	单位时间单位面积晶体增加的质量，$kg \cdot m^{-2} \cdot s^{-1}$	上标	含义
		0	0K
R	理想气体常数，$J \cdot K^{-1} \cdot mol^{-1}$	*	平衡
r	团簇的半径，m	下标	含义
r_{2D}^*	二维晶核的半径，m	A	面积
S	过饱和度比	att	磨损
T	绝对温度，K	b	体相
t	时间，s	cr	结晶
V_m	摩尔体积，$m^3 \cdot mol^{-1}$	cryst	晶体
v_{step}	台阶速度，$m \cdot s^{-1}$	c-i	晶体-桨叶
V_{cryst}	结晶器的体积，m^3	c-c	晶体-晶体
$\dot{V}_{att}$	体积磨损速率，$m^3 \cdot m^{-3} \cdot s^{-1}$	eq	平衡
$W_{p,ij}$	晶体的碰撞能量，J	eff	有效
W_i	每个晶体的应力能，J	edge	边缘
Z_{ij}	与叶片或任意桨叶分割段 j 的边缘发生碰撞的尺寸为 i 的晶体总数	F	熔化
		geo	几何
希腊字母	**含义与单位**	i	界面
α	传热系数，$W \cdot m^{-2} \cdot K^{-1}$	Imp	杂质
γ	界面能，$J \cdot m^{-2}$	kin	动力学
γ_{edge}	台阶的边缘自由能，J	lin	线性
δ	边界层厚度，m	m&h	传质和传热
Z	Zel'dovich 因子	m	摩尔
η	团簇内部的黏度，P（1P=0.1Pa·s）	s	表面
$\eta_{target,ij}$	目标效率	susp	悬浮
$\eta_{geo,j}$	几何效率	step	台阶
$\eta_{survival}$	生存效率	survival	生存
θ	润湿角，（°）	target	目标
ρ	密度，$kg \cdot m^{-3}$	2D	二维
φ_2	团簇体积分数	v	体相
φ_c	晶体的体积分数		
ω	溶质的质量分数		
$\Delta \mu$	结晶过程推动力，$J \cdot mol^{-1} \cdot K^{-1}$		

参考文献

[1] Gibbs J W. On the equilibrium of heterogeneous substances，Part 1[J]. Transations of the Connecticut Academy of Arts and Sciences，1875/1876，3：108-248.

[2] Gibbs J W. On the equilibrium of heterogeneous substances，Part 2[J]. Transations of the Connecticut Academy of Arts and Sciences，1877/1878，3：343-524.

[3] Nielsen A E，Söhnel O. Interfacial tensions electrolyte crystal-aqueous solution，from nucleation data[J].

Journal of Crystal Growth, 1971, 11（3）: 233-242.

[4]   Kashchiev D. Nucleation[M]. Oxford: Butterworth Heinemann, 2000.

[5]   Roelands C P M, ter Horst J H, Kramer H J M, et al. Analysis of nucleation rate measurements in precipitation processes[J]. Crystal Growth & Design, 2006, 6（6）: 1380-1392.

[6]   Galkin O, Vekilov P G. Direct determination of the nucleation rates of protein crystals[J]. The Journal of Physical Chemistry B, 1999, 103（49）: 10965-10971.

[7]   Jiang S, ter Horst J H. Crystal nucleation rates from probability distributions of induction times[J]. Crystal Growth & Design, 2011, 11（1）: 256-261.

[8]   Vekilov P G. Nucleation[J]. Crystal Growth & Design, 2010, 10（12）: 5007-5019.

[9]   Vekilov P G. Dense liquid precursor for the nucleation of ordered solid phases from solution[J]. Crystal Growth & Design, 2004, 4（4）: 671-685.

[10]   Vekilov P G. The two-step mechanism of nucleation of crystals in solution[J]. Nanoscale, 2010, 2（11）: 2346-2357.

[11]   Sear R P. The non-classical nucleation of crystals: microscopic mechanisms and applications to molecular crystals, ice and calcium carbonate[J]. International Materials Reviews, 2012, 57（6）: 328-356.

[12]   Auer S, Ricchiuto P, Kashchiev D. Two-step nucleation of amyloid fibrils: omnipresent or not? [J]. Journal of Molecular Biology, 2012, 422（5）: 723-730.

[13]   Lee J, Culyba E K, Powers E T, et al. Amyloid-β forms fibrils by nucleated conformational conversion of oligomers[J]. Nature Chemical Biology, 2011, 7（9）: 602-609.

[14]   Erdemir D, Lee A Y, Myerson A S. Nucleation of crystals from solution: classical and two-step models[J]. Accounts of Chemical Research, 2009, 42（5）: 621-629.

[15]   Gebauer D, Cölfen H. Prenucleation clusters and non-classical nucleation[J]. Nano Today, 2011, 6（6）: 564-584.

[16]   Pouget E M, Bomans P H H, Dey A, et al. The development of morphology and structure in hexagonal vaterite[J]. Journal of the American Chemical Society, 2010, 132（33）: 11560-11565.

[17]   Dey A, Bomans P H H, Müller F A, et al. The role of prenucleation clusters in surface-induced calcium phosphate crystallization[J]. Nat Mater, 2010, 9（12）: 1010-1014.

[18]   Qian R Y, Botsaris G D. A new mechanism for nuclei formation in suspension crystallizers: the role of interparticle forces[J]. Chemical Engineering Science, 1997, 52（20）: 3429-3440.

[19]   Botsaris G D. Industrial crystallization[M]. New York: Plenum Press, 1976: 3-22.

[20]   Powers H E. Nucleation and early crystal growth[J]. The Industrial Chemist, 1963, 39: 351.

[21]   Gahn C, Mersmann H. Theoretical prediction and experimental-determination of attrition rates[J]. Chemical Engineering Research & Design, 1997, 75（2）: 125-131.

[22]   Daudey P J, van Rosmalen G M, de Jong E J. Secondary nucleation kinetcs of ammonium sulfate in a CMSMPR crystallizer[J]. Journal of Crystal Growth, 1990, 99（1/2）: 1076-1081.

[23]   Evans T W, Margolis G, Sarofim A F. Mechanisms of secondary nucleation in agitated crystallizers[J]. AIChE Journal, 1974, 20（5）: 950-958.

[24]   Ottens E P K, Janse A H, De Jong E J. Secondary nucleation in a stirred vessel cooling crystallizer[J]. Journal of Crystal Growth, 1972, 13/14: 500-505.

[25]   O'Meadhra R. Modelling of the kinetics of suspension crystallizers[D]. Dleft: Technische Universiteit Delft, 1995.

[26]   Chianese A, Di Berardino F, Jones A G. On the effect of secondary nucleation on the crystal size distribution from a seeded batch crystallizer[J]. Chemical Engineering Science, 1993, 48（3）: 551-560.

[27]   Ploß R, Mersmann A. A new model of the effect of stirring intensity on the rate of secondary nucleation[J]. Chemical Engineering & Technology, 1989, 12（1）: 137-146.

[28] Ploß R, Tengler T, Mersmann A. Maßstabsvergrößerung von MSMPR-Kristallisatoren[J]. Chemie Ingenieur Technik, 1985, 57（6）: 536-537.

[29] Dhanaraj G, Byrappa K, Prasad V. Springer handbook of crystal growth[M]. Heidelberg: Springer, 2010.

[30] Kashchiev D. Toward a better description of the nucleation rate of crystals and crystalline monolayers[J]. The Journal of Chemical Physics, 2008, 129（16）: 164701.

[31] Sunagawa I. Crystals: growth, morphology and perfection[M]. Cambridge: Cambridge University Press, 2005.

[32] Mullin J W. Crystallization and precipitation[M]. Germany: Wiley-VCH, 2003.

[33] Sunagawa I, Yokogi A. Beryl crystals from pegmatites: morphology and mechanism of crystal growth[J]. Journal of Gemmology, 1999, 26: 521-533.

[34] Frank F C. The influence of dislocations on crystal growth[J]. Discussions of the Faraday Society, 1949, 5（0）: 48-54.

[35] Burton W K, Cabrera N, Frank F C, et al. The growth of crystals and the equilibrium structure of their surfaces[J]. Philosophical Transactions of the Royal Society of London. Series A, Mathematical and Physical Sciences, 1951, 243（866）: 299-358.

[36] O'Hara M, Reid R C. Modeling crystal growth rates from solution[M]. New Jersey: Prentice-Hall, 1973.

[37] Nielsen A E. Electrolyte crystal growth mechanisms[J]. Journal of Crystal Growth, 1984, 67（2）: 289-310.

[38] Bennema P. Growth and morphology of crystals: integration of theories of roughening and Hartman-Perdok theory[M].New York: North-Holland, 1993.

[39] Jetten L A M J, Human H J, Bennema P, et al. On the observation of the roughening transition of organic crystals, growing from solution[J]. Journal of Crystal Growth, 1984, 68（2）: 503-516.

[40] Hauke G. An introduction to fluid mechanics and transport phenomena[M]. The Netherlands: Springer, 2008.

[41] Mersmann A, Kind M. Chemical engineering aspects of precipitation from solution[J]. Chemical Engineering & Technology, 1988, 11（1）: 264-276.

[42] Nývlt J. Solid-liquid phase equilibria[M]. Amsterdam: Elsevier, 1977.

[43] Garside J, Jančić S J. Prediction and measurement of crystal size distributions for size-dependent growth[J]. Chemical Engineering Science, 1978, 33（12）: 1623-1630.

[44] Tavare N S. Crystal growth rate dispersion[J]. The Canadian Journal of Chemical Engineering, 1985, 63（3）: 436-442.

[45] Berglund K A, Larson M A. Modeling of growth rate dispersion of citric acid monohydrate in continuous crystallizers[J]. AIChE Journal, 1984, 30（2）: 280-287.

[46] Wang S, Mersmann A. Initial-size-dependent growth rate dispersion of attrition fragments and secondary nuclei[J]. Chemical Engineering Science, 1992, 47（6）: 1365-1371.

[47] Ristić R I, Sherwood J N, Shripathi T. Strain variation in the {100} growth sectors of potash alum single crystals and its relationship to growth rate dispersion[J]. Journal of Crystal Growth, 1990, 102（1）: 245-248.

[48] Davey R J, Harding M M, Rule R J. The microcrystalline nature of cubic, dendritic and granular salt[J]. Journal of Crystal Growth, 1991, 114（1）: 7-12.

[49] van der Heijden A E D M, van der Eerden J P. Growth rate dispertion: the role of lattice strain[J]. Journal of Crystal Growth, 1992, 118（1）: 14-26.

[50] 陆杰. 反应结晶研究[D]. 天津: 天津大学, 1997.

[51] 范伟平, 吴月, 欧阳平凯, 等. 苯丙酮酸钠盐结晶过程[J]. 化工学报, 1998, 49（1）: 87-91.

[52] 陆杰, 王静康. 反应结晶过程研究[J]. 化学工业与工程, 1999, 16（1）: 58-61.

[53] Brunsteiner M，Jones A G，Pratola F，et al. Toward a molecular understanding of crystal agglomeration[J]. Crystal Growth & Design，2005，5（1）：3-16.

[54] Bałdyga J，Jasińska M，Orciuch W. Barium sulphate agglomeration in a pipe-an experimental study and CFD modeling[J]. Chemical Engineering & Technology，2003，26（3）：334-340.

[55] David R，Marchal P，Marcant B. Modelling of agglomeration in industrial crystallization from solution[J]. Chemical Engineering & Technology，1995，18（5）：302-309.

[56] Nichols G，Byard S，Bloxham M J，et al. A review of the terms agglomerate and aggregate with a recommendation for nomenclature used in powder and particle characterization[J]. Journal of Pharmaceutical Sciences，2002，91（10）：2103-2109.

[57] Biscans B. Impact attrition in crystallization processes. Analysis of repeated impacts events of individual crystals[J]. Powder Technology，2004，143/144：264-272.

[58] Asakuma Y，Tetahima T，Maeda K，et al. Attrition behavior by micro-hardness parameters in suspension-crystallization processes[J]. Powder Technology，2007，171（2）：75-80.

第 4 章

结晶过程分析与建模

晶体产品由不同大小的晶体（或晶体聚结体的颗粒）组成。晶体粒度分布（CSD）或颗粒粒径分布（PSD）是固体产品最重要的特性之一。CSD（或 PSD）还会影响结晶过程中晶浆的悬浮及后续固液分离和干燥过程。因此，在工业结晶器的开发过程中，与 CSD 相关的数学建模必不可少。通常，在概念设计阶段，采用相对简单的模型（多为稳态模型）来评估工艺的可行性，而在工艺包开发和详细设计阶段，则需要粒数衡算模型来预测操作规模和流体动力学对结晶器性能的影响。在实际运行阶段，这些模型可用于结晶器的操作优化和控制。由于间歇结晶过程或者连续结晶中的开、停及外部干扰都属于动态过程，因此，结晶器建模常采用动态模型。

4.1 晶体粒度分布函数

在一个包含颗粒分散相的两相体系中，每一个颗粒都有自己的属性，对颗粒分散相的描述要比连续相更加困难。比如，在一个水油两相体系中，油滴作为分散相，水相作为连续相，溶质分子溶于两相，油滴和水相间存在界面溶质传递。对于单个油滴而言，其浓度由于界面传递而改变，油滴大小也会由于油分子的聚集、剥离或油滴间的碰撞、破碎而随时间变化，因此在分散相描述中，每个油滴内部性质（如大小和浓度）随时间的变化理应被描述。相较于连续相，分散相的描述需要更多的单个颗粒的内部性质信息。描述液滴的各种性质间要互相独立，这样应用于完整描述体系的变量数目最少。

在结晶悬浮液中，每个颗粒都具有各自的粒径，其大小随晶体生长、溶解、聚结和破碎而变化。实际上，人们感兴趣的往往不是单个晶体的内部坐标性质，而是整体分布，习惯将多个分散颗粒的性质假定为一个具有连续分布的特征。以颗粒大小 L 为例，若将颗粒的大小视为连续分布，则需要在分布曲线的每一个 L 点处，小增量 ΔL 内含有的颗粒数目足够大，才能使连续分布的假设合理。分布曲线是由多个 ΔL 及其范围内样品颗粒个数的数据绘制而成。其中实际取样 ΔL 的数值不能太大，这样才能作为连续分布曲线中的一个点；ΔL 的数值也不能太小，否则由于实际颗粒尺寸的非连续性，落入极小 ΔL 区间内的颗粒数目可能为 0，连续性不成立。如果使用 m 个独立的内部属性坐标，如大小、浓度、化学活性或温度来描述颗粒系统，则需要 $(m+3)$ 维分布函数来描述颗粒相空间，增加 x、y、z 三个外部空间坐标来描述其空间分布。在工程上，颗粒的平均特性常常通过对分布函数积分得到。

4.1.1 粒度分布

每一个晶体颗粒具有一定的尺寸（粒度）、形状。大量晶体颗粒的粒度呈现出一定的分布。如果所有的晶体形状相似，通常可以用一维尺度来描述晶体粒度分布。晶体的粒度可以用单一的尺度来度量，任选两个特定的晶角，用 L' 代表两个晶角之间的距离，于是晶体的体积及总表面积可以写成：

$$V_c = k_v (L')^3 \tag{4-1}$$

$$A_c = k_a (L')^2 \tag{4-2}$$

式中，V_c、A_c 为晶体的体积及总表面积；k_v、k_a 为体积形状因子及面积形状因子，取决于晶体的形状、所选择的粒度 L' 及晶体的总表面积与体积之比：

$$\frac{A_c}{V_c} = \frac{k_a (L')^2}{k_v (L')^3} = \frac{k_a}{k_v L'} \tag{4-3}$$

现定义晶体的特征粒度 L 为 $L = \frac{6k_v}{k_a} L'$，则式（4-3）可改写为：

$$\frac{A_c}{V_c} = \frac{6}{L} \tag{4-4}$$

对于具有一定形状因子的晶体粒子可选择某一尺度为其特征粒度，该粒度就具有相应的形状因子。表 4-1 列出了一些形状因子的例子[1]。对于常见固体的几何形状，此特征粒度接近由筛析确定的晶体粒度。例如对于正立方体，选择边长为特征粒度 L，$V_c = L^3$，$A_c = 6L^2$，即 $k_v = 1$，$k_a = 6$，$k_a = 6k_v$；对于圆球体，选择直径为特征粒度，$V_c = \frac{1}{6}\pi D^3$，$A_c = \pi D^2$，即 $k_a = \pi$，$k_v = \frac{\pi}{6}$，$k_a = 6k_v$。面积形状因子为体积形状因子的六倍，这样的关系对等尺寸的物体都成立，但非等尺寸的晶体则仅接近于此值。

表 4-1　形状因子

几何形状	球形	四面体	八面体	六方柱	立方体	针状 5×1×1	片状 10×10×1
k_v	0.524	0.118	0.471	0.867	1.000	0.040	0.010
k_a	3.142	1.732	3.464	5.384	6.000	0.880	2.400

粒度分布指密度分布或累积分布。累积分布函数 $N(L)$ 表示在 0 到 L 粒度之间单位体积晶浆内晶体的数量、体积或质量，而密度分布函数 $n(L)$ 表示在一定粒度范围内单位体积晶浆内晶体的数量、质量或体积，这个粒度范围的平均粒度为 L。

累积分布函数与密度分布函数的关系如下：

$$F(L) = \int_0^L f(L)\,dL \tag{4-5}$$

或者

$$f(L) = \frac{dF(L)}{dL} \tag{4-6}$$

表 4-2 累积分布和密度分布

累积分布			密度分布		
名称	符号	单位	名称	符号	单位
粒数	$N(L)$	no./m³ 浆体	粒数密度	$n(L)$	no./(m³ 浆体·m)
体积	$V(L)$	m³ 晶体/m³ 浆体	体积密度	$v(L)$	m³ 浆体/(m³ 浆体·m)
质量	$M(L)$	kg 晶体/m³ 浆体	质量密度	$m(L)$	kg 晶体/(m³ 浆体·m)

表 4-2 中，密度分布或累积分布函数的表示方法随晶体数量、体积或质量而不同。图 4-1 为粒数密度和体积密度分布图。

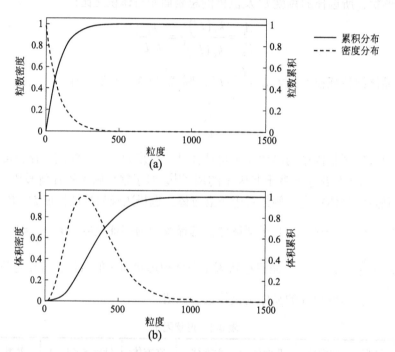

图 4-1 粒数密度（a）和体积密度（b）分布图

尽管晶体有三个维度，CSD 通常只涉及一个特征粒度，特征粒度与所采用的测量技术有关。用筛分法测量晶体粒度时，特征粒度为第二维度尺寸，与筛网孔尺寸相对应，如图 4-2 所示的算术概率图上标绘的筛析数据。若使用基于激光衍射的测量仪，则仪器给出的特征粒度介于第一和第二晶体维度之间。

由下式可以估计晶体的总数量 N_T、总表面积 A_T、总质量 M_T：

$$N_T = \int_0^\infty n(L)\,\mathrm{d}L \tag{4-7}$$

$$A_T = \int_0^L k_a(L)L^2 n(L)\,\mathrm{d}L \tag{4-8}$$

$$M_T = \rho \int_0^L k_v(L)L^3 n(L)\,\mathrm{d}L \tag{4-9}$$

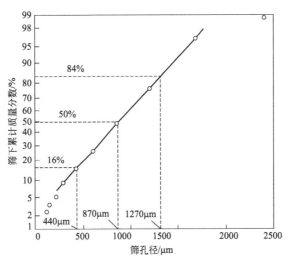

图 4-2　在算术概率图上标绘的筛析数据

ρ 为晶体质量密度，当采用筛分法测量 CSD 时，$k_v\left(L\right)$ 的值很容易确定，如下：

$$k_v\left(L\right)=\frac{M_C\left(L\right)}{\rho L^3} \tag{4-10}$$

式中，$M_C\left(L\right)$ 为在筛网上存留的晶体颗粒的平均质量；L 为相邻两筛网尺寸的平均值，即筛网及其上筛网两者之间的平均值。

在筛分测量粒度的情况下，可以利用下式将筛分数据转换为晶体粒数密度：

$$n(L)=\frac{M(L)}{k_v\rho L^3\Delta L} \tag{4-11}$$

式中，$M\left(L\right)$ 为两个筛子之间的晶体总质量，L 和 ΔL 分别为所用相邻两个筛网孔径的平均尺寸和尺寸差。

4.1.2　粒度分布函数

晶体粒度分布可以用具有两参数或多参数一维单峰经验统计分布来描述，最常见的一维分布函数是正态分布。

$$nf(L)=\left[\frac{1}{(2\pi)^{\frac{1}{2}}\sigma}\exp\left[\frac{-(L-\overline{L})^2}{2\sigma^2}\right]\right] \tag{4-12}$$

其中，$f(L)$ 是晶体粒度 L 在 $(-\infty,\infty)$ 范围内的归一化密度分布函数。分布函数的参数是均值 $\overline{L}$ 和标准差 σ。正态分布是关于均值 $\overline{L}$ 的对称分布，在工程中有广泛应用。由于晶体粒度分布对于均值 $\overline{L}$ 往往不具有对称性，正态分布不常用于描述晶体粒度分布。

根据筛析结果，可将晶体样品标绘为筛下（或筛上）累积质量分数与筛孔尺寸的关系线，如图 4-2 在算术概率图上标绘的筛析数据所示，此关系线可表达晶体粒度分布。图中纵坐标为筛下累积质量分数，标绘概率标度；横坐标为筛孔径，标绘算术标度。但更常用的简便方法是以中间粒度（median size，MS）与变异系数（coefficient of variation，CV）之比来表达粒度分布。图 4-2 在算术概率图上标绘的筛析数据中，如筛析数据在 10% 至 90% 之间的数据点落在（或近似地落在）直线上，则可用此法表达。例如 MS/CV=870/48，其表明中间粒度为870μm，而变异系数为48%。根据这两个参数就可以在合理的精度范围内确定通过各级标准筛的质量分数。

CV值为一统计学变量，它与正态分布的标准差σ相联系，其计算式如下：

$$CV = \frac{100\left(PD_{84\%} - PD_{16\%}\right)}{2PD_{50\%}}$$

式中，$PD_{84\%}$表示筛下累积质量分数为84%的筛孔尺寸。换言之，筛析的晶体样品中，粒度小于$PD_{84\%}$的晶体，其质量占84%。$PD_{16\%}$及$PD_{50\%}$的涵义依此类推。由图4-2在算术概率图上标绘的筛析数据中可读出$PD_{84\%} = 1270\mu m$，$PD_{16\%} = 440\mu m$，$PD_{50\%} = 870\mu m$，即晶体样品粒度分布的CV值为48%。

将$L=0$至$L=\infty$间及正态分布曲线之下所包围的面积取为1，则在$L=0$至$L=\bar{L}+\sigma$之间的面积为0.8413，此值可在正态概率函数表中查得。于是$L=\bar{L}+\sigma$至$L=\infty$之间的面积为$1-0.8413=0.1587$。标准差可由84.13%处的L值减去$\bar{L}$值得到，也可由$\bar{L}$值减去15.87%处的L值得到，为此目的，分别将L值所在之处近似地取为84%及16%已足够精确，即：

$$\sigma = L_{84\%} - \bar{L} = \bar{L} - L_{16\%}$$

这样分别求出的σ值可能不一致，可取其平均值，则得：

$$\sigma = \frac{L_{84\%} - L_{16\%}}{2}$$

按照变异系数定义，

$$CV = \frac{\sigma}{\bar{L}} = \frac{L_{84\%} - L_{16\%}}{2L_{50\%}}$$

根据密度分布函数的概念，均值和变异系数的定义分别为：

$$\bar{L} = \int_0^\infty f(L) L \mathrm{d}L \tag{4-13}$$

$$CV = \frac{\sigma}{\bar{L}} = \frac{\left[\int_0^\infty f(L)\left(L - \bar{L}\right)^2 \mathrm{d}L\right]^{\frac{1}{2}}}{\bar{L}} \tag{4-14}$$

表4-3中给出了三种分布，大多数单峰实验数据都可以由其中一个分布来表示。对数正态分布是以对数L表示的正态分布，常用于晶体粒度分布的经验表达。分布函数表示为：

$$f(\lg L) = \frac{1}{(2\pi)^{\frac{1}{2}}(\lg\sigma')} \exp\left[-\frac{\lg^2\left(\dfrac{L}{\bar{L}'}\right)}{2\lg^2(\sigma')}\right] \tag{4-15}$$

$\lg L$的范围为$(-\infty, \infty)$。几何平均值$\bar{L}'$和几何标准差σ'是分布参数。在直线横坐标中对数正态分布曲线对于$\bar{L}'$是不对称的，偏向较大粒径，该分布属于纯经验分布，分布参数与结晶过程无关，但适宜描述结晶粒度分布。

另一个一维分布函数是广义伽马分布函数，其表达式为：

$$f(L) = \frac{L^a \exp\left[\dfrac{(-aL)}{b}\right]}{\Gamma(a+1)\left(\dfrac{b}{a}\right)^{a+1}} \tag{4-16}$$

表 4-3　统计分布函数及其性质[2]

性质	标准正态分布	对数正态分布	伽马分布
密度分布，$f(L)$	$f(L)=\dfrac{1}{(2\pi)^{\frac{1}{2}}\sigma}\exp\left[\dfrac{-(L-\bar{L})^2}{2\sigma^2}\right]$	$f(\lg L)=\dfrac{1}{(2\pi)^{\frac{1}{2}}(\lg\sigma')}\exp\left[-\dfrac{\lg^2\left(\dfrac{L}{\bar{L}}\right)}{2\lg^2(\sigma')}\right]$	$f(L)=\dfrac{L^a\exp\left[\dfrac{(-aL)}{b}\right]}{\Gamma(a+1)\left(\dfrac{b}{a}\right)^{a+1}}$
粒度范围	$(-\infty,\infty)$	$(0,\infty)$	$(0,\infty)$
分布宽度参数	$\sigma^2\equiv\int_{-\infty}^{\infty}(L-\bar{L})^2 f(L)\,\mathrm{d}L$ $\sigma=\dfrac{L_{84\%}-L_{16\%}}{2}$	$\lg^2\sigma'\equiv\int_{-\infty}^{\infty}(\lg L-\lg\bar{L})^2 f(\lg L)\,\mathrm{d}(\lg L)$ $\sigma'=\dfrac{L_{84\%}}{L_{50\%}}$	$\sigma=b[\Gamma(a+1)\Gamma(a+3)-\Gamma^2(a+2)]^{\frac{1}{2}}\,a\Gamma(a)=(a+1)^{\frac{1}{2}}$ a 为形状参数 b 为尺度参数
分布粒度参数	$\bar{L}\equiv\int_{-\infty}^{\infty}Lf(L)\,\mathrm{d}L$ $\bar{L}=L_{50\%}$	$\lg\bar{L}\equiv\int_{-\infty}^{\infty}(\lg L)f(\lg L)\,\mathrm{d}(\lg L)$ $\bar{L}'=L_{50\%}$	$\bar{L}=b\Gamma(a+2)/[a\Gamma(a+1)]=(a+1)/[ab]$
阶距，m_j	$m_0=1$ $m_1=\bar{L}$ $m_2=(\bar{L})^2+\sigma^2$ $m_3=(\bar{L})^3+3\sigma^2\bar{L}$	$(\bar{L}')^j\exp\left(\dfrac{1}{2}j^2\lg^2\sigma'\right)$	$\dfrac{b^j\Gamma(a+j+1)}{a^j\Gamma(a+1)}$
以个数平均的粒度（$\bar{L}_{1,0}$）	$\bar{L}_{j,k}=(m_j/m_{4k})^{\frac{1}{j-k}}$ $\bar{L}_{1,0}=\dfrac{m_1}{m_0}=\bar{L}$	$\bar{L}\exp\left(\dfrac{1}{2}\lg^2\sigma'\right)$	$\dfrac{b(a+1)}{a}$
以长度平均的粒度（$\bar{L}_{2,1}$）	$\bar{L}_{j,k}=(m_j/m_{4k})^{\frac{1}{j-k}}$ $\bar{L}_{2,1}=\dfrac{m_2}{m_1}=\bar{L}+\dfrac{\sigma^2}{\bar{L}}$	$\bar{L}_{2,1}=\bar{L}'\exp\left(\dfrac{3}{2}\lg^2\sigma'\right)$	$\bar{L}_{2,1}=\dfrac{b(a+2)}{a}$
$CV\equiv\dfrac{\sigma}{\bar{L}}$	$\dfrac{L_{84\%}-L_{16\%}}{2L_{50\%}}$	$\left[\exp(\lg^2\sigma')-1\right]^{\frac{1}{2}}$	$\dfrac{1}{(a+1)^{\frac{1}{2}}}$

参数 b 是对分布大小的度量，参数 a 是对分布宽度的度量，a 的增加使得分布曲线向大粒径偏移，分布变窄。这种分布函数有助于描述晶体的分布，其参数 a 和 b 与结晶过程有关。图 4-3 为三个具有相同模式和变异系数的统计分布图。

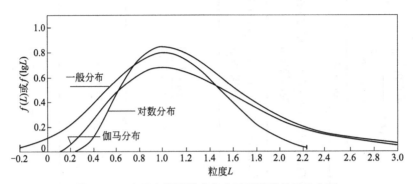

图 4-3　三个具有相同模式和变异系数的统计分布图

晶体粒度分布直接与晶体的成核、生长及晶体在结晶器内的停留时间有关，受操作参数，如温度、过饱和度、晶浆的循环速率、搅拌等的影响。一维统计分布函数有助于进行晶体粒度分布的经验表达，但这些分布函数中的参数通常难以与影响粒度分布的工艺过程建立关联。下面将介绍的粒数衡算方程是基于结晶的物理过程建模，其中的粒度分布函数由微分方程求解得到，模型方程中包含了影响粒度分布的工艺参数，允许模型对粒度分布进行描述和预测。

4.2　质量与粒数衡算方程

Randolph 和 Larson[3]将粒数衡算方程（population balance equation，PBE）及粒数密度概念应用于工业结晶过程，将产品的粒度分布与结晶器的结构参数及操作参数联系起来，成为工业结晶理论发展过程中的一个里程碑。应用粒数衡算方法研究晶体粒度分布问题的目标是：根据已有产品的粒度分布要求，可得到特定物系在特定操作条件下晶体成核和生长速率等结晶动力学方面的信息，有助于结晶器的设计；可指导结晶器操作，帮助判定改善粒度分布应调节的操作参数及如何调整。

4.2.1　连续粒数衡算方程

如果 $(m+3)$ 维晶体分布函数 n (r, t) 定义在由三个空间维度和 m 个独立内部属性维度组成的区域 R 上，则在晶体相空间 dR 的小增量区域中，任一时刻 t 存在的粒子数可表示为：

$$dN = ndR \tag{4-17}$$

而在子域 R_1 内存在的晶体总数是：

$$N(R_1) = \int_{R_1} ndR \tag{4-18}$$

从拉格朗日的观点出发，R_1 中的粒数衡算方程可表示为：

累积量＝输入量－输出量＋净产生量

$$\frac{\mathrm{d}}{\mathrm{d}t}\int_{R_1} n\mathrm{d}R = \int_{R_1}(B-D)\mathrm{d}R \tag{4-19}$$

式中，B、D 表示相空间某一点的生、死密度函数，$(B-D)\,\mathrm{d}R$ 是晶体的析出速率。生、死密度函数只是概念性的，具体的函数形式源于经验和理论的结合。

使用莱布尼茨定律，方程式 (4-19) 的左侧可扩展为：

$$\frac{\mathrm{d}}{\mathrm{d}t}\int_{R_1} n\mathrm{d}R = \int_{R_1}\frac{\partial n}{\partial t}\mathrm{d}R + \left(n\frac{\mathrm{d}x}{\mathrm{d}t}\right)\big|_{R_1} = \int_{R_1}\left[\frac{\partial n}{\partial t} + \nabla\cdot\left(n\frac{\mathrm{d}x}{\mathrm{d}t}\right)\right]\mathrm{d}R \tag{4-20}$$

其中，x 是组成相空间 R 的内部性质坐标和外部空间坐标的集合。相空间速度定义为：

$$\frac{\mathrm{d}x}{\mathrm{d}t} = v = v_{\mathrm{e}} + v_i \tag{4-21}$$

从拉格朗日观点，区域 R_1 上的粒数衡算方程是：

$$\int_{R_1}\left[\frac{\partial n}{\partial t} + \nabla\cdot(v_{\mathrm{e}}n) + \nabla\cdot(v_in) + D - B\right]\mathrm{d}R = 0 \tag{4-22}$$

由于区域 R_1 是任意的，所以被积函数必为零。因此，粒数衡算方程可写为：

$$\frac{\partial n}{\partial t} + \nabla\cdot(vn) - B + D = 0 \tag{4-23}$$

或者用 $m+3$ 维坐标来表示：

$$\frac{\partial n}{\partial t} + \frac{\partial(v_x n)}{\partial x} + \frac{\partial(v_y n)}{\partial y} + \frac{\partial(v_z n)}{\partial z} + \sum_{j=1}^{m}\frac{\partial\left[(v_i)_j\,n\right]}{(\partial x_i)_j} - B + D = 0 \tag{4-24}$$

式 (4-23) 和式 (4-24) 都给出了晶体相空间中的连续性方程。这些方程都可以描述晶体粒度分布。粒数衡算方程连同质量和能量衡算方程、恰当的动力学关联式及边界条件可以完整地描述结晶过程中晶体的多维分布。然而这些一般方程都是很难求解的，需要针对具体结晶过程简化粒数衡算方程。

通常，实际过程中晶体悬浮液的混合良好。在这种情况下，体系在外部空间上的变化为零，而描述内部相空间中的性质（比如晶体粒度分布）成为重点。在一个均匀的混合系统中式 (4-23) 或式 (4-24) 可以通过外部相空间的平均化来进行方程简化。

混合良好的结晶器中的粒数衡算方程为：

$$\frac{\partial[n(L,t)V(t)]}{\partial t} = -V\frac{\partial[G_{\mathrm{L}}(L,t)n(L,t)]}{\partial L} + B(L,t)V - D(L,t)V + \sum_{j=1}^{m}\varphi_{\mathrm{v,in},j}(t)n_{\mathrm{in},j}(L,t)$$
$$- \sum_{k=1}^{n}\varphi_{\mathrm{v,out},k}(t)h_{\mathrm{out},k}(L,t)n(L,t) \tag{4-25}$$

式中，$n(L,t)$ 为粒数密度，$\mathrm{no.\cdot m^{-3}\cdot m^{-1}}$；$V$ 为结晶器体积，$\mathrm{m^3}$；m 为流入物流股数；n 为流出物流股数；φ_{v} 为体积流速，$\mathrm{m^3\cdot s^{-1}}$；$G_{\mathrm{L}}(L,t)$ 为与晶体粒度相关的线性生长速率，$\mathrm{m\cdot s^{-1}}$；$B(L,t)$ 和 $D(L,t)$ 分别是晶体的出生、死亡函数, $\mathrm{no.\cdot m^{-3}\cdot m^{-1}\cdot s^{-1}}$。$B(L,t)V - D(L,t)V$ 描述了聚结、破碎和成核使得一定粒度的粒子产生和消亡。对于聚结过程，两个或两个以上小粒子的聚结一方面产生新的粒子，另一方面参与聚结的小粒子消失了。破碎过程主要出现在针状等易碎形状或高强度搅拌的情形中。

$\sum_{j=1}^{m}\varphi_{\mathrm{v,in},j}(t)n_{\mathrm{in},j}(L,t)$ 表示流入结晶器的流股，可能含有颗粒或者为清液。

$\sum\limits_{k=1}^{n}\varphi_{\mathrm{v,out},k}\left(t\right)h_{\mathrm{out},k}\left(L,t\right)n\left(L,t\right)$ 表示流出结晶器的流股，流股的粒度分布可能与结晶器内的粒度分布不同，两者之间的关系与分级函数（classification function） h (L) 关联。若结晶器内为均匀混合，且出口流股的固含量与反应器内的接近，则 h (L) =1；若出口为清液，则 $h(L)=0$。极端的情形存在于具有细晶消除或产品分级的系统，若不进行分级排料，则不会出现严重的分级函数。分级函数的示例如图 4-4 所示，其中产品分级的曲线采用累积对数正态分布，分级函数在小晶体时接近 0，大晶体时接近 1。

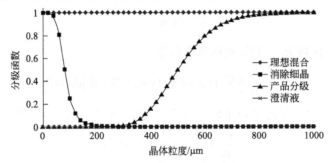

图 4-4　几种分级函数示例

其他形式的粒数衡算方程可以将 $n(L,t)$ 用体积密度 $v(L、t)$ 或质量密度 $m(L、t)$ 代替。另外，晶体大小也可以用体积大小来表示，即 $n(v,t)$ 代替长度$(L、t)$。这种表示法在分析聚结现象时更方便。

粒数衡算是关于时间 t 和晶体粒度 L 的一阶偏微分方程，其求解需要一个边界条件和一个初始条件：

$$n\left(0,t\right)=\frac{B_0\left(t\right)}{G_\mathrm{L}\left(0,t\right)} \tag{4-26}$$

$$n\left(L,0\right)=\text{初始分布} \tag{4-27}$$

式（4-26）中 $B_0\left(t\right)\left[\mathrm{no.\cdot m^{-3}\cdot s^{-1}}\right]$ 为成核速率，如果将成核看作是在一定粒度范围 $\left(0\leqslant L\leqslant y\right)$ 内新晶体 $B(L,$ $t)$ $\left[\mathrm{no.\cdot m^{-3}\cdot m^{-1}\cdot s^{-1}}\right]$ 的形成，那么：

$$B_0\left(t\right)=\int_0^y B\left(L,t\right)\mathrm{d}L \tag{4-28}$$

对于间歇过程，式（4-27）中初始分布可能与晶种相关。在连续过程中，初始分布可能源于晶种粒子群，或者是由晶核长大后的粒子群。

虽然二次成核常常是由较大晶体的磨损引起的，但粒数衡算中没有考虑磨损速率对较大晶体粒度的影响。

4.2.2　聚结与破碎的衡算

聚结改变了粒子的数量但不影响体积，聚结过程适合用体积坐标形式的粒数衡算方程，相应的出生、死亡函数分别为 $B(v)$ 和 $D(v)$。

聚结 r_{agg} 与粒子数量 n、粒子尺度 v 及工艺条件如相对过饱和度 σ 和能量输入 P_0 有关：

$$r_{\text{agg}}(v_1,v_2)=\beta_{\text{agg}}(v_1,v_2,\sigma,P_0)n(v_1)n(v_2) \tag{4-29}$$

聚结速率常数为 β_{agg}，又称为核函数，在混合均匀的结晶器内，$\beta_{\text{agg}}(v_1,v_2)$ 不随空间坐标变化，只与晶体大小和输入功率有关。

由图 4-5 中晶体体积轴上的聚结示意图可以推导出：

$$B(v)=\frac{1}{2}\int_0^v \beta_{\text{agg}}(\xi,v-\xi)n(\xi)n(v-\xi)\mathrm{d}\xi \tag{4-30}$$

$$D(v)=n(v)\int_0^\infty \beta_{\text{agg}}(\xi,v)n(\xi)\mathrm{d}\xi \tag{4-31}$$

式（4-30）中的 $\frac{1}{2}$ 是由于 ξ 从 0 到 v 积分时每个粒子作为 ξ 和 $(v-\xi)$ 被积分了两次。

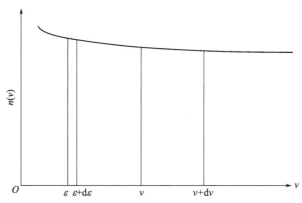

图 4-5 由 ξ 和 $(v-\xi)$ 形成聚结体 v 的示意图

对于没有明显生长或破碎的系统，将式（4-30）和式（4-31）代入式（4-25）中得到：

$$\frac{\partial[n(v,t)V(t)]}{\partial t}=\left[\frac{1}{2}\int_0^v \beta_{\text{agg}}(\xi,v-\xi)n(\xi,t)n(v-\xi,t)\mathrm{d}\xi-n(v,t)\int_0^\infty \beta_{\text{agg}}(\xi,v)n(\xi,t)\mathrm{d}\xi\right]V$$
$$+\sum_{j=1}^m \varphi_{v,\text{in},j}(t)n_{\text{in},j}(v,t)-\sum_{k=1}^n \varphi_{v,\text{out},k}(t)h_{\text{out},k}(v,t)n(v,t) \tag{4-32}$$

晶体的破碎一般很少发生。破碎减小单个颗粒粒径，影响粒数，但不改变总体积。在粒数衡算方程中使用体积坐标描述破碎更为方便。描述破碎动力学的两个函数 $D(v,t)$ 和 $B(v,t)$ 由选择函数 $S(v)$ 和破碎常数 $b(\xi,v)$ 表示，其中所选粒径为 ξ 的颗粒破碎为粒径 v：

$$D(v,t)=S(v,t)n(v,t) \tag{4-33}$$

$$B(v,t)=\int_0^\infty b(\xi,v)S(\xi,t)n(\xi,t)\mathrm{d}\xi \tag{4-34}$$

将其代入式（4-25），得到关于破碎的方程：

$$\frac{\partial[n(v,t)V(t)]}{\partial t}=\left[\int_v^\infty b(\xi,v)S(\xi,t)n(\xi,t)\mathrm{d}\xi-S(v,t)n(v,t)\right]V+\sum_{j=1}^m \varphi_{v,\text{in},j}(t)n_{\text{in},j}(v,t)$$
$$-\sum_{k=1}^n \varphi_{v,\text{out},k}(t)h_{\text{out},k}(v,t)n(v,t) \tag{4-35}$$

4.2.3 粒数衡算与质量衡算的关系

体积衡算式可以直接由式（4-25）导出，描述结晶器中晶体质量的演化过程。假设悬浮体积不变，将式（4-25）乘以 $k_v L^3$，在整体区域上积分，得到：

$$k_v \frac{\mathrm{d}}{\mathrm{d}t}\int_0^\infty nL^3\mathrm{d}L = -k_v\int_0^\infty \frac{\partial(G_L n)}{\partial L}L^3\mathrm{d}L + k_v\int_0^\infty(B-D)L^3\mathrm{d}L + \frac{k_v}{V}\sum_{j=1}^m \varphi_{v,\mathrm{in},j}\int_0^\infty n_{\mathrm{in},j}L^3\mathrm{d}L$$
$$- \frac{k_v}{V}\sum_{k=1}^n \varphi_{v,\mathrm{out},k}\int_0^\infty h_{\mathrm{out},k}nL^3\mathrm{d}L \tag{4-36}$$

由于聚结和破碎过程的质量守恒，上式右边第二项等于零，悬浮液中液体的体积分率 $\varepsilon = 1 - k_v m^3$，得到：

$$-\frac{\mathrm{d}\varepsilon}{\mathrm{d}t} = -3\int_0^\infty G_L nL^2\mathrm{d}L + \frac{1}{V}\sum_{j=1}^m \varphi_{v,\mathrm{in},j}\left(1-\varepsilon_{\mathrm{in},j}\right) - \frac{1}{V}\sum_{k=1}^n \varphi_{v,\mathrm{out},k}\left(1-\varepsilon_{\mathrm{out},j}\right) \tag{4-37}$$

下式通常用来表达质量衡算：

$$\frac{\mathrm{d}M_i}{\mathrm{d}t} = \sum_{j=1}^m M_{\mathrm{in},j,i} - \sum_{k=1}^n M_{\mathrm{out},k,i} \tag{4-38}$$

等号右边第一项为液相和结晶相对 i 组分质量的贡献，通常假定悬浮体积 V 和晶体成分 $w_{晶体,i}$ [（kg 组分 i）·（kg 晶体）$^{-1}$]为常数：

$$\frac{\mathrm{d}\left\{V[\varepsilon\rho_{液体,i}w_{液体,i}+(1-\varepsilon)\rho_{晶体}w_{晶体,i}]\right\}}{\mathrm{d}t} = V\varepsilon\rho_{液体}\frac{\mathrm{d}w_{液体,i}}{\mathrm{d}t} + V\left(\rho_{液体}w_{液体,i}-\rho_{晶体}w_{晶体,i}\right)\frac{\mathrm{d}\varepsilon}{\mathrm{d}t} \tag{4-39}$$

联立方程式（4-37）和式（4-39），就可以耦合粒数衡算与质量衡算，热量衡算与粒数衡算亦如是处理。

4.2.4 稳态粒数衡算方程

对于稳态的连续结晶器，可以得到简化的粒数衡算方程。假设：在 $L=0$ 处，成核边界条件为 $n(0,t) = \frac{B_0(t)}{G_L}(0,t)$，且粒度无关生长、结晶器体积（$V$）恒定、没有聚结或破碎、清液进料。

得到一个简化的粒数衡算方程：

$$VG\frac{\partial n(L)}{\partial L} + \sum_{k=1}^n \varphi_{v,\mathrm{out},k}h_{\mathrm{out},k}(L)n(L) = 0 \tag{4-40}$$

下面将通过改变 n 和分级函数 $h(L)$，得到以下几种情形。

（1）理想混合状态（混合悬浮混合排料，MSMPR）结晶器

MSMPR 结晶器是类似于化学反应工程中的 CSTR。假设理想混合状态，且只有一股非分级产品流出料，即 $h(L)=1$，则粒数衡算方程简化为：

$$VG\frac{\partial n(L)}{\partial L} + \varphi_{v,\mathrm{out}}n(L) = 0 \tag{4-41}$$

解析解为：

$$n(L) = n(0)\mathrm{e}^{\left(-\frac{L}{G\tau}\right)} \tag{4-42}$$

式中，$n(0)$ 为晶核粒数密度；τ 为停留时间（见图 4-6）。稳态过程中，由晶体粒度分布可确定生长速率 G 及成核速率 $B(0)$。

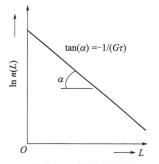

图 4-6　稳态、理想混合的结晶器内晶体粒度分布

（2）具有清液溢流的 MSMPR 结晶器

清液溢流是将部分母液从结晶器中除去（见图 4-7 和图 4-8），常用于减少液体量，同时提高固体浓度，从而增加结晶器中的晶体表面积，有利于低过饱和度下的高生产效率。

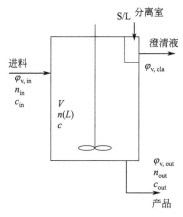

图 4-7　带清液溢流装置的结晶器

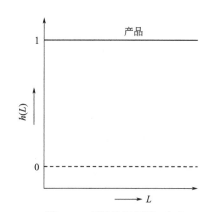

图 4-8　理想分级函数 $h(L)$

（实线为晶体产品浆料流股，虚线为清夜溢流流股）

由于清液溢流，清液的停留时间 τ_L 将小于晶体的停留时间 τ_P，从而导致晶体主粒度 L_D 增加，浆料密度的增加不会显著增加二次成核。由方程式（4-42）得：

$$n(L) = n(0)e^{-L/(G\tau_P)} \tag{4-43}$$

除了斜率外，这种稳态晶体粒度分布与 MSMPR 分布形状相同。实际上，由于清液中难免含有细小粒子，中位数粒度 L_m 的增长可能比理论预测的要大。因此，细晶的实际分级函数 $h(l)$ 不为 0。

产品晶体停留时间：

$$\tau_P = \frac{V}{\varphi_{v,out}} = \tau \tag{4-44}$$

母液停留时间：

$$\tau_L = \frac{V}{\varphi_{v,out} + \varphi_{v,cla}} \tag{4-45}$$

式中，$\varphi_{v,cla}$ 代表的是清液溢流流速。

（3）带有细晶消除装置的 MSMPR 结晶器

带有细晶消除装置（切割粒度为 L_F）的 MSMPR 结晶器有两股输出流，即细晶流和产品流。图 4-9 描述了一个典型的带有细晶消除装置的结晶器，其产品流的分级函数 $h(l)=1$。细晶流与产品流的流速比值定义为 $R-1$，这样 τ_P 与 τ_F 之比为 R[见式（4-46）和式（4-47）]。

细晶消除提高了平均粒度，但同时加宽了粒度分布。理想的 $h(l)$ 会在切割粒度处出现从 1 到 0 的突变，由此可计算产品流和细晶流股的 $n(L)$。实际上，分级函数并不能如此简化处理。

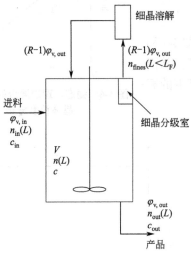

图 4-9 带有细晶消除装置的结晶器

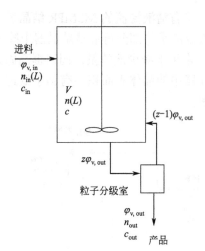

图 4-10 具有产品分级装置的 MSMPR 结晶器

晶体粒度 $L<L_F$ 的停留时间 τ_F：

$$\tau_F = \frac{V}{\varphi_{v,out} + (R-1)\varphi_{v,out}} = \frac{V}{R\varphi_{v,out}} = \frac{\tau}{R} \tag{4-46}$$

晶体粒度 $L>L_F$ 的停留时间 τ_P：

$$\tau_P = \frac{V}{\varphi_{v,out}} = \tau \tag{4-47}$$

（4）带有产品分级装置的结晶器

产品分级是指粒度大于指定值 L_P（切割粒度）的晶体作为产品被移出。结晶器有两个输入流股，即进料流股和由分级器进入到结晶器的循环流股，和一个输出流股（见图 4-10）。循环流股与产品流股的体积流量之比定义为 $z-1$。对于小于 L_P 的晶体，$h(l)$ 为 $\frac{1}{z}$，而对于大于 L_P 的晶体，则 $h(l)=1$。由理想分级函数可得 $n(L)$ 的解析解。

晶体粒度 $L<L_P$ 的停留时间：

$$\tau_F = \frac{V}{\varphi_{v,out}} = \tau \tag{4-48}$$

晶体粒度 $L>L_P$ 的停留时间：

$$\tau_P = \frac{V}{z\varphi_{v,out}} = \frac{\tau}{z} \tag{4-49}$$

分级操作使得晶体粒度分布变窄，主粒度变小。

（5）兼具产品分级和细晶消除装置的 MSMPR 结晶器

如图 4-11 所示，这常被称为 R-z 模式，粒数衡算方程中包括细粒消除和产品分级的分级函数。$L_P>L>L_F$ 时，产品分级函数 $h(L)=1$；$L>L_P$ 时，产品分级函数 $h(L)=z$。

当 $L < L_F$，晶体停留时间为：

$$\tau_F = \frac{V}{j_{v,out}} + (R-1)j_{v,out} = \frac{V}{Rj_{v,out}} = \frac{\tau}{R} \quad (4\text{-}50)$$

当 $L_F < L < L_P$，晶体停留时间为：

$$\tau_{FP} = \frac{V}{\varphi_{v,out}} = \tau \quad (4\text{-}51)$$

当 $L > L_P$ 时，晶体停留时间为：

$$\tau_P = \frac{V}{z\varphi_{v,out}} = \frac{\tau}{2} \quad (4\text{-}52)$$

与前述一般 MSMPR 相比，兼具产品分级和细晶消除装置的 MSMPR 结晶器所生产的产品晶体平均粒径大，产品粒度分布窄。

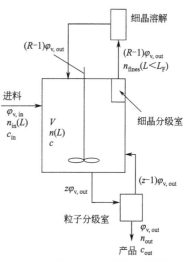

图 4-11　兼具产品分级和细晶消除
装置的 MSMPR 结晶器

4.2.5　矩量方程

稳态连续结晶过程 CSD 不随时间变化。如果 CSD 随时间波动，则操作是动态的。即使对于理想混合的结晶器，其非稳态过程的粒数衡算方程的解析解也很难得到。在许多工程应用中，不必了解完整的晶体粒度分布信息，仅需通过分布函数的矩得到平均或总体属性。将粒数衡算方程进行矩量变换，一个偏微分方程即可被转换成含有 4 到 5 个常微分方程的方程组，非常便于求解。粒数衡算方程的变换是通过内坐标性质（如粒度）分布的平均化处理来降低方程的维数。

粒度分布的矩定义为：

$$m_j = \int_0^\infty n(L)L^j \mathrm{d}L \quad (4\text{-}53)$$

矩可以与晶体总体的特性相关（见表 4-4）。

表 4-4　粒度分布各阶矩的含义

矩	意义	单位
m_0	每单位结晶器体积的颗粒总数	$[\text{no.}\cdot\text{m}^{-3}]$
m_1	每单位结晶器体积的颗粒总长度	$\text{m}\cdot\text{m}^{-3}$
m_2	每单位结晶器体积内与颗粒总表面积有关	$\text{m}^2\cdot\text{m}^{-3}$
m_3	每单位结晶器体积内与颗粒总体积有关	$\text{m}^2\cdot\text{m}^{-3}$

对于结晶体积恒定、粒度无关生长、零尺寸成核、清液进料和卸料无粒度分级的连续结晶系统，粒数衡算方程可为：

$$\frac{\partial n(L,t)}{\partial t} = -G_L(t)\frac{\partial n(L,t)}{\partial L} + \frac{n(L,t)}{\tau} \quad (4\text{-}54)$$

通过边界条件 $n(0,t)$ 和初始粒数 $n(L,0)$ 描述成核。

上述偏微分方程通过矩量变换后，可被简化为一组常微分方程[3]：

$$\frac{\mathrm{d}m_j}{\mathrm{d}t} = jGm_{j-1} - \frac{m_j}{\tau} + B^0 \cdot 0^j \quad (4\text{-}55)$$

其中 L_0 表示晶核的尺寸，可假设为 0。结晶过程的粒数衡算的偏微分方程即可以转化为四个常微分方程来描述：

$$\frac{\mathrm{d}m_0}{\mathrm{d}t} = -\frac{m_0}{\tau} + B^0 \tag{4-56}$$

$$\frac{\mathrm{d}m_1}{\mathrm{d}t} = Gm_0 - \frac{m_0}{\tau} \tag{4-57}$$

$$\frac{\mathrm{d}m_2}{\mathrm{d}t} = 2Gm_1 - \frac{m_2}{\tau} \tag{4-58}$$

$$\frac{\mathrm{d}m_3}{\mathrm{d}t} = 3Gm_0 - \frac{m_3}{\tau} \tag{4-59}$$

对于稳态连续结晶器，可进一步简化矩量方程组，得到描述结晶器单位体积内晶体总数量、总长度、总表面积、总体积和总质量的一组代数方程。

在这种情况下，总晶体体积浓度 V_T [$(\mathrm{m^3}$ 晶体$) \cdot (\mathrm{m^3}$ 悬浮液$)^{-1}$]为：

$$V_T = k_v m_3 = 3k_v G\tau m_2 = 6k_v G^4 \tau^4 n_0 \tag{4-60}$$

表 4-5　粒径分布的矩形式以粒度和体积形式表述

矩	粒度	单位	体积	单位
m_0	颗粒总数	[$\mathrm{m^{-3}}$]	颗粒总数	[$\mathrm{m^{-3}}$]
m_1	颗粒总长度	[$\mathrm{mm^{-3}}$]	颗粒总体积	[$\mathrm{m^3 \cdot m^{-3}}$]
m_2	颗粒总表面积	[$\mathrm{m^2 \cdot m^{-3}}$]	凝结化	[$\mathrm{m^6 \cdot m^{-3}}$]
m_3	颗粒总体积	[$\mathrm{m^3 \cdot m^{-3}}$]		

总晶体浓度[$(\mathrm{kg}$ 晶体$) \cdot (\mathrm{m^3}$ 悬浮液$)^{-1}$]为：

$$M_T = \rho_{晶体} V_T = 6k_v n_0 G^4 \tau^4 \rho_{晶体} \tag{4-61}$$

粒数衡算方程的矩量变换可以通过乘以 $L^j \mathrm{d}L$ 并在从零到无穷大的范围内积分得到。粒数衡算方程通过对晶体尺寸的矩变换产生一组 j 阶矩方程。反过来，从给定的一组 j 阶矩中恢复原函数通常是困难的。显然，一个包含无限信息量的连续分布函数不太可能由有限个 m_j 中的有限信息来代替。然而，在结晶过程中，可以从有限的一组 (m_j) 中近似恢复晶体的粒度分布 n，且具有相当高的精度。其有两种方法，即矩阵求逆[4]和伽马函数分布的扩展[5]。

生成矩量矩阵的逆运算可用于恢复分布函数 n、j 阶矩可写为：

$$m_j = \sum_{k=1}^{N} n_k L_k^j \Delta L_k = \sum_{k=1}^{N} a_k^{(j)} n_k \tag{4-62}$$

其中，n_k 是粒度范围 ΔL_k 的中点 L_k 处的 n 值，$a_k^{(j)} = n_k L_k^j$，右边的第二项表示数组 $\{n_k\}$ 的线性组合。0～$(N-1)$ 阶可写为矩阵形式：

$$m = An \tag{4-63}$$

矩阵 A 为系数 $a_k^{(j)}$，是 $N \times N$ 矩阵，粒数密度的近似解为：

$$n \approx A^{-1} m \tag{4-64}$$

方程式（4-64）表示 N 个线性代数方程组，N 个粒数密度分布函数可以通过标准矩阵求逆近似得到，从而可用于工程应用。

对于含有聚结或破碎项的粒数衡算方程，采用体积坐标更为方便，粒度分布的矩为：

$$m_j = \int_0^\infty n(v) v^j \mathrm{d}v \tag{4-65}$$

粒度分布的三阶矩等于体积分布的一阶矩，对于一个体积恒定、一个进料口、一个非分级的卸料口的结晶器，粒数衡算的体积矩量变换为：

$$\frac{\mathrm{d}m_j}{\mathrm{d}t} = \frac{m_{j,\mathrm{in}} - m_j}{\tau} + \overline{B_{\mathrm{agg},j}} - \overline{D_{\mathrm{agg},j}} \tag{4-66}$$

破碎动力学由函数 $D(v,t)$ 和 $B(v,t)$ 描述，这些函数取决于选择函数 $S(v)$ 和破损常数 $b(\xi,v)$，破损常数 $b(\xi,v)$ 被用来描述粒度为 ξ 的颗粒破碎成粒度 v：

$$D(v,t) = S(v,t) n(v,t) \tag{4-67}$$

$$B(v,t) = \int_v^\infty b(\xi,v) S(\xi,t) n(\xi,t) \mathrm{d}\xi \tag{4-68}$$

将这些代入粒数衡算方程，就得到了以下关于破碎的方程：

$$\frac{\partial[n(v,t)V(t)]}{\partial t} = \left[\int_v^\infty b(\xi,v) S(\xi,t) n(\xi,t) \mathrm{d}\xi - S(v,t) n(v,t) \right] V + \sum_{j=1}^m \varphi_{v,\mathrm{in},j}(t) n_{\mathrm{in},j}(v,t)$$
$$- \sum_{k=1}^n \varphi_{v,\mathrm{out},k}(t) h_{\mathrm{out},k}(v,t) n(v,t) \tag{4-69}$$

如果再考虑一个定容的结晶系统，一个进料口和一个非分级的卸料口，则方程的矩变换为：

$$\frac{\mathrm{d}m_j}{\mathrm{d}t} = \frac{m_{j,\mathrm{in}} - m_j}{\tau} + \overline{B_{\mathrm{break},j}} - \overline{D_{\mathrm{break},j}} \tag{4-70}$$

粒数衡算方程在少数简化形式下存在解析解，多数情况下需要数值求解。目前的求解方法有三类：特征值方法[6]；加权残差法[7]；有限差分法[8,9]。读者可参考 Qamar 等[10]和 Qamar、Warnecke[11]的文献，进行比较不同的解决方法。

有限差分法不需要对动力学模型或分级函数进行限制，存在不同精度的离散方法。有限体积法[10]是一种广泛使用的离散化方法。这种方法中，在一个粒度 L_i 上晶体的数目 N_i 为：

$$N_i = \int_{L_{i+\frac{1}{2}}}^{L_{i-\frac{1}{2}}} n \mathrm{d}L \approx n_i \left(L_{i+\frac{1}{2}} - L_{i-\frac{1}{2}} \right) \tag{4-71}$$

上边界和下边界分别是 $L_{i-\frac{1}{2}}$ 和 $L_{i+\frac{1}{2}}$，每个粒度等级 i 的粒数衡算方程为：

$$\frac{\partial n_i}{\partial t} = -\left| \frac{\partial(Gn)}{\partial L} \right|_{L=L_i} + B_i - D_i + \frac{\varphi_{v,\mathrm{in}}}{V} n_{\mathrm{in},i} - \frac{\varphi_{v,\mathrm{out}}}{V} h_{\mathrm{out},i} n_i \tag{4-72}$$

其中

$$\left[\frac{\partial(Gn)}{\partial L} \right]_i = G_i \frac{n_{i+\frac{1}{2}} - n_{i-\frac{1}{2}}}{L_{i+\frac{1}{2}} - L_{i-\frac{1}{2}}} \tag{4-73}$$

$G_{L,i} \geqslant 0$ 时，$n_{i+\frac{1}{2}} = n_i$，$n_{i-\frac{1}{2}} = n_{i+1}$；$G_{L,i} < 0$ 时，$n_{i+\frac{1}{2}} = n_{i+1}$，$n_{i-\frac{1}{2}} = n_i$ $\tag{4-74}$

更高精度的离散方案可参见参考文献[10]。近年来，市场上出现了几个针对结晶过程模拟的商用软件，如：PSEnterprse 公司的 gCRYSTAL，它为用户提供建模库来建模、分析和优化工业结晶过程。该库基于 gPROMS 引擎，包含用于参数估计和优化的高级工具。另一个商业软件是 PARSIVAL，其采用基于 Galerkin 函数的加权残差法[12]。

4.3　间歇结晶过程

间歇结晶器广泛应用于精细化工和制药工业中，用于制造各种高附加值的精细化学品或医药中间体。它们通常是小规模操作，简单灵活，投资少，且与连续操作相比，需要较少的开发流程。

结晶过程的基本步骤是：①产生过饱和；②形成晶种（如成核）；③晶体生长。在间歇结晶器中，这三个过程可以同时进行。过饱和可以通过冷却、蒸发、添加反溶剂、化学反应来产生。间歇结晶中过饱和的产生通常是由其中一种或几种方式采用平行或串联方式组合得到。为便于分析，可以假定只有一种方式占主导。

在冷却结晶器中，过饱和是由溶解度随温度降低而产生的，系统的溶剂量基本保持不变。在蒸发结晶器中，假设等温过程的溶解度保持不变，过饱和是由溶剂的蒸发而形成的，溶剂量随时间不断减少。在反溶剂结晶过程中，通过加入反溶剂降低溶质溶解度从而产生过饱和，溶剂量随时间而增大。而在反应结晶器中，过饱和是通过反应生成结晶组分而产生的，溶解度和溶剂量可以保持不变，反应和结晶步骤可以视为连续发生。结晶模式的选择需要综合分析系统的特性、收率以及经济性。表 4-6 汇总了间歇结晶器的操作类型[13,14]。

表 4-6　间歇结晶器的操作类型

模式	操作模式	模式	操作模式
冷却	自然冷却 恒速冷却 恒定的过饱和状态 稳定在亚稳态区域内 最优控制	反溶剂	恒定反溶剂添加速率 恒定反溶剂浓度变化率 控制在恒定的过饱和状态 稳定在亚稳定区域内 最优控制
蒸发	恒定蒸发速率 控制在恒定的过饱和状态 稳定在亚稳态区域内 最优控制	化学反应	反应物滴加速率 反应物滴加位置 混合是否均匀

4.3.1　间歇结晶的溶液相

通常，从加晶种等温操作中可以得到两类信息：过饱和度随时间变化的液相信息，即过饱和曲线；固相信息，即以时间和粒度为变量的粒数密度函数。对于等容、等温间歇结晶器，过饱和度平衡方程式可表示为：

$$-\frac{\mathrm{d}\Delta c}{\mathrm{d}t} = B_\mathrm{s} + A_\mathrm{T}R = k_\mathrm{B}M_\mathrm{T}^{j}\Delta c^{b} + k_\mathrm{G}A_\mathrm{T}\Delta c^{g} \tag{4-75}$$

式（4-75）中，成核速率表示成核过程中溶质沉积的速度。假设晶体形状因子不变，破碎和聚结忽略不计，晶浆密度、晶体表面积、平均粒度和悬浮液空隙度分别定义为：

$$M_\mathrm{T} = M_\mathrm{T0}\left(W/W_0\right) \tag{4-76}$$

$$A_\mathrm{Tp} = A_\mathrm{T0}\left(W/W_0\right)^{2/3} \tag{4-77}$$

$$\bar{L} = \bar{L}_0\left(W/W_0\right)^{1/3} \tag{4-78}$$

$$\varepsilon = 1 - W / (\rho_c V) \tag{4-79}$$

式中，W 为 t 时刻结晶器中晶体的质量，kg：

$$W = W_0 + (\Delta c_0 - \Delta c) S \tag{4-80}$$

初始值 M_{T0} 和 A_{T0} 可以通过初始晶种的质量和大小来求取：

$$A_{T0} = \frac{F W_0}{\rho_c \overline{L}_0 S} \tag{4-81}$$

和

$$M_{T0} = \frac{W_0}{S} \tag{4-82}$$

式中，F 为面积形状因子与体积形状因子的比值；S 为溶剂质量。

【例 4.1】流化床型结晶器用于生长粒度均匀的晶体产品，成核可以忽略。计算：如果晶种加量增加了一倍其结晶时间为多少？

已知：$W_0 = 80\text{kg}$，$L_0 = 550\mu\text{m}$，$\Delta c_0 = 1.5 \times 10^{-2}\text{ kg 晶体/kg 溶剂}$，$S = 800\text{kg}$，$R = 0.1\Delta c^2 \text{kg }/(\text{m}^2 \cdot \text{s})$，$B_s = 0 \text{kg晶体}/(\text{s} \cdot \text{kg溶剂})$，$F = 6\rho_c = 2000\text{kg/m}^3$。

解：

用式（4-81），$A_{T0} = 1.09 \times 10^3 \text{m}^{-1}$

从式（4-77），$A_{Tp} = 1.09 \times 10^3 \times 2^{2/3} = 1.73 \times 10^3 \text{m}^{-1}$

平均比表面积为：

$$\overline{A}_T = (A_{Tp} - A_{T0}) \ln(A_{Tp} / A_{T0}) = 296.43 \text{m}^{-1}$$

如果在整个过程中晶体的比表面积为常数，则公式（4-75）为：

$$-\frac{\mathrm{d}\Delta c}{\mathrm{d}t} = \overline{A}_T R = 296.43 \times 0.1\Delta c^2 \tag{i}$$

对式（i）积分得到：

$$\frac{1}{\Delta c} - \frac{1}{\Delta c_0} = 29.643t$$

对于 $W_p = 2W_0$，$\Delta c = 0.5 \times 10^{-2}\text{ kg 溶质/kg 水}$。因此，$t = 4.50\text{s}$。将方程式（4-77）、式（4-80）代入式（4-75）中，得：

$$-\frac{\mathrm{d}\Delta c}{\mathrm{d}t} = A_{T0} \left[\frac{W_0 + (\Delta c_0 - \Delta c) S}{W_0} \right]^{2/3} R \tag{ii}$$

对方程进行数值积分，得到 $t = 1.76 \times 10^4\text{s}$。式（i）和式（ii）得到的两个时间 t 略有差异。

通过对过饱和度方程式（4-75）积分，可以得到 $\Delta c \sim t$ 曲线。

利用四阶龙格-库塔法，积分步长为 30s，采用表 4-7 中的参数可以计算得到过饱和度曲线及其变化率曲线（$\Delta c \sim t$），见图 4-12 和图 4-13。过饱和度曲线是连续衰减的，但其变化率曲线出现一个最大值。过饱和度平衡方程式（4-75）中生长和成核项对过饱和度的变化特性有较大影响。

表 4-7 用于计算间歇结晶操作过程的参数（图 4-12 和图 4-13）

参数	参数值	参数	参数值
反应时间 τ /s	5400	成核速率系数 k_B /$\left\{kg/[kg \cdot s(kg/kg)^{b+1}]\right\}$	5×10^4
溶解度 c^*/kg 溶剂	0.1243	悬浮密度指数 j	1.0
最初的过饱和度 Δc_0 /（kg 溶质/kg 溶剂）	0.015	**固相信息（粒数密度曲线）**	
晶种尺寸 $\overline{L_0}$ / μm	550	生长速率级数 g	1.5
晶体密度 ρ_c /（kg/m³）	2660	生长速率系数 k_g /$\left\{m/[s \cdot (kg/kg)^g]\right\}$	5×10^{-5}
溶剂量 S / kg 水	25.46	成核级数 b	3.0
晶种比加入量 $\dfrac{W_0}{S}$ /（kg 晶体/kg 溶剂）	3.9×10^{-4}	成核速率系数 k_b /$\left\{no./[kg \cdot s \cdot (kg/kg)^{b+1}]\right\}$	1×10^{11}
体积形状系数 k_v	0.525	悬浮密度指数 j	1.0
表面积与体积形状系数之比 F	7.0	相对生长成核级数 i	2
溶液相信息（过饱和度曲线）		相对成核速率常数 k_R /$\left\{no./[kg \cdot s \cdot (kg/kg)^j \cdot (m/s)^i]\right\}$	4×10^{19}
生长速率级数 g	2.0	网格数量	500
生长速率系数 k_G /$\left\{kg/[m^2 \cdot s(kg/kg)^2]\right\}$	1.0	N 晶体连续体最大粒度 / μm	1000
成核级数 b	4.0		

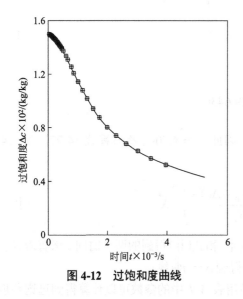

图 4-12 过饱和度曲线

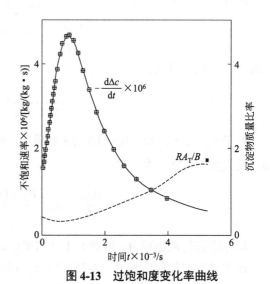

图 4-13 过饱和度变化率曲线

4.3.2 间歇结晶的固相信息

在含晶种、等温间歇结晶操作中，晶核来自于外来晶种（S 晶体）和成核且长大得到的晶体（N 晶体），所以粒数衡算方程的通解应该包含晶种 S 和随后产生的晶核 N 两部分。Jones 和 Mullin[15]将 S 晶体和 N 晶体区分开来，两者各自的粒数密度是粒度和时间的连续函数。

因为间歇结晶器内的溶剂量随时间变化，基于总溶剂量的粒数密度函数 $\hat{n}$ 为：

$$\hat{n} = nS \tag{4-83}$$

对于理想混合间歇结晶器，当忽略晶体破碎和聚结时，与粒度无关生长速率下的粒数衡算方程为：

$$\frac{\partial \hat{n}}{\partial t} + G\frac{\partial \hat{n}}{\partial L} = 0 \tag{4-84}$$

晶核粒数密度边界条件为 $0 = \hat{n}^0 = \hat{B}$

$$\hat{n}(t,0) = \hat{n}^0 = \frac{\hat{B}}{G} \tag{4-85}$$

对式（4-84）进行矩量变换得到 N 晶体的矩量方程：

$$\frac{\mathrm{d}\hat{\mu}_0}{\mathrm{d}t} = \hat{B} \tag{4-86}$$

$$\frac{\mathrm{d}\hat{\mu}_1}{\mathrm{d}t} = \hat{\mu}_0 G \tag{4-87}$$

$$\frac{\mathrm{d}\hat{\mu}_2}{\mathrm{d}t} = 2\hat{\mu}_1 G \tag{4-88}$$

$$\frac{\mathrm{d}\hat{\mu}_3}{\mathrm{d}t} = 3\hat{\mu}_2 G \tag{4-89}$$

在间歇结晶器中，任意时刻在 S 晶体上的基于总溶剂量的固相析出速率为：

$$\frac{\mathrm{d}\hat{W}_S}{\mathrm{d}t} = \frac{3\hat{W}_0 L_s^2 G}{L_0^3} \tag{4-90}$$

而对 N 晶体来说，其固相析出速率为：

$$\frac{\mathrm{d}W_N}{\mathrm{d}t} = k_v \rho_c \frac{\mathrm{d}\hat{\mu}_3}{\mathrm{d}t} = \frac{3k_v \rho_c}{k_a}\hat{A}_N G \tag{4-91}$$

对于初始为过饱和溶液，且加晶种、等温间歇的结晶器，其过饱和度平衡方程为：

$$-\frac{\mathrm{d}\Delta\hat{c}}{\mathrm{d}t} = \frac{\mathrm{d}\hat{W}_S}{\mathrm{d}t} + \frac{\mathrm{d}\hat{W}_N}{\mathrm{d}t} = \frac{3\hat{W}_0 L_s^2 G}{L_0^3} + \frac{3k_v \rho_c \hat{A}_N G}{k_a} \tag{4-92}$$

溶质总质量衡算为：

$$\frac{\mathrm{d}\hat{c}}{\mathrm{d}t} + \frac{\mathrm{d}\hat{W}}{\mathrm{d}t} = 0 \tag{4-93}$$

$t = 0$ 时，从 $L = 0$ 到最大晶核，其粒度变化为：

$$\frac{\mathrm{d}L}{\mathrm{d}t} = G \tag{4-94}$$

粒数衡算方程通过矩量变换后，与过饱和度或质量平衡方程相结合，可以描述加晶种、等温间歇结晶器的结晶动力学和结晶过程特性。

4.3.3　间歇结晶粒数密度函数

间歇结晶粒数衡算方程 $\left[\text{如式（4-84）：} \dfrac{\partial \hat{n}}{\partial t} + G \dfrac{\partial \hat{n}}{\partial L} = 0 \right]$ 有多种解法，表 4-8 列出了一些重要的解析和数值方法。一般来说，解析解仅限于线性系统，或那些可以以某种方式线性化的系统。开发一种通用的数值方法来求解间歇结晶器的方程组具有重要意义。尽管表 4-8 列出了一些算法，但文献上几乎见不到相关工作的报道。Tavare 和 Garside[16]开发了一种数值积分算法，该算法是结合过饱和度平衡方程式（4-92）并耦合矩方程[式（4-86）～式（4-89）]沿一些特性参数数值积分。图 4-14 和图 4-15 显示了通过该方法计算出的过饱和度曲线以及预测的粒度分布随时间的变化结果，计算所用的理化参数仍然是表 4-7 中的数据，数值算法所用的整体时间步长为 1000s。粒数密度曲线的特征取决于算法中所选的特定参数。对于解一个描述复杂的间歇结晶操作过程的粒度衡算方程是非常困难的，特别是其中含有一些非线性或高阶项时，需要特别防范具有弱解的情况（如：具有激波解或非连续性解）。

表 4-8　求解粒数衡算方程的可能方法

	求解方法	参考文献
解析或数值方法	1. 矩量变换 （1）一组常微分方程式 （2）狄利克雷公式反演 2. 函数特性法 3. 拉普拉斯变换法 4. 勒让德多项式变换 5. 正交配置法 6. 原关联拉盖尔多项式的正交展开 7. 变分法	Hulburt 和 Katz（1964）[5]，Mullin 和 Nývlt（1971）[17]，Jones and Mullin（1974）[18]，Tavare 和 Chivate（1973，1977）[19,20]， Tavare 等（1980）[21] Becker 和 Larson（1969）[22] Becker 和 Larson（1969）[22] Tavare 和 Chivate（1973）[19]，Tavare 等（1980）[21] Chang，Wang（1983，1984，1985）[23-26] Lakatos 等（1984）[27] Hulburt 和 Katz（1964）[5] Amundson 和 Aris（1973）[28]
一般数值方法	1. 矩量直接反演法 2. 通过数值积分沿特征进行求解（包括在一个变量中指定增量的方法） 3. 一阶单步线性解 4. Lax-Wendroff 显式方法 5. Crank-Nicolson 隐式方法 6. 矩和有限差分的组合 7. 分类的方法 8. 弱解的特殊数值方法 （1）pseudo-diffusivity 法 （2）拟平衡法（无限传质系数） （3）宽松的特殊方法	Randolph and Larson（1971）[29] Amundson 和 Aris（1973）[28]，Garside 和 Tavare（1982）[30] Amundson 和 Aris（1973）[28] Amundson 和 Aris（1973）[28] Amundson 和 Aris（1973）[28] Kim and Tarbell（1991）[31] Marchal 等（1988）[32] Amundson 和 Aris（1973）[28]

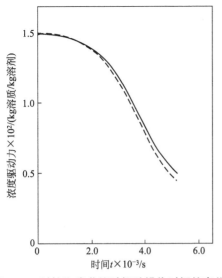

图4-14 过饱和度曲线随间歇操作时间的变化
（使用表4-7中的参数以及估计的动力学参数计算）

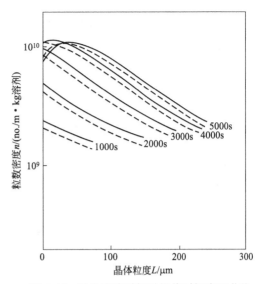

图4-15 粒数密度随间歇操作时间变化曲线
（使用表4-7中的参数以及估计的动力学参数计算）

【例4.2】求解粒数衡算方程式（4-84），$\dfrac{\partial \hat{n}}{\partial t} + G\dfrac{\partial \hat{n}}{\partial L} = 0$，初始条件如下：

$$\hat{n}(t,0) = n(t,0)S(t) \qquad\qquad (\text{i})$$

$$\hat{n}(0,L) = n(0,L)S(0) \qquad\qquad (\text{ii})$$

解：

最初形成的晶核经历时间 t 后的粒度 y，

$$y = 0 \ (t=0)\ ,\ y = \int_0^t G(t)\,\mathrm{d}t \qquad\qquad (\text{iii})$$

因此

$$t = \int_0^y \frac{\mathrm{d}y}{G(y)} \qquad\qquad (\text{iv})$$

然后方程式（4-84）$\dfrac{\partial \hat{n}}{\partial t} + G\dfrac{\partial \hat{n}}{\partial L} = 0$ 变为：

$$\frac{\partial \hat{n}}{\partial y} + \frac{\partial \hat{n}}{\partial L} = 0 \qquad\qquad (\text{v})$$

$$\hat{n}(0,L) = n(0,L) \qquad\qquad (\text{vi})$$

$$\hat{n}(y,0) = n(y,0)S(y) \qquad\qquad (\text{vii})$$

对方程式（v）关于 y 作拉普拉斯变换：

$$\frac{\mathrm{d}\hat{n}(p,\ L)}{\mathrm{d}L} + p\hat{n}(p,L) = \hat{n}(0,L) \qquad\qquad (\text{viii})$$

对于方程（vii）：

$$\hat{n}(p,0) = LT\{n(y,0)S(y)\} \qquad\qquad (\text{ix})$$

解方程（viii），对 $\hat{n}(p,L)$ 积分：

$$\hat{n}(p,L)\exp(pL) - \hat{n}(p,0) = \int_0^L \hat{n}\exp(pL)\,\mathrm{d}L \qquad\qquad (\text{x})$$

或者
$$\hat{n}(p,L)=\exp(-pL)\int_0^L \hat{n}(0,L)\exp(pL)\mathrm{d}L+\hat{n}(p,0)\exp(-pL) \tag{xi}$$

对方程式（xi）作拉普拉斯逆变换，得到 y 和 L 的粒数密度函数：

$$\hat{n}(y,L)=\hat{n}(0,L-y)[1-u(y-L)]+n(y-L,0)S(y-L)u(y-L) \tag{xii}$$

当 $y>L, u(y-L)=1$；当 $y<L, u(y-L)=0$。

4.3.4 不同间歇结晶操作模式的建模

1. 冷却结晶

为有效控制过饱和度，间歇冷却结晶必须设计合适的降温策略。

【例4.3】 简化的受控冷却曲线

推导冷却间歇结晶整个过程中可以维持恒定过饱和度所需的冷却控制曲线表达式，该结晶系统具有简单的幂函数生长速率和成核动力学。初始矩为零，且溶解度与温度成线性关系。

解：

根据质量平衡方程式（4-93）和矩量方程[式(4-86)～式(4.89)]，对于溶剂量、生长速率和成核速率恒定的过程，浓度变化可以用四阶微分方程表示为：

$$\frac{\mathrm{d}^4c}{\mathrm{d}t^4}+6gk_v\rho_cG^4n^0=0 \tag{i}$$

零初始矩的方程式（i）的解为：

$$\frac{\mathrm{d}c}{\mathrm{d}t}=-k_v\rho_cG^4n^0t^3 \tag{ii}$$

要实现恒定的过饱和水平，浓度和溶解度曲线的时间梯度应该是相等的，即：

$$\frac{\mathrm{d}c}{\mathrm{d}t}=\frac{\mathrm{d}c^*}{\mathrm{d}t}=\frac{\mathrm{d}c^*}{\mathrm{d}T}\times\frac{\mathrm{d}T}{\mathrm{d}t}=k_s\frac{\mathrm{d}T}{\mathrm{d}t} \tag{iii}$$

联立方程式（ii）和式（iii），得到：

$$\frac{\mathrm{d}T}{\mathrm{d}t}=-\frac{k_v\rho_cG^4n^0t^3}{k_s} \tag{iv}$$

对方程式（iv）积分得到如下温度分布：

$$T-T_0=\frac{k_v\rho_cG^4n^0t^4}{4k_s} \tag{v}$$

利用终点操作条件可以得出：

$$\frac{T-T_0}{T_f-T_0}=\left(\frac{t}{t_f}\right)^4 \tag{vi}$$

方程式（vi）表示的冷却曲线是由 Mullin 和 Nyvlt[17]于 1971 年提出的，其初始冷却速率较低，之后逐渐加速。

2. 蒸发结晶

对于蒸发结晶过程，一般假定结晶器内混合良好、等温操作，其有两种重要操作模式：恒速蒸发和恒定的过饱和度。通过调节溶剂蒸发速率，可以使过程过饱和度保持恒定。由蒸发速率随时间的变化关系可以得到溶剂量的变化，将质量衡算式（4-93）与矩量方程[式（4-86）～式（4-89）]耦合得到一个四阶微分方程[见例4.4中式（ⅰ）]，求解后可得出维持恒定过饱和水平所需的热量：

$$Q = -\lambda \frac{\mathrm{d}S}{\mathrm{d}t} \tag{4-95}$$

式中，λ 为蒸发潜热，可视为常数，kJ/kg 溶剂。通常在大多数工业结晶器操作中，其能量输入是恒定的，因此，通常的工业操作是恒速蒸发过程。

【例 4.4】受控蒸发结晶器

加晶种、间歇蒸发结晶器处于恒定过饱和度操作，计算其过程溶剂量随时间的变化。

① 系统动力学： $G = 10^{-4} \Delta c^2 \mathrm{m/s}$； $B = 10^{11} \Delta c^4 \mathrm{no./(s \cdot kg}$ 溶剂$)$。

② 物理参数：$\tau = 2 \times 10^4 \mathrm{s}$； $c^* = 0.14 \mathrm{kg}$ 溶质/kg 溶剂； $\rho_c = 2000 \mathrm{kg/m^3}$； $k_v = 0.5$，$k_a = 3.5$。

③ 初始参数： $S_0 = 1.0 \mathrm{kg}$ 溶剂； $\Delta c_0 = 0.01 \mathrm{kg}$ 溶质/kg 溶剂。

晶种 CSD： $\hat{n} = \hat{n}_0^0 \exp\left(-\dfrac{L}{k}\right)$； $\hat{n}_0^0 = 10^{11} \mathrm{no./m}$; $k = 10^{-5} \mathrm{m}$。

解：

恒定的过饱和度 Δc_0、生长速率和晶核粒数密度，将质量平衡方程式（4-93）与各方程式（4-86）～式（4-89）耦合得：

$$\frac{\mathrm{d}^4 S}{\mathrm{d}t^4} + 4a^4 S = 0 \tag{ⅰ}$$

此时

$$4a^4 = \frac{6k_v \rho_c G^3 B}{c}$$

在 $t = 0$，则 $S = S_0$，方程式（ⅰ）的解为：

$$
\begin{aligned}
S(t) = {} & S_0 \cos(at)\cosh(at) + \left[\frac{2a^2 \dot{s}(0) - \dddot{S}(0)}{4a^3}\right]\cos(at)\sinh(at) \\
& + \left[\frac{2a^2 \dot{S}(0) - \ddot{S}(0)}{4a^3}\right]\sin(at)\cosh(at) + \frac{\ddot{S}(0)}{2a^2}\sin(at)\sinh(at)
\end{aligned} \tag{ⅱ}
$$

初始矩由初始晶核 CSD 计算： $\hat{n} = \hat{n}_0^0 \exp(-L/k)$

$$\hat{N}_0 = \hat{n}_0^0 k = 10^{11} \times 10^{-5} = 10^6 \mathrm{no.}$$

$$\hat{L}_0 = \hat{n}_0^0 k^2 = 10^{11} \times 10^{-10} = 10 \mathrm{m}$$

$$\hat{A}_0 = 2\hat{n}_0^0 k^3 k_a = 2 \times 10^{11} \times 10^{-15} \times 3.5 = 7 \times 10^{-4} \mathrm{m^2}$$

$$\hat{W}_0 = 6k_v \rho_c \hat{n}_0^0 k^4 = 6 \times 0.5 \times 2000 \times 10^{11} \times 10^{-20} = 6 \times 10^{-3} \mathrm{kg}$$

$$G = 10^{-8} \mathrm{m/s}, \quad B = 10^3 \mathrm{no./(s \cdot kg)}, \quad \hat{n}_0^0 = 10^{11} \mathrm{no./m}$$

由质量衡算方程式（4-93）与矩量方程式（4-86）～式（4-89）得

$$\dot{S}(0) = \frac{3k_v \rho_c G \hat{A}_0}{ck_a} = -\frac{3 \times 0.5 \times 2000 \times 10^{-8} \times 7 \times 10^{-4}}{0.15 \times 3.5} = -4 \times 10^{-8} \mathrm{kg/s}$$

$$\ddot{S}(0) = \frac{6k_v \rho_c G^2 \hat{L}_0}{c} = -\frac{6 \times 0.5 \times 2000 \times 10^{-16} \times 10}{0.15} = -4 \times 10^{-11} \mathrm{kg/s^2}$$

$$\ddot{S}(0) = \frac{6k_v\rho_c G^3 \hat{N}_0}{c} = -\frac{6 \times 0.5 \times 2000 \times 10^{-24} \times 10^6}{0.15} = -4 \times 10^{-14}\,\mathrm{kg/s^3}$$

$$4a^4 = \frac{6k_v\rho_c G^3 \hat{B}}{c} = \frac{6 \times 0.5 \times 2000 \times 10^{-24} \times 10^3}{0.15} = 4 \times 10^{-17}\,\mathrm{s^{-4}}$$

因此，$a = 5.6 \times 10^{-5}\,\mathrm{s^{-1}}$。

将这些值代入方程式（ii）可得：

$$\begin{aligned}
S(t) = {} & \cos\left(5.6 \times 10^{-5}t\right)\cosh\left(5.6 \times 10^{-5}t\right) + 5.6 \\
& \times 10^{-2}\cos\left(5.6 \times 10^{-5}t\right)\sinh\left(5.6 \times 10^{-5}t\right) \\
& - 5.6 \times 10^{-2}\sin\left(5.6 \times 10^{-5}t\right)\cosh\left(5.6 \times 10^{-5}t\right) \\
& - 6.3 \times 10^{-3}\sin\left(5.6 \times 10^{-5}t\right)\sinh\left(5.6 \times 10^{-5}t\right)
\end{aligned} \tag{iii}$$

若后续成核忽略，溶剂量的变化为：

$$S(t) = 1 - 4 \times 10^{-11}t - 4 \times 10^{-8} \times \frac{t^2}{2} - 4 \times 10^{-14} \times \frac{t^3}{6} \tag{iv}$$

图 4-16 给出了溶剂量 $S(t)$ 及由方程式（4-95）计算出的能量输入的变化。显然，成核过程显著地改变了所需的蒸发速率，从而改变了所需的输入热量。

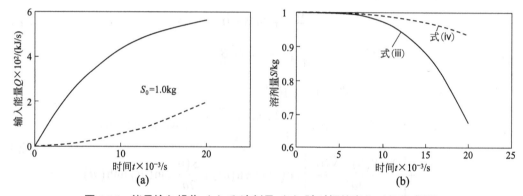

图 4-16　能量输入操作（a）和溶剂量（b）随时间的变化（忽略成核）

4.3.5　反溶剂结晶

反溶剂结晶通常有三种操作模式：恒定的反溶剂添加速率、恒定的反溶剂浓度变化率以及恒定的过饱和度。反溶剂的加入改变了溶液体积，但在某些情况下所需的反溶剂相对较少，其体积变化可被忽略。溶质在混合溶剂中的溶解度可以表示为反溶剂浓度的函数：

$$c^* = c_0^* \exp\left(-k_p M\right) \tag{4-96}$$

M 为反溶剂浓度，即反溶剂质量/（反溶剂质量+溶剂质量），其他溶解度经验关系式也可以用，并以类似的方法处理。反溶剂与溶剂互溶，S 表示包括反溶剂的溶剂总量。在以反溶剂浓度变化速率恒定的操作中，即 $\dfrac{\mathrm{d}M}{\mathrm{d}t} = k_M$ 保持不变，恒定的反溶剂添加速率会使反溶剂浓度发生轻微变化。如果是为达到恒定的过饱和水平，反溶剂的添加速率则必须随时间而变化。

【例 4.5】反溶剂浓度变化曲线

推导在整个反溶剂结晶操作过程中保持恒定过饱和度所需的反溶剂浓度变化曲线，体系具有简单的幂函数生长和成核动力学，溶液体积变化忽略不计，初始矩量为零，溶解度相关的反溶剂浓度系数 k_p 为常数。

解：

根据【例 4.3】的公式（ii），质量平衡方程为：

$$\frac{\mathrm{d}c}{\mathrm{d}t} = -k_v \rho_c G^3 B t^3 \tag{ⅰ}$$

线性溶解度关系式为：

$$c^* = c_0^* \left(1 - k_p M\right) \tag{ⅱ}$$

其中，M 为反溶剂浓度，即反溶剂质量/（反溶剂质量+溶剂质量）。如果保持恒定的过饱和状态，则：

$$\frac{\mathrm{d}c}{\mathrm{d}t} = \frac{\mathrm{d}c^*}{\mathrm{d}t} = \frac{\mathrm{d}c^*}{\mathrm{d}M} \times \frac{\mathrm{d}M}{\mathrm{d}t} = -c_0^* k_p \frac{\mathrm{d}M}{\mathrm{d}t} \tag{ⅲ}$$

因此

$$\frac{\mathrm{d}M}{\mathrm{d}t} = \frac{k_v \rho_c G^3 B t^3}{c_0^* k_p} \tag{ⅳ}$$

将方程式（iv）积分可得到：

$$M - M_0 = \frac{k_v \rho_c G^3 B t^4}{4 c_0^* k_p} \tag{ⅴ}$$

利用最终的操作条件，可得到反溶剂浓度曲线为：

$$\frac{M - M_0}{M_f - M_0} = \left(\frac{t}{t_f}\right)^4 \tag{ⅵ}$$

类似于冷却曲线[如例 4.3 的公式（vi）]，表示在固定的初始和最终条件下，使结晶器保持恒定过饱和水平所需的反溶剂浓度随操作时间的变化，反溶剂浓度变化速率最初较低，随操作时间其变化率需要越来越大[式（vi）]。

【例 4.6】氨气作为反溶剂的结晶

在带搅拌、导流管、挡板，体积为 1L 的 DTB 结晶器中，氨气以恒定的流量被吸收到氯化钾饱和溶液中。计算最终产品的粒数密度函数。

① 系统动力学：$B = 1.98 \times 10^{23} G^{2.78} M_T^{0.61} TIPS^{2.35}$ no./kg 水

其中，悬浮液密度 M_T 单位为 kg 盐/kg 水；搅拌桨叶叶尖速度 $TIPS = 1.4 \mathrm{m/s}$；$G = 2.9 \times 10^{-3} \Delta c_r \mathrm{m/s}$；$k_d = 9.1 \times 10^{-5} \mathrm{m/s}$。

② 工艺参数：$\rho_c = 1980 \mathrm{kg/m^3}$；$\rho_s = 1178 \mathrm{kg/m^3}$；$k_v = 0.525$；$k_a = 3.675$；$\tau = 1440 \mathrm{s}$；$Q_{NH_3} = 40 \mathrm{mL/s}$；$\theta = 25 \,^{\circ}\mathrm{C}$；$c^* = 0.355 \exp(-3.0 M_{NH_3})$ kg 盐/kg 水。

③ 初始参数：$S_0 = 0.43$ kg 水；$c_0 = 0.355$ kg 盐/kg 水；$M_{NH_3} = 17$ kg 氨/kg（氨+水）。

解：

氮气添加速率可计算为：

$$k_{NH_3} = \frac{Q_{NH_3} \times 10^{-3} \times \theta_0 \times M_{NH_3} \times 10^{-3}}{\theta \times V_m \times S_0} \qquad (\text{i})$$

$$= \frac{40 \times 10^{-3} \times 273.15 \times 17 \times 10^{-3}}{298.15 \times 22.4 \times 0.434} = 6.4 \times 10^{-5} \, \text{kg氨/kg（氨+水）}$$

氨以恒速加入，被 25℃下氯化钾饱和水溶液吸收。水量保持不变。氨浓度(kg 氨/kg 水)的变化为：

$$\frac{dc_{NH_3}}{dt} = k_{NH_3} \qquad (\text{ii})$$

氯化钾的过饱和度产生速率可以写成：

$$\frac{dc^*}{dt} = -\frac{c^* k_p k_{NH_3}}{\left(1 + M_{NH_3}\right)^2} \qquad (\text{iii})$$

为了计算生长速率，界面过饱和度可定义为：

$$\Delta c_r = \frac{\Delta c}{\left[1 + \frac{k_r}{k_d} \Delta c_r^{r-1}\right]} \qquad (\text{iv})$$

为了诱发成核，假设向系统中加入晶种（大约 10^{-7} kg，粒度为 655μm），晶种量可以忽略不计。溶液一旦吸收氨，即变得过饱和。八组微分方程[式（ii）、式（iii）、式（4-86）～式（4-89）、式（4-93）和式（4-94）]与间歇结晶器的粒数衡算方程（偏微分方程）一起被积分。图 4-17 和图 4-18 为氨气作为反溶剂的示例。图 4-17 显示了氯化钾和氨的浓度变化，以及氯化钾的过饱和度分布。图 4-18 显示了最终产品的粒数密度，以及由 Jagadesh 等[33]在类似工艺条件下实验所得到的最终产品晶体粒度分布。从图中可以看出，氯化钾和氨的浓度的计算值和实验值有很好的一致性。

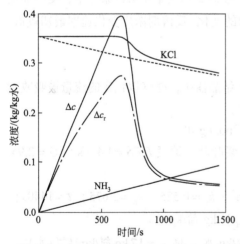

图 4-17　氯化钾和氨的浓度分布和氯化钾的
过饱和分布

（实线为溶液中氯化钾和氨的浓度；虚线为氯化钾的溶解度）

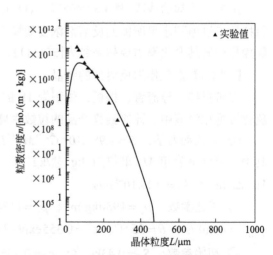

图 4-18　$t = 1440$s 时，计算得到的氯化钾
产品粒度分布

4.3.6　反应结晶器

在简单情况下，对于每一种反应物，反应动力学可以用一级均相动力学来表示，并可假设在整个反应过程中，溶解度和溶剂量都是恒定的。然而，在许多情况下，可能需要更为复杂的动力学-溶解度关系。

【例 4.7】二苦胺钾反应结晶

钾与六硝基二苯胺（二吡啶胺，DPA）、NaDPA 的钠盐发生化学反应，总反应式可写成[34,35]：

$$K^+ + NaDPA \longrightarrow Na^+ + KDPA \downarrow \qquad (\text{i})$$

计算钾离子的浓度变化及双吡啶胺（KDPA）在溶液和固相中的浓度。

$T = 278K$，$c_{K_0^+} = 200mg/L$，$c_{NaDPA_0} = 3.6295g/L$，$W_0 = 0.05g$，$N = 2060r/min$，$\tau = 250s$，$M_{KDPA} = 477.3$，$c_{KDPA}^* = 327mg/L$，$k_2 = 21L/(mol \cdot s)$，$k_w = 1.09 \times 10^{-2} s^{-1}$。

解：

KDPA 在溶液中的生成速率 r_C：

$$r_C = k_2[K^+][NaDPA] \quad mol/(L \cdot s) \qquad (\text{ii})$$

KDPA 在固相中的生成速率 r_s：

$$r_s = \frac{d[W]}{dt} = k_w([W_\infty] - [W]) \quad mol/(L \cdot s) \qquad (\text{iii})$$

式中，$[W]$ 为固相的摩尔浓度。

KDPA 的动态组成平衡为：

$$\frac{d[KDPA]}{dt} = r_C - r_s \qquad (\text{iv})$$

而对于钾离子[K+]可以表示为：

$$\frac{d[K^+]}{dt} = -r_C \qquad (\text{v})$$

从[K+]和[NaDPA]的总体衡算来看，r_C 可以单独以[K+]来表示：

$$r_C = k_2\left\{[K^+]^2 - (\beta - 1)[K^+]_0[K^+]\right\} \qquad (\text{vi})$$

其中

$$\beta = \frac{[NaDPA]_0}{[K^+]_0} \qquad (\text{vii})$$

用四阶龙格-库塔法数值求解三个微分方程，它们分别表示 KDPA 在溶液相的生成速率[方程式（vi）]、KDPA 在固相的生成速率[方程式（iii）]和钾离子浓度[方程式（v）]，结果如图 4-19 所示。达到 90%固体回收率所需的时间为 214s，即：$[W] = 0.9[W_\infty] = 3.99 \times 10^{-3} mol/L$。

方程式（ii）的解析解为：

$$t = \frac{\left\{\ln[W_\infty] / ([W_\infty] - [W])\right\}}{k_w} \qquad (\text{viii})$$

由此可计算 90%的固相回收率所需时间为 211s。因此，这两种方法的计算时间是基本一致的。

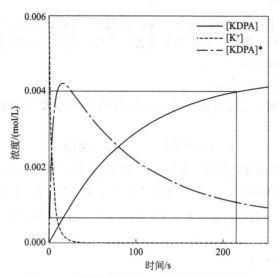

图 4-19　不同组分的浓度随操作时间的变化

【例 4.8】酶反应结晶

Z-阿斯巴甜[N-（L-α-天冬氨酰）-L-苯丙氨酸甲酯，N-benzyloxy carbonyl-L-aspartyle-L-phenylalanine methyl，AP]是一种双肽合成甜味剂阿斯巴甜的前趋物，其可以通过 L-苯丙氨酸甲酯盐酸盐（L-phenylalanine methyl ester，P）和 N-苄氧羰基-L-天冬氨酸（N-benzyloxycarbonyl-L-aspartic acid，Z-ASP，A）酶催化反应结晶得到，蛋白酶（E）作为反应酶[21]，反应结晶在间歇结晶器中进行，得到副产物 D。

$$A + 2P \xrightarrow{\ E\ } AP \qquad r_m = \frac{k_m c_{E_0} c_A c_P}{(K_A + c_A)(K_P + c_P)} \qquad (\,i\,)$$

$$AP_1 \longrightarrow AP_s \qquad r_s = k_w W_{AP}^j \left(c_{AP} - c_{AP}^*\right)^n \qquad (\,ii\,)$$

$$P \longrightarrow D \qquad r_d = k_d c_P \qquad\qquad\qquad (\,iii\,)$$

式中，r_m 表示溶液相中 AP 的生成速率，mol/(L·s)；r_s 表示 AP 在固相的生成速率，mol/(L·s)；r_d 为 P 的分解速率，mol/(L·s)。

① 动力学常数：$k_m = 0.41 s^{-1}$，$K_P = 0.292 mol/L$，$K_P/K_A = 140$，$k_w = 3.7 \times 10^{-4} (mol/L)^{1-j-n} s^{-1}$，$k_d = 6.7 \times 10^{-6} s^{-1}$，$n = 0.63$，$j = 0.75$。

② 操作条件：$T = 313K$，pH = 6.5，$N = 2.45 r/s$，$c_{NaCl} = 0.0 mol/L$，$c_{AP}^* = 6 \times 10^{-3} mol/L$，$c_{CaCl_2} = 0.02 mol/L$，$c_E = 2.5 \times 10^{-6} mol/L$。

③ 初始参数：$c_{A0} = 0.4 mol/L$，$c_{P0} = 0.4 mol/L$。

解：

$K_P = 0.292 mol/L$，$\dfrac{K_P}{K_A} = 140$，$K_A = 2 \times 10^{-3} mol/L$，$K_A \ll c_A$，则 $K_A + c_A \cong c_A$。因此，

$$r_m = \frac{k_m c_{E_0} c_P}{K_P + c_P} \tag{iv}$$

A、P、AP 在溶液和固相中的浓度分布现可以表示为：

$$-\frac{dc_A}{dt} = r_m \tag{v}$$

$$-\frac{dc_P}{dt} = r_d + 2r_m \tag{vi}$$

$$\frac{dc_{AP}}{dt} = r_m - r_s \tag{vii}$$

且

$$\frac{dW_{AP}}{dt} = r_s \tag{viii}$$

值得注意的是，当 $t_m = 3.6 \times 10^4$s 时，固体形成的速率开始变明显，当 $t < t_m$ 时，则 $r_s = 0$，采用龙格-库塔法求解四个微分方程式（v）～式（viii），积分步长为50s，计算结果如图 4-20 所示，其中还包括一些来自 Harano 等[36]的实验观察结果，以进行比较。

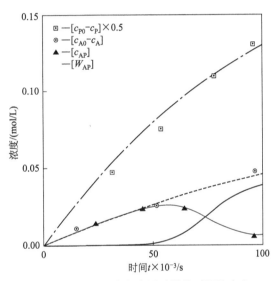

图 4-20　各组分浓度变量随操作时间的变化

4.3.7　预过饱和溶液的结晶

在这种模式下，最初过饱和的产生是通过冷却、蒸发等任何一种或多种方式来实现的，但溶液中不出现晶体成核或生长。通过加晶种触发成核和生长，后续不需再补充过饱和度。该体系具有恒定的溶剂量并在等温条件下操作。这种操作通常用于实验研究生长动力学（请参考 Jones 和 Mullin[37]；Misra 和 White[38]；Becker[22]和 Tavare 等[21],[39]）等研究内容）。

【例 4.9】间歇式水冷结晶器

一种特殊的溴化酚醛阻燃剂 C （四溴双酚 A，TBBPA）由其甲醇（S）的饱和溶液通过冷却并加入反溶剂水 D 结晶得到，计算其最终产品的平均尺寸。

系统动力学参数为：$B = 5.46 \times 10^5 G^{1.13} \varepsilon^{-0.2} \exp(860/T)$no./(kg·s)，$G = 0.14 \varepsilon^{-0.27} \exp(620/T)$m/s，$k_c = -1.4 \times 10^{-4}$s^{-1}。

① 物理数据：$M_D = 18\text{kg/kmol}$，$M_S = 32\text{kg/kmol}$，$M_C = 544\text{kg/kmol}$；$\rho_D = 1000\text{kg/m}^3$，$\rho_S = 796\text{kg/m}^3$，$\rho_C = 2100\text{kg/m}^3$；$k_v = 0.525$，$k_a = 3.675$；$c_{pD} = 10\text{kcal/(kg}\cdot\text{K)}$，$c_{psol} = 0.7\text{kcal/(kg}\cdot\text{K)}$；$\theta_{cw} = 12\,^\circ\text{C}$，$\theta_{pw} = 18\,^\circ\text{C}$。

$$Q_D = 1.83\times10^{-5}\text{kg/s}\ \text{（当}t<6000\text{s）}$$
$$= 6.67\times10^{-5}\text{kg/s}\ \text{（当}6000\text{s}<t<8400\text{s）}$$

$$c^* = \exp\left[\frac{2042}{T(1+\varepsilon)} - 14.41 + 3.96\times10^{-2}T\right]\ (0<\varepsilon<0.25)$$

$$= \exp\left[\frac{3333}{T(1+\varepsilon)} - 19.53 + 4.50\times10^{-2}T\right]\ (0.25<\varepsilon<1.0)$$

② 初始参数：$c_0 = 1.2\text{kg}$ 盐/kg 最初的溶液，$c_{D0} = 0.011\text{kg}$ 稀释液/kg 最初的溶液，$L_0 = 165\mu\text{m}$，$W_0 = 5\text{g}$，$\theta_0 = 65.7\,^\circ\text{C}$。

解：

包括反溶剂水在内的总溶剂量变化：

$$\frac{\mathrm{d}S}{\mathrm{d}t} = Q_D \tag{ⅰ}$$

反溶剂与初始溶剂的摩尔比：

$$\varepsilon = \frac{(S-S_0)M_S}{S_0 M_D} \tag{ⅱ}$$

结晶温度随时间的变化可以由能量平衡得到：

$$\frac{\mathrm{d}\theta}{\mathrm{d}t} = k_c(\theta - \theta_{cw}) - \frac{Q_D(\theta - \theta_{pw})}{W_{sol}c_{pr}} \tag{ⅲ}$$

组分 C 的浓度变化由其质量平衡给出：

$$\frac{\mathrm{d}c}{\mathrm{d}t} = \frac{\left[Q_{Dc} + \dfrac{\mathrm{d}\hat{W}}{\mathrm{d}t}\right]}{S} \tag{ⅳ}$$

其中，$\mathrm{d}\hat{W}/\mathrm{d}t$ 可由矩量方程式（4-86）～式（4-89）得到。

为计算浓度随时间的变化，建立 8 个微分方程：式（ⅰ）、式（ⅲ）、式（ⅳ）、（4-86）～式（4-89）、式（4-95）。采用四阶龙格-库塔法，积分步长为 0.5s。偏微分方程（4-84）采用修正的数值积分法沿特性值并以特定的网格长度（1μm）对其进行求解。C 组分的初始浓度略低于饱和点，因此只有三个微分方程式（ⅰ）、式（ⅲ）和式（ⅳ）被积分。当组分 C 饱和后，需对 8 个方程进行积分，步长 $\Delta t = 0.5\text{s}$，直到粒度增量等于网格[用于偏微分方程式（4-84）的求解]长度 1μm。在达到该网格终点的时刻，来计算生长速率和晶核密度 n^0，这时需要将偏微分方程式（4-84）的解在时间方向上向前移动一个步长，从而粒度增量增加 1 个网格（1μm）。图 4-21 给出了计算和实验所获得的温度分布、计算的总溶剂量变化及稀释剂与初始溶剂量的摩尔比。温度分布与自然冷却方式相似。反溶剂开始加入速率慢，当有足够数量的晶体时，可以加快添加速率。计算得溶液浓度分布如图 4-22 所示，除了在较短的初始阶段，溶液浓度接近平衡浓度。

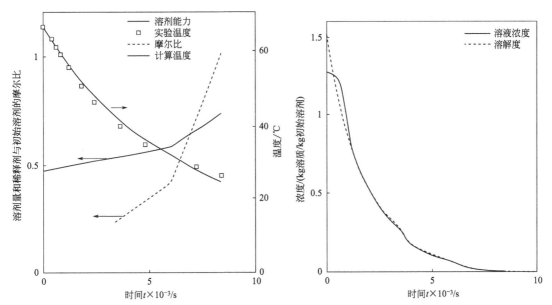

图 4-21 温度、溶剂量和稀释剂与初始溶剂的
摩尔比随操作时间的变化

图 4-22 溶液浓度和饱和浓度随操作时间的变化

产品晶体的平均粒度由下式计算：

$$\bar{L}_{w} = \frac{\bar{L}_{w}M_{TN} + \bar{L}_{S}M_{TS}}{M_{TN} + M_{TS}} = \frac{121.6 \times 0.0278 + 324.0 \times 0.0378}{0.0278 + 0.0378} = 238.23\mu m$$

计算得到的产品平均粒度与实际产品筛分结果（筛分重量平均粒度约 250 μm）较吻合。

4.4 半间歇结晶过程

半间歇式结晶器被广泛应用于精细化工和制药行业，其生产规模较小，操作简便、灵活，涉及较少的开发流程，投资低。半间歇操作不仅是一种重要的操作模式，也可能是在非人为情况下（如连续结晶器的启动或关闭期间）结晶过程产生的动态行为，或是为达到预期的结晶条件而人为产生的动态状况。也许所有不能归类为间歇或稳态连续结晶过程的操作都可以看作为半间歇操作。因此，对这些操作模式很难进行明确区分或定义。例如，对于溶剂量改变的间歇式结晶器，可以添加反溶剂或连续或间歇地蒸发溶剂。为清晰起见，假设在半间歇操作中，只能对溶质进行添加或移除。因此，溶质在系统中的不稳定流动是半间歇过程的特征。图 4-23 给出几种半间歇操作模式。

结晶过程的基本步骤都是溶液先达到过饱和，随后形成晶核及晶体开始生长，这些过程可以在半间歇式结晶器中同时进行。为了便于分析，结晶被认为是来自溶液相方面的竞争过程和来自固相方面的连续过程。对于竞争过程，过饱和度作为驱动力是控制产品粒度分布的关键。然而在连续加料过程中，不同组分在流体中的混合对产生浓度驱动力过程很重要。如果控制各组分在溶液中的混合状态，则可以将成核控制在最低水平。在半间歇操作过程中将加料流量作为一个重要控制变量，且流体间的接触模式也很容易被调整与控制。

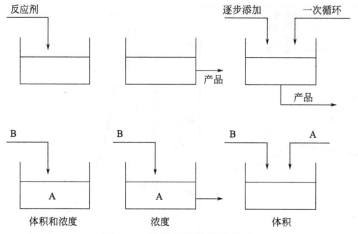

图 4-23　几种半间歇操作模式

4.4.1　反应结晶系统

反应结晶过程的模拟分析也是基于粒数衡算的原则，首先考虑具有两股进料流的完全混合半间歇式结晶操作，每股进料流各自包含一个反应物 A 和 B，每一个反应组分都以一级动力学反应：

$$A + B \longrightarrow C \quad r_C = kc_A c_B \tag{4-97}$$

液相中 C 组分逐渐变得过饱和，随后固体产物 C 析出。

$$B = k_{bm}\Delta c_C{}^b = k_{bm}\left(c_C - c_C^*\right)^b \tag{4-98}$$

和

$$G = k_{gm}\Delta c_C{}^g = k_{gm}\left(c_C - c_C^*\right)^g \tag{4-99}$$

B 和 G 分别表示成核和生长速率。Δc 的单位为 kmol/kg，摩尔量单位在结晶研究中并不常见，但由于需要建立化学反应模型，使用该单位后续推导会更为方便。

半间歇式结晶过程的总溶剂量随时间而变化。因此，要基于总溶剂量来定义各个量（例如，浓度和粒数密度），相应地在这些变量上方添加"∧"符号。结晶器中溶剂量的变化为：

$$\frac{dS}{dt} = Q_A + Q_B \tag{4-100}$$

反应物和产物的浓度变化为：

$$\frac{d\hat{c}_A}{dt} = c_{A_0}Q_A - \hat{r}_C \tag{4-101}$$

$$\frac{d\hat{c}_B}{dt} = c_{B_0}Q_B - \hat{r}_C \tag{4-102}$$

$$\frac{d\hat{c}_C}{dt} = \hat{r}_C - \hat{\alpha} \tag{4-103}$$

则

$$\hat{\alpha} = \frac{k_v\rho_c}{M_C}\times\frac{d\hat{\mu}_3}{dt} \tag{4-104}$$

初始条件：当 $t=0$ 时，$S = S_0$，$\hat{c}_A = \hat{c}_{A_0}$，$\hat{c}_B = \hat{c}_{B_0}$，$\hat{c}_C = \hat{c}_{C_0} = 0$。

对于单股加料的系统，则设其他股流量为零。

若聚结和破碎可以忽略，半间歇式反应器的总体粒数衡算方程类似于间歇式结晶器[式（4-84）]:

$$\frac{\partial \hat{n}}{\partial t} + G\frac{\partial \hat{n}}{\partial L} = 0 \qquad (4\text{-}105)$$

其中，G 为线性总生长速率，与粒径大小无关。对方程式（4-105）进行粒度分布的矩量变换，即可得到类似于方程式（4-86）~式（4-89）的矩量方程。在 $t=0$ 时，以 $L=0$ 作为初始条件，半间歇式结晶器中晶体粒度变化则可以用式（4-94）表示。

【例 4.10】均相反应沉淀结晶

两股原料流分别含有等摩尔浓度的 A 和 B 反应物，在操作时间 6000s 内以恒定的流量 1kg/min 加入。A 和 B 均为一级动力学反应，生成产物 C。结晶动力学由式（4-98）和式（4-99）给出。计算：当操作时间为 10^4s 时，C 在溶液中的浓度和 C 晶体的固相浓度，以及产品晶体的粒数量浓度、平均粒度和变异系数。

将上述半间歇操作工艺的结果与间歇操作工艺的结果进行比较。所谓的间歇操作，两种反应物都在初始（$t=0$ 时）加入，其他条件相似。系统参数可以参用以下数据[40]：
$k=100\text{kg/(kmol}\cdot\text{s)}$，$c_{A_0}=c_{B_0}=10^{-3}\text{kmol/kg}$，$c_{C}^{*}=10^{-4}\text{kmol/kg}$，$M_{C}=100$，$g=1.5$，$k_{gm}=7.5\times10^{-8}\text{m}/\left[\text{s}\cdot(\text{mol/kg})^{g}\right]$，$b=1.5$，$k_{bm}=3.1\times10^{10}\text{no.}/\left[\text{kg}\cdot\text{s}\cdot(\text{mol/kg})^{b}\right]$，$k_{a}=3.68$，$k_{v}=0.52$，$\rho_{c}=200\text{kg/m}^3$。

解：

在加料过程的第一阶段，由于产物 C 的浓度低于其饱和点，所以只有化学反应发生而无晶体颗粒产生。这个阶段只需求解描述浓度的微分方程[式（4-101）~式（4-103）]和溶剂量变化方程[式（4-100）]（初始设置为 0）。当 C 饱和时，开始成核和晶体生长，将 9 个常微分方程[式（4-100）~式（4-103）、式（4-86）~式（4-89）、式（4-94）]与偏微分方程（PDE）[式（4-105）]联立求解。

采用四阶龙格库塔法进行积分，积分步长 $\Delta t=2\text{s}$，初始条件为零初始矩。PDE[式（4-105）]采用数值积分的方法，沿指定网格长度进行求解。因此，这 9 个微分方程的积分最初以步长 $\Delta t=2\text{s}$ 进行，直到粒度尺度增量等于 PDE[式(4-105)]求解中使用的网格长度 0.0125μm，生长速率和粒数密度在网格结束点处被计算出来。每步计算完成后，PDE 的时间向前推进，同时相应地推进长度需满足到达下一个网格点。有时 2s 的时间步长过大，产生的网格尺寸增量大于 0.0125μm。因此，需要按比例减小步长 Δt 以使网格尺寸增量小于单网格尺寸。

A 的最终浓度、C 在溶液中的浓度、固相晶体在溶液里的含量（即所谓的悬浮液密度 M_{T}）的计算结果见表 4-9。与类似操作条件下间歇结晶器的计算结果比较，显然半间歇操作模式生产的晶体产品粒度较大。

表 4-9 半间歇式和间歇式反应结晶产品比较

最终产品参数	$c_{Af}\times10^{6}/$ (kmol/kg)	$c_{Cf}\times10^{4}/$ (kmol/kg)	$\Delta c_{f}\times10^{6}/$ (kmol/kg)	$M_{Tf}\times10^{4}/$ (kmol/kg)	$N_{Tf}\times10^{-10}/$ (n_0/kg)	$\bar{L}_{wf}/\mu m$	$CV_{wf}/\%$
半间歇	2.3	1.057	5.7	3.91	1.18	16.1	18.0
间歇	0.998	1.006	0.6	3.98	1205	7.8	19.7

4.4.2 奥斯特瓦尔德熟化

所谓奥斯特瓦尔德熟化（Ostwald ripening）是以牺牲小晶体为代价促进大晶体的生长，从而使总体晶体颗粒变大。当总表面自由能达到最小值时，这一过程达到平衡。由吉布斯-汤姆孙关系可知溶解度是晶体粒度的函数：

$$c^* = c_0^* \exp\left(\frac{\Gamma_D}{L}\right) \tag{4-106}$$

毛细常数 Γ_D 为：

$$\Gamma_D = \frac{4\sigma v}{RT} \tag{4-107}$$

在临界粒度 L^* 之下，晶体会被溶解；在此之上，晶体溶解度由于具有粒度依赖性，那么其生长也具有粒度相关性，会继续长大：

$$L^* = \frac{\Gamma_D}{\ln\left(c_b / c_0^*\right)} \tag{4-108}$$

需要考虑三个动力学事件：在 L^* 处成核；在 L^* 以上的晶体生长；在 L^* 以下的溶解。假定这些动力学过程是同时发生的，各自的速率是由操作条件下的动力学表达式决定的。文献中大量报道了关于这一过程的理论和实验研究[41-48]。

在半间歇反应结晶系统中总体粒数衡算方程为：

$$\frac{\partial \hat{n}}{\partial t} + \frac{\partial (\hat{n}G)}{\partial L} = \hat{B}_N \delta\left(L - L^*\right), \ L^* \leqslant L < L_m; \qquad \frac{\partial \hat{n}}{\partial t} + \frac{\partial (\hat{n}D)}{\partial L} = -\hat{B}_D \delta\left(L - L_0\right), \ L_0 < L < L^* \tag{4-109}$$

其中，G 和 D 是与粒度相关的线性总生长速率和溶解速率，L_m 和 L_0 分别是分布中最大和最小晶体粒度。生长和溶解动力学可以用幂函数表示为：

$$G = k_g \left(c_C - c_C^*\right)^g = k_g [c_C - c_{C_0}^* \exp\ (\Gamma_D/L)]^g \tag{4-110}$$

和

$$D = k_d \left(c_C^* - c_C\right)^d = k_d [c_{C_0}^* \exp\ (\Gamma_D/L) - c_C]^d \tag{4-111}$$

在 $L = L^*$ 时，晶体以 $\hat{B}_N$ 的速率成核；在 $L = L_0$ 时晶核以速率 $\hat{B}_D$ 溶解消失，则粒数衡算方程对粒度的矩量变换式为：

$$\frac{d\hat{N}}{dt} = \hat{B}_N\left(L^*\right) - \hat{B}_D\left(L_0\right) \tag{4-112}$$

$$\frac{d\hat{L}}{dt} = \hat{N}_1 + \hat{B}_N L^* \tag{4-113}$$

$$\frac{d\hat{A}}{dt} = 2\hat{L}_1 + \hat{B}_N L^{*2} \tag{4-114}$$

$$\frac{d\hat{W}}{dt} = k_v \rho_c \left[3\frac{\hat{A}_1}{k_a} + \hat{B}_N L^{*3}\right] \tag{4-115}$$

此时

$$\hat{N}_1 = \int_{L_0}^{L^*} \hat{n}D dL + \int_{L^*}^{L_m} \hat{n}G dL \tag{4-116}$$

$$\hat{L}_1 = \int_{L_0}^{L^*} \hat{n}DL dL + \int_{L^*}^{L_m} \hat{n}GL dL \tag{4-117}$$

$$\hat{A}_1 = k_a \int_{L_0}^{L^*} \hat{n} D L^2 \mathrm{d}L + k_a \int_{L^*}^{L_m} \hat{n} G L^2 \mathrm{d}L \tag{4-118}$$

边界条件：$t=0$ 时，$\hat{N} = \hat{L} = \hat{A} = \hat{W} = 0$。

联立方程式（4-100）～式（4-104）得到：

$$\hat{\alpha} = k_v \rho_c \left[3\hat{A}_1 + \hat{B}_N L^{*3} \right] \tag{4-119}$$

【例 4.11】奥斯特瓦尔德熟化的影响

计算具有强吉布斯-汤姆孙效应系统中各组分的浓度和晶体产品特性变化，绘制三个时刻（即 2000s、6000s、10000s）的粒数密度图，且与其他相似条件下无吉布斯-汤姆孙效应的实验结果进行比较，并比较半间歇操作与间歇操作所得晶体产品特性的差异。本例使用【例 4.10】的相关数据，假设毛细常数为 $2×10^{-7}$m，并假设晶体生长和溶解的动力学参数与【例 4.10】的相同。

解：

在 L^* 处的成核，晶核粒数密度为：

$$n\left(t, \ L^*\right) = B_0 \frac{\Delta t_1}{\Delta L} \tag{4-120}$$

分配与网格对应的临界尺寸 L^*，Δt_1 是使大晶体生长一个步长（0.0125 μm）所需的时间。将 B_D 定义为第一个网格末端消失的粒数密度。图 4-24 中由计算结果描绘了 A 浓度随操作时间变化，以及溶液中固体 C 的浓度变化（等于晶体摩尔悬浮液密度 M_T）。最初（<300s 时）A 的浓度迅速下降，由于反应速率快，液相中 C 的浓度也随之迅速增加。从放大的衰减曲线可以看出，A 的消耗速度在 6000s 之后也非常快。

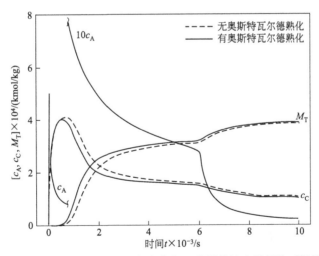

图 4-24 A 和 C 的浓度变化及在溶液中 C 的固体浓度随操作时间的变化

在半间歇操作模式下，A 和 B 按化学计量比以恒定的速率连续添加，并假设加入后立即完全混合。从图 4-24 可以看出，反应速率是由两种物质在溶液中的浓度决定的，所以一开始反应速率很快，随着浓度的不断降低反应速率也随之降低。随着反应的进行，C 在溶液中先饱和，然后达到过饱和状态，随即析出产品晶体 C。溶液中 C 的浓度在逐渐下降到饱和点之前达到最大值，此时取值为 10^{-4} kmol/kg。由于成核和生长，晶体悬浮摩尔浓度先快速增加，然后缓慢增加。6000s 时的突变拐点是由于在此之后不再添加反应物，所有反应速率都由浓度和过饱和度控制，并随着时间的推移而接近平衡值。

A 的浓度分布不受熟化过程的影响，而 C 的浓度分布有一些小的差异。这些差异反映在 CSD 的变化，小晶体的溶解导致大晶体的生长，颗粒变大，从而产生 CSD 更窄的产品。

图 4-25 表明了晶体粒数浓度、平均粒度和变异系数随时间的变化。从图中可以看出，变异系数随时间而降低；晶体粒数浓度存在最大值；平均粒度单调增加，最初的增长速率很快，反映了结晶器内过饱和的变化。由矩量方程式[（4-86）、式（4-89）]和粒数密度曲线[由式（4-105）得到]计算的晶体粒数浓度和悬浮密度非常相似。根据溶液浓度差计算的悬浮密度值非常接近由固相平衡信息所确定的悬浮液密度值。

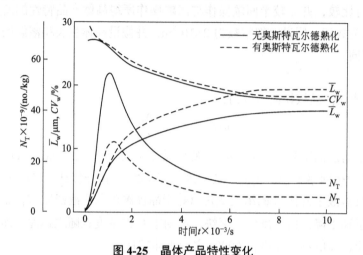

图 4-25 晶体产品特性变化

通过求解粒数衡算方程式（4-105）得到三个不同采样时刻的粒数密度分布曲线，见图4-26 和图 4-27。当过饱和度达到最大值时，粒数密度分布达到最大值。

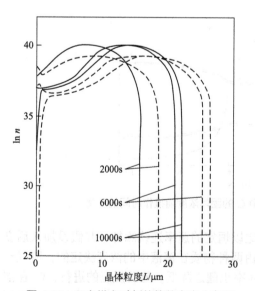

图 4-26 三个样本时刻的粒数密度分布图
（——无奥斯特瓦尔德熟化，－－－－有奥斯特瓦尔德熟化）

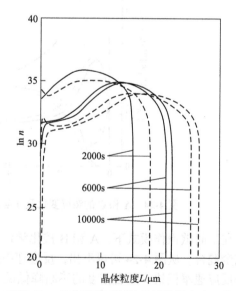

图 4-27 三个样本时刻的晶体粒数密度分布图
（——无奥斯特瓦尔德熟化，－－－－有奥斯特瓦尔德熟化）

在 6000s 之前，结晶器内的溶剂量以恒定速度增加，不断稀释悬浮液，这导致特定粒数密度分布曲线在较小的粒度时（图 4-27）与总粒数密度分布曲线（图 4-26）相比较而言分得更开些。系统结晶动力学描述的是一种以高成核、低生长速率为主的反应沉淀过程，因此得到的晶体只有少量的大颗粒。有、无奥斯特瓦尔德熟化的半间歇结晶和间歇结晶产品的 CSD 特性值比较见表 4-10。与半间歇式操作相比，间歇式结晶操作通常产生大量的小晶体，这些小晶体是在操作初期非常高的过饱和度期间产生的。在本例中，奥斯特瓦尔德熟化的影响在间歇模式下表现得更为明显，随着晶体颗粒浓度的降低，产品晶体颗粒逐渐变大。

表 4-10 半间歇与相应的间歇操作反应结晶最终晶体产品性能指标比较

操作模式	例子	$c_A \times 10^6$ /（kmol/kg）	$c_C \times 10^4$ /（kmol/kg）	$M_T \times 10^4$ /（kmol/kg）	$N_T \times 10^{-10}$ /（kmol/kg）	$\overline{L}_w$ /μm	CV_w /%	$\Delta c \times 10^6$ /（kmol/kg）
间歇式	无奥斯特瓦尔德熟化	0.998	1.006	3.98	1205	7.82	19.7	0.6
	奥斯特瓦尔德熟化	0.998	1.026	3.96	38.3	10.51	13.0	2.6
半间歇式	无奥斯特瓦尔德熟化	2.3	1.057	3.91	1.18	16.1	18.0	5.7
	奥斯特瓦尔德熟化	2.3	1.077	3.89	0.67	19.4	18.5	7.7

4.4.3 晶体体积坐标系中的粒数衡算

聚结过程可以通过在粒数衡算中引入经验性聚结函数来描述。对于完全混合的结晶器，体积坐标下的总体衡算方程为：

$$\frac{\partial \hat{n}_v}{\partial t} + G_v \frac{\partial \hat{n}_v}{\partial v} = \hat{B}_v - \hat{D}_v \tag{4-121}$$

式中，晶体粒数密度函数 n_v [no./(m³·kg)]表示为晶体体积的函数；G_v 表示体积总生长速率，为便于分析，假设该生长速率与晶体体积无关。由于间歇结晶总的工作体积随操作时间而变化，粒数密度等基于任何时刻的总溶剂量来定义，并在相应的符号上方加上符号"^"。例如，体积粒数密度 $\hat{n}_v$ 将表示为 no./m³。B_v 和 D_v 代表了 v 和 $v + dv$ 之间的生、死密度函数，因此 $(B_v - D_v) dv$ 代表了粒子的净增加，其出自于 v 和 $v + dv$ 之间的聚结。体积为 u 和 $v - u$ 的两个粒子聚结成体积为 v 的粒子，其可以用聚结函数来表示：

$$\hat{B}_{va} = \frac{1}{2} \int_0^v \beta'(u, v-u) \hat{n}_v(t, u) \hat{n}_v(t, v-u) du \tag{4-122}$$

和

$$\hat{D}_{va} = \hat{n}_v(t, v) \int_0^\infty \beta'(u, v) \hat{n}_v(t, u) du \tag{4-123}$$

聚结速率 $\beta'(u, v-u)$ 定义为：

$$\beta(u, v-u) = \beta'(u, v-u) S \tag{4-124}$$

$\beta'(u, v-u)$ 是体积为 u 和 $v-u$ 的粒子之间碰撞频率的度量，这些粒子碰撞产生了体积为 v 的粒子。式（4-122）中的因子 1/2 确保碰撞不被计算两次。$\beta(u, v-u)$ 依赖于聚结体周围的环境，体现了聚结机制中各种力的作用。虽然已有许多聚结速率理论和经验公式描述各种聚结机制[48-50]，假设聚结动力学与晶体体积无关，在动态过程的参数识别中也常常在短时间间隔内作如此假设，当单分散的球形颗粒在布朗运动的影响下聚结时结块与晶体体积无关。然而，以往的理论和实验[51-54]表明，聚结速率受晶体体积（或大小）的影响。

对于无晶种间歇结晶器，粒数衡算方程式（4-121）的边界条件为：

$$\hat{n}_v(0, v) = 0 \tag{4-125}$$

和

$$\hat{n}_v(t, 0) = \frac{\hat{B}_{v0}}{G_v} \tag{4-126}$$

式中，B_{v0} 为接近零晶体体积时析出晶体的速率。式（4-126）表明，当新生成晶体的颗粒通量加入颗粒系统中时，其体积很小，接近于零。

（1）矩量变换

根据 Hulburt 和 Katz[5] 的处理方法，粒数衡算方程对晶体体积的矩量变换[式（4-121）以晶体体积坐标表示]，即式（4-121）的每一项乘以 v^j，并在整个晶体体积范围内 $(0\sim\infty)$ 对 v 积分，得到一组具有 $\mu_{vj}(t)$ 形式的常微分方程：

$$\frac{d\hat{\mu}_{vj}}{dt} = G_v \left[j\hat{\mu}_{v(j-1)} - \hat{\mu}_v v^j \Big|_0^\infty \right] + \beta' \left[\frac{1}{2} \left(\sum_{k=0}^{j} \binom{j}{k} \hat{\mu}_{vk} \hat{\mu}_{v(j-k)} \right) \right] \tag{4-127}$$

其中，$\binom{j}{k}$ 为二项式系数：

$$\binom{j}{k} = \frac{j!}{k!(j-k)!} \tag{4-128}$$

由式（4-127）得到的前三阶矩（直到二阶）的矩量方程为：

$$\frac{d\hat{\mu}_{v0}}{dt} = \hat{B}_{v0} - \frac{1}{2}\beta'\hat{\mu}_{v0}^2 \tag{4-129}$$

$$\frac{d\hat{\mu}_{v1}}{dt} = G_v\hat{\mu}_{v0} \tag{4-130}$$

$$\frac{d\hat{\mu}_{v2}}{dt} = 2G_v\hat{\mu}_{v1} + \beta'\hat{\mu}_{v1}^2 \tag{4-131}$$

边界条件：

$$t = 0, \quad \hat{\mu}_{vj} = 0, \quad j = 0,1,2 \tag{4-132}$$

粒数衡算方程式（4-121）加上矩量方程式（4-129）～式（4-131）和适当的边界条件，则能够全面进行半间歇反应结晶过程的分析和参数计算。

图 4-28 显示了由粒度粒数密度分布（Coulter 测量）数据以及转换成对应的体积粒数密度分布曲线。总体而言，随着时间的增长，基于粒度的特定粒数密度[表示为 no./(m·L) 或

no./(m³·L)]和基于体积的总粒数密度[表示为no./(m·L)或no./(m³·L)]都由于聚结效应而发生变化。通常情况下，体积粒数密度分布比粒度的分布更宽。

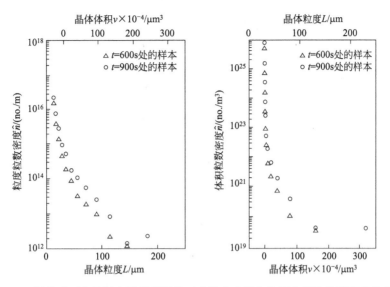

图4-28 二氧化硅反应结晶实验所得晶体对应粒度坐标和体积坐标的粒数密度分布曲线

(2) 结晶聚结动力学

反应结晶过程中的主要动力学（成核、晶体生长和聚结）可以用矩量分析法来表征。利用矩的定义，可以将实验确定的粒数密度数据转换为与体积相关的矩量：

$$\hat{\mu}_{vj} = \int_0^\infty \hat{n}_v(t,v) v^j \mathrm{d}v \tag{4-133}$$

这些经过实验测量的粒数密度数据的矩可用来确定各个动力学速率：

$$G_v = \frac{\Delta \hat{\mu}_{v1}}{\overline{\hat{\mu}}_{v0} \Delta t} \tag{4-134}$$

$$\beta' = \frac{\Delta \hat{\mu}_{v2}}{\overline{\hat{\mu}}_{v1}^{\;2} \Delta t} - \frac{2G_v}{\overline{\hat{\mu}}_{v1}} \tag{4-135}$$

和
$$\hat{B}_{v0} = \frac{\Delta \hat{\mu}_{v0}}{\Delta t} + \frac{1}{2} \beta' \overline{\hat{\mu}}_{v0}^{\;2} \tag{4-136}$$

其中，Δ 表示对应两个不同时刻的差值，上标"一"表示算术平均值。这三个关系式是由矩量方程式（4-129）～式（4-131）推导而出。平均速率可由两组实验粒数密度数据在 t 和 $t+\Delta t$ 时刻的矩量来确定。

【例4.12】二氧化硅反应结晶

稀硫酸和稀硅酸钠溶液在75L双叶轮搅拌釜中进行二氧化硅反应结晶试验。表4-11列出了两个采样时刻的晶体样品基于粒度坐标测量的粒数密度数据，以及由此转换的体积坐标的粒数密度数据。反应期间的平均工作体积是39.8L。

1. 在粒度坐标系下，用 s 平面分析法计算晶体线性生长和成核速率。

表 4-11　以晶体粒度和体积坐标表示的粒数密度数据

$\bar{L}\times10^6/m$	$\Delta L\times10^6/m$	$v\times10^{15}/m^3$	$\Delta v\times10^{15}/m^3$	$t=600s$		$t=900s$	
				$\hat{n}\times10^{-12}$ /(no./m)	$\hat{n}_v\times10^{-21}$ /(no./m³)	$\hat{n}\times10^{-12}$ /(no./m)	$\hat{n}_v\times10^{-21}$ /(no./m³)
14.3	3.3	1.5	1.07	16235	49835	24023	73740
18.1	4.2	3.1	2.15	3888	7518	7909	15293
22.8	5.2	6.2	4.3	1403	1710	2920	3557
28.7	6.6	12.4	8.6	460	353	1002	769
36.2	8.3	24.8	17.2	194	93.8	541	261
45.6	10.5	49.6	34.4	87.4	26.6	177	53.9
57.4	13.2	99.3	68.8	32.4	6.2	106	20.3
72.3	16.6	198.6	137.6	18.4	2.2	55.3	6.7
91.1	21.0	397.2	275.3	9.7	0.74	25.3	1.9
114.8	26.4	794.3	550.6	2.3	0.11	8.2	0.4
144.6	33.2	1589	1101	1.2	0.04	1.4	0.04
182.2	41.9	3177	2202	—	—	2.3	0.04

2. 计算体积坐标系下的体积晶体生长、成核速率和聚结速率值。

解：

将变换后的数据在粒度坐标系的拉普拉斯域进行线性回归分析，得到斜率为 $-5\times10^{-8}\,m/s$，截距为 $2\times10^8\,no./m$。

$$总线性生长速率\ \bar{G}=-斜率=5\times10^{-8}\,m/s$$
$$平均成核速率\ \bar{B}=截距/V=2\times10^8/39.8=5.2\times10^6\,no./(s\cdot L)$$

表 4-11 给出了两个采样时刻的晶体样品数值计算所得到基于体积坐标下粒数密度的各个矩和其他相关数据，并用方程式（4-134）～式（4-136）计算相关动力学参数，并得：

$$\bar{G}_v=\frac{1.1\times10^{-3}}{1.12\times10^{11}\times300}=3.3\times10^{-17}\,m^3/s$$

$$\beta'=\frac{1.21\times10^{-15}}{\left(1.15\times10^{-3}\right)^2\times300}-\frac{2\times3.3\times10^{-17}}{1.15\times10^{-3}}=3.0\times10^{-12}-5.4\times10^{-14}=2.9\times10^{-12}\,L/(no.\cdot s)$$

从方程式（4-124）得：

$$\bar{\beta}=2.9\times10^{-12}\times39.8=1.1\times10^{-10}\,L/(no.\cdot s)$$

基于晶体体积的矩的结果见表 4-12。

表 4-12　基于晶体体积的矩

矩	$t=600s$	$t=900s$	$\bar{\mu}_{vj}$	$\Delta\bar{\mu}_{vj}$
$\hat{\mu}_{v0}(no.)$	8.4×10^{10}	1.4×10^{11}	1.12×10^{11}	5.6×10^{10}
$\hat{\mu}_{v1}(no.\cdot m^3)$	6.0×10^{-4}	1.7×10^{-3}	1.15×10^{-3}	1.1×10^{-3}
$\hat{\mu}_{v2}(no.\cdot m^6)$	1.9×10^{-16}	1.4×10^{-15}	7.95×10^{-16}	1.21×10^{-15}

$$\hat{B}_{v0} = \frac{5.6 \times 10^{10}}{300} + \frac{1}{2} \times 2.9 \times 10^{-12} \times \left(1.12 \times 10^{11}\right)^2 = 1.83 \times 10^{10} \text{no./s}$$

$$B_{v0} = \frac{1.83 \times 10^{10}}{39.8} = 4.6 \times 10^8 \text{no./}\left(\text{L} \cdot \text{s}\right)$$

所有这些动力学速率代表了在 750s 时刻（600~900s 之间的中间值）的平均值。

4.5 连续结晶过程

连续结晶器通常被用于制造大宗晶体产品，在稳定状态下产生稳定产品。理想的连续结晶器模型有活塞流和全混流模型，许多结晶器非常接近理想状态，例如，在 Kenics 型静态混合器或 Couette 流动装置中，在受限流动条件下的流型可以近似为活塞流；许多强搅拌釜式结晶器很接近全混流模型。Randolph 和 Larson[3]引入了混合悬浮混合排料（MSMPR）结晶模型来描述一个理想的混合状态。

MSMPR 结晶器假定在任意小的体积单元中，在结晶器的任何位置，都存在完全一致的晶体粒度分布，混合是理想状态的完全均匀混合，这类似于化学反应工程中的连续搅拌式反应器（CSTR）。此外，MSMPR 结晶器产品没有分级排料，产品浆料与结晶器内的晶体粒度分布相同。

4.5.1 稳态粒数衡算

连续 MSMPR 结晶器稳态操作流程示意图如图 4-29 所示，进料为清夜，结晶过程中的晶体破碎或结块忽略不计，由总粒数衡算方程可得：

$$\frac{\mathrm{d}(nG)}{\mathrm{d}L} + \frac{n}{\tau} = 0 \qquad (4\text{-}137)$$

$$n = \left.(nG)\right|_{L=0} \exp\left[-\int_0^L \frac{\mathrm{d}L}{G\tau}\right] = 0 \qquad (4\text{-}138)$$

其中，G 为总线性生长速率。对于与粒度无关的生长速率，式（4-128）简化为：

$$n = n^0 \exp\left(-\frac{L}{G\tau}\right) \qquad (4\text{-}139)$$

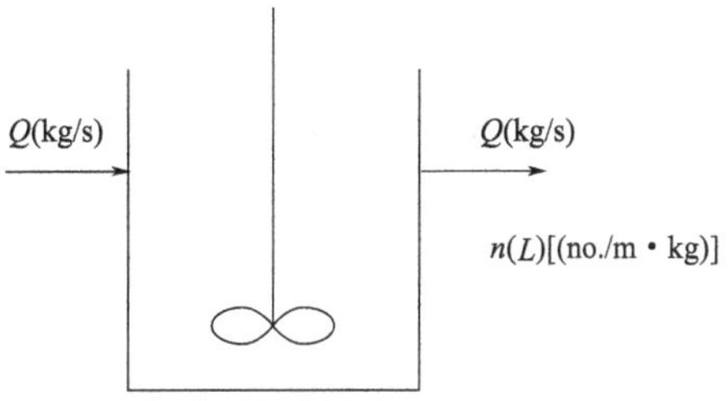

图 4-29　MSMPR 结晶器流程示意图

这里，n^0 是晶核的粒数密度，它的大小接近于零。

【例 4.13】稳态 MSMPR 结晶器

推导 MSMPR 结晶器产品的粒数密度函数表达式。

连续 MSMPR 结晶过程流程如图 4-29 所示，S（恒定的工作体积 V）含有完全混合的晶浆（即晶体均匀分布在母液中），处于稳态操作，忽略聚结和破碎。

稳态下，进入一定粒度的晶体数量必须等于离开的晶体数量。

在 L 和 $L+\mathrm{d}L$ 粒度范围内，单位时间内通过生长和流动进入该粒度范围的晶体数量=单位时间内通过生长和流动离开的晶体数量：

$$SnG + Q_i n_i \mathrm{d}L = S\left[nG + \frac{\mathrm{d}(nG)}{\mathrm{d}L}\mathrm{d}L\right] + Qn\mathrm{d}L \qquad (\text{i})$$

其中，Q_i 和 Q 分别为进口和出口溶剂的质量流量，两者可以相等。

假设进料为清料（即粒数密度函数 $n_i = 0$），平均停留时间 $t = S/Q$，则 MSMPR 结晶器的粒数衡算方程为：

$$\frac{\mathrm{d}(nG)}{\mathrm{d}L} = -\frac{n}{\tau} \tag{ⅱ}$$

如果晶体生长速率与晶体粒度大小无关，则式（ⅱ）可变为：

$$\frac{\mathrm{d}n}{\mathrm{d}L} = -\frac{n}{G\tau} \tag{ⅲ}$$

将式（ⅲ）与边界条件 $n = n^0$ 在 $L = 0$ 处积分，得到：

$$n = n^0 \exp\left(-\frac{L}{G\tau}\right) \tag{ⅳ}$$

4.5.2　模型参数

MSMPR 连续结晶的概念在实验室和工业实践中得到了广泛应用。通常，在带搅拌的 DTB 和强制循环（FC）结晶器系统中，悬浮液有良好的固体混合和均匀的过饱和水平，即便较大尺度的结晶器也接近 MSMPR 状态。它们产生的粒度分布由式（4-42）表示，其包含两个参数：总线性晶体生长速率 G，可以直接从动力学关联中确定；τ 为平均停留时间。

在 MSMPR 结晶器概念中，晶核大小几乎为零。成核速率 $B[\mathrm{no./(kg \cdot s)}]$ 可以表示为：

$$B = \left(\frac{\mathrm{d}N}{\mathrm{d}t}\right)\bigg|_{L=0} = \left(\frac{\mathrm{d}N}{\mathrm{d}L}\right)\left(\frac{\mathrm{d}L}{\mathrm{d}t}\right)\bigg|_{L=0} = n^0 G \tag{4-140}$$

注意，总晶体生长速率等于导数项 $\mathrm{d}L/\mathrm{d}t$。式（4-140）将两个动力学速率联系起来，每个动力学速率的表达式中包含了诸如流量、结晶器工作体积、浓度和能量输入等系统参数。对于结晶器操作，质量流和能量流是由工艺要求确定的，系统特有的结晶动力学数据决定了过饱和的操作水平。

【例 4.14】 无量纲化分布：在稳态、与粒度无关生长速率的 MSMPR 结晶器中，推导无量纲粒数密度和晶体粒度强度函数的表达式。

解： 首先定义两个无量纲变量：

$$y = \frac{n}{n^0}, \quad x = \frac{L}{G\tau}$$

MSMPR 结晶器清液进料，并忽略晶体的破碎和聚结，其无量纲粒数衡算方程为：

$$\frac{\mathrm{d}(yg)}{\mathrm{d}x} + y = 0 \tag{ⅰ}$$

$$y = \frac{y\,g|_{x=0}}{g} \exp\left[-\int_0^x \frac{\mathrm{d}x}{g}\right] \tag{ⅱ}$$

其中，g 是无量纲生长速率，可以是 x 的函数。

对于与粒度无关的生长速率函数（$g = 1$），无量纲粒数密度函数为：

$$y = \exp(-x) \tag{ⅲ}$$

Liu[55]定义了晶体粒度强度函数（CSIF）$\Lambda(x)$，$\Lambda(x)\mathrm{d}x$ 表示粒度为 x 的晶体在特定悬浮单元中，$\mathrm{d}x$ 增量内的晶体逃逸概率。根据定义，MSMPR 结晶器中：

$$\Lambda(x) = 1 \tag{ⅳ}$$

图 4-30 显示了 MSMPR 结晶器的无量纲粒数密度和晶粒度强度函数。

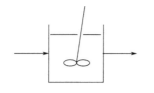

(a) MSMPR单元

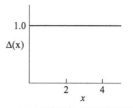

(b) 无量纲粒度强度函数

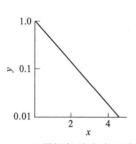

(c) 无量纲粒数密度函数

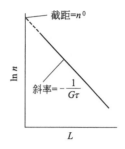

(d) 常规粒数密度函数

图 4-30　MSMPR 结晶器无量纲 CSD 特性曲线示意图

4.5.3　产品粒度分布的矩

在实际应用中，不仅需要实际的晶体粒度分布函数，还需要它们的统计特性量。这些统计量可以从它们矩量变换中得到。式（4-141）为产品粒数密度对晶体粒度的第 j 阶矩：

$$\mu_j = j\mu_{j-1}G\tau - nGL^j\Big|_0^\infty = j\mu_{j-1}G\tau + B\delta(j) \tag{4-141}$$

无量纲变量的形式为：

$$\mu_{xj} = j\mu_{x(j-1)} + \delta(j) \tag{4-142}$$

由此导出的矩的各表达式详见表 4-13。用无量纲 x 定义粒数密度微分和累积分布函数详见表 4-14。

表 4-13　MSMPR 结晶器的晶体产品粒数密度的矩表达式

物理意义	带单位形式	无量纲形式	物理意义	带单位形式	无量纲形式
总数量	$N_T = n^0 G\tau$	1	主粒度	$\overline{L}_d = \overline{L}_{3,2} = 3G\tau$	$x_d = 3$
总长度	$L_T = n^0(G\tau)^2$	1	中位数	$L_{50} = 3.67G\tau$	$\overline{x}_{50} = 3.67$
总面积	$A_T = 2k_a n^0(G\tau)^3$	$2k_a$	CV 粒数密度 $\left(\dfrac{\mu_0\mu_2}{\mu_1^2}-1\right)^{1/2}$	1	1
总质量	$M_T = 6k_v\rho_c n^0(G\tau)^4$	$6k_v\rho_c$	质量 $\left(\dfrac{\mu_3\mu_5}{\mu_4^2}-1\right)^{1/2}$	0.5	0.5
统计平均	$\overline{L}_{1,0} = G\tau$ $\overline{L}_{2,1} = 2G\tau$ $\overline{L}_{3,2} = 3G\tau$ $\overline{L}_{3,4} = 4G\tau$	$\overline{x}_{1,0} = 1$ $\overline{x}_{2,1} = 2$ $\overline{x}_{3,2} = 3$ $\overline{x}_{3,4} = 4$			

表 4-14　无量纲粒数密度的微分分布和累积分布

分布	微分	累积
数量	$y = \exp(-x)$	$N_c = 1 - \exp(-x)$
长度	$l = x\exp(-x)$	$L_c = 1 - \exp(-x)(1+x)$
面积	$a = \dfrac{x^2\exp(-x)}{2}$	$A_c = 1 - \exp(-x)\left(1 + x + \dfrac{x^2}{2}\right)$
质量	$w = \dfrac{x^3\exp(-x)}{6}$	$W_c = 1 - \exp(-x)\left(1 + x + \dfrac{x^2}{2} + \dfrac{x^3}{6}\right)$

【例 4.15】证明 MSMPR 结晶器产品晶体质量分布的主粒度为 $3G\tau$。

解：

MSMPR 结晶器的悬浮液浓度为：

$$M_T = 6k_v\rho_c n^0 (G\tau)^4 \tag{ⅰ}$$

在 L 和 $L + \mathrm{d}L$ 粒度范围内的质量浓度为：

$$\mathrm{d}m = k_v\rho_c L^3 n\mathrm{d}L \tag{ⅱ}$$

质量分数是：

$$w\mathrm{d}L = \frac{\mathrm{d}m}{M_T} = \frac{L^3 n\mathrm{d}L}{6n^0 (G\tau)^4} \tag{ⅲ}$$

$$w = \frac{L^3\exp[-L/(G\tau)]}{6(G\tau)^4} \tag{ⅳ}$$

式（ⅳ）表示的曲线的最大值是质量分布的主粒度大小。因此，

$$\frac{\mathrm{d}w}{\mathrm{d}L} = 3L^2\exp[-L/(G\tau)] - \frac{L^3}{G\tau}\exp[-L/(G\tau)] = 0 \tag{ⅴ}$$

即得到

$$L_d = 3G\tau \tag{ⅵ}$$

4.5.4　稳态质量衡算

对于连续 MSMPR 结晶器，根据物料平衡，稳态时母液中溶质的减少速率必须等于固相的生成速率：

$$c_i - c = M_T \tag{4-143}$$

悬浮浓度可由动力学速率来表示：

$$M_T = 6k_v\rho_c n^0 (G\tau)^4 = \left(\frac{3k_v\rho_c}{k_a}\right)A_T G\tau \tag{4-144}$$

为简化分析，Randolph 和 Larson[3] 将所有的结晶体系分为两类。在第一类系统中，结晶器中溶质的浓度降取决于平均停留时间和能量输入，该系统具有一定的过饱和度。在第二类系统中，出口浓度趋近饱和浓度。式（4-143）和式（4-144）适用于系统达到稳态。图 4-31 揭示了影响结晶器性能的各热力学参数和动力学速率之间的相互内在关系。结

晶器的浓度降取决于停留时间和过饱和度，而后者主要由能量输入控制。对于第二类系统，浓度降与停留时间比是设计的重要参数。在大多数体系中，成核速率对于过饱和度的变化要比生长速率更敏感。在较高的成核速率的情况下，即使持较长的停留时间也只会产生少量的大颗粒。如果进料浓度较高，且最终具有相同的母液浓度，产生的晶体颗粒相对较大。

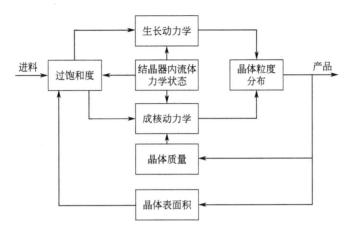

图 4-31　影响结晶器性能的各热力学参数和动力学速率相互内在关系图

4.5.5　粒度相关的生长

在粒数衡算方程中加入与粒度相关生长的速率表达式，早期用来说明产品 CSD 的非线性。许多早期的实验生长速率数据用粒度相关生长速率模型关联[55-59]。一些粒度相关生长速率模型[55,60,61]已被用于粒数衡算方程。表 4-15 给出了一些模型及 MSMPR 结晶器的无量纲粒数密度分布函数。

所有粒度相关生长速率模型仅提供了简单的数学分析，无任何机理含义。对于不同的参数选择，表 4-15 中所列的生长速率模型预测生长速率随粒度单调递增或递减，前者比后者有更宽的分布，而后者比与粒度无关生长的模型有更窄的分布。图 4-32 显示了表 4-15 中所列的各生长速率模型示意图。

表 4-15　粒度相关及分散生长速率模型

生长速率模型	粒数密度	参考文献
$g=1$	$y = \exp(-x)$	—
$g = ax^{\beta}$	$y = \dfrac{1}{g}\exp\left[\dfrac{-x^{1-\beta}}{\alpha(1-\beta)}\right]$	[56]、[61]
$g = 1 + \alpha x$	$y = (1+\alpha x)^{-\left[\frac{1+\alpha}{\alpha}\right]}$	[62]
$g = (1+\alpha x)^{\beta}$	$y = \dfrac{1}{(1+\alpha x)^{\beta}}\exp\left[\dfrac{1-(1+\alpha x)^{1-\beta}}{\alpha(1-\beta)}\right]$	[63]
散布	$y = \dfrac{2}{1+\gamma}\exp\left[\dfrac{pe}{2}(1-\gamma)x\right],\quad \gamma = \sqrt{1+4/(pe)}$	[64]

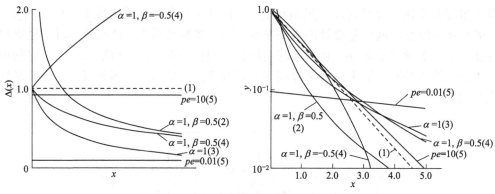

图 4-32　生长速率模型示意图（表 4-15）

Garside 等[65]认为，Gibbs-Thomson 效应和主流体区域到晶面的扩散影响并不是粒度相关生长现象的原因，晶体表面累积过程可能导致粒度相关生长。粒度相关生长模型尽管有一个或多个可调参数以适应 CSD 的非线性，但这不能用来区分和评价导致非线性的因素。

4.5.6　生长分散

为了描述生长速率的分散现象，Janse 和 de Jong[66]提出了生长速率是晶体的一个独立属性的假设，因为每单个晶体在其特定的生长环境下和其生命周期内有着自己恒定内在的生长速率。他们定义了一个以晶体粒度和生长速率为独立变量的二维修正粒数密度函数，这种方法给粒数衡算方程增加了一个维度，需要一个额外的约束条件来限定系统。通常，生长分散可用统计分布的形式描述（如伽马分布）[66,67]。这种二维模型使 CSD 的建模和生长速率离散度的表征变得复杂。

在对 MSMPR 结晶器的描述中包含与粒度相关的生长速率模型，通常会给粒数平衡增加一个非线性元素，而分散效应则需要增加一个二阶项。尽管这两种有关生长速率的描述（即粒度相关生长和生长速率分散）并没有揭示任何实际生长机理，然而从实验数据上看表面整合过程似乎是更为重要[57,65]。Ring[68]利用在流化床型结晶器中连续二氧化钛反应结晶获得的 CSD 数据来表征结晶器晶体的分散特性。Tavare[64]认为，从连续 MSMPR 结晶器中获得的固相瞬态示踪信息可能有助于解决这两种效应之间的表征或区别。然而，在实际系统中可能会同时出现生长速率分散现象和晶体粒度相关的生长速率，这将可能使得系统分析更加复杂。

4.5.7　与粒度相关的停留时间分布

在一些设计中，液相和晶体的停留时间通常是分开的，调整各自的停留时间可用来优化 CSD。常见的有细晶消除、粒度分级排料以及二者皆有的双抽排这三种结晶器结构。采用这些技术可使不同粒径的晶体具有不同的停留时间，也使得晶体和母液具有不同的停留时间，为控制结晶产品粒度分布和晶浆密度提供了更多的手段。Randolph 和 Larson[3,69]提出 R-z 模型对带有细晶消除和产品分级的结晶器进行了建模，其中细晶消除和产品排料速率分别是 MSMPR 出口速率的 R 倍和 z 倍，可以显著地影响晶体产品的 CSD 和结晶器内过饱和水平。一般情况下，过度的细晶消除会导致晶体产品有较大的粒度和较宽的粒度分布，而过度的粒度分级排料会生产小粒度和窄分布的产品。双抽排结构可以提高收率，并在一定程度上改善产品粒度。R-z 模型的无量纲粒数密度为：

$$y = \begin{cases} \exp(-Rx) & (0 < x < x_F) \\ \exp\left[(R-1)x_F\right]\exp(-x) & (x_F < x < x_C) \\ \exp\left[-(R-1)x_F\right]\exp\left[(z-1)x_C\right]\exp(-zx) & (x_C < x) \end{cases} \quad (4\text{-}145)$$

其中，x_F 和 x_C 分别为细晶切割粒度和分级粒度。有关 CSD 方程的连续性其实是一个隐含假设。Juzaszek 和 Larson[70]以及 Randolph 和 Kraljevich[71]用实验验证了 R-z 结晶器模型。Randolph[72]于 1979 年指出，工业上可以用细晶消除系统来生产大颗粒的硫酸铵和氯化钾，与 R-z 结晶器模型的预测基本一致。

在粒度分级排料中，固体颗粒的平均保留概率取决于颗粒大小，相对于 MSMPR 的情况，可能会加速排出（保留概率降低，即 $z<1$）或延迟排出（保留概率增加，即 $z>1$），因此会生产比理想 MSMPR 产品 CSD 更窄或更宽的晶体产品。淘洗腿、旋液分离器或湿筛可作为分级设备来使用。在混合悬浮液中，排料时可能会发生无意识的粒度分级。Saeman[73]、Randolph[74]以及 Han 和 Shinnar[75]使用了一个"点分级"模型来处理上述理想化情况。然而，由于结晶器内的流体力学条件限制，或是由于排料时的非匀速，Janse 和 de Jong[76]以及 Bourne[77]使用了一个平滑的、连续变化的粒度函数来表示发生在搅拌釜式结晶器中的逐步分级。他们将分级函数定义为：

$$\lambda(x) = \frac{n_p \mathrm{d}x}{n_c \mathrm{d}x} = \frac{\tau}{\tau(x)} \quad (4\text{-}146)$$

式中，$n_p\mathrm{d}x$ 为在无量纲粒度 x 和 $x+\mathrm{d}x$ 产品流粒子数；$n_c\mathrm{d}x$ 是无量纲粒度 x 和 $x+\mathrm{d}x$ 间混合良好的结晶器中的粒子数，前者为后者的 λ 倍；$\tau(x)$ 是与粒子尺度相关的停留时间；$\lambda(x)\mathrm{d}x$ 表示粒度范围为 $x+\mathrm{d}x$ 的晶体的逃逸概率，因此 $\lambda(x)$ 相当于晶体粒度强度函数 $\Lambda(x)$。

R-z 结晶器模型可以用 $\lambda(x)$ 表示：

$$\lambda(x) = \begin{cases} R & (0 < x < x_F) \\ 1 & (x_F < x < x_C) \\ z & (x_C < x) \end{cases} \quad (4\text{-}147)$$

4.5.8 MSMPR 结晶器的瞬态

MSMPR 结晶器中，忽略晶体破碎和聚结，并假设生长速率与粒度无关和清液进料，其系统的瞬态粒数衡算方程为：

$$\frac{\partial n}{\partial t} + G\frac{\partial n}{\partial L} + \frac{n}{\tau} = 0 \quad (4\text{-}148)$$

式中，G 为与粒度无关的总生长速率；τ 是平均停留时间。假设结晶器在 $t = 0$ 时刻处于稳态运行，则此时 CSD 为：

$$n(0,L) = f(L) = n_0^0 \exp\left(-\frac{L}{G_0 \tau_0}\right) \tag{4-149}$$

其中，n_0^0 为晶核粒数密度，$G_0\tau_0$ 为初始生长速率与停留时间，式（4-149）给出了初始条件。然而，如果在 $t=0$ 处结晶器刚刚开始操作，则不存在初始分布。晶核粒数密度的边界条件用动力学关系表示为：

$$\lim_{L \to 0} \frac{dN}{dt} = \lim_{L \to 0} \left(\frac{dL}{dt} \times \frac{dN}{dL}\right) = B_0 = n^0 G \tag{4-150}$$

$$n(t,0) = n_0^0 = \frac{B_0}{G_0} = K_R G_0^{i-1} M_{T0}^j \tag{4-151}$$

其中，i 是相对的动力学级数，由 $i = \dfrac{b}{g}$ 定义。

对粒数衡算方程式（4-149）进行粒度 L 的矩量变换可得到：

$$\frac{d\mu_0}{dt} = B - \frac{\mu_0}{\tau} \tag{4-152}$$

$$\frac{d\mu_1}{dt} = G\mu_0 - \frac{\mu_1}{\tau} \tag{4-153}$$

$$\frac{d\mu_2}{dt} = 2G\mu_1 - \frac{\mu_2}{\tau} \tag{4-154}$$

$$\frac{d\mu_3}{dt} = 3G\mu_2 - \frac{\mu_3}{\tau} \tag{4-155}$$

此刻的过饱和平衡可表示为：

$$\frac{d\Delta c}{dt} = \frac{\Delta c_f - \Delta c - k_v \rho_c \mu_3}{\tau} \tag{4-156}$$

式中，Δc_f 表示进料溶液的过饱和度。矩量变换后的粒数衡算方程可与上述过饱和平衡方程耦合，加上适当的边界条件，从而可以从数学上描述 MSMPR 结晶器。

【例 4.16】推导 MSMPR 结晶器的动态粒数衡算方程并将其转为无量纲形式。

解：

在 MSMPR 结晶器的动态条件下，在 L 和 $L+dL$ 粒度范围内，在时间 dt 增量上的数量平衡是：

$$积累=输入-输出$$

$$SdndL = SnGdt + Q_i n_i dLdt - S\left[nG + \frac{d(nG)}{dL}dL\right]dt - QndLdt \tag{ⅰ}$$

重新整理式（ⅰ），则：

$$\frac{\partial n}{\partial t} + \frac{\partial(nG)}{\partial L} + \frac{Qn}{S} = \frac{Q_i n_i}{S} \tag{ⅱ}$$

对于清液进料 $(n_i = 0)$ 和粒度无关生长的系统，式（ⅱ）变为：

$$\frac{\partial n}{\partial t} + G\frac{\partial n}{\partial L} + \frac{n}{\tau} = 0 \tag{ⅲ}$$

式中，τ 为在结晶器内的停留时间，是时间的函数。因此，总线性生长速率也是时间的函数。

其边界条件为：

$$n(t,0) = K_R G^{i-1} \qquad (\text{iv})$$

和
$$n(0,L) = n_0^0 \exp\left[-L/(G_0 \tau_0)\right] \qquad (\text{v})$$

式（iii）用相对成核动力学描述输入流的晶核粒数密度；式（iv）描述稳态运行结晶器中初始的粒数密度函数。对系统的初始稳态值进行无量纲化，并定义下列无量纲变量，其中下标 0 表示变量的初始稳态值。

$$x = \frac{L}{G_0 \tau_0}, \quad \theta = \frac{t}{\tau_0}, \quad \rho(\theta) = \frac{G(t)}{G_0}, \quad \sigma(\theta) = \frac{\delta c(t)}{c_0}, \quad \tau(\theta) = \frac{Q_0}{Q(t)},$$

$$f_3(\theta) = \frac{M_T(t)}{M_{T0}}, \quad f_2(\theta) = \frac{A_T(t)}{A_{T0}}, \quad y(\theta, x) = \frac{n(t,L)}{n_0^0}$$

用幂函数成核动力学，方程式（iii）～式（iv）变为：

$$\frac{\partial y}{\partial \theta} + \rho \frac{\partial y}{\partial x} + \frac{y}{\tau} = 0 \qquad (\text{vi})$$

$$y^0 = \rho^{i-1} \qquad (\text{vii})$$

$$y_0 = \exp(-x) \qquad (\text{viii})$$

Randolph 和 Larson[29]提出对于第二类系统，溶质质量守恒可以作为对生长的约束，因此：

$$G = \frac{2\delta c}{k_a \rho_c m_2 \tau} \qquad (\text{ix})$$

用无量纲变量表示为：

$$\rho = \frac{\sigma}{f_2 \tau} \qquad (\text{x})$$

上述方程组即为 MSMPR 结晶器的动态粒数衡算方程以及无量纲化形式。

4.5.9　晶体体积坐标的连续粒数衡算方程

聚结过程的机理目前还不是很清楚，一般基于两体碰撞的简单机制来建立聚结速率模型[29]。结晶的聚结过程通常通过在粒数衡算方程中导入出生、死亡经验函数来描述。Hartel 和 Randolph[50]以晶体体积而不是晶体粒度坐标形式提出粒数衡算方程，方便将草酸钙聚结行为的数值模型纳入出生、死亡函数。Hounslow 等[51]和 Hounslow[78,79]在其数值离散化方案中，使用晶体粒度坐标中的经典粒数衡算方法，将以晶体体积表示的出生、死亡函数作为内部坐标转换为基于粒度坐标的形式。

对于 MSMPR 结晶器，体积坐标下的粒数衡算方程为

$$G_v \frac{dn_v}{dv} + \frac{n_v}{\tau} = B_v - D_v \qquad (4\text{-}157)$$

式中，G_v 为与晶体体积无关的总体生长速率，m^3/s；n_v 为晶体密度函数，表示为晶体体积的函数，$no./m^3 \cdot L$；B_v 和 D_v 代表了体积 v 和 $v+dv$ 上的出生、死亡函数，因此 $(B_v - D_v)dv$ 表示在 v 和 $v+dv$ 之间通过聚结引起的粒子净增长。体积为 μ 和 $v-\mu$ 的两个粒子聚结成体积为 v 的聚结粒子可表示为：

$$B_{va} = \frac{1}{2} \int_0^v \beta(u, v-u) n_v(u) n_v(v-u) du \qquad (4\text{-}158)$$

和
$$D_{va} = n_v(v) \int_0^\infty \beta(u, v) n_v(u) du \qquad (4\text{-}159)$$

聚结速率 $\beta(\mu, v-\mu)$ 表示体积为 μ 的粒子和体积为 $v-\mu$ 的粒子之间成功产生体积为 v 粒子的碰撞频率度量。式（4-158）中的 1/2 是保证碰撞不被计算两次。$\beta(\mu, v-\mu)$ 依赖于聚结环境，并解释了在聚结机制中起作用的物理力。对于 MSMPR 结晶器，粒数衡算方程式（4-157）的边界条件为：

$$n_v(0) = n_v^0 = \frac{B_{v0}}{G_v} \qquad (4\text{-}160)$$

式中，B_{v0} 为近零体积下的成核速率。由式（4-160）可知，加入颗粒系统中新生成的晶体颗粒通量其体积很小，几乎接近于零。

(1) 矩量变换

根据 Hulburt 和 Katz[5]的处理，对粒数衡算方程式（4-157）进行体积矩量变换（以晶体体积坐标表示），即将式（4-157）的每一项乘以 v^j，在整个体积范围内（0～∞）对 v 进行积分，得到一组代数方程：

$$G_v \left[(n_v v)\big|_0^\infty - j\mu_{v(j-1)} \right] + \frac{\mu_{vj}}{\tau} = \beta \left\{ \frac{1}{2} \left[\left(\sum_{k=0}^j \binom{j}{k} \right) \mu_{vk} \mu_{v(j-k)} \right] - \mu_{v0} \mu_{vj} \right\} \qquad (4\text{-}161)$$

其中，$\binom{j}{k}$ 是二项式系数：

$$\binom{j}{k} = \frac{j!}{k!(j-k)!} \qquad (4\text{-}162)$$

由式（4-161）得到的前三阶矩（0，1，2）方程为：

$$-B_{v0} + \frac{\mu_{v0}}{\tau} = -\frac{1}{2}\beta\mu_{v0}^2 \qquad (4\text{-}163)$$

$$\frac{\mu_{v1}}{\tau} = G_v \mu_{v0} \qquad (4\text{-}164)$$

$$\frac{\mu_{v2}}{\tau} = 2G_v \mu_{v1} + \beta\mu_{v1}^2 \qquad (4\text{-}165)$$

(2) 解析解

为了获得式（4-157）简单的解析表达式，需进行无量纲[69]处理：

$$f(x) = \frac{n_v}{n_v^0} = \frac{n_v G_v}{B_{v0}}, \quad x = \frac{v}{G_v}\sqrt{2\beta B_{v0}}, \quad P = \sqrt{1 + \frac{1}{2\beta B_{v0}\tau^2}} \qquad (4\text{-}166)$$

则式（4-157）变为无量纲粒数衡算方程：

$$\frac{df(x)}{dx} + Pf(x) = \frac{1}{4}\int_0^x f(x-x') f(x') dx' \qquad (4\text{-}167)$$

边界条件为：

$$f(0) = 1 \qquad (4\text{-}168)$$

利用拉普拉斯变换得到方程式（4-167）的解为：

$$f(x) = 2\exp(-Px)\frac{I_1(x)}{x} \tag{4-169}$$

其中，$I_1(x)$ 为第一类一阶修正贝塞尔函数。通过式（4-169）可以得到晶体的累积体积数分布：

$$\eta = \frac{\sqrt{2B_{v0}}}{\beta}\int_x^\infty \exp(-Px)\frac{I_1(x)}{x}\mathrm{d}x \tag{4-170}$$

这种分析方法可用于分析 MSMPR 结晶器的实验数据以估算结晶动力学参数。

晶体体积的粒数密度函数可通过筛析来确定。比如，相邻筛 ΔL（等效 Δv）筛分质量为 w，相邻筛平均尺寸为 L（或体积 $v = k_v L^3$），对应于结晶器内的晶浆浓度 M_T，则体积粒数密度为：

$$n_v = \frac{wM_T}{\rho_c v\Delta v\sum w} \tag{4-171}$$

4.5.10 活塞流结晶器

某种类型结晶器或结晶单元中的某一段结晶过程的流动模式可以用活塞流来表示，活塞流中流动方向没有返混，而径向完全混合。如果将时间变量替换为结晶器的轴向尺寸，则对活塞流结晶器的描述和分析与间歇结晶器相似。

忽略破碎聚结的活塞流结晶器的粒数衡算方程可以表示为：

$$u_x\frac{\partial n}{\partial x} + G\frac{\partial n}{\partial L} = 0 \tag{4-172}$$

式中，G 为与粒度无关的总线性生长速率；u_x 为稳态时的活塞流线速度；x 为活塞流结晶器的轴向长度。

边界条件为：

晶核粒数密度 $\qquad\qquad\qquad n(0,x) = n^0(x) \tag{4-173}$

进料粒数密度 $\qquad\qquad\qquad n(L,0) = 0 \tag{4-174}$

将式（4-172）乘以 $L^j\mathrm{d}L$ 从 0 到 ∞ 积分，可得到矩量方程：

$$u_x\frac{\mathrm{d}\mu_j}{\mathrm{d}x} + (0)^j B - jG\mu_{j-1} = 0 \qquad j = 0,1,2 \tag{4-175}$$

在 $j \neq 0, (0)^j = 0$；在 $j = 0$ 时，$(0)^j = 1$。

单位质量的溶剂中固体的浓度为：

$$M_T = \rho_c k_v \mu_3(x) = (c_i - c_x) \tag{4-176}$$

式中，c_x 为溶质在 x 处的浓度，活塞流结晶器得到的产品粒度分布较窄。

主要符号说明

英文字母	含义与单位		
A_c	晶体的总表面积，m^2	A_T	晶体总表面积，m^2
a	对分布宽度的度量	b	分布大小的度量
		B	相空间某一点的生函数，$\mathrm{no./(m^3 \cdot m \cdot s)}$

B	成核速率, $m^{-3} \cdot s^{-1}$
b [式(4-34)]	破碎常数
c^*	溶解度, kg 溶剂
CV	变异系数
Δc_0	最初的过度饱和度, kg 溶质/kg 溶剂
D	相空间某一点的死函数
D_G	有效扩散系数, m^2/s
F	面积形状因子与体积形状因子的比值
i	相对的动力学级数
G_L	线性生长速率, m/s
k_b	成核速率系数
k_g	生长速率系数
k_v	体积形状因子
L_D	晶体主粒度, μm
L_F	切割粒度, μm
L_m	中位数粒度, μm
L_m	最大晶体粒度, μm
L	晶体的特征粒度, μm
L[式(4-10)、式(4-11)]	相邻两个筛子孔径的平均粒度, μm
L_0	最小晶体粒度, μm
ΔL	相邻两个筛子孔径尺寸差, μm
M_T	晶体质量浓度, (kg 晶体)/(m³ 悬浮液)
m	流入物流股数
M	反溶剂的浓度, mol/L
M_T	晶体总质量, kg
m_j	粒度分布的 j 阶矩
n	流出物流股数
N_T	晶体的总数量

$\hat{n}$	基于总溶剂量的粒数密度, no./(m³·m)
n^0	晶核粒数密度, no./(m³·m)
$\hat{n}_v$	体积粒数密度, no./m³
n	粒数密度, no./(m³·m)
Q	热量, kJ
R	晶体的生长速率, $m^{-3} \cdot s^{-1}$
S	选择函数
S	溶剂质量, kg
T	温度, K
V	结晶器体积, m³
V [式(4-39)]	悬浮液体积, m³
v	晶体体积坐标
W	结晶器中晶体的质量, kg
$w_{晶体}$	晶体成分, kg 组分 i/kg 晶体
X	组成相空间 R 的内部性质和外部空间坐标的集合
x	活塞流结晶器的轴向长度, m

希腊字母　　含义与单位

β_{agg}	聚结速率
ε	体积分率
ε [式(4-79)]	悬浮液空隙度
λ	蒸发潜热, kJ/kg 溶剂
μ_k	粒数密度分布对于 L 的第 k 阶矩
ρ	密度, kg/m³
σ	相对过饱和度
σ'	几何标准差
σ^2	方差
τ	停留时间, s
φ_v	体积流速, m³/s
$\varphi_{v,cla}$	清液预去除流速

参考文献

[1] Mersmann A. Physical and chemical properties of crystalline systems[M].// Crystallization technology handbook. 2nd ed. New York: Marcel Dekker, Inc, 2001: 1-44.

[2] 丁绪淮, 谈遒. 工业结晶[M]. 北京: 化学工业出版社, 1985.

[3] Randolph A D, Larson M A. Theory of particulate processes[M]. San Diego: Academic Press, 1988.

[4] Rivera T, Randolph A D. A model for the precipitation of pentaerythritol tetranitrate (PETN) [J]. Industrial & Engineering Chemistry Process Design & Development, 1978, 17 (2): 182-188.

[5] Hulburt H M, Katz S. Some problems in particle technology: A statistical mechanical formulation[J]. Chemical Engineering Science, 1964, 19 (8): 555-574.

[6] Kumar S，Ramkrishna D. On the solution of population balance equations by discretization——Ⅲ. Nucleation，growth and aggregation of particles[J]. Chemical Engineering Science，1997，52（24）：4659-4679.

[7] Ramkrishna D. Population balances：Theory and applications to particulate systems in engineering[M]. Amsterdam：Elsevier，2000.

[8] Bermingham S K，Verheijen P J T，Kramer H J M. Optimal design of solution crystallization processes with rigorous models[J]. Chemical Engineering Research and Design，2003，81（8）：893-903.

[9] Kumar S，Ramkrishna D. On the solution of population balance equations by discretization——Ⅰ. A fixed pivot technique[J]. Chemical Engineering Science，1996，51（8）：1311-1332.

[10] Qamar S，Elsner M P，Angelov I A，et al. A comparative study of high resolution schemes for solving population balances in crystallization[J]. Computers & Chemical Engineering，2006, 30（6/7）：1119-1131.

[11] Qamar S，Warnecke G. Numerical solution of population balance equations for nucleation，growth and aggregation processes[J]. Computers & Chemical Engineering，2007，31（12）：1576-1589.

[12] Wulkow M，Gerstlauer A，Nieken U. Modeling and simulation of crystallization processes using parsival[J]. Chemical Engineering Science，2001，56（7）：2575-2588.

[13] Tavare N S. Batch crystallizers：A review[J]. Chemical Engineering Communications，1987，61（1/2/3/4/5/6）：259-318.

[14] Tavare N S. Batch crystallizers[J]. Reviews in Chemical Engineering，1991，7（3/4）：211-355.

[15] Jones A G，Mullin J W. Programmed cooling crystallization of potassium sulphate solutions [J]. Chemical Engineering Science，1974，29（1）：105-118.

[16] Tavare N S，Garside J. Simultaneous estimation of crystal nucleation and growth kinetics from batch experiments[J]. Chemical Engineering Research and Design，1986，64（2）：109-118.

[17] Mullin J W，Nývlt J. Programmed cooling of batch crystallizers[J]. Chemical Engineering Science，1971，26（3）：369-377.

[18] Jagadesh D，Kubota N，Yokota M. Seding effect on batch crystallization of potassium sulfate under natural cooling mode and a simple design method of crystallizer[J]. Journal of Chemical Engineering of Japan，1999，32(4)：514-520.

[19] Tavare N S，Chivate M R. CSD modelling in programmed batch crystallizers[J]. Chem Age India，1973，24：751-754.

[20] Tavare N S，Chivate M R. Analysis of batch evaporative crystallizers[J]. The Chemical Engineering Journal，1977，14（3）：175-180.

[21] Tavare N S，Garside J，Chivate M R. Analysis of batch crystallizers[J]. Industrial & Engineering Chemistry Process Design and Development，1980，19（4）：653-665.

[22] Becker G W，Larson M A. Mixing effects in continuous crystallization[M].// Crystallization from solutions and melts. Boston：Springer，1969.

[23] Wang M L，Chang R Y. Legendre function approximations of ordinary differential equation and application to continuous crystallizaiton processes[J]. Chemical Engineering Communications，1983，22（1/2）：115-125.

[24] Chang R Y，Wang M L. Shifted Legendre function approximation of differential equations；application to crystallization processes[J]. Computers & Chemical Engineering，1984，8（2）：117-125.

[25] Chang R Y，Wang M L. Modeling the batch crystallization process via shifted Legendre polynomials[J]. Industrial & Engineering Chemistry Process Design and Development，1984，23（3）：463-468.

[26] Chang R Y，Wang M L. Simulation of discontinuous population balance equation with integral constraint of growth rate expression[J]. The Canadian Journal of Chemical Engineering，1985，63（3）：504-509.

[27] Lakatos B, Varga E, HalÁsz S, et al. Simulation of batch crystallizers[J]. Industrial Crystallization, 1984, 84: 185-190.

[28] Amundson N R, Aris R. First-order partial differential equations with applications[M]. New Jersey: Prentice-Hall, 1973.

[29] Randolph A D, Larson M A. Theory of particulate processes[M]. New York: Academic Press, 1971.

[30] Garside J, Tavare N S. Research reports submitted to separation process services (SPS) [R]. Harwell, Didcot, England, 1982,

[31] Kim W S, Tarbell J M. Numerical technique for solving population balances in precipitation processes[J]. Chemical Engineering Communications, 1991, 101 (1): 115-129.

[32] Marchal P, David R, Klein J P, et al. Crystallization and precipitation engineering—— I. An efficient method for solving population balance in crystallization with agglomeration[J]. Chemical Engineering Science, 1988, 43 (1): 59-67.

[33] Jagadesh D, ChivatE M R, Tavare N S. Batch crystallization of potassium chloride by an ammoniation process[J]. Industrial & Engineering Chemistry Research, 1992, 31 (2): 561-568.

[34] Savage H, Butt J B, Tallmadge J A. Recovery of potassium from seawater[J]. Chem Eng Prog, 1964, 60: 50-55.

[35] Savage H, Butt J B, Tallmadge J A. Kinetics of reaction and crystallization in condensed phases: The aqueous potassium dipicrylamine system[J]. AIChE Journal, 1968, 14 (2): 266-274.

[36] Harano Y, Hibi T, Ooshima H. Enzymatic reaction crystallization of aspartame precursor[C]// Proceedings of World Congress III Chemical Engineering. Tokyo, 1986: 1044-1047.

[37] Jones A G, Mullin J W. Crystallization kinetics of potassium sulfate in a draft-tube agitated vessel[J]. Ti Chem Eng-Lond, 1973, 51 (4): 302-308.

[38] Misra C, White E T. Kinetics of crystallization of aluminum trihydroxide from seeded caustic aluminate solutions[C]// Proceedings of the Chemical Engineering Progress Symposium Series. New York: American Institute of Chemical Engineers, 1971, 67 (110): 53-65.

[39] Tavare N S, Chivate M R. CSD analysis from a batch dilution crystallizer[J]. Journal of Chemical Engineering of Japan, 1980, 13 (5): 371-379.

[40] Tavare N S, Garside J. Simulation of reactive precipitation in a semi-batch crystallizer[J]. Chemical Engineering Research & Design, 1990, 68 (2): 115-122.

[41] Dunning W J. Ripening and ageing processes in precipitates[C]. 1973,

[42] Kahlweit M. Ostwald ripening of precipitates[J]. Advances in Colloid and Interface Science, 1975, 5 (1): 1-35.

[43] Wey J S, Strong R W. Influence of the gibbs-thomson effect on the growth behavior of agbr crystals[J]. Photogr Sci Eng, 1977, 21 (5): 248-252.

[44] Sugimoto T. General kinetics of Ostwald ripening of precipitates[J]. Journal of Colloid and Interface Science, 1978, 63 (1): 16-26.

[45] Matz G. Crystallization processes[J]. Industrial Crystallization, 1984: 103-108.

[46] Matz G. Ostwald ripenning. A modern concept[J]. German Chemical Engineering, 1985, 8 (4): 255-265.

[47] Brakalov L B. On the mechanism of magnesium hydroxide ripening[J]. Chemical Engineering Science, 1985, 40 (2): 305-312.

[48] Tavare N S. Simulation of Ostwald ripening in a reactive batch crystallizer[J]. AIChE Journal, 1987, 33 (1): 152-156.

[49] Drake R L. A general mathematical survey of the coagulation equation[J]. In Inernational Reviews in Aerosol Physics and Chemistry, 1972, 3: 201-376.

[50] Hartel R W, Randolph A D. Mechanisms and kinetic modeling of calcium oxalate crystal aggregation in a urinelike liquor. Part II: Kinetic modeling[J]. AIChE Journal, 1986, 32 (7): 1186-1195.

[51] Hounslow M J，Ryall R L，Marshall V R. A discretized population balance for nucleation，growth，and aggregation[J]. AIChE Journal，1988，34（11）：1821-1832.

[52] Higashitani K，Yamauchi K，Matsuno Y，et al. Turbulent coagulation of particles dispersed in a viscous fluid[J]. Journal of Chemical Engineering of Japan，1983，16（4）：299-304.

[53] David R，Villermaux J，Marchal P，et al. Crystallization and precipitation engineering——Ⅳ. Kinetic model of adipic acid crystallization[J]. Chemical Engineering Science，1991，46（4）：1129-1136.

[54] David R，Marchal P，Klein J P，et al. Crystallization and precipitation engineering——Ⅲ. A discrete formulation of the agglomeration rate of crystals in a crystallization process[J]. Chemical Engineering Science，1991，46（1）：205-213.

[55] Liu Y A. On the crystal size intensity function and interpreting population density data from crystallizers[J]. AIChE Journal，1973，19（6）：1254-1257.

[56] Bransom S H. Factors in the design of continuous crystallizer[J]. Br Chem Eng，1960，5：838-843.

[57] Garside J，Mullin J W，Das S N. Growth and dissolution kinetics of potassium sulfate crystals in an agitated vessel[J]. Industrial & Engineering Chemistry Fundamentals，1974，13（4）：299-305.

[58] White E T，Bendig L L，Larson M A. The effect of size on the growth rate of potassium sulfate crystals[J]. AIChE Symposium Series，1976，72：41-47.

[59] Garside J，Jančić S J. Prediction and measurement of crystal size distributions for size-dependent growth[J]. Chemical Engineering Science，1978，33（12）：1623-1630.

[60] Tavare N S，Chivate M R. Growth and dissolution kinetics of potassium sulphate crystals in a fluidised bed crystalliser[J]. Transactions of the Institution of Chemical Engineers，1979，57：35-42.

[61] Canning T F，Randolph A D. Some aspects of crystallization theory：Systems that violate McCabe's delta L law[J]. AIChE Journal，1967，13（1）：5-10.

[62] Abegg C F，Stevens J D，Larson M A. Crystal size distributions in continuous crystallizers when growth rate is size dependent[J]. AIChE Journal，1968，14（1）：118-122.

[63] Randolph A D，White E T. Modeling size dispersion in the prediction of crystal-size distribution[J]. Chemical Engineering Science，1977，32（9）：1067-1076.

[64] Tavare N S. Crystal growth rate dispersion[J]. The Canadian Journal of Chemical Engineering，1985，63（3）：436-442.

[65] Garside J，Phillips V R，Shah M B. On size-dependent crystal growth[J]. Industrial & Engineering Chemistry Fundamentals，1976，15（3）：230-233.

[66] Janse A H，de Jong E J. The occurrence of growth dispersion and its consequences[M]. Springer：Industrial Crystallization，1976：145-154.

[67] Berglund K A，Larson M A. Modeling of growth rate dispersion of citric acid monohydrate in continuous crystallizers[J]. AIChE Journal，1984，30（2）：280-287.

[68] Ring T A. Continuous precipitation of monosized particles with a packed bed crystallizer[J]. Chemical Engineering Science，1984，39（12）：1731-1734.

[69] Larson M A，Randolph A D. Size distribution analysis in continuous crystallization[M]. //Crystallization from solutions and melts. Boston：Springer，1969.

[70] Juzaszek P，Larson M A. Influence of fines dissolving on crystal size distribution in an MSMPR crystallizer[J]. AIChE Journal，1977，23（4）：460-468.

[71] Kraljevich Z I，Randolph A D. A design oriented model of fines dissolving[J]. AIChE Journal，1978，24（4）：598-606.

[72] Randolph A D. A perspective on population models for crystal size distribution[M]. Amsterdam North Holland：Industrial Crystallization，1979.

[73] Saeman W C. Crystal-size distribution in mixed suspensions[J]. AIChE Journal，1956，2（1）：107-112.

[74] Randolph A D. The mixed suspension, mixed product removal crystallizer as a concept in crystallizer design[J]. AIChE Journal, 1965, 11 (3): 424-430.

[75] Han C D, Shinnar R. The steady state behavior of crystallizers with classified product removal[J]. AIChE Journal, 1968, 14 (4): 612-619.

[76] Janse A H, de Jong E J. The importance of classification in well-mixed crystallizers[M]. Springer: Industrial Crystallization, 1976: 403-412.

[77] Bourne J R. Hydrodynamics of crystallizers with special reference to classification[J]. Industrial Crystallization, 1979, 78: 215-227.

[78] Hounslow M J. A discretized population balance for continuous systems at steady state[J]. AIChE Journal, 1990, 36 (1): 106-116.

[79] Hounslow M J. Nucleation, growth, and aggregation rates from steady-state experimental data[J]. AIChE Journal, 1990, 36 (11): 1748-1752.

第**5**章

工业结晶工艺及设备

在溶液中建立适当的过饱和度，并对过饱和度加以控制，是结晶过程中的首要问题。结晶方法的分类以溶液中产生过饱和度的方法为工艺依据。本章将系统介绍工业结晶的各种工艺流程、控制结晶产品策略以及各类常用结晶器。采用有效的工艺以及适当的设备才能保证结晶过程的效率和产品质量。

5.1 冷却结晶

冷却结晶是通过降低溶液的温度而产生过饱和度，适用于溶解度随着温度降低而显著下降的物系。图 5-1 给出了常见的冷却操作流程。A-B 线是溶解度曲线，C-D 线是超溶解度曲线，A-B 线下方为稳定区，C-D 线上方为不稳定区域，中间区域为亚稳区。如图 5-1 所示，稳定区的 E 点溶液在冷却过程中，先到达饱和点 E'，不出现结晶；继续降温进入亚稳区的 F 点，结晶出现，溶液浓度降低，呈 F-G 线变化；也可能进入不稳定区域的 H 点，浓度随 H-G 线降低。F 点和 H 点为不确定点，受到多个因素影响。F、H 两点的温度不同，对应成核的过饱和度也有较大差异，这会引起后续晶型、粒度的差异。

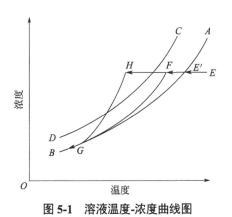

图 5-1 溶液温度-浓度曲线图

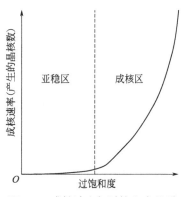

图 5-2 成核速率与过饱和度关系

冷却速率决定过饱和度产生的快慢，影响成核点在亚稳区的位置。冷却越快，成核点进入亚稳区离平衡饱和溶解度越远，过饱和度越高。图 5-2 显示了成核速率和过饱和度之间的关系，晶核数随着过饱和度增加呈指数增长。高过饱和度下的大量成核会引起产品粒

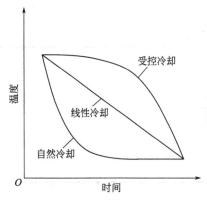

图 5-3 自然冷却、线性冷却和受控冷却操作的温度变化曲线示意图

度偏小,纯度下降等问题。因此冷却速率是冷却结晶中最为关键的控制因素。

冷却方式分为自然冷却、线性冷却和受控冷却(图 5-3 所示)。夹套或冷凝管为恒温会导致自然冷却,冷却初期降温迅速,产生高过饱和度,容易导致爆发成核。冷却面的局部高过饱和度也会引起壁面生长,降低结晶器壁面的传热,后期更难降温。线性冷却降低了初始冷却速率,但在初期降温速率还是过大,成核过程也难以控制。理想的冷却策略是调节冷却速率使其和悬浮晶体提供的总生长面积相匹配。当生长面积小时,过饱和度应保持在较低水平,冷却速率随着生长面积增加而加快。受控冷却可以较好满足理想冷却策略[1]。

下面通过一个具体例子来解释如何利用冷却结晶获得理想晶型的过程。

某化合物存在六种晶型。初步中试生产得到的都是晶型Ⅲ,不是目标晶型Ⅰ。图 5-4 是晶型Ⅰ和Ⅲ的溶解度。晶型Ⅰ在室温最稳定,而晶型Ⅲ在高于 75℃时最稳定。因此,在高于 75℃结晶时,结晶期间的溶液浓度不应超过非目标晶型Ⅲ的溶解度,以防止其结晶。另外,因为互变晶型Ⅲ的存在,操作温度和浓度也有一个上限。

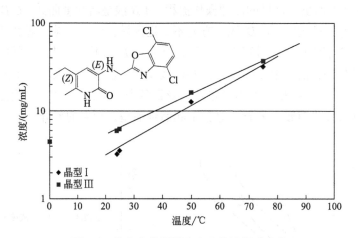

图 5-4 某化合物晶型Ⅰ和Ⅲ的溶解度曲线

为了获得目标晶型Ⅰ,一种优化结晶工艺过程被提出。图 5-5 为成功开发的半连续结晶工艺流程图。进料罐中是原料粗品悬浮液,控制进料速率使悬浮液连续进入温度约 50℃ 的溶解器中。悬浮液进入溶解器中变成全溶解的溶液,溶液再通过在线过滤器除去其中外来不溶粒子和痕量未溶的产品,连续进入结晶器。结晶器里含有目标晶型Ⅰ的晶种悬浮液,结晶器中温度较低,为 25℃。结晶器内的悬浮液不断通过 0.2μm 孔径的陶瓷错流过滤器连续过滤,渗透液送回溶解器使产品再次溶解,直到进料罐清空,所有过饱和度释放完全为止。关键的工艺参数有多晶型溶解度、加晶种和过饱和度控制。

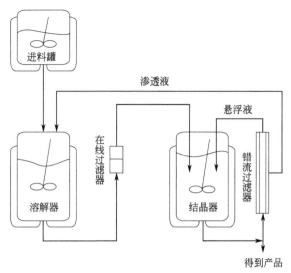

图 5-5　晶型控制结晶过程流程图

表 5-1 总结了实验和中试操作的条件与结果。开始时应在结晶器中加入晶型 I 的晶种。溶解器和结晶器的温度分别保持在 50℃和 25℃，这样结晶器中的浓度低于另一晶型的溶解度。每升结晶器的生产速率是 5g/h。在这些条件下，结晶器中的悬浮液浓度从 10mg/mL 开始，操作 20h 后到约 100mg/mL 结束。此工艺成功生产出了较纯的目标晶型 I。

表 5-1　多晶型实验条件和结果

实验编号	粗品/kg	晶种/kg	收率%	产品纯度（质量分数）/%	晶型	粒度分布（<25μm）/%	
						晶种	产品
实验室.37A	2.21	0.3	91	99.6	I	93	89
中试 3-1	22.2	2.2	78	99.5	I	90	85
中试 5-1	25.5	3.2	86	100	I	85	74

5.2　蒸发结晶

蒸发结晶是通过去除一部分溶剂使得溶液在加压、常压或减压下加热蒸发、浓缩以达到过饱和的过程。此方法适用于溶解度随温度的降低而变化不大的物系或具有逆溶解度的物系。蒸发结晶消耗的热能较多，但不需要添加反溶剂，避免了溶剂分离。

5.2.1　蒸发结晶过程

图 5-6 是蒸发过程中浓度随时间的变化。由初始浓度 A 点开始，溶剂被移除，溶液浓度升高，与溶解度线交于点 B，此时结晶可能发生。大多数情况下，结晶需要一定的过饱和度，这取决于亚稳区宽度、有无晶种和其他因素，比如混合、气泡生成和杂质水平等。

结晶一旦开始，溶液浓度变化可能有不同的路径。假设结晶开始于 C 点，C 与 E 点之间的路径依赖于蒸发速率、晶体表面积、二次成核速率和内在晶体生长速率。在没有结晶发生时，溶液浓度可能达到最终整体浓度 D。在有结晶发生时，其他浓度变化路径（B—C'—F，B—C'—G）也是存在的。

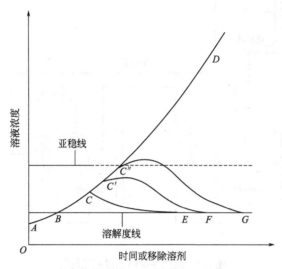

图 5-6　蒸发结晶过程中溶液浓度随蒸发时间或溶剂移除量的变化曲线

(A—B—C—E 是顺利生长的优选路径)

5.2.2　杂质的影响

　　杂质的浓度随着蒸发的进行而增加，溶质和杂质浓度增加会引起蒸发速率降低，若供热速率不变，则最终导致结晶体系的温度升高。如果杂质会显著增加溶质的溶解度，它们也会通过在生长表面的结合改变成核速率和生长速率。这些影响由图 5-7 中曲线 H-E 表示，随着蒸发进行，溶解度增加。在极端情况下，晶体刚刚形成就随温度升高而熔化。显然，溶解度的增加也降低了产品收率。如果杂质会显著降低溶质的溶解度，如在水系统中，这种影响常常由高的无机盐浓度引起，被称为盐析。

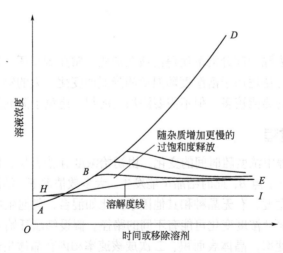

图 5-7　因温度升高和杂质浓度增加引起溶质溶解度增加时蒸发结晶的浓度变化曲线

(溶解度曲线不再是 H-I，变成 H-E)

5.2.3 溶剂变化

还有一种蒸发操作是一边蒸发移走原来的溶剂，一边引入反溶剂。保持溶剂恒体积过程需要调整蒸发速率和反溶剂的添加速率。在这种情况下，如图 5-8 所示，溶液浓度变化类似于冷却结晶，原有溶剂的剩余量为横坐标。蒸发由 A 点开始，同时反溶剂开始加入以保持恒定的体积。通过选择正确的蒸发速率和在 B 点加入晶种，浓度会非常靠近溶解度曲线，在 D 点结束。如果蒸发太快或加晶种延迟，浓度会超过亚稳界限（C 点），经由 C 到 D 点。

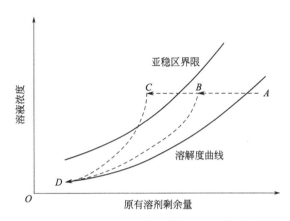

图 5-8 添加反溶剂以保持体积恒定的蒸发结晶过程中浓度变化曲线

5.2.4 影响蒸发结晶成核和生长的因素

蒸发结晶过程中，加热面产生气泡和气-液界面上气泡的离开会引起局部浓度和温度梯度波动，局部浓度高于亚稳区的界限，会造成局部成核，最终平均粒径和粒径分布难以预测。这些结果受到蒸发速率、壁温、气体脱离、气泡分布等因素的影响。主要存在问题有：
- 蒸发表面和加热壁面上产品垢层的积累
- 因局部过热造成垢层产品的分解
- 因局部过快成核和生长造成杂质或溶剂的包藏
- 蒸发期间加晶种点的确定
- 因悬浮液浓度增加造成整体混合变差
- 泡沫（细晶料存在时会增加）

生产放大过程可能存在以下问题：
- 加热比表面积降低
- 相对蒸发速率降低或过高的夹套/盘管温度
- 泡沫增加引起的单位体积蒸气蒸发面积降低
- 混合时间增加
- 因混合速度、剪切、微观和宏观混合变化引起的二次成核变化

它们与溶质的结晶特性密切相关，难以量化。因此实验室与中试结果，中试到生产规模会有很大不同。

5.2.5 传热过程

在壁面蒸发结晶器需要具有快速的流体循环，保持夹套内流体与釜内物料有足够的温差来传热，满足蒸发速率的要求。结晶物的热稳定性限制了壁温的选择，结晶物料在器壁上结壳会降低热速率，引起热分解。夹套内对流体温度的要求也可能限制了高压蒸汽的使用，相比于蒸汽选择热水或其他热液体会降低夹套一侧的传热系数。当然，选择低压蒸汽加热可以保证良好的壁传热速率，但需要用真空泵降低体系的沸点来实现。

在容器底部设置加热夹套（或分离夹套），可以有效避免过热分解，如果加热套部分位于沸腾液面上方，在沸腾液面以上的热分解将更严重，溶剂蒸发后留下的固体将继续暴露在夹套最高温度下。因此在设计和操作过程中应避免在靠近沸腾液面或其上方供热。这对于物料体积减小的情况尤为重要。

图 5-9 是通过一个热交换器的强制循环来满足蒸发速率。这种设计通过提供更多传热表面积（相对夹套）和更高传热系数能够在较小温差下输入较多的热量。然而，晶体会在循环泵中受到额外的剪切作用，在热交换管表面也可能会结垢。内部盘管也可提供额外的表面积而增加传热，盘管表面仍可能结垢。

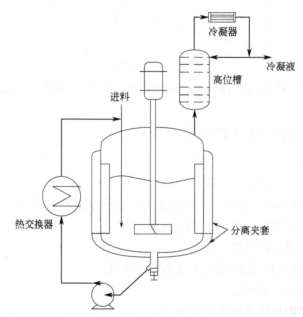

图 5-9 配有挡板、釜顶冷凝器、外部强制循环热交换器、夹套式标准蒸发结晶器

类似地，蒸发期间，第二种溶剂可以加入以保持容器内体积的恒定。分馏是有助于变换和回收溶剂的较好的选择。

5.3 盐析、反溶剂结晶

5.3.1 盐析、反溶剂结晶过程

另外一种产生过饱和度的方法是向物系加入某些物质来降低溶质在溶剂中的溶解度。

所加入的物质可以是固体，也可以是液体或气体。所加物质要溶于原溶液中的溶剂，但不溶解被结晶的溶质。例如，在联合制碱法中，向低温饱和氯化铵母液中加入 NaCl，利用共同离子效应，使母液中的氯化铵尽可能多地结晶出来，这个过程称为盐析结晶 (salting-out)。

通过向溶液中引入另外一种溶剂，改变溶剂的组成，降低溶质的溶解度来结晶的过程称为反溶剂结晶 (anti-solvent crystallization)。如图 5-10 所示，A-B-C 是典型的平衡溶解度曲线（此曲线可能是凹形的或是线性的，这里为清楚起见选择凸形的曲线），B-C 和 E-D 之间为亚稳区。从 A 点到 B 添加反溶剂，溶液浓度低于平衡溶解度，不结晶，超过 B 点，随着反溶剂继续滴加，过饱和度会增加。成核前的过饱和程度是系统特性，相关影响因素包括反溶剂添加速率、混合、初级或二次成核速率、生长速率，以及溶液中杂质的数量和类型。

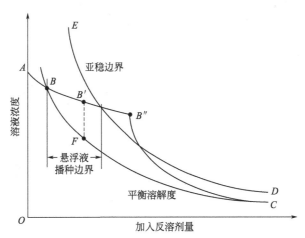

图 5-10　添加反溶剂到产品溶液中并在亚稳区内操作的溶液浓度变化曲线

图 5-10 显示了沿反溶剂添加路径的多个点。如果反溶剂添加太快或没有加晶种，溶液浓度会超过亚稳区上边界，溶质会沉淀。另一方面，如果在亚稳区内加晶种和老化，生长会加强，成核会减少。

如果在溶液中存在足够多的晶种，且反溶剂添加速率足够慢，溶液浓度曲线将靠近溶解度曲线 (B-C)，可能实现无成核的完全生长过程。如果溶液中没有晶种或者反溶剂添加过快，会产生高过饱和度，在亚稳区上的 B″ 点发生快速成核，后续接着成核和生长 (B″-C)，最后在反溶剂加入一段时间后达到平衡。如果浓度达到 B″ 点，系统也可能引起油析（即待分离的物质以油状析出）和聚结。为了减少晶种溶解，需要在具有一定过饱和度的 B′ 点引入晶种，同时停止添加反溶剂。这时候会沿着 (B′-F) 线释放过饱和度，最终 F 点将会接近平衡溶解度，这时晶体生长面积足够大，再缓慢滴加反溶剂将会实现完全生长过程，溶液浓度也可以沿着 (F-C) 线在溶解度附近逐步降低。

如果需要制备细小晶体，可以将添加顺序反过来，即将产品溶液加到反溶剂中，如图 5-11 所示。A 点为在溶剂中的溶解度，如果添加足够快，过饱和度快速增加 (E-F)，产生细晶。由于平衡溶解度很低，即使添加速率很慢和有晶种存在，仍会导致高过饱和度，产生细晶。

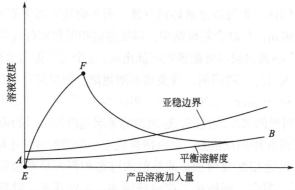

图 5-11　与平衡饱和和亚稳区有关的反添加（溶质溶液加到反溶剂中）浓度曲线

由图 5-11 看出，随着溶液添加到反溶剂中，溶质浓度很快超过了溶解度曲线和亚稳区边界，导致大量成核。

5.3.2　反溶剂添加策略

一种常见的添加方式是线性添加。如图 5-12 和图 5-13 中 A 线所示，线性添加曲线是在整个时段内反溶剂添加到产品溶液中是线性的。程序添加曲线是随着时间逐步增加反溶剂添加到产品溶液中的速率。当以恒定速率添加反溶剂时，过饱和度一般增加很快，过饱和度会在添加早期很快超过亚稳界限，出现成核为主的过程。线性添加时，过饱和度不能保持恒定，会达到一个最大值，可能超过了亚稳区上边界。对于优化的添加，过饱和度保持在某个水平之下，应接近溶解度曲线（图 5-13）。

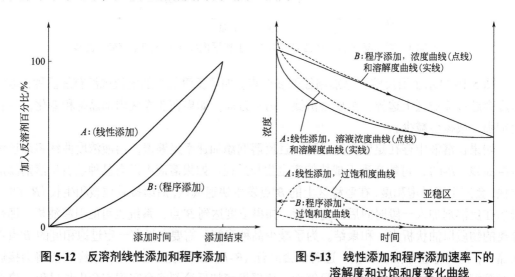

图 5-12　反溶剂线性添加和程序添加

图 5-13　线性添加和程序添加速率下的溶解度和过饱和度变化曲线

曲线 B 的添加速率开始缓慢，逐步加快，实现了相对恒定的过饱和度。添加速率逐步增加过程类似于温差程序控制[2]。当恒定过饱和度的生成与恒定去过饱和度处于平衡状态时，溶液浓度曲线会保持在溶解度曲线附近（图 5-13 中程序添加）。这种添加策略通过保持溶液浓度处于亚稳区内，在晶体生长的同时促使成核减少。反溶剂结晶过程中，晶种常以在反溶剂中呈悬浮液的形式进行添加，可以在靠近饱和点时开始添加，直到整体浓度处于亚稳区内为止。Yang 和 Wei[3]采用神经网络模型提出了一种机器学习的方法，更准确地预测了反溶剂结晶系统的动力学参数，其实测数据的平均相对误差一般小于 10%，在某些情况下其误差甚至小于 5%。

下面通过实例来阐述如何优化反溶剂结晶过程。

某化合物结晶会形成油状、无定形固体或极细晶体（>20m²/g）。这些针状晶体使得后续的过滤困难。

改进方案 1：在化合物甲苯溶液中，加入少量反溶剂乙腈产生低过饱和度。加入晶种，老化，然后在几小时内加入剩余的乙腈使过饱和度产生较慢，接着冷却以获得高收率和再一次老化。如图 5-14。

由于化合物结晶困难，如果将反溶剂快速加入，时间少于 1h，产生高过饱和度，出现油状物/无定形固体；在缓慢添加的情况下，产品的粒度分布和平均粒径不能满足过滤、洗涤和干燥要求。

改进方案 2：如图 5-15 所示，将一定量的悬浮液加入到结晶器中，其中溶剂组成为结晶最终的溶剂组成比例，晶种含量多达 10%。然后在一定温度下，数小时内同时加入化合物甲苯溶液和反溶剂。

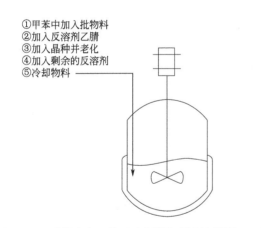

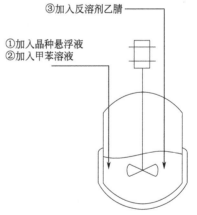

图 5-14　选择方案 1 的反溶剂添加程序流程图
（反溶剂添加后进一步冷却操作）

图 5-15　改进方案 2 的反应溶剂添加程序
（物料和反溶剂同时加入含有晶种悬浮液中）

结果是改进方案 2 的过滤速率比改进方案 1 大 10 倍。此化合物在高过饱和度下形成油状物或无定型固体表明其亚稳区宽度相对较窄。在较大量晶种提供的比表面积情况下同时缓慢添加有效保持了足够低的过饱和度，可防止二次成核，并允许相当程度的生长。

改进方案 3：除了上述操作流程的改进，还进行了实验因素分析[4]。

输入变量：

- 混合强度（350～1450r/min，1.1～4.7m/s 叶尖速）
- 晶种类型（悬浮液或磨碎的）
- 晶种量（3%～10%）
- 温度（15～25℃）

- 溶剂比例（50%～70%反溶剂）
- 添加时间（1～6h）

输出变量：

- 过滤时间和滤饼阻力——使用 0.050m² 过滤器，约 20g 产品（40～50mm 滤饼高），20Psig 过滤压力
- 聚焦光束反射测量仪（FBRM）粒度分布（确切为弦长分布）
- 光学显微照片

研究结果表明晶种类型和混合强度是影响过滤阻力的主要输入变量。使用晶种悬浮液时，不足量的悬浮液晶种引起明显的细针状和双峰粒径分布，过滤慢。磨碎的晶种具有大量生长点，弱化了晶种数量对过滤时间的影响。高的混合强度使得滤饼阻力升高。高的溶剂/反溶剂比、高的温度和长的添加时间都有助于降低滤饼阻力。

输出变量见图 5-16 和图 5-17，过滤时间、FBRM 测量的平均粒径（弦长）和光学显微照片得到细晶数量水平之间的相关性很好。用 FBRM 实时测量数据能直接反映出工艺性能（滤饼阻力）。

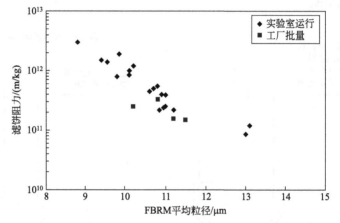

图 5-16 改进方案 3 所得到的产品中粒径对过滤速率的影响

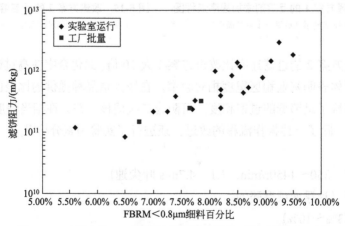

图 5-17 改进方案 3 所得到的细晶料百分比对过滤速率的影响

5.4 反应结晶

5.4.1 反应结晶过程

当结晶的过饱和度是通过化学反应形成化合物形成时，此操作称为反应结晶（reactive crystallization）或者沉淀结晶（precipitation）。反应可以发生在两种有机化合物之间，或者是酸或碱中和。相比于结晶过程的传质和生长，反应过程非常快，可能导致局部过饱和度非常高，从而大量成核。尽管反溶剂结晶和化学反应结晶具有许多相同的特征，但过程产生过饱和度的速率经常是不同的。相比已知的反溶剂添加对溶解度的影响，反应结晶会遇到其他动力学问题，更加缺少可预测性。大多数情况下，细小粒子不利于下游过程，尤其是过滤、洗涤和干燥。

5.4.2 反应结晶的粒径控制

因为反应结晶产生过饱和度的速率源于反应动力学，而减缓反应往往较困难，因此粒径控制变得不容易。对于快速反应的化合物体系，采用传统的方法，比如降低浓度和温度可能会降低反应速率，但其改善程度并不明显。

尽管控制反应原料添加速率提供了一种反应中控制整体过饱和度的方法，但由于反应可能在加入点附近就快速反应完全，对局部过饱和度控制不明显。因此，成功的操作需要反应原料添加速率、局部过饱和度、整体过饱和度、质量传递和晶体生长表面积等几方面有机协调。对于结晶缓慢的化合物，调节反应物添加速率可有效控制过饱和度。

大多数反应结晶产品的溶解度很低，因此溶解度受到温度的影响较小，溶解度线基本水平。图 5-18 说明了三种原料反应物添加策略：线性（A-B-C），程序化的（A-D）和程序化并且加晶种（A-E）。这三种添加方式的主要差异在于亚稳区之上的过饱和度不同。在不加晶种的情况下可能发生过量成核。添加足够数量和适当大小的晶种可以保持过饱和度在亚稳区内，避免过量成核。反应物添加开始时需要控制过饱和度，可能需要一开始就加入晶种。

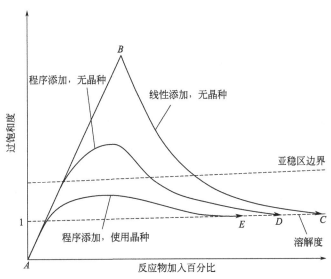

图 5-18 反应结晶过程反应物添加方式示意图及与亚稳区的关系

微观混合的时间对反应和成核诱导时间都非常重要。影响微观混合时间的因素有进料口的位置、搅拌桨速率和搅拌桨类型等。在相同搅拌速率下，搅拌釜中不同位置的微观混合时间差异很大，有时可以达到 20 倍以上，对不同搅拌速率和搅拌桨这种差异可能会加剧。在微观混合时间内，对反应快速且成核诱导时间短的情况，离开此区域的粒子可能已经是晶体或无定形固体。对反应慢和诱导时间长的情况，在此区域不出现相变。微观混合时间对成核的影响依赖于反应速率和成核诱导时间。平均粒径和粒径分布随不同进料管位置的变化可以用来表明混合的敏感性，若没有发现明显变化，成核诱导时间可能相对微观混合时间更长。文献报道了关于混合对硫酸钡及草酸钙的影响的实验研究。有机化合物的成核诱导时间存在一个很宽的范围。短的诱导时间可以是毫秒级，与搅拌釜中的微观混合时间处于相同量级。在不佳的混合区域微观和介观混合时间会增加 10 到 100 倍，即使成核诱导时间更长，混合影响也会凸显出来。两种物料微观混合的实现要比成核诱导和反应以及有效的介观和宏观混合快，才能控制过饱和度的产生速率。在这些条件下，足够晶种表面积和充分质量传递将减小成核而利于生长。不过，过度混合会导致诱导时间缩短和成核速率增加，晶体也因剪切增加破碎机会。

5.4.3　诱导时间和成核

诱导时间与反应时间、混合时间有关。在反应物料进料位置，混合、反应和成核可能在同一时间范围内或多或少并行或串联发生，这取决于各自的时间常数。如果他们并行发生，在反应开始前混合可能还没有达到分子水平。如果诱导时间是短的，在局部高过饱和区域，可能会有未反应物质混入晶核中。在这种情况下，

$$t_{mix} \sim t_r \sim t_{ind}$$

理想情况为，在反应前实现分子水平混合，反应完成的时间少于诱导时间，这样形成的晶核仅为目标分子。在理想情况下，

$$t_{mix} < t_r < t_{ind}$$

反应时间和诱导时间都与浓度相关。诱导时间也是过饱和度的函数（t_{ind} 随 S 增加而减小）。高过饱和度下成核可能主要是初级成核而不是二次成核。

5.4.4　过饱和度控制

反应结晶中反应区域的局部过饱和度较高。除了混合问题，最小化过饱和度的关键还有：

① 反应物料添加时间——必须足够长以控制整体过饱和度位于亚稳区内。

② 足够多的初始晶种面积——避免或减少初级成核。过量晶核会限制总体生长。

③ 添加速率和生长表面积的持续平衡——促进生长和避免可能导致双峰分布的持续成核。

图 5-19 揭示添加反应物料期间浓度应保持在亚稳区内操作。

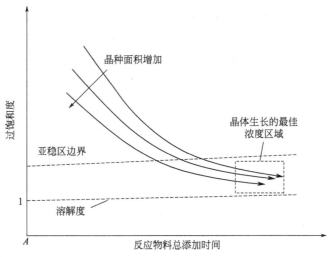

图 5-19　反应结晶中反应物料添加时间和过饱和度变化关系和亚稳区示意图
（方框表示促进生长减少成核的区域）

5.5　熔融结晶

5.5.1　熔融结晶过程

熔融母液是指在接近其凝固点温度下的纯液体或液体混合物。熔融结晶不同于溶液结晶：熔融结晶中的结晶溶质是熔融液本身（如在纯化应用中）或溶剂（如在冷冻浓缩或共熔组分冷冻结晶中），其次，操作温度接近主要成分的熔融温度。

Ulrich 等[5]提出了溶液结晶和熔融结晶之间的另一个区别：当传质主导液相-固相变化时，其被定义为"溶液结晶"；当传热主导液相-固相变化时，它被定义为"熔融结晶"。

熔融结晶在工业上也得到了较多的应用，表 5-2 列出了熔融结晶的产品及其生产规模[6]。
熔融结晶的优势：

- 高纯分离，纯度从 99.99%到 99.999%在技术上和经济上都是可行的。
- 可以分离出沸点接近的有机物质。
- 低能耗，固液相变焓远低于蒸发焓。由于有限的分离效率，熔融母液结晶过程经常在多级结晶器中进行，因此，每千克产品的能耗可能相对较高[7]。
- 熔融结晶较精馏过程通常可以在低温下进行，有利于处理热敏性物质。

表 5-2　部分用熔融结晶技术分离的工业产品及其生产规模

产品	丙烯酸	苯酚	对二甲苯	己内酰胺
世界年产量/（百万吨/年）	4.7	10	35	5.7
年份	2012	2011	2009	2012

5.5.2　结晶相区域

相图随着组分数的增加会变得复杂，有机物的多组分相图很少。对于杂质很少的超纯化过程,杂质的含量已经很低,每一种杂质被认为仅仅和主成分有关联而与其他杂质无关。因此,二元相图就足够了。图 5-20 是低共熔物系典型相图,在系统中能形成具有最低结晶温度的"低共熔物系(eutectic system)",它是 A 和 B 按照一定比例混合的固体。点 *A* 是纯物质 A 的结晶固化温度,点 *B* 是纯物质 B 的结晶温度。曲线 *AE* 和 *BE* 表示 A 和 B 不同组成混合物析出晶体温度。

AEB 上方为熔融态,如果有一个熔融混合物自 *X* 点沿垂直线 *XZ* 冷却,首先在 *Y* 点析出晶体 B,理论上,B 是纯组分。进一步冷却,更多 B 结晶,在冷却过程中,液相组成连续沿着 *BE* 曲线变化,达到 *E* 的水平线时物系完全固化。*E* 点称为低共熔点。例如冷却至 *Z* 点时,结晶 C 是纯 B,而液相 L 则是 A 和 B 混合物,组成为 L。固相 C 与液相 L 的质量比例为 *LZ*:*ZC*,服从杠杆定律。位于 *AE* 曲线上方组成的混合物系,沿着垂直线冷却情况与上述情况类似,主要区别在于开始结晶固体是纯 A,而不是纯 B。

低共熔点 *E* 是两曲线的交点,具有相应组成的液相在此点全部以同组成形成固体混合物,很多有机化合物混合物、合金、耐火混合物等都属于这种物系。

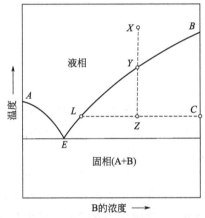

图 5-20 低共熔双组分物系的相图

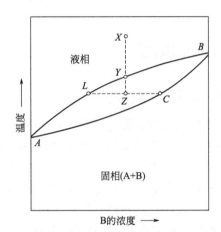

图 5-21 固体溶液物系典型相图

固体溶液是指由二个或多个组分以分子级紧密掺合的混合物。固体溶液物系比低共熔物系更难分离,图 5-21 是固体溶液物系的典型相图。图中 *A* 点与 *B* 点为纯 A 和纯 B 的结晶温度。上曲线表示在冷却时,不同组成的 A 和 B 混合物开始结晶的温度,即液相结晶线;下曲线指在加热情况下,A 和 B 混合物开始熔融的温度曲线,即固相熔化线。*X* 点组成的混合液,冷却至 *Y* 点开始结晶。在 *Z* 点温度处,该混合物分配在具有 C 组成的固相混合物以及具有 L 组成的混合液相。固液相的相对质量比也遵照杠杆定律,为 *LZ*:*ZC*。注意 C 固相结晶物不是纯物质而是固体溶液。要想得到纯物质,必须反复再结晶精制。固体溶液物系的分离需要多级结晶。

5.5.3 分配系数

实际上,由于杂质的黏附、包藏或夹杂,即使对低共熔混合物的分离,通过一步结晶也难以达到完全分离。如果杂质是完全地或部分地溶解于被提纯组分的固相中,则可方便地定义一个分配系数:

$$K_0^* = c_{eq,0} / c_{bulk} \qquad (5-1)$$

$c_{eq,0}$ 是固相中杂质的浓度，而 c_{bulk} 是液相中杂质的浓度。分配系数一般随组成而变，纯相时为 0。

在晶体生长（生长速率 $G>0$）过程中，杂质进入晶格被阻挡，在生长面附近的杂质浓度 c_{int} 累积升高，$c_{int}>c_{bulk}$，因此杂质进入晶体的概率提高了。

$$c_{eq,G} = K_0^* c_{int} \qquad (5-2)$$

累积的杂质会通过边界层向溶液主体进行扩散，浓度梯度如图 5-22 所示，对于层生长和悬浮液生长，传质层的厚度 δ_m 取决于流体力学，通常在 $10^{-6} \sim 10^{-4}$m 之间。利用该传质层厚度 δ_m 和熔融液中的二元扩散系数 D，可以从以下公式计算传质系数 K_m：

$$\delta_m = \frac{D}{K_m} \qquad (5-3)$$

由此获得了有效分配系数[8]：

$$K_{eff} = \frac{K_0^*}{K_0^* + (1-K_0^*)\exp\left[-\dfrac{G\rho_c}{K_m\rho_L}\right]} \qquad (5-4)$$

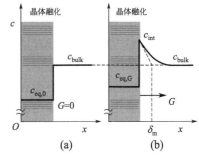

图 5-22 非生长（a）和生长（b）条件下的杂质浓度分布

式中，ρ_c/ρ_L 为晶体与熔融态之间的密度比，用来补偿两者间的差异。K_{eff} 关联了晶体中的杂质浓度与熔融态中的杂质浓度，受生长速率的影响。

5.5.4 熔融结晶技术与应用

1. 层熔融结晶

在该技术中，金属壁一侧通有冷却循环介质，另外一侧的熔融母液中的热量通过金属壁导出。层结晶过程可以在静态过程（停滞熔融液）或动态过程（熔融液的强制对流）中分批进行。静态层工艺通常使用板式换热器，时空产率低，不适合大规模过程。

动态层工艺的特征是循环熔融液，其中结晶发生在管内，管外部冷却。例如苏尔寿（Sulzer Chemtech）降膜工艺（图 5-23）。在该结晶器中，沿管方向的温度恒定。冷却剂的温度在熔融液的凝固点以下。

在随后的发汗过程中（用来提纯结晶层），结晶层可能会从冷却金属壁上脱落，在管下方，管内设置有金属环用来支撑结晶层。

固态晶体层形成于结晶器的冷却壁面。图 5-24 给出了靠近壁面的传热过程。贴近壁的晶体层温度

图 5-23 苏尔寿动态熔融降膜结晶器示意图

最低，沿着晶体层缓慢升高，液体传热层δ_{th}升温速率加快，直达熔融液主体温度。结晶热主要由壁附近的晶体层导出。在固-液界面处，实际温度等于或略低于平衡值，并且大部分熔融液不饱和。传热层δ_{th}通常比传质层δ_m厚，传质层δ_m受熔融液中流体动力学影响。

$$\frac{\delta_m}{\delta_{th}} = \left(\frac{D}{a}\right)^{\frac{1}{3}} \tag{5-5}$$

式中，D 为二元扩散系数；a 为传热系数。

熔融结晶的推动力如下所示：

$$\Delta\mu = \left(\frac{\Delta H}{T^*}\right)\Delta T \tag{5-6}$$

式中，ΔT 为过冷度；ΔH 为结晶焓；T^*是平衡温度。通过将纯熔融液喷向金属壁来诱导成核。在晶体层形成过程中，冻结的液滴沿着壁面横向生长。

在熔融结晶时，晶体表面有大量的生长单元，生长单元与周围的熔融液间存在化学键作用，生长单元由界面转移为晶格的过程需要将上述化学键替换为晶格间的作用键，对于黏性熔融液来说，这需要克服较大的能垒，是结晶速率的控制步骤。然而，整个熔融结晶过程通常受传热控制，通过在晶体层上施加更大的温差来实现更高的生产速率。

晶体生长过程中从晶体层表面排斥出来的杂质扩散回熔融液中。晶体层的生长速率越大，杂质的浓度分布就越陡。这些杂质不仅会掺入层中，而且还会影响结晶层前熔融液的固液平衡温度 T_{eq} 的分布（参见图 5-24）。

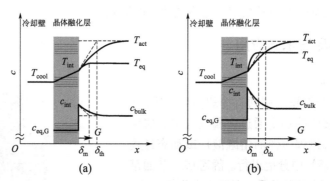

图 5-24 非过冷（a）和过冷（b）条件下层结晶的温度和浓度的分布

当晶体生长速率很低时，杂质从界面扩散开来，因此，杂质在生长层中的积累较少，并且从界面到主体的浓度梯度变缓，靠近该层的平衡温度较低，实际温度 T_{act} 始终高于平衡温度 T_{eq}，如图 5-24 (a) 所示。那么，垂直于界面的生长速率约为 $10^{-7}\text{m}\cdot\text{s}^{-1}$，接近溶液结晶生长速率。

当生长速率高时，在界面处形成了较高的杂质浓度梯度，实际温度 T_{act} 在传热层中低于 T_{eq}[参见图 5-24 (b)]，界面附近的温度比熔融液的凝固温度低，这种现象称为过冷。垂直于界面的生长速率约为 $10^{-6} \sim 10^{-5}\text{m}\cdot\text{s}^{-1}$。工业结晶器中的冷却面积相对较小（$<100\text{m}^2\cdot\text{m}^{-3}$），因此需要增大生长速率来满足产量。

根据 Mullin-Sekerka 稳定性准则，在平的晶体表面上表面张力对晶面发展的约束稳定作用较弱[9]，并且晶面发展的不稳定性波动会沿表面传播。因此，在结构过冷的情况下，从晶体表面到过冷区域，表面不稳定性出现并加强。晶体表面的小凹槽会引起生长变慢，这会形成低过冷条件下的蜂窝状生长（cellular growth）和高过冷条件下的树枝晶生长（见图5-25）。对于这两种生长形式，许多杂质被包裹。在结晶器中静态熔融液可能会促使树枝状晶体长大到不可接受的尺寸。因此，这也是降膜结晶器更受欢迎的原因之一。

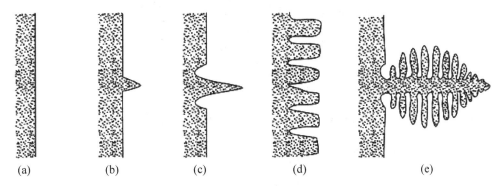

(a)　　　　(b)　　　　(c)　　　　(d)　　　　(e)

图 5-25　蜂窝状生长晶体形态与树枝状生长晶体形态

结晶层形成后，相对不纯的熔融母液从结晶器中排出。晶体层的第一步是通过所谓的发汗程序来进一步纯化。纯产物具有最高的熔点，因此在逐渐加热该层时，分散的夹杂物将首先熔化并向该层的表面移动。同时，树枝状晶体将重结晶并变平以减少层的表面积。不纯净的液体在层表面形成液滴，这些液滴向下滴落并被收集在底部，当熔融母液作为降膜沿层表面循环时，这种发汗程序变得更加有效。该熔融母液具有洗涤液的作用，有助于从表面去除汗滴。经过充分的发汗和洗涤后，残留冷却面上的晶体层最后被融化并作为产品排出。

层熔融结晶设备操作相对简单，无需搅拌器或刮刀等移动部件，无结垢问题。然而与悬浮液生长相比，其生长表面积小，需要高生长速率来满足所需的生产要求，这会导致杂质的增加。因此，通常需要多级操作以获得所需的纯度。根据经验，每级都会使杂质含量减少约90%。

2. 悬浮熔融结晶

Tsukishima Kikai（TSK）开发了连续逆流结晶（4C）系统。几个大型结晶器串联起来，每一级结晶器用冷却套冷却，钢刮板安装在旋转的引流管上。结晶器顶部设置有分离器，来自上一级结晶器的浆液首先被泵输送到顶部的分离器中，分离后被浓缩的部分进入该结晶器中，分离后被稀释的浆液返回到上一级结晶器，最后一级为洗涤塔（见图5-26）。结晶器的设计高度随级数增加而增加，便于熔融液通过溢流返回到熔融液纯度较低的上一级结晶器中。

苏尔寿设计的熔融液悬浮结晶器（图5-27）与TSK相似。在一个或多个含有刮刀的结晶器中，冷却壁上的晶体被刮落。将该悬浮液送入生长容器中，晶体进一步生长，但也可能发生熟化或由于刮擦应力而重结晶。生长容器中的悬浮液部分再循环到结晶器中，部分进入洗涤塔。

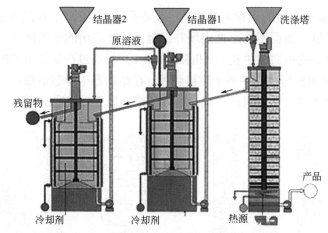

图 5-26　TSK-4C 熔融液悬浮结晶器示意图

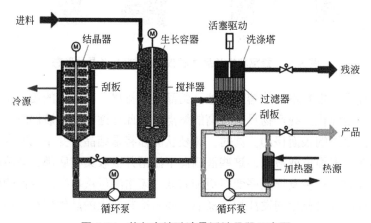

图 5-27　苏尔寿熔融液悬浮结晶器示意图

GEA Messo 的熔融悬浮结晶系统类似于苏尔寿的，具有一个或多个含有刮刀的结晶器/热交换器，通常带有一个生长器和一个液压洗涤塔（见图 5-28）。

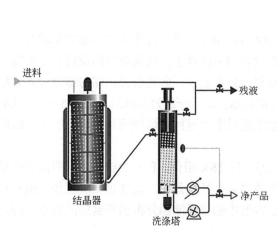

图 5-28　GEA Messo 熔融悬浮结晶器示意图

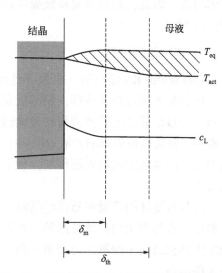

图 5-29　过冷悬浮结晶中组分浓度和温度分布

悬浮液被冷却，自由流动的晶体从过冷的熔融液中生长出来。接近晶体表面的实际温度曲线 T_{act} 见图 5-29。由于生长速率低，晶体表面的杂质浓度的梯度小，因此杂质浓度对平衡温度 T_{eq} 的影响小。尽管过冷度很小，不稳定的生长条件已然存在。

当影响晶体形貌发展，与晶体生长相关的不稳定性波动在晶体表面上形成时，才会在晶体表面出现类似于树枝状或凹槽的不稳定性生长。对于悬浮的微小晶体，其短小的周长不足以形成导致晶体形貌不稳定发展的波动。因此，微小的晶体表面不会形成突起。换句话说，小晶体的表面曲率较大，其受表面张力的稳定作用增强。

晶核主要由晶体的磨损形成。在熔融结晶中，晶体粒度大，并且晶体体积密度高[大约25%（体积）]，存在大量的晶体-晶体和晶体-部件碰撞。仅当熔融液的黏度高时，二次成核才受到阻碍。但是，除了这些磨损碎片外，从壁上刮下来的颗粒也可以充当晶核。

因为晶体的生长速率低，通常晶体对杂质的吸收非常低，特别是低共熔融液系。因此，实际上仅需要一次结晶（不需要重结晶）即可得到高纯度的晶体，最终的产品纯度主要取决于分离和洗涤步骤。在该步骤中，必须防止任何不纯的熔融液沉积在晶体上。为此人们开发了三种类型的洗涤塔。在需要超纯化的情况下，洗涤塔可实现近乎完全的相分离与高效洗涤。

3. 洗涤塔

在逆流操作中，来自结晶段热端的悬浮液被送入洗涤塔的顶部。在重力洗涤塔中，晶体在重力作用下沉降，松散堆积的床层向下移动。密实床层通过在轴上设置的叶轮的缓慢旋转（<1.5r/min）保持均匀填充，不纯的熔融液作为残留物通过顶部的溢流离开洗涤塔。除一部分作为残液外，其余残留物还循环到结晶器中。在塔底，被逆流洗涤的晶体床熔化（见图 5-30 和图 5-26）。熔融段位于洗涤塔内部的底部。由于在该非搅拌段中传热差，生产能力不高。熔融的纯产物的一部分作为洗涤液向上推动，而其余部分则作为产物排出。上升的液体在下降的晶体上结晶，因此降低了床的孔隙率。洗涤塔上下的温差不应超过20K。该洗涤塔仅适用于晶体粒径大（约500μm），晶体与母液之间密度差足够大且黏度较低的体系。

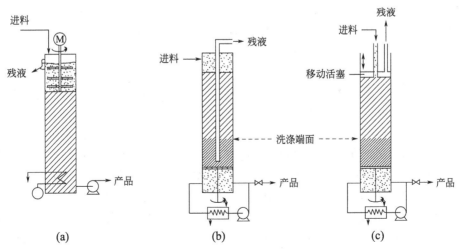

图 5-30　重力洗涤塔（a）、液压洗涤塔（b）、机械洗涤塔（c）

在洗涤塔中通过强化密堆积的结晶床的移动，可以实现更高的生产能力。将悬浮液送入顶部，高密度堆积的晶浆床层缓慢向下移动。不纯的熔融母液通过在洗涤塔中心设置的过滤器进入单独的过滤管，过滤后向上流动离开洗涤塔，一部分循环回结晶器，一部分作为残液排出。在塔底部纯净晶体被刮掉，这些晶体被悬浮和熔化于循环流中。通过外加压力将一部分纯晶体流体向上推回到塔中，其余部分则作为产物排出。上升的洗涤液在下降的结晶床上重结晶，因此降低了孔隙率。这提高了洗涤效率，并促进了不纯的熔融母液通过过滤器向上流动。应适当调整外加压力，以使洗涤前端面低于过滤器。洗涤液的平推流动可以保证洗涤端面水平，端面两侧存在明显的温度变化。

在机械洗涤塔中，致密床层是由活塞或螺杆施加的机械力输送的。不纯的熔融母液通过机械板上的孔离开洗涤塔。该洗涤塔的操作类似于液压洗涤塔，可以处理最小 100μm 的晶体，但对压缩变形的有机晶体不适用。

在将熔融结晶用作浓缩过程时，例如在浓缩果汁过程中，会形成冰晶，晶体会悬浮在洗涤塔顶部，在此处刮掉晶体（见图 5-31）。在洗涤前端，床层的颜色从白色的冰晶迅速变为果汁的颜色（GEA Niro 洗涤塔）。

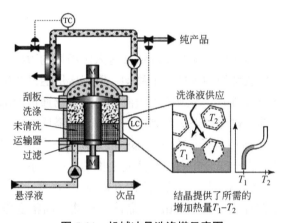

图 5-31　机械冰晶洗涤塔示意图

悬浮熔融结晶面临处理悬浮液和结晶器中移动部件的问题。晶体的高比表面积允许了高生产率，从悬浮的纯晶体中去除不纯的熔融母液，可以通过在一系列容器中逆流结晶，其中熔融母液的纯度沿洗涤塔的方向增加。

共熔点冷冻结晶（eutectic freeze crystallization，EFC）是熔融冷却和溶液冷却结晶的组合。它适用于同时从低共熔点附近的浓缩溶液中结晶出冰和盐。通过在略低于低共熔点的温度下冷却，形成冰，溶剂结冰而使盐也结晶出来。

与多种盐的同时结晶不同，冰晶的密度低于溶液的密度，在结晶过程中，冰漂浮到容器的顶部，而盐则沉淀在底部，冰和盐由重力自动分离。冰和盐也可以结晶后在沉降器中分离。一直以来，通过冷冻冰结晶使海水脱盐比蒸发或反渗透更昂贵。从热力学角度上看，冻结 1kg 水（333kJ）比蒸发水（2300kJ）在能源消耗上会更低、更经济，但是冻结是一个缓慢的过程，这会提高设备投资，相信随着技术的进步这一花费将会减少。若可以与冰同时生产纯度较高的盐，则 EFC 工艺在经济上将变得可行。尤其在强制零排放环保要求下，它会成为有潜力的解决方案。通常，稀溶液先通过反渗透进行预浓缩，然后用 EFC 工艺进行分盐深度处理。

为了进一步说明 EFC 工艺的特性，图 5-32 中给出了水、盐的示意性二元相图，其中不饱和溶液 A 分批冷却，在点 B 处溶液相对于冰过饱和，开始结晶。在低于点 C 的温度下，冰和盐都会结晶，并且一直持续到停止冷却为止。

如果连续进行该 EFC 过程，结晶器的进料组成是 A（图 5-32），结晶条件由图 5-33 中 S 点的温度和浓度给出。S 点位于冰和盐的亚稳区内。冰的亚稳态区域通常很小（还取决于盐的类型和浓度），在连续运行中，冷却壁面和溶液之间的温差应保持足够小，以避免冰结垢。

冰和盐结晶的推动力（见图 5-33）：

$$\left(\frac{\Delta\mu}{RT}\right)_{\text{ice}} \approx \left(-\frac{\Delta H_{\text{cryst,ice}}}{RT^2}\right)_{\text{ice}} (T - T_{\text{ice,eq}}) \tag{5-7}$$

$$\left(\frac{\Delta\mu}{RT}\right)_{\text{salt}} = \ln\left(\frac{a}{a_{\text{eq}}}\right)_{\text{salt}} \approx \frac{c_{\text{s}} - c_{\text{s,eq}}}{c_{\text{s,eq}}} = \frac{\Delta c_{\text{salt}}}{c_{\text{s,eq}}} \tag{5-8}$$

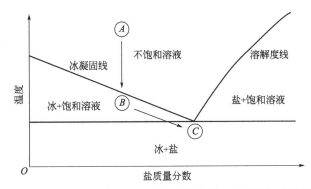

图 5-32　冷却不饱和盐溶液（具有低共熔点的二元系统）的结晶过程

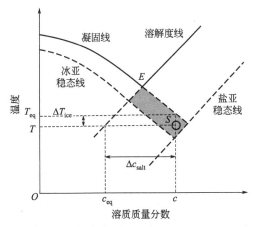

图 5-33　低共熔点结晶母液过饱和推动力相图

图 5-34 为硫酸铜-水系统的相图。在低共熔点处的浓度（质量分数）为 11.9%$CuSO_4 \cdot 5H_2O$，温度为 -1.5℃，析出物为五水合硫酸铜和冰。在低共熔点的左侧点 A 处，温度为 15℃，浓

度为 5%，通过冷却至温度达到冰凝固线进行 EFC 过程，在这一点以下出现冰晶。进一步冷却后，溶液将沿着冰线运动，由于析出冰，盐浓度会增加，直到低共熔点为止，在该点上，冰和盐会同时结晶析出。

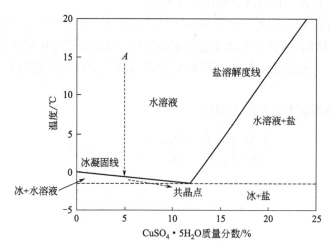

图 5-34　硫酸铜-水体系的二元相图

图 5-35 给出了硫酸镁-水系统的二元相图。$MgSO_4 \cdot 12H_2O$ 的低共熔点处温度为 $-3.9℃$ 和浓度（质量分数）为 17.4%$MgSO_4$。

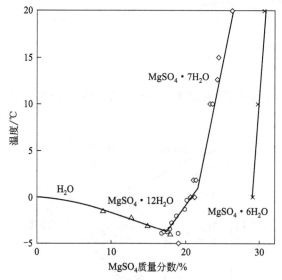

图 5-35　硫酸镁-水体系的二元相图

EFC 工艺可能涉及多组分系统，这是因为随着水的去除，杂质的浓度会急剧增加。图 5-36 表示了 Na_2SO_4-$MgSO_4$-H_2O 三元相图，实验数据用圆圈表示。通过比较图 5-35 和图 5-36 可以看出，在三元系统中，由于组分之间的相互作用，$MgSO_4$ 的低共熔温度降低了。图 5-35 显示 $MgSO_4$ 二元体系的低共熔温度为 $-3.9℃$，而图 5-36 显示，对于 Na_2SO_4-$MgSO_4$-H_2O 三元体系，三元低共熔温度为 $-7℃$。这说明使用二元相图来预测三元体系的低共熔温度是不准确的。

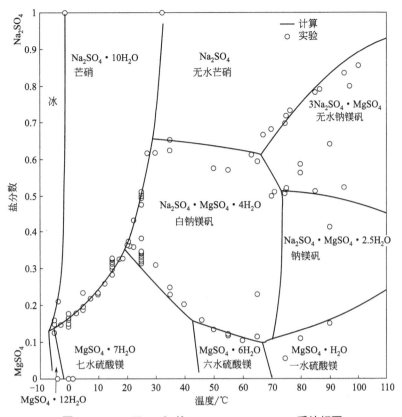

图 5-36　−10 至 110℃的 Na₂SO₄-MgSO₄-H₂O 系统相图

由于低温下水活度高，EFC 工艺通常会产生水合物。当温度从 EFC 操作温度升高到环境温度以回收水合盐时，温度升高将降低水合物含量。参见图 5-36，该图显示在最低温度下有利于 $MgSO_4 \cdot 12H_2O$ 相，随着温度的升高，将有利于 $MgSO_4 \cdot 7H_2O$，然后是 $MgSO_4 \cdot 6H_2O$，$MgSO_4 \cdot H_2O$，最后是无水盐。因此，产生的水合物将完全溶解在储罐的母液中，重结晶成为新相。受两种水合物的溶解度限制重结晶将在低过饱和度下发生。重结晶过程进一步排除了晶体中掺入的杂质，洗涤之后可以获得高纯产物。

由于冰晶的晶格可有效排斥杂质（因为水分子的尺度很小），从果汁中生长出来的冰晶是白色的。在 EFC 结晶过程中，由于工作温度低，在冷却壁面上容易形成冰垢，在溶液中会形成聚集体。在从冷却壁面刮下的冰块中或溶液中的聚集体上，冰晶缝隙能够包藏盐晶体细屑，需要进行冰晶洗涤。在洗涤和部分冰融化过程中，微小的盐晶体会溶解并从冰晶中释放出来。

目前，EFC 流程处在概念验证阶段[10]，并已逐步在试点规模运行。一系列的研究包括：EFC 工艺、结晶器设计、案例分析以及最近的一些基础研究。

相图 5-37 描述一个系统从点 b 上方的点冷却至点 b 并最终冷却至三元低共熔点过程中的相变化。在冷却过程中，液相线表面在点 b 相交，纯 C 开始结晶。这导致溶液中剩余的 C 变得更少，因此系统平衡沿着平衡线（这是连线 K 的延伸）移动到点 d。点 d 为 A、C 饱和的二元低共熔点，A 和 C 同时结晶。随着 A 和 C 的结晶，B 含量升高。因此，随着温度进一步降低，系统沿着二元低共熔点线 e_1-E 移动，达到 E 点，所有三相（A，B 和 C）将同时从溶液中结晶出来。

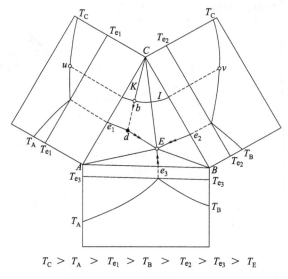

$$T_C > T_A > T_{e_1} > T_B > T_{e_2} > T_{e_3} > T_E$$

图 5-37　A-B-C 体系的三元相图

5.6　加晶种技术

添加晶种是结晶工艺中常用的一种改善结晶过程的方法，在达到饱和并在初级成核之前添加晶种，可尽可能避免初级成核，保证晶体生长，并可以使每次的结晶过程的重复性和晶体产品一致性较好。由于结晶过程中溶液是过饱和的，加晶种的目的是为晶体生长提供表面积，诱导晶体生长，而不必依赖初级成核，同时由于晶体生长，过饱和度减小。过饱和度的大小，以及晶种所提供的晶体表面积的大小，决定了晶体的生长速率和质量（因为"质量"取决于生长速率）。最终产品的晶体粒度大小分布取决于引入过程中的晶种的性质（粒度分布）[11-17]。

5.6.1　加晶种操作：原理和现象

市场上出售的大多数晶体产品都必须满足对产品质量的特殊要求，例如纯度、平均晶体粒度和粒度分布。因此，工业过程所生产的晶体产品质量要可靠及一致性好，以满足客户对产品质量的要求。

加晶种操作工艺可以实现上述晶体产品质量的可确定性和可重复性，通过控制晶体生长速率来达到要求。为确保满足所需的条件，需要知道温度和浓度。这些特性可以通过一些在线测量技术来确定。

然而，生长速率并不是决定晶体生长过程重现性（一致性）的唯一因素。通过添加晶种来提供晶体生长所需的表面积，此表面积是晶种大小和晶种数量的函数。晶种表面积的

"质量"也很重要，在一定程度上取决于晶种的来源和晶种的添加方式（干粉或湿悬浮液）。如果晶种提供的表面积不足，温度降低、溶剂蒸发或者反溶剂的添加而使过饱和度不断增加，即使这些晶种生长消耗部分过饱和度但过饱和度仍在不断增加，并可能还会引发非均相成核，导致至少出现双峰或多峰晶体粒度分布（见图 5-38 中的"不加晶种"，0.1%和 0.15%晶种添加）。就粒度分布而言，特别细的晶种会引起粉尘和结块，甚至危害，所以这种类型的粒度分布通常是不受欢迎的。

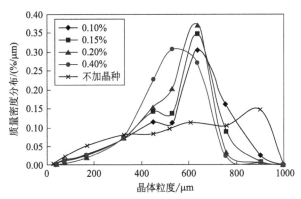

图 5-38   不同量晶种下的产物晶体的质量密度分布
（晶种量为相对于溶质质量的质量分数）

如果在结晶过程中满足一定的操作要求，即可以获得良好晶体粒度及粒度分布的产品。Warstat 和 Ulrich[18]进行了广泛系统的研究，得出了关于如何处理这种加晶种过程的明确规则。

5.6.2   间歇式结晶过程的加晶种策略：主要工艺参数

在间歇式冷却结晶过程中，所采用的降温曲线类型，或者通过这种降温曲线所得到的过饱和度，对结晶产品有显著的影响。通常使用的三种降温类型是：自然冷却曲线、线性冷却曲线或类似抛物线形温度曲线[19~27]。

由于晶体生长所增加的固体表面积是类抛物线形的，所以过饱和度的变化在理想情况下也应该遵循类抛物线形的函数。在结晶过程的开始，温度的变化以及由此产生的过饱和度，应该是缓慢的，并与晶种提供的小表面积相适应。当晶体生长时，温度变化的速率应该增加，当生长晶体的表面积最大时，温度变化的速率在接近过程结束时达到最大。在理想的控制条件下，抛物线形的温度变化会导致在整个过程中晶体生长速率不变（见图 5-39 和图 5-40），这将有助于获得高质量的晶体产品。由于温度曲线的计算十分复杂，因此在大多数情况下采用 Mullin 所提出的简化方法[式（5-9）]，得到的温度曲线具有立方时间特性。

$$T(t) = T_0 - (T_0 - T_E)\left(\frac{t}{\tau}\right)^3 \qquad (5\text{-}9)$$

温度曲线 $T(t)$ 取决于初始温度 T_0、在时间 t 的终了温度 T_E 和过程的保留时间 τ。在下文中，"控制冷却"一词代表这种类型的冷却曲线。

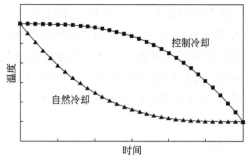

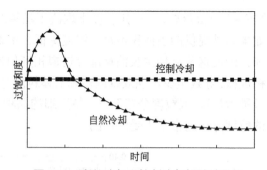

图5-39　间歇结晶中自然冷却和控制冷却的
温度曲线[26]

图5-40　自然冷却和控制冷却间歇结晶的
过饱和度曲线[26]

在自然（牛顿型）冷却的情况下，最初的温度变化大，并由此延伸，过饱和度增加非常迅速，通常会导致自发成核和晶体颗粒双峰分布（见图5-38未加晶种）。

图5-41显示了在有机盐结晶过程中，冷却曲线和加晶种对特定体系中产品的晶体纯度的影响[16]。

对于所示的三种分布情况，不加晶种的线性冷却导致杂质浓度最高，而控制（类抛物线）冷却和引晶的相结合则显著减少了产品中杂质的含量。

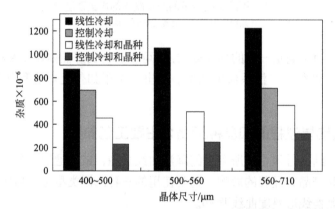

图5-41　在不同的晶体粒度范围内、不同的冷却控制以及是否加晶种结晶
过程所得晶体产品中的杂质含量

5.6.3　通过加晶种控制间歇结晶：设计的经验规则

对结晶工艺条件的任何限制取决于晶体产品和结晶母液的物理特性。特别需要考虑的属性是：

① 亚稳区宽度（MSZ）；

② 产品质量可接受的最大生长速率；

③ 固体聚结的倾向；

④ 系统二次成核的趋势。

Warstat和Ulrich[18]根据对五种物质（丁酸，硫酸钾K_2SO_4，硝酸钠$NaNO_3$，己二酸和有机杂环盐）的结晶系统的实验研究，确定了这些特性的范围，这些范围用高值或低值代表，见表5-3。

表 5-3　结晶母液物理特性对结晶工艺条件的影响

属性	低值	高值
亚稳区	$0\sim5K$	约 $10K$
生长速率	$10^{-9}m/s$	$10^{-8}m/s$
结块趋势	$N_s/N_p<1$	$N_s/N_p>1$
二次成核	$N_s/N_p>1$	$N_s/N_p<1$

根据 Derenzo、Shimizu 和 Giulietti 的研究[28]，聚结趋势是由晶种的数量 N_s 与产品晶体的数量 N_p 的比率确定的。

对较小或较大程度的二次成核趋势的量化基于相同的考虑。假设产物的晶体粒度 $L_p=L_{50}$，则可以根据过饱和度来计算质量增长。监测产物晶体的数量可以确定系统二次成核或聚结的倾向。颗粒数量的增加表明具有发生二次成核的趋势。相反，颗粒数量的减少显示出聚结的趋势。在没有二次成核或聚结的理想过程中，颗粒数量保持恒定，并且比率 $N_s/N_p=1$。

如果系统的行为与上述特性已知，且已知驱动过饱和产生的温度曲线，可以通过定义简单的准则来帮助实现特定的、理想的结晶过程。在该方法中获得的最终产物可以定义为具有最大纯度和窄的单峰粒度分布的情况（情况 A），也可以定义为具有窄的粒度分布和特定的预定大小粒度分布的情况（情况 B），或者仅仅是一个狭窄的粒度分布的情况（情况 C）。对于这三种情况中的每一种，以下流程图描述了为达到特定目的而应遵守的规则。

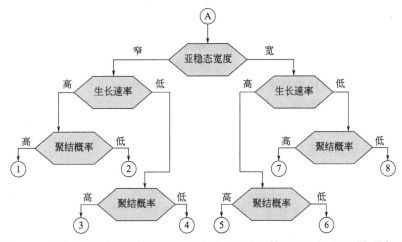

图 5-42　生产具有单峰粒径分布和高纯度的晶体产品情况下控制结晶过程的规则

根据 Mullin[15]提供的公式[等式（5-10）]，获得大小为 L_p 的特定产品晶体质量 M_p 所需 L_s 大小的晶种质量 M_s 为：

$$M_s = M_p \frac{L_s^3}{(L_p^3 - L_s^3)} \qquad (5\text{-}10)$$

对于情况 A，除了具有单峰的粒度分布外，还需要较高的产品纯度，推荐根据图 5-42 所示的决策图提供的结构来决定加晶种策略。低聚结度有助于实现高纯度，因为在结晶过程中，如果颗粒显示出明显的聚结趋势，则产品往往不纯。因此，必须根据结块的形成趋势对系统进行分类，并提供了①至⑧加晶种策略规则来更好地控制结晶过程：

规则①（窄 MSZ；高生长速率；高聚结概率）

• 应使用大颗粒晶种；

• 添加的晶种质量应大于式（5-10）所建议的质量，控制冷却速率；

• 由于颗粒有聚结的倾向，M_s 的选择略高于式（5-10）建议量，不能高出太多。

规则②（窄 MSZ；高生长速率；低聚结概率）

• 添加的晶种质量应大于式（5-10）所建议的质量，控制冷却速率；

• 晶种质量要非常高，以避免依赖冷却速率。

规则③（窄 MSZ；低生长速率；高聚结概率）

• 加晶种和抛物线形冷却速率组合；

• 添加的晶种质量应大于式（5-10）所建议的质量，控制冷却速率；由于颗粒有聚结的倾向，M_s 的选择不应高于式（5-10）；

• 最好使用较大颗粒晶种。

规则④（窄 MSZ；低生长速率；低聚结概率）

• 添加的晶种质量应大于式（5-10）所建议的质量，控制冷却速率。

规则⑤（宽 MSZ；高生长速率；高聚结概率）

• 最好使用较大颗粒晶种；

• 根据式（5-10）加晶种的质量，控制冷却速率以获得单峰粒度分布；

• 晶种质量越大，其粒度分布越窄，与冷却速率无关；为避免聚结，晶种质量应不大于式（5-10）所建议的质量。

规则⑥（宽 MSZ；高生长速率；低聚结概率）

• 根据式（5-10）计算加晶种质量，控制冷却速率以获得单峰粒度分布；

• 晶种质量越大，其粒度分布越窄，与冷却速率无关。

规则⑦（宽 MSZ；低生长速率；高聚结概率）

• 最好使用较大的晶种；

• 适当的晶种质量以避免聚结；

• 加晶种与控制冷却速率相结合；

• 晶种质量根据式（5-10）计算，如果生长速度极低，提高晶种质量可能是有益的。

规则⑧（宽 MSZ；低生长速率；低聚结概率）

• 使用的晶种质量应高于式（5-10）计算的晶种质量；

• 如果使用较低的晶种质量，应控制冷却速率；

• 大的晶种质量导致粒子的大小分布与冷却速率无关。

对于情况 B，需要一个单峰粒度分布和一个特定的平均粒度，对应的决策树如图 5-43 生产的晶体产品同时具有单峰粒径分布和特定平均粒径情况下控制结晶过程的规则所示。为了获得特定的平均粒径，避免摩擦是很重要的，因为二次成核会影响粒径分布的宽度和平均值。另外建议遵循下列 8 条规则（⑨～⑯）。

规则⑨（窄 MSZ；高生长速率；高破损倾向）

• 最终平均粒径不宜过大；

• 晶种应尽可能小；

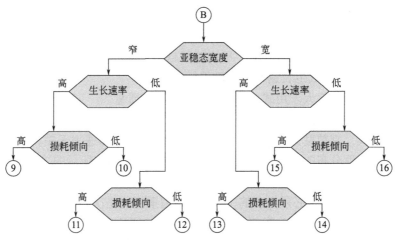

图 5-43 生产的晶体产品同时具有单峰粒径分布和特定平均粒径情况下控制结晶过程的规则

- 加晶种与控制冷却速率相结合；
- 晶种质量大于式（5-10）计算值。

规则⑩（窄 MSZ；高生长速率；低破损倾向）

- 加晶种与抛物线冷却速率组合；
- 晶种质量大于式（5-10）计算的质量；
- 晶种质量非常大，不受冷却速度的影响，降低了平均粒径。

规则⑪（窄 MSZ；低生长速率；高破损倾向）

- 最终平均粒径不宜过大；
- 晶种应尽可能小；
- 加晶种与控制冷却速率相结合；
- 使用的晶种质量应大于式（5-10）计算的晶种质量。

规则⑫（窄 MSZ；低生长速率；低破损倾向）

- 加晶种与控制冷却速率相结合；
- 晶种质量应大于式（5-10）计算值；
- 为了不过度限制平均粒径，晶种质量不应过大。

规则⑬（宽 MSZ；高生长速率；高破损倾向）

- 最终平均粒径不宜过大；
- 晶种应尽可能小；
- 根据式（5-10）加晶种及冷却控制，可以实现单峰粒度分布；
- 加晶种量越大，其粒度分布越窄，平均粒径越小，与冷却速率无关。

规则⑭（宽 MSZ；高生长速率；低破损倾向）

- 根据式（5-10）加晶种及冷却控制，可以实现单峰粒度分布；
- 加晶种量越大，其粒度分布越窄，与冷却速率无关；
- 晶种质量不应过大，否则平均粒径会减小。

规则⑮（宽 MSZ；低生长速率；高破损倾向）

- 最终平均粒径不应过高；

- 晶种应尽可能小，晶种质量应大于式（5-10）计算值；
- 晶种量小时，加晶种时应结合控制冷却速率；
- 晶种量越大，其粒度分布越窄，平均粒径越小，与冷却速率无关。

规则 ⑯（宽 MSZ；低生长速率；低破损倾向）
- 使用的晶种质量应大于用式（5-10）计算的晶种质量；
- 对小量的晶种，加晶种应结合控制冷却速率；
- 晶种量越大，其粒度分布越窄，平均粒径越小，与冷却速率无关。

在需要单峰粒度分布的情况下（情况 C），建议使用图 5-44 所示的决策树。在这种情况下，主要是避免二次成核。因此，流程图只需关注系统的 MSZ 宽度和晶体的生长速率。在这种情况下，破损和聚结是必须考虑的，但与上述因素相比是次要的。存在晶体的情况下，二次成核不可避免，因此会产生多峰粒度分布。如果出现这种情况，仍然可以通过有关破损和聚结的其余标准（规则①～⑯）对过程进行优化。对于情况 C，可以参考下面四个附加规则（⑰～⑳）。

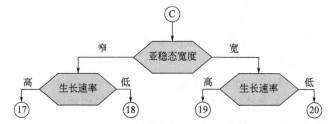

图 5-44 仅要求产品质量为单峰粒度分布的情况下控制结晶过程的规则

规则 ⑰（窄 MSZ；高生长速率）
- 加晶种与控制冷却速率相结合；
- 使用的晶种量应高于式（5-10）计算的晶种质量；
- 晶种量越大，颗粒粒度分布越窄，而与冷却速率无关。

规则 ⑱（窄 MSZ；低生长速率）
- 加晶种与控制冷却速率相结合；
- 晶种量应大于式（5-10）计算的晶种质量。

规则 ⑲（宽 MSZ；高生长速率）
- 根据式（5-10）计算晶种质量，通过控制冷却速率，可以得到单峰粒度分布；
- 晶种量的增加导致较窄的粒度分布，不依赖于冷却速率。

规则 ⑳（宽 MSZ；低生长速率）
- 所用晶种质量应超过式（5-10）计算的晶种质量；
- 对于较小的晶种质量，加晶种应与控制冷却速率相结合；
- 晶种质量的增加导致较窄的粒度分布，不依赖于冷却速率。

上面给出的 20 条指导工艺策略规则是来自实验观察的经验总结。实验的目的是优化五个不同体系（硫酸钾、硝酸钠、己二酸、柠檬酸、杂环有机盐）的加晶种间歇结晶过程，选择广泛的粒子属性，从而总结得出以上所述的三种情况。根据从这些实验中获得的经验，结合已有的关于化合物成核和生长的知识，总结出上面提出的启发式规则。这些规则有助于选择接近最优的工艺条件，以产生确定的产品特性（纯度、粒度分布和平均粒度）。如果要优化加晶种间歇结晶过程，还建议遵循以下附加规则：

① 加晶种应在不超过 MSZ 宽度 30%～40% 的适度过饱和状态进行；

② 应始终从晶种中去除微小颗粒。

一旦确定了目标产品的特性，可以根据上述的 20 条规则对系统进行分类，并根据系统的下列特性对工艺条件进行分类：

① MSZ 的宽度；

② 晶体的生长速率；

③ 晶体的破损概率和聚结性。

根据产品晶体的目标属性，将规则划分为三个独立的决策树。这使得在优化晶种批次结晶所需的工艺条件方面的决策过程更精简快捷。

5.7 细晶消除

结晶过程的一个非常重要的目标是生产具有特定的晶体粒度分布（CSD）的颗粒状固体产品。在 CSD 的要求中，值得关注的问题之一是细晶的量，也即比某一固定粒度小的晶体的质量分数。这一规范是由最终晶体产品的商业特性决定的，并尽可能减少结晶下游操作的困难，如过滤、干燥和包装。

减少细晶数量有时是非常困难的。在一些情况下，可以通过强烈调整操作条件或者改用不同类型的结晶设备类实现（但可能会造成成本较大增加）。在这种情况下，基于细晶消除而实现结晶过程的控制是获得目标 CSD 的有效方法。

5.7.1 热溶解法消除细晶

消除细晶最简单的方法是将细晶悬浮液加热到可以溶解的温度。这种操作的前提条件是将细晶从较大的晶体中分离出来，以便加热时只溶解掉要从最终产品中除去某粒度以下的晶体。

因此，结晶器必须有一个特定的部件，此部件把粗晶从细晶中分离出来，使母液中只有细晶，含细晶的母液被抽出，并被送到一个溶解细晶的系统。最后，细晶溶解后的母液被送回结晶器。这种方式细晶消除的数量是细晶悬浮液密度和含细晶母液流速的函数。

Jones 和 Chianese 等[27,29]在硫酸钾水溶液间歇结晶的研究工作中，报道了细晶消除对增加晶体粒度的有效性。所采用的实验装置和得到的结果如图 5-45 所示。细晶消除回路应用在实验装置中：细晶在"捕捉器"内被捕捉，之后由泵运送到一个带有外部加热装置的容器内部被加热，再通过冷却装置冷却到结晶温度之后送回结晶器。采用冷却装置的目的是减少循环流对结晶器内结晶条件的影响。通过增加输送到溶解装置的含细晶母液的流量，可以得到非常明显的不同的 CSD。按照这种方法，可以使细晶的含量从 24% 减少到 9%。

Stoller 等[30]的实验工作表明，当输送的细晶粒度为上百微米时，细晶溶解不完全，需要加大加热液与细晶流之间的热梯度。在这项工作中，将一股含有小于 300μm 的硫酸钾细晶母液溶解在一个内径为 2mm 的外部加热管中。细晶悬浮液的密度为 50g/L，加热油的温度值分别为 130℃ 和 150℃，悬浮液停留时间为 3s 时，分别有 60% 和 80% 的晶体发生了溶解。作者还应用 CFD 模型进行了模拟，发现 90% 的质量溶解发生在靠近管壁附近。因此，为了快速消除细晶，在加热壁面有较高温度是非常重要的。

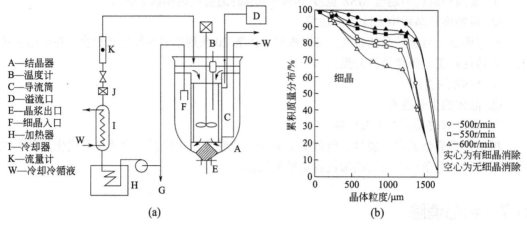

A—结晶器
B—温度计
C—导流筒
D—溢流口
E—晶浆出口
F—细晶入口
H—加热器
I—冷却器
K—流量计
W—冷却冷循液

(a)

(b)

○—500r/min
□—550r/min
△—600r/min

实心为有细晶消除
空心为无细晶消除

图 5-45 间歇结晶器（a）和不同搅拌转速下（有或没有细晶消除）硫酸钾晶体的累积质量分布（b）[30]

5.7.2 带细晶消除装置的理想混合连续结晶器

在连续操作的理想混合状态（或称混合悬浮、混合产品排出，MSMPR）结晶器中，细晶消除对 CSD 的影响很容易被模拟。这种情况下，工艺方案的流程图如图 5-46 所示，F 和 SS 分别为进料液和细晶浆液的体积流量，细晶浆液从结晶器中被抽取出来之后经过加热再回到结晶器内，L_p 为细晶消除的切割粒度。

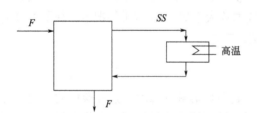

图 5-46 带有细晶消除的 MSMPR 结晶器

小于 L_p 的所有细小颗粒晶体在 F 流和 SS 流中以固体悬浮液的形式离开结晶器，如果 SS 流中所有的细小颗粒被加热溶解，它们的停留时间为：

$$\tau_F = \frac{V_C}{F + SS} \qquad (5\text{-}11)$$

而粗晶体的停留时间 τ_p 为：

$$\tau_p = \frac{V_C}{F} \qquad (5\text{-}12)$$

对于这两类晶体，都可以应用 MSMPR 连续结晶器的粒数密度方程，即：

$$n(L) = n_0 \mathrm{e}^{-\frac{L}{\tau G}} \qquad (5\text{-}13)$$

根据方程式（5-12），细晶粒数密度 $n_F(L)$ 和粗晶的粒数密度 $n_p(L)$ 可以通过下式分别计算出来：

$$n_F(L) = n_0 \mathrm{e}^{-\frac{L}{\tau_F G}} \qquad (5\text{-}14)$$

$$n_{p}(L) = n_{0,p}e^{-\frac{L}{\tau_p G}} \qquad (5\text{-}15)$$

需要注意的是，对于细小晶体的粒度分布，在 $L \to 0$ 间的粒数密度 n_0 是由成核速率得到的物理量。粗晶的粒数密度 $n_{0,p}$ 是粗晶 CSD 的一个假设值。

当 $L=L_F$ 时，两者有相同的粒数密度，从式（5-14）和式（5-15）可以得到 $n_{0,p}$ 值，即：

$$n_0 e^{-\frac{L_F}{\tau_F G}} = n_{0,p}e^{-\frac{L_F}{\tau_p G}} \qquad (5\text{-}16)$$

在图 5-47 中，$\lg n(L)\text{-}L$ 的半对数坐标图中给出了细晶和粗晶的 CSD。

将式（5-16）中得到的 $n_{0,p}$ 代入方程式（5-15）的表达式，可以得到整个晶体粒度范围内的粒数衡算方程：

$$n(L) = n_{0,F}e^{-\frac{L_F}{\tau_F G}-\frac{L-L_F}{\tau_p G}} \qquad (5\text{-}17)$$

为了便于比较，在图 5-47 中还绘制了无细晶消除 MSMPR 结晶器的粒数密度。很明显，细晶消除技术提高了粗/细晶的质量比和晶体产品平均粒度。

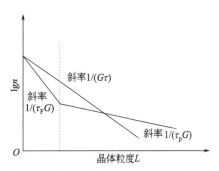

图 5-47　带有细晶消除 MSMPR 结晶器的粒数密度分布

5.7.3　工业上的细晶消除

DTB（draft tube baffle）型结晶器的详细介绍将在后续章节中展开，这里只简单介绍关于细晶消除部分内容。DTB 细晶消除装置中细晶溶解过程受到许多限制：

① 对正在运行的结晶器，细晶的流速是固定的，流速由从结晶器的环形段中移出的细晶的切割粒度决定。

② 对于冷却结晶器，从热交换器中流出的循环流的温度必须足够高，以保证细小颗粒的完全溶解，但又不能太高，以免过度增加循环热流的热容量。

③ 对于蒸发结晶器来说，第②方面不是问题，但是由于换热器主要用于提供蒸发热，因此一般不会调整热负荷来控制细晶的溶解，可能会出现剧烈爆沸现象。

出于监测和控制的目的，要对结晶器上部流出的细晶含量进行测量。但由于缺少准确、价格合理的在线传感器，测量难度较大。

限于上述的约束，很少有使用细晶溶解的数量作为控制变量而控制 CSD 工业结晶的例子。换句话说，DTB 结晶器仅通过设计配置就减少了出口料浆中的细小颗粒，而没有采用通过 CSD 的反馈进而实施的控制方案。

另外，文献报道了许多在中试结晶器中 CSD 自动控制应用的案例，下节将介绍其中一些例子。

5.7.4　细晶消除控制

中试级别结晶器内的细晶消除应用的例子之一是由 Randolph、Chen 和 Tavana 等[31]给出的报道。

在他们的工作中，设计了一台装有 18L 细晶溶解器的 KCl 结晶器，细晶从结晶器内部的细晶捕捉装置（FT）处被移出，同时粗晶被分离出来。该实验装置的一个重要设计是，通过将一部分溶解液直接回流到结晶器中来调节溶解液的流速，以避免从结晶器中消除细晶的切割粒度的改变。他们利用晶核密度指标进行了在线 CSD 控制的实验研究，晶核密度由光散射仪测量。结果表明，用晶核密度指标控制比控制回流细晶消除率简单，是减小因成核波动引起的产物 CSD 波动的有效方法。

之后，Rohani 和 Paine 等[32]提出了一种新的细晶含量测量系统，它包括一个带有恒温外套的溶解槽，在槽内细晶悬浮液被逐步加热，直到最后的晶体消失。实验用浊度计测定了固相的消失。该案例和设备可用于控制 KCl 连续冷却结晶器中细小颗粒的含量。

Russeau 和 Barthe 等[33]在间歇式冷却结晶器中应用细晶消除技术来控制扑热息痛的晶体粒度分布。使用梅特勒的聚焦光束反射测量仪（FBRM，见 7.6 节的详细介绍）监测晶体的弦长分布（CLD）的变化。实验结果揭示了选择性细晶消除是如何影响结晶产物的粒度分布的。

为了控制中试冷却结晶器中的硫酸钾的晶体粒度分布，Bravi 和 Chianese 等[34]采用神经模糊控制算法，使用复杂的浊度测量单元测量细小晶体的含量（见图 5-48）。

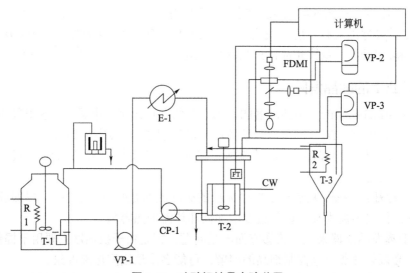

图 5-48　硫酸钾结晶实验装置

通过细晶捕捉装置，以恒定的流速从结晶器中抽出细晶浆料，采用合适流速使大晶体分离出来，只有小于 250μm 的细晶被除去。细晶流股被泵打入装有细晶密度测量仪（FDMI）[35]的流动池中，然后启动 VP-3 容积泵，将一小部分细小颗粒流输送到沉降溶解装置 T-3，大部分晶体在此沉降并与液体溶液分离，而小于 40μm 的晶体则被夹带并通过加热在罐体的上部溶解，溶解后的流体再循环流入结晶器内。

中试结晶过程的主要操作参数（温度和流量）由计算机通过数据采集和控制接口卡获取。该控制系统包括用 MATLAB 工具包编写的"系统仿真"的模糊算法、用于消除噪声的低通滤波器和一个监控单元。

细晶晶浆浓度的在线测量是通过在线浊度计进行的，浊度计由一束通过晶体悬浮液的激光束和配套的光学元件组成。所采用的神经模糊控制系统是将模糊控制与神经自适应系统相结合，对其隶属函数进行优化。

图 5-49 所示的是带控制的结晶系统从运行开始到细晶含量被控制的整个动态过程。成核意味着系统运行开始。之后，细晶质量不断增加直到细晶的浓度峰值出现。2400s 后达到稳定状态，开始对细晶浓度进行控制，使其保持在 8kg/m³ 的恒定值。在 4000s 时，快速将控制器的设定值设定在 3.5kg/m³。结晶器操作系统被迫按照新的目标进行控制，7000s 后达到设定目标并在有限振荡后，达到稳定的新设定目标。通过这种方式，在初始稳定状态下细晶的含量为 29.2%，在新的操作条件下减少到 20% 左右。

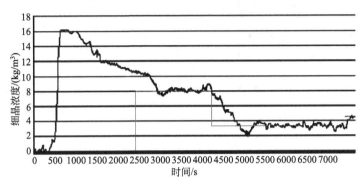

图 5-49　典型自动控制下结晶过程中细晶浓度随时间的变化

5.7.5　工业结晶器中的晶体粒度振荡现象

在缺乏控制方案情况下，从 DTB 结晶器通过热溶解消除细晶会增加循环振荡的现象来看，它包含明显的晶体产品粒度分布的振荡，振荡周期达十几小时。

图 5-50 显示了在具有细晶消除装置的硫酸铵蒸发结晶器内粒度分布振荡循环发生的典型例子。当加热细晶溶解速率高于二次成核速率时，结晶器内会出现循环现象。在这种情况下，细小晶体的数量逐渐减少，晶体表面也容易生长。因此，由溶剂蒸发所产生的过饱和度不会使已有晶体增长，直到产生大量的细小晶体的初级非均相成核发生。当结晶器中细小晶体减少时，由于细小晶体溶解装置的作用，大粒度晶体的生长速率大大提高，获得直径达几毫米的大晶体。

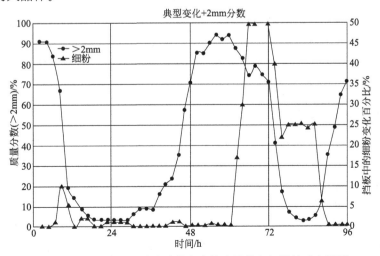

图 5-50　工业结晶器结晶过程中大粒度晶体和细晶的动态情况

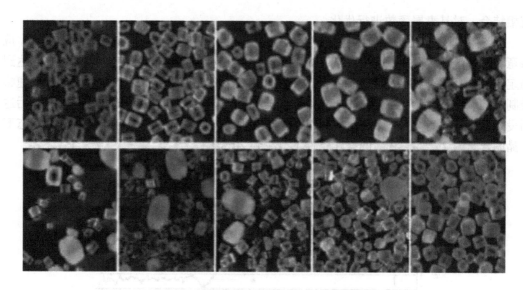

图 5-51　硫酸铵晶体在整个过程中变化的影像

图 5-51 中显示的是整个循环振荡过程中实际晶体变化的影像。

在工业层面，最好通过改变策略来消除这种振荡。van Esch 等[36]提出连续向结晶器中添加晶种，使结晶器始终有一个可以释放过饱度的晶体表面。这种方法可以消除循环振荡现象，并获得一个相当稳定的结晶操作。

王静康、卫宏远等[37]也从数值模拟和实验观察研究了这种连续结晶过程粒度分布周期振荡的现象。他们利用自己建立的连续溶液结晶过程非稳态系统数值模拟软件，对连续结晶过程内在不稳定性进行了分析，并在 10L 及 200L 复杂结晶器内进行动态行为实验研究，观察晶粒粒度分布的动态规律及系统参数对稳定性的影响趋向。

5.8　常见工业结晶器

结晶工艺确定后，还要选择最合适的结晶设备。本节重点介绍了各种类型的商用蒸发结晶器和冷却结晶器。列举的种类并不全面，仅仅是为了突出各种结晶器的重要功能。这些功能与各种类型的结晶器中可用来控制 CSD 的功能或结构有关。此外，结晶器还有其他一些特性，这些特性考虑流体力学的影响，进行结晶器设计并控制 CSD。本节将讨论各种设计对产品最终 CSD 的影响。

5.8.1　结晶器的选择标准

为了了解不同结晶器之间的设计差异是如何影响产品质量的，需要建立详细的模型，如 Bermingham 和 Kramer 等[38,39]关于平衡建模的讨论。

该模型将结晶器划分为多个区间，以便能够描述流体力学对结晶动力学的影响。所以，除了对选择最合适的结晶器给予指导外，还将讨论最合适的区域结构，以便对这些结晶器进行建模。

在本节中，我们将只讨论冷却结晶器和蒸发结晶器。对于沉淀和反溶剂结晶器，各流股的混合效果将严重影响产品的性能，在喷嘴的选择、容器和搅拌器的设计上需要不同的方法，这将在后面的章节讨论。而熔融结晶仅作为一种制备高纯产品技术，也不在此进行讨论。

选择蒸发结晶器还是冷却结晶器取决于以下因素：

① 需要结晶的原料和溶剂；

② 结晶模式；

③ 产品规格，特别是产品晶体的粒度分布（CSD）；

④ 当不同要求的产品必须按要求在同一设备中结晶时，对结晶器操作设计的灵活性。

选择结晶器的另一个影响因素是该结晶过程是采用间歇操作还是连续操作。对于小批量的生产来说，通常采用不那么复杂的结晶器。间歇操作适用于年产量不超过 5000t 的情况。其主要适用于处理昂贵的材料，如精细化学品、食品添加剂或原料药，并且必须考虑投资的经济性。

年产量在 5000～20000t 时，可采用间歇或连续操作，而年产量超过 2 万吨时，连续操作在经济性上更具吸引力。

相关研究表明，最大可达到的平均晶体粒度随着原料溶解度的增加而增加，至少对于溶解度不超过 10mol/L 的原料来说是如此。除了溶解度之外，结晶器的类型和搅拌器或泵的选择也会对平均晶体粒度产生影响，这些设备是通过改变结晶器内的流体力学条件以及对晶体颗粒的磨损而影响最终产品粒度的（见图 5-52）。

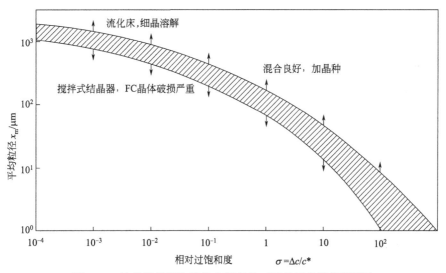

图 5-52　结晶器类型和流体力学条件对晶体平均粒径的影响

在讨论各种类型的结晶器之前，需要先考虑一种会对结晶器的性能产生负面影响的常见现象：结壳或结垢。

在结晶器中一些部位的过饱和度会远高于其他部位，例如在冷却结晶器的冷却表面或蒸发结晶器的沸腾区，这可能会引起结壳或结垢。在冷却的情况下，可以通过降低冷却表面的温差（通常为 5～10℃）和提高换热管流体的流速或刮擦冷却表面来避免这种情况。在蒸发结晶过程中，往往在沸腾区壁面上发生结壳，从而减少了有效蒸发面积。搅拌轴也可能在此区域内发生结垢，导致搅拌桨转动器不平衡。结垢沉积物的碎片会从结垢层中脱落，造成管道堵塞，这就说明了避免或减少结垢发生的必要性。在某些情况下，为了减少结垢，可在结晶器壁面和搅拌器轴的沸腾区上方连续喷洒水或不饱和的料液来缓解结垢的程度。

5.8.2 晒盐池

蒸发结晶古老的应用之一是直接利用太阳能来蒸发海水晒盐（见图 5-53）。从海水中获取海盐（NaCl）的成本相对较低。海盐厂的数量非常多，其规模从供当地消费的小型工厂到大型工厂不等。一个大型工厂可以由一个个独立的晒盐池组成，也可以将池子作为一个级联运行。大多在夜间风不大的时候，在水面上发生成核，随后极微小的晶体被吹到晒盐池的一边。因此，晶体的大小以及收获的产品的硬度在整个池中是不同的，还受风和其他天气条件影响。这样获得的海盐在上风处可以像岩盐一样坚硬，在下风处则表现得像流沙一样。如果携带沙粒的风吹过大片的海面，那么可以引起异相成核的沙粒就会被冲走，在上风处会形成很大的海盐晶体，巴西博内尔岛的晒盐池就是这样的情况。由于缺乏对天气状况的控制，生产能力一般无法预测。

显然，通过热交换器加热溶液可以获得更高的收率。为了改善传热和保持晶体悬浮，结晶器应配备搅拌器或泵。搅拌式敞开容器的缺点是在常压下水的汽化需要比较高的能量。因此，工业蒸发结晶器通常是封闭的，并在负压下运行。搅拌器的搅拌速率、与此相关的晶体/桨叶碰撞引起的（二次）成核速率，以及混合的能量需求，可以通过设置导流筒来改变流体流动模式而大大降低。

图 5-53　晒盐池

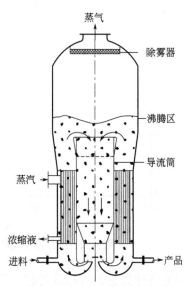

图 5-54　热虹吸结晶器示意图

5.8.3 热虹吸结晶器

最简单的蒸发结晶器是热虹吸结晶器，它包括一个热交换器和一个导流筒，但没有搅拌装置（见图 5-54）。

热交换器引起的自然对流使结晶器内母液产生循环流动。图 5-55 展示了一个分为四个腔室的热虹吸结晶器的原理示意图。它由两个活塞流反应器（PFⅠ和 PFⅡ）和两个混合容器组成。PFⅠ为内导流筒，过饱和晶体浆料由此向下流入兼具进料的混合容器区。在底部，大的晶体沉淀并被移出，其余的浆料通过自然对流经过外引管中的换热管向上输送，在外导流筒中通过 PFⅡ进行再加热。在这些管内，由于溶解度通常随着温度的升高而增大，过饱和度将降低。由于溶液浓度大多略低于其饱和度，PFⅡ可作为一种内部细粒消除装置，这对增加平均晶体粒度和减少 CSD 的宽度都是有利的。加热后的溶液进入结晶器的上段，在这里由于沸腾，混合会相当激烈。部分溶剂以气体形式排出，因此过饱和度增大。在这个过饱和度最高的区间内，晶体的生长速率最大，

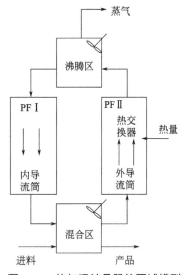

图 5-55　热虹吸结晶器的区域模型

同时此区域的晶体易被湍流破碎而形成二次核生长从而影响产品晶体的 CSD。

循环结束时，一般仍处于过饱和状态的晶浆液进入内导流筒（PFⅠ）。在结晶器底部，所有过饱和度都应该被消耗掉。

虽然通过自然对流进行混合似乎很简练，但它限制了传热，并限制了单位结晶器体积的生产率。此外，通过自然对流输送到沸腾区的晶体的切割粒度可能会低于所需的产品粒度，因为在沸腾区，过饱和度和生长速率都很高。这意味着，在某种程度上，可达到的最大晶体粒度是由自然对流过程确定的。

5.8.4　带搅拌导流筒式结晶器

具有内部热交换器并带有搅拌导流筒（DT）的结晶器与前面所述的热虹吸结晶器基本相似，但这里通过导流筒底部旋转的搅拌桨来改善混合和热交换（见图 5-56）。

首先，将讨论其作为蒸发结晶的应用。如果搅拌轴从顶部进入结晶器，则需要足够的密封以保持真空。由于结壳特别发生在沸腾区的壁面上，因此该区域的搅拌轴也可能会发生结壳。尽管旋转速率相当低，但附着的晶壳可能会使长轴不平衡。这种结壳问题在 DT 结晶器中并不存在，因为搅拌轴从底部进入，因此搅拌轴一直处于沸腾区以下。然而，在这种情况下，轴的密封更加复杂，因为它与过饱和溶液接触，晶体可能会进入甚至生长到密封中。

除了在筒内更好地传热外，搅拌桨还改善了底部区域的混合。搅拌桨作为垂直轴流泵，所引起的强制对流可通过搅拌桨的转速来调节，内导流筒中的流体大多向下，以配合自然对流的方向。这种流动方向也有利于较大晶体的提升，否则容易沉淀在结晶器底部。

为了获得更大颗粒的产品，可以通过增加一个环形区来实现细晶的去除（见图 5-57）。这样就形成了一个沉淀区，有利于消除细晶。这种为了获得环形沉降区而带有裙边或挡板的结晶器称为导流筒裙板（DTB）结晶器。在这种设计中，通过内导流筒的流体必须向上引导。进料流主要在搅拌桨叶的下方进入导流筒。细晶流中的细晶可以通过加入水、不饱和的进料溶液或通过热交换器提高温度而溶解消除在外部循环中。

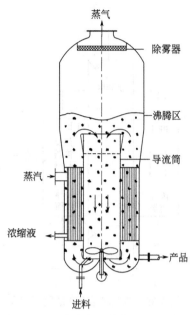

图 5-56　具有内部热交换器并带搅拌
导流筒（DT）的结晶器

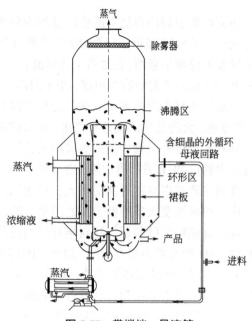

图 5-57　带搅拌、导流筒
裙板式（DTB）结晶器

　　然而，带有内部加热系统的 DT 或 DTB 结晶器设计的操作灵活性仍然是有限的，因为加热器的换热面积（管板的尺寸）和沸腾表面积是耦合的，这两种功能必须在同一个容器中实现。另一个缺点是，全部晶体浆料都在搅拌区循环，这可能会导致晶体与桨叶碰撞产生相当大的破碎。因此，必须特别注意桨叶的设计，以减少破碎。通常使用三叶或五叶的船用螺旋桨，有时也会用斜叶桨，这取决于悬浮液的黏度和晶体材料。特别是为了避免较大晶体的破碎，桨叶叶尖与导流筒之间的间隙至少要比最大晶体粒度大 3 倍。

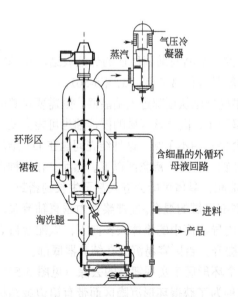

图 5-58　具有外置热交换器、细晶消除装置和
淘洗腿的 DTB 结晶器

　　如图 5-58 所示的 DTB 结晶器，其将结晶器与热交换器分开。在这种带有外部热交换器的 DTB 结晶器设计中，导流筒也可以是锥形的，宽的一端靠近顶部。这样的设计降低了液面附近的液体循环速度（减少了空气夹带），提高了导流筒底部的液体速度（使晶体在底部有更好的悬浮效果）。导流筒和结晶器的直径比在 0.3 到 0.7 的范围内，其取决于悬浮液的黏度，晶体和溶剂之间的密度差，对于 DT 来说还取决于流动方向。DTB 通常采用 0.7 的直径比。在带有外部热交换器的 DTB 中，细晶在由裙板创建的沉降区中被分离。细晶可以通过添加溶剂、与不饱和进料混合或通过外部热交换器中的温度上升来溶解。对于这两种设计，

图 5-59 给出了功能区域模型示意图。

在这两种 DTB 设计中，外部热交换器在一定程度上起到了细晶消除装置的作用。细晶流量的增加不仅增加了从结晶器中去除的细晶数量，而且还增加了细晶的切割粒度。所以必须注意在循环流股再次进入结晶器之前，确保去除了足够的细晶，以增加产品的平均粒度。

在结晶器底部增加一个淘洗腿（见图 5-58），可以用于对产品进行分级。部分清液进料（与细晶流混合）进入底部的淘洗腿同时逆流向晶粒，较小的晶粒被冲回结晶器，较粗的产品浆液从腿部侧面离开。这种分级功能可以作为一个额外的功能区域添加到模型中，也可以安装其他更有效的分级装置来代替淘洗腿，比如水力旋流器、平底水力旋流器或振动筛。

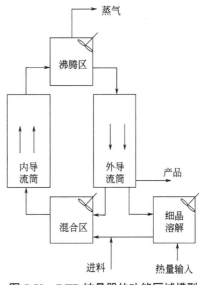

图 5-59　DTB 结晶器的功能区域模型

在晶体产品固液分离后，母液除了部分外排（避免杂质累积）外，应回到结晶器中。为了保持可接受的杂质含量，需要有一个清洗流股来清洗过滤后的晶体产品。这种 DTB 结晶器也可以通过将热交换器变为冷却器，作为冷却结晶器使用。在这种应用中，来自环形沉降区的细晶循环流股在返回结晶器或与进料流混合之前被加热去除，整个工艺过程不需要蒸汽。

5.8.5　强制循环结晶器

强制循环（FC）结晶器是应用最广泛的结晶器。它最常见的用途是用于溶解度曲线平缓的物质（如 NaCl）和溶解度曲线倒置的盐类的真空蒸发结晶。它是最便宜的真空结晶装置，特别是当需要大量蒸发以达到大产能时。如图 5-60 所示，结晶器由两个独立的主体组成，可独立设计结晶和热量输入。结晶器主体应足够大，具有足够的表面积，以便于蒸气沸腾排放，并保持足够大的工作体积，以有足够的停留时间确保晶体生长，直到过饱和度消耗殆尽。晶浆母液通过循环泵并经热交换器不断进行循环，并通过切向、垂直或径向的进口回到沸腾区。

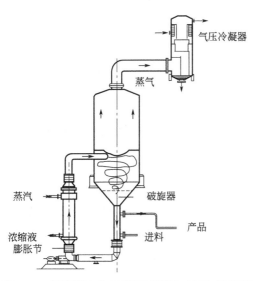

图 5-60　带有切向入口的强制循环（FC）结晶器

换热器的设计是为了使每次通过的晶浆母液的温升相对较低。这个 ΔT 是有限的，以防止上管壁的沸腾和结垢。循环母液不同的入口形式都会在几个方面影响着结晶器的性能。例如，切向入口会导致环形循环，并发生涡流。在结晶器本体的底部，需安装一个破旋器。切向进液口进入结晶器本体,进液口上方液体的静止高度可防止换热管中母液的沸腾。因此其高度直接与换热器的ΔT耦合,液体直接在出口处开始沸腾。切向流不仅使结晶器周围产生宏观的漩涡,而且叠加在这个循环上的漩涡从结晶器外壁向结晶器内部卷曲(形状像甜甜圈),从而使液体混合。

循环母液流股引起的流型还会影响不同大小晶体在沸腾区的停留时间。对于切向入口,较大颗粒的晶体几乎直接离开沸腾区。由于流体动力学特征而产生的这种分级效应导致大晶体的生长速率明显减慢,因此CSD较窄。另一方面,用循环泵对晶浆母液进行循环,很容易造成比DTB中搅拌桨的破碎更大,必须安装特殊的泵,以减小二次成核率对平均晶体粒度的负面影响。通常采用(轴流式)离心泵。

另一个可以经常观察到的切向入口效应是所谓的热短路。较大的晶体之间夹杂着液体,其通过再循环入口喷嘴重新进入结晶器后,很快就离开了沸腾区,因此这些液体所吸收的热量在沸腾区得不到释放,结晶器体的顶部和底部就会产生温差。下面将讨论一种旨在克服这一问题的新型喷嘴设计。

采用轴向入口时,短路的温度比切向入口低得多。因此,当FC结晶器与蒸汽再压缩技术结合使用时,带轴向入口的FC结晶器就显得尤为重要。因为强制循环会使结晶器中的物质得到很好的混合,所以FC结晶器应该最接近MSMPR或单区域模型。然而实际情况并非完全如此,正如Bermingham等[38]的一项建模研究所报道的那样,在这项研究中,FC结晶器被分成了几个区域,如图5-61所示。

通过不断喷水,可以在一定程度上防止沸腾区器壁上的结垢,从器壁上脱落的大块晶体被收集到下方的锥形筛中。FC结晶装置因其不对称的设计,重心位于设备外部。因此其支撑系统比较复杂且昂贵。框架结构(重心位置不对称)要承受真空以及温度变化,所以安装需要有一定的弹性。不过,仍有人建造了直径超过10m的特大型FC结晶器。

当闪蒸冷却足以产生晶体时,FC结晶器可作为冷却结晶器使用。在这种情况下,甚至不需要热交换器,只需要一个循环系统。由于没有安装细晶消除回路的选项,FC结晶器不能灵活地调节生产出期望的CSD产品。当然,在产品晶浆母液流上增加一台分级机也是可行的,即在结晶器本体下面再加一个淘洗腿。

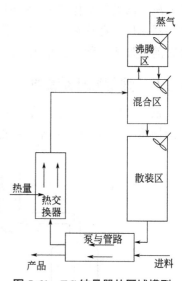

图 5-61　FC 结晶器的区域模型

图5-62为FC结晶器的改进设计,该结晶器具有新颖的径向进料口和淘洗腿的三点式进料口。径向水平入口喷嘴(Karena喷嘴)包含导向叶片(见图5-63),该设计通过将进入的再循环浆料分布在整个气体横截面积上,以提供均匀的沸腾面,从而最大限度地减少温度短路(见图5-64)。叶片平均分配入口气流,防止入口射流与对面壁碰撞产生驻波,这使得循环回路中的线速度高于$2\mathrm{ms}^{-1}$。在整个表面上进行温和的沸腾动作,也应尽量减少蒸气对液体的夹带。进料口的位置设计成在结晶器内液体静态高度的一半。在运行中,由于沸腾区液体中存在气泡,此时液面刚好在入口喷嘴的顶部或略高于入口喷嘴。

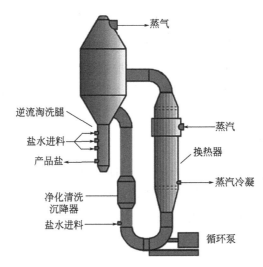

图 5-62 带有 Karena 喷嘴和淘洗腿的 FC 结晶器

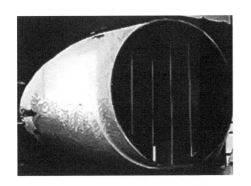

图 5-63 带叶片的 Karena 喷嘴

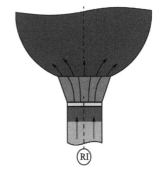

图 5-64 Karena 喷嘴示意图

FC 结晶器侧面的循环流出口处设有保护性的出口挡板以防止晶垢碎片进入回路。这些碎片在结晶器体的底部或该延伸段底部有淘洗腿时进行收集。出口挡板还迫使循环浆料进行180°的转动，在这个转动过程中，较大的晶体应该会被重新引导到结晶器主体的底部或进入淘洗腿。

淘洗腿由三个部分组成（见图 5-65）。顶部区域是一个洗涤区，下行的晶体被放置在淘洗腿中心的空心圆柱体周围的流体逆流洗涤。因此，其中一个进料口被放置在这个圆柱体内。该主体的顶部有一个用于除气的小孔。在主体的下方，

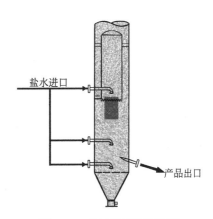

图 5-65 盐结晶器的淘洗腿

浆料流变浓，而体积流量减少。第二进料口形成流态化晶床，细晶与产品分离。细小的晶体随着第二次进料流向上流动，在此床层下方进行产品浆料的直接出料。为了稀释该产品

流，第三个进料口位于该产品出口下方。较冷的进料流为晶体降温，这是淘洗腿的附加功能。进料还可以用作清液，清洗附着在晶体周围的表面上的杂质。据称，这种淘洗腿可使盐产品的平均晶体粒度增加 50μm，而 L_{10} 则增加 100μm。

FC 结晶器既可作为单级大型结晶器，配以大型蒸汽压缩机，并配以一个以上的循环回路，以克服循环泵的容量限制，也可作为多级闪蒸器使用。

5.8.6 流化床结晶器

流化床或流态化悬浮结晶器是专为生产大而均匀的晶体产品而设计的，它通常也被称为 Oslo 结晶器（见图 5-66）。溶剂在汽化室内绝热蒸发，过饱和的溶液通过下料器离开汽化器，进入悬浮室底部密集的流化晶体床。

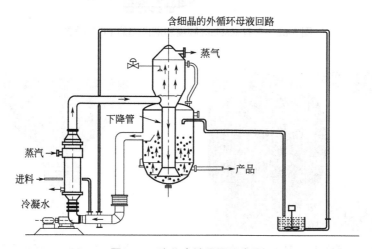

图 5-66　流化床结晶器示意图

过饱和度在床层上行的过程中被消耗掉，并从分级床层的底部不断取出大粒径的结晶产品。在床顶晶体被沉淀下来，只有细小的颗粒和消耗完过饱和度的母液一起离开悬浮室。晶体在床层中需要适当沉降，晶体的比密度较高对于高沉降率是有利的。

循环流与进料流混合，并在一个热交换器中再加热，这是再循环管路的一部分。来自悬浮室的细晶在一定程度上溶解在换热器中，通过下降管再次进入床层后，从而促进床层中晶体的生长。如果有太多的细晶被再循环，可以安装一个从沉淀区抽出细晶的装置。这些细晶可以被去除，例如通过用水溶解，然后再将这些细晶流股返回到再循环管道。

Oslo 结晶器设计中的一个主要问题是过饱和液体进入结晶器底部流化床的间隙很小，需要这样的小间距的间隙来让进入的液体混合着晶体进入流化床，这个间隙与再循环速度一起决定了床层的表层速度。局部结垢（特别是在下降管位置稍有偏差的情况下）或结垢碎片从管壁上掉下来而造成的部分间隙堵塞，影响床层的流化，从而影响结晶器的性能。为了最大限度地减少因清理结晶器而造成的停车时间，料液在整个间隙中的流动速度必须保持在一定值以上。

与 DTB 和 FC 结晶器相比，Oslo 结晶器中晶体的平均停留时间可以大大增加。此外，

Oslo 结晶器通过大的外循环泵来实现流体混合，这样避免了搅拌浆对晶体的破损，因为没有大颗粒晶体通过外循环泵。这种外循环泵通常是一种（轴向型）离心泵。然而，流化床中的晶体磨损可能相当大，在诸如氯化钠的情况下，Oslo 结晶器产出的晶体相当圆滑。但无论如何，Oslo 结晶器产生的产品要粗得多，几毫米并不稀奇。因此，它有时也被称为"分级生长"型结晶器。

与 DTB 或 FC 结晶器相比，Oslo 结晶器的生产率（kg·m^{-3}·s^{-1}）一般来说相对低。其中一个原因是要求必须保持流化床层而限制了循环速度，另一个原因是下降管中的过饱和度要低，以避免结垢，因为无晶体的过饱和母液很容易造成结垢。在流化床结晶器的隔室模型中，进料流从底部的泵和管道中的结晶器溢流进入循环回路，两股混合流经过换热器后进入沸腾区，过饱和溶液经下降管进入混合区。在洗涤液再循环到第一泵室和管道室之前，流化床区域可以被分割成几个相互重叠的悬浮室（例如三个），产品离开最低的悬浮室。

清液溢流（CLA）增加了床层高度，特别是对于自然固体含量低的系统，可通过从沉淀区提取清液来实现。Oslo 结晶器原则上可作为冷却结晶器使用：热交换器用于冷却循环流，尽管低循环率可能导致热交换器严重结垢。由于不需要蒸汽压头，所以循环管直接与下降管相连。

5.8.7　生长式结晶器

生长式结晶器的工作原理和流化床结晶器一样，是一种分级结晶器，但避免了产量低的问题（见图 5-67）。其优点是通过从结晶器中回收大部分较小的晶体，可以在下降管中保持更高的过饱和度，而不会产生大量的结垢。过饱和度在下降管中被循环晶体消耗掉一部分，据称每台结晶器的产量甚至高于 DTB。循环回路包含了总晶体质量的 10%～60%，在大多数情况下相当于下层晶体床质量的一半。

一般采用 1m·s^{-1} 的高循环流量，结晶器下半部分作为流化床，晶体生长速度随床层高度降低而降低。这种悬浮晶体床延伸到循环回路出口的挡板上，在这个出口上方的部分，有细晶被移除。

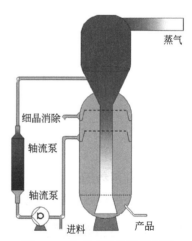

图 5-67　生长式结晶器示意图

这样就有可能在结晶器主体的顶部形成一个清液区，清液可以在这里被抽出，用于去除细晶或作为清液溢出。由于循环速度较高，这种结晶器也可以作为冷却结晶器使用。

5.8.8　喷雾式蒸发结晶器

当有低压余热并且对产品质量要求不高时，常采用这种方法。通过将浆液喷射到气流中使液滴中的大部分水溶液加热和蒸发，就可以获得产品。由于成核发生在液滴表面且难以控制，产生的细小晶体以结块的形式聚结在一起，有时颗粒中间有空隙。这是一种从废液流中回收低价值固体的廉价方法。

5.8.9 直接冷却结晶器

在直接冷却或直接接触冷却结晶过程中，热量不通过热交换器的冷却表面与结晶母液换热，而是直接向溶液中通入冷却剂。直接冷却结晶适用于那些必须在很低的温度下进行冷却结晶或溶质在换热管上很容易形成结垢的情况。冷却剂必须不溶于结晶溶剂，比如液态丁烷、丙烷或液态二氧化碳。冷却剂从结晶母液中吸收热量并蒸发，离开结晶器的冷却剂蒸气与传统蒸发结晶中的水蒸气类似。因此，稍加改进的 DTB（图 5-58）或 FC 结晶器（图 5-60）可用于直接冷却结晶（图 5-68）。

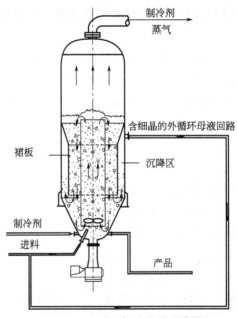

图 5-68　直接冷却结晶器示意图

另外，冷却剂蒸气必须经再压缩和冷却后冷凝，返回结晶器再利用。通过这种技术，可以从母液或不纯熔融物系体中分离出几种熔点较低的有机物。

5.8.10 表面冷却结晶器

除了 DTB 和 Oslo 结晶器外，还经常遇到另外两种表面冷却结晶器。一种是结晶器为晶体生长提供停留时间，晶浆（见图 5-69）或溢流通过热交换器循环。对于溶液结晶，通常是通过循环泵将晶浆母液经过管壳式换热器打循环，管与管壁之间 ΔT 的范围为 5～10℃，而对于熔融结晶，大多是将溢出的"清液"在刮板式换热器中冷却，以防止在冷却表面结垢。

另一种经常应用的冷却结晶器是冷却盘结晶器，特别是被用于溶液结晶。冷却盘结晶器可以被看作一个紧凑的冷却结晶器级联。冷却盘结晶器由一种卧式槽结构，槽子被固定的空心冷却元件分成若干个隔间（见图 5-70）。每个隔间作为一个独立的结晶器，并包含一个装有 Teflon 刮板和混合叶片的圆盘。

圆盘安装在一个纵轴上，缓慢旋转（5~45r/min）。刮板可以保持冷却表面的清洁，以免结垢。由于晶体和母液都通过冷却元件底部的开口从一个隔间自由地流向另一个隔间，因此内部晶浆输送不需要泵。晶体含量在连续的隔层中增加，在最后一个隔层中可能达到45%（体积分数）。圆盘的缓慢旋转使晶浆在隔室中得到温和的搅拌。产品通过溢流离开最后一个隔室，悬浮液与冷却液逆向流动。

还有一种表面冷却结晶器是带空气搅拌的 Swenson 冷却结晶器。这种结晶器由一个较浅的容器组成，在容器底部，浸入式热交换器的管道被一股气泡包围，气泡从管道上的小孔中冒出来。这些气泡被收集在容器的顶部，然后再循环到管道中。重要的是要使用被母液水饱和的气体，以避免管道上的孔结垢，这些气泡仅用于搅拌。它们增加了换热器表面的局部湍流，改善了传热效果，减少了换热器表面的结垢，并且温和地使晶体处于悬浮状态，不会造成太多的破碎和二次成核。这种结晶器特别适用于易破碎的盐类，如硫酸铜水合物、硫酸钠水合物和芒硝等。

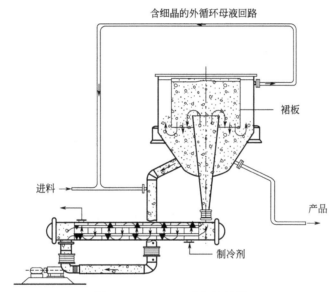

图 5-69　Swenson 冷却结晶器

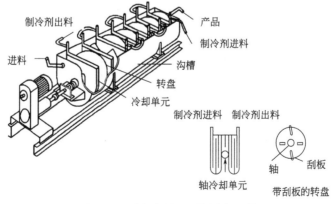

图 5-70　冷却盘结晶器与冷却元件

5.8.11 级联结晶器

除冷却盘结晶器外，其他结晶器的级联往往是蒸发结晶器的级联，其目的主要是最大限度地降低运营（主要是能耗）。大多数情况是将三到五个 DTB 或 FC 真空结晶器级联运行，每个结晶器都控制在较低的压力和温度下进行操作。比如氯化钠生产工艺，新鲜蒸汽只用于第一级的蒸发浓缩，各级二次蒸汽的热量一部分再用于下一级的蒸发，一部分用于进料的逆流加热（见图 5-71）。对于氯化钾生产工艺，通常使用五个 DTB 结晶器的级联，新鲜蒸汽只用于加入进料母液和一级浓缩蒸发（见图 5-72），加清水进行细晶消除。

对于反应沉淀结晶，通常使用简单搅拌式结晶器的级联。在这种情况下，级联主要是通过多个结晶器上的多个入口进料，并再循环部分浆料流来提高产品质量。通过这种方式，第一个结晶器中保持较高的固体含量，并抑制过饱和度。

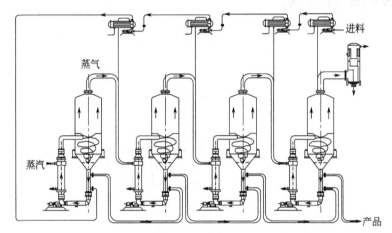

图 5-71 用于 NaCl 结晶的四台 FC 结晶器级联工艺

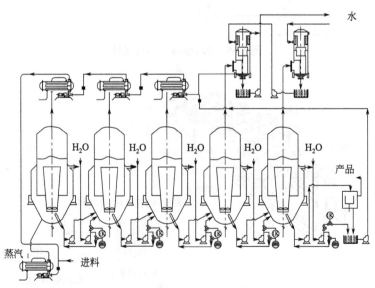

图 5-72 用于 KCl 结晶的五台 DTB 结晶器级联工艺

主要符号说明

英文字母　　含义与单位

a	传热系数
c	溶液浓度
Δc	过饱和度，kg/m^3
c_{bulk}	液相中杂质浓度 kg/m^3
c_{eq}	平衡浓度 kg/m^3
$c_{eq,\,0}$	固相中杂质浓度 kg/m^3
c_{int}	生长面附近杂质浓度 kg/m^3
D	二元扩散系数，m^2/s
G	生长速率，mm/s，m/s
H	滤饼厚度，m
ΔH	结晶焓，kJ，J
K_0^*	分配系数
K_{eff}	有效分配系数
K_m	传质系数
L	晶体粒度，mm，μm
M	晶体质量，kg
n_0	晶核粒数密度，no./kg（粒度为"零"时粒子密度）

$n_{0,p}$	初始粗晶粒数密度，no./kg（假设值）
n_F	细晶粒数密度，no./（m·kg 溶液）
n_p	粗晶的粒数密度，no./（m·kg 溶液）
T	温度，K
ΔT	过冷度，K
T_0	初始温度，K
T^*	平衡温度，K
T_{act}	实际温度，K
T_{eq}	平衡温度，K
T_E	终了温度，K
t	时间，s

希腊字母　　含义与单位

δ_m	传质层厚度，m
δ_{th}	传热层厚度，m
$\Delta \mu$	熔融结晶的推动力
τ	保留时间，s
τ_p	停留时间，s

参考文献

[1]　Myerson A S. Handbook of industrial crystallization [M]. 2nd ed. Newton:Butterworth-Heinemann, 2002.

[2]　Jones A G, Mullin J W. Programmed cooling crystallization of potassium sulfate solutions[J].Chem Eng Sci, 1974, 29: 105-118.

[3]　Yang M , Wei H . Application of a neural network for the prediction of crystallization kinetics[J]. Industrial & Engineering Chemistry Research, 2006, 45(1):70-75.

[4]　Johnson B K. Optimization of pharmaceutical batch crystallization for filtration and scale-up [M]. American Institute of Chemical Engineers, 1997.

[5]　Ulrich J, Bülau H. Melt crystallization [M]//Handbook of Industrial Crystallization. Amsterdam:Elsevier, 2002: 161-179.

[6]　Hengstermann A. A new approach to industrial melt cyrstallization [J]. Materials Science, 2010.

[7]　Mullin J W. Crystallization and precipitation[M]. //Ullmann's Encyclopedia of Industrial Chemistry, Weinheim. Germany: Wiley-VCH, 2003.

[8]　Burton J, Prim R, Slichter W. The distribution of solute in crystals grown from the melt. Part I. Theoretical [J]. The Journal of Chemical Physics, 1953, 21(11): 1987-1991.

[9]　Mullin J W. Crystallization [M]. Amsterdam:Elsevier, 2001.

[10]　Am Ende D J, Crawford T C, Weston N P. Reactive crystallization method to improve particle size: US6558436[P]. 2003-05-06.

[11]　Heffels S. Seeding technology: An underestimated critical success factor for crystallization[C]//The

Proceedings of the 14th International Symposium on Industrial Crystallization. Cambridge: IChemE Rugby, 1999 .

[12] Kind M. Grundlagen der technischen kristallisation [J]. Kristallisation in der industriellen Praxis, 2004: 101-113.

[13] Kubota N, Doki N, Yokota M, et al. Seeding policy in batch cooling crystallization [J]. Powder technology, 2001, 121(1): 31-38.

[14] Kubota N, Doki N, Ito M, et al. Seeded batch multi-stage natural cooling crystallization of potassium alum [J]. Journal of Chemical Engineering of Japan, 2002, 35(11): 1078-1082.

[15] Mullin J W. Crystallization[M]. 3rd ed. London:Butterwoths, 1993.

[16] Warstat A, Ulrich J, Gürbüz H, et al. Improvement of product quality using a seeding technique[C]// Proc. Workshop on Advance in Sensoring in Industrial Crystallization. Istanbul, 2003: 34-41.

[17] Zhang G G, Grant D J. Formation of liquid inclusions in adipic acid crystals during recrystallization from aqueous solutions [J]. Crystal Growth & Design, 2005, 5(1): 319-324.

[18] Warstat A, Ulrich J. Optimierung von batch-kühlungskristallisationen[J]. Chemie Ingenieur Technik, 2007, 79(3): 272-280.

[19] Warstat A. Heuristische regeln zur optimierung von batch-kühlungskristallisationsprozessen [D]. Halle: Martin-Luther-Universität Halle-Wittenberg, 2006.

[20] Hu Q, Rohani S, Wang D, et al. Optimal control of a batch cooling seeded crystallizer [J]. Powder Technology, 2005, 156(2/3): 170-176.

[21] Costa C B, Da Costa A C, Filho M. Mathematical modeling and optimal control strategy development for an adipic acid crystallization process [J]. Chemical Engineering and Processing: Process Intensification, 2005, 44(7): 737-753.

[22] Mohameed H A, Abu-jdayil B, Al Khateeb M. Effect of cooling rate on unseeded batch crystallization of KCl [J]. Chemical Engineering and Processing: Process Intensification, 2002, 41(4): 297-302.

[23] Miller S M, Rawlings J B. Model identification and control strategies for batch cooling crystallizers [J]. AIChE Journal, 1994, 40(8): 1312-1327.

[24] Mayrhofer B, Nývlt J. Programmed cooling of batch crystallizers [J]. Chemical Engineering and Processing: Process Intensification, 1988, 24(4): 217-220.

[25] Ulrich J, Glade H. Perspectives in control of industrial crystallizers[C]//Proceedings of the International Workshop "Modelling and Control of Industrial Crystallization Processes" Proceedings. La Hulpe: IBM Centre, 1999.

[26] Mullin W, Nývlt J. Programmed cooling of batch crystallizers [J]. Chemical Engineering Science, 1971, 26(3): 369-377.

[27] Jones A G. Optimal operation of a batch cooling crystallizer [J]. Chemical Engineering Science, 1974, 29(5): 1075-1087.

[28] Derenzo S, Shimizu P, Giulietti M. On the behavior of adipic acid aqueous solution batch cooling crystallization [J]. Am Chem Soc, 1996, 145.

[29] Jones A, Chianese A. Fines destruction during batch crystallization [J]. Chemical Engineering Communications, 1987, 62(1/2/3/4/5/6): 5-16.

[30] Stoller M, Orlandi P, Leonardi S, et al. Modelling of the fine crystals dissolution in an externally heated tube. Proceedings of 18th Symposium on Industrial Crystallization, Maastricht, 2008: 14-17.

[31] Randolph A D, Chen L, Tavana A. Feedback control of CSD in a KCl crystallizer with a fines dissolver [J]. AIChE Journal, 1987, 33(4): 583-591.

[32] Rohani S, Paine K. Feedback control of crystal size distribution in a continuous cooling crystallizer [J]. The Canadian Journal of Chemical Engineering, 1991, 69(1): 165-172.

[33] Rousseau R W, Barthe S. Using FBRM measurements, fines destruction and varying cooling rates to control paracetamol CSD in a batch cooling crystallizer[C]//Proceedings of the Annual Meeting of AIChE. Cincinnati, OH, USA, F, 2005.

[34] Bravi M, Chianese A. Neuro-fuzzy control of a continuous cooled MSMPR crystallizer [J]. Chemical Engineering & Technology: Industrial Chemistry-Plant Equipment-Process Engineering-Biotechnology, 2003, 26(3): 262-266.

[35] Chianese A, Bravi M, Kuester C. A crystal size related feature measurement instrument for the process industry [J]. Chem Eng Trans, 2002, 1:1491-1496.

[36] van Esch J, Fakatselis T, Paroli F, et al. Ammonium sulphate crystallization-state of the art and trends[C]//Proceedings of the Proceedings of 17th International Symposium on Industrial Crystallization. Maastricht, 2008.

[37] 王静康, 卫宏远, 张远谋. 连续结晶过程非稳态特性的研究 [J]. 化工学报, 1993, 44(5): 565-574.

[38] Bermingham S K, Kramer H J, van Rosmalen G M. Towards on-scale crystalliser design using compartmental models [J]. Computers & Chemical Engineering, 1998, 22:S355-S362.

[39] Kramer H J, Bermingham S K, van Rosmalen G M. Design of industrial crystallisers for a given product quality [J]. Journal of Crystal Growth, 1999, 198:729-737.

第 **6** 章

结晶器设计与放大

结晶提纯是一门非常古老的技术。人类在漫长的历史长河中开发出了多种结晶器，特别是近代随着科学技术的进步，人们对结晶过程和结晶器设计的改进与创新越来越快。

随着分析测量技术、自动控制、设备精密制造等技术手段的不断提升，现代结晶器设计能够更加灵活地控制产品晶体粒度及其分布。同时，在在线测量分析仪器的帮助下，实现了连续在线测量粒度分布和结晶过程变量控制。

在进行结晶器设计与设备安装时，晶体产物及其母液的特性是最为重要的考虑因素[1]。本章将系统介绍化学工业中常见的主要结晶器设计要素以及如何应用这些设计方法来解决实际工业结晶的问题。

6.1 设计原则

6.1.1 设计基础

1. 定义

晶体通常定义为由有序重复阵列排列的原子组成的固体。对于每种化合物，存在将其与其他化合物区分开的物理特性。因此，从其溶液或母液中形成的结晶物质往往具有成核和生长特性。

相较于其他分离方法，结晶的一个关键优点是它能够以较低能耗从不纯溶液中分离得到高纯度的产物。结晶可以在相对精馏而言较低的温度下进行，生产规模从每天几千克到几千吨不等。结晶不仅具有产物纯度高，形貌完整，堆积密度高和操作性良好的优点，而且由于滤饼离开过滤器或离心机时的溶剂含量低，对后续干燥过程的要求也比较低。

众所周知，结晶是包含热量传递和质量传递概念的单元操作，而结晶体系的性质对结晶过程具有十分显著的影响。因此，每个结晶设备都需要考虑许多关于物料的热力学与动力学特性，并且对每个个体进行评估，才能达到最佳设计效果。例如，二次成核是由晶体彼此接触或者当晶体悬浮在过饱和溶液中时与泵叶轮或搅拌桨接触引起的，因此结晶器的机械设计对由于二次成核作用的成核速率具有显着影响。但当同一设备用于不同物质的结晶时，会产生不同成核速率的差异。正是由于这个原因，尽管近年来关于结晶的新理论不断发展和技术不断创新，结晶仍一直被认为处于一种所谓的"艺术"状态。

2. 结晶过程中的热效应

结晶物质与饱和溶液的分离过程通常会产生热效应。热效应通常由结晶热和结晶物质分离的溶液的显热计算。对于具有正常溶解度的大多数物质，结晶相的分离通常是放热过程。在蒸发结晶器中，热量的释放是蒸发溶剂（通常是水）的一部分。因此，结晶器设计的起点是热平衡和物料平衡。

对于溶解度随温度升高而升高的化合物，该化合物溶解时通常会吸收热量，这被称为溶解热。当少数物质溶解有放热现象时，一般地说，它们的溶解度随着温度的升高而降低。当溶解度不随温度变化时，溶解过程没有热效应。只要给定相的物质与溶液接触，溶解度曲线就是连续的。溶解度曲线斜率的任何突然变化都会伴随着溶解热的变化和固体的相转化。通常将溶解热视为过量纯溶剂中溶解一定量溶质的焓变。

对于许多化学品的结晶过程，与结晶热相比，稀释热很小，因此在平衡态下，可忽略稀释热，此时结晶热的大小可近似为溶解热的相反数。

在十水合硫酸钠（芒硝）或硫酸镁水合物（泻盐）等水合盐的结晶过程中通常会产生相对较大的热效应。在这种情况下，结晶时释放的总热量可能是冷却结晶中需要考虑热量的主要部分。在蒸发型结晶器中，与蒸发溶剂所需的热量相比，结晶热通常可以忽略不计。

可以通过以下两种方法计算结晶过程中的热效应：

① 热量衡算，其中各个热效应，例如加热或冷却溶液所需的显热，所形成的产物的结晶热和液体蒸发的蒸发潜热可以组合成总热效应的等式。

② 能量衡算，其中所有生成物的总焓减去所有反应物的总焓等于该过程从外部源吸收的热量。

焓-浓度图方法的优点是同时考虑了热效应和质量效应。然而，由于只能获得仅针对少数系统公布的焓-浓度数据，该方法的用途十分有限。因为结晶过程中的热效应与通过结晶热产生的固体量有关，因此在使用任何一种方法时，必须进行相应的质量衡算。

3. 结晶过程的产量

在大多数情况下，结晶过程是缓慢的，母液与足够大的晶体表面接触，因此母液的浓度基本上是该过程中最终温度下的饱和溶液浓度。在这种情况下，通常以初始溶液组成和晶体在最终温度下的溶解度来计算产率。一些溶液，例如蔗糖和水，容易过饱和并且不能在最终母液温度下达到平衡。在这种情况下，必须假设最终温度下的母液组成。

如果涉及蒸发结晶，则必须考虑除去的溶剂以确定最终晶体产率。如果从溶液中除去的晶体是水合物，那么在进行计算时还需要考虑晶体中的结晶水。通过离心机或过滤器分离晶体去除一些母液，许多晶体产量也受到影响。通常离心机或过滤器分离的产物带有黏附的母液，其质量为晶体质量的 2%～10%。

晶体的实际产量是根据系统在给定的各种温度下的溶解度计算得到的，可以通过代数方程或试差法来计算。当手动计算时最好使用试差法，这样可以很容易地调整实际过程中产生的相对较小的偏差，例如添加洗涤水，仪器和吹扫水，或者从系统中进行液体清洗。虽然通过冷却饱和溶液形成的无水盐的产率可以简单地通过计算得到，但通过蒸发结晶水合盐的系统的产率计算要复杂得多，需要用到水合盐的溶解度曲线。如果使用计算机进行计算，则可以使用公式法；通过电子表格法进行计算可以很容易地进行修改和重新计算。

以下等式基于物料平衡，可用于计算产量[2]。

$$C=R\frac{100W_0 - S(H_0 - E)}{100 - S(R-1)} \tag{6-1}$$

式中，C 为晶体在最终浆液中的质量，kg；

$R = \dfrac{晶体水合物的质量}{非晶体水合物的质量}$；$S$ 为晶体最终母液温度下的溶解度（无水），kg/100kg 母液；W_0 为无水溶质的初始质量，kg；H_0 为溶剂的初始质量，kg；E 为蒸发量，kg。

4. 结晶器设计流程

尽管结晶器的类型多种多样，但其设计流程大致相同。以 FC 结晶器为例，主要流程如下：

① 选择最符合晶体粒度及粒度分布、晶体质量、工艺经济性、操作规模要求的结晶器类型。

② 列出计算所需的温度和物理特性作为框架，随着计算的进行，可以制作表格记录计算得到的数据。

③ 计算物料平衡、热量平衡，绘制流程图。

④ 根据经验或晶体生长和成核速率确定得到晶体产物所需的停留时间。

⑤ 根据产能与晶体所需停留时间确定结晶器的尺寸，同时适当考虑蒸汽（蒸发）释放所需的最小横截面。

⑥ 确定换热器换热面积和再循环速率（蒸发结晶器）。

⑦ 确定冷凝器和蒸汽管以及雾沫夹带分离器的大小（蒸发结晶器）。

⑧ 选择真空设备（真空型结晶器）。

⑨ 选择循环泵或搅拌器。

⑩ 选择晶浆，进料，冷却介质以及相关泵。

⑪ 指定所需的机械要求和结构代码。

6.1.2 结晶器的选择

结晶器是可以创造适合晶体生长环境的装置。在结晶器的设计中，最重要的是保证在一定温度下产生目标晶体或水合物所需的过饱和度。

1. 如何评估结晶器

在评估结晶器之前，必须知道关于待结晶的物质及其母液的一些基本信息。图 6-1 展示了典型的溶解度曲线[3]。晶体是水合物还是无水物？化合物在水或任何其他溶剂中的溶解度是多少？溶解度如何随温度或 pH 值而变化？溶液中是否存在共沉淀或保留在溶液中的其他化合物？如果存在，它们会对主要组分的溶解度造成怎样的影响？杂质对晶体习性、生长和成核速率的影响是什么？溶液和晶体的物理特性是什么？结晶热是多少？产率期望值是多少？以什么为基础计算产率？在不同温度下，从溶液中析出哪种结构的晶体？将在结晶器位置使用哪些公用设施以及与这些设施相关的成本是多少？最终产物是否与其他结晶材料或固体混合或共熔？需要多大粒度的晶体产物，如何将这种产物与母液分离并干燥？如何处理和储存这些固体或混合物而不会造成产品破损或结块？

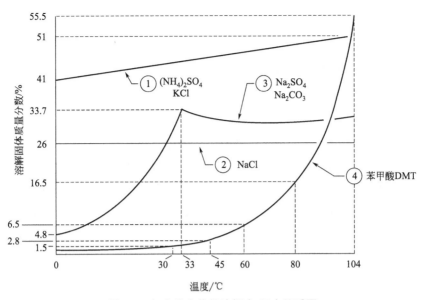

图 6-1　部分化合物的溶解度-温度关系图

2. 溶解度

在处理溶解度非常高的物质（如芒硝或其他水合盐）时，通常使用冷却型结晶器，因为它们满足高产率的要求，并能够降低分离过程的总能量需求。对于溶解度曲线斜率适中的晶体，则可采取蒸发冷却、表面冷却或恒温蒸发等方法。对于溶解度随温度变化不明显的晶体，只能使用蒸发结晶。蒸发结晶通常在恒定温度下进行，也可以在相对低温度下利用太阳能进行。通常为了经济性，在溶解度曲线相对陡的情况下使用冷却结晶，这是因为冷却固体产物仅需要除去结晶热和冷却母液的显热。这些操作能耗相对较低，一般 0.7kcal/kg 用于冷却溶液，18～55kcal/kg 用于结晶产物。相比之下，如果通过蒸发的方法得到晶体，例如对于溶解度为 33% 的晶体，需要的能耗通常可以表示为 1100kcal/kg（基于结晶产物）[4]。

3. 结晶器产能

出于传热要求的考虑，结晶器的产能这一指标在选择结晶器时亦十分重要。例如，对于规模仅为每天数百升的结晶要求，可以使用带有水冷盘管和搅拌器的结晶器。而对于处理量为每天数立方米及以上的大规模结晶，通常使用真空蒸发法去除溶剂。在工业上采用绝热蒸发冷却或等温蒸发结晶均是根据这个原则。

4. 间歇或连续操作

结晶的间歇或连续操作也是需要考虑的因素之一。目前大多数加工厂都尽可能使用连续操作设备。连续操作设备允许将操作条件调整到相对较好的操作区间，从而提高能量利用率和晶体质量。连续操作设备可减少劳动力，并且与之配套的锅炉、冷却塔和发电设施占用空间相对较小。目前已经开发出可以长时间运行的连续结晶、分离装置，并且晶体产物的干燥通常也是连续进行的。

在对附加值较高的晶体产品提纯时，即使产率较低，仍推荐采用间歇结晶。通常可以通过每次新加入的不饱和进料除去间歇结晶器中的壁面沉积物。间歇操作的冷却范围非常宽，当初始进料浓度较高并且母液终温较低时，采取间歇结晶可以避免在连续设备中将高温进料溶液与相对低温的晶液混合而对体系造成不利的影响。

5. 多级结晶

虽然不同于多级蒸发设备，但多级结晶设备的操作仍具有一定的经济性。多级结晶通常应用于较大产量的冷却结晶过程，并且初始进料具有高温和高浓度的特征，母液返回溶解槽或结晶器前需要进行再浓缩。使用这种类型的体系不仅减少了将母液提升到操作温度所需的蒸汽量，而且还减少了最后一个或两个结晶阶段所需的冷却水量。图 6-2 所示为五级钾碱冷却结晶器[5]。

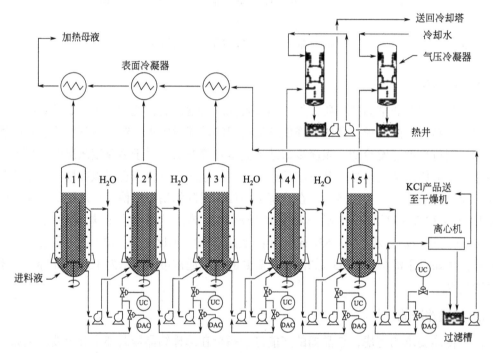

图 6-2　Swenson 五级 DTB 钾碱结晶器

6. 机械蒸汽再压缩节能技术

近年来随着能源成本的增加，人们再次关注机械蒸汽再压缩技术（MVR）。典型的蒸汽再压缩蒸发结晶流程图如图 6-3 所示[6]。机械蒸汽再压缩技术目前被认为是高效的节能技术之一。目前已经应用在食品工业、制药工业（氨基酸浓缩）、废水处理行业（有机废水、无机废水）、化学工程等领域。其原理是把气液分离器分离出的二次蒸汽经过压缩机的绝热压缩，使得二次蒸汽温度、压力升高，焓值增大，作为热源加热蒸发器管内的溶液，自身冷凝成水[6]。该技术的本质是使用较小的电能代替蒸发和结晶所需要的热能（蒸汽）。

当操作压力约为一个大气压时，在单级蒸发结晶器中除去 1kg 水以生成晶体产物所需的热能量约为 555kcal。如果蒸发的水被高效的机械压缩机压缩到可以在热交换器中冷凝的压力以便提供维持该过程所需的能量，那么这种压缩的等效功率约为 6.3kcal。

虽然这种技术仅限于那些引起沸点温升较低的晶体物质，但是对于需要输入大量热量来蒸发结晶的情况，该技术极大程度地降低了能量需求及消耗。目前该技术已经被广泛应用于硫酸钠、NaCl 和碳酸钠一水合物等盐类的结晶中。

一般来说，ΔT 越大，单位电量压缩的蒸汽量越低，ΔT 为被机械压缩机压缩之后的蒸汽温度与蒸发的蒸汽温度之间的差值。因此，在设计时要使得再压缩蒸发器具有较大的传热表面，以便使得功率成本最小化。这种情况下，为了保持足够的管程流速以加强传热，管程流体要在结晶器内增加的传热表面进行更大量的外部再循环，这导致泵输送的管程流体的过饱和度较常规蒸发器有所降低。

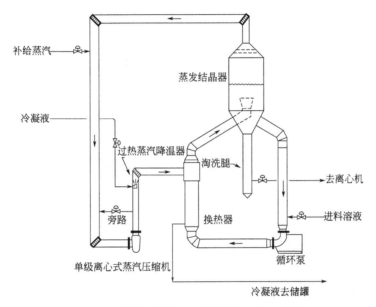

图 6-3　单效机械蒸汽再压缩结晶工艺示意图

6.1.3　仪表与控制

结晶是一个晶体逐层生长需要较长时间的过程。存在于结晶器内晶浆中的晶体停留时间相差很大，例如其中细小晶粒的停留时间可能远远低于平均停留时间，而较大晶粒的停留时间通常为平均停留时间的三到四倍。另一方面，成核可能是由操作条件的紊乱而造成瞬间发生的现象，例如当结晶器温度快速下降时，正常溶解性的物质将出现晶体成核。同时，结晶器内的液位和绝对压力也是影响结晶的变量，必须由相应仪表控制。因此，结晶器的设计必须同时满足这些条件以达到晶体生长的要求。

改变产率通常会引起溶液沸腾速率增加，并因此导致热交换器或引流管循环系统中的温度升高。当液体表面再次达到平衡时，说明溶液的过饱和度进一步增加，从而使晶体的成核速率和生长速率增加。这种扰动对晶体粒度分布产生影响，其持续时间为一般停留时间的 6 至 10 倍。例如，在硫酸铵结晶器中，当停留时间为 4h 时，经过 1～2d 的时间，扰动的影响才会完全消散。由于这一特性，为了保持长时间稳定的运行，大多数连续结晶器只能对产率进行微小的改变。

1. 液位控制

大多数真空结晶器在恒定液位下操作，其中液位误差不应超过 15cm。这也决定了结晶器内的沸腾特性，这一特性会影响真空结晶器中发生的雾沫夹带和壁面结壳。对于诸如 DTB 结晶器的原料进口设计，进口和液体表面之间的距离是控制沸腾表面处产生最高过饱和度的关键，并且还影响循环系统。由于内部循环回路的全闭压头相对较低，液位的微小变化会对操作产生不利影响。这一问题可用差压式液位控制器解决。需要注意的是，连接到分离室上部的一侧应设有水清洗装置，否则会因冷凝造成设定值改变。压力传感器可以采用齐平型或通过吹扫的脉冲管线连接到结晶器。吹扫溶液的温度应当低于结晶器中的蒸汽压力对应的温度和环境温度，以防止脉冲管线中的沸腾引起的扰动。液位控制器不需要记录功能，但应包含复位和比例控制功能。液位控制器通常用于控制系统的进料，有时也用于控制母液的循环。

2. 压力控制

真空结晶器中的温度通常由压力控制系统控制，如果操作压力大于设定的真空度，则该压力控制会将系统中的蒸汽和不凝气体由真空系统抽走或从冷凝器排出。该压力控制器应当能够将结晶器内温度偏差控制在 0.5℃ 之内。通常采用在结晶器顶部安装压力传感器来实现这一控制。

3. 晶浆（晶体悬浮液）密度控制

结晶器中通过搅拌或外部循环泵维持流化的晶浆的密度，可以通过对晶浆中足够远的两点之间的压差测量来确定。对于密度相对较高的晶体，这两个测量点的距离可以在 2～3m。通常，将压力传感器安装在液体表面下方。液体湍动会在输入信号上产生相当大的噪音，必须通过空气脉冲管路上的可变限流器或合适的电气阻尼来消除。由于仪表需要保持高敏感度以提供控制值，这些仪表的校准会随时间略微改变。这种仪表最重要的用途是确定晶浆密度的变化趋势，以便调节出料速率以保持整体密度的恒定。

4. 蒸汽流量控制

可以通过控制压力或蒸汽流量来实现对热通量的控制，经验表明控制蒸汽流量的效果最好。对于大多数蒸发结晶装置，蒸汽流量与生产率和再循环系统中的温升以及热交换器中的冷热流股温差 ΔT 成正比。在蒸汽流量十分重要的系统中，可以监测 ΔT，并用 ΔT 重置蒸汽速率。如果由于电机过载或电源故障导致导流筒挡板装置中的循环泵或搅拌桨停止运行，则应设置一个联锁装置以及时切断流向系统的蒸汽流。

5. 进料控制

进料控制仪表最好选用磁类设备。在冷却结晶器中，进料流量决定了热通量，因此决定了结晶器内的过饱和度峰值，并且进料流量还与产率成正比。因此，进料控制至关重要。

6. 出料控制

许多连续结晶器在浆料排出管线上设有节流阀以调节排出速率。但是由于阀门常常会堵塞，因此单靠调节阀无法达到让人满意的效果。每 1 或 2 分钟完全打开阀门一次可以减少堵塞，以便消除可能在节流状态下积聚的堵塞物。堵塞物的大小主要受晶体粒度的影响。为此，通常采用夹紧式阀门或隔膜阀门。另一种方法是使用可由液位控制器或远程手动操作器操作的变速泵。该技术的局限性在于，在保持高于临界速度的同时，只能改变 1 到 2 个流量。在现代设备中经常以恒定流速操作出料系统，将母液流股输送回结晶器。通过调节该管线中的流量，可以在很大范围内改变从结晶器中移除的浆料的量。该技术的缺点是排出的浆料必须通过沉降器或稠化器，以便将其密度增加到适合在过滤器或离心机中处理的程度。

7. 其他参数

系统中所有进料、出料和冷却水都要安装相应的温度记录仪表。在 FC 结晶器或 DTB 结晶器中还需要监测换热器两端的温差。此外，还应监测主循环泵和料浆泵的电流安培数。应通过小型吹扫转子流量计向所有泵的压盖供应清洗水，并将密封处的压力连接到压力开关和报警系统，以便在水压失控时通知操作员。

8. 分布式控制系统

通过使用前面提到的仪表，结合温度指示器，操作员有足够的信息可以对设备进行故障排除并进行维护，以保持得到满意结果和晶体粒度所需的稳定操作条件。进而通过使用分布式控制系统或计算机，将这些仪表提供的信息组合在一起，从而产生远远多于通过监测维持稳定运行所需的仪表获得的控制信息。例如可以利用已知的物理规律和溶液的物理性质计算出产率和传热系数，并通过对这些数据进行趋势分析，可以预测传热数据，预期运行周期和生产率。

9. 出料

结晶器的出料管线应当远离沸腾表面和系统的进料点。混合良好的晶浆中的样品具有代表性，出料管线中的速度应接近样品分离点处的线速度。在某些情况下，需要将排放管倾斜到流动方向以提高样品质量。当晶体较大或具有相对较高的沉降率时尤其如此。

10. 采样

在结晶器中生产的晶体产品通常需要把晶体粒度严格控制在规定的范围内。当监控操作以调整晶体粒度或晶体特性时，结晶器中的产品每 1～2h 取样一次。理想情况下，最好在产品进入浆料排出泵之前从浆料排出管线上取样。

这种技术的缺点是，所取的浆料样品必须能在保证母液中溶质不会明显析出的情况下进行过滤或离心处理。当晶体物料溶解度和温度较高时，这一问题很难解决。在某些情况下，有必要使用离心滤饼样品来监测晶体粒度，这需要停止离心并从离心机中获取具有代表性的样品。操作员控制检测时通常使用离心样品或烘干机排除样品。然而，由于离心机和烘干机都会使晶体产物破碎，因此此类样品仅显示晶浆密度的变化趋势，并不适合用于粒度数据的计算。

样品管线应易于反冲洗，并每一到两小时清除一次。以 1m/s 的排放速率进行取样，取样量最好为 0.5L 或 1L 的晶浆料，并及时离心或过滤该样品。通常，这样的取样管线有一个冲洗支管，可用热水或溶剂对管线进行反冲洗。

产品样品应进行干燥和筛分，通常在离心或过滤过程中用酒精或其他合适的挥发性溶剂清洗样品，使样品在 15～20min 内干燥并进行筛分分析。

筛分分析的数据通常显示在如图 6-4 所展示的算术概率纸上[2]。当 16%和 84%两点间呈直线时，产物的变异系数（CV）可以通过计算这两点的截距得到，图中 L 为晶粒粒径，mm。

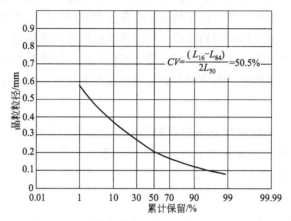

$$CV=\frac{(L_{16}-L_{84})}{2L_{50}}=50.5\%$$

图 6-4　晶体粒度分布和变异系数（CV）计算

6.1.4　结晶器成本

如前所述，每个结晶器的设计取决于晶体产物及结晶溶液中存在的杂质的特性，因此很难估算设备成本。然而，对于大规模的工业生产，可以给出设备成本的大概范围。

图 6-5 显示了设备成本与 FC 型和硫酸钠三效结晶器和 DTB 型硫酸铵结晶器产量的函

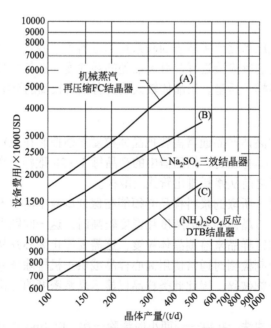

图 6-5　几种典型结晶器的成本与产量关系图

[（A）、（B）由芒硝溶解生产的 Na_2SO_4 晶体；（C）$NH_3+H_2SO_4$ 反应生成（NH_4）$_2SO_4$ 晶体]

数关系[3]（成本会随当时的钢材价格和人工成本波动）。成本包括结晶器及其循环泵、循环管道、真空设备、冷凝器、蒸汽管道以及（如适用）机械蒸汽再压机和驱动电机等辅助设备的成本，如图所示，该成本与产量成正比。通常，支撑钢结构、设备安装、管道和电气安装的成本为设备本身成本的 40%～100%。

6.2　混合与放大

固液悬浮液结晶过程中的混合或搅拌是一个关键的因素[6]。特别是在结晶过程的放大过程中，如何选择合适的混合系统关系到晶体产品质量与结晶过程操作稳定性。为了找到一种系统的方法，首先必须定义该过程是特殊的混合任务还是主导过程的混合任务。此外，混合对结晶中其他重要工艺参数的影响也不容忽视。因此，当面临的挑战是开发一种合适的结晶器结构时，需要系统考虑搅拌系统、桨叶类型、挡板、加料点、取样点等环节。

在结晶或反应沉淀结晶过程中的典型混合任务是共混，即在结晶器的总工作体积范围内调节晶浆的浓度或温度差异以及热交换，即加快结晶器的物料和加热（冷却）介质之间的热交换。在本节内容中，首先讨论间歇和连续结晶过程中的基本混合任务，然后，进一步探讨混合任务及其主导因素之间的相关性，同时了解它们之间的相互影响。

6.2.1　在间歇和连续结晶过程中的混合

间歇结晶经常用于特种化学品、中间体或药物中间体（API）的提纯或重结晶，特别常见于中小型容器（0.1～20m³）的反应沉淀结晶工艺或冷却结晶法工艺中。间歇式结晶器还通常用来作为多用途设备，这时候必须配备相应的灵活的混合系统。例如，这种灵活的装置应该能够保证靠近壁的高流速以提供良好的热传递，以应用于不同的冷却策略。同时，由于相应工艺步骤产生不同粒度的晶体，该装置必须能满足不同固体的悬浮要求。对于均质溶液和非均质晶浆，该装置应该在迥然不同的装料高度下，或在差异较大的黏度或固体浓度范围内都能够提供较短的混合时间。

另外，因为与冷却结晶相比，反应沉淀结晶过程的成核和生长过程非常快，所以短的混合时间尤为重要。在快速反应结晶中，不充分的混合与死区可能会对产品质量产生明显的不利影响。因此对于快速反应结晶器来说，设计目标是找到一个合适的搅拌桨系统来防止上述影响，从而避免不受控制的颗粒形成。

连续结晶器通常用于产量较大的产品生产，如无机盐以及有机碱化学品或中间体。在连续结晶器中，过饱和主要通过真空或蒸发产生。与间歇操作相比，连续操作下的混合任务有着显著不同：连续运行的结晶器必须提供稳定的产品质量，在大多数情况下，这意味着需要恒定的纯度以及恒定且良好控制的粒度分布。在结晶产品质量不变的情况下，固液分离、干燥等连续工艺步骤才能得到优化和顺利操作。为此，在这种结晶器的设计和放大过程中，均匀晶浆的生成是最关键的。同时，必须避免过高的局部能量输入导致晶体被破坏，细晶的产生也必须被阻止。此外，进料点和出料点位置的选择对于操作状态和产品质量稳定性的影响也需要充分考虑。

对于连续结晶过程，必须认真选择一种适合该过程相应混合要求的、高效的、有利于产品质量的桨叶系统。在这里，轴功率通常需要转换成可用于以最高效率的方式悬浮固体的有效功率。与此同时，任何死区，即固体分布的任何严重不均匀性，甚至结垢，都会影响连续操作及稳定的产品质量。

6.2.2 结晶过程中的混合

在结晶过程中，搅拌桨或搅拌系统通常必须同时满足以下几个目标：

① 混合时间短，避免局部过饱和；

② 形成晶体的均匀悬浮液，以提供均匀的生长条件；

③ 对结晶物料进行温和处理，以防止不受控制的成核（不受控制的成核会使粒度分布向细晶范围移动）；

④ 高壁面处流动速度，防止结垢；

⑤ 高传热效率，使母液和冷却表面之间的低温度差操作成为可能。

6.2.3 搅拌桨叶和搅拌系统

在混合技术中，有各种各样的搅拌桨叶类型可供选择，它们在各自的主要应用领域有本质上的不同。从根本上讲，它们可以通过以下特征进行区分。

① 诱导流动的主要方向：轴向、径向或切向；

② 桨叶直径与容器直径之比；

③ 叶尖线速度；

④ 应用的黏度范围；

⑤ 流量范围：层流或湍流。

实践证明，根据桨叶推动流体方向的分类方法是可行的。但即使在混合容器的某些部分，轴向流必然产生径向流；反之亦然，主要径向流也会引起轴向流。

近几十年来，传统桨叶在其工艺、机械和应用等相关特性方面一直进行优化，意味着有各种各样的搅拌桨叶可以满足各种各样的混合要求。

由于每个桨叶通过将其旋转运动传递给液体而产生切向流动（除了所需的轴向或径向流动之外），因此搅拌容器中的流动是三维的。混合容器壁上的内部构件也会对流型产生很大影响，因此必须考虑其数量和形状。

常用的搅拌桨系统的特性的比较评价见图6-6[7]。

6.2.4 搅拌系统的功耗

混合容器内三维流场的产生以及相应的能量耗散和剪切应力与搅拌桨叶系统的功耗[8]有关。功率消耗来源于桨叶与周围液体之间的相对速度所产生的阻力功率：

$$F_R = \zeta \frac{\rho}{2} u^2 A \qquad (6\text{-}2)$$

桨叶类型	几何结构	位置	流体流型	适用操作范围				混合任务
				D/T u/(m/s)	雷诺数Re 流型	功率常数 Ne	黏度η/(Pa·s)	
螺旋桨 	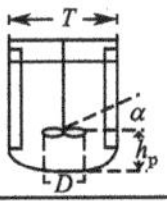 H/T=1.0 D/T=0.33 h_p/T=0.33 α=25° 3叶片	内部的中心 - 没有内件偏心	轴向湍流状态	0.1~0.5 3~15	>1000 湍流	3叶片 Ne=0.35	<20	共混 固-液/液-液 悬浮液 热传递
斜叶桨 	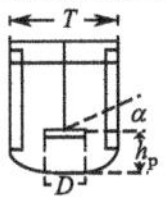 H/T=1.0 D/T=0.3~0.4 h_p/T=0.17~0.34 α=45° 4叶片	内部的中心 - 没有内件偏心	轴向带径向分量	0.2~0.5 2~6	>1000 湍流	4叶片： Ne=0.66 叶片： Ne=1.2	<10	共混 固-液/液-液 悬浮液 热传递
圆盘涡轮 	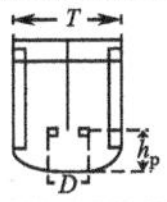 H/T=1.0 D/T=0.33 h_p/T=0.33 6叶片	内部的中心	径向	0.2~0.5 2~6	>1000 过渡流 湍流	6叶片 Ne=5.5	<20	分散 液-液/气-液 (共混) 热传递
弯叶轮 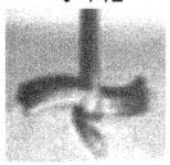	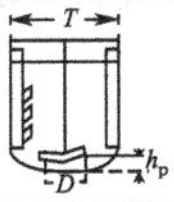 H/T=1.0 D/T=0.57 h_p/T=0.05~0.1 3叶片	内部的中心	径向	0.4~0.7 6~12	>1000 湍流	3叶片 有平板挡板时 Ne=0.7 有指状挡板时 Ne=0.5	<20	共混 固-液/液-液 热传递
EKATO ISOJET 	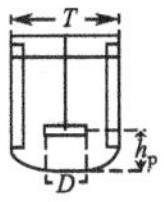 H/T=1.0 D/T=0.2~0.5 h_p/T=0.2~0.3 2叶片	内部中心或者不是以内部为中心 内件偏心或者没有内件偏心 2叶片	轴向	0.05~0.5 3~15	>1000 湍流			共混 固-液/液-液 悬浮液 热传递
EKATO Viscoprop 	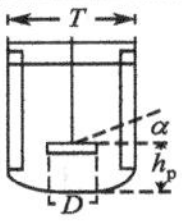 H/T=1.0 D/T=0.4~0.7 h_p/T=0.2 α=25°~53° 2叶片或4叶片	内部中心或者不是以内部为中心 内件偏心或者没有内件偏心 2叶片或者4叶片	轴向	0.3~0.7 2~10	>1000 过渡流 湍流			共混 固-液/液-液 悬浮液 热传递
EKATO intermig 	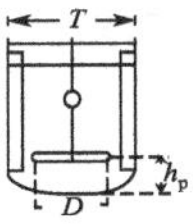 H/T=1.0 D/T=0.7 h_p/T=0.22 2叶片	中心	轴向/径向	0.5~0.95 1~9	湍流： D/T<0.7 层流： D/T>0.7	Ne=0.35 一级	<40	共混 悬浮液（表面气体处理） 热传递
锚式桨 	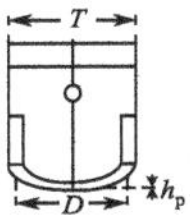 H/T=1.0 D/T=0.96 h_p/T=0.025 2叶片	中心	切向	0.9~0.99 <2	>1000 过渡流 湍流	Ne=0.2~2.0	<20	热传递 种类：锚框式式 锚式式 方框式 板框式
螺旋带 	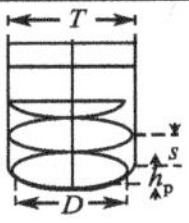 H/T=1.0 D/T=0.96 h_p/T=0.01 s/D=0.5	中心	轴向	0.9~0.99 <2	>20 层流	Ne>40	<50	黏稠介质中的共混 单螺旋或双螺旋设计
EKATO paravisc 	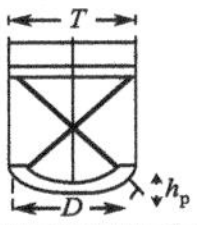 H/T=1.0 D/T=0.9~0.98 h_p/T=0.01~0.03 2叶片	中心	轴向	0.9~0.98 <2.5	>20 层流	不依赖于设计模型和D/T的比值	<200	黏稠介质中的共混 悬浮液 热传递
DISSOLVER 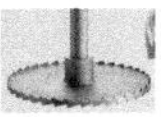	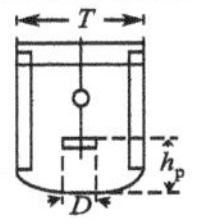 H/T=1.0 D/T=0.375 h_p/T=0.375 2×36齿	内部中心或者内件不是内部的中心	径向	0.2~0.5 8~30	>1000 湍流	Re>100000 Ne=0.1 Re=1000 Ne=0.5	<20	分散 液-液/固-液 常与轴流泵叶轮结合 使用

图 6-6 常用搅拌桨系统的特性

一般来说，阻力由惯性力和内摩擦组成。由复杂流型导致的相对速度无法精确推导，比例桨尖速度 u_{tip} 用来描述阻力，n 为旋转频率。

$$u \sim u_{tip} = \pi n D \tag{6-3}$$

表面 A 是桨叶的典型投影面积，与被桨叶覆盖的圆形表面在一个水平面上。因此，可以得到作用在桨叶上的合力：

$$F_R \sim \rho n^2 D^4 \tag{6-4}$$

同时，对于产生的功率，以下关系是有效的：

$$P = F_R u \sim \rho n^2 D^4 nD \sim \rho n^3 D^5 \tag{6-5}$$

为了计算进入系统的搅拌桨功率或轴功率，广泛使用以下公式：

$$P = Ne \rho n^3 D^5 \tag{6-6}$$

无量纲功率常数 Ne 基本上是桨叶系统的几何形状的函数。除此之外，它还取决于桨叶的雷诺数：

$$Re = nD^2 / v \tag{6-7}$$

依赖于雷诺数 Re 的功率常数 Ne 是搅拌系统所谓的功率特性。对于任何桨叶及其周围的几何形状，都必须通过实验确定这种非常重要的相关性。随着数值方法的不断提高，未来将有其他方法来计算功率特性[9]。在图 6-7 中，显示了一些不同搅拌系统的功率特性。结果曲线可分为三个区域：

① 在层流状态下（$Re<10$，仅对壁面附近工作的桨叶 $Re<100$），惯性力的影响通过内摩擦力的影响消除。因此，可以注意到在这个区域下，通常不需要设置挡板。

$$Ne = \mathrm{const}_1 Re^{-1} \tag{6-8}$$

② 在湍流状态下，不再受内部摩擦的影响，作用在桨叶上的力主要是惯性力。因此，此处功率数 Ne 的绝对值只能从桨叶和周围的几何结构中导出。通常需要挡板，并且与无挡板系统相比，轴功率增加 10 倍。

$$Ne = \mathrm{const}_2 \tag{6-9}$$

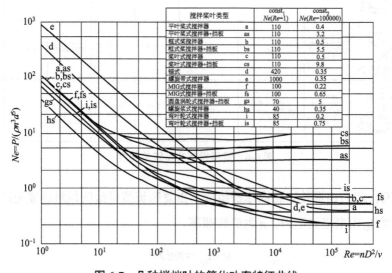

图 6-7　几种搅拌叶的简化功率特征曲线

③ 在层流和湍流状态之间的过渡区域中，随着雷诺数的增加，内部摩擦力越来越大。同时，惯性力的影响也增加。

为了确定式（6-8）或式（6-9）之后的功率常数 Ne，相应的常数 $const_1$ 和 $const_2$ 可以从相关表格中获取。

当使用任何功率特性时，必须提到，仅考虑几何相似的系统。在任何其他情况下，不考虑特殊几何结构产生的重要参数可能会导致错误的结果。在现实中，几何结构变动产生的影响是复杂的，很难研究。然而，一些趋势可以从实验结果中得出。

（1）直径比

对于螺旋桨式桨叶，在 $0.2<D/T<0.5$ 区域存在一个几乎恒定的功率常数，其中 D 为搅拌桨直径，T 为反应釜/结晶器直径。与此相反，对于圆盘式涡轮桨叶，随着直径的增大，功率常数在相同范围（$0.2<D/T<0.5$）内降低了 20%左右。

（2）底部间隙

通常情况下搅拌桨叶安装在反应釜/结晶器的下部。当选择轴向搅拌桨时，由于容器底部的流动偏转，功率随底部间隙的减小而增大。当采用径向搅拌桨时，由于搅拌叶下方涡流不明显，功率常数随着顶隙的减小而减小。

（3）装料液面高度

叶片式搅拌桨对功率常数的影响较大。对于倾斜叶片式涡轮或螺旋式搅拌桨，当 $H/T>0.8$ 时，Ne 是恒定的，其中，H 为装料液面高度；T 为反应釜/结晶器直径。

（4）多级搅拌

在细长的混合容器里（$H/T>1$），通常使用多级搅拌系统。由此产生的轴功率受搅拌桨级之间的间隙 Δh 的高度影响。在全挡板系统中，当 $\Delta h>1.2$ 时，总功率可以为单级功率的总和。当多相系统被搅拌时，电力消耗可能与单相系统相差很大。（详见 6.2.5 节）

6.2.5 固相晶体悬浮

固相晶体悬浮是任何搅拌结晶过程的基本混合任务。悬浮晶体的粒度分布、溶剂黏度、固液密度差是影响晶体悬浮液沉降性能的主要因素。颗粒的沉降速率大多在 $0.001\sim0.1m/s$ 之间，同时晶浆的固体含量可达 50%（质量分数）[10]。

例如，在含晶体颗粒的悬浮液中，颗粒会缓慢沉降。对于这类系统，固体的均匀分布是其特征。在这里，可以通过相对较低的功率输入或仅轻微的液体运动来实现从容器底盘处的上升以及均匀悬浮的状态。另一方面，在较高的固体浓度下，可发生悬浮液的假塑性流动特性。例如，6%的纤维材料（通常来自造纸工业）可以导致这种非牛顿行为。在固含量高的悬浮液中经常观察到宾汉塑性行为。在这种情况下，如果通过搅拌不引入一定量的剪切力，则系统表现得像弹性固体或凝胶。

在这一节中，只关注固/液体系，其中颗粒粒度和两相密度差足够大，同时液体黏度足够低。由于重力引力及在这些系统中流体流动所产生的惯性力，两相趋于分离。将颗粒从底部提起并使它们均匀悬浮所需的动力必须由搅拌桨提供。

1. 不同的悬浮状态与均匀悬浮标准

对于给定的搅拌悬浮液，图 6-8 为固体颗粒各种状态的示意图，下面以"底部运动""脱离底部悬浮"和"视觉均匀悬浮"来定义悬浮度。

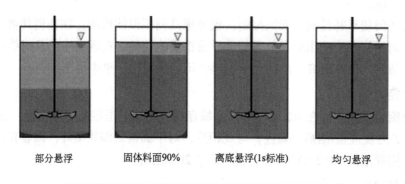

| 部分悬浮 | 固体料面90% | 离底悬浮(1s标准) | 均匀悬浮 |

随转速/功率值的增加

图 6-8　固体颗粒各种悬浮状态

在"底部运动"中，尽管大多数固体都在运动，但在容器的上部可能出现大的透明区（即无颗粒区）。搅拌桨叶下方和角落处有"暂停"的固体颗粒。

"脱离底部悬浮"定义了一种情况，在这种情况下，单个粒子在容器底部停留的时间不会超过一秒钟。Zwietering 是第一个使用这种视觉悬浮准则的人。他确定了第一次出现这种情况时的最小轴速 n_{js}（js 指刚刚悬浮）。离底悬浮点可以通过超声多普勒测速仪等方法确定，但这些方法没有考虑容器内分布的均匀性。

这意味着，特别是对于具有高沉降速度的颗粒，即使满足了"底部运动"和"底部悬浮"的标准，在液体表面附近通常也有无颗粒的清晰区域。在这些情况下，采用了进一步的评估过程，所谓的"层厚标准"，即悬浮颗粒层达到液体高度的 90%。

相比之下，"视觉均匀悬浮"要求没有大范围的清晰区域。在这种情况下，如果存在宽范围的颗粒粒度分布，即使细晶部分已经保持在液体表面附近的悬浮液中，仍然会发生较粗颗粒的沉降。如果使用"视觉均匀悬浮液"作为唯一标准，则实现它所需的搅拌转速有可能高于或低于"脱离底部悬浮"。

对于更高的固相悬浮要求，例如，悬浮液溢出的连续操作设备，需要"均匀悬浮"。为实现这一点，必须满足容器底部的"1s 标准"和"视觉均匀悬浮液"标准。

只有当颗粒的沉降速度接近零值时，才能达到"均匀悬浮"的理想情况。作为标准结晶过程的规则，通常不能避免固体浓度的局部差异。

为了表征悬浮液的均匀性，通常使用局部固体浓度与平均固体浓度的偏差。采用方差或变异系数 σ 作为分布质量的值。

$$\sigma^2 = \frac{1}{k}\sum_{j=1}^{k}\left(\frac{\varphi_{vj}}{\varphi_v}-1\right)^2 \tag{6-10}$$

在这个相关式中，k 是不同测量位置的数量。对于均质悬浮液，得到方差值 $\sigma^2=0$。

使用上述标准表征悬浮液的混合状态引出了一个问题，这个问题与相应的搅拌轴转速和相应的悬浮功率有关。图 6-9 说明了不同固体浓度下固体液位随搅拌轴转速的变化情况[11]。此外，给出了刚满足"1s 准则"时的轴转速。显然，要达到"90%固体液位标准"，需要比"1s 标准"更高的轴转速。

同时，随着固体浓度的降低，很明显在容器中达到一定的固体水平变得更容易。从实际操作中发现，在某些情况下，达到了"90%固体液位标准"，但容器底部仍保留有一定量的固体物质。

通常，同时根据两个标准确定的搅拌轴转速是不一致的，并且只能进行定性的推论。通过对某一特定分布情况与固体含量的比较，也可以得出同样的结论。文献中给出的相应相关性仅对某些系统或方案有效，因此不能通用。

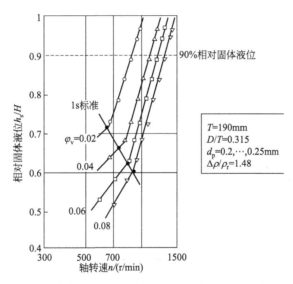

图 6-9　不同固体浓度下的固体液位与轴转速的关系

2. 固体悬浮液的功率要求

在较高的雷诺数（$Re>10^4$）下，搅拌桨叶会产生较高的流速，从而导致比液体密度更高的固体颗粒受到离心力的驱动而向外运动。由于这一现象，只要固相浓度保持在 10%（质量分数）以下，搅拌桨叶周围的流型以及功率常数 Ne 与单相运行没有很大的区别。

对于更高的固体含量，情况就不那么简单了。图 6-10 显示了固体体积浓度在 0～0.29 之间时的功率常数 Ne 与雷诺数 Re 的关系。固体浓度越高，悬浮相对搅拌桨叶运动的响应越快。特别是在低搅拌轴转速或雷诺数下，桨叶周围的固体浓度远高于平均值，因为颗粒未完全悬浮。随着轴转速的增加，桨叶周围的固体浓度降低，同时功率常数 Ne 也减小。一旦搅拌桨运行正常，就会几乎达到单相系统的功率值。由于此时并非所有固体都被从容器底部搅起，因此轴转速的进一步提高使得功率常数再次上升。与"底部悬浮"状态大致相关，所需功率与固体和溶液之间的密度差相关。

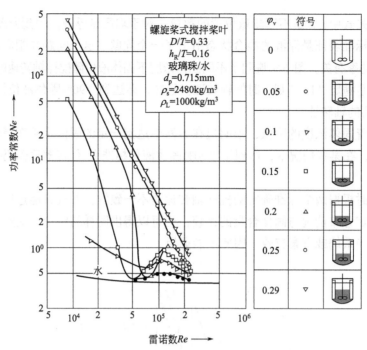

图 6-10 不同固体浓度下的功率常数 *Ne* 与雷诺数 *Re*[12]

3. 固体悬浮的模型和机理

固体悬浮过程可分为两项主要任务：颗粒从容器底部被搅起；保持粒子悬浮。

尽管这些现象有许多模型和理论方法，但没有找到基本的一致性。模型之间的主要区别是基于对大型容器所需功率输入的预测，在这种情况下，不同方法的显著性点有所不同[13,14]。其原因是来自大型容器的数据很少，在这种情况下测量方法不太容易应用。以下两种机理被用于描述搅起颗粒现象，从而描述"脱离底部悬浮"的状态。

① 颗粒的上升是源自从靠近容器底部的液体流型所提供的阻力（相对粒子下沉）中的力的作用，这种阻力必须大于因浮力而减小的重力，才能产生颗粒的上升（图 6-11）[7]。描述这种效应的一个重要前提是了解靠近容器壁的速度。

② 第二种模型基于湍流理论[15]。根据这一理论，粒子的上升是与靠近壁面发生的涡流相互作用的结果。所以涡流的动能部分转化为粒子的势能。因此，它们从底部上升，并被连续的流型所束缚。该模型的根本难点是固体浓度、粒度和黏度对靠近容器壁的湍流强度的未知影响。

为了保持颗粒悬浮并达到"脱离底悬浮"，有两种不同的模型：

① 假设悬浮颗粒的功率来自于使颗粒远离底部所需的功率以及保持连续流动所需的功率[16]。但与沉降效果相比，通常忽略了维持连续流动的动力，同时这种动力又不易确定。当沉降所需功率低时，这可能导致特别是对低粒子浓度的描述错误。

② 粒子的沉降速度和向上的介质流速方向相反，数值相等。在这里，确定上升流速度是很困难的。对于纯液体，已经很难确定，并且从文献报道的数据看出，"循环数"还会随着固体浓度的变化而显著变化[17]。

重力

$$F_G = r_s \frac{p}{6} d_K^3 g$$

浮力

$$F_A = r_{fl} \frac{p}{6} d_K^3 g$$

平衡

$$\bar{F}_W = \bar{F}_G + \bar{F}_A$$

阻力

$$F_W = C_W(Re, y) \frac{p}{4} d_K^2 \frac{r_F}{2} (W_s - W_{fl})^2$$

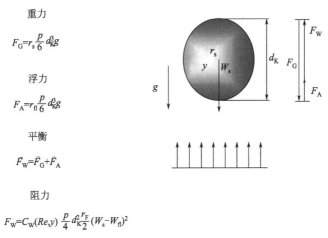

图 6-11 颗粒沉降和悬浮力示意图

4. 确定悬浮所需的搅拌轴转速

同样在该领域中可以找到各种不同的方法，提供用于相关计算的各种模型。原因是：

① 对于超出实验室规模的实验，具有确定形式但同时具有不同物理性质的固体非常难以获得；

② 实验中使用的不同测量方法；

③ 悬浮度标准的不同选择与解释（图 6-10）。

然而，可以得出一些一般性结论，而且必须考虑以下参数。

① 液体和固体的物理参数：液体密度、液体黏度、固体密度、颗粒粒度、颗粒粒度分布、颗粒形状；

② 总固体浓度；

③ 几何结构：搅拌桨叶类型、搅拌桨与底部的间隙、桨叶与容器的直径比 D/T、液位高度、一级或者多级桨叶；

④ 规模。

在悬浮（液）所需的搅拌轴转速计算模型中，Zwietering 方程[18]是基于大量的实验结果得出的经验公式。达到颗粒刚刚悬浮状态所需的轴转速（n_{js}）可以关联如下：

$$n_{js} = S v^{0.1} d_p^{0.2} \left(\frac{\Delta\rho}{\rho_f} g \right)^{0.5} B^{0.13} D^{-0.85} \qquad (6\text{-}11)$$

式中，S 是一个无量纲常数，表征了搅拌器类型以及几何条件 D/T 和 H/T 的影响；d_p 是固相颗粒直径，m；$\Delta\rho$ 为固体颗粒密度与液体密度的差，kg/m^3；B 为 100 倍的固-液质量比；v 为液体的运动黏度，m^2/s。如果不必考虑特殊几何形状，则可以将该等式用于小规模计算。即使在满足这些要求的情况下，与实验数据的偏差仍可能超过 20%。在固体颗粒分布于容器各处的情况下，也存在着大量的相关性，所有这些相关性都是基于单个颗粒 w_s 或所选择的颗粒 w_{ss} 的沉降速度。该沉降速度与容器内的循环流速有关。

根据文献[19]，最小循环流速可以计算为：

$$w_{f,min} \sim \sqrt[3]{\frac{\Delta\rho}{\rho_f} gT\varphi_v w_{ss}}$$ （6-12）

通过这种相关性，满足 90%固体水平标准的功率需求：

$$P_{90\%} = Ne\rho n_{90\%}^3 d^5$$ （6-13）

与所选择粒子的沉降速度有关：

$$P_{set} = \Delta\rho g\varphi_v w_{ss} \frac{\pi}{4} T^3$$ （6-14）

可以计算为：

$$\frac{P_{90\%}}{P_{set}} \times \frac{D}{T} = C_1 + \frac{C_2}{Dw_{f,min}/v^{3/4}}$$ （6-15）

这里，必须为相应的几何结构确定 C_1 和 C_2 的值。

下面分别对几个重要参数对固体悬浮的影响进行说明。

（1）液体和固体的物理参数

完全悬浮状态下的固体粒度对搅拌轴转速的影响很小。当颗粒尺度较小时，固体水平标准具有更好的相关性。一旦黏度变化的范围小于 100mPa·s，黏度的变化就不太重要了。因此，密度与轴转速的关系如下：

$$n \sim \left(\frac{\Delta\rho}{\rho_f}\right)^{x_1} \quad 0.4 \leqslant x_1 \leqslant 0.7$$ （6-16）

（2）固体浓度

固体部分仅略微影响悬浮所需的轴转速，如式（6-11）和图 6-11 颗粒沉降和悬浮力关系所示。如果要达到"90%固体液面标准"时，影响会更显著一些。通常悬浮液的黏度最高至 0.25～0.3 的分数范围内都仍保持牛顿流体的特性。

（3）几何结构

转速一般对直径比 D/T 的依赖性非常高。与悬浮状态无关，得到以下结果：

$$n \sim \left(\frac{D}{T}\right)^{-x_2} \quad 0.9 \leqslant x_2 \leqslant 1.5$$ （6-17）

在应用中，0.3～0.4 的直径比 D/T 经常被选择，因为它接近能量最优值[7]。

悬浮液所需动量输入的最重要影响来自搅拌桨叶类型。轴向工作的桨叶是能耗最经济的悬浮工具。轴向翼型桨叶与圆盘涡轮式桨叶的比较表明，轴向翼型桨叶能够以不到 1/3 的能量消耗达到相同的结果。必须考虑的是，对于剪切流敏感的颗粒，例如针状或片状晶体，晶体颗粒经过的局部区域内单位功负荷更为重要。

多级搅拌系统不会降低所需的轴转速，但功率输入随级数的增加而增加。

5. 固体颗粒的分布

容器中固体的径向分布几乎是均匀的。与此相反，如图6-12各容器高度上的局部固体浓度所示，容器高度上的分布曲线出现显著差异。这种分布的特点是浓度的最大值出现位置略高于搅拌桨叶的位置。这对使用径向和轴向搅拌桨的情况都差不多。高于最大值出现位置时，固体浓度显著降低，固体含量显著降低。

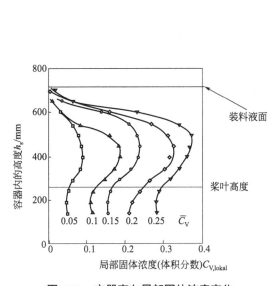

图 6-12　容器高向局部固体浓度变化

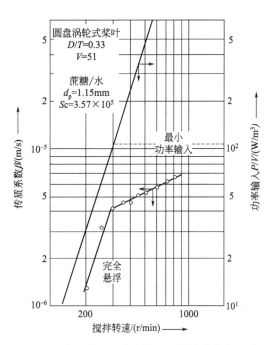

图 6-13　传质系数与功率输入和搅拌转速的关系

随着转速的增加，固体浓度分布趋于均匀。然而，在实际生产中并不能得到固体分布完全均匀的完全悬浮液。对于连续结晶过程中搅拌结晶器的操作，这意味着必须仔细选择颗粒悬浮液的出料口位置。为了达到接近理想的混合釜式结晶器的条件，搅拌和出料口位置的组合必须保证固体浓度恒定，同时保证颗粒粒度分布稳定。

6. 质量传递的影响

对于结晶过程，从液相到固相的质量传递非常重要。完全悬浮对传质的影响如图6-13传质系数与功率输入和搅拌转速的关系所示。

7. 混合时间的影响

一旦固体出现在搅拌釜中，它们就对混合时间产生显著影响。在固相存在的情况下[20]，单相操作所得到的相联式就失去了其有效性。在图6-14固相对共混时间的影响中给出了单相和两相介质情况下的计算结果，当处理固体浓度 x_s 大于 0.1 时，可以看到固体浓度的影响。当颗粒离开容器底部时，与只进行液相操作相比，混合时间显著增加。在完全悬浮状态下发现的最大混合时间可以比只有液相的情况下发现的最大混合时间长 10 倍。特别是在固体清晰水平之上的澄清液体中，混合时间显著增加。但一旦满足90%高度含量标准，这两种混合时间就只相差2倍。

上述效应是由悬浮颗粒所需的功率无法维持连续流动而引起的。当这种流动速度减慢时，混合时间就会不断地增加。正如在实验研究中发现的那样[21]，只要容器中的固体含量不超过 $x_s = 0.05$，微混合过程就不受影响。

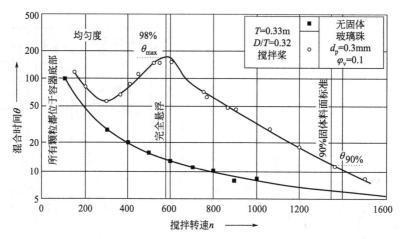

图 6-14　固相对混合时间的影响

6.2.6　结晶过程的放大

如果正确应用相似性理论，则确定的无量纲数和特征与规模无关。

这使得通过使用适当的放大规则，从模型试验结果中确定工业级系统的运行参数成为可能。由于在实践中几乎不可能实现"完全相似"，因此在放大过程中，必须始终将分析聚焦于对该过程最为重要的特性方面。在"彭尼（Penney）图"（见图 6-15）显示的一组图线中，每条直线代表一个放大准则，以体现过程的重要特征问题。

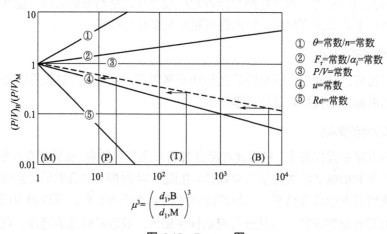

图 6-15　Penney 图

利用立方规模因子 μ^3 将单位体积功率比从工业尺度转换为模型参数。每条直线来自功率方程与不同放大标准的组合。以恒定混合时间（θ＝常数）的标准为例，这描述了完全湍流区域。

以类似的方式，所有其他直线都可以通过将功率方程与其他要素相结合来确定，如弗劳德数（$Fr \propto n^2 d_2$）、努塞尔方程（$\alpha_i \propto d_2^{1/3} \propto n^{2/3}$）以及雷诺数（$Re \propto n d_2^2$）等。

1. 模型测试

如果不能通过经验或基于"理论考虑"，特别是类推的推论得出相应的放大准则，则必须至少在两个规模上进行搅拌试验以确定关系，$P/V = \mu^x$。表 6-1 给出了典型的容器尺寸，每种情况下的相应数据都绘制在 Penney 图上（图 6-15）。

表 6-1　不同的固液系统悬浮放大准则

参数	放大准则
θ ＝ 常数	规定的放大标准
$n\theta$ ＝ 常数	由混合时间特性确定规则；参见参考文献[6]
n ＝ 常数	上述 2 个条件的综合
$P = Ne\rho n^3 d_2^5$	功率方程
$P \propto n^3 d_2^5$	在模型和工业规模上使用相同的搅拌器系统：Ne＝常数
$P/V \propto n^3 d_2^2$	源自 $V \propto d_2^3$
$P/V \propto d_2^2 \sim \mu^2$	以上 3 个条件的综合

2. 放大准则

多年来，放大到工业规模的常用关键准则是 P/V＝常数的关系式。从 Penney 图中可以看出，这不可避免地违反了其他所有准则。这一点在准则 α_i＝常数和 θ＝常数中尤为明显，因为在工业规模上将任一单位体积的功率保持在恒定值会导致更差的热传递和相当长的混合时间。对于放大，必须始终考虑"关键准则"，即必须同时在两个规模（小规模和生产规模）上满足最低准则数量。然而，在所有情况下，都必须有足够程度的几何相似性，因为按照惯例，在计算无量纲数时，所有系统尺寸都与一个特征参数（桨叶直径 D）有关。下列要点适用于各种基本的混合任务。

3. 混合

从 Penney 图可以看出，对于 θ＝常数，有必要将单位体积的功率输入增加 μ^2。因此，将 μ 进行 10 倍的增大，其有效功率输入增加了 10^5 倍。严格遵守这一规则将导致搅拌系统价格高昂和惊人的运行（能耗）成本。然而在实践中，如果将工业规模上相当长的批处理时间与工艺本身所需的共混时间相比较，则几乎没有必要使用这一标准。例如，如果可以容忍工业规模上的混合时间相对于模型规模上的混合时间增加 5 倍，则所需功率输入仅为严格应用 θ＝常数准则所需功率输入的 1/125。实际上，工业规模系统的运行数据是根据工艺规范确定的，混合时间是使用混合时间特性计算的。如果由于特殊原因需要缩短混合时间，可以采取适当的措施（例如，适当提高搅拌转速、适当改善混合的桨叶系统）来实现这一目标。

4. 固体悬浮

对于固体悬浮任务，操作参数从实验模型规模放大到工业规模的标准在很大程度上取决于所涉及的产品（图 6-16）。如果必须将具有高受阻沉降速度的颗粒（体积浓度较低且密度远高于液体的大颗粒）保持在悬浮状态，则必须选择接近 P/V=常数的准则。然而，如果受阻沉降速度低（体积浓度高、粒小小、密度分布集中、密度差小），则认为近似于 μ=常数的准则是合理的。因此，根据相关任务，从 μ=常数到 P/V=常数的广泛的准则可能是相互关联的。因此，工业规模所需的功率输入存在很大差异。

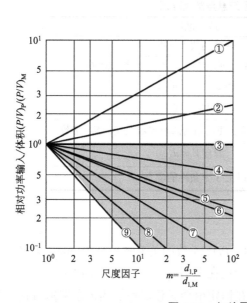

①	Voigt,Mersmann,1995	$d_k/d_2 > 3 \times 10^{-2}$	$P/V \sim d_1^{1/2}$
②	Pavluschenka,Kostin, Matveev		$P/V \sim d_1^{0.2}$
③	Kneule,1983	$\mu > 10$	P/V=常数
③	Voigt,Mersmann,1995	$d_k/d_2 < 1 \times 10^{-3}$	P/V=常数
③	Weisman,Efferding, Zlokarnik,Judat	$d_k/d_2 > 3 \times 10^{-2}$	P/V=常数
③	Kraume,Zehner,1995	$Re_{ref} \geqslant 10^5{}^*)$	P/V=常数
③	Geisler,Buurmann, Mersmann;1993	$d_k/d_2 < 3 \times 10^{-5}$	P/V=常数
④	Langhans,Liepe, Weiβgräber,Einenkel		$P/V \sim d_1^{-0.13}$
⑤	Einenkel,1979	$Re = 10^3 \sim 10^6$	$P/V \sim d_1^{-1/3}$
⑥	Einenkel,1995	$\dfrac{W_{ss}/d_k}{V} < 2 \times 10^3$	$P/V \sim d_1^{-0.38}$
⑦	Zwietering		$P/V \sim d_1^{-0.55}$
⑧	Müller,Todtenhaupt	$d_k/d_2 > 3 \times 10^{-2}$	$P/V \sim d_1^{-0.75}$
⑨	Kraume,Zehner,1995	$Re_{ref} \leqslant 10^4{}^*)$	$P/V \sim d_1^{-1}$ u=常数
⑨	Geisler,Buurmann, Mersmann;1993	$d_k/d_2 > 3 \times 10^{-4}$	$P/V \sim d_1^{-1}$ u=常数

$$^*)Re_{ref} = \frac{d_1}{\nu}\left(\frac{\Delta\rho}{\rho_1}gd_1c_v w_{ss}\right)^{1/3}$$

图 6-16　各种悬浮过程的放大准则

目前，还没有关于这一问题的普适规律，因此也没有基于运行数据和物理性质的"设计方程"。只有根据实验模型、中试和工业规模系统的运行结果，准确了解各种搅拌系统的功效和各介质的流变学，才能选择适用的最佳放大准则。如果没有相关的操作经验，则必须对不同尺度的反应器/结晶器进行一系列广泛的实验研究。

5. 传质与分散

很多工艺过程的主要目标是在两个规模上产生相同的单位体积的界面面积，以实现相同的质量传递。基于湍流理论的分析，使用 P/V=常数放大准则是保证质量传递的关键，并在实践中获得证实。这适用于液体-液体和气体-液体系统的分散过程。由于影响这些过程的因素众多（例如聚结性质、混合物的物理性质、异常流动特性、静压等），放大时会与理论结果出现很大的偏差。因此，能够对工业规模上可实现的传质系数进行可靠的预测是极为罕见的。

6. 传热

通常情况下，只有当全面考虑搅拌系统的实际尺度时，才能计算出其传热系数。

如果确定液膜传热系数 α_i 的值不够大，则可以通过增加搅拌功率或者通过提供额外的传热表面（更有效）来改善这一点。对于需要冷却反应釜/结晶器内物料的任务，会出现一个优化问题，因为尽管增加单位体积功率会增加 α_i，但这也意味着冷却需要移除因此产生的额外热量。传热特性计算所需的 α_i 值可参见参考文献[7]。

在放大设计过程中，必须考虑容器体积与线性放大因子的立方成比例地增加，而可用于传热的容器表面积与其平方成比例地增加。如果由于工艺限制（$P/V \propto \mu^{<0.5}$），得到的 α_i 比此时的标准值小，但如果仍以 α_i=常数的准则进行放大，则传热能力不仅因单位面积热流密度较高而降低，还会因 α_i 的值较低而降低。

7. 特殊过程放大的考虑

一旦通过各种规模的测试确定了工艺参数和从实验模型尺度放大的准则，下一步就是借助功率特性计算工业规模系统的额定功率。对于牛顿流体的体系来说，这是没有问题的。但对非牛顿流体的体系来说却有很大挑战，非牛顿流体的有效黏度通常是搅拌转速的函数[10]。

在液体表面以下装有多个侧入搅拌器的超大型搅拌容器中，悬浮负荷方面经常出现的一个特殊问题是，当按比例放大时，体积与线性放大因子的立方成比例地增加，而表面积与其平方成比例地增加。如果发现实验模型规模上桨叶的布置提供某种旋转流动模式使悬浮固体得到最佳悬浮，在工业规模上保持这种桨叶的布置，将会产生完全不符合悬浮目的的流动模式。这里必须特别考虑这样一个事实，即大型容器中的二次流场取决于惯性力与摩擦力之比的变化。需要考虑理论上自由射流的其他放大准则以实现颗粒的最佳悬浮。

当搅拌介质中含有比较坚硬的晶体颗粒时，磨损和侵蚀问题限制了搅拌桨叶尖速度。在这种情况下，搅拌介质的性质和物料组成结构限制了 $P/V=\mu^x$ 放大准则的一般适用性。当使用 $P/V=\mu^x$ 准则时，在 $x<0$ 情况下，对于悬浮规律来说出现一个物理限制，即当达到某个确定的放大系数 μ 以上时，搅拌功率输入理论上将小于固体颗粒的沉降动能。当考虑能量平衡时，情况就不是这样了。然而，经验丰富的搅拌设备提供商在搅拌介质、容器尺寸和几何形状方面具有足够的实际数据，以确定最低的搅拌桨尖速度。

在实现悬浮任务方面，还必须注意，在工厂停工期间，大型容器中的沉积物堆积要比小试、中试时多得多，更加密实，而且，所涉及的介质也可能"沉降"。这意味着重新启动系统比中试规模更加困难。此外，沉降时间也取决于所涉及的生产规模。

在许多情况下，出于上述考虑，P/V=常数的"传统"放大准则必须被视为不充分或过于保守。如今，对产品系统、相关过程和搅拌基本原理的准确了解，使"精准定制"的放大准则能够更为放心地使用。

流动、浓度和温度分布的数值模拟有助于解决放大问题，比如计算流体力学（CFD）仿真模拟的应用，将会给结晶器设计与放大带来全新有效的工具，这将在 6.3 节进行详细介绍。

6.2.7 结晶器放大

结晶器放大的概念涉及一个工业规模单元的成功开车和运行，该单元的设计和运行流程部分基于小规模运行的实验和研究。要想成功放大结晶器，需要娴熟的技术和对一般结晶问题的深刻理解。化学工程的知识和结晶学原理在结晶器设计和运行的经济效益权衡决策过程中起着十分重要的作用。选择合适的结晶器类型以匹配结晶过程的动力学，这样才可以使结晶器达到最佳性能水平。基础理论和工程学科在结晶器的选择和开发的每个阶段都会发生作用，如图6-17所示[22]。

首选的方法不应是基于理论或经验主义的单线选择，而应是一些理论方法的组合与借鉴。合理的结晶器放大准则首先需要建立在主变量、主要相互作用的基础上，例如从实验室研究中建立生长速率过程的动力学关联，同时还需要掌握物理过程和流体力学特性对晶体生长速率的影响。设计信息可以从实验室、中试工厂或工厂获得，所采用的技术取决于操作模式、设备类型和操作规模。为了确保从实验室研究中开发的结晶器模型能够与工业化结晶器的设计和性能相关联（并能进行推断），通常有必要进行中试规模的研究。从实验室设备到中试装置的合理比例为100～1000，从中试装置到工业化装置的合理比例为50～500。当存在已知的标度相关（具有相当的实践经验）或在可能采用基础工程科学方法的情况下，也可以在合理的风险水平上实现大比例放大。

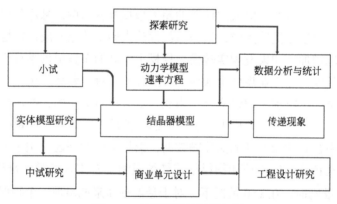

图6-17 结晶器设计过程框图

1. 放大研究指导思想

放大研究的主要目的是减少工业生产设备的设计或操作中出现重大损失的错误。通过放大研究，可以减少将来设计时工程师和工厂操作员所面临的不确定性。即使涉及复杂操作的试验装置，放大研究也能在某些方面起到节省开支的作用。认为试验装置在各个方面都与工厂完全相似的想法不一定是正确的。放大研究是针对不确定的环节，并对有关现象建立模型。一味地追求系统操作优化是没必要的，最佳操作特性在很大程度上取决于商业，而不是技术、环境和事件。优化设计是仔细考虑工厂产业化运行条件范围和必须满足标准的结果。

2. 放大方法

已有运行工厂的试验、基于工程科学的计算模拟、文献检索的基本数据、全尺度设备试验等都是产业化工厂设计和运行的一部分。一般放大方法列于表6-2。

表 6-2 放大方法

方法	注释
全面测试（无放大）	限制范围或变量
模块放大（有限放大）	系统不同部分的相互作用
已知放大相关性（有限放大）	有限数据的经验关系
基本方法（有限放大）	理解过程并建立合适的模型
经验方法（低比例放大）	系统研究和多重方法综合

传统的工艺装置规模放大方法以相似原理为依据，主要是为了保持设备形状、流量特性、功率输入、温度分布等关键变量的相似性。在小试过程中成功的工艺原理应该能在大型设备实现。几何相似性是要求相应尺寸的比例相同，对于大多数结晶器而言，一般保持高径比相同。运动相似性要求在不同尺度单位的单相对应点之间的瞬时速度比值相同。对于组成不断变化的固液两相共存的结晶器，运动相似性的维持应考虑液体流动和晶体沉降速度。搅拌结晶器的放大有时基于相同的搅拌桨叶雷诺数（$\rho N D_a^2 / \alpha$）。在搅拌结晶器中，尽管可以预期成核速率有一定程度的增加，但使用经验的放大规则来保持比功率输入常数是合理的。此外，有些研究者还提出了一些其他的结晶器放大准则。Nienow[23]在 1976 年提出可以通过保持搅拌桨叶尖速度恒定或将搅拌速度调节到所有晶体刚刚悬浮的水平为放大标准，因为可能预期两者都会随着操作规模的增大而导致成核速率降低。而 Bennett 等[24]在 1973 年提出，在浆料浓度和停留时间不变的情况下，搅拌桨叶尖速度与周转时间的平方比应保持恒定。

为了得到可靠的放大信息，应结合实际经验与化学工程基础知识。过去一般采用相似原理和经验外推方法来进行放大设计。建立一个复杂过程的基础模型几乎是一个不可能完成的任务。然而，即使很困难，建立模型的第一步也是很有意义的；即使分析不完整，也可以确定在放大研究中需要考虑的一些最重要的现象——过程决定步骤以及设备尺寸的变化对每个所研究的各种现象（传热、传质、成核与生长动力学等）的影响。一个数学理论模型，无论多么不完整，也总是能帮助总结或指导经验。

3. 结晶器交互设计

一个工业单元的设计应由三方面成员参与：研究人员、供应商和运营商（操作员）。如图 6-18 所示。这些成员不必归于同一个组织。研究者主要研究系统行为和操作的基本原理，供应商应该具备创新研究人员以及有效的开发专业技术，操作员则利用专业知识来操作设备以达到最终的目的。有时，操作员可能会因操作不当等原因引发新的问题，此时则由研究人员来负责解决问题。研究人员、供应商和运营商三者应当使得工艺、设备和操作的设计几乎达到最优。因此，所有新的设计都需要信息反馈、交互，并通过经验积累而实现标准化。

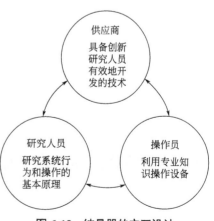

图 6-18 结晶器的交互设计

4. 研究方案

在发达国家，结晶器设计的研究工作是在工业环境中进行的，结果大多呈现为专利或技术诀窍（know-how）。在发展中国家，工业界主要侧重于生产技术，而大学、国家研究中心的工作通常过分强调比如热力学、动力学测试方面相关的基础工作，且其中大多数还是经验性的。

工业化结晶过程中的大多数困难源于缺乏对一个结晶过程能达到良好结晶性能所需的必要条件的关注。例如，因为一些产品规格相对宽松，不需要怎么费力就可以达到所需产品规格的要求，但生产过程在工艺效率和操作成本方面仍存在较大的改进空间。与其通过后期工艺改良来消除由结晶不良引发的工艺难题，不如从开始就关注晶体的产生方式，改进产品的粒度分布和均匀性，从根源上解决工艺和操作问题。

5. 工作计划

对于研究人员来说，还有一个问题是为一个特定的未知系统规划工作类型。目前还没有一般规律可遵循，因此经验还是十分重要的。例如对于硼砂这样生长缓慢且成核级数较低的过饱和度体系，采用循环 MSMPR 结晶器、动态成核器或高晶种负荷间歇结晶器可能比普通 MSMPR 结晶器好得多。而氧化铝需要几天的停留时间，因此通常应在间歇结晶器中沉淀，以确保其晶习完整度。因此，研究者应该在初步的试验工作中制定好试验类型。一般来说，研究人员可以从间歇结晶器开始了解结晶系统的行为。

人们普遍认为，只要充分认识到实验室和工业运行规模的根本区别，就能在实验室中获得许多有用的设计信息。然而，这两种规模下的流体力学条件可能完全不同。因此，在初步收集设计数据时，考虑实验室规模的操作是很有必要的，但建议实验结晶器的工作体积至少在 5L。中试工厂通常在设计、建造和运营上都很昂贵。

研究过程中出现的困难，往往很难在文献中查到其解决方案。这些困难往往针对特定的系统，又不具有普遍性。为了从系统中得到有用的信息，往往需要非常精细的实验技术，因为许多已知或未知变量会影响系统性能，从而令人怀疑实验技术的精确性和分析描述的可靠性。尽管存在这些困难，实验室研究在评估工业结晶器的设计和性能方面的地位仍越来越重要。

从以上讨论可以看出，更充分地理解影响结晶器设计和性能的最基本因素至关重要，特别是 CSD 建模和对结晶动力学的评估。由于结晶是一门交叉学科，与其他相关学科如物理化学、化学反应工程和表面、材料、矿物和生物科学的相互交叉对于深入了解结晶问题的解决方案非常重要。结晶是化学品、药品、高端材料制造过程中的一个关键步骤，因此需更好地与相关的上游或下游过程操作相关联。最后，必须强调的是，研究人员、设计人员和用户之间需要更多互动才能更有信心地解决整个设计过程中的设计和操作难题。

6.3 计算流体力学仿真辅助结晶器设计

结晶过程的放大常常会导致晶体的粒度分布（CSD）、纯度和形态发生很大的变化，这些都是对产品质量和过滤等下游操作产生影响的决定因素。流体力学仿真工具有助于理解这些系统约束的交互作用，并可用于指导设计、放大策略。本节将介绍如何使用计算流体力学仿真软件工具来解决每种情况下出现的典型问题[25]。

6.3.1 计算流体力学软件辅助

用数值模拟分析各种类型的流体流动并开发合适的模拟算法的研究领域称为计算流体动力学（computational fluid dynamics，CFD），主要作用是利用数值计算技术，对包括流体流动、传热和化学反应等相关现象的系统进行分析。CFD 通过提供一种"数值仿真实验"模拟流体流动和其他传质、传热现象，以补充或替代实验方法。特别是与全部基于实验的方法相比，CFD 大大减少研发、设计和产业化的周期，并提供了揭示一系列复杂流动问题内在机理的方法。随着计算机硬件的不断发展、计算速度的不断提升，CFD 降低研发成本的优势越来越明显。在计算机科学、现代数值技术和流体力学理论高速发展的今天，将 CFD 应用于化工过程的建模和结晶器的仿真设计与放大是化工学科与现代高科技相结合的典范。

随着工业规模的不断扩大，结晶器的放大倍数也会不断扩大，研究其流体动力学和流体混合的重要性越来越大。实验室尺度的结晶器可以提供足够的传热表面积，让化学反应、传热得以充分进行，并提供接近于"完美混合"的传质条件。然而，随着尺寸的增大，表面积与体积比减小，温度或浓度的空间梯度变得更加显著。固相的存在以及各种物理和化学现象之间的复杂相互作用增加了进一步的约束。例如，在没有过度搅拌的情况下保持固体悬浮状态符合 Zwietering 关联式，该关联式为给定的容器结构、固体和液体特性以及固体浓度提供了合适的搅拌转速。但这个搅拌转速可能形成高剪切力从而促进磨损、细晶形成和二次成核，不利于晶体粒度分布；或者它可能与所需要保持的混合强度不一致，而混合强度却决定了快速反应结晶中的粒度分布。

CFD 允许在一个较小尺度结晶器中估算流体动力学指标，然后确保这些指标在更大尺度结晶器设计上得到再现。放大设计的主要要求通常包括[26]：

- 工作体积区域的混合条件相似；
- 液-液分离区湍流度低；
- 在传质界面上有足够的湍流强度，通过湍流扩散保证相间的高效传质；
- 保持固体产品的停留时间；
- 充足的有机物停留时间，以达到有效的相分离。

6.3.2 结晶器 CFD 数值模拟与仿真

在结晶过程中，分子从液相中的溶质转化为固相主要经过两步：成核和生长。理论上来讲，当溶质浓度超过饱和点即溶液变得过饱和时就有可能开始成核。然而，成核通常不会立即发生，过量的溶质仍然在溶液中，直到产生足够高的过饱和水平（驱动力），以诱导成核。这种过饱和的程度称为亚稳区宽度。晶体的生长速率取决于过饱和的程度，过饱和也是晶体生长的驱动力。晶体生长过程发生在亚稳区，生长速率受生长晶体周围流体动力学条件的控制。晶体产物有三个主要特征：平均粒度、颗粒粒度分布（CSD）、形貌。

结晶产物的 CSD 对过滤、干燥、运输和储存等后续操作的影响非常大。因此，工业结晶器的设计长期以来一直需要一种可靠的、可预测的方法。为了进行合理的设计，需要了解成核和生长动力学、晶体的破碎和聚结动力学。所有这些过程都强烈地依赖于结晶器中的流场，流场又决定了结晶器的浓度场，从而决定了结晶器的成核和生长的局部速率。不良的 CSD 会导致生产过程中出现问题，尤其是产品与母液的分离问题。晶体粒度过大可能会导致晶体沉降到釜底并结块，而细晶的过滤率低，且表面积大、易聚结，导致表面吸附母液或引起母液包藏从而造成产品质量差。因此，需要将流场与晶体粒数衡算联系起来，才能预测基于流场的（而不是"MSMPR"全混假设型的）晶体粒度详细分布，为大型结晶器的放大与设计提供依据。

传统的结晶器设计是一种基于混合悬浮液混合产物移出（MSMPR）理想混合状态的数学模型计算[27-29]。然而在结晶器中，过饱和程度的空间变化取决于相应的混合速率的空间变化。进一步说，混合速率取决于宏观流场和湍流强度空间分布。除了过饱和场，CSD 还取决于聚结和破碎的速率（这些速率也取决于湍流场）。因此，粒数衡算模型（population balance model，PBM）与 CFD 耦合求解是一种最为理想的仿真模拟方法。

许多学者为 CFD 技术在结晶过程的应用做出了开创性的研究与探讨。Wei（卫宏远）和 Garside 等[30]于 1997 年最先利用 CFD 技术耦合 PBM 矩阵方程研究了进料位置和管式反应结晶器的长度对混合和反应结晶的影响。分别得到了同轴管式反应器和三通管式反应器不同管径比以及长度对沉淀晶体特性的影响，开创了利用 CFD 技术研究结晶过程的新领域。随后，Wei 等[31]采用 CFD 方法对实验室规模的半间歇反应釜（Rushton 涡轮搅拌桨）中硫酸钡反应沉淀结晶过程进行了研究，CFD 建模选用了 RNG k-ε 模型模拟湍流场和滑移网格法仿真搅拌桨转动，获得了不同转速条件下反应结晶釜的流动情况及 CSD 信息。Wantha 和 Flood[32]利用 PBM 模型进行了两相 CFD 模拟以研究硫酸铵的结晶过程。他们发现，在整个结晶器中，粒数衡算参数不是恒定的，因此进一步了解流体动力学条件对预测 CSD 非常重要。

武首香、王学魁和沙作良等[33]对 DTB 型工业结晶器中氯化钾-水体系的结晶过程进行了模拟，建立了 PBM 方程和多相流方程的耦合求解方法，在粒数衡算方程中考虑了晶体成长速率，并考虑将成核速率作为粒数衡算方程的边界条件，获得不同粒度晶体的流场，模拟了连续结晶过程产品的粒度分布，模拟结果与实验结果具有较好的一致性，认为 CFD 仿真数值模拟具有一定的工程实用性和有效性。Al-Rasheed 等[34]结合欧拉多项流模型对 Oslo 结晶器进行了 CFD 模拟。他们发现，在结晶器的流场中，速度分布和固体分布有很大的差异。当以出口速度守恒为放大因子时，晶体床层会压缩和循环回路会消失，这会增加流体的速度。

Kramer 等[35]对蒸发式强制循环结晶器的设计进行了 CFD 模拟，发现了结晶器中过饱和度分布的重要信息。结果表明在结晶器中只有一部分结晶器体积用于晶体生长。该研究工作主要针对模型的开发，还没有对结果进行实验验证。

Song 等[36]用两相模型对工业 DTB 结晶器进行了 CFD 模拟，研究了 KCl 结晶过程的 CSD。研究的目的是降低现有结晶器的能耗，提高 KCl 晶体产品的质量。对三种类型的搅拌桨（Rushton 涡轮桨、PBT 和螺旋推进式桨）进行了研究，考察桨叶形状、转速、离底间隙、进料体积流量和流体性质（流体黏度）对其性能的影响。虽然螺旋桨性能最佳且功耗较低，但研究人员发现，在现有螺旋桨产生的流动模式下没有获得所需的 CSD。因此，设计了一种新型的螺旋桨，得到了较佳的 CSD。

Plewik 等[37]研究了导流筒（DT）和流化床（FL）结晶器中的流体力学条件和 CSD。研究发现，工业结晶器的流体力学条件远不理想，混合能量耗散较大从而加剧了晶体破碎。

进一步研究表明轴向速度分布对 DT 和 FL 结晶器都至关重要，因为适当的轴向速度分布将确保合适的 CSD，可减小沉降的影响和较少的晶体破碎。工业结晶器中的流体动力学条件也远非理想。内部回流使颗粒分布不均匀，从而导致混合能量耗散增加，晶体更易破碎。然而，他们仅研究了三个结晶器，并没有在所述结晶器中进行详细的流体动力学研究（所有的速度和湍流参数的组成部分）。Zhu 和 Wei[38]阐述了放大结晶器的困难，以及 CFD 如何通过在工艺开发阶段固定重要的设备设计参数或扩大现有工艺来帮助优化结晶器的设计。

　　Sen 等[39]为一种由结晶器、过滤器、干燥器和混合器组成来生产活性药物成分（API）的系统建立连续流程图模型。他们将 CFD 与 2D-PBM 结合起来。晶体粒度信息（例如碰撞动力学和速度）是从离散单元法（discrete element method，DEM）模拟得到的，PBM 提供了过程尺度信息（例如粒子属性的分布，如粒径）。该过程的详细信息通过 gPROMS 软件得到。通过这一软件，研究人员可以定性地跟踪每个单元操作的不同研究变量的趋势。Grof 等[40]还结合了 PBM-DEM 来模拟 API 结晶。PBM 利用通过 DEM 得到的破碎晶核和晶体分布来预测最终的晶体粒径。比较模拟结果与实验结果，发现两者高度吻合。

　　表 6-3 总结了在结晶领域中研究人员使用 CFD 耦合 PBM 进行数值模拟的各项研究。

表 6-3　CFD 耦合 PBM 进行数值模拟研究内容汇总

研究人员	结晶器类型	几何尺寸	搅拌转速	桨叶形式	网格数	模型
Kramer 等	强制循环结晶器	200L $T=0.3m$ $H=1.5m$	—	—	26×260	$k\text{-}\varepsilon$模型
Rousseaux 等	搅拌釜式结晶器	2.5L $T=0.15m$ $D=0.12m$	1200r/min，1500r/min	普通桨叶	75×60×24	$k\text{-}\varepsilon$模型
Zheng 等	连续 STR 结晶器	$T=0.27m$； $H=T$； $B=T/10$； $D=T/3$； $C=T/2$	200～500r/min	Ruston 涡轮	36×72×90	标准 $k\text{-}\varepsilon$模型
Logashenko 等	搅拌釜式结晶器	0.2m×0.2m	—	普通桨叶	11500（2D） 3000（3D）	自主开发模型
Sha 等	搅拌釜式结晶器	$T=0.15m$； $H=T$	600，1000，1400r/min	4 刃桨叶	34400	$k\text{-}\varepsilon$湍流模型
Zhu 和 Wei	搅拌釜式结晶器	200mL 和 300L	200r/min-200mL； 200，600r/min-300L	双刃桨叶	从 10000 到 120000 不定	标准 $k\text{-}\varepsilon$模型
Wanna 和 Flood	DTB 结晶器	$T=1.05m$； $H=3.1m$； 1050L		—	70000～82000	标准 $k\text{-}\varepsilon$模型
Plewik 等	流化床结晶器，DDT 结晶器，DTM 结晶器	$T=0.68m$； FL：$H=0.38m$ DDT：$H=0.93m$ DTM：$H=0.83m$	—	—	—	标准 $k\text{-}\varepsilon$模型

6.3.3 CFD 辅助结晶器设计实例

由于结晶过程的复杂性，以一般的实验方法很难对此进行全面的研究，从而很难得到可靠的结果。开发合适的结晶器模型对于优化结晶器结构、设计新型结晶器以及放大结晶过程规模都有重要的意义，同时 CFD 技术的发展使得求解模型方程变得更加快捷，促进了数值模拟结晶器中结晶过程的进展。结晶器内流体动力学状态对结晶过程有很大的影响。许多和流体力学相关的现象可以采用 CFD 模拟进行研究。

1. 结晶过程模拟——反应结晶过程

（1）问题描述

Wei 和 Garside 等[31]报道了将 PBM 矩阵方程和 CFD 相结合研究半间歇反应釜中氯化钡与硫酸钠反应生产硫酸钡的结晶沉降过程。

该半间歇反应器为实验室规模大小并带有四个垂直挡板的搅拌釜，桨叶为一组 Rushton 六叶涡轮桨。该搅拌结晶器的主要尺寸如图 6-19 所示。初始时罐中存有 2.46L 的硫酸钠（B）反应性溶液。在给定的批量反应时间 180s 内以特定流速将 40mL 的氯化钡溶液（A）连续加入容器中。A 的进料浓度固定为 1.0mol/L，B 的初始浓度为 0.01626mol/L，对三种搅拌速度——150r/min、300r/min 和 600r/min[其分别对应的桨叶雷诺数（FND^2/μ）为 6250、12500 和 25000]进行模拟研究。

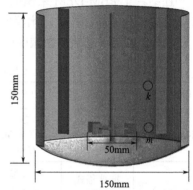

图 6-19　反应结晶器的结构示意图

该研究考虑了两个进料位置（图 6-19）。进料位置 m 靠近桨叶叶片并且处于混合强度高的桨叶排出流的区域中。进料位置 k 位于顶部循环回路内，预期混合效果相对不良。

（2）模拟方法和模型选择

三维计算域由非结构化六面体网格离散化，因为六面体网格单元引入的数值扩散误差小于四面体网格单元。流体计算域共划分为 201626 个网格。利用这种网格尺寸，可以较为精确地预测这种规模搅拌釜中的流场。由于进料管的尺度远远小于整个搅拌釜，为了避免过多网格数造成计算量剧增，因此没有对进料管进行几何建模和网格划分。替代解决方案是在对应进料位置的网格引入动量源和标量源以模拟进料。在湍流模型中，该例选取 RNG $k\text{-}\varepsilon$模型。

为了精确模拟搅拌桨的转动，采用滑动网格技术，其可以提供旋转桨叶驱动在旋转动坐标内流体流动与挡板区域静坐标下流体流动随时间精确的耦合解。该技术能精确地模拟搅拌桨叶和挡板之间的相互作用，而无需旋转区域边界条件的描述。在滑动网格方法中，使用两个计算坐标区域，在计算期间，两个计算域沿着网格界面相对于彼此移动。当旋转发生时，并不一定需要沿着网格界面对齐两个网格，因为求解器在一个区域中的网格点处插入解的值以在另一个区域中的网格点处提供解的值。

求解粒数衡算方程预测 CSD 时，本例采用矩量转换法。直接求解粒数平衡的偏微分方程需要大量的计算时间，而矩量转换法是避免大量计算工作的替代方法，不同阶的矩量代表着固相的平均和总属性，该方法解决了这些矩量的传输方程。并且这种方法足以提供对工程和设计有用的信息，具体的矩量方程和转换可参见第 4 章的内容。

矩量的传输方程在 FLUENT5 中采用标量传输方程求解。因为 RNG k-ε 模型用于描述湍流，所以这项工作涉及的输运方程是雷诺平均的。本模拟忽略微观混合的影响，同时也忽略结晶过程的聚合与破碎动力学。但在实际运用中，这可能是某些特定系统中的重要动力学效应，特别是在高过饱和度时。

因为与开始时存在于釜中 B 的质量相比，A 的进料质量可忽略不计（<总质量的 2%），所以忽略进料位置处的质量源以保持质量平衡。第一步，仅求解流动方程以获得准稳态流场。然后通过在进料点加入反应物 A 模拟引发沉淀结晶过程。在添加源之后，同时求解流动方程和标量方程。考虑到搅拌釜中特征混合时间尺度，本例子中使用的时间步长在低搅拌速度（150r/min）下固定为 0.05s，在高搅拌速度（600r/min）下固定为 0.02s。求解器还允许每个时间步长最多 20 次迭代，以确保每个动态时间步内都收敛。

（3）结果与讨论

该案例研究了使用 Rushton 涡轮桨叶的搅拌釜中的流场特征，对过饱和度与 CSD 的瞬态行为进行模拟与分析，考察了搅拌速度及进料位置对晶体粒度分布的影响。

1）流场特征

Rushton 涡轮桨叶使流体沿径向辐射流动，在桨叶下方和上方形成两个循环回路。图 6-20 中的流场是通过对上述搅拌式反应结晶器的模拟获得的，其搅拌速度为 150r/min。然而，Rushton 搅拌桨叶的径向射流略微向下倾斜。这是因为桨叶靠近碟形底座安装，改变了两个循环区域。结果，降低了下循环区。由此可以预想，流场将会显著影响反应物的混合及其与结晶动力学的相互作用。

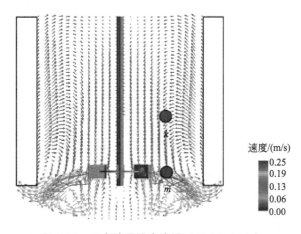

图 6-20　反应结晶器内流场（N=150r/min）

2）过饱和度与 CSD 的瞬态行为

半间歇反应结晶是一种与时间相关的操作。对于涉及快速反应的沉淀结晶，反应-结晶之间的相互作用、结晶动力学和混合的时间依赖性、在空间分布不同都会直接影响过饱和度和 CSD 的瞬态行为。图 6-21 显示了在操作期间不同时刻的过饱和度分布，搅拌速度为 150r/min。在进料开始后，进料管附近的高过饱和区在形状和体积上保持相似。有效反应区与高过饱和区一致，高过饱和区远小于整个釜的体积。高过饱和度区域形成了一个特别的有效反应区域，其中介观和微观混合效应该是显著的（而在本案例未有考虑介观和微观混合效应）。

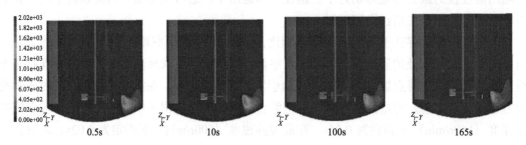

图 6-21 不同操作时刻时反应结晶器内的过饱和度分布（N=150r/min，进料点为 m）

即使在有效反应区域内，过饱和的空间分布仍然非常不均匀。图 6-22 中理想混合模型计算结果表明，理想混合模型假设反应结晶釜中的每个组分完全均匀混合，在此假设下，当前操作条件下的过饱和水平保持较低，因此成核属于初级非均相成核机理。然而，从 CFD 模拟结果中可以看出，由于混合不能达到完美混合状态，结晶器内某些局部过饱和度可能高达 2000（图 6-21），因此在这些区域中的成核属于初级均相成核（BaSO₄ 反应结晶均相初级成核的临界过饱和度约为 1000）。成核速率因过饱和度呈指数增加（有关初级均相和非均相成核机理可参见第 3 章 3.1.1 节中的内容），从而导致结晶器中会生成更多细晶颗粒。

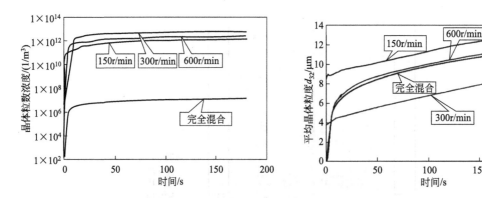

图 6-22 结晶器内晶体粒数浓度随操作时间的变化　　**图 6-23** 预测的平均晶体粒度 d_{32} 随操作时间的变化

在这项研究中，预测的平均晶体粒度 d_{32} 随着操作时间线性增加（除初始阶段以外），如图 6-23 所示。线性函数的形式为 $d_{32}=C_1+C_2t$（μm）（$t>50s$），其中常数 C_1 随搅拌速度而变化，并且常数 C_2 与搅拌速度几乎无关。当搅拌速度为 600r/min 时，反应结晶釜中的平均晶体粒度以与完美混合模型预测的粒度几乎相同的方式增加，因此越高的搅拌速度其混合状态无限接近完美混合状态。

3）搅拌速度的影响

搅拌速度对 CSD 的影响非常复杂。这种复杂的效应反映了三方之间的相互作用：反应、结晶和混合。在此案例中，研究了三种搅拌速度（150r/min，300r/min 和 600r/min）。图 6-24 显示了 180s 时的平均晶体粒度与搅拌速度的关系。平均晶体粒度从 150r/min 下的 13μm 减小至 300r/min 下的约 8.5μm，然后在 600r/min 下增加至 11.2μm。文献报道的实验结果[41]展示了搅拌速度影响平均粒度同样的变化特性[见图 6-24（b）]，但实验所测的粒度比 CFD 预测的都系统地小。这可能是因为使用较大尺度的网格代替了进料口以至于过饱和度被均衡，从而本 CFD 模拟低估了进料口周围的过饱和度。因此，在 CFD 模拟中，平均晶体粒度被过度预测。完美的混合模型不能考察搅拌速度的影响，因为该模型假定混合均匀性为 100%，与搅拌速度无关。

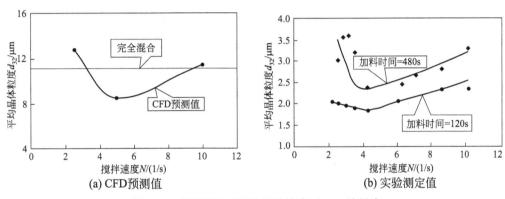

图 6-24　搅拌速度对平均晶体粒度（d_{32}）的影响

无论是从文献报道的实验数据还是 CFD 模拟的结果可以看出，在 d_{32} 和搅拌速度之间的关系中搅拌速度存在一个变化临界值 N_{crit}。搅拌速度等于 N_{crit} 时，平均晶体粒度最小。这种现象可以通过混合与晶体成核和生长动力学之间的相互作用来解释。平均晶体粒度由成核和生长之间的竞争决定，而这两者都取决于过饱和度。高的过饱和度更有利于成核而不利于生长，产生大量较小的晶体。在过饱和临界值之上尤其如此，初级均相成核的成核速率远远高于初级非均相成核速率。另一方面，对于搅拌产生的结晶器内循环，晶体颗粒在不同的过饱和度区域中的停留时间也具有一定的影响。

4）进料位置的影响

在 CFD 模拟中研究了两个进料位置：m 和 k（见图 6-19）。进料位置对平均晶体粒度和有关分布的 CV 值也有非常显著的影响，如图 6-25 所示。如果料口在 k 处，混合相对较差，平均晶体粒度明显大，但晶体粒度分布更散（即 CV 值更大）。进料口处如果混合不好，会促使进料局部过饱和度更高、高饱和度的区域更大，颗粒在该区域保留的时间也相对较长。因此，一些颗粒可能会变得非常大。另一方面，不良的混合会导致过饱和度存在较大的空间差异，因此，可以形成粒度分布范围更宽的晶体颗粒。

2. 工业规模结晶器结构与操作条件优化

（1）DTB 结晶器模拟优化

周学晋等[42]对 DTB 型结晶器进行了模拟，其研究了外循环流量对流体悬浮状态的影

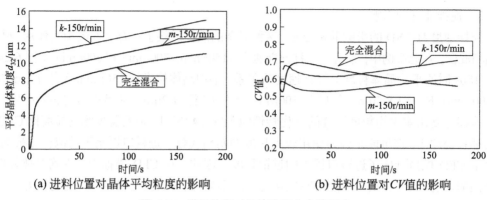

(a) 进料位置对晶体平均粒度的影响　　　　(b) 进料位置对CV值的影响

图 6-25　进料位置对晶体粒度分布的影响

响以及不同粒径颗粒在出口处固体质量流率的变化情况。模拟结果表明，在进料流量一定的条件下，外循环量会改变结晶器内流体的流动和固体颗粒的悬浮状况，混合强度的加大有利于固-液悬浮与混合，但同时也会增大晶体碰撞和破碎的概率，这也将影响固相的悬浮以及晶体的成核与成长。另一组模拟结果表明，不同粒径的颗粒在各出口处的质量流率差异明显，这意味着在一定条件下，能控制一定粒径的颗粒在结晶器内悬浮分层，达到晶体的分级作用，对于晶体粒径和分布起到很好的控制作用。同样，本书作者的课题组对工业规模的 DTB 结晶器进行了系列研究，得到的流场结果与周学晋等得到的结果相似。朱振兴等[43]和武海丽等[44]分别分析了不同搅拌桨类型和湍流模型对流场模拟的影响，得到的相应情况如图 6-26 所示。计算流体力学的方法为结晶器内的流体的流场和固-液混合情况提供了更加形象和准确的描述，为结晶过程的控制和结晶器设备的设计制造提供了更加可靠的方法。

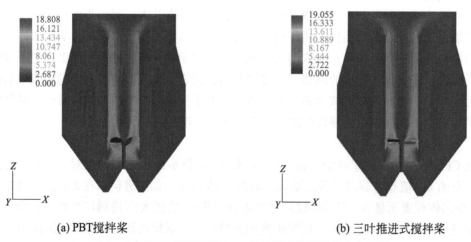

(a) PBT搅拌桨　　　　　　　　　　(b) 三叶推进式搅拌桨

图 6-26　配备不同搅拌桨 DTB 结晶器内的速度场分布云图

（2）Oslo 结晶操作条件模拟

李娜、沙作良等[45]对 Oslo 结晶器内的结晶过程进行了研究，模拟研究了不同循环液进口流速下不同粒径晶体在结晶器中的分布。由图 6-27 可以看出：对于较小的晶体，在较小的循环液进口流速下，已达到完全悬浮状态；而在较大的循环液进口流速下，大部分小晶体为液体带出状态，在结晶器内的小晶体已经非常少，大部分从循环液出口流出。这表明，在较大的循环液进口流速下，小粒径晶体参与整体循环，在结晶器内的晶体体积分数与循环液中接近。对于较大粒径晶体，在较小的循环液进口流速下，没有达到全部悬浮，因而在结晶器上部几乎见不到较大粒径的晶体。随着循环液进口流速的提高，较大粒径晶体在结晶区内达到较好的悬浮，但是在循环液出口处几乎没有此粒径的晶体，这种粒径的晶体不能参与晶体循环。寻找适宜的循环流速，使得要求的粒径晶体参与循环和大于此粒径的晶体不参与循环，起到在外循环中消除细晶作用，这是这类结晶器（OSLO 或 DTB）设计中重要的参数。

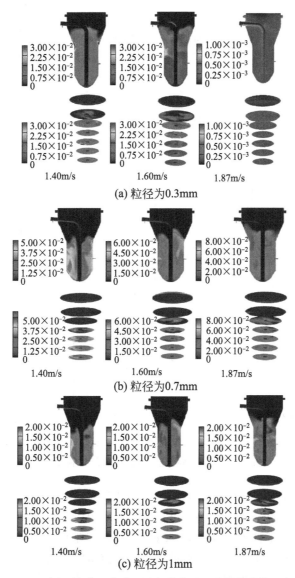

图 6-27 不同循环液进口流速下不同粒度的晶体悬浮密度分布云图

为考察各区域的功能与操作条件的关系，利用以上的模拟结果，将结晶器内各分区的晶体粒径分布与进料的粒径分布进行比较，结果参见图 6-28。在模拟的 3 个循环液进口流速下，结晶器内各区域晶体分布有较大差别：结晶器下部（4、5、8、9区）的结晶区的粒径分布与进料基本相同，说明在模拟条件的状态下，各种粒径的晶体达到了悬浮的要求；在结晶器上部（1、2、6区），除在较大循环液进口流速下，有部分粒径大的晶体以外，循环液中几乎仅有粒径为0.3mm的晶体，说明在此结晶器内，循环液流速小于1.6m/s的情况下，可以较好地控制循环液中的晶体粒径，使其仅有小晶体；在结晶器变径区（3、7区），具有大粒径晶体的分布，可看出达到了大小晶体的分级效果。即适宜的循环液流速下，在结晶区域可实现稳定的晶体粒径分布；循环速率与要求的晶体粒径直接相关；在变径区域可实现晶体的粒径分级，控制循环液体中的晶体粒径和晶体悬浮密度。

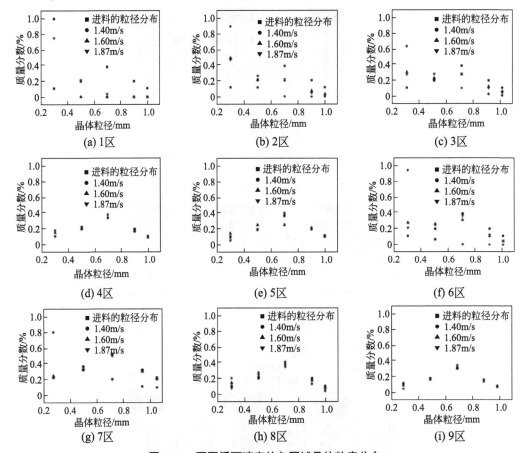

图6-28　不同循环速率的各区域晶体粒度分布

CFD技术可以对任意几何形状、尺寸的设备进行综合模拟，从而获得速度、温度、组分浓度和分散相体积分数分布的完整三维视图，使研究设计人员更直观、更深入地理解机理和识别问题，以指导更佳的设计决策。CFD模拟化工工程的局限性除了湍流模型外主要是缺乏对特定现象背后的物理、化学机理以及可靠定量的动力学模型。例如，固体颗粒在液体介质中的行为通常是根据概念上的沉降行为来理解的，并通过所谓的当量"直径"和密度，并使用标准方程来计算沉降速度，再通过将其与向上的流体进行比较，推断出实际的沉降行为。然而，所使用的方程是基于球形粒子穿过静止流体推导出来的，无法准确描述不规则形状的结晶体（或聚结体）在湍流中的运动行为。

虽然 CFD 仿真在处理化学工程中的复杂物理、化学行为时存在缺陷，但它仍可作为研发、设计者的重要工具。CFD 技术在开发、设计过程中的有效运用需要分析人员了解其局限性，发挥其优势，使用正确的模型来识别趋势，指导工艺优化与设备设计。近年来，CFD 仿真技术已经在工业反应器设计、故障排除、放大和概念评估等方面得到越来越广泛的应用。

6.4　间歇结晶过程设计

间歇结晶被广泛应用于精细化学和制药工业中，人们通过间歇结晶过程从反应液中分离某种物质并得到具有所需性能的颗粒。与此同时，间歇结晶是一种非常通用的技术，它可以适应不同产品性能的需要以及部分物质的特定属性。本节将讨论间歇结晶操作的一些基本原则，并根据这些基本原则来设计和放大，以期获得稳定、可靠的间歇结晶工艺与设备[6]。

6.4.1　设定目标

在设计任何结晶过程之前，必须定义过程的目标和所需的颗粒特性。表 6-4 列出了其中一些目标。这些属性可以分为直接受结晶过程影响的目标，如纯度、产量、粒度和粒度分布（CSD 或 PSD），以及从这些性质推导得到的性质（例如堆积密度）。预测初级粒子特性对衍生粒子特性的影响是不容易的，例如，流动性是一种非常复杂的性质，它取决于形状、粒度和粒度分布或粗糙度等许多初级颗粒性质。这其中的一些参数可能受结晶过程的影响，例如，粒度和粒度分布；一些则并不那么容易控制，例如，无定形含量和粗糙度。还有其他的性质或多或少是固有的，它们不受结晶过程的影响，例如晶体的硬度和可塑性。

间歇结晶过程的设计需要综合考虑各因素的影响，权衡各因素之间的制约，例如，通过放缓结晶时间以获得较大颗粒、更纯的晶体产品，但这将影响整个操作周期从而影响总产量；另一方面，如果为了提高产量而缩短结晶操作时间，可能会得到粒度较细或纯度较低的晶体产品。与此同时，结晶过程的设计还必须关心结晶产品对下游操作（过滤、干燥等）性能的影响，以期让下游操作更顺畅和可靠。

表 6-4　典型的结晶过程目标

主要目标	衍生目标
纯度	晶形（多晶型，溶剂化物）
产量	下游过程（过滤、干燥行为）
粒度和颗粒粒度分布	流动性，堆积密度，粗糙度，无定形含量，研磨行为
颗粒形状	配方特性

注：主要目标与直接受结晶过程影响的颗粒特性有关，而衍生目标则受结晶过程的间接影响。

6.4.2　有机分子的结晶

已开发的大多数间歇结晶工艺都涉及对有机分子的结晶，并且在大多数情况下结晶过程是在合成反应液中进行的。有机分子易于形成多晶型和溶剂化物，主要原因是这些分子内的大量自由度易导致多种分子构象，因此在有或者没有溶剂参与的情况下晶格中可能存在大量潜在结构。不同的晶型有不同的晶格，对应地可能有不同的晶格能量和溶解度。有关多晶型的知识可参见第 8 章 8.1 节的内容。

此外，反应液通常含有在化学合成过程中形成的各种副产物。大多数副产物与目标产物分子密切相关，例如副产物和目标产物之间可能存在部分相同的分子结构，甚至副产物分子可能只比目标产物分子缺少一个分子基团。如果缺失的基团是晶格中下一个分子的锚点，这种副产物可能会以正确的结构附着到晶体上，但它不能作为下一个分子的锚点，因此，在这个晶面上晶体生长受到了阻碍。

与无机材料相比，有机分子通常对与溶剂的反应或随温度变化而降解更为敏感。有机碱或酸形成的每一种新盐都需要被作为一种新的化学物质来处理，因此需要对其溶解度和物理化学行为进行全新的研究，以确定一种可靠的结晶过程。图 6-29 显示了相同药物的四种不同盐的形貌，对应晶体的习性和初级颗粒的粒度以及聚结物都有很大差异。

图 6-29　同一药物的四种不同盐的形貌

6.4.3　间歇结晶过程过饱和度的产生

在大多数间歇结晶中，有三种方法可以产生过饱和。下面将按照它们的用法对它们进行详细讨论。

1. 冷却结晶

冷却结晶是间歇结晶的首选方案，因为这种结晶模式很容易控制反应器中的温度分布曲线，从而动态控制过饱和度随结晶进程的变化。这些曲线可以帮助确定结晶过程的起始温度，以及合理的溶质/溶剂比。冷却间歇结晶的起始温度和终点温度之间的溶解度差决定了该过程可获得的理论收率。

有机分子结晶时的常用冷却速率为 0.1～0.2K/min。表 6-5 是根据经验总结出的冷却结晶的冷却速率方案。

冷却结晶比较棘手的问题是结晶器内壁的温度。如果为了达到较高的冷却速率而使夹套过冷，则壁面处的局部过饱和度会变得很高，容易造成在近壁面成核，从而引起晶体产品粒度分布变宽，甚至在壁面上形成严重的结垢，影响后续的结晶操作。

冷却结晶的最大产率 Y 由起始浓度 c_0 和最终温度下的平衡溶解度 c_ω 给出：

$$Y = \frac{c_\omega - c_0}{c_0} \qquad\qquad (6\text{-}18)$$

为了获得足够的收率，溶解度必须在可接受的温度范围内改变 10～20 倍。通常，结晶将在低于正常沸点 5～10℃ 开始，并且一般不会在低于–10℃ 的温度下操作。

表6-5　间歇结晶器中有机分子晶体生长过程中的冷却速率分级

分级	慢	中等	快	急速
冷却速率/（K/h）	1～5	5～10	10～15	>15

2. 反溶剂结晶

使用反溶剂有以下三种用途：在等温过程中产生过饱和度；在冷却结晶结束时进一步降低溶解度以增加产率；简单地溶剂改性，以降低溶质的溶解度。

在结晶器中添加反溶剂的位置周围有自发成核的风险，因为那里的过饱和度达到了其最大值。这种情况在小流量添加反溶剂时是不明显的，因为反溶剂进料管的直径可能只有 1mm，并且在搅拌桨的作用下会迅速地与结晶器内溶剂混合。但是，在 10～20mm 直径的大流量添加的情况下，反溶剂流可能需要相当长的时间才能与结晶器的流体混合，在这段时间内，局部高过饱和度还可能导致非目标产品的析出（例如不稳定的多晶型晶体或溶剂化物的形成）。

鉴于这些潜在的问题，建议尽可能限制反溶剂的添加。有时在加入溶质之前将溶剂和反溶剂混合，使得在结晶开始后无需任何进一步的反溶剂添加就可以进行冷却结晶。另外，如果在晶核生成和冷却后较低温度下加入反溶剂，此时溶剂中剩余的溶质较少且可获得的晶体表面积很高，以致可以比结晶过程开始时生成少量晶核的过程更快地消耗所产生的过饱和，可以部分地减轻反溶剂添加过程造成的局部过饱和度过高的缺点。然而，为了保证良好的晶体生长动力学和收率，反溶剂的加入温度不能太低。在有些情况下，添加少量的反溶剂可显著提高溶剂混合物的溶解度。在这种情况下，反溶剂起到溶解度促进剂的作用，在不与初始溶剂相互作用的分子区域间架设桥梁，这些分子区域对与溶剂相互作用的反溶剂区域表现出亲和性。

3. 蒸发结晶

对于溶解度与温度的相关性较弱的物质，蒸发结晶是一种可以考虑选择的工艺途径。这种技术存在一些缺点，在使用这种技术时应该加以考虑：①在间歇蒸馏过程中，容器中的液面下降可能导致形成结垢。这种结垢很难去除，可以考虑不通过夹套加热而仅使用真空蒸发，利用溶剂潜热进行蒸发来减少壁面结垢。②在使用溶剂混合物的情况下，溶剂组成在整个过程中发生变化，可能难以获得所需的颗粒性质。例如在某些情况下，产物可能经历溶剂介导的相变，这可能影响晶型纯度。

$$Y = \frac{V_\infty - V_0}{V_0} \qquad\qquad (6\text{-}19)$$

等温蒸发结晶过程的理论最大收率 Y 可以通过起始体积 V_0 和最终体积 V_∞ 由式（6-19）计算得到。显然只有较高的蒸发量才能达到合适的产品收率。因此，通常在升高温度后进行蒸发结晶步骤，之后再进行冷却步骤以进一步提高产率。

6.4.4　结晶开始——成核阶段

导致结晶过程开始一般有两种原因：通过加入溶质达成超过超溶解度曲线的过饱和度或通过在亚稳区内加入结晶物质的晶种来引发自发成核。图 6-30 显示了有机分子的典型溶解度曲线及其亚稳区域。冷却结晶将在 A 点开始并在 B 点与溶解度曲线相交。在没有添加晶种的情况下，体系可以在自发成核发生之前冷却至 C 或 D 点。自发成核的程度主要取决于系统的纯度和溶液冷却的速率。

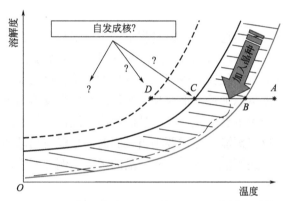

图 6-30　溶解度曲线（灰色）和超溶解度曲线（黑色）

相反，在系统变得过饱和之后，但远没有到达边界时加入目标晶体的晶种可以有效避免发生自发成核。

自发成核有以下缺点：

①　多晶型现象不可控。在结晶过程中通过自发成核通常得到亚稳晶型，如果在随后的处理过程中出现稳定晶型，这些亚稳晶型有消失的倾向。更重要的是，所获得产品的晶型纯度可能取决于所使用的溶剂和结晶原料的纯度。因此，即使没有改变溶剂，结晶原料纯度的变化也可能会对产品质量产生不可预测的影响。

②　粒度分布不可控。在自发成核的结晶过程中粒度和粒度分布的可控性变得很低，产品质量的一致性很难确保。

③　产品纯度不可控。在成核阶段，物质瞬间结晶的量取决于亚稳区的宽度。这个量可能是非常大的：对于有机分子物质的结晶，在自发成核过程中结晶的量有时可以达到总量的 30%～40%，甚至会更多。从而会产生大量细晶，晶体的比表面积巨大，这会对结晶提纯物质过程产生负面影响，表面会吸附更多的溶剂或杂质。

虽然自发成核过程对结晶过程的控制具有极大的负面影响，但工业中也常利用这种特性，比如超细晶体的制备过程。

6.4.5 间歇结晶过程加晶种策略

在间歇结晶过程加入晶种有两个主要目标：①降低结晶过程的过饱和度，避免自发成核；②控制颗粒特性，如：晶型和晶体粒度分布。关于晶种对产品的影响机理和规则经验详见本书第 5 章内容。针对间歇结晶过程而言，加入晶种的过程设计通常需要考虑以下几点。

1. 加晶种的策略

在设计加入晶种过程之前，应该清楚地了解在此过程中要实现的目标以及可能出现的潜在困难，例如：

① 如果物质倾向于多晶型转化或形成各种不同的溶剂化物，则首要目标是避免形成非目标晶型的转化。在这种情况下，可以使用大量目标晶型的晶种（即提供更大的目标晶型活性表面积）来尽可能地抑制向非目标晶型的转化。在这种情况下，将目标晶型的晶种添加到略微过饱和的溶液中，这样非目标晶型的成核机会非常小。同时，越好的晶种在母液分散意味着提供了更大的活性表面。在这种情况下，可以考虑采用具有高剪切湿分散工艺的加晶种策略。

② 当产品纯度是主要目标时，适当地加入晶种可以保持低饱和度，降低晶体生长速率，这是很多情况下产生高纯度晶体的先决条件。

③ 如果必须达到给定的粒度或粒度分布，则加入晶种的作用非常明显。这不仅适用于平均粒度，也适用于粒度分布。在某些情况下，希望晶体产品具有双峰分布（例如，为了保证良好的流动性或具有不同的溶解特性以实现缓释），则可以考虑用两种或两种以上不同粒度的晶种进行结晶。对于希望得到较窄的晶体粒度分布，则晶种粒度分布也必须窄；反之，对于希望得到宽的产品晶体粒度分布，则应加入宽分布的晶种。

④ 如果使用足够量的晶种，则可以操纵晶体颗粒的形状。例如，针状晶体被微粉化成致密的形状后作为晶种大量加入（>预期产量的 10%），则产生的产品晶体将具有小于 10 的长宽比，即使它们只在纵向方向上有生长优势。

在任何情况下，添加晶种都可以被作为消除结晶过程中不必要的自由度并使晶体产品一致性生产得到改善的一种良好方法。

通常，如果晶种的性质和参数非常明确（如：用研磨方法制备出所需的晶种），则添加晶种非常有效。如果使用以前的产品晶体用作晶种，多间歇批次以后，产品晶体粒度将变得越来越大，有效的晶种表面积将因此变得更小，导致该结晶过程改变，不再提供预想的产品。

2. 添加晶种过程设计

在第 5 章有关晶种的讨论基础上，制备、添加晶种需要考虑以下步骤。

(1) 晶种的品质筛选

基于晶体产品的品质目标，必须筛选或制备具有特定品质的晶种，包括：晶种的来源（例如，通过微粉化或研磨过程得到具有确定粒度分布的晶种）、正确的多晶型或溶剂化物、晶种的纯度，以及在一些情况下，正确的晶种形貌。

（2）加晶种量的确定

实际操作过程中应根据需要加入适当量的晶种，以提供足够的晶体表面积，并在适当的时机、在合理的时间（例如 20min）内加入，使母液能迅速饱和，从而避免自发成核同时不会使晶体生长速率过高。

操控晶体的粒度和粒度分布最简单的方法是投加晶种。换言之，只要在过饱和溶液中加入少量的晶种，就可以在某种程度上启动结晶过程，通过这种"顺势"播种操作，就已经对结晶过程进行了潜在的操控。

通过加晶种结晶获得的产品粒度由晶种的数量及其粒度决定。假设：①作为晶种引入的粒数 n_{seed} 是恒定的；②所有晶种颗粒以相同的速率生长，且晶种粒度在 d_{seed} 附近分布很窄。则产品粒度可由式（6-20）估算：

$$d_{\text{p}} = d_{\text{s}} \sqrt{\frac{m_{\text{p}}}{\varphi m_{\text{s}}}} \tag{6-20}$$

晶种粒数恒定的假设在很大程度上取决于晶种粒度：晶种颗粒越小，越容易聚结，则需要更强的搅拌分散；而搅拌速率越高，则功率输入越高，这又会导致晶体颗粒破裂和二次成核速率的提高。

图 6-31 显示了采用不同量的晶种（通过研磨制备，平均直径约 3μm）和不同的结晶方式获得的产品晶体照片。照片中的网格线尺寸为 100μm。应注意，在这种情况下，通过自发成核（蒸发结晶）获得的晶体粒度大于通过加入晶种（冷却结晶）获得的晶体粒度。

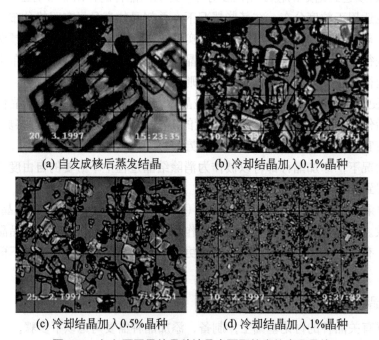

（a）自发成核后蒸发结晶   （b）冷却结晶加入0.1%晶种

（c）冷却结晶加入0.5%晶种   （d）冷却结晶加入1%晶种

图 6-31　加入不同量的晶种结晶出不同粒度的产品晶体

为了获得对结晶过程的良好控制，通常需添加 0.1%～1%（质量分数）的晶种。在某些情况下，如果需要非常小的晶体或需要调控晶体形状，则可能需要添加更多的晶种。如上述的例子，因为晶体优先在一个方向上生长而出现针状晶体，则需要添加 10% 以上的立方形晶种才会将长宽比限制为 10 以下。如果有可用的非常小的晶体作为晶种（如，边长 1μm 立方体），使用大量的晶种（>10%），假设它们在所有 3 个方向上生长均匀，可能得到边长大约 2μm 的立方体晶体。这样的小晶体可能无法通过常规结晶方式获得，一般可通过反应结晶获得。

(3) 晶种的制备

晶种必须作为分散良好的颗粒引入。晶种应储存在干燥处，例如，袋装晶种堆放在储藏室中，时间久了可能会导致这些袋子内的晶种严重结块，如果没有及时处理，晶种可能会逐渐失效。

制备晶种的最有效和最安全的方法是先将晶种分散到结晶过程时使用的溶剂中。这种分散可以通过超声或高剪切混合来实现。分散后的晶种具备一些更大的优点：研磨后产生的非常细的晶种可以溶解；扭曲的晶格可以愈合；非晶化的表面可以再结晶；失溶剂化的溶剂化合物（在晶种干燥过程中）可以溶解并活化，使溶剂化物在结晶过程中形成。

(4) 初始过饱和度的控制

添加晶种前瞬间的过饱和度应根据溶解度曲线和超溶解度曲线进行调整。通常，在低于饱和温度差 4～5℃的情况下加入晶种。当然，这里必须考虑亚稳区宽度，加入晶种的点应该更接近溶解度曲线，而不是超溶解度曲线。同时，应该需要了解亚稳区宽度并不是完全由系统的热力学确定的，而是强烈依赖于溶液组成、工艺参数和设备技术性能，例如杂质的存在、冷却速率、搅拌强度等。如果亚稳区宽度非常窄，为了工艺可靠性，必须改进温度控制，甚至可能必须使用过饱和度的在线测量来检测接近溶解度曲线的过饱和度以避免自发成核或不必要的晶种溶解。

(5) 添加晶种后保持时间

由于在较高温度下溶解度曲线存在高斜率（通常在此处加入晶种），大量的溶质在加入晶种后可以结晶出来，直至溶液回到饱和状态。因此，在结晶系统进一步产生更多的过饱和度促进晶体生长前，应该给仍然相对较小的晶种足够的时间来吸收系统中的过饱和度。在实验室试验中，通过观察实验室结晶器的浊度信号可以很容易地找到所需的时间，一旦浊度信号达到一个恒定值，再进一步通过降温等手段产生过饱和度。典型的加晶种后保持时间为 20～30min。

6.4.6 结晶工艺控制方案

成核后，无论是自发的还是通过引入晶种，结晶过程便"启动"了。晶体的生长速率由溶解度曲线和结晶器中存在的晶面的数量来决定。为了在整个结晶过程中获得恒定的生长速率从而得到高纯度晶体产品，通常采用以较小的过饱和度开始并随着整个晶体表面积的增长而增加过饱和度的工艺控制方案。在冷却结晶的情况下，这意味着理想的冷却过程应该缓慢启动，然后冷却速

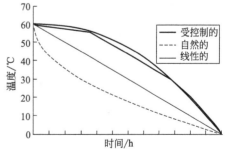

图 6-32　冷却结晶模式：线性、自然和受控制冷却

率应该随着时间的推移而增加。如果工厂中的温度控制系统不能遵循编程的抛物线轨迹冷却，则可以通过三段或多段线性冷却斜线来近似该曲线，如图 6-32 所示。

在整个结晶过程中保持较低的过饱和，可以减少由晶体与搅拌、结晶器壁面或与晶体之间的碰撞而引起的二次成核。

在达到最终温度或蒸发程度后，结晶通常尚未结束。由于降低结晶终点温度以获得更高的收率，晶体生长速率变得非常慢。因此，有必要将结晶器中的母液搅拌养晶几个小时——有时在放出晶体产品之前过夜。当遇到结晶动力学在低温太慢的情况，降低冷却速度或增加在最终温度下的停留时间是有意义的。在极少数情况下，副产物会阻碍结晶并阻止系统达到平衡。这就是为什么通常是通过溶解晶体来测量真正溶解度，而不是通过冷却结晶接近溶解度平衡来测量。

6.4.7 放大准则

对于间歇结晶过程而言，结晶器放大并不是一件容易的事，必须考虑以下几点。

1. 操作时间——结晶速率

在结晶过程的放大中，操作时间（冷却时间或添加反溶剂的时间）应保持恒定，尽管该规则可能受到某些物理条件的限制。

结晶器冷却套的表面积随结晶器直径的 2 次幂增长，而体积以其 3 次幂增长，因此结晶器的比表面积随着规模的增加而减小。对于一个给定冷却速率的冷却过程的放大，这意味着在大规模生产时需要更低的夹套温度以获得与小规模相同的总体冷却速率。然而，更低的壁面温度可能会导致壁面附近成核速率增大进而在壁面上结垢。这个问题当然可以通过降低冷却速率来轻松解决，但由此会导致操作时间增加从而对晶体产品的产量可能带来不利影响。同时，较长时间的搅拌实际还可能增加晶体的磨损，造成粒度分布变差。此外，如果结晶是由自发成核引起的，建议保持冷却速率恒定，以使成核时的过饱和度维持恒定。

对于蒸发结晶，蒸发表面积也仅随反应器直径的 2 次幂增长，因此有必要增加操作时间以避免蒸发面附近的剧烈沸腾。

晶种结晶过程很容易缩放。在任何尺度的结晶器中，建议使用相同类型的晶种，例如，相同的晶型、相同的粉碎类型和粒度大小，以及相同制备工艺。同时，加晶种量的比例应保持不变。图 6-33 显示了不同规模结晶器所生产的晶体产品的显微镜照片，从中可以看出，晶种结晶过程从 1L 的实验室装置扩大到中试规模的结晶器，最后扩大到生产规模的结晶器，结晶效率恒定且所得到的晶体产品形态和粒度分布也非常接近。各个规模随加的晶种量都是晶体产品总量的 0.1%（质量分数）。

 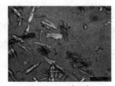 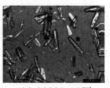

(a) 2l-实验室   (b) 20l-中试   (c) 2000l-工厂

图 6-33　不同规模结晶器所得到的晶体产品的显微照片

2. 搅拌

搅拌通常是结晶过程放大的最关键步骤，尤其对于间歇结晶。必须考虑两个方面：

①添加反溶剂和结晶母液的混合；②晶体悬浮。

关于在添加反溶剂期间的混合，重要的是要充分理解该过程对搅拌效果的敏感程度。该过程的设计必须考虑反溶剂加入速率、加入模式、加入位置（低于或高于液位）或湍流强度对物料混合的影响，从而进一步影响结晶过程。

对于快速沉降的大颗粒晶体，通过搅拌使晶体保持良好悬浮是放大的另一个重要方面。沉降取决于晶体密度和母液密度的不同，通常晶体粒度在 100 μm 以上晶体沉降就变得有关，尤其在 200μm 以上的颗粒沉降更为显著。虽然在小规模溶液体系中可以很容易地将这些颗粒保持在悬浮状态，特别是如果使用高搅拌速率和具有良好轴向流的搅拌桨，但在大型工业结晶器中很难将这些颗粒均匀悬浮在母液中——尽管单位体积的功率输入和小试时保持相同（以实现良好分散）。需要注意的是，结晶器规模放大后，使用相同类型的搅拌桨，但其叶尖线速度会相应提高很大。

放大时固定一个参数（如单位体积的输入功率恒定），则其他参数将会显著不同，比如搅拌桨叶尖线速度在生产规模比小试验的要大 1.7 倍。较高的叶尖线速度会导致二次成核的增加甚至晶体的破碎。

因此，为了液相分散和微观混合而保持单位体积输入功率恒定的放大准则可导致晶体破碎。如果输入功率减小，晶体将沉降，可能造成底部出口堵塞，或在结晶器底部形成大量晶体颗粒聚结。在这种情况下，建议在结晶器放大时采用更高效率的轴向搅拌桨，例如，采用 Lightin 制造的 A310 水力学翼型桨等。

3. 操作方面

在实际生产中，结晶过程往往是在相同的反应装置中按一定的批次顺序进行的，装置不会在每一批次反应之后进行彻底的清洗。这时，保留在结晶器和传输管道中的晶体颗粒可能在随着不饱和的溶液被转移到结晶器的过程中部分溶解，充当"自动晶种"。

晶浆母液从结晶器转移到下游分离单元可对晶体产品产生显著影响。与实验室中的温和转移不同，输送泵可能会对晶体施加高剪切力，较大和较脆的晶体特别容易被破碎。此外，自动离心机脱母液过程亦会造成晶体破碎，为了避免这一阶段对产品晶体的破坏，离心机转速在满足离心分离效率的情况下尽可能低。

为了保证滤饼在生产规模时的洗涤效率与在实验室中相同，了解滤饼的洗涤行为也非常重要。假设滤饼倾向于破裂，在实验室规模时这是不重要的；但在生产规模时，裂缝的大小和程度要大得多，裂缝可能会导致清洗液优先从这些缝隙中流走，从而导致剩余的滤饼得不到有效洗涤。

6.4.8 晶体形状的控制

晶体通常生长在热力学和动力学约束下，各生长面的生长速率是有不同取向的。有时"自然"生成的形状并不有利于下游的操作或最终产品的配方，因此有必要对其形状进行修饰。改变溶剂或使用添加剂是目前实现这种效果的常用方法。如果已知单晶结构，可以通过例如基于附着能量模型来模拟晶体的"自然"形状，然后从晶面的化学表面结构推导出用于形状改变的溶剂选择策略。在图 6-34 所示的例子中，晶体结构显示极性基团集中在细长片晶的顶端面。选择极性溶剂，其可与此晶面相互作用以阻碍此晶面生长，使晶体变得更致密；如果选择非极性溶剂，如正己烷，则可抑制侧向生长，可使晶体形状向针状发展。

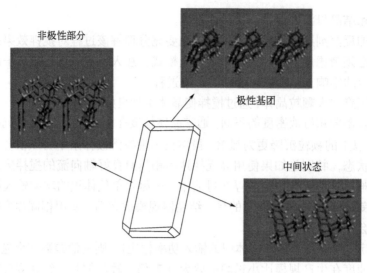

非极性部分

极性基团

中间状态

图 6-34　不同晶面的极性示意图

6.5　连续结晶过程的设计

连续结晶器可实现晶体产品的连续生产，具有产品粒度分布均匀、产品质量稳定、生产效率高和产量大等优势。同时，设备工艺条件稳定，可实现各参数的自动控制，装置占地面积小、结构紧凑、能耗低，有利于大规模生产和节能降耗。因此，连续结晶器是现代工业很多项目改造和新建项目的最佳选择。

连续结晶器一般由以下几部分构成：①预处理设备，一般包括重力沉降器、过滤器等，通过多级沉降、过滤预处理过程最大限度地减少悬浮杂质对结晶过程和晶体产品的干扰，确保生产优质产品；②结晶器主体设备，包括结晶器、细晶消除系统、淘洗分级系统、外循环和搅拌系统；③下游设备，包括稠化器、连续洗涤（一般是带式洗涤或离心机内直接洗涤）和连续过滤装置等。连续结晶器主要类型有内导流筒型、OSLO 型、DTB 型等，主要由物料的性质来确定，根据冷却（或蒸发）换热量和颗粒的平均停留时间来确定设备工作体积以及辅助配置，下文将具体介绍一些设计计算方法。

6.5.1　连续结晶器的概念和设计

1. 二次成核的重要性

如果通过在亚稳区内进行结晶过程以有效地避免初级成核，则产生的结晶产物的粒度取决于对二次成核的控制。因此，二次成核是结晶过程粒度分析时最重要的控制因素。

二次成核程度越小，单个晶体的质量会变大。举个简单的例子进行说明：假设需要生产 10g 产品，理想情况下溶液中产生十个晶核，进而生长成 10 个 1g 质量的晶体；但如果溶液中产生了 10000 个晶核，那么最终只能得到 10000 个 1mg 质量大小的晶体。因为过饱和度不希望提高到亚稳区以上水平（否则会发生自发成核，晶核数量剧增），一般情况下较大粒度的晶体颗粒是期待得到的目标产品。

在存在不可控的自发成核的情况下，其产生的晶核比二次成核要多得多，最后得到的晶体总数量会变得很大，将导致生产大量细晶产品，晶体的表面积非常大，很难与含杂质的母液分离，从而晶体产品的粒度和纯度都将很难达到预期的指标。

因此，结晶器设计与控制应遵循以下两个原则：

① 在结晶器内的任何区域，过饱和度都应控制在亚稳区内，以便避免初级成核，并且在结晶过程中仅发生二次成核。

② 要善加利用亚稳区的宽度，确保适当的晶体生长速率。

2. 过饱和度控制

上述两个原则是溶液结晶过程中最重要的控制变量。在此基础上，各种基本类型的连续结晶器被开发出来以满足整个需求领域对晶体粒度分布和平均晶体粒度的要求（图6-36）[46]。

图 6-37 所列的每一种基本类型都与生产一定的晶体产品粒度范围对应。FC 结晶器用于生产粒度小于 0.8mm 的晶体，DTB 结晶器可用于粒度高达 2.5mm 的大颗粒，OSLO 型结晶器用于生产粒度更大的晶体产品。同时，生产大颗粒的晶体则需要足够长的停留时间以提供晶体生长的需要。为了使晶体在较长的停留时间内通过晶体生长变得更大，必须小心地降低有效晶核生成速率（控制二次成核、磨损和破碎）。

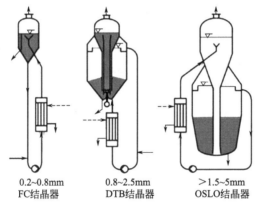

0.2~0.8mm   0.8~2.5mm   >1.5~5mm
FC结晶器   DTB结晶器   OSLO结晶器

图 6-35 三种不同类型的结晶器

在所有这些结晶器中，首先要避免的是初级（自发）成核，因为只有二次成核才能通过输入功率来控制成核速率，从而控制晶体产品的粒度。因此，它们都有一个共同点，那就是如何控制过饱和度水平，并将其保持在亚稳区宽度内，以确保避免初级成核。这是所有设计和控制连续结晶过程的基本思想。

图 6-36 显示了这种控制方法的基本原理，并以真空冷却结晶为例。图 6-36（a）显示了用于真空冷却结晶的 FC 结晶器的示意图。这是一种最简单的连续结晶器设计形式，有一个外部循环管道（见图6-35）。由于循环流体的作用，晶体被悬浮分布在结晶器内，同时在结晶器内各部位调整过饱和度。图 6-36（b）显示了结晶系统相图（溶解度曲线和亚稳区）的示意图，其明显的温度依赖性是真空冷却结晶的典型特征。亚稳区的宽度在此标记为灰色区域。图 6-36（a）显示了结晶器内随流体流动的各部位操作状态点，这些点并对应出现在相图[图 6-36（b）]中。

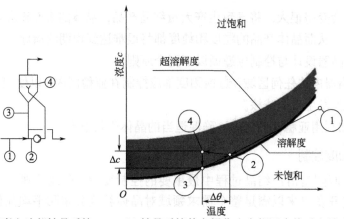

(a) FC真空冷却结晶系统
随流体流动的各部位

(b) 结晶系统的各操作点在相图中的对应关系

图 6-36　FC 真空冷却结晶器内过饱和度控制方法示意图

结晶器外循环母液流股③与进料液流股①混合。在真空冷却结晶的情况下，该进料溶液比结晶器内的母液温度高并且浓度更大。因此，产生的混合液流股②的温度与浓度仍较结晶器内的高。根据各位置的母液特性并将其体现在相图中的相应点，按照流体流动顺序将相图中的各点用直线连接，即体现出结晶系统各操作点的过饱和控制情况。如前所述，流股③和流股①混合后母液已经是过饱和，然后混合母液通过再循环泵输送到蒸发液面。在蒸发表面上部蒸发空间的压力由真空泵和冷凝器控制，溶剂饱和蒸气压与真空度相匹配。当混合母液流股从结晶室的中心锥形底部的再循环管被输送到表面时，它相对于液面上方的蒸气压是过热的，流股母液④现在开始沸腾。然后，母液通过绝热沸腾，将其温度降低到与蒸发室中的真空饱和蒸气压相对应的温度。由于冷却过程和溶剂去除同时作用，形成过饱和，其历程如在相图中的点③和点④部分所示。所产生的过饱和度 Δc 由于晶体生长过程而被耗尽，当达到③点时又开始下一个循环。

在该示例中，当母液流股再次到达点③时，过饱和度已消耗殆尽。对于这种情况，很明显在母液蒸发表面所产生的过饱和度水平取决于外循环流量。外循环流量越大，蒸发表面的过饱和度越低（稀释作用），而外循环量小则增加了蒸发面区域的过饱和度。因此，根据生产量调整的母液循环流量是工业结晶器中最重要的设计参数。当装置的产量一定时，该参数对于所有结晶器设计都应该是相同的。母液外循环量还取决于亚稳区宽度。在实践设计应用时，可按式（6-21）估算循环流量：

$$\Delta c = 0.5\Delta c_{met}, \quad \frac{dV}{dt} = \frac{dP/dt}{\Delta c} \tag{6-21}$$

式中，dV/dt 是外循环体积流量，m^3/h；dP/dt 是单位时间晶体产品产量，kg/h。Δc_{met} 是亚稳区宽度，kg/m^3 或者 g/L。因此，如果忽略初级成核，结晶器的操作参数仅受 dP/dt 约束。由于亚稳区宽度通常只有几 g/L，因而需要较大的外循环量才能满足产量的要求。假设最大允许的过饱和度为 $1g/L$，晶体产品产量要求为 $1t/h$，则外循环流量必须达到 $1000m^3/h$ 时才能满足要求。这样大的母液循环必须由较大的强制循环泵才能实现。

出于简化，假设图 6-36 所列出的结晶器的外循环过程的时间足以将过饱和度降低到可忽略的水平。然而，过饱和度的降低是平均晶体质量析出速率和晶体表面积增长的函数[47]：

$$\frac{\mathrm{d}m}{\mathrm{d}t} = k_g A \Delta c^g \propto -\frac{\mathrm{d}\Delta c}{\mathrm{d}t} \qquad （6-22）$$

式中，$\mathrm{d}m/\mathrm{d}t$ 为平均晶体质量析出速率；A 是已生成悬浮晶体的总表面积；Δc 是过饱和度，k_g 是比例常数。从这种关系可以看出，过饱和度消耗率 $-\mathrm{d}(\Delta c)/\mathrm{d}t$ 取决于可用的晶体表面积。如果晶体生长速率较慢或可用的晶体表面积较小，则在产生新的过饱和度之前，循环的时间可能不足让已有的过饱和度完全消耗掉。如图 6-37 所示，选择的例子仍然是真空冷却结晶器，其中过饱和度的产生和过饱和度的消耗（由于晶体生长）的循环序列，形成了如图所示的锯齿状的过饱和度的变化操作曲线，这是这一过程的典型特征。

可用的晶体活性表面积越小，晶体质量析出速率 $\mathrm{d}m/\mathrm{d}t$ 越慢，每次循环后剩余的过饱和度越大。图 6-36 和图 6-37 的点④继续向上移动，直至晶体生长速率足以让母液中过饱和度消耗趋于 0（$\Delta c \rightarrow 0$）。如果这种残余过饱和度被添加到新生成的过饱和度中，很有可能母液过饱和度会超过亚稳区宽度，并引发初级成核。因此，除了"正确"地设定循环流量之外，当设计结晶器时，还必须注意确保结晶过程中有足够的晶体表面提供生长（即晶浆密度的函数），以便可以有效地防止初级成核的发生。

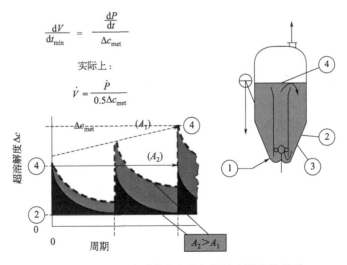

图 6-37　结晶器中过饱度变化与晶体表面积的关系

当连续结晶过程达到平衡时，其结晶器内的晶体质量平衡值如果对于晶浆密度来说太低时，那必须采取特别措施。这些措施和设计方案与调节过饱和度以及晶浆密度有关，其目的通常是获得足够大粒度的晶体产品，并有利于离心机进行分离。

一般来说，以达到一个适当的消耗过饱和度速率，晶浆密度在 15%～25%（质量分数）之间为宜。

3. 粒度控制——晶体的平均粒度和粒度分布

除了避免结晶器中产生自发成核以外，为了设计能够生产出较大颗粒的晶体产品，进

$$\frac{\mathrm{d}m}{\mathrm{d}t} = \left(\boxed{k_g}\right) A \Delta c^m = -\frac{\mathrm{d}(\Delta c)}{\mathrm{d}t}$$

$$B_0 = k_N \left(\boxed{\varepsilon^r}\right) m_T^1 \Delta c^n$$

$\Delta c = 0.4 \sim 0.6\ \Delta c_{\mathrm{met}}$

$m_T = 10\% \sim 30\%$(质量分数)悬浮液中晶体含量

$k_G = f(T, \cdots)$ 目标:T

$\varepsilon^r =$ 能量输入

$T =$ 结晶温度

图 6-38   晶体质量生长速率与二次成核速率的关系

行结晶器设计时还需要考虑其他的一些因素。图 6-38 描述了晶体质量生长速率 $\mathrm{d}m/\mathrm{d}t$ 和二次成核速率 B^0 动力学之间的关系,式中大多数变量需要通过回归法来确定。图 6-38 中圈出了固定变量是比例常数 k_g 和单位体积输入功率(或称特定输入功率)ε^r。

如本书第 3 章 3.1.4 小节中所述,二次成核速率是特定输入功率 ε^r 的函数。这是由循环泵和搅拌桨引入的。循环泵的叶轮或搅拌桨叶以动能的形式将其机械动能传递并分散于晶浆母液中,叶轮或桨叶的转动与母液中晶体直接碰撞,这些碰撞的强度随着单晶质量的增加、晶体和母液比密度差的增加(质量惯性效应)以及叶尖线速度的增加而增加,而碰撞的数量则随着晶浆密度 m_T 的增加而增加。

除了晶体与旋转叶片的直接碰撞外,晶体与结晶器壁面或其部件之间也会发生相应的碰撞,甚至晶体颗粒与晶体颗粒之间也会发生碰撞。这些碰撞所涉及的能量相对较低,由此产生的二次成核速率也是较低的,当然它们也是循环泵或搅拌桨输入能量的函数。这些碰损机制彼此之间的数量级关系可以简单用关系式(6-23)表达:

$$\frac{\text{晶体颗粒}}{\text{晶体颗粒}} : \frac{\text{晶体颗粒}}{\text{结晶器壁面}} : \frac{\text{晶体颗粒}}{\text{叶轮或搅拌桨叶}} = 1 : 10 : 1000 \qquad (6\text{-}23)$$

最大的碰损和二次成核的来源是母液中的晶体颗粒与循环泵叶轮或搅拌桨叶之间的碰撞。

循环过程所消耗的能量越少,产生的晶核就越少。因此,成核速率是产生不同晶体粒度分布的关键。不同类型的结晶器的设计也不尽相同,但特定输入功率 ε^r 是必须设计的重要参数。对于不同类型的结晶器,特定输入功率值的差别也非常大,从 FC 类型的约 10W/kg 到 DTB 类型的 0.1～1W/kg,再到流化床结晶器的低于 0.1W/kg 不等。晶体在结晶器内的停留时间 τ 对晶体粒度也有很大影响。当然,如果要获得更大的晶体颗粒,则需要更长的结晶停留时间。因此,根据总体粒数平衡,平均粒度 L_{50} 与平均停留时间 τ 之间呈线性关系。

然而,在常用的结晶器中可能会发生完全相反的情况,如图 6-39 所示[48-50]。其原因是所谓的破损速率 G_a,它抵消了晶体生长的动力学速率 G_k。G_k 完全依赖于过饱和度 Δc,而 G_a 是晶体粒度 L 的函数。由此得出有效晶体生长速率 G_{eff},是由 G_k 和 G_a 之间的差造成的。例如,对于粒度为 L 的晶体,假如破损速率 G_a 等于 G_k,则 G_{eff} 变为零,晶体粒度不再增长。因此,较长的停留时间会导致比预期更小的晶体。

事实上,平均停留时间 τ 的增加导致这些基本类型的结晶器内出现了不同的结果。图 6-40 中的虚线显示了 DTB 和 FC 结晶器中的晶体粒度和平均停留时间的增长的线性相关的典型偏差。只有 OSLO 结晶器中的晶浆母液不与叶轮泵接触,所以其产品才能达到理想的结果，至少对于工业上大颗粒的晶体产品来说是如此。DTB 和 OSLO 结晶器的改进是为了尽量减少这些类型的二次成核和破损而采取的措施。

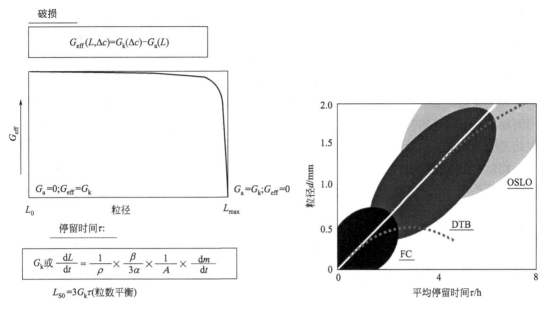

图 6-39　晶体有效生长速率和破损速率
对晶体粒度的影响

图 6-40　晶体粒径 *d* 与非理想结晶器中
平均停留时间的关系[49]

FC 型结晶器的设计是为了安全避免自发成核，而在较大的 DTB 和 OSLO 结晶器中集成了其他措施和装置，使它们的停留时间更长，从而能形成更大粒径的晶体产品。

4. 输入功率和停留时间

在促进晶体生长类型的结晶器中，DTB 型和 OSLO 型都考虑了能量输入和停留时间的相互关系。设计旨在通过设计较长的停留时间而生产较大晶粒，并尽可能采取措施以保持输入母液中的能量较小（必须小于停留时间短的 FC 结晶器中的输入功率）。因此，各个结晶器的设计各不相同，主要是关于循环泵的设计和位置方面。

总之，为了有利于晶体生长，则应该：①具有较低的特定输入功率——即较低的循环泵或搅拌桨电机载荷以维持较低的二次成核率；②保证足够的晶体停留时间。

另一个影响因素是输入机械能的方式。具有小叶轮的泵必须以更快的速率运行，即叶轮具有更高的叶尖速度，以实现与具有大叶轮的泵有相同的循环量。与具有较低叶尖速度的大型泵的情况相比，具有较高叶尖速度的小叶轮更能导致与晶体颗粒高能量碰撞，进而加剧二次成核。这会以下列方式影响循环泵的选择。

循环泵的功耗 N 和特定输入功率 ε^r（相对于晶浆体积的比）可用下列式子计算：

$$\frac{dN}{dt} = \frac{(dV/dt)\rho gH}{\eta}$$

（6-24）

$$\varepsilon^r \text{ 替换 } \varepsilon = \frac{(\mathrm{d}V / \mathrm{d}t)\rho g H}{\eta} \times \frac{1}{V_{\mathrm{crystQ}}} \quad\quad (6\text{-}25)$$

式中，ρ 为晶浆或溶液的比密度；g 为重力加速度；H 为压力差；η 为泵的效率；V_{crystQ} 是结晶器的工作体积。与所有结晶器设计一样，循环流量 $\mathrm{d}V/\mathrm{d}t$ 是控制过饱和度的变量，可以从上述等式中直接看出在不改变循环流量的情况下通过降低系统阻力 H 的水平，可以降低系统的特定输入功率。例如 DTB 结晶器中就是这样的设计思路，其中热交换器是晶浆母液循环过程中压力损失的主要原因，DTB 结晶器的热交换器已经转移到外部回路，作为细晶消除装置的一部分，循环母液除含有很少细晶外不含晶体颗粒，密度和黏度都相对小，因而输入内部循环的特定功率较低，二次成核也较低，降低了成核和破损的频率，从而可以结晶出相对较大的颗粒。

此外，循环泵的直径也起着一定的作用。随着系统中的压降降低，可以使用具有更大叶轮而旋转更慢的泵。泵的特定输入功率ε与叶轮直径 D 以及叶轮转速 n 之间存在下列关系：

$$\varepsilon = n^3 D^5 \frac{1}{V_{\mathrm{crystQ}}} \quad\quad (6\text{-}26)$$

由此可以看出，当泵的叶轮转速降低时，如保持特定输入功率不变，则可以增加泵叶轮的尺寸。

如果结晶过程仅用于物质分离，且生产的晶体产品易于分离。在这种情况下，可以使用普通的弯头式循环泵，强制循环结晶器也是如此。如果要生产较大颗粒的晶体，就必须使用转速较慢的循环泵，从而降低系统的压降。这些泵的直径一般在 1m 到 2.5m，与 FC 结晶器中的外部泵相比（8～12m/s，而不是 16～20m/s），泵叶轮叶尖速度显著降低。在蒸发结晶的情况下，这种结晶器的设计具备上述优点，减小了内循环的系统阻力 H，因此所需的特定输入功率大大降低，产生的晶核越少，晶体产品颗粒越大。

DTB 结晶器设置了一个外循环回路，通过外循环回路上的热交换器将热量引入系统。通常，外循环溶液的加热导致母液中细晶消除并形成不饱和母液。DTB 结晶器的外部再循环回路中的母液是从结晶器内的一个分级区域内抽取出来只含少量细晶相对澄清的母液。由于使用了换热器，现在外部再循环回路的阻力更大。如果在该外部回路中没有悬浮晶体（少量细晶也被换热器消除），那么在那里使用的循环泵不可能产二次成核。在 DTB 结晶器内的分级澄清区，大部分的晶体颗粒已经通过重力沉降分级从母液中分离出来，但较细的晶体（细晶）和晶核由于沉降速率小于上流体上升速度不能被分离出来。就质量而言，这些粒子的总和是完全可以忽略的，但就数量而言，则是不能忽略的。然而，这些颗粒太小，也无法产生任何二次成核。

由于在热交换器中被加热，母液在大多数情况下变得不饱和，这些细晶将溶解。这个过程被称为"细晶消除"。这种细晶消除相当于成核频率的相应降低，使得晶体产品变的更大。因此，在 DTB 结晶器中，无需采取任何进一步措施即可获得高达 2.5mm 及以上的较大晶体粒度的产品。少数具有逆溶解度的物质，如某些过渡元素硫酸盐的单水合物，不能利用这种细晶消除措施。因其与细晶溶解形成不饱和相反，甚至有在加热器表面形成过饱和并导致结垢的危险，因此不能利用这种细晶消除措施。

固体和母液之间密度差小的情况，即沉降不能有效分离晶体颗粒形成澄清溶液的情况，或者高黏度液体阻碍沉降的情况，也是利用细晶消除措施的限制条件。

DTB 和流化床类型结晶器通常在有细晶消除装置的情况下运行。图 6-41 以生产氯化钾的 DTB 结晶器为例，试图简单阐述细晶消除对平均晶体粒度的明显影响。在该实施案例中，结晶器的澄清液体循环流量为 500m³/h，并且仍然含有 0.3g/L 的细晶。如果假设所有这些晶体的平均粒度为 0.1mm，则 500m³/h 溢流将包含 10^{11} 个晶体颗粒。同时，结晶器以 10000kg/h 的速率产生产物晶体，平均晶体粒度为 1.25mm。再次假设所有产品晶体的粒度相同，则产品流中的晶体数量远远少于清液溢出的晶体数量 5×10^9。这非常清楚地阐明了去除细晶对晶体平均粒度的影响。

DTB 和 OSLO 结晶器（流化床类型的结晶器）经常包含淘洗腿，使用该淘洗腿可以将产品分级，并把所要求的粒度的晶体排出。有一些特殊的结构设计，可以单独捕获到结垢掉下的大块，使其无法进入产品管路从而造成堵塞（图 6-42）。

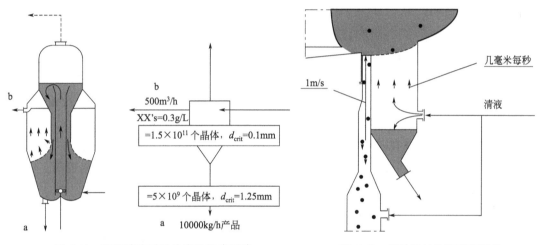

图 6-41 细晶消除对晶体产品粒度影响　　　图 6-42 特殊设计的淘洗腿结构

FC 和有些 DTB 结晶器属于悬浮结晶器的范畴。在此设计类别中，晶浆也可能被再循环。如果想获得的平均晶体粒度大于 2.5mm，则不得再使用循环泵循环晶浆。这种情况下结晶器相当于流化床。在这个设计类别中，只对澄清母液进行循环。晶体被保护性地悬浮在晶浆母液中生长而不和循环母液一起经过循环泵的损伤，这是流化床式结晶器设计的目的之一。因此，在该设计类别中，平均晶体粒度可以达到几毫米。

5. 连续结晶器类型的选择

结晶器的选型，必须考虑以最经济的方式获得达到要求的粒度和粒度分布的晶体产品。作为上述的总结，可用的结晶器可以细分为三个主要类别，在粒度方面具有不同的潜力：

FC 结晶器：0.2～0.8mm。

DTB 结晶器：0.8～2.5mm。

OSLO 结晶器：1.5～5mm。

所有这些结晶器都配备有强制循环回路，并将过饱和度保持在亚稳区内，以避免自发成核。

为了产生更大颗粒的晶体，设计上必须额外地考虑以下的内容：

① 将循环泵的叶轮叶尖速度降低到水力学上可能的最低水平（FC 和 DTB）。

② 通过循环泵将输入悬浮母液的比能量减少到最小，控制内部搅拌区域的过饱和度峰值和外部循环澄清母液（大部分不含晶体）的热输入，增加结晶器体积（DTB），即延长停留时间，减少对悬浮母液的比能量的输入，提高细晶消除的效率，以及考虑产品分级的可能性。

③ 通过使悬浮母液集中在结晶器主体流动区中并仅将澄清母液再循环，以控制热量输入和控制过饱和度峰值，最小化最大的能量输入源（悬浮母液与循环泵的叶轮直接接触）；OSLO 型结晶器具有最大的体积，因为其控制过饱和度峰值所需的再循环速率的流量须全部澄清，从而具有最长停留时间、最小能量输入、最大细晶消除和分级产品排出。

根据结晶器的性能，对结晶器类型进行预选后，需要考虑其他设计参数和措施，特别是泵叶轮叶尖速度、分级和细晶消除等，来调整所选结晶器的设计与操作，使其达到给定的晶体粒度目标。总之，FC 结晶器适用于所有应用，具有中等的颗粒粒度要求；DTB 结晶器适用于所有应用，所能生产的晶体产品粒度最大为 2.5mm；如果想获得大于 2.5mm 以上晶体颗粒应使用 OSLO 结晶器。

尽管细晶消除可以有效地消减二次成核、磨损和破碎对粒度的影响，但它对 DTB 和 OSLO 结晶器的稳态运行也有负面影响，即其对结晶器内过饱和度的扰动不易控制。

6. DTB 和 OSLO 结晶器的添加晶种过程

在 DTB 和 OSLO 结晶器中，与低速率的二次成核 B^0 相比，细晶消除速率 B_{FA} 很大。因此，有效成核速率 B_{eff} 非常小，因为几乎所有的成核在外部循环回路中都被消除。因此，结晶器中含有的晶体粒数越来越少，粒度变得越来越大，直到随着晶体粒度的增大，可用的悬浮晶体表面积过少，无法在每个再循环期间降低过饱和度。上升的过饱和度最终可能超过亚稳区宽度，引发初级成核，整个过程再次开始。对所得到的晶体粒度进行分析，可以得到典型的粒度随时间变化锯齿形曲线[1]。图 6-43 显示了由大规模生产在这种循环行为下产生的硫酸铵晶体。可以清楚地看到晶体粒度开始增加，后面又由于初级成核产生第二类更小的晶体。

一般不希望生产大颗粒晶体的结晶器内出现这种波动行为。通过控制细晶（或晶种的引入），可以阻止平均晶粒粒度的波动（图 6-44）。然而，这些晶种粒度必须足够大，以确保它们不能进入外部再循环过程（沉降速率>上升速度）。这些晶种颗粒的平均粒度通常需要大于 1mm。晶种的引入通常是通过检测悬浮母液中某粒度范围内细晶浓度来进行控制的，力图保持这一细晶浓度的恒定。

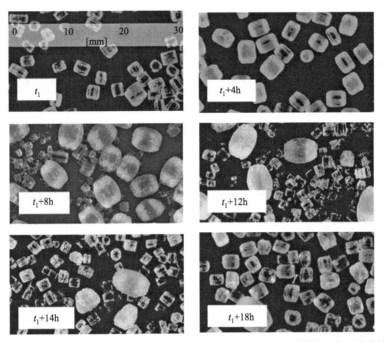

图 6-43　在无晶种情况下 DTB 结晶器不同时间所生产的硫酸铵晶体显微照片

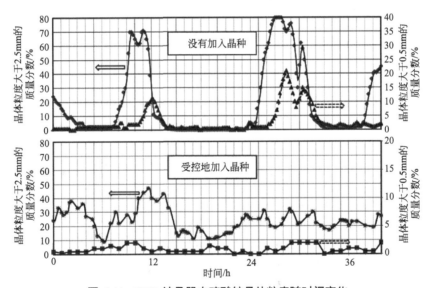

图 6-44　DTB 结晶器内硫酸铵晶体粒度随时间变化

6.5.2　各类连续结晶器的设计

每个类别结晶器都有各种不同的设计，特定的设计适用于特定的应用。

1. FC 结晶器类型

图 6-45 显示了简单 FC 类型的不同的设计方案。根据这类 FC 结晶器可用于不同的结晶过程（真空蒸发结晶或真空冷却结晶），可以选用配备或不配备管式换热器，类型④和类

型⑤分别与之对应。结晶器可以带简单搅拌釜（①），或带有导流筒（DT）搅拌釜（②）以及带有外循环（④、⑤）。搅拌桨或循环泵将晶浆母液混合悬浮，并在晶浆母液中产生过饱和。带搅拌的结晶器①适用于真空冷却结晶，但这种设计的缺点是没有定向流动再循环，因为它只配备一种简单且廉价的搅拌桨。这意味着最大过饱和度不能完全控制，这就是为什么这种设计只能用于具有较大亚稳区的系统。结晶器②（DTB 结晶器与 DT 结晶器的差异是 DTB 还设有用于澄清液溢流到外部再循环的裙板套筒）不仅配备有搅拌器还配备导流筒。这提供了对最大过饱和度的均匀性的控制。该设计可用于真空冷却结晶以获得更大的产量。所谓的卧式结晶器③专门用于真空冷却结晶，它的特点是几个结晶器级串联在一个真空系统中，以节省空间和设备成本。这种多级真空冷却结晶最初是通过蒸汽再压缩（热压缩）将其升高到足够高的温度和压力水平的。冷却级数越多，将蒸汽压缩到相应冷凝条件所需的能量就越少（最坏情形——蒸汽消耗量最高的设计就是单级设计，在这种设计中，必须通过热压缩将全部蒸汽的温度和压力增加到冷凝水平）。

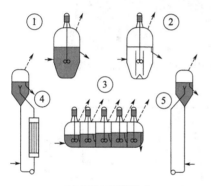

(a) FC结晶器组成

(b) 食品工业中FC结晶器工业化实景

(c) 硫酸钾浓缩FC结晶器工业化实景

(d) 硫酸钠真空蒸发FC结晶器工业化实景

图 6-45　FC 结晶器组成及工业化实景

这种设计的缺点是用于晶浆悬浮结晶区域具有不规则几何形状，长期运行时沉积易导致结垢。一般可实现稳定操作的最大操作周期约为 1 周。如果计划更长的操作时间，则应串联几个导流筒结晶器而不是水平卧式结构。并且如果需要，使用冷却盐水进行冷凝。

蒸发结晶最好使用结晶器④。定向和控制再循环是通过轴流泵进行的。这种设计也可以用于真空冷却结晶，这样就不再需要换热器（如类型⑤）。

在这些简单的结晶器中，晶浆中的晶体含量可以直接由质量平衡关系确定。当质量平衡显示晶浆密度（主要体现在晶体表面积）不足以降低过饱和时，可以通过排放的清液来提高晶浆密度。在这种情况下，甚至可以在这些简单的结晶器中降低搅拌速率，增加上方澄清区域。如果使用带有导流筒的结晶器进行此操作，则类似 DTB 类型结晶器。

2. DTB 结晶器类型

图 6-46 显示了 DTB 型结晶器三种不同的代表结构。在 DP 结晶器中，搅拌桨的桨叶分为两部分[51]。位于导流筒内的部分桨叶是让流体向上流动，而在导流筒外部的部分（中央导流筒与沉降区套筒之间）的流体形成向下流动。外部和内部部分彼此适配并且理想地产生完全相同程度的再循环。以这种方式的搅拌，可以使叶尖速度降到很低来获得所需的再循环流速。

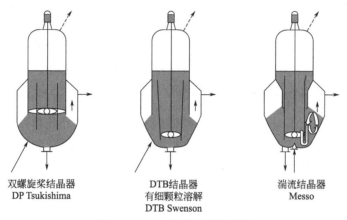

双螺旋桨结晶器
DP Tsukishima

DTB结晶器
有细颗粒溶解
DTB Swenson

湍流结晶器
Messo

图 6-46　DTB 型的各类结晶器

在麦索（Messo）湍流结晶器中，由一次循环回路驱动的二次循环回路（见涡流）在外悬浮段形成。该二次循环回路用于从内部导流筒再循环过程中分选出较大的晶体，将它们集中在外部涡流中，从而从母液循环中去除这些较大的晶体以进一步生长。以这种方式，产品晶体可以被预分级。对于所有 DTB 结晶器，都可以通过添加淘洗腿来实现产品移出时的产品分级，以改善粒度分布的均匀性。通过这类结晶器生产的典型产品有硫酸铵和氯化钾，它们作为化肥必须易于撒布，或者作为大颗粒添加到混合肥料中。

3. 流化床结晶器类型

流化床结晶器类型的代表是"OSLO 结晶器"[52]。这类结晶器有两种版本（图 6-47）。最初的设计是在 20 世纪 20 年代由奥斯陆（OSLO）的一家名为 Krystal A/S 的公司开发的。然而，当该设计应用于易产生结垢的产品时，因为下落的晶垢会阻塞流化床入口处的环形间隙，易于发生故障。例如，在氯化钠结晶中，"Krystal 型"结晶器蒸发室中的结垢在 3 天后变得很厚，其会掉落并阻塞环形间隙。晶浆流态化被破坏并且堵塞流体通道，需要停止正常生产，通过彻底清洗系统才能恢复系统。

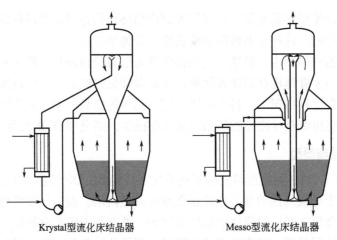

| Krystal型流化床结晶器 | Messo型流化床结晶器 |

图 6-47　两种不同类型流化床结晶器

较新的"Messo"设计是专门用于克服这个问题的[53]。在这种改进的设计中，通过改变蒸发部分流入区域的流动方向，将已被热交换器过热并因此不饱和的母液流过先前容易产生结垢的锥形表面，再通过沸腾产生过饱和。这样，在锥形表面上不会形成结垢，排除了故障的可能性。这种设计的结晶器，可以实现长达几周的连续操作。

4. 粒数衡算在设计应用中的评述

虽然粒数衡算建立了设计和控制连续结晶器中晶体粒度和晶体粒度分布的基础，但在实践中几乎没有任何直接应用[54]。主要原因是，对于简单的完全混合悬浮、完全混合排出（MSMPR），所测得（在特定装置中）的常数 k_r（来自式 $B^0 = k_r M^j G^i$）的可移植性较差。

$$P_c = 2k_v \rho G^{i-1} k_r M^j L_D^4 / 27$$

Case Ⅰ：MSMPR，$j=1$，$i>1$，$P_c \equiv M$；$L_D = \left[27 / (2k_v k_r \rho G^{i-1}) \right]$

Case Ⅱ：MSMPR，$j=1$，$i=1$，$P_c \equiv M$；$L_D = \left[27 / (2k_v k_r \rho) \right]$

Case Ⅲ：MSMPR，$j \neq 1$，$i \neq 1$，$P_c \equiv M$；$L_D = \left[27 M^{i-1} / (2k_v k_r \rho G^{i-1}) \right]$

根据 Larson 和 Garside 的说法[55]，在方程式中 j 表示晶浆密度 M 的指数，i 是指数 m（对于二次成核速率为 B^0 的过饱和度 s）和 n（对于晶体生长速率为 G 的过饱和度 s）的商，L_D 是粒数衡算的主要粒度，k_v 是所产生的结晶物质的体积形状因子，k_r 是二次成核速率 B^0 的常数 k_N 和晶体生长速率 G 常数 $k_g^{m/n}$ 的商。

所有三个特征变量 i、j 和 k_r 取决于特定的溶解度体系及其各种不断变化的杂质（亦即最低浓度的添加剂）。

虽然在理想情况中指数 i 和 j 不是温度或搅拌/再循环（即能量输入）的函数，但速率常数 k_r 却取决于它们。因此，在 k_r 中，存在诸如尺寸、能量输入、效率水平等特定于设备的特性。这些特性在放大的设备内会发生显著的变化，并且不能在一对一的基础上转移。

此外，MSMPR 方法：

$$\ln n / n_0 = -L / (G\tau) \qquad (6\text{-}27)$$

仅适用于具有均匀分布的过饱和度的理想结晶器（搅拌式），忽略了晶体破碎、磨损和聚结，并且仅适用于等速晶浆排出的情况。虽然这些假设近似于 FC 结晶器，没有细晶消除，也没有产品分级，但这种处理方法和实际情况大不相同，实际情况的粒数衡算更加复杂。因此，无论是从试验测得结果的特定有效性，还是 MSMPR 与 FC 概念的实际偏差，都会导致小试结果与大型工厂规模之间的相关性不能令人满意。

更值得注意的问题是，如何用粒数衡算模型定量地描述上述 DTB 和流化床类型大颗粒结晶器。由于其晶浆母液的循环行为，几乎不可能用 MSMPR（完全混合-悬浮-排料式）来描述 CSCPR（分级悬浮分级排料式）结晶器。

因此，对于工厂建设者来说，可以利用小试结晶过程所得到的成核速率和晶体生长速率的动力学变量、平均停留时间等参数，结合粒度衡算模型与上一节介绍的 CFD 模拟的手段进行结晶器的设计。

5. 晶体粒度和粒度分布控制

由于很难将粒数衡算中动力学模型参数的测量结果应用到大型装置上，迄今为止对工业规模结晶单元进行设计建设时，对其结晶过程和产品（晶体粒度、晶体粒度分布）进行任何模拟预测都是不精确的。另一方面，在粒数衡算的基础上，对大型结晶器在负荷或部分负荷条件下的操作行为进行计算则是完全有可能的。

粒数衡算能够清楚地确定对粒度分布的影响，例如，细晶消除和产品分级对粒度分布的影响。如图 6-48 和图 6-49 示，细晶消除的使用是根据结晶中大颗粒晶体比例增加的粒数衡算得出的，而结晶粒度的均匀性在该过程中变差。具有细晶消除但不配备产品分级的 DTB 结晶器表现了这种效果。因此，通常采用产品分级装置进一步改善晶体粒度的均匀性[图 6-48（b）和图 6-49 中的线（2）；另请参阅图 6-50]。

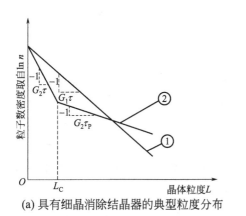
(a) 具有细晶消除结晶器的典型粒度分布

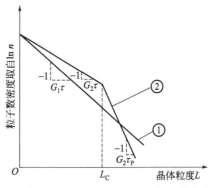
(b) 具有产品分级结晶器的典型粒度分布

图 6-48　两种不同结晶器的典型行为

（τ_P 是产品晶体的停留时间）

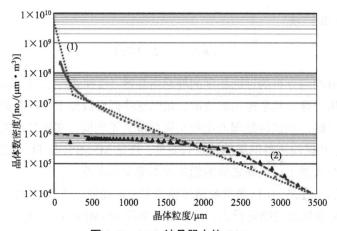

图 6-49　DTB 结晶器中的 CSD
[（1）具有细晶消除和（2）具有产品分级]

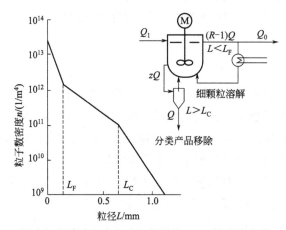

图 6-50　具有细晶消除和产品分级装置的 DTB 结晶器中典型的 CSD

6.5.3　边界

　　如上所述，结晶结束并不意味着结晶工艺的完成。首先生产的晶浆必须分离，而分离后的晶体需要干燥和包装。蒸发出的蒸汽必须冷凝，并且通过真空泵从系统中抽出不可冷凝的气体。图 6-51 显示了真空蒸发结晶过程的简化流程图。

　　图 6-51 中所示流程中的 FC 结晶器也可以使用任何其他类型的结晶器代替，甚至可以在此使用多级系统或者具有热压缩（TVR）或机械蒸汽再压缩（MVR）的系统以实现节能。在所示的案例中，结晶器顶部的蒸汽用表面冷凝器冷凝（间接冷凝）并从系统中移出，冷凝水主要作为工艺用水被重新利用。如果不需要利用工艺用水，可以使用混合冷凝器（直接冷凝）。这里，对于流程图中所示的系统，使用具有辅助冷凝的两级蒸汽喷射真空泵从系统中除去不可冷凝的气体。在压力 > 70mbar（1bar=1×10⁵Pa）的情况下，液环泵也是经济的；还可以使用蒸汽喷射真空泵和液环泵的组合。如果必须在非常低的温度下进行工作，并且蒸汽比冷却水冷，则在冷凝器（即蒸汽喷射器）之前经常使用上述热压缩，以便将蒸汽压缩到更高的压力（即更高的冷凝温度），从而可以使用普通冷却水进行冷凝。

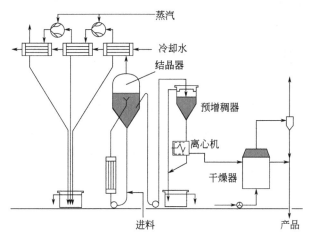

图 6-51　真空蒸发结晶工艺流程图

　　产生的晶浆可以通过溢流从结晶器中排出以维持液位，也可以用进料控制的方式来维持结晶器的液位。

　　结晶器中通常的含固量（晶浆密度）为 15%～25%（质量分数），而离心机一般只能在固含量 50%～60%的水平下才开始工作。因此，晶浆母液可以先通过在静态稠化器或水力旋流器中进行固相稠浓。如果需要稀释正在生产的晶浆母液，则将该下游过程（如过滤）收集的母液返回结晶器。在很多情况下，有必要从工艺中移除去部分母液，以避免结晶物料中的杂质富集。

　　晶浆母液被传输到过滤单元（如离心机）后，可根据晶体粒度分布，可选择至少四种不同类型的离心机（图 6-52）：过滤器沉降离心机、用于较细产品分离的刮刀卸料离心机、推进式离心机或用于较大颗粒产品的筛分/蜗杆离心机。虽然在需要强力清洗的情况下特别推荐两级推进式离心机，但如果晶浆母液进料浓度因工艺技术原因而波动，则推荐使用筛

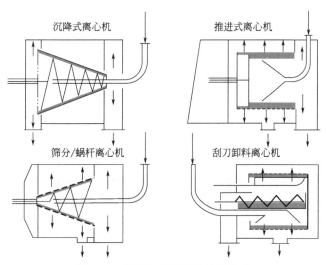

图 6-52　常用结晶过滤分离离心机

分/蜗杆离心机。从离心机中出来后，结晶产品仍有一定的含湿量，最终主要在闪蒸干燥器或流化床干燥器中进行干燥。

6.5.4　各结晶工艺的特点

结晶工艺是通过各种措施在溶液中产生过饱和。例如，真空蒸发结晶时，真空蒸发是用于产生过饱和的手段；冷却结晶（真空冷却结晶或表面冷却结晶）时，降温是产生过饱和的手段。其原理如图 6-53 所示。在溶解度的变化不依赖于温度（或者仅随温度变化不大）的情况下选择溶剂去除；而在溶解度有相当大的温度依赖性的情况下选择降温冷却结晶，这在能源利用率方面最为有利。此外，还有其他重要因素会影响过程的选择，其中最重要的方面将在下面叙述。

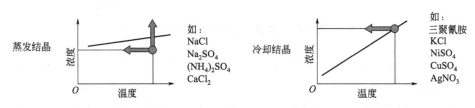

图 6-53　产生过饱和的典型系统案例

1. 表面冷却结晶

连续表面冷却结晶工艺实际上是一种较为传统且广泛应用的技术。在这种工艺中，过饱和度是通过换热表面产生的，由于该种结晶器的最大过冷梯度出现在其换热表面，因此这些换热表面极易形成结垢（晶疤）。一旦换热表面发生结垢，传热效率将显著下降，进而对产量产生严重影响。同时由于需要频繁地清洗结垢，从而连续表面冷却结晶过程的有效操作时间明显短于真空结晶过程。工业应用中可以通过使用更大的（或更高效的）热交换表面，以降低传热面与母液之间的温度差，从而减小冷却表面的过饱和度，减缓结垢速度。

表面冷却结晶可采用间歇操作模式，以便在每个新批次开始时溶解结垢。无需采取任何进一步措施。在目前的连续过程中，表面冷却结晶仅在真空方法不经济的情况下使用，例如，当溶剂的沸点高，溶剂的蒸气压太低时，如苯酚。

2. 真空冷却结晶

由于表面冷却结晶工艺存在上述的缺点，真空冷却结晶是连续结晶的首选工艺。在这种工艺中冷却是在液体表面进行的，其过程不会受到结垢的干扰，这使得实现长时间可靠运行成为可能。只有在需要冷却到非常低的温度时，真空冷却法才变得不经济。例如，使用冷却水或高沸点冷却剂的真空冷却与表面冷却结晶相比具有更长的设备使用寿命，也是一种更经济的选择。因此，现在很多低温表面冷却结晶工艺被相对较高结晶温度的真空冷却结晶工艺所代替。如果上游工艺任务只是排出与平衡相关的杂质，而与收率无关时，用表面冷却结晶到低温的工艺处理量会很小，而用相对温和温度下的真空冷却结晶工艺其处理量会更大。

3. 真空蒸发结晶

与真空冷却结晶不同，真空蒸发结晶工艺不依赖于进料溶液的浓度和温度。系统需要的额外热量可以通过热交换器引入，不饱和溶液进入结晶器中结晶。此外，可以选择母液的浓缩系数，也就是说，蒸发的溶剂量可根据质量平衡的要求进行调节。质量平衡基于相应的溶解度体系，必须确保母液中只结晶出所需的物质。母液中杂质的允许浓度一方面与溶解度系统的性质有关，另一方面，还必须考虑晶体产品所黏附母液带的杂质。与真空冷却结晶一样，蒸发结晶过程中没有特别的结垢问题。只有在相对罕见的逆溶解度物质结晶时，换热器表面才会发生过饱和而产生结垢。例如，石膏结晶过程中就是这种情形。这时可以通过使用热交换器限制温差和投入晶种来补救，就像在表面冷却结晶中一样。更高的流速和更高的晶浆密度也可以改善这种结垢的情况。

应特别注意蒸发室蒸发表面附近结的晶疤，因为这些晶疤掉下后会阻塞下面的出口管路或热交换器。通过抛光容器壁面可以减少蒸发器蒸发表面的这种结疤。蒸发结晶中使用的能量载体是蒸汽或再压缩蒸汽。为了节省运行成本，蒸发结晶中使用的设备经常被设计为多效蒸发器系统。第一效蒸发的工作压力接近大气压力，最后一效蒸发在真空下工作——在这个真空条件下蒸汽可以用冷却水冷凝而无需任何额外措施。

6.5.5　晶浆密度的调节

如上所述，结晶器内的晶浆密度一般控制在 15%～25%（质量分数）。晶浆密度低于 15% 会增加初级成核的风险和结垢的可能性，而晶浆密度大于 25% 时可能会导致严重的晶体磨损并增加沉积的可能性。唯一的例外是 OSLO 结晶器，由于系统特性，它也可以在更高的晶浆密度下运行。

工业上，一般都控制结晶器内晶浆密度不低于 15%。可以通过安装澄清液出口来调节（图 6-54），在这个流程中，通过降温、沉降，结晶器中的晶浆密度被提高。图 6-55 展现了相反的措施，当晶浆密度过高时，通过返回母液（离心滤液）稀释晶浆。

在图 6-55 所示操作中，必须注意二次过程的影响。只有在晶体分离后仍有足够的母液体积时，母液才有可能再循环。而对于一些高黏性母液，分离后的母液不足以进行循环。另外，还应确保在再循环之前，通过加热或添加溶剂去除母液里面所有晶核和晶体，否则结晶器的晶粒粒度分布会变差。

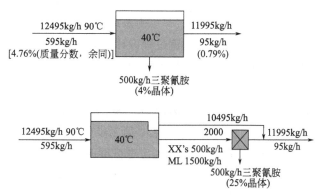

图 6-54　提高晶浆密度的控制方案

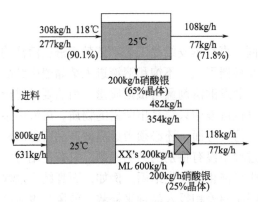

图 6-55　降低晶浆密度的控制方案

6.6　设计实例：连续蒸发结晶器

6.6.1　选择过程设计中的排放点

结晶过程的设计必须满足一些要求，例如对晶体颗粒特性的要求，包括颗粒大小和纯度等。关于提纯，连续操作的结晶过程必须处理母液中富集的杂质，因此必须仔细考虑这些杂质的排放。这是结晶过程设计中最容易被忽略的方面之一，也是许多错误的根源。此外，过程产量、能耗也与这个过程排放的规划密切相关[6]。

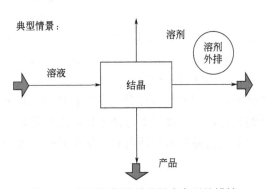

图 6-56　连续运行的结晶器中杂质的排放

在大多数情况下，基于实验所得的数据已可以满足过程设计基础，除此之外，这些实验结果还用于提供质量和热量平衡以及工厂规模所需的所有物质特性。只有在更复杂的系统中，才可能需要额外的实验工作。

必须通过设置适当的杂质排放来尽可能浓缩杂质，以保持产品损失最小（图 6-56）。对所结晶的相体系了解越完全，对系统相平衡系统了解得越多，过程设计的优化空间就越大。一个优秀的策略是按照点目标来配置过程设计，即遵循产品纯度要求和最佳过程产量。因此，过程设计的第一步以所需的产品纯度为依据制定尽可能优化的方案，而设计的第二步则可以最大限度地提高过程的产量为目标。

这个设计策略特别适合从发酵液中分离产物。这个过程称为逐级分步过程。至少分成两步：第一步结晶分离生产满足质量要求的产品，第二步分离提取目标为使收率最大化（图 6-57）。当然，来自第二步分离出的晶体产品纯度要低得多，而且在大多数情况下，它的粒度更小。纯度较低是黏着母液量较大的结果，这可能是由结晶物质较细，溶液黏度较高，甚至是杂质共结晶造成的，这些晶体产品也可能无法推向市场。因此，通常的方法是将来自第二步所得到的晶体粗品再次溶解在送至第一步分离单元的进料溶液中，并再次结晶，而不会造成产品的损失。通过这种方式，第一步分离可以定义为产品纯度的过程阶段，而第二步分离则成为工艺流程收率最大化的过程阶段。

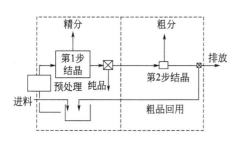

图 6-57　发酵液逐级结晶分离工艺及杂质排放

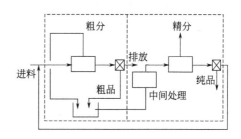

图 6-58　另一种发酵液重结晶工艺与杂质排放

　　根据不同的情况，有许多方法可以进一步优化这种逐级分步设计理念。例如，第二步结晶分离——如果相平衡系统和操作条件允许——可以在较低温度下以最小化产品损失为目标设计操作工艺（能量成本与相平衡）。然而，更为常见的情况是，由于杂质浓度或晶浆母液黏度太高而不能在第一步分离的产品中得到所需的纯度，这时可以把重结晶作为第二步骤分离如图 6-58 所示。与上述工艺系统相反，这里的第一步是实现结晶过程收率最大化，回收的晶体物质（粗品）不符合质量要求，因此在溶剂（如水）中再次溶解，并在随后的第二步过程阶段中再结晶，这步的任务是使目标产品进一步结晶提纯，得到较高纯度的晶体。然后再通过过滤分离（例如在两级推式离心机中）并清洗晶体产品达到产品纯度要求。所得到的母液返回到第一步的初步结晶过程，并被再次利用来增加粗品的量。重结晶工艺与第一种逐级结晶系统相比的缺点是粗品需要全部进行再溶解，这将导致能量消耗的增加，并需要更大的结晶器，其中第二步结晶仅接收来自第一步结晶后的发酵母液。

　　在这些工艺中，人们还开发出一些常见的用于强化分离组分的单元操作，并使整个工艺更加可行（过程强化）。例如使用活性炭脱色或使用洗涤增稠器来处理晶浆母液（图6-59）。在采用洗涤增稠器的情况下，利用逆流洗涤原理，用该系统中可用的"最纯"母液（即进料母液）处理来自第二步单元操作的晶浆，甚至可以采用通过再溶解产品制备的溶液来洗涤。实际操作时，晶浆在离心机上进行分离之前需要用洗涤溶液替换不纯的母液，其优点是结晶粗品过程中的母液浓度更高，也就是说，可以实现更高的收率。如果固体杂质的沉降速率小于产物晶体的沉降速率，则甚至可以考虑直接分离出固体杂质。然而，通过逆流洗涤不能除去晶体颗

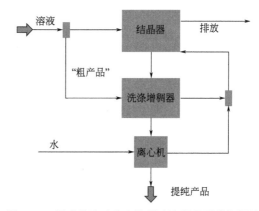

图 6-59　通过逆流洗涤和使用洗涤增稠器进行提纯

粒内包裹的杂质。固体溶液（如 KCl/KBr）或包裹的外来晶体物质（纳米晶体）也是典型的例子。在晶格间或晶格内空穴中的夹杂物也不能通过简单的洗涤去除。

在所谓的液体零排放（ZLD）装置中，排放点的设计是极限的。零排放顾名思义，在这种情况下，不再允许任何母液排放。因此，分离后的杂质只能与附着母液的晶体产物一起作为杂质或共结晶物质排出。大多数情况下，以这种方式回收的晶体产物需作为固废被处理，并且不能再考虑使用结晶进一步分离（图 6-60）。

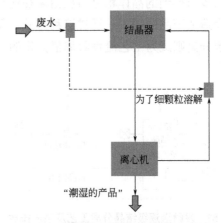

图 6-60　在零排放装置中以附着在晶体上残留母液作为杂质的排放出口

对于结晶工段的设计者来说，选择过程中的排放点非常重要。某些情况下母液成分复杂的特性会对装置的运行造成危害，因为随着操作过程，母液浓度的不断增高会使有些无法预测的杂质显露出来。这些案例在废水处理应用领域非常普遍，因为这种情况下，简单和可靠地维护工厂运行的任务比其分离组分的属性更为重要。

以一个垃圾焚烧发电厂飞灰洗涤装置的废水为例，图 6-61 展示了这个工艺装置的流程框图。在进料溶液中杂质 Mg^{2+} 的初始浓度很低，仅为 100mg/kg，且可能未被注意到。随着蒸发浓缩，因 Mg^{2+} 的溶解度很高，其最终成为母液中的主要组分。假设"母液排放"为 5%（质量分数）左右的黏附母液，而母液中 Mg^{2+} 浓度可达 2%（质量分数）。假设系统中存在氯离子，$MgCl_2$ 的含量则可达到 7.8%（质量分数），这可能导致母液性能与原设计相比发生显著变化。如果结晶设备设计没有针对此类因素，则这些突发情况很容易导致处理量减少，甚至发生结垢或母液黏度和沸点急剧上升直至系统完全不能运行。

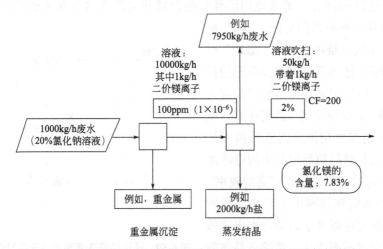

图 6-61　被低估的"微量"高可溶性元素对结晶单元运行的影响

6.6.2 有机化合物的结晶实例

1. 原理与应用领域

上节所叙述的结晶工艺典型应用领域是通过促酶发酵过程产生的产物的纯化提取。通过分级结晶或重结晶从其发酵液中提取目标产品，如氨基酸、水溶性维生素或它们的盐类（图 6-62）。

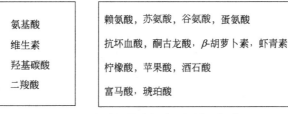

氨基酸	赖氨酸，苏氨酸，谷氨酸，蛋氨酸
维生素	抗坏血酸，酮古龙酸，β-胡萝卜素，虾青素
羟基碳酸	柠檬酸，苹果酸，酒石酸
二羧酸	富马酸，琥珀酸

图 6-62　典型的通过发酵所得的目标产品

在大多数情况下，结晶分离过程需要一些预处理单元协同操作，例如，通过絮凝和过滤分离菌丝体，其中可能是发酵副产物作为不溶性盐从色泽深、污染重的发酵液中沉淀析出，并经活性炭脱色等处理，如图 6-63。

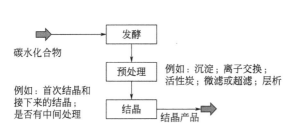

图 6-63　从发酵液中结晶分离碳水化合物的典型预处理流程

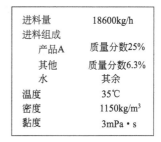

进料量	18600kg/h
进料组成	
产品A	质量分数25%
其他	质量分数6.3%
水	其余
温度	35℃
密度	1150kg/m³
黏度	3mPa·s

图 6-64　进料流条件

2. 确定设计任务与目标

在图 6-64 所述的实施例中，进料溶液是含有产品 A、产品 A 的衍生物和许多杂质（离析物、中性盐和分解产物）的发酵液，其中大部分是有色的。进料流量约为 18.6t/h，温度约为 25℃。

从该进料溶液中，需要回收 4650kg/h 的白色产品 A，纯度要求＞99.5%，收率应＞90%（图 6-65）。该生产对平均粒度没有特别要求。

3. 工艺的选择

过程设计通常是在实验室规模开发的工艺研究基础上开始的。实验室规模工艺实验的主要任务是决定结晶系统、重结晶等关键过程技术，但同时收集设计所需的所有化学物理性质，例如热分解率、溶解度、沸点、基于晶浆密度函数的去饱和速率、溶液和晶浆的密度、溶液的组成、溶液和晶浆的黏度等。

从经济性考虑，作为被研究的结晶体统，在小试阶段需要证明通过一次结晶即能得到期望质量的产品 A，而无需采用重结晶工艺方案。

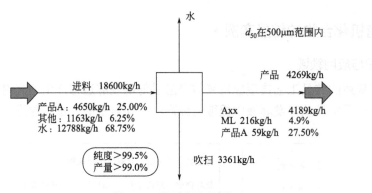

図 6-65　设计任务框图

首先需要决定的是结晶过程的操作温度。相应研究的结果如图 6-66 所示，该数据为该类发酵液的典型数据。图中的纵坐标表示 A 分解产物 f 的浓度，从图中可以很容易地看出，与操作温度在 60℃相比，100℃的操作温度将导致产品 A 急速分解。

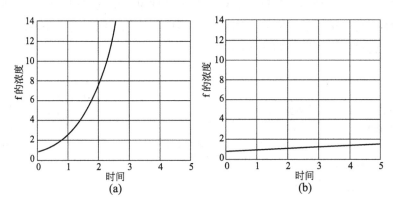

图 6-66　产物 A 在 100℃（a）和 60℃（b）的分解速率

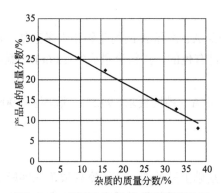

图 6-67　产品 A-杂质-水的溶解度体系

下一步需要研究该系统的溶解度（相图）。图 6-67 所显示的结果可以看出，产物 A 的溶解度因杂质浓度的增加而降低，但没有观察到共析出。

该案例设计是基于溶解度曲线以及综合考虑沸点升高、黏度、去饱和速率等所收集的信息进行的。根据这些数据，图 6-68 给出了结晶系统的质量衡算，在目标产量至少为 90%的约束条件下，实验证明结晶体系可以达到期望纯度（>99.5%）。

在大多数从发酵液中回收有机物产品的过程中，这种系统的典型特征是黏度随浓度的增加而增加。黏度越高，所得颗粒粒度越小，越难以有效分离。因此，固液分离成为工艺的主要瓶颈，并最终成为限制产量达标的因素。

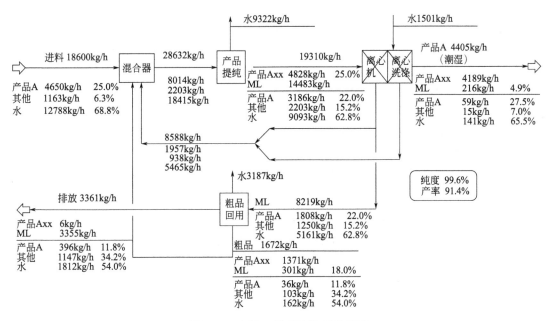

图 6-68　产品 A 结晶系统质量衡算

本案例拟选用两台 FC 型结晶器作为两步结晶过程的装备（图 6-69），左侧为第一步结晶提纯结晶器，右侧则为第二步增产结晶器。

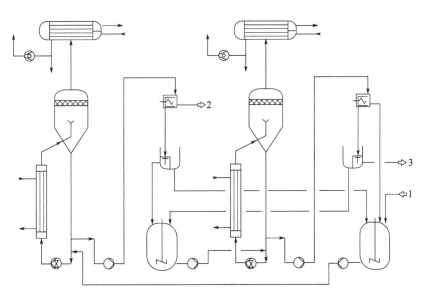

图 6-69　产品 A 结晶工艺流程图

1—原料液；2—产品；3—净化液

进料流为通过预过滤、脱色和预浓缩的发酵液，进入带液位控制的右侧的缓存罐。该缓存罐还接收来自第二步结晶单元离心过滤机的滤饼。将第二步所得的晶体产品（滤饼）再溶解到进料液中，为此预浓缩步骤中物料浓度略微低于饱和浓度。然后将缓存罐内的母液送至第一步的结晶器内，结晶出产物 A。

根据上述质量平衡，第一步结晶单元需要将混合进料浓缩到一定浓度，产品还需能够达到纯度要求。因此，需要选择一种随浓度变化的特定物理参数来监测和控制浓度，这些参数通常是黏度、沸点、密度等。控制操作如下所示。

在浓缩过程中，产物 A 发生结晶析出。所产生的晶浆母液被连续地抽出，使该结晶器内的晶浆密度保持恒定，例如，可以采用放射性密度计监测悬浮密度，使之保持在 20%（质量分数）左右。晶浆在离心机上分离，此处可优选推进式，以获得最佳洗涤效率。将过滤得到的湿晶体物料传输到中间接收罐中，该罐具有两个腔室，先进入第一个满流腔内溶解，然后溶解母液溢流至第二腔室。从第二个腔室流出的母液被排到右侧的进料缓存罐，然后返回到第一步的结晶器。从满流腔室中抽一部分母液至第二步结晶器前面的接收罐中，抽出流量决定于上述监控的浓度参数。然后将接受罐内母液打入第二步结晶器，并保持结晶器内液面稳定。由于进入第二步结晶器的母液流量的变化，接收罐内的液面可能随时间而变化，所以必须通过相应地调整加热蒸汽量以控制液位在一定的范围内。

第二步结晶器将母液浓缩到图 6-69 中质量衡算给出的杂质水平，以保证产量要求。并抽出晶浆母液至离心分离，以保持晶浆密度稳定。如前所述，分离出的湿晶体产品在进料流中重新溶解，而分离母液则完全返回到第二步结晶器配套的接受罐中。母液排放液返回到接受罐之前，根据物质平衡原理，控制母液抽排量以保持第二步结晶器中杂质水平的相对稳定。

对于这种发酵后下游典型的结晶工段，大气压下的饱和热蒸汽或真空蒸汽（例如，85℃的低温蒸汽）的推算消耗量约 12.5t/h，冷却水耗量为 500m³/h，有效用电量约为 280kW·h/h。

6.6.3 食盐结晶实例

1. 介绍

食盐结晶单元操作属于人类最古老的技术之一。早期文明形成于沿海地区，那里有天然的太阳晒盐池（如罗马盐盘），提供了足够的人类生活所需要的盐。由于过程简单、能源供应自由，利用太阳能的晒盐池目前仍被用于盐的生产。尽管生产这种"太阳盐"需要巨大的空间、大量的人工，以及盐的纯度不高，但充足的阳光作为海水浓缩的免费能源，弥补了上述这些缺点。

海盐由随机生长在一起的相当大的单晶组成。由于在晶体内部或生长在一起的晶体之间夹杂的母液，以及能与氯化钠形成共晶的石膏的存在，海盐的纯度通常限制在 98%（质量分数）。因此，来自晒盐池的盐常常需要通过进一步精制处理。例如，研磨和洗涤结合的处理工艺，或是蒸发真空结晶的完全重结晶工艺。因为太阳能的免费优势，后面这种工艺仍然会利用太阳能来浓缩海水，最后的结晶提纯步骤则由蒸发真空结晶技术来完成。

降雨对盐水的影响可以忽略不计，盐水在 10m 深的晒盐池中全年不断地作为进料流泵入结晶装置。这种工艺的明显优势是在盐质量和粒度分布（均匀性和粒度）方面得到改进。

2. 性能要求

下面所用的案例是一个典型的设计任务，并于 1980—1982 年在克罗地亚实现产业化。盐厂食盐的设计生产能力为 9t/h。该产量的一部分（2.5t/h）生产粒状盐，平均粒度 d'> 2mm;

而其余部分（6.5t/h）生产 PDV（纯干燥真空）盐，其粒度约 0.4mm。真空盐的 NaCl 含量必须至少为 99.7%。

公用工程提供 10bar 的饱和蒸汽；冷却水为海水，进水温度最高为 25℃。

从晒盐池来的盐水中氯化钠含量为 20%～22%（质量分数）（图 6-70），并且该溶液已被石膏饱和。溶液中除含少量氯化钾外，还含有氯化镁和硫酸镁、硫酸钙。

NaCl	21.57
KCl	0.63
MgCl$_2$	2.62
MgSO$_4$	1.82
CaSO$_4$	0.14
H$_2$O	73.22

图 6-70　晒盐池中卤水的典型成分（质量分数）

3. 过程设计

由于这种晒盐池卤水中钙和镁的浓度较高，因此不考虑卤水净化，否则纯碱、氯化钙（或石灰乳、盐酸）消耗量大，杂质滤饼处理费用高（含附加投资费用），达不到经济可行性。在这种情况下，设计目标必须由严格控制下的结晶过程完成，下游步骤（如颗粒分级和洗涤）可考虑选择逆流操作的洗涤增稠器来进一步去除杂质（图 6-71）。

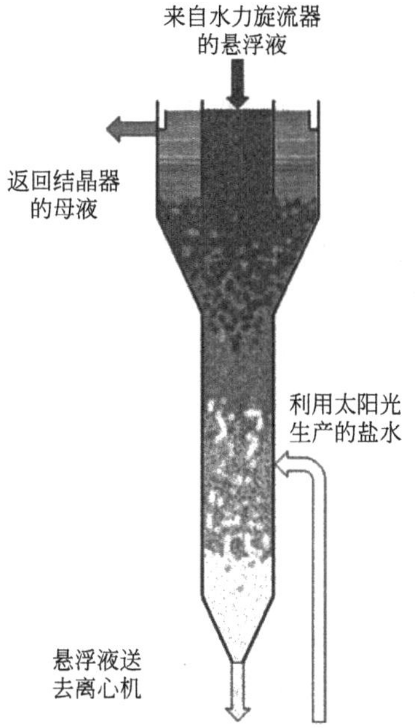

CaSO$_4$ 晶体自动与氯化钠晶体同时结晶出来，但由于其晶体粒度显著小于氯化钠晶体，可通过载液逆流洗涤从盐中分离出来。这种分离方法利用了较小的石膏晶体具有较低沉降速率的原理。逆流洗涤液可用较纯净的盐溶液取代结晶系统中明显不纯净的母液来分离石膏颗粒，例如，从晒盐池来的进料盐水，该溶液对盐的溶解能力有限，从而不影响产品结晶的粒度。

杂质随溢流离开洗涤增稠器，底部晶浆母液去离心分离。尽管这种工艺不能取代生产 99.9%高纯度氯化钠的完整盐水提纯工艺，但它避免了化学处理和其他方面的成本，并能生产出纯度高达 99.7%的氯化钠产品。

如图 6-72 显示了一个四效蒸发结晶的工艺装置。选择 FC 型结晶器生产所需平均粒度约为 0.4mm 的 PDV 盐，选择 Messo-OSLO 型结晶器生产平均粒度大于 2mm 的粒状盐（见本章的 6.5.2 小节）。选择 Messo-OSLO 型结晶器是为了减少必要的清洗过程以实现长达几周的运行时间。

图 6-71　逆流洗涤增稠器示意图

（图中标注：来自水力旋流器的悬浮液；返回结晶器的母液；利用太阳光生产的盐水；悬浮液送去离心机）

为了达到所需的 0.4mm 的粒度，根据经验确定三台停留时间为 1.5h 的 FC 型结晶器（FC 结晶器的停留时间范围一般在 0.5～2h），泵的叶轮叶尖速度设为 14m/s，峰值过饱和度最大不超过 1g/L。较长的停留时间对粒度没有显著影响，而较低的泵的叶尖速度和较低的桨尖过饱和度会导致每个结晶器的比能量输入较高。

对 OSLO 型结晶器而言，结晶器的直径必须足够大，以满足有效的细晶澄清分离和外循环的需要，并且保证 10 至 20 小时的结晶停留时间（通过控制盐晶浆出口开或关的时间，以实现减少或增加结晶器内的晶浆密度）。由于不同客户希望针对不同的市场情况获得各种筛分的颗粒盐，因此将根据具体产品要求再制定具体结晶工艺措施。

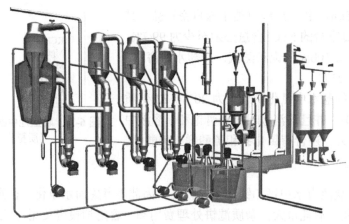

图 6-72　真空制盐和生产颗粒盐的四效蒸发结晶装置

考虑热电联产对单一工厂没有吸引力，因此，多效蒸发结晶工艺被选择，而不是带有机械蒸汽再压缩的单效蒸发，因为后者需要可靠的电力供应，而那时当地不具备这个条件。选择四效蒸发，使每效压增均处于 50mbar 至大气压的中等压力/温度范围内，这些参数设计综合考虑了材质、投资和比蒸汽消耗并形成最佳可行方案。

Messo-OSLO 型结晶器作为第一步结晶单元，以利用较高温度下晶体具有较高生长速率的特性。此外，考虑到 OSLO 结晶器所需的清洗时间较长，如果有特殊情况发生，例如盐疤发生崩塌中断了 OSLO 型结晶器的运行，通过旁路跳过第一步结晶单元，直接将 FC 结晶器作为三效系统分别操作即可。因此，需要设计一个独立的蒸汽供应管线到第一个 FC 结晶器，以允许 PDV 盐的生产不受 OSLO 结晶器检修影响，直到其恢复正常运行。

4. 安全工艺说明

盐厂的海水来自晒盐池，其生产方式与传统的晒盐结晶相同。然而，与以前不同的是，卤水只浓缩至接近饱和的浓度，氯化钠不再在池里结晶。进料浓盐水是从接收罐 B（图 6-73）而来。这里进料直接进入流程中唯一的 OSLO 结晶器。该接收罐中的浓盐水仍然是不饱和的，对 OSLO 结晶器的清液进料必须是连续不间断——这也是 OSLO 型结晶器生产颗粒晶体的绝对前提条件。

通过一个特殊的盐淘析段，颗粒盐从结晶器中被分级取出。颗粒盐与母液的分离是在一台推式离心机上进行的，该离心机的转速较低，以避免这些脆弱的颗粒晶体破碎。颗粒盐不需要清洗，因为黏附母液的量相对很小。

未用于 OSLO 型结晶器进料的盐水通过溢流从接收罐 B 流出到接收罐 C。含有细晶的浓缩母液和来自分离工段水力旋流器溢出的母液也被收集在接收罐 C 中，其中仍然存在的不饱和度母液使细晶再溶解，然后将混合母液平行进料入 FC 型结晶器。

平行进料的优点是可以根据结晶过程的需要来控制悬浮密度，每效都在 20%（质量分数）左右。相反，如果是串联进料会导致每效的晶浆密度随着各个阶段浓度系数的增加而增加。因此，如果想在一效的 FC 中控制合适的晶浆密度，这将导致在后面各效中晶浆密度过高，反之则前面两效的晶浆密度过低。

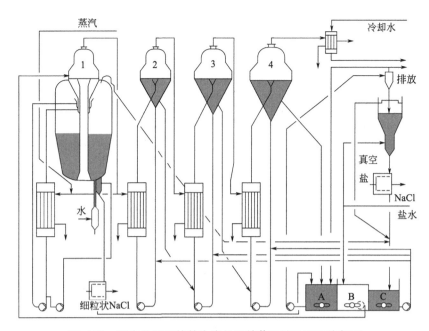

图 6-73　真空盐和颗粒盐生产的四效蒸发结晶工艺流程图

晶浆母液从各效通过溢流至带搅拌的接收罐 A。接收罐 A 用作结晶和过滤分离装置之间的缓存罐。设置该缓存罐的好处是保证结晶单元和过滤分离的独立性，使得两个单元之间干扰性小。过滤分离单元配由晶浆稠化装置（水力旋流器）、洗涤浓缩器和离心机组成。

在将晶浆母液送至离心机分离之前，水力旋流器将晶浆密度从结晶器中的 20%（质量分数）增稠至 50%～60%（质量分数）。水力旋流器的溢流液是此工艺中杂质浓度最高的点。它还含有悬浮的固体石膏，由于其细小的颗粒粒度而未被水力旋流器分离。由于石膏被当作母液一起处理，因此带到底流中的石膏量仅为从结晶器到水力旋流器的晶浆中所含石膏量的 10%左右。这可以被认为是离心前的第一次有效分离。

抽出部分水力旋流器溢流的外排以控制系统的杂质含量，即维持系统中的杂质浓度在一定水平。操作中，通过将母液收集在一个具有两腔室的中间罐中来实现：一个隔室被母液完全充满并溢出到另一部分去接收罐 B。从充满的隔间，外排的母液被排回到晒盐池，以控制四效结晶器的杂质水平，这股外排母液含有细小的石膏颗粒，以及仍然溶解的氯化镁和硫酸镁等杂质。

后续洗涤增稠器的任务是净化晶浆，即降低石膏颗粒的浓度，并用来自上述晒盐池的进料盐水代替纯度低的母液。洗涤增稠器底流是一种提纯的、仍然浓厚的晶浆，最终在推料式离心机上分离出来。推料式离心机有两级，第一级将晶体和母液分离，第二级用于清洗分离的滤饼。这样，洗涤变得更加有效。

最终，残余水分约为 2%的晶体产品与来自低速离心机颗粒状的盐滤饼相混合。然后将混合晶体物质在流化床干燥器中干燥至含水量低于 0.1%的晶体产品。

干燥的盐通过斗式提升机提升到筛分站。筛分站根据用户需要，将 PDV 盐与粒状盐再次分离，同时将粒状盐分为不同的等级进行包装。

5. 运行效果

该厂自投产以来，生产达到设计能力，生产 2.5t/h 颗粒盐和 6.5t/hPDV 盐。进料盐水每小时消耗量为 60t。PDV 盐的平均粒度为 0.42mm（见图 6-74），产品纯度达到 99.76%。操作波动不大，所有参数基本保持稳定，应注意到晶体产品由于磨损而菱角变得圆滑。OSLO 型结晶器的平均粒度在 2mm 以上，粒度波动在 1.8~3.5mm 之间，两个最大值之间波动周期约为 2d。随着操作时间的延长，波动减弱，结晶器内盐层的均匀性降低。

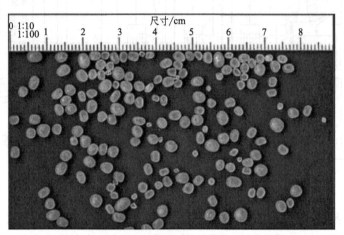

图 6-74 来自 OSLO 型结晶器的颗粒状氯化钠晶体产品

Messo-OSLO 型结晶器在两次清洗之间运行时间约 3 周，期间没有任何结垢干扰。整个过程需要约 11t/h 的加热蒸汽，每小时的水蒸发量为 34t。

除了冬季一个月的维护期外，工厂可以全年运行。

6.6.4 MVR 节能连续蒸发结晶实例

1. 工艺简介

如上节的工艺介绍，大多企业使用多效蒸发技术实现蒸发结晶过程，即利用前一效蒸发产生的二次蒸汽作为后一效蒸发器的热量来源。理论上多效蒸发的效数越多，所节省的生蒸汽越多，但随着蒸发器效数的增多，设备投资费和基建费也相应地增加。因此很多企业一般做到三效或者四效。但多效蒸发末效产生的蒸汽还存有很大的潜热利用价值，直接进入冷凝器无疑造成了巨大的能量浪费。

6.1.2 中提到的机械蒸汽再压缩技术（简称 MVR）是基于热泵原理，蒸发器蒸发产生的二次蒸汽先进入压缩机，压缩机装有超高速旋转涡轮，当蒸汽流经过涡轮叶片间通道时，超高速叶片对流体绝热压缩做功，将机械能量转化成热能，实现蒸汽热力品质的提升。蒸汽压力和温度提高后，再重新进入蒸发器作为加热蒸汽利用，从而达到可以循环回收利用的目的。

MVR 节能的实质是一种热品质提升工艺，它本身消耗一部分能量，把介质中蕴藏的相变潜能加以挖掘，提高品位进行利用。而整个 MVR 装置所消耗的功仅为供热量的五分之一或更低，所耗能量仅仅是压缩机所需的电能，这也是其高节能效益所在。

根据 MVR 工作原理，MVR 蒸发浓缩系统主要由以下 5 个基本部分组成[3]。

① 蒸发系统。蒸发系统由蒸发器及加热器、循环泵等组成，蒸发器是装置的核心设备，不饱和溶液的浓缩和结晶在蒸发器完成。

② 二次蒸汽除雾系统。二次蒸汽会夹带细小的母液液滴，虽然经过捕沫，即使是很微量也会对压缩机叶轮造成巨大的冲击、腐蚀、结垢，直接引入将影响压缩机的使用寿命及工作稳定性。为此，再次除雾显得非常重要。在二次蒸汽进入压缩机前设置除雾器，完全除去蒸汽夹带母液液滴。

③ 蒸汽压缩系统。在 MVR 蒸发工艺中，压缩机是系统的核心设备，压缩机能否稳定高效运行对正常整个系统生产至关重要。

④ 压缩蒸汽过热度消除系统。二次蒸汽为压缩机所吸入，经压缩机绝热压缩后，二次蒸汽的温度及压力均被提高，压缩后蒸汽呈过热状态。为减少过热度对蒸发传热的不利影响，须增设过热度消除器。

⑤ 生蒸汽系统在 MVR 系统开车时建立蒸汽循环，为保障蒸发系统的热平衡不被破坏，有时在运行期间需要对系统补充生蒸汽系统。

2. MVR 在制盐工艺中的实例

设计产能：氯化钠 100 万吨/年。

生产时间：全年除去检修、清洗设备和各种因素影响，有效生产按 330d 计算，合 7920h。

淡盐水成分及成品盐标准：淡盐水进料 NaCl 含量 305g/L，温度 25℃。成品盐 NaCl 含量 92%。原料淡盐水的密度为 1150kg/m³，饱和母液盐水密度为 1230kg/m³。

设定：MVR 系统蒸发室压力为 70kPa；蒸汽压缩机压比为 1.86。增稠器排放盐浆浓度固液比设计为 55%（质量分数）。母液循环量取 500 倍的进料量，蒸发器底部排放结晶液量设计为 800t/h。

工艺流程图见图 6-75，计算得到物料平衡如图 6-76。

如图 6-75 显示，在淡盐水进入蒸发器前用二次蒸汽的冷凝水作为热源对其进行预热。系统启动蒸汽在初次开车阶段需要外界补充，待系统正常运转、蒸汽压缩机正常运行后，只需少量补充甚至完全不用再补蒸汽即可维持系统循环运行。大量盐水蒸发产生的二次蒸汽在除雾器中除雾后，进入蒸汽压缩机。在蒸汽压缩机内，二次蒸汽被绝热压缩后，形成过热蒸汽，通过过热消除装置调整温度、压力使蒸汽变成饱和热蒸汽，达到工艺要求后，返回加热器作为蒸发热源加热循环母液。潜热被消耗后的二次蒸汽变为高温冷凝水，返回系统前部预热淡盐水。含盐晶浆母液在蒸发器底部排出，经过增稠器的增稠，再经过离心、脱水、干燥、包装等工序处理后变为产品对外销售。母液回流到蒸发系统中。

3. 实施结果

MVR 生产装置布置紧凑，PLC 或 DCS 联锁控制，如：液位与流量，淡盐水和浓盐水的比例与压缩机转速（能量输入），压缩机与电流、振动、温度、油量等均设有自动调节或联锁保护，提高了系统的可靠性和运行稳定性，减轻了现场操作人员的工作量。

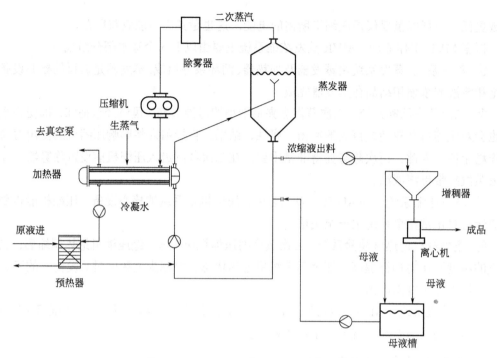

图 6-75　MVR 连续蒸发制盐工艺流程图

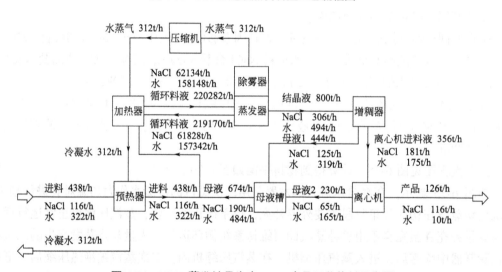

图 6-76　MVR 蒸发结晶生产 NaCl 产品工艺物料平衡图

　　与多效蒸发工艺相比较，MVR 工艺的操作温差较小，生产工况较为温和，因此对设备、管道的腐蚀较小。同时，MVR 工艺还不需要工艺水来冷凝二次蒸汽，这也给系统节约了大量的运行成本（节约工艺用水和输送费用等）。

　　以上述设计案例产业化实施结果为例，其一期工程采用多效蒸发技术，于 2004 年 6 月建成投产运行至今。二期工程采用新的 MVR 技术，于 2010 年 11 月建成投产运行至今，为 100 万吨/年盐生产装置。多效装置及 MVR 装置单位产品综合能耗见表 6-6[56]。通过分析表 6-6 中数据可以看出，MVR 制盐装置的直接成本为 149.23 元/吨盐，比五效蒸发吨盐节省了 44.55 元。综合能耗比五效吨盐减少了 14.27kg 标煤。同时，需要注意的是 MVR 装置还比五效蒸发占地要小很多。

表 6-6　MVR 和多效制盐能耗比较

项目	蒸汽/t	水/t	电/kW·h	综合能耗/kg 标煤	直接成本/元
MVR	0.23	2.64	121	74.25	149.23
五效蒸发	0.7	2.64	30	88.52	193.78

注：1. 水、电、蒸汽按全部外购计算，外购电按 0.75 元/(kW·h)计算，外购蒸汽价格按 240 元/t 计算（按燃气锅炉供蒸汽计算），水按 2.0 元/m³ 计算。

2. 折标系数：蒸汽为 108.571kg 标煤/t，电为 0.4040kg 标煤/(kW·h)，水为 0.2429kg 标煤/m³。

6.7　熔融结晶工艺和装备设计

6.7.1　工业化熔融结晶工艺基本概念

工业化熔融结晶的概念可以分为两种工艺路线：固体层结晶和悬浮结晶。此外，在工业应用中，这两种技术还分为连续和批次以及静态和动态（停滞或流动熔化）操作模式。

熔融结晶过程可分为结晶和发汗纯化两个过程。结晶过程中晶体在结晶器的表面或熔体内生长，得到的晶体为粗品，杂质有可能在其表面黏附和内部包藏，因而需要发汗进一步纯化；发汗纯化过程是将结晶过程中得到的粗品，按一定程序逐步升温，使富含杂质的汗液排出，以达到纯化粗品的目的。

层结晶即原料直接在结晶器的冷却面上析出晶体层，当晶层达到一定厚度时，发汗纯化晶层，得到高纯产品，也叫分步结晶。

悬浮结晶是指原料在具有搅拌的容器中从熔融体中快速结晶析出晶体粒子，然后再经纯化得到产品。

层结晶相比悬浮结晶有着晶体生长速率快、装置简单、无结垢现象、流体输送和固液分离容易、易于工业放大化等诸多优点，因此层结晶是用熔融结晶方法分离纯化物系时的首选模式。

6.7.2　层结晶动力学

常见的层结晶有液膜结晶（FFMC）和静态熔融结晶（SMC）两种操作模式[57]。

液膜结晶是通过骤冷、预加晶种等方式使结晶塔的内壁或外壁黏附着晶体，再将原料液通过泵打到塔顶部的分布器，由分布器将原料液均匀分布到冷却的壁面上。原料液呈液膜形态由上至下流过已有晶体层，被冷却壁面迅速冷却，晶体在冷却面上析出、生长，母液则随着液层向下流动从底部派出。当晶层生长到一定厚度时，采用发汗纯化的方法通过汗液把裹藏在晶体里的杂质带出，从而得到高纯的晶体产品。

静态熔融结晶是将原料液一次性加入结晶塔（或箱）中，通过逐步降低结晶塔壳层换热介质温度，使原料液在结晶塔中逐步降温并结晶。当晶体生长结束后，将未固化的低浓度母液抽出，然后通过升高壳层介质温度，完成发汗纯化过程。静态熔融结晶器内的物料传质、传热过程主要是自然对流方式，其设备结构相对较简单，可有效避免管道、循环泵由保温不好导致的堵塞现象。

由于熔融结晶过程的复杂性和特殊性，其结晶动力学机理仍处于半经验、半理论阶段，为了更好地认识熔融结晶过程，接下来首先将建立液膜结晶和静态熔融结晶两种模式的数学模型，从而用模型指导之后的动力学计算和工艺设计。

1. 液膜结晶过程

液膜结晶工艺由液膜结晶和发汗纯化两个过程组成，在液膜结晶阶段可以得到偏平衡状态或准平衡状态的粗晶体层；在发汗纯化阶段粗晶体层通过发汗过程得到纯化，得到纯度极高的晶体产品。液膜结晶过程是一个复杂的动态过程，物系的温度、浓度、系统的总换热系数、流体流速等都是时间的变量，因此描述整个过程的数学模型极其复杂，很难得到解析解，需要联立一系列传热、传质、动力学、热力学和相平衡的方程，用适当的数值法求解。

Radhakrishnan 和 Balakrishnan[58]分析了在冷表面上以薄膜形式流动的二元混合物熔体的凝固速率（即层生长速率）。假设流动膜的浓度对于晶体层的生长是恒定的，这使其成为半动态过程。Parisi 和 Chianese[59]处理了带搅拌层结晶器中熔体基于层的结晶过程，他们考虑了冷却时晶体表面的影响以及固熔边界层中杂质的分离，这对 FFMC 的模型开发做出了重要贡献。Yun 和 Shen[60]、Henrichsen 和 McHugh[61]、Xu 和 McHugh[62]对聚合物熔体结晶和流动增强结晶的模型开发进行了其他一些富有成果的研究。

对于整个 FFMC，层生长过程的模型和仿真将提供一系列有益的粗晶层性能，这对于FFMC 的后续纯化阶段（发汗过程）至关重要。作为熔融结晶的后续过程，汗液的净化效果受晶体层生长条件的影响，例如层的生长速率，夹杂在层中的杂质[63-65]。这一结果启发了人们可以通过不同生长条件下的晶体层结构和组成特性研究晶体层特性对汗液净化过程的影响。在这些理论和实验基础上，并利用新颖的分形和多孔介质理论建立 FFMC 发汗过程的模型，以描述晶体层的结构特性[1]。

（1）晶体层生长过程

图 6-77 是降膜熔融结晶过程的示意图，过热液膜在结晶器塔的内表面上形成。冷却剂（以恒定速度降低的温度）流过结晶器夹套内部。在塔的任何部分，热流的方向是从过热的液膜

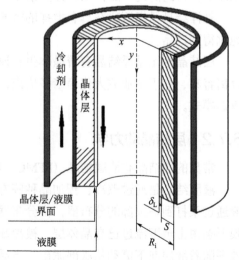

图 6-77 降膜熔融结晶过程示意图

到冷却壁面。当降膜冷却至平衡温度以下时，结晶过程发生。随着结晶过程的进行，热量通过对流从降膜传递到晶体层/液膜界面。在界面处，结晶潜热被释放，然后通过对流与显热一起传递。所有这些热量均由冷却剂同时除去。晶体层生长的模型首先基于该系统的热平衡而建立。

结晶器壁面某些位置的总热流 Q 由以下热流组成：

$$Q = Q_L + Q_G + Q_{CL} \tag{6-28}$$

其中，Q_L、Q_G 和 Q_{CL} 分别是过热的液膜传递到冷却壁面的热流、晶体生长的结晶热通过壁面的热流和晶层温度降低而消耗的热流。这三个热流的热通量可以通过下式表示：

$$j_L = \alpha_L \Delta T_L, \quad j_G = h\rho_C \frac{ds}{d\tau}, \quad j_{CL} = \lambda_{CL}\left(\frac{\partial T}{\partial x}\right) \tag{6-29}$$

式中，α_L 是液膜的传热系数；ΔT_L 是液膜在 x 方向上的温度差；h 是结晶潜热；ρ_C 是晶体的密度；λ_{CL} 是晶体层的热导率；s 是晶体层厚度；τ 是晶体层生长的时间；x 是垂直于界面方向上的坐标。

当晶体层生长缓慢，冷却速率相对较小时，j_{CL} 的最大值可以表示为：

$$j_{CL,max} = \rho_{CL}c_{p,CL}s\frac{dT}{d\tau} \cong \rho_{CL}c_{p,CL}\Delta T_L \frac{ds}{d\tau} \tag{6-30}$$

其中 ρ_{CL} 是晶体层的密度，当可以忽略晶体层中的液体包藏时，它等于 ρ_C。$c_{p,CL}$ 是晶体层在恒定压力下的比热容。

当晶体层厚度相对较小（<10mm）时，j_{CL} 取整个晶体层厚度内的平均值 $j_{CL,max}/2$ 代入其中。并且 $\Delta T_L/s$ 用于表示温度梯度 $(-\partial T/\partial x)$，因此得到：

$$\begin{cases} Q = \dfrac{2\pi\lambda_{CL}dL\Delta T_L}{\ln(1-s/R_i)} \\ Q_L = 2\pi(R_i-s)dLj_L \\ Q_G = 2\pi(R_i-s)dLh\rho_C \dfrac{ds}{d\tau} \\ Q_{CL} = 2\pi(R_i-s/2)dL \times \dfrac{1}{2}\rho_C c_{p,CL}\Delta T_L \dfrac{ds}{d\tau} \end{cases} \tag{6-31}$$

其中 dL 是晶体层的无限小长度，R_i 是结晶器的内半径。根据式（6-28）、式（6-31）可得到：

$$-\frac{\lambda_{CL}}{\ln(1-s/R_i)} = \left(\alpha_L + \frac{h\rho_C}{\Delta T_L} \times \frac{ds}{d\tau}\right)(R_i-s) + \frac{1}{2}\rho_C c_{p,CL}\frac{ds}{d\tau}(R_i-s/2) \tag{6-32}$$

结晶速率将保持在非常小的值，来自晶体层的热流可以忽略不计。

另外，考虑到结晶器的冷却壁足够薄以保持优异的导热性，因此合理地假设冷却壁的温度 T_w 恒定等于冷却剂的温度 T_{co}。对于任何工业过程应用，冷却剂的温度应均匀降低，以获得稳定的结晶速率，因此：

$$\Delta T_L = \Delta T_W = \Delta T_{co} = v_{co}\tau \tag{6-33}$$

式中，v_{co} 是冷却剂的冷却速率。

当 $s/R_i < 0.5$ 时，$\ln(1-s/R_i)$ 的泰勒级数展开为：

$$\ln(1-s/R_i) = -\left[\frac{s}{R_i} + \frac{1}{2}\left(\frac{s}{R_i}\right)^2 + \frac{1}{3}\left(\frac{s}{R_i}\right)^3 + \cdots\right] \tag{6-34}$$

采用前两项和等式的近似解，上式可变为：

$$s = G_0\tau + \frac{\lambda_{CL}v_{co}(\lambda_{CL}v_{co} - j_L G_0)}{2R_i h\rho_C(3\lambda_{CL}v_{co} - j_L G_0)}\tau^2 \tag{6-35}$$

式中，$G_0 = (\sqrt{j_L^2 + 4h\rho_C\lambda_{CL}v_{co}} - j_L)/(2h\rho_C)$，晶体层生长速率 G 为：

$$G = G_0 + \frac{\lambda_{CL}v_{co}(\lambda_{CL}v_{co} - j_L G_0)}{2R_i h\rho_C(3\lambda_{CL}v_{co} - j_L G_0)}\tau \tag{6-36}$$

因此，可以基于式（6-35）、式（6-36）计算出结晶器壁面一定位置处的结晶的厚度 s 和结晶层的生长速度 G。

可以看出，j_L 是关键变量。对于已知的 α_L，确定 ΔT_L 是至关重要的。考虑到进料液的性质在良好的动态过程中是稳定的。液膜的饱和温度不随时间变化。但是随着液膜下降，流过晶体层生长边界液膜的浓度降低。因此，T_L 将随结晶器的位置而变化。

整个液膜的热平衡可表示为：

$$\alpha_L(T_L - T_0) + c_{p,L}\Gamma\left(\frac{dT_L}{dy}\right) = 0 \tag{6-37}$$

式中，$c_{p,L}$ 为液膜恒压下的比热容；Γ 为线性喷淋密度，即进料速率（kg/s）与周围润湿长度（m）·之比。L 为结晶层长度（自上而下），因此，结晶器某一位置的 ΔT_L 可以表示为：

$$\Delta T_L = T_L - T_0 = (T_{L0} - T_0)\exp\left(-\frac{L\alpha_L}{c_{p,L}\Gamma}\right) \tag{6-38}$$

式中，T_0 为结晶器入口液膜温度；T_L 为结晶层液膜界面温度，等于相关位置液膜中溶质的饱和温度；T_{L0} 为结晶器入口结晶层液膜界面温度，$T_{L0} = T_{sat}(C_0)$，其中 C_0 为原料液中溶质的初始质量分数。

假设降膜沿径向（x）理想地扩散，则结晶器一定高度的液膜性质是均匀的。在轴向（y）方向，液膜中溶质的浓度随晶体层的生长而减小。线性喷淋密度 Γ 也是如此，这些变化规律应值得注意。并且为了满足这一动态过程，在轴向上对每一段体积无限小的生长结晶层和下降液膜进行质量衡算，确定各相的相对物理性质（密度、黏度和导热系数等）与操作条件之间的关系，这将在以下部分中进行讨论。

(2) 多个杂质的有效分配系数

如 Chalmers 的工作所报道[66]的，在具有稳定晶体层生长边界的层结晶过程中，杂质 i 的有效分配系数可以表示为：

$$K_{\text{eff},i} = \frac{C_{CL,i}}{C_{0,i}} = \frac{K_{id,i}}{K_{id,i} + (1 - K_{id,i})\exp(-G\delta_{D,i}/D_i)} \tag{6-39}$$

式中，$C_{CL,i}$ 和 $C_{0,i}$ 分别为杂质 i 在结晶层和进料液中的质量分数；$K_{id,i}$ 是杂质 i 在晶体层和液膜界面上的理想分配系数；$\delta_{D,i}$ 是传质边界层的厚度；D_i 是杂质 i 在液膜中的扩散系数。

随着晶体层生长速率和冷却剂温度的降低，下降的液膜上的温度梯度将相应增加。当梯度大于平衡梯度时，晶体层生长的稳定性将被破坏。晶体层生长的不稳定边界往往是多孔-枝状（B-P）结构，而不是光滑的表面。当结晶边界由于过高的温度梯度而被破坏时，富含杂质的液相被包藏在晶体层的孔隙中。

因此，考虑 B-P 结构对杂质分布的影响是合理的，并且对该模型进行修改是必要的。如上所述，当 B-P 结构形成时，温度梯度大于平衡时的温度梯度，即：

$$\left(\frac{\mathrm{d}T_x}{\mathrm{d}x}\right)_{x=0} \leqslant m\left(\frac{\mathrm{d}C_x}{\mathrm{d}x}\right)_{x=0} < 0 \tag{6-40}$$

这里 $m = \mathrm{d}T_x^* / \mathrm{d}C_L$ 是系统相图中的液相线梯度。考虑到临界条件：

$$\left(\frac{\mathrm{d}T_L}{\mathrm{d}x}\right)_{x=0} = m\left(\frac{\mathrm{d}C_L}{\mathrm{d}x}\right)_{x=0} \tag{6-41}$$

用类似的微分方程式解决液-液层中浓度分布的问题[67]，界面处的杂质平衡可以表示如下：

$$G(C_{L,i} - C_{CL,i}) + D\left(\frac{\mathrm{d}C_{L,i}}{\mathrm{d}x}\right)_{x=0} = 0 \tag{6-42}$$

式中，$C_{L,i}$ 为杂质 i 在液相中的质量分数。

根据方程式（6-39）、式（6-41）、式（6-42）以及 K_{id} 和 K_{eff} 的定义，临界温度梯度 ΔT_{cr} 应表示为：

$$\Delta T_{cr,i} = \frac{\delta_L m G C_{0,i}}{D_i\left[K_{id,i} / (1 - K_{id,i}) + \exp(-G\delta_{D,i} / D_i)\right]} \tag{6-43}$$

式中，δ_L 是液膜的厚度，Nusselt 方程可计算液膜的平均厚度。

根据式（6-38）、式（6-43），临界长度 L_{cr} 应表示为：

$$L_{cr,i} = -\frac{\Gamma C_{p,L}}{\alpha_L} \ln \frac{\delta_L m G C_{0,i}}{(T_{L0} - T_0)D_i\left[K_{id,i} / (1 - K_{id,i}) + \exp(-G\delta_{D,i} / D_i)\right]} \tag{6-44}$$

根据等式（6-41）、式（6-42），当出现 B-P 结构时，杂质 i 在多孔-枝状晶体层中的有效分配系数 $K'_{eff,i}$ 应为：

$$K'_{eff,i} = 1 - \frac{D_i \Delta T_L}{\delta_L m G C_{0,i} \exp(-G\delta_{D,i} / D_i)} \tag{6-45}$$

当 $\Delta T_L = \Delta T_{cr,i}$ 时，式（6-45）与式（6-38）相等，即在无多孔-枝状结构晶体层（No-B-P）和 B-P 晶体层的交界处，式（6-38）、式（6-45）可以相同地计算有效分配系数。

为了评价部分 B-P 晶体层中杂质的裹藏程度，需要计算杂质 i 在这部分 B-P 晶体层中（也称为"粗晶层"）的总有效分配系数 $\bar{K}_{eff,i}$。部分 B-P 晶体层中杂质 i 的总质量分数应为：

$$\bar{C}_{CL,i} = \frac{m_{CL,i}^N + m_{CL,i}^{B-P}}{m_{CL}} = \frac{m_{CL,i}^N + m_{CL,i}^{B-P}}{m_{CL}^N + m_{CL}^{B-P}} \tag{6-46}$$

式中，m_{CL}、m_{CL}^N、m_{CL}^{B-P}、$m_{CL,i}^N$ 和 $m_{CL,i}^{B-P}$ 分别是部分 B-P 晶体层的总质量、No-B-P 和 B-P 晶体层的质量、No-B-P 和 B-P 晶体层中杂质 i 的质量。另外，No-B-P 和 B-P 晶体层中杂质 i 的质量分数应为：

$$C_{CL,i}^N = \frac{m_{CL,i}^N}{m_{CL}^N} = \frac{m_{CL,i}^N}{\rho_{CL}^N V_{CL}^N} = \frac{m_{CL,i}^N}{\rho_{CL}^N L_{cr,i} \overline{A}_N} \tag{6-47}$$

$$C_{CL,i}^{B-P} = \frac{m_{CL,i}^{B-P}}{m_{CL}^{B-P}} = \frac{m_{CL,i}^{B-P}}{\rho_{CL}^{B-P} V_{CL}^{B-P}} = \frac{m_{CL,i}^{B-P}}{\rho_{CL}^{B-P} (L - L_{cr,i}) \overline{A}_{B-P}} \tag{6-48}$$

式中，ρ_{CL}^N 和 ρ_{CL}^{B-P} 分别对应的是 No-B-P 晶体层和 B-P 晶体层的密度；$\overline{A}_N$ 和 $\overline{A}_{B-P}$ 分别是 No-B-P 晶体层和 B-P 晶体层截面的平均截面面积，可由下式计算：

$$\overline{A}_N = \frac{1}{L_{cr,i}} \int_0^{L_{cr,i}} (2R_i s - s^2) \mathrm{d}L \tag{6-49}$$

$$\overline{A}_{B-P} = \frac{1}{L - L_{cr,i}} \int_{L_{cr,i}}^L (2R_i s - s^2) \mathrm{d}L \tag{6-50}$$

进而得到杂质 i 在这部分 B-P 晶体层的总有效分配系数 $\overline{K}_{eff,i}$：

$$\begin{aligned}
\overline{K}_{eff,i} &= \frac{\overline{C}_{CL,i}}{C_{0,i}} = \frac{C_{CL,i}^N \rho_{CL}^N L_{cr,i} \overline{A}_N + C_{CL,i}^{B-P} \rho_{CL}^{B-P} (L - L_{cr,i}) \overline{A}_{B-P}}{C_{0,i}[\rho_{CL}^N L_{cr,i} \overline{A}_N + \rho_{CL}^{B-P} (L - L_{cr,i}) \overline{A}_{B-P}]} \\
&= \frac{K_{eff,i} \rho_{CL}^N L_{cr,i} \overline{A}_N + K'_{eff,i} \rho_{CL}^{B-P} (L - L_{cr,i}) \overline{A}_{B-P}}{\rho_{CL}^N L_{cr,i} \overline{A}_N + \rho_{CL}^{B-P} (L - L_{cr,i}) \overline{A}_{B-P}}
\end{aligned} \tag{6-51}$$

当 B-P 结构不明显且冷却过程控制良好时，假设 $\rho_{CL}^N \cong \rho_{CL}^{B-P}$、$\overline{A}_N \cong \overline{A}_{B-P}$，式（6-51）可以简化为：

$$\overline{K}_{eff,i} = K_{eff,i} \frac{L_{cr,i}}{L} + K'_{eff,i} \left(1 - \frac{L_{cr,i}}{L}\right) \tag{6-52}$$

上述推导已经建立了一个动态模型来模拟晶体层生长和杂质分布过程。除一些物理性质外，线性喷淋密度 Γ 和 ΔT_L 也会随晶体层生长而变化，这将导致晶体层生长速率 G、临界长度 L_{cr} 和总有效分布系数 $\overline{K}_{eff}$ 的变化。考虑到 Γ 和 ΔT_L 的变化，对上述模型进行求解，从结晶器顶部到底部的结晶层-液膜界面的每一个微分单元进行质量衡算。

综上所述，在不同浓度和温度下晶体层的物理性质、相平衡状态和热导率是模型求解的基础数据，其将随晶体层的生长而变化。此外，杂质的扩散参数是 K_{eff} 的关键数据。

（3）发汗纯化过程

液膜结晶过程结束后，在晶体层中不可避免地吸附、裹藏含杂质的液相，因此需要将粗晶体晶层加热到其熔点附近以除去液相吸附和裹藏，即为发汗操作，此过程是建立在固-液相平衡理论基础之上的。

基于实验室研究得出，在某一发汗温度下，发汗纯化速率与汗液的排出速率即杂质迁移的速率成正比：

$$\frac{\mathrm{d}C_C}{\mathrm{d}\theta} = -(C_C^* - C_L^*) \frac{\mathrm{d}K_{eff}}{\mathrm{d}\theta} \tag{6-53}$$

式中，C_C^* 和 C_L^* 分别为发汗温度 T_{SW} 下的晶体相和液相的平衡组成。即使发汗过程进行得非常充分，仍有少量杂质残余，考虑到对操作时间和生产能力的要求，理想的逐步冻凝的层结晶下各种离子的分配系数为最优的分离目标。

定义发汗收率 y 为：

$$y = \frac{w_S - w_L^*}{w_p - w_L^*} \tag{6-54}$$

式中，w_S、w_L^* 和 w_p 分别为粗晶体层中产品组分质量分数、发汗温度下的汗液平衡质量分数和发汗纯化后的晶层中产品组分质量分数。

通过液膜结晶和发汗纯化过程得到产品后，定义整个过程的生产能力为：

$$B = \frac{Nm_p}{V_T \sum \theta} \tag{6-55}$$

式中，N 为所用结晶器数量；V_T 为结晶器的有效结晶体积；m_p 为产品质量；$\sum \theta$ 为包括结晶时间、发汗时间和辅助操作时间在内的总操作时间。

2. 静态熔融结晶过程

（1）模型的建立

静态熔融结晶过程（SMC）模型的示意图如图6-78 所示。在 SMC 期间，原始液相填充了结晶器的整个体积，并在晶体层/液相（C/L）界面上冷却。在SMC 中，没有下降的液膜流过正在生长的晶体层，并且传热和传质条件与 FFMC 中明显不同。但热流的方向是从 C/L 界面到冷却壁面，这与 FFMC 相似。为了建立简单且定义明确的 SMC 晶体层生长模型，需进行以下合理的假设：

① 沿结晶器轴向的冷却温度保持恒定；

② 沿结晶器轴向的传质和传热可忽略不计；

③ 液相是不可压缩的流体。

SMC 的结晶层生长可以通过沿着结晶器的轴向截面切片的面积来进行研究。结晶器特定横截面的总热流 Q 由以下热流组成：

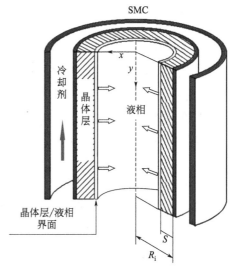

图6-78 带有内部冷却管结晶器中静态熔融结晶过程（SMC）的模型示意图

$$Q = Q_L + Q_G + Q_{CL} \tag{6-56}$$

式中，Q_{CL} 是由冷却壁面冷却晶体层消耗的热流；Q_G 是从生长的晶体到冷却壁面的结晶潜热部分的传热，Q_L 是主液相到冷却壁面的热流。如 Jiang 等[65]所述，对于缓慢的晶体层生长速率，冷却速率相对较小，晶体层相对较薄。热流由下式决定：

$$\begin{cases} Q = \dfrac{2\pi \lambda_{CL} dL \Delta T_L}{\ln(1 - s / R_i)} \\ Q_L = 2\pi(R_i - s)dL j_L \\ Q_G = 2\pi(R_i - s)dL h \rho_C \dfrac{ds}{d\tau_g} \\ Q_{CL} = 2\pi(R_i - s/2)dL \times \dfrac{1}{2}\rho_C C_{p,CL} \Delta T_L \dfrac{ds}{d\tau_g} \end{cases} \tag{6-57}$$

式中，dL 为横截断面的长度；R_i 为结晶器的内半径；ΔT_L 为 C/L 界面在 x 方向上的温差；h 为结晶潜热；ρ_C 为晶体密度；λ_{CL} 为晶体层的热导率；s 是晶体层的厚度；τ_g 是晶体层生长所经过的时间。

使用 $\ln(1-s/R_i)$ 的 Taylor 级数展开的前两项，晶体层厚度 s 和生长速率 G 由下式决定：

$$s = G_0\tau_g + \frac{\lambda_{CL}v_{co}(\lambda_{CL}v_{co}-j_LG_0)}{2R_ih\rho_C(3\lambda_{CL}v_{co}-j_LG_0)}\tau_g^2 \tag{6-58}$$

$$G = G_0 + \frac{\lambda_{CL}v_{co}(\lambda_{CL}v_{co}-j_LG_0)}{2R_ih\rho_C(3\lambda_{CL}v_{co}-j_LG_0)}\tau_g \tag{6-59}$$

式中，$G_0 = (\sqrt{j_L^2+4h\rho_C\lambda_{CL}v_{co}}-j_L)/(2h\rho_C)$；$j_L = \alpha_L\Delta T_L$；$\rho_{CL}$ 是晶体层的密度；$c_{p,CL}$ 是恒压下晶体层的比热容；v_{co} 是冷却剂的冷却速率；α_L 是 C/L 界面的传热系数。与 FFMC 模型相似，上面所得到的 SMC 模型的 ΔT_L 也很重要。

这里的模型推导是基于 Jiang 等[68]先前工作中所开发的分形模型，尽管晶体层沿层生长方向的平均热导率 λ_{CL} 并不随晶体层厚度的增加而恒定。在不同温度下生长的晶体层具有不同的结构和分形特性。在分形切片模型中，将晶体层平均分为多个无限小的晶体层切片，所有这些切片的孔道分布和有效热导率都连续变化。分形切片模型描述了 λ_{CL} 作为操作条件和初始进料特性的函数，这肯定会提高模型的精度。

(2) ΔT_L 的确定

在 SMC 中，某些截面处的结晶成分浓度和液相温度不断变化。C/L 界面的饱和温度以及 ΔT_L 都随时间变化。C/L 界面处的热平衡为：

$$\alpha_L(T_{C/L}-T_L) + 2\pi c_{p,L}\rho_L G(\mathrm{d}T_{C/L}/\mathrm{d}x) = 0 \tag{6-60}$$

其中，$T_{C/L}$ 是 C/L 界面的温度，而 T_L 是液相的温度。与 FFMC 不同，FFMC 中 ΔT_L 随晶体层生长的持续时间而变化，而 SMC 中 ΔT_L 随在结晶器中的位置而变化。考虑到晶体层的生长速率，$G = -\mathrm{d}x/\mathrm{d}\tau_g$

$$\alpha_L(T_{C/L}-T_L) - 2\pi c_{p,L}\rho_L(\mathrm{d}T_{C/L}/\mathrm{d}x) = 0 \tag{6-61}$$

其中 $c_{p,L}$ 是液相的比热容，在晶体层生长期间的某一时刻 ΔT_L 为：

$$\Delta T_L = T_{C/L} - T_L = (T_{C/L,0}-T_{L,0})\exp\left(-\frac{\alpha_L}{2\pi c_{p,L}\rho_L}\right) \tag{6-62}$$

其中，$T_{C/L,0}$ 和 $T_{L,0}$ 分别是晶体层生长初始时刻的 C/L 界面温度和液相温度。在晶体层生长期间，液相的 $c_{p,L}$ 和 α_L 恒定。液相是一种含有结晶组分和溶液的混合物，其密度 ρ_L 在晶体层生长过程中变化很大。

(3) 静态层结晶的杂质分布

静态熔融结晶过程的晶体层生长是一个以热传导为主的静态无流体流动过程，不同于 FFMC 下降液流界面上的晶体层生长。由于高温梯度和缓慢的传质过程，在 SMC 中容易形成多孔-枝状（B-P）结构。因此，杂质 i 的有效分配系数为[67]

$$K_{eff,i} = \frac{C_{CL,i}}{C_{0,i}} = 1 - \frac{\Delta T_L}{(1-K_{id,i})\{mC_{0,i}\delta_D/D + \Delta T_L[\exp(-G\delta_D/D)-1]\}} \tag{6-63}$$

式中，$C_{CL,i}$ 和 $C_{0,i}$ 分别是杂质 i 在晶体层和液相中的质量分数；$m = \mathrm{d}T_x^*/\mathrm{d}C_L$ 是相图中的液体梯度；C_L 为溶质在原料液中的质量分数；δ_D 是传质边界层的厚度；D 是 C/L 界面上杂质的扩散系数；$K_{id,i}$ 是结晶液界面上杂质 i 的理想分配系数。

杂质的平均有效分配系数 $\overline{K_{eff,i}}$ 可以评估判断 SMC 和 FFMC 分离效果，其定义如下：

$$\overline{K_{\text{eff},i}} = \frac{\int_0^L \int_{R_i}^{R_i - s} K_{\text{eff},i} \mathrm{d}s \mathrm{d}L}{\pi L \left[R_i^2 - (R_i - s)^2 \right]} \tag{6-64}$$

其中，L 是结晶器的长度。值得注意的是，最终分离效果取决于多种条件，其中最重要的一点就是 C/L 界面处杂质的分布。

（4）静态熔融结晶过程的排液和发汗

在静态熔融结晶过程中，未结晶的液相在层生长结束时从结晶器的底部排出。未结晶的液相需充分抽移，以便进行发汗以得到纯净和稳定的晶体层结构。SMC 中形成的晶体层的孔隙率遵循相平衡理论。总质量衡算如下式：

$$m_{\text{F}} = m_{\text{CL}} + m_{\text{L}} m_{\text{F}} w_{\text{F}} = m_{\text{CL}} w_{\text{CL}} + m_{\text{L}} w_{\text{L}} \tag{6-65}$$

式中，m_{F} 是加入结晶器的进料质量；m_{CL} 是结晶器中结晶层的质量；m_{L} 是未结晶液相的质量；w_{F}、w_{CL} 和 w_{L} 分别是结晶器的进料中、结晶层中以及未结晶液相中结晶组分的质量分数。

如 Jiang 等[69]先前的工作中所述，晶体层中的总液体排放速率 Q_{dis} 是孔径分布密度 $N(\lambda)$、分形维数 $(D_{\text{T}}, D_{\text{f}})$、排液操作时间 τ 和特征因子 φ 的函数，该特征因子 φ 由初始操作条件确定。排液所需的时间 τ_{dis} 可以通过以下公式计算：

$$\begin{aligned} m_{\text{dis}} &= \varepsilon m_{\text{L}} = \varepsilon \pi R_i^2 \phi L \rho_{\text{L}} = \int_0^{\tau_{\text{dis}}} Q_{\text{dis}}(\tau, \lambda) \rho_{\text{L}}(\tau) \mathrm{d}\tau \\ &= -\int_0^{\tau_{\text{dis}}} \int_{\lambda_{\min}}^{\lambda_{\max}} q_{\text{dis}}(\tau, \lambda) \rho_{\text{L}}(\tau) \mathrm{d}N(\lambda) \mathrm{d}\tau \end{aligned} \tag{6-66}$$

式中，m_{dis} 是预期要排出的未结晶液相的质量；$q_{\text{dis}}(\tau, \lambda)$ 是在 τ 时刻孔径为 λ 的特定通道中的流速；经验参数 ε 在 0.95～1.0 的范围内，代表未结晶液体的排放比；ϕ 为晶体层的孔隙率。

排液后发汗过程可以进行以下质量衡算，这一衡算方程与 Jiang 等[70]提到的方程相似：

$$\begin{aligned} m_{\text{CL}} + (1 - \varepsilon) m_{\text{L}} &= m_{\text{p}} + m_{\text{sw}} m_{\text{CL}} w_{\text{CL}} + (1 - \varepsilon) m_{\text{L}} w_{\text{L}} = m_{\text{C}} w_{\text{C}} + m_{\text{en}} w_{\text{en}} \\ &= m_{\text{p}} w_{\text{p}} + m_{\text{sw}} w_{\text{sw}} \end{aligned} \tag{6-67}$$

式中，m_{CL} 是发汗初期的晶体层的质量；m_{C} 是纯晶相的质量；m_{en} 是裹藏在晶体层中的液体的质量；m_{p} 和 m_{sw} 是发汗后晶体产物和汗液的质量；w_{CL}、w_{C}、w_{en}、w_{p} 和 w_{sw} 分别是发汗过程初期的晶体层、纯晶相、包藏的液体、发汗过程之后的晶体产品和发汗过程排出的汗液的质量分数。

发汗时晶体层的初始孔隙率，也就是排液后晶体层的最终孔隙率，表示为：

$$\phi_{\text{ini}} = \frac{V_{\text{en}}}{V_{\text{C}} + V_{\text{en}}} = \frac{m_{\text{en}} / \rho_{\text{en}}}{m_{\text{C}} / \rho_{\text{C}} + m_{\text{en}} / \rho_{\text{en}}} \tag{6-68}$$

其中，ρ_{en} 和 ρ_{C} 分别是在已知温度和质量分数下可获得的发汗过程初期裹藏的液体以及纯晶相的密度。

结构参数 φ_{ini} 表示晶体层的生长条件，包括：晶体生长的初始温度、进料的质量分数、晶体冷却速率等。结构参数 φ_{ini} 也是发汗过程的关键参数，已用于获得多孔晶体层中毛细分形维数的面积[71]、多孔介质中分形维数的弯曲度[72]和流动路径[73]。发汗过程涉及流体通过具有分形特性的多孔晶体层的传输，其中温度梯度是驱动力。发汗液相的质量通过下式获得：

$$m_{sw} = \int_0^{\tau_{sw}} \rho_{sw} Q(\tau, \lambda) d\tau = -\int_0^{\tau_{sw}} \int_{\lambda_{min}}^{\lambda_{max}} \rho_{sw} q(\tau, \lambda) dN(\lambda) d\tau \qquad (6-69)$$

在特定过热温度下，晶体层将熔化，同时发汗液相将被排出。发汗液相本质上是含有杂质的液相和熔融结晶相的混合物，根据已知的发汗温度分布，可以计算出 m_{sw}：

$$m_{sw} = m'_C + m'_{en} m_{sw} w_{sw} = m'_C w_C + m'_{en} w_{en} \qquad (6-70)$$

式中，m_{sw} 是发汗液体的质量；m'_{en} 是从晶体层排出所裹藏液相的质量；m'_C 是熔化的晶体相的质量。假设在裹藏液相中富集了多种杂质，且没有杂质分子（离子）嵌入晶格中。因此，m'_C 代表产品损失，$m_{en} - m'_{en}$ 是发汗过程后残留在晶体层中的杂质相。

本节基于 FFMC 的理论和模型基础，建立了 SMC 结晶层生长和发汗的模型，可以模拟在各种操作条件下晶体层的生长以及未结晶液体和汗液的排出，可用于优化操作曲线和研究液体传输的动力学[74]。

6.7.3　层结晶设计实例

1. 固体层结晶

图 6-79 显示了已经实现商业化的几种固体层结晶技术。第一批商用设备是基于 100 多年前获得专利的"Hoechst Tropfapparat"。它是一种间歇式固体层结晶设备，具有静态的熔融物（仅自然对流）。其典型结构有列管的 Proabd 型（Befs）和来自苏尔寿化学技术有限公司（Sulzer Chemtech Ltd）的静态板式结晶器（参见图 6-80）。两个结晶器都具有冷却表面，用于熔融物结晶。

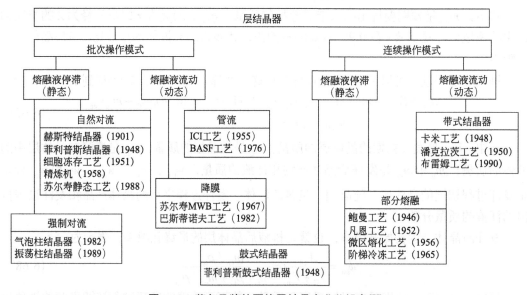

图 6-79　著名品牌的固体层结晶商业化设备[75]

在苏尔寿公司的静态板式结晶器（如图 6-80 所示）中，用于固体层晶体生长的冷却表面由位于静态熔融液中的板面提供。通过冷却传热表面使原料熔融液逐渐结晶。随着结晶过程的进行，剩余的熔融液变得越来越不纯净。结晶过程通常需要 2～30h。随后，打开设备底部的阀门使剩余的残余熔融液被抽排出。不可避免的是，晶体层上仍然残留着一层含有残余成分的熔融液薄膜。为了达到更高的产品纯度，这种薄膜或者说至少它的大部分需

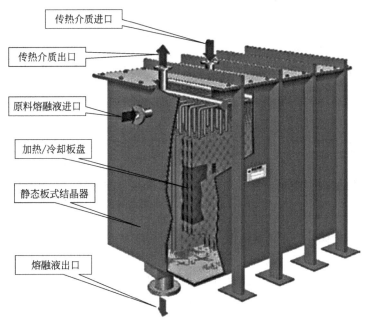

传热介质进口

传热介质出口

原料熔融液进口

加热/冷却板盘

静态板式结晶器

熔融液出口

图 6-80　苏尔寿的静态板式结晶器

要通过结晶后处理去除，例如发汗或清洗。随后，通过熔化晶体层并将其收集于与残余物不同的槽罐中而获得最终产物。

如上所述，Hoechst Tropfapparat 和 Proabd 都是以相同方式运行的列管式结晶设备。原则上，每个板或管束热交换器可用作静态固体层结晶器，但是特殊的几何结构影响因素必须被考虑。

由于组装简单（没有活动部件）并且没有其他的固-液分离，该技术具有较高的操作安全性。然而，静态间歇批次运行的生产能力相对较小。原因在于，传热和传质分别仅通过传导和扩散来进行，因此，只有非常缓慢的晶体生长速率才能得到高纯度。由于上述原因，如果需要高产量的话，通常需要多个结晶器才能实现。层结晶过程的效率一方面可以通过改善热量传递和质量传递的机制来提高，另一方面也可以通过连续操作模式来增强。

间歇层技术包括具有流动（强制循环）熔融液的技术，属于动态操作模式。流动的熔融物改善了传热和传质，减小了边界层厚度，因此降低了结构过冷的可能性。例如苏尔寿 MWB 工艺或苏尔寿降膜法（参见图 6-81）。

在这个过程中，从外部冷却的管内部发生结晶。这些管子被组装成多达 1600 根管子的列管束，管直径可达 70mm，长度可达 12～18m。该工艺的特点如其名称：在含有熔融液的管道内部形成一层降膜，以及在管道外侧形成一层冷却液的降膜。从进料罐来的熔融液在管内不断循环（由泵输送），直到表面的结晶层达到所需的厚度为止。然后，排出残留的熔融液并进行结晶后处理以除去残留物。最后，通过熔化晶体层回收产物。除了苏尔寿降膜工艺之外，还有另外两种典型工艺：ICI 和 BASF。ICI 和 BASF 工艺与苏尔寿降膜工艺的重要区别在于没有降膜，而是熔融液充满管中的空间，管外侧的冷却液也不会采用降膜运行。因此，ICI 和 BASF 过程是在较细的管束中进行的。

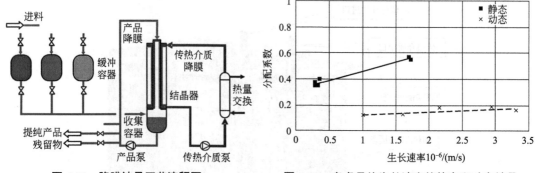

图 6-81　降膜结晶工艺流程图

图 6-82　考虑晶体生长速率的静态和动态结晶
过程的提纯效果[76]

此外，如果一个循环后得到的纯度不够，可以很容易地进行分段操作。只需将不同纯度的产品储存在不同的储罐中，就可以在同一个结晶器中进行头尾相接的不同阶段的过程。与静态过程相比，不带有多级操作模式的动态过程实现了产品更高的纯度。图 6-82 中提供的是对甲基丙烯酸/水的进料混合物进行分离的结果，与静态过程相比，动态操作模式的分配系数较低[76]。

只有在很小的生长速率下的静态过程才能获得与具有更高晶体生长速率的动态运行模式下的设备相同的分配系数[77]。

这些动态运行模式的设备，除了泵以外没有其他动部件，且生产液体形式的产品，通过添加新的列管装置，设备的放大非常容易。丙烯酸、苯甲酸、双酚 A 和萘的提纯是通过这种动态层结晶的操作模式（苏尔寿降膜法）提纯的。

然而，到目前为止所讨论的流程都只能以间歇处理或半间歇处理的方式运行。

因此，另一种工艺技术的选择是连续操作的工艺，如带式结晶器。这类工艺是通过不断充入和排出熔融液，设备没有停滞时间而实现连续操作，以及通过冷却和加热介质而不浪费能源。这里需要提及 Phillips（静态）的鼓式结晶工艺，以及苏尔寿和山特维克（Sandvik）工艺系统的 Bremband 工艺（图 6-83）。

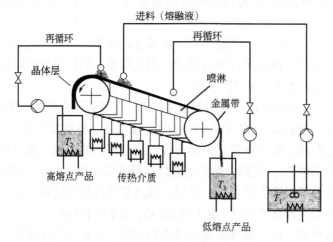

图 6-83　Bremband 层结晶工艺[78]

结晶过程发生在传送带上。此传送带以一定角度放置，并从底部控制温度。进料分布在传送带上端三分之一的区域内并在那里结晶。已结晶的物料被输送到钢带的上端，残留物向下流，并且通过不同的冷却区域调节冷却分布，以保持结晶过程在相同的生长速率下进行，这与苏尔寿降膜设备类似。通过在传送带底部使用不同的冷却或加热区域以及产品再循环的不同位置，在同一设备中可以同时进行结晶后处理[79]。该方法的优点是采用了连续逆流操作模式以增强提纯效率。与苏尔寿降膜工艺相比，Bremband 工艺每次循环的能耗更低，提纯效果是单级降膜的 1.5 倍。

层结晶装置设计的更多详细信息通常是商业机密，从来未被公开过。

在此基于诺伊曼（Neumann）的冷柱实验（Cold Fnger Experiments）的设计实例阐述了固体层结晶技术设计过程，以帮助理解有关产物纯度以及产率和结晶步骤数的设计方法。Neumann 开发了一个模拟程序，以配合固体层结晶设备（静态和动态操作模式）实验运行，该模拟程序基于实验确定的分配系数[77]。通过冷柱实验测定分配系数，使用上述模拟过程，则提供一种能够针对不同的工况来设计工艺及相应配置的设备的方法。

这里只讨论 Neumann 的设计结果[77]。初始设计条件是：进料是 90%（质量分数）己内酰胺和 10%环己酮的混合物，进料质量为 1000kg。目标是将己内酰胺提纯至≥99%（质量分数）[1%（质量分数）环己酮]，产率为 62%。由于产品质量要求高，因此需要采用多级结晶装置。工艺由提纯步骤（PSt）和汽提步骤（SSt）组成。这一原理与蒸馏原理相似。提纯步骤提高纯度，汽提步骤提高收率。这种多级结晶的原理是将来自提纯或汽提步骤（n）的残余熔融物送入先前的提纯或汽提步骤之一（这里，$n-1$）。图 6-84 显示了多级固体层结晶设备的原理。通过仿真软件，分析了各种结晶模式的运行效果，其结果总结在表 6-7 中。

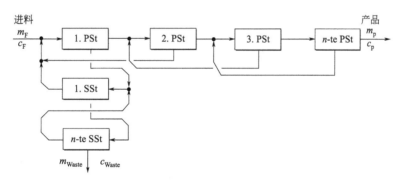

图 6-84　多级固体层结晶装置原理图

从表 6-7 中可以看出，没有结晶后处理的静态固相层结晶的概念可以得到理想的纯度。但收益率达不到 62%的目标值，因此，这种工艺是不可取的。表 6-7 所示的所有其他概念都达到了纯度和收率的要求。此外，与固体层结晶装置的静态操作方式相比，动态操作方式一般可节省一个净化步骤和一个汽提步骤。熔融物的强制循环（动态）改善了传热、传质，且所需空间较小，投资成本较低。

表 6-7　不同工艺流程的层结晶装置产品的纯度和收率[77]

工艺	步骤	收率/%	纯度(质量分数)/%	结论
静态	3 提纯步骤+2 洗脱步骤	38	99.0	不满足要求
静态与发汗处理	3 提纯步骤+2 洗脱步骤	68	99.0	满足要求
静态与扩散洗涤	2 提纯步骤+1 洗脱步骤	73	99.0	满足要求
动态	2 提纯步骤+1 洗脱步骤	72	99.0	满足要求
动态与发汗处理	2 提纯步骤+1 洗脱步骤	75	99.0	满足要求
动态与扩散洗涤	2 提纯步骤	74	99.0	满足要求

2. 悬浮结晶

悬浮结晶能够在连续的工作模式下产生非常纯的晶体，这与大多数间歇层结晶工艺相比具有优势。与层结晶相比，悬浮结晶的另一个优点是每一步的提纯效果更好，通常结晶步骤更少。因此，悬浮结晶装置与层结晶相比，原则上需要的能量更少。这种装置的投资成本是否也更小，取决于悬浮装置概念中运动部件相对于层结晶装置的概念（除了泵以外没有其他运动部件）的复杂性。图 6-85 列举了商业化最多的几个悬浮结晶设备或设计概念，图中所标黑的设备将在下面详细讨论。

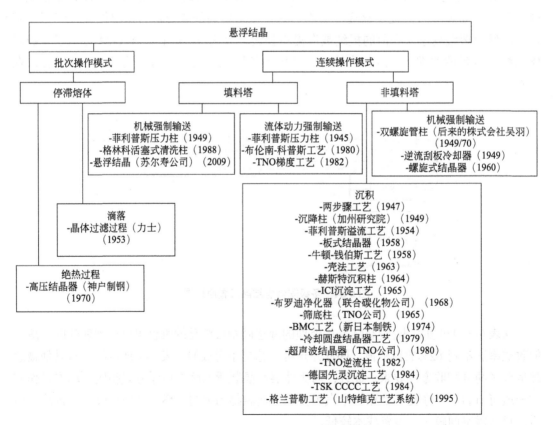

图 6-85　主要商业化的悬浮结晶设备[75]

悬浮结晶过程通常发生在冷却表面，和层结晶一样，晶体需被周期性地刮起。大多数晶体生长发生在熔融液中悬浮的晶体上。操作中，熔融液在冷却器壁上过冷结晶，通过刮刀将结晶体混合到熔融液中，并提供生长晶核。因此，可用于生长的晶体表面积是大量刮下来晶体的总表面积，并且不限于层结晶中的冷却表面积。悬浮结晶传质比表面积约为 $10^4 m^2/m^{-3}$。所谓的刮刀式热交换器（图6-86）通常用于生成初始晶体。

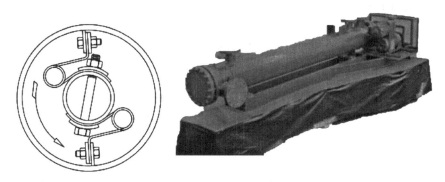

图 6-86 带旋转刮刀的刮板式热交换器

除阿姆斯特朗化学技术集团（Armstrong Chemtec Group）外，其他制造商（如 GMF Gouda）在这一领域也有所建树。这种设备为熔融液结晶提供冷却表面，旋转刮刀或圆盘刮掉冷却表面上的晶体，并将这些晶体输送到生长容器（见图6-87）。

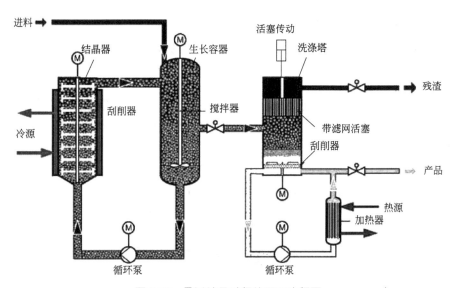

图 6-87 悬浮结晶过程的原理流程图

正如晶体生长容器的名字所表达的，所产生的晶体（来自表面冷却结晶器）有足够的时间在容器中生长到希望的粒度。此外，搅拌桨将晶体均匀地悬浮在容器内。因此，它被称为悬浮结晶。如图6-87所示，晶体悬浮液在结晶器和生长容器中不断循环。因此，一方面产生连续的新晶体，另一方面，具有一定停留时间的晶体悬浮液（达到所需晶体粒度）

连续地从生长容器中排出，并进一步进行后结晶处理，如在图 6-87 中所显示的洗涤塔。由于晶体的连续产生和排出，悬浮密度几乎保持恒定。如前所述，苏尔寿公司提供的类似悬浮结晶工艺的设计，由 GEA Messo PT（前 Grenco 和后来的 Niro PT）提供装置制作，该工艺没有单独的生长容器（见图 6-88）。

许多物系的提纯是通过上述两种悬浮结晶工艺实现的，例如：乙酸、己内酰胺、甲基丙烯酸和苯酚。图 6-87 和图 6-88 所示的两个悬浮结晶设计概念都带有机械强制循环的连续洗涤塔。

值得一提的是，悬浮结晶工艺（无填料塔）的另一个设计概念是双螺杆塔，现在称为吴羽（Kureha）双螺杆净化器或 KCP 塔（见图 6-89）[80,81]。

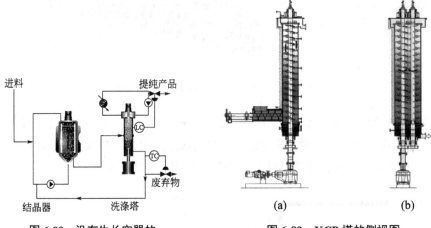

图 6-88　没有生长容器的
悬浮结晶工艺的原理流程图

图 6-89　KCP 塔的侧视图
（其中晶体悬浮液由双螺杆输送机输送[80,81]）

在 KCP 塔中，晶体由双螺旋输送器从塔的底部输送到顶部（机械强制输送）。在塔的顶部，晶体是熔融状的（熔融的产物）。部分熔融产物用作回流。回流在逆流方向上清洗晶体，就像在洗涤塔中一样。因此，KCP 塔是一种洗涤熔融集成塔。在底部，一些高浓度的残渣被排出。KCP 塔工艺设计概念在日本是经过工业化验证的，大约有 20 种应用，例如对二氯苯的提纯。Rittner 和 Steiner 在其文章中更详细地描述了这一过程[82]。

主要符号说明

英文字母	含义与单位		
A（6.2 节）	桨叶的典型投影面积，m^2	$\overline{A}_{B-P}$	B-P 晶体层的平均截面积，m^2
A（6.3 节）	矩系数	B（6.2 节）	100 倍的固-液质量比
A（6.5 节）	悬浮晶体的表面参数	B（6.5 节）	成核速率，$no./(m^3 \cdot s)$
A_r	阿基米德数	B_{ag}	聚集引起的晶体生成率
$\overline{A}_N$	No-B-P 晶体层的平均截面积，m^2	B_{br}	破碎引起的晶体生成率
		B_{FA}	细晶的溶解速率，$no./(m^3 \cdot s)$

B^0	二次成核速率，no./(m³·s)
C（6.3节）	桨叶与底部的间隙，m
C（6.1节）	浆料内晶体相质量，kg
C_μ	k-ε模型中的湍流模型参数
$C_{\varepsilon1}$	k-ε模型中的湍流模型参数
$C_{\varepsilon2}$	k-ε模型中的湍流模型参数
$c_{p,CL}$	恒压下晶体层的比热容，J/(kg·K)
$c_{p,L}$	恒压下液膜的比热容，J/(kg·K)
$C_{CL,i}$	晶体层中杂质i的质量分数
$C_{0,i}$	进料液体中杂质i的质量分数
c（6.2节）	示踪剂浓度，mol/L
Δc（6.5节）	过饱和度
D_{ag}	聚集引起的晶体消亡率
D_{br}	破碎引起的晶体消亡率
D（6.2节、6.3节、6.5节） 桨叶直径，m
D（6.7节） C/L界面上杂质的扩散系数，m²/s
D_m	分子扩散系数，m²/s
D_t	湍流扩散系数，m²/s
D_i	杂质i在液膜中的扩散系数，m²/s
d（6.3节）	晶体粒度，m
d_{32}	平均晶体粒度，m
d_p（6.2节）	固相颗粒直径，m
d_p（6.4节）	产品粒度，m
d_S	晶种粒度，m
E（6.1节）	蒸发量，kg
F_R	桨叶与周围液体之间的相对速度所产生的阻力，kg·m/s²
G（6.5节）	生长速率，m/s
G（6.5节）	晶体生长速率，kg/(m³·s)
G（6.7节）	晶体层生长速率，m/s
G_0	初始晶体生长速率，m/s
G_a	磨损率
G_k	晶体生长的动力学速率，m/s
g	重力加速度，m/s²
H（6.3节）	液位，m
H（6.2节）	搅拌器中液面高度，m
H（6.5节）	扬程，m
H_0（6.1节）	溶剂总质量，kg
h（6.7节）	结晶潜热，m
h_1	液面高度，m
J	成核速率，no./(m³·s)

j_L	过热液膜传递到冷却壁面的热通量，J/(m²·s)
j_G	生长的晶体到壁面的结晶过程热通量，J/(m²·s)
j_{CL}	通过冷却壁冷却的晶体层的热通量，J/(m²·s)
k（6.2节）	不同测量位置的数量
k（6.3节）	单位质量湍流动能，J/kg
k_{eff}	有效电导率，S/m
k_g（6.3节）	生长常数
k_g（6.5节）	比例常数
k_N	二次成核速率的比例常数
k_n	成核常数
k_r	特定仪器测得的比例常数
k_t	湍流热导率，W/(m·K)
k_v	产生的结晶物质的体积形状因子
$K_{eff,i}$	杂质i的有效分配系数
$K_{id,i}$	界面处杂质i的理想分配系数
$K'_{eff,i}$	杂质i在B-P晶体层中的有效分配系数
$\overline{K}_{eff,i}$	杂质i的总体有效分配系数
$\overline{K_{eff,i}}$	杂质i的平均有效分配系数
L（6.5节）	晶体粒度，m
L（6.7节）	晶体层长度，m
L_D	粒数衡算的粒度，m
L_{cr}	临界长度，m
M	悬浮密度，kg/m³
$M(t)$	均匀度
m（6.3节）	矩
m（6.7节）	系统相图中的液相线梯度，kg
m_C	纯晶相的质量，kg
m'_C	熔化的晶体相的质量，kg
m_{CL}（6.7.2.1节） 存在部分B-P结构的晶体层的总质量，kg
m_{CL}（6.7.2.2节） 结晶层的质量，kg
m_{dis}	排出的未结晶母液相的质量，kg
m_{en}	包藏在晶体层中的液体的质量，kg
m'_{en}	从晶体层排出的包藏液相的质量，kg
m_F	进料物质质量，kg
m_L	未结晶液相的质量，kg
m_P	产品的质量，kg
m_p	晶体产物的质量，kg

m_S	晶种的质量，kg	T（6.3 节）	温度，K
m_{sw}	汗液的质量，kg	T_W	冷却壁温度，K
m_{CL}^N	No-B-P 晶体层的质量，kg	$T_{C/L}$	C/L 界面的温度，K
m_{CL}^{B-P}	B-P 晶体层的质量，kg	$T_{C/L,0}$	晶体层生长初始时刻的 C/L 界面温度，K
$m_{CL,i}^N$	No-B-P 晶体层中杂质 i 的质量，kg	T_L（6.7 节）	液相温度，K
$m_{CL,i}^{B-P}$	B-P 晶体层中杂质 i 的质量，kg	T_0	结晶器入口液膜温度，K
n（6.2 节）	旋转频率，Hz	T_{L0}（6.7.2.1 节）	结晶器入口结晶层液膜界面温度，K
n（6.3 节）	粒数密度		
n（6.5 节）	桨叶转速，r/min	$T_{L,0}$（6.7 节）	晶体层生长初始时刻的液相温度，K
n_{js}	离底悬浮需要的最小轴速，r/min		
$n\theta$	混合时间特性常数	T_{co}	冷却剂的温度，K
N（6.3 节）	桨叶转速，r/min	ΔT_L（6.7.2.1 节）	液膜温度梯度，K
N（6.5 节）	循环泵的功耗，W	ΔT_{cr}	临界温度梯度，K
Ne	桨叶系统的无量纲功率数	u_{inlet}	进口速度，m/s
Q	总热流，J/s	u（6.2 节）	搅拌桨叶与周围液体之间的相对速度，m/s
Q_L	过热液膜传递到冷却壁的热流，J/s		
Q_G	从生长的晶体到壁面的结晶过程的热流，J/s	u_r	径向速度，m/s
		u_{tip}（6.2 节）	桨尖速度，m/s
Q_{CL}	冷却壁冷却晶体层时的热流，J/s	V（6.2 节）	设备容积，L
Q_{dis}	总液体排放速率，m³/s	V（6.3 节）	结晶器体积，m³
q_{dis}	在给定孔径的特定通道中的体积流率，m³/s	V_{in}	工业规模设备结晶器容积，m³
		V_{res}	研究规模中的结晶器体积，m³
p（6.3 节）	压力，Pa	V_{crystQ}	结晶器的填充体积，m³
P（6.2 节）	桨叶功率功耗，W	v（6.2 节）	动力黏度，m²/s
P（6.3 节）	功耗，W	v_{co}	冷却液冷却速度，K/s
r（6.3 节）	径向坐标	W_0	无水溶质的初始质量，kg
R（6.1 节）	摩尔质量比	W	质量，kg
R（6.3 节）	容器半径，m	w_C	纯晶体的质量分数
R_i	结晶器内径，m	w_{CL}	晶体层的质量分数
Re	雷诺数	w_{en}	包藏在晶体层中的液体的质量分数
S（6.1 节）	1kg 溶质在 100kg 溶剂中的溶解度，kg 溶质/100kg 溶剂	w_F	原料质量分数
		w_f	容器内的循环流速，m/s
S（6.2 节）	表征搅拌器类型以及几何条件影响的无量纲常数	w_L	未结晶液相的质量分数
		w_p	产物的质量分数
S（6.3 节）	过饱和度	w_{sw}	汗液的质量分数
Sc	施密特数	w_s	单个颗粒的沉降速度，m/s
s（6.5 节）	过饱和度	w_{ss}	集体中的颗粒的沉降速度，m/s
s（6.7 节）	晶体层厚度，m	X	界面垂直方向的位置
t（6.3 节）	时间，s	Y	产率
T（6.3 节）	结晶器直径，m	z（6.2 节）	容器内容物循环的次数的经验值
T（6.2 节）	结晶器内径，m	z（6.3 节）	轴向坐标

希腊字母	含义与单位
α_i	传热系数，$W/(m^2 \cdot K)$
α_L	液膜的传热系数，$W/(m^2 \cdot K)$
δ_D	传质边界层的厚度，m
ε（6.3 节）	湍流能量耗散，m^2/s^3
ε（6.5 节）	比能量输入，W/kg
ε（6.7 节）	未结晶液体的排料比
$\bar{\varepsilon}$	时均涡流运动黏度，m^2/s
ε^r	特定输入功率，W/kg
Z	阻力系数
H	泵的效率
θ	共混时间，s
λ	孔径，m
λ_{CL}	晶体层的热导率，$W/(m \cdot K)$
μ（6.2 节）	规模因子
μ（6.3 节）	黏度，$Pa \cdot s$
μ_t	湍流黏性，$Pa \cdot s$
τ（6.5 节）	晶体的平均停留时间，s
τ（6.7 节）	晶体层生长时间，s
ρ	密度，kg/m^3
ρ_f	液体密度，kg/m^3
ρ_C	晶体的密度，kg/m^3
ρ_{CL}	晶体层的密度，kg/m^3
ρ_{en}	包藏的液体的密度，kg/m^3
ρ_{sw}	汗液的密度，kg/m^3
ρ_{CL}^N	No-B-P 晶体层密度，kg/m^3
$\rho_{CL}^{B\text{-}P}$	B-P 晶体层密度，kg/m^3
$\Delta\rho$	固体颗粒密度与液体密度的差，kg/m^3
σ_k	湍流动能普朗特数
σ_ε	湍流能量耗散率普朗特数
φ（6.4 节）	特征参数
φ（6.7 节）	特征因子
φ_v	平均固体浓度
φ_{vj}	局部固体浓度
ϕ（6.3 节）	孔隙率
ϕ（6.7 节）	晶体层的孔隙率
ϕ_{ter}	晶体层的最终孔隙率
ϕ_{ini}	晶体层的初始孔隙率
Γ	线性喷涂密度，$kg/(m \cdot s)$

下标与上标	含义
ag	聚结
br	破碎
cr	临界
eff	有效
set	沉降
out	出
i, j, k（6.3 节）	空间坐标轴
i, j（6.5 节）	特征变量
C（6.3 节）	连续相
C（6.5 节、6.7 节）	晶体
CL	晶体层
D	分散相
en	包藏
F	进料
p	压力
G	生长
ini	初期
T	湍流
ter	最终
L（6.2 节、6.7 节）	液体
L（6.7 节）	液膜
S	固体
sw	汗液
∞	表示时间无限大
B-P	多孔-枝状结构
N-B-P	无多孔-枝状结构

参考文献

[1] Bennett R C. Crystallizer selection and design[M]//Handbook of industrial crystallization. London：Butterworth-Heinemann，2002：115-140.

[2] Don W G, Marylee Z S. Perry's chemical engineers' handbook[M]. 9th ed. New York: McGraw-Hill Education, 2018.

[3] Myerson A. Handbook of industrial crystallization[M]. 2nd ed. London: Butterworth-Heinemann, 2002.

[4] Randolph A D, Beckman J R, Kraljevich Z I. Crystal size distribution dynamics in a classified crystallizer: Part I. Experimental and theoretical study of cycling in a potassium chloride crystallizer[J]. AIChE Journal, 1977, 23 (4): 500-510.

[5] Beckmann W. Crystallization: basic concepts and industrial applications[M]. New Jersey: John Wiley & Sons, 2013.

[6] 王进. 机械蒸汽再压缩蒸发结晶系统的模拟与性能分析[D]. 包头: 内蒙古科技大学, 2019.

[7] EKATO. The book, firmenschrift der EKATO misch-und rührtechnik, schopfheim [M]. EKATO, 2012.

[8] Matthias K. Mischen und Rühren[M]. Weinheim: Wiley VCH, 2003.

[9] Mersmann A, Einenkel W D, Käppel M. Auslegung und maßstabsvergrößerung von rührapparaten[J]. Chemie Ingenieur Technik, 1975, 47 (23): 953-964.

[10] Geisler R. Local turbulent shear stress in stirred vessels and its significance for different mixing tasks[C]// Proceedings of the eighth european mixing conference. Cambridge: IChemE Symposium Series, 1991, 136: 243-250.

[11] Einenkel W D, et al. Erforderliche drehzahl zum suspendieren in ruehrwerken[J]. 1977, 11 (2): 90-94.

[12] Niesmak G. Feststoffverteilung und leistungsbedarf gerührter suspensionen[J]. Chemie Ingenieur Technik, 1983, 55 (4): 318-319.

[13] Kipke K. Anfahren aus abgesetzten suspensionen[J]. Chemie Ingenieur Technik, 1983, 55 (2): 144-145.

[14] Kraume M, Zehner P. Suspendieren im rührbehälter-vergleich unterschiedlicher berechnungsgleichungen[J]. Chemie Ingenieur Technik, 1988, 60 (11): 822-829.

[15] Mersmann A B, Werner F. Theoretical approach to minimum stirrer speed in suspensions[C]// Proceedings of the eighth European mixing conference. Cambridge: IChemE Symposium, 1994, 136: 33.

[16] Einenkel W D. Beschreibung der fluiddynamischen vorgänge beim suspendieren im rührwerk[J]. VDI-Forschungsheft, 1979, 595.

[17] Voit H, Mersmann A. Allgemeingültige aussage zur mindest-rührerdrehzahl beim suspendieren[J]. Chemie Ingenieur Technik, 1985, 57 (8): 692-693.

[18] Zwietering T N. Suspending of solid particles in liquid by agitators[J]. Chemical Engineering Science, 1958, 8 (3/4): 244-253.

[19] Kraume M, Zehner P. Konzept zur maßstabsübertragung beim suspendieren im rührbehälter[J]. Chemie Ingenieur Technik, 1995, 67 (3): 280-288.

[20] Kraume M. Mixing times in stirred suspensions[J]. Chemical Engineering & Technology: Industrial Chemistry-Plant Equipment-Process Engineering-Biotechnology, 1992, 15 (5): 313-318.

[21] Guidardson P, et al. Study of micro-mixing in a solid-liquid suspension in a stirred reactor[J]. Aiche Symp Series, 1995, 91 (305).

[22] Tavare N S. Industrial crystallization: process simulation analysis and design[M]. New York: Plenum Press, 2013.

[23] Nienow A W. The effect of agitation and scale-up on crystal growth rates and on secondary nucleation[J]. Chemical Engineering Research and Design, 1976, 54: 205-207.

[24] Bennett R C, Fiedelman H, Randolph A D. Crystallizer influenced nucleation[J]. Chemical Engineering Progress, 1973, 69 (7): 86-93.

[25] Rane C V, Ganguli A A, Kalekudithi E, et al. CFD simulation and comparison of industrial crystallizers[J]. The Canadian Journal of Chemical Engineering, 2014, 92 (12): 2138-2156.

[26] Wei D. Size matters[J]. Chemical Engineer, 2005 (770): 36-38.

[27] Mullin J W. Industrial techniques and equipment[M].//Crystallization. Amsterdam：Elsevier，2001：315-402.

[28] Qian R，Chen Z. An approximatic mathematical model for design of industrial crystallizers with elutriators[J]. 1986，1（2）：80-92.

[29] Wöhlk W，Niederjaufner G，Hofmann G. Recycling of cover salt in the secondary aluminium industry[M]//Crystallization and precipitation. Saskatoon：International Symposium，1987：99-108.

[30] Wei H，Garside J. Application of CFD modelling to precipitation systems[J]. Chemical Engineering Research and Design，1997，75（2）：219-227.

[31] Wei H，Zhou W，Garside J. Computational fluid dynamics modeling of the precipitation process in a semibatch crystallizer[J]. Industrial & Engineering Chemistry Research，2001，40（23）：5255-5261.

[32] Flood A E，Wantha W. Computational fluid dynamic modeling of a 1 m^3 draft tube baffle[C]//BIWIC 2006：13th International Workshop on Industrial Crystallization. Delft：IOS Press，2006：313.

[33] 武首香，王学魁，沙作良，等. 工业结晶过程的多相流与粒数衡算的 CFD 耦合求解[J]. 化工学报，2009，60（3）：63-70.

[34] Al-Rashed M，Wójcik J，Plewik R，et al. Multiphase CFD modeling：Fluid dynamics aspects in scale-up of a fluidized-bed crystallizer[J]. Chemical Engineering and Processing：Process Intensification，2013，63：7-15.

[35] Kramer H J M，Dijkstra J W，Verheijen P J T，et al. Modeling of industrial crystallizers for control and design purposes[J]. Powder Technology，2000，108（2/3）：185-191.

[36] Song X，Zhang M，Wang J，et al. Separations division[J]. AIChE Journal，2009，497a.

[37] Plewik R，Synowie C P，Wójcik J，et al. Suspension flow in crystallizers with and without hydraulic classification[J]. Chemical Engineering Research and Design，2010，88（9）：1194-1199.

[38] Zhu Z，Wei H. Flow field of stirred tank used in the crystallization process of ammonium sulphate[J]. Science Asia，2008，34（1）：96-101.

[39] Sen M，Chaudhury A，Singh R，et al. Multi-scale flowsheet simulation of an integrated continuous purification-downstream pharmaceutical manufacturing process[J]. International Journal of Pharmaceutics，2013，445（1/2）：29-38.

[40] Grof Z，Schoellhammer C M，Rajniak P，et al. Computational and experimental investigation of needle-shaped crystal breakage[J]. International Journal of Pharmaceutics，2011，407（1/2）：12-20.

[41] Chen J，Chong Z，Chen G A. Interaction of macro-and micromixing on particle size distribution in reactive precipitation[J]. Chemical Engineering Science，1996，51（10）：1957-1966.

[42] 周学晋，袁建军，沙作良，等. 外循环 DTB 流化床结晶器的计算流体动力学特征[J]. 盐科学与化工，2011，40（3）：30-33.

[43] 朱振兴. 硫酸铵结晶过程的研究及其固-液多相流的计算流体力学研究[D]. 天津：天津大学，2008.

[44] 武海丽. 硫酸铵结晶过程及 DP 结晶器系统研究[D]. 天津：天津大学，2014.

[45] 李娜，沙作良，杨兴红，等. Oslo 结晶器晶体粒径分布特征的 CFD 模拟[J]. 天津科技大学学报，2015，30（4）：45-49.

[46] Wöhlk W，Hofmann G. Bauarten von kristallisatoren[J]. Chemie Ingenieur Technik，1985，57（4）：318-327.

[47] Mullin J W. Crystallisation[M]. 3rd ed. Oxford：Butterworth-Heinemann，1993.

[48] Mersmann A.Crystallization technology handbook[M]. New York：Marcel Dekker，1995.

[49] Pohlisch R J. Einfluß von mechanischer beanspruchung und abrieb auf die korngrößenverteilung in kühlungskristallisatoren[D].Munchen：Technische Universitat Munchen，1987.

[50] Widua J，Hofmann G，Wang S，et al. Zyklische korngrenschwankungen in massenkristallisatoren[J]. Impf-Pas，2000（29）：42-44.

[51] Tatsui K. Klassifizierender kristallisator：DE1519915[P]. 1970-04-30.

[52] Bamforth A W. Industrial crystallization[M]. London：Leonard Hill，1965.

[53] Hofmann G. Ein Oslo-Kristallisator für lange reisezeiten[C]//Lecture on VDI/GVC-Meeting "Kristallisation". Deggendorf，1983.

[54] Ranodolph A，Larson M A. Theory of particulate processes[M]. New York：Academic Press，1971.

[55] Larson M A，Garside J. Crystallizer design techniques using population balance[J]. Chemical Engineer-London，1973（274）：318-328.

[56] 张经纬. MVR 工艺技术在盐化工领域面临的机遇与挑战[J]. 盐科学与化工，2018，47（10）：6-8.

[57] 刘海岛，尹秋响. 熔融结晶及其耦合技术研究的进展[J]. 化学工业与工程，2004，21（5）：367-371.

[58] Radhakrishnan K B，Balakrishnan A R. Kinetics of melt crystallization in falling films[J]. Chemical Engineering Communications，1999，171（1）：29-53.

[59] Parisi M，Chianese A. The crystal layer growth from a well-mixed melt[J]. Chemical Engineering Science，2001，56（14）：4245-4256.

[60] Yun J，Shen Z. Modeling of solid layer growth from melt for taylor bubbles rising in a vertical crystallization tube[J]. Chemical Engineering Science，2003，58（23/24）：5256-5268.

[61] Henrichsen L K，Mchugh A J. Analysis of film blowing with flow-enhanced crystallization[J]. International Polymer Processing，2007，22（2）：179-189.

[62] Xu F，Mchugh A J. A model for the two-layer blown film process with flow-enhanced crystallization[J]. Chemical Engineering Science，2009，64（22）：4786-4795.

[63] Kim K J，Ulrich J. An estimation of purity and yield in purification of crystalline layers by sweating operations[J]. Separation Science and Technology，2002，37（11）：2716-2737.

[64] Kim K J，Ulrich J. A quantitative estimation of purity and yield of crystalline layers concerning sweating operations[J]. Journal of Crystal Growth，2002，234（2/3）：551-560.

[65] Jiang X，Hou B，He G，et al. Falling film melt crystallization（Ⅰ）：Model development，experimental validation of crystal layer growth and impurity distribution process[J]. Chemical Engineering Science，2012，84：120-133.

[66] Chalmers B. Principles of solidification[M]//Applied Solid State Physics. Boston：Springer，1970：161-170.

[67] Arkenbout-De Vroome T. Melt Crystallization technology[M]. Boca Raton：CRC Press，1995.

[68] Jiang X，Wang J，He G. Fractal slice model analysis for effective thermal conductivity and temperature distribution of porous crystal layer via layer crystallization[J]. Crystal Research and Technology，2013，48（8）：574-581.

[69] Jiang X，Hou B，Wang J，et al. Model to simulate the structure of a crystal pillar and optimize the separation efficiency in melt crystallization by fractal theory and technique[J]. Industrial & Engineering Chemistry Research，2011，50（17）：10229-10245.

[70] Jiang X，Hou B，He G，et al. Falling film melt crystallization（Ⅱ）：Model to simulate the dynamic sweating using fractal porous media theory[J]. Chemical Engineering Science，2013，91：111-121.

[71] Yu B，Li J. Some fractal characters of porous media[J]. Fractals，2001，9（3）：365-372.

[72] Yu B. Fractal character for tortuous streamtubes in porous media[J]. Chinese Physics Letters，2005，22（1）：158.

[73] Yu B，Li J. A geometry model for tortuosity of flow path in porous media[J]. Chinese Physics Letters，2004，21（8）：1569.

[74] Jiang X，Xiao W，He G. Falling film melt crystallization（Ⅲ）：Model development，separation effect compared to static melt crystallization and process optimization[J]. Chemical Engineering Science，2014，117：198-209.

[75] Özoguz M Y. Zur schichtkristallisation als schmelzkristallisationsverfahren[D]. Clausthal-Zellerfel：Universität Bremen，1992.

[76] Delannoy C，Ulrich J，Fauconet M. Laboratory tests on an organic acid as a basis for a scale-up operation[C]//12th Symposium on Industrial Crystallization. Warsaw，1993，1：49-54.

[77] Neumann M. Vergleich statischer und dynamischer Schichtkristallisation und das Reinigungspotential der Diffusionswäsche[D]. Clausthal-Zellerfel：Universität Bremen，1996.

[78] Hunken I，Ulrich J. Continous layer crystallization in a countercurrent system[J]. Chemie Ingenieur Technic，1993，65（1）：91-102.

[79] Ulrich J，Hünken I，Fischer O，et al. Eine apparatur zur kontinuierlichen stofftrennung mittels gerichteter kristallisation[J]. Chemie Ingenieur Technik，1992，64（9）：842-844.

[80] Yamada J，Shimizu C，Saitoh S. Purification of organic chemicals by Kureha continuous crystal purifier[C]//Proceedings of 8th ISIC. Amsterdam：North-Holland Publishing Company，1982：265-270.

[81] Ulrich J. Fluidverfahrenstechnik-grundlagen，methodik，technik，praxis[M]. Weinheim：Wiley-VCH，2006：1131-1196.

[82] Rittner S，Steiner R. Melt crytallization of organic-substances and its large-scale application[J]. Chemie Ingenieur Technik，1985，57（2）：91-102.

第7章

晶体产品表征方法与过程测量技术

化学工业所生产的产品都要进行表征。如果产物是以固体形态呈现，那么所需要的特性数据比液体或气体多很多。液体和气体在分子水平上是均匀的，因此任何多个分子的体积元的性质都是相同的。固体是非均匀的，所以体积元之间的性质可能不同。对于结晶过程的产物从宏观上看是均一的，但除了要研究像粉末流动性的力学性能外，仍然有必要研究固体的固有性质及颗粒形状、颗粒大小和粒度分布等情况。

本章将详细、深入地介绍这些固体晶体的表征技术，特别是一些最新发展的技术及其应用，并例举几种最重要的表征晶体性质的方法与仪器，详述每种技术可以提供什么样的信息和具体应用[1]。溶解度是晶体物质的重要特征之一，在本书第 1 章已经讨论过，因此这里不再讨论。

7.1 晶体形貌与粒度

晶体产品的质量在很大程度上取决于它的粒度、粒度分布和颗粒形状，这些将会影响溶出速率、堆密度、流动性、易配制性和最终产品的含量均匀度等性能。因此，准确地表征晶体产品的粒度和形状是至关重要的。

7.1.1 粒度分布

晶体颗粒的大小称为颗粒的粒度，也可称为粒径。粒度或粒径表示的是颗粒直径。当然，对于非球形颗粒，其粒径与测量基准和统计方法有关，粒径只能是"等效粒径"。不同粒度间隔的颗粒占粉体总量的百分数（或累积百分数）称为频率粒度分布（或累积粒度分布），其纵坐标为不同基准计算的粒度组成，可以是个数、长度、面积、体积的百分数或累积百分数，其横坐标为不同基准计算的粒度值（其定义见第 4 章）。粒度是晶体物质进一步分类的根据，又是粒度测量、成因分析的主要对象，故粒度是晶体产品很重要的一个特征参数。粒度分析在化工、制药和食品等行业有着较为广泛的应用。

粒度分布可以用不同的方式表示。最常用的两种方式是粒数分布和质量或体积分布。这两种分布都可以显示为差异分布或累积分布。在这两种情况下，都默认地假定这些晶体粒子是球形的。通常情况下，如果对粒子进行计数（如显微镜），就会给出粒子的数量分布，如果对粒子进行计重，则给出质量分布（如筛分分析）。

从粒度分布可以计算出平均粒度。最常用的平均值分别是数量平均值和质量平均值（详细定义见第 4 章中的内容）。对于较宽范围的分布，质量平均值比数量平均值大得多。因此，说明平均直径是哪种类型的平均值是很重要的。通常在实践中，粒径分布可以由其 dN 值来表示，常见的特征值是 $d10$、$d50$ 和 $d90$。如 $d10=5\mu m$ 表示 10%质量的粒子的直径小于等于 $5\mu m$。

7.1.2 粒度测量方法

确定颗粒粒度分布的方法有很多。表 7-1 列出一些主要的方法，各个方法都有各自的优缺点，应该根据粒子的大小和所需的信息，选择合适的方法。同时，各种方法之间还可以作比对、互相印证。

表 7-1 测量晶体粒径的常用方法[2]

方法	筛分	光学显微镜	电子显微镜	沉降	库尔特计数	激光散射（弗劳恩霍夫散射）	准弹性激光光散射（动态光散射）
粒度范围 /μm	>20	0.5～150	0.001～5	0.01～50	1～200	1～1000	0.001～1

1. 显微镜

显微镜有其独特的优势，可以测量晶体颗粒形状和颗粒大小。与其他方法相比它的缺点是只能计数少部分粒子，因此结果可能存在较大的统计误差。自动图像处理在一定程度上减少了这一问题的影响。

图 7-1 是一个由显微镜确定颗粒粒度分布的例子，包含粒度分布及累积粒子和体积分布。通过显微镜测定的粒径通常使用当量直径（ECD）值表示，该值等于与其颗粒面积相同的球体的直径。由于通过显微镜测定粒径的动态范围很小，粒径通常以线性而不是对数形式显示。图中仍然可以看到 $q3$（概率分布函数）明显大于 $q0$。

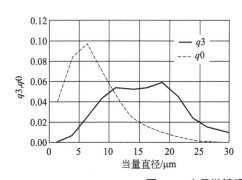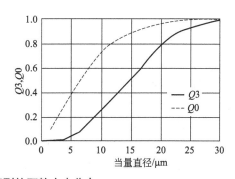

图 7-1 由显微镜观察到的颗粒大小分布

（3597 个粒子统计结果，$q0$ 为数量概率分布函数，$q3$ 为概率分布函数，$Q0$ 为累积数量分布函数，$Q3$ 累积分布函数）

2. 激光衍射

现代最常用的粒度测定方法是激光衍射法[3]。它的优点是测量范围广，对大多数结晶产品均适用，使用简单，统计效果好，速度快。当使用 Mie（米氏）理论修正粒度范围小于 $20\mu m$ 时，测量的粒度范围为 $0.2～2000\mu m$。该方法可用于湿式或干式样品的非破坏分析。

光在行进过程中遇到颗粒（障碍物）时，将有一部分偏离原来的传播方法，这种现象称为光的散射或者衍射。颗粒粒度越小，散射角越大；颗粒粒度越大，散射角越小。散射强度也依赖粒径大小，随着粒子体积减小而逐渐减小。大的粒子因此会产生强度较大的窄角度散射光，而较小的粒子则散射较宽的角度但强度较低。激光粒度仪就是根据光的散射现象测量颗粒大小的。米氏（Mie）理论是描述光散射更严格的理论，该理论预测了各种粒子的散射强度，包括小的或大的，透明的或不透明的粒子。图 7-2 展示了弗劳恩霍夫衍射原理图。从激光器发出的光束通过透镜后聚焦，并通过针孔滤波和准直镜准直后，变成一平行光束，该光束照射到待测的颗粒上，一部分光被散射。散射光经傅里叶透射后，照射到光电探测器阵列上，探测器上的任一点都对应于某一确定的散射角，光电探测器阵列由一系列同心环带组成，每个环带是一个独立的探测器，能将投射到上面的散射光能线性地转换成电压，然后送给数据采集卡，该卡将电信号放大，再进行 A/D 转换后送入计算机。根据探测器上检测到的强度分布，即可以计算出粒度分布。得到的结果是等效球形粒子的粒度分布，即将非球形粒子物质的光散射等同于球形粒子与光的作用方式一样。因此，与筛分、沉降或其他粒度测量方法的粒度分布结果会出现差异。通常，结果会给出分布函数（$q3$ 和 $Q3$），如图 7-3 所示。

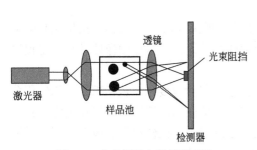

图 7-2 弗劳恩霍夫衍射原理图

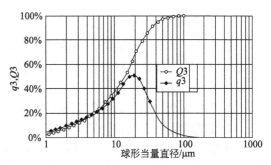

图 7-3 由激光衍射所得的典型粒度分布图

（$q3$ 为概率分布函数，$Q3$ 为累积分布函数）

与任何物理测量一样，样品制备是非常重要的环节。对于晶体颗粒大小的测定尤其如此。如果测量是在悬浮液中进行的，可能需要添加分散剂并使用超声波来确保均匀分散。这会破坏颗粒的聚合，这些聚合可能是期望的或者是不期望得到的。通常情况下，通过显微镜等其他方法观察样品制备的效果，这一措施是非常可取、有效的。对于不同的样品和不同行业，该测量方法开发、仪器校准和验收标准的指南可在相关法规文件中找到。

图 7-4 显示了激光衍射法与筛分法测定粒度分布的比较。从图 7-4（a）中可以看出两种测量方法的结果基本一致。用筛分法测需要大量（1kg）的晶体样品；从图 7-4（b）中可以观察到两种测量方法在大颗粒尺寸区域存在较小的偏差，这是因为有很小一部分晶体聚结，这些聚结体的尺寸超出了激光衍射的动态范围[4]。图中 $q3$ 和 $Q3$ 仍分别为概率分布函数、累积分布函数。

3. 筛分

粒度测定最简易的方法是筛分法，即通过不同大小的筛子将晶体颗粒分离开来。用离散的粒度范围内的颗粒质量分数来表达颗粒粒度分布（PSD），例如，样品粒度在 60～70µm 之

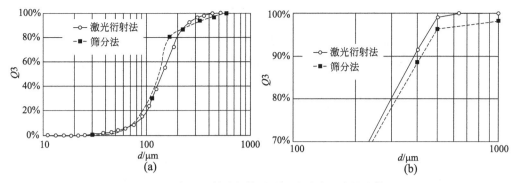

图 7-4　激光衍射法与筛分法测定粒度分布的比较

间的颗粒质量分数。孔最小的筛子在 20μm 左右,因此,筛分的粒度范围大于 20μm。尽管该方法非常传统,但由于其简单、廉价和易于理解,它仍然被广泛使用。进行筛分分析的最简单形式是在一堆筛分器上摇动样本,直到筛分器的质量保持不变,筛分器的尺寸逐级变小。如果用振动筛,其振动强度可能会影响测量的粒度分布,因为它可能导致样品的破碎。应使用可重复使用的机械振动筛。

对于球形颗粒,激光衍射和筛分测得的颗粒粒度分布可能非常相似 (图 7-4)。对于棒状颗粒,颗粒通过筛孔本质上取决于棒的直径,而激光衍射决定于与棒状颗粒体积相同的球体的直径。因此,筛分得到的结果将小于激光衍射所测得的结果。对于片状颗粒,情况则相反,筛分测量的为片状颗粒的片表面的直径。

7.2　颗粒流动性

固体产品除了其微观特性外,其宏观特性也具有重要的实用价值。这些特性包括堆密度、实密度和流动性。根据在标准化装置中确定的颗粒流动特性,可以预测颗粒在各种制造过程中的行为。当然,这种预测永远不可能是完美的,但它却具有很好的指导作用。可以根据其可预测性、重现性、灵敏度和易用性来衡量其实际价值。以下是描述颗粒流动性最常用的方法:

① 豪斯纳比或压缩度;
② 休止角;
③ 通过孔板的流出速度;
④ 颗粒流变性/剪切性质。

豪斯纳 (Hausner) 比和压缩度可以通过方程式 (7-1) 和式 (7-2) 计算,式中 V_0 为堆体积或松体积,V_t 为压实体积或沉降体积。将一定量的颗粒轻轻装入量筒后测量最初松体积,压实体积为在一定的控制条件下,采用轻敲法使颗粒处于最紧密状态,测量最终的体积。当豪斯纳比接近 1 或压缩系数较低时,表明流动性能良好;当豪斯纳比 > 1.35 或压缩系数 > 26% 时,表明流动性能较差。可以通过文献以获得更详细的分类[5]。

$$豪斯纳比 = \frac{V_0}{V_t} \tag{7-1}$$

$$压缩度 = 100\% \frac{V_0 - V_t}{V_0} \tag{7-2}$$

测量休止角的方法有很多种，以确定静态的和动态的休止角。

静态休止角的一种测量方法是将粉体从漏斗上方慢慢加入，从漏斗底部漏出的物料在水平面上形成圆锥状堆积体的倾斜角。在锥体的形成过程中，漏斗移动以使锥体和漏斗底部距离保持不变。

休止角（α）由式（7-3）定义：

$$\tan\alpha = \frac{2\times\text{锥的高度}}{\text{锥底直径}} \qquad (7-3)$$

休止角度 < 30°表示流动性能较好，而休止角 > 45°表示流动性能较差。

空隙流速的测定受颗粒在测量准备过程中的行为影响，如通过漏斗将颗粒装入模具，测量出来的流动速率受测试装置的影响很大（如孔的形状和直径，装的材料的类型，床层的直径和高度等）。因此，这个性质没有通用的尺度。采用固定的装置，测量一系列不同样品的流速，这个流速可以很好地反映出相应样品在大规模生产过程中的行为。

最基本的颗粒性质可用颗粒粉末流变仪测定[4]。它的工作原理类似于液体流变仪，将样品置于剪切单元中以测量应力/应变关系。颗粒/粉末试样剪切单元的设计比液体试样的设计要求更高，需要保证单元表面与颗粒之间有足够的接触，存在许多剪切单元结构。虽然颗粒流变仪能提供非常详细的颗粒特性信息，但对数据的解释也非常苛刻。

7.3 晶体结构光谱分析

单晶 X 射线衍射、X 射线粉末衍射（PXRD）、拉曼（Raman）光谱、红外光谱（IR）、近红外光谱（NIR）、太赫兹光谱（THz）、固态核磁共振（SSNMR）光谱等方法均可用于表征固体的晶体结构[6-15]。每种方法都有其优缺点，这里将详细介绍几个最常用的方法。

单晶 X 线衍射提供晶体结构的最终表征，但由于其需要提供单晶晶体，而且测试结果只提供特定的单晶的信息，可能并不代表整个样本，而且其测试非常耗时，所以它的实际用途，尤其是作为工业质量控制的一种方法是有限的。X 射线粉末衍射不受所有这些限制。在 X 射线粉末衍射中，一定数量的晶体被辐照并得到均匀的图谱。这使得它成为广泛使用的晶体和多晶型表征方法之一。

7.3.1 X 射线粉末衍射

单晶 X 射线衍射和 X 射线粉末衍射（PXRD）所用的布拉格定律的基本原理，可用下列关系式来描述：

$$n\lambda = 2d\sin(\theta) \qquad (7-4)$$

式中，θ为入射光与晶面之间夹角；d为平行原子平面的间距；λ是入射波波长；n为反射级数。

光在传播过程中，遇到障碍物或小孔时，将偏离直线传播的途径而绕到障碍物后面传播的现象，叫光的衍射（diffraction of light）。光是一种电磁波，且 X 射线也是一种电磁波，其波长很小（在 0.001～100nm）。当一束单色 X 射线入射到晶体时，由于晶体是由原子规则排列成的晶胞组成，这些规则排列的原子间距离与入射 X 射线波长有相同数量级，故由不同原子散射的 X 射线相互干涉（图 7-5），在某些特殊方向上产生强 X 射线衍射，衍射线在空间分布的方位和强度与晶体结构密切相关，每种晶体所产生的衍射都反映出该晶体内部的原子分布规律。

布拉格方程是 X 射线在晶体产生衍射时的必要条件,对于 X 射线衍射,当光程差等于波长的整数倍时,晶面的散射线将相长加强。

在 PXRD 测试中,暴露在 X 射线下的样品为粉末晶体颗粒,如果粒子随机取向,晶格中的所有晶面都会随 X 射线进行适当的取向,并在各自的角度上产生相关干涉。因此,将会得到图 7-6 中描述的图谱。不同的多晶型会有不同的晶体平面间距,从而导致不同的 PXRD 图谱。但是也存在一些罕见的例外,其中有的差异非常小,以至于使用标准仪器可能无法识别。

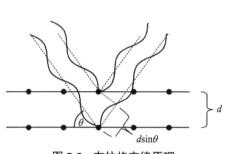

图 7-5　布拉格定律原理

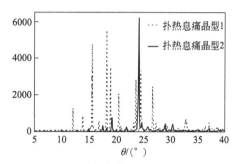

图 7-6　扑热息痛的 PXRD 图谱

PXRD 的一个实际问题是所谓的优先方向。如果粒子是非球形的(如片状或针状),并且不是随机取向的,PXRD 图谱中的一些峰可能会变得非常弱,甚至消失。因此,在比较不同样品的 PXRD 时,良好的样品制备是必不可少的。例如,可以通过对该物质的缓慢研磨来降低定向效果。用光学显微镜观察样品也有助于确定晶体粒子是否有优先定向。当样品被研磨时,必须注意晶体形态不会因研磨而改变。如果研磨强度不同,PXRD 图中的线只是强度发生变化而位置不发生变化,则说明晶型没有发生变化。

根据 PXRD 原理,当晶体平面间距在一定范围内保持恒定时,该方法产生较强的相长干涉。因此,它对分子的周围环境很敏感。

7.3.2　振动光谱

振动光谱主要受分子内部振动的控制。但是,由于这些振动受分子环境及它们晶体构造的影响,同样分子构造的不同晶体结构的多晶型物质表现出不同的谱图。这些差异一般不会像 PXRD 那样明显,但光谱和衍射方法对多晶型差异特性是相似的。图 7-7 (a) 显示了扑热息痛(对乙酰氨基酚)两种晶型的整个拉曼光谱。虽然整个光谱看起来基本相似,但可以观察到在 $1700cm^{-1}$ 到 $1200cm^{-1}$ 之间的明显位置移动[如图 7-7 (b)]。在某些情况下,例如同构溶剂(除了不同溶剂占据特顶晶格空间外,结构相同的溶剂),IR 和 Raman 的特性往往优于 PXRD。

拉曼光谱和红外光谱是两种互补的方法。它们有不同的选择规则(振动过程中偶极矩或极化率的变化)和实际应用。拉曼光谱与红外光谱相比其主要优点如下:

- 无需制备样品(IR 常用 KBr 压片;现代 ATR-IR 也消除了样品制备);
- 一般来讲,拉曼光带相对较窄;
- 拉曼显微镜对比红外显微镜,它需要更少的样品,有更好的分辨率;

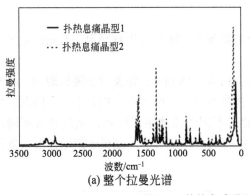
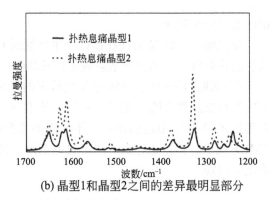

(a) 整个拉曼光谱   (b) 晶型1和晶型2之间的差异最明显部分

图 7-7 扑热息痛晶型 1 和晶型 2 的拉曼光谱

- 拉曼光谱可以很容易地应用于在线监测；
- 低频率更容易获得晶格振动的范围，晶型之间的差异通常非常明显；
- 可通过玻璃/石英容器测量，水的干扰很小（弱拉曼散射体），氢键很弱。

IR 的主要优点如下：

- 应用更加广泛；
- 价格便宜；
- 氢键的作用非常明显；
- 有荧光的样品不受影响。

近红外光谱由泛音和组合带组成，主要是 OH、NH 和 CH 键的伸缩振动。与红外光谱或拉曼光谱相比，它对多晶型的差异区分较弱，但由于其样品制备和在线监测的广泛可用性，其非常实用。

太赫兹光谱的波数范围在 $2 \sim 100 cm^{-1}$ 之间，也就是说，比拉曼光谱的波数还要低。这是一个多晶型间差异非常大的区域，这使得它成为区分多晶型的强大方法。然而，由于这项技术仍然很昂贵，并没有得到广泛应用。

7.3.3 固态核磁共振

核磁共振（NMR）光谱是测定溶液中分子结构的重要方法之一。固态核磁共振光谱（SSNMR）在技术上更具挑战性，需要专门的设备和技术。其中一种技术被称为"幻角旋转"，它涉及样本在特定角度（54.7°）下的高速旋转（通常速度为数万赫兹，即每分钟数百万转）。另外两项基本技术涉及精确的大功率射频脉冲，用于光谱简化（在"偶极去偶"的情况下）或灵敏度增强（在"交叉极化"的情况下）。这些技术可以以多种方式结合，使现代固态核磁共振光谱的分辨率接近于溶解态光谱的分辨率。所熟知的范围广泛的一维和二维核磁共振波谱技术现在可以通过适当的修改应用于固体。

固态核磁共振谱与红外光谱、拉曼光谱一样，对局部有序和局部性质敏感，即"化学"信息，X 射线衍射对长程有序比较敏感。由于不同的晶型物质其晶格排列或分子构象上不同，所以通常可以通过固态核磁共振来区分[16,17]。图 7-8 显示了一种活性药物成分的两种不同晶型的固态核磁共振谱图。

与其他技术相比，固态核磁共振技术有许多优点：

- 化学特异性（13c、19F、1H、31p 等）结构信息；

• 具有较窄、分辨率高的光带（特别是与近红外相比）；

• 在许多情况下，严格的峰值分配（频谱编辑，2D方法）的可能性；

• 无损取样；

• 对粒度效应不敏感；

• 适用于药物和配方药物产品；

• 可定量（原则上），定量限（LOQ）低至约1%；

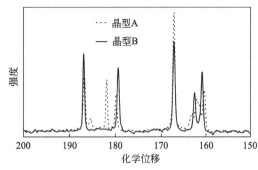

图7-8　一种活性药物成分的两种不同晶型的固态核磁共振谱图

• 适用于作为"客体"和"主体"的溶剂分子的溶剂化及脱溶剂研究，可以直接观察到这些溶剂分子；

• 可以得到纳秒到二阶尺度的动力学信息，这对快速异构化的检测有一定的指导意义。

然而，该方法也有以下缺点：

• 需要样品量大（最大可达300mg）；

• 耗时（获取一些光谱需要2d以上）；

• 在一定的测量条件下样品晶型等可能的变换（样品快速旋转，高功率射频脉冲）；

• 定量时通常需要大量的校准研究；

• 一些方法需要对同位素标记；

• 缺乏空间分辨率；

• 价格昂贵；

• 需要专业知识来实施和评估实验。

因此，固态核磁共振是一种非常强大的研究和开发工具，但并不特别适合作为常规的质量控制技术。

7.4　热力学分析

热分析技术是在程序控温的条件下，测量物系热变化和温度关系的一种技术，在加热或冷却的过程中，化合物会发生各种物理变化和化学变化，例如晶型转化、熔融、升华、吸附、脱水、分解、氧化和还原等。热分析技术测定的是样品的宏观平均性质随温度的变化，方法上属于表象技术（phenomenology）的范畴，在直接定位观察固态物质反应行为方面与XRD和SEM等技术相比，有其局限性，但在信息的定量化方面则明显优于后者。热分析技术在固体形态的鉴定和表征中起着关键作用。热分析法可以定义为热流随着外部参数变化对其进行测量的方法。在溶液量热法中，固体溶解在特定的溶剂中，并测量相应的溶解热。最常用的热分析技术是差示扫描量热法（DSC）[18-26]，它可以改变温度并测量相应的热流。

7.4.1　差示扫描量热法

商业差示扫描量热（DSC）仪器主要有两种。第一种是功率补偿模式。在这种模式下，样品和参照物保持相同的（变化的）温度，同时测量样品和参照物保持此温度所需的功率输入。第二种模式被大多数 DSC 仪器供应商所采用，称为热流型 DSC。这种模式下，测量样品和参照物被放在一个炉子中的不同位置上，被加热或者冷却，同时测量出为温度的函数的两者的温度差。通过样品与参照物的温度差和其各自的热阻计算出他们之间的热流差。这两种模式得出的数据基本相同：

$$\frac{\mathrm{d}Q}{\mathrm{d}t} = mc_p \frac{\mathrm{d}T}{\mathrm{d}t} \tag{7-5}$$

当温度以一定速率 $\mathrm{d}T/\mathrm{d}t$ 变化时，热流 $\mathrm{d}Q/\mathrm{d}t$ 作为温度的函数被测量。方程式 (7-5) 将这两个量与 c_p（比热容）和 m（样品质量）关联起来。在没有相变的情况下，DSC 信号与样品的比热容成比例。如果样品经历一阶相变（如熔化），由于此过程伴随相关的潜热，在相变温度下，系统的有效热容趋于无穷大。这样在 DSC 曲线上会相应出现一个峰。如果在 DSC 扫描中熔融峰是唯一出现的峰值，则可以通过熔融峰值作切线来精确地确定该固体的熔点（图 7-9）。

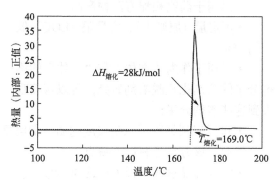

图 7-9　扑热息痛晶型 1 的热分析图

熔化焓可通过积分峰面积来确定。熔点和熔化焓是描述固体形态的基本参数。

晶型 1 是扑热息痛的热力学稳定晶型。通过对熔融峰作切线，可确定熔点为 169℃；积分熔融峰下的面积确定其熔化焓为 28kJ/mol。

如果一种物质存在不同的多晶型，并且晶型在熔融温度下不是热力学稳定态，通过 DSC 扫描，则会发生以下情况：

① 可以观察到该多晶型的熔点；

② 熔融开始后会立即再结晶，结晶出高熔点的晶型，之后此晶型晶体再融化；

③ 可以观察到晶体从亚稳态晶型到稳定态晶型的固-固转变，以及接下来的稳定晶型的熔融。

图 7-10 (a) 和图 7-10 (b) 显示了卡马西平多晶型的两种不同的 DSC 热分析图。卡马西平Ⅲ晶型在室温下是稳定的形式。图 7-10(a) 热分析图是在扫描速率为 10K/min 得到的。在 175℃下，观察到晶型Ⅲ熔化，然后立即（放热）重结晶为晶型Ⅰ，晶型Ⅰ是在 118℃以上的温度下热力学稳定的形式。因此，晶型Ⅰ和晶型Ⅲ是对映相关的。在 190℃下，观察到晶型Ⅰ熔化。当降低 DSC 扫描速率为 2K/min 时，得到图 7-10 (b)。根据 Burger-Ramberger（伯格-兰贝格）规则，可观察到晶型Ⅲ向晶型Ⅰ的吸热固-固转变，温度为 170℃。随后，晶型Ⅰ在 190℃熔化。是否有固-固转化的发生取决于一定条件下的湿度及样品特性（如颗粒大小、晶体缺陷、少量其他晶型或残留溶剂）。此外，它还可能取决于仪器参数：较快的扫描速率有利于熔融/再结晶，而扫描速率较慢时则更倾向于固-固转变。DSC 提供了关于这两种晶型的重要信息。如果两种晶型的熔融温度和熔化热能够确定，则可以从伯格-兰贝格规则 2 推导出它们是单变型还是互变型关系，以及是否有固-固转化发生。规则 1 在其他两种情况下得到了相同的答案。固-固转换的温度值会随在不同实验里样品所处环境不同而变化，一般不会是这两种晶型的热力学转变温度。对于互变型关系，固-固转换温度高于热力

学转变温度。图 7-10（b）就显示了卡马西平晶型 Ⅲ 转化为晶型 Ⅰ 的温度在约 170℃，而热力学转变温度是 118℃。对于单变型体系，根本不存在热力学转变温度。

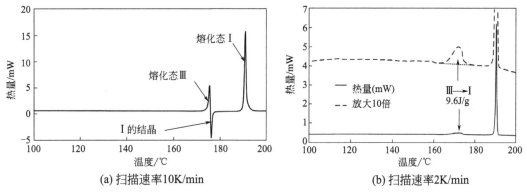

(a) 扫描速率10K/min　　　　　　(b) 扫描速率2K/min

图 7-10　晶型 Ⅲ 卡马西平的 DSC 热分析图

最后，DSC 也很适合非晶形态物质的表征。在玻璃化转变温度下，非晶态从玻璃态转变为橡胶态，可以观察到热容的跃迁。当非晶态物质变得有弹性时，可能会有非晶形态物质的结晶发生。这会通过结晶放热在 DSC 中表现出来，随后结晶固体融化。如图 7-11 所示，无定形扑热息痛在 24℃下，通过 0.7J/(g·K) 的比热容改变观察到从玻璃态转变为橡胶态。大约在 76℃下，橡胶态扑热息痛结晶成亚稳晶型 2，随后在 156℃下熔融。

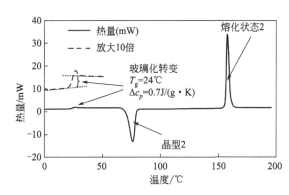

图 7-11　无定形扑热息痛的 DSC 热分析图

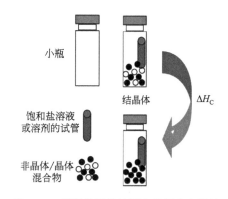

图 7-12　等温微量热法测定非晶态含量的样品制备程序

7.4.2　等温微量热法

等温微量热法是一种通用的方法，并有多种应用，如评估化学稳定性、溶液量热法测定溶解热、滴定量热法测结合能等。等温微量热法在固体表征方面的一个重要应用是测定无定形物体的含量[27]。图 7-12 展示了等温微量热法测定非晶态含量的样品制备程序：选择合适的溶剂后，将所测物质与装有盐溶液或溶剂的小试管一起放入小瓶中，以提供适当的湿度或溶剂气氛；然后，放在等温微量热仪中，样品中的非晶组分会发生结晶。

通常，希望通过结晶得到的产品是 100% 的晶体形态。如果没有进行过程优化，结晶所得到的固体可能含有非晶态组分。其原因之一可能是结晶过程进行得太快，或者是结晶过程之后的过程，如干燥或研磨，可能会导致非晶态组分的形成。在大多数情况下，这种非晶态组分是不理想的，因为它们可能降低产品的化学稳定性和改变产品的溶解特性。

对于许多化合物，由于水或溶剂在非晶态部分的吸附会降低非晶态物质的玻璃化转变温度，因此可以通过将样品置于潮湿或溶剂蒸气中可以诱导非晶态部分的结晶。通过将样品置于可控气氛的恒温微量热计中，对系统进行测量校准后，可以得出结晶热并计算出非晶态含量（图 7-12）。

除了筛选合适的诱导非晶态组分的结晶条件外，还需要优化结晶条件，使其在动力学上可行。结晶过程大约在放置好样品一个小时后开始，所以小瓶内的样品放置在等温微量热计后有足够的时间来平衡，为了使结晶更容易从背景曲线辨认出来，一般结晶会在 5～10h 完成。图 7-13（a）为在等温微量热计中观察到的样品非晶态含量为 0% 和 0.5% 的热现象。图 7-13（b）是对非晶组分含量随热流值变化的标准回归曲线，具有 95% 的置信度。通过线性回归分析，可以计算出无定形组分检出限为 0.3%，其定量限为 0.8%。

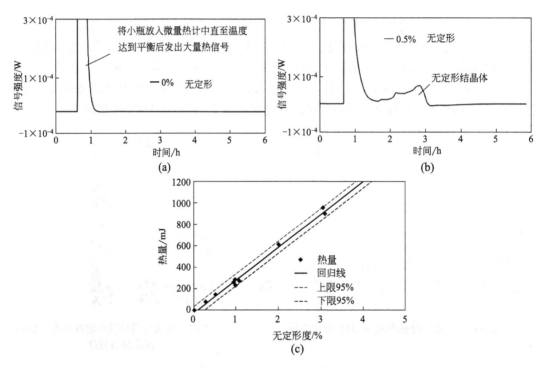

图 7-13　等温微量热特征曲线（（a）100%晶体、（b）99.5%晶体）和
（c）无定形含量随热流值变化的标准回归曲线及 95%的置信度

7.5　组成分析

7.5.1　热重测定

物质通常会结晶形成溶剂化物或水合物。热重（TG）是一个非常方便的来评估溶剂或水合物是否存在的方法。在测量过程中，样品在一个敞口的样品盘中加热，同时样品的质

量被记录下来。在测量过程中，用一定量的氮气流（大约为 10mL/min）进行通气保护。当溶剂蒸发时，质量损失被检测到。如果溶剂分子被束缚在晶格中，而不只是在粒子表面上，质量损失通常发生在相应溶剂的沸点以上。当采用 TG-FTIR 或 TG-MS 设备时，其中逸出的气体性质由傅里叶变换红外（FTIR）或质谱（MS）检测。图 7-14（a）描绘了二水合物、丙酮溶剂化物和乙酸乙酯溶剂化物的卡马西平 TG 曲线。排放的气体通过 FTIR 识别，其中丙酮溶剂化物的气相 FTIR 谱图见图 7-14(b)。丙酮溶剂化物（19.1%）和二水合物（13.2%）的实测质量损失非常符合理论值 19.7% 和 13.2%，主要发生在相应的液体沸点 56℃ 和 100℃以上。乙酸乙酯溶剂化物是非化学计量的溶剂化物，其中溶剂分子（每个卡马西平分子约含 0.1 个溶剂分子）非常紧密地结合在晶格孔中，并且仅在高于乙酸乙酯沸点（77.1℃）的较高位置释放。这些仪器还可以检测样品的热分解。

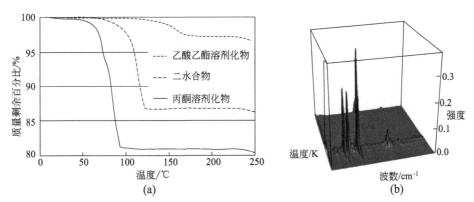

图 7-14 （a）三种卡马西平溶剂化合物的 **TG** 失重曲线和（b）丙酮溶剂化物 **FTIR** 谱图

7.5.2 动态蒸汽吸附

动态蒸汽吸附（DVS），有时也称为重力蒸汽吸附（GVS），是适合研究水合物形成和吸水性的方法。在 DVS 仪器中，样品的质量是相对湿度的函数。湿度可以是连续变化的，也可以是逐步变化的，样品的质量可以作为湿度（或时间）的函数。图 7-15 显示了一个水合物的典型 DVS 图。当湿度从 0% 上升到 95% 时，可以看到在相对湿度为 80% 时样本量大幅增加。从水合物质量增加的大小可以计算出水合物中是否形成半分子、单分子、倍半分

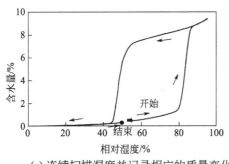

(a) 连续扫描湿度并记录相应的质量变化

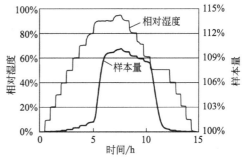

(b) 逐步改变湿度并记录相应的质量变化（每次改变湿度后，湿度保持恒定，直到样品质量恒定为止）

图 7-15 典型 **DVS** 曲线

子等。当湿度从 95%下降到 0%时，可以观察到在相对湿度为 50%时会有质量损失发生。对于形成化学计量水合物的物质来说这种滞后现象是很典型的，其原因是水合和脱水的动力阻力。一些水合物表现出极端的滞后现象，在标准的 DVS 实验中可能根本观察不到水合或脱水。形成非化学计量水合物或只吸附在表面的水通常表现出更连续的质量增加和减少，几乎没有滞后现象。如对于形成多个水合物的物质，会形成很复杂的DVS 图（如图 7-16 所示）。

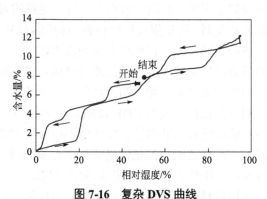

图 7-16　复杂 DVS 曲线

（可形成无水物、一水、倍半水、二水、半水和三水合物）

7.6　激光聚焦、散射技术

7.6.1　聚焦光束反射测量

1. 工作原理

聚焦光束反射测量（focused beam reflectance measurement，FBRM），由梅特勒-托利多开发。将 FBRM 探头（如图 7-17 所示）插入任何浓度和黏度的流动介质中，由探头视窗射出的聚焦激光束扫描流经探头视窗的颗粒。FBRM 能高度灵敏、精确地测量颗粒尺寸和颗粒数量的变化。用数量、弦长、秒分布能离析出指定区域的分布，提高分辨率。

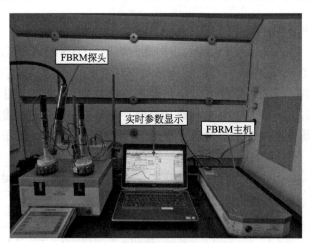

图 7-17　FBRM 在线探头及系统

图 7-18 描述了 FBRM 的工作原理。固体激光光源提供连续的单色光，然后从 FBRM探头发射出去。一组复杂的透镜组将激光聚焦到一个很小的点上，并通过精确校准焦点使它位于探头窗口与实际体系之间。精确控制焦点位置以获得高灵敏度、高重现性的测量。气动或电动精密马达使精密光学元件以固定速率进行旋转。在整个测量过程中，为确保数据精度，需要严格监控旋转速率。聚焦光束在探头窗口及颗粒体系之间作环形扫描，当聚

焦光束扫过探头窗口表面时，单个颗粒或者颗粒结构将激光以反射散射光的形式反射回探头。紧接着探头窗口的颗粒和液滴由扫描中的焦点及独特的反射散射光的脉冲信号确定。探头监测到这些反射散射光的脉冲信号，并以扫描速率（速度）乘以脉冲宽度（时间）通过简单计算转化为弦长，弦长可简单地定义为颗粒或颗粒结构的一边到另一边的直线距离。一般情况下，每秒钟测量数千个单个弦长，并形成由 FBRM 基本测量获得的弦长分布(chord length distribution, CLD)。弦长分布作为颗粒体系的"指纹式"表征，能实时监测并控制颗粒粒径与粒数的变化。

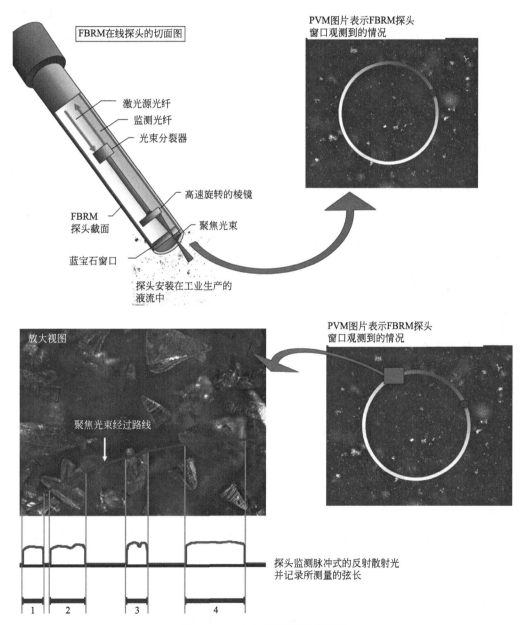

图 7-18　FBRM 测定原理示意图

显然，测量的 CLD 是悬液中粒子的数量、尺寸和形状的函数。由于悬浮粒子的随机方向和光束可以扫描每个粒子的随机位置，不能直接从 CLD 中提取粒子粒度分布（PSD）。虽然许多研究工作者想实现从 CLD 分布直接转换出 PSD 分布，但到目前为止还没有提出普遍适用的解决方案。因此，出于工业目的，建议直接使用实时 CLD 数据作为对晶体数量和粒度变化高度敏感的过程的"指纹"，而不是从 CLD 数据中提取准确的 PSD。

FBRM 作为一种新型的在线粒度测量装置，对固体浓度很高的体系也有较好的适用性。与离线分析技术相比，在线分析技术有着独特的优势，因为它能动态监测过程中粒子的变化，再通过对工艺参数（温度、加样速率、停留时间、混合速率等）的调节对结晶系统实时反馈控制，以生产出理想产品，保证下游性能（分离性、反应性、分散性等）。FBRM 能将随颗粒形状、大小和数目而变化的上游或下游工艺参数或最终产品性能（粒度、流变学、Z-电位等）直接关联。

2. 应用实例

（1）溶解度和介稳区宽度

FBRM 的一个最基本的应用是自动测定结晶过程的两个基本参数——溶解度和介稳区宽度（MSZW），并与自动化实验室反应器系统相结合。虽然一个简单的浊度计也可以完成这样的任务，但 CLD 数据提供了关于被研究系统的相对成核和生长动力学的额外信息，而浊度数据不能揭示这些信息。

（2）晶种效应

FBRM 被广泛用于研究加晶种的效率和定量晶种材料的有效性[28]。如果没有这样的在线场分析工具，很难在结晶过程结束前评估加晶种效应。Lafferrere 等[29]使用 FBRM 和原位显微镜研究了加晶种对晶体生长和一次、二次成核的影响。在一定条件下，该体系为液-液相分离，也称"油析"。运用在线工具确定相图中的相分离区域。通过向介稳区加晶种，可以防止油析的发生，并可以得到可重复的实验。

（3）晶型转换

不同晶型的晶体常常表现出明显不同的晶体形状。在这种情况下光学原位测量技术如 FBRM 或在线显微镜，尽管不能给出任何关于晶体结构的信息，但其仍然可以用于监测在结晶过程中可能发生的晶型转化过程[30]。

图 7-19（a）为 L-谷氨酸结晶实验开始后 1h 所记录的谷氨酸 α晶型的弦长分布。图 7-19（b）展示的为实验开始后 16h，晶型转换结束时谷氨酸β晶型的弦长分布。从弦长分布数据中可以直接观察到固相浓度升高对弦长数据的影响。而且，在实验中，同时通过结合原位显微镜、ATR-FTIR 和拉曼光谱[30]来监测多晶型转化。

FBRM 对晶体成核敏感，可以用于了解非对映异构体的结晶，识别二次成核并尽可能避免二次成核，从而达到尽可能减小不需要的对映体的结晶，进而提高产品质量和缩短生产周期[31]。

（4）杂质水平的影响

在结晶过程中，不同的原料含有不同含量的杂质，进而会极大地影响结晶系统的热力学、晶体生长和成核动力学。Scott 和 Black[32]利用 FBRM 研究了特定杂质对结晶动力学的影响。他们发现，用纯物料的结晶可以非常迅速地达到终点，而含有杂质的物料会减慢了

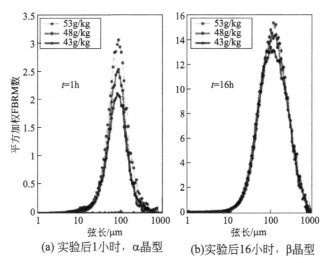

(a) 实验后1小时，α晶型   (b)实验后16小时，β晶型

图 7-19　三种不同初始浓度溶剂在 45℃下结晶所得 L-谷氨酸晶体的弦长分布

晶体的生长，从而结晶结束时间要晚得多。采用 FBRM 可以考察不同杂质水平下结晶系统的相对生长速率和成核速率，以及杂质对结晶周期和产率的影响。

（5）晶体成核动力学研究

除了测量晶体颗粒的生长动力学外，FBRM 还被用来测定基于第一性原理的成核机理的动力学，即作为过饱和度函数的诱导时间的精确测量。ATR-FTIR 光谱和FBRM 相结合，可以精确测定诱导时间，即从整个结晶器达到均匀的过饱和水平到检测到粒子形成之间的时间跨度。图 7-21显示了 ATR-FTIR 和 FBRM 信号随结晶时间的变化，从图中可以清楚地分别出实验的四个阶段，即①滞后期、②过饱和度的建立、③诱导期、④可检测粒子的形成。

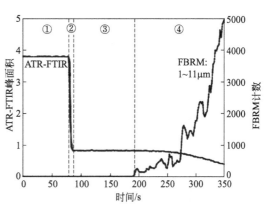

图 7-20　过度饱和度 s=5.0 时 ATR-FTIR 和FBRM 信号随结晶时间的变化

（6）改善下游操作

平均粒径、粒子形状和粒径分布宽度对下游不同单元操作，如过滤、洗涤和干燥有显著影响。Kim 等[33]使用 FBRM，以最小化过滤、干燥和颗粒处理的便利化为目标优化结晶过程。在这个特殊的例子中，研究者使用 FBRM 来考察酸添加量和晶种质量对颗粒产品的影响，并利用 FBRM 设计了优化的干燥工艺，以保证最终药物的溶出动力学一致。

也有文献报道了 FBRM 作为"软传感器"的类似应用，对于特定的结晶过程进行优化。CLD 与结晶产品的功能特性有很大的相关性。例如，过滤性[34]，在这些情况下，可以使用CLD 的中位数（未加权）来表示细晶的数量，而细晶的数量又与过滤性直接相关。

（7）过程控制

尽管关于结晶的研究已经有几十年的历史，间歇式结晶过程控制仍然主要基于间接参数，如停留时间、温度和溶析剂滴加/冷却曲线。液相和固相在线过程分析工具的出现有可能会提供一个更加直接、有效控制的途径。

对于结晶过程封闭回路的控制可以基于液相的过饱和水平[35]，或者基于对固相的直接控制[36]，也可以基于两者的结合[37]。图 7-21（a）显示了基于 FBRM 监测的固相特征直接控制成核的方法[36]；液相和固相同时控制的方法，如图 7-21（b）所示。

液相和固相共同控制的优点是可以通过 ATR-FTIR 定量液相的过饱和度，同时通过 FBRM 监测粒度的变化。Woo 等[37]提出的控制方法相对于传统的结晶过程控制而言受过程干扰、热力学变化或动力学变化的影响较小。

基于第一性原理动力学过程控制的第二个优点是需要最少的先验信息和不需要耗时的动力学测定。虽然这种控制方法可能会增加过程参数的变化，但它会使重要的产品质量属性（即粒度、粒度分布和纯度）的变动最小化。

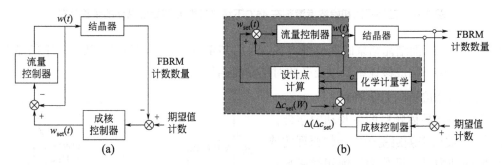

图 7-21　（a）分布式数控（DNC）方法的方框图（其中 $W(t)$ 为实际流入结晶器的反溶剂/溶剂流量，$W_{set}(t)$ 是控制器给泵的反溶剂流量设定值）和（b）结合液相和固相表征的自适应浓度控制原理图

3. 优势和局限性

FBRM 的一个主要优点是高计量稳定性，根据悬浮密度和颗粒大小，每秒可以计算出几十万个颗粒。此外，测量原理不像激光衍射受粒子形状的影响。对于晶型转化引起的晶形的变化可以直接通过 CLD 数据捕捉到。而且，FBRM 适用范围广，如广泛的温度压力变化和较大的固相浓度变化。根据 FBRM 测量原理，其对悬浊液的浓度没有上限要求。然而，在高悬浮密度下，测得的 CLD 与颗粒浓度之间不是线性相关关系。最后，FBRM 是一种基于计数的技术，这使得测量对细颗粒特别敏感，因此它特别适合监测可能对最终产品质量有重大影响的成核、破碎和溶解等过程。总的来说，FBRM 是一种过程在线监测和优化的工具，适合从粒子数和粒度的变化率和变化程度来监测粒子的成核生长等动力学过程，从而可以进一步了解和量化不同的工艺参数对颗粒产品的影响。

除了之前描述的从测量的 CLD 很难得到 PSD 外，还有其他一些因素可能会限制 FBRM 的应用。结晶器内的搅拌条件和探头周围的流场会影响 CLD 的测量。此外，悬浮颗粒的大小、形状和数量也会影响 CLD[38-40]。然而，最大的限制是在处理透明粒子时，不可能发生反向散射或弦分裂。在这种情况下，固体材料的光学性能起着决定性的作用，可能会限制 FBRM 的应用。尽管也有许多关于从 CLD 计算得到 PSD 的研究，但是还没有真正得到解决而应用于实际当中[41-47]。

7.6.2 前向光散射

1. 背景

在过去的几十年里，基于激光衍射来测定颗粒粒度分布（PSD）的仪器得到了快速发展。第一代仪器如马尔文仪器公司（英国）的传奇 2600 系列粒子筛选器用一系列半中心环形探测器测量了激光衍射图样，以记录正向的低角度衍射图样。其所测得的所有环的轴对称衍射图样代表了悬浮液晶体粒度分布的特征。得益于 Switchenbank 等[48]利用基于夫琅和费衍射的反演技术，才将这种衍射模式可以转换生成 PSD。在过去的几年里，激光衍射仪器得到了改进。例如，最新版本的探测器不再是半中心的，所测粒度小很多，并且只覆盖一个角扇区，其表面积遵循从中心到外部的对数级数。而且宽角散射和后向散射的测量、蓝色激光的使用以及更完整的描述激光衍射的米氏散射理论都有助于在一次测量中扩大颗粒粒度范围。

激光衍射技术应用广泛，已成为最常用的标准定量技术。这些仪器能够成功运用的原因在于操作简单，为快速测量晶体粒度分布提供了一种非破坏性的方法，并且在不需要大量的校准程序前提下可得到可重复的结果。

前向光散射设备的主要缺点是需要较低的粒子浓度，因为避免多次散射的影响，所以大多数工业晶体悬浮液必须经稀释后才能用这种方法进行分析。这一要求限制了这类仪器的在线应用。另一个问题是该类仪器对粒子形状的敏感性，其在二维平面上测量粒子的投影面积，对于非球面粒子，投影面积取决于测量单元中粒子的形状和方向。然后使用一个球形当量直径来确定颗粒的大小，这将导致结果偏离真实的颗粒大小。

2. 激光散射原理

来自相干单色光源的平行光束落在粒子群上，形成复合散射模式。这种散射模式是粒子的大小和光学性质的函数，可以用透镜和放置在透镜焦平面上的空间探测器来测量（见图 7-22）。作为对应于光轴散射角函数的强度图像被记录。当角度为 0° 时，不偏转的光聚集在一起，形成一个非常强烈的光斑。

在大多数情况下，在探测器上开一个孔，以防止该位置附近的探测器元件失灵。这种所谓的模糊信号是用一个单独的探测器来测量的，并在测量单元中形成一个粒子浓度的测量。由于小颗粒的小角度散射图中的尺寸信息比较有限，所以现代仪器除了测量小角度散射图外，还测量了大角度和背向散射强度（参见图 7-23）。

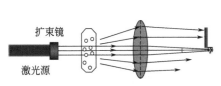

图 7-22 激光衍射仪的示意图
（仅测量低角度散射）

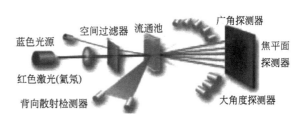

图 7-23 现代模糊逻辑系统（FLS）仪器的示意图

低角度散射是由垂直于入射光束的焦平面探测器测定的（见图 7-23），而广角和背向散射探测器是分开的，以增加仪器对低尺寸范围的灵敏度。仪器的分辨率原则上受所用激光波长的限制。然而，配备这种广角探测器和双激光（蓝色和红色）的仪器分辨率在 50～100nm 和几个毫米之间。

用多种探测器元件测量的散射图是在测量单元中的所有粒子的散射特征。这可以描述如下：

$$
\begin{pmatrix} L_1 \\ \vdots \\ L_n \end{pmatrix} = \begin{pmatrix} A_{1,1} & \cdots & A_{1,m} \\ \vdots & & \vdots \\ A_{n,1} & \cdots & A_{n,m} \end{pmatrix} \begin{pmatrix} Q_1 \\ \vdots \\ Q_m \end{pmatrix} \tag{7-6}
$$

式中，L 为实测光能矢量；A 为散射矩阵；Q 为未知的粒度分布；n 为探测器元件数；m 为粒度种类数目；A_{ij} 为根据光散射理论计算出的散射矩阵 A 的元素，该元素表示探测器元素 J 中一类粒子颗粒的总散射模式的贡献。

只有当单个粒子的散射模式不受其他粒子的影响时，这个方程才有效。这意味着必须避免多次散射，这将粒子浓度限制在体积含量的 1% 左右。

为了从测量的散射图中推导出粒度分布，必须知道散射矩阵 A。此外，必须使用反褶积技术，利用式（7-6）从测量的光能矢量 L 中求解未知的粒度分布，这些方面将在下一节中讨论。

图 7-24 给出了若干单分散粒度分布的散射图，其选择了标准偏差为 10μm，粒度在 50μm、100μm、150μm、200μm 和 250μm 左右正态分布。该散射模式是通过马尔文 Master Sizer X 100mm 镜头计算出的。很明显，较大的粒子以较小的角度散射，而较小的粒子则表现出更宽泛的特征。在图 7-25 中给出了混合物的散点特征，它是由 5 个样品在等体积分数下混合得到的，这清楚地说明了衍射仪器的局限之处。尽管这 5 个样品的大小是明显分开的，但分散模式是相当平滑的，要找到样品组成的解决办法是一项困难的任务。

值得注意的是，图 7-24 和图 7-25 所示的衍射模式是由粒子的衍射模式以及衍射仪器的几何形状和灵敏度决定的。

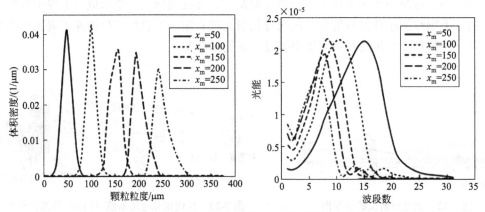

图 7-24　五个单分散悬浮液的体积密度图及其散射图

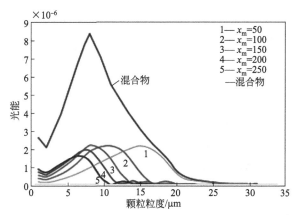

图 7-25　五个样品及其混合物的散射图

3. 散射理论

光散射理论描述了入射光的电磁场与悬浮粒子之间的相互作用。可以注意到有如下现象（见图 7-26）：粒子表面和内部的反射，以及从介质到粒子和从粒子到介质的折射、衍射和吸收。这些现象的相对重要性取决于粒子的性质，如大小、折射率、均匀性和入射光束的波长等。一些散射理论已经发展成为特定的应用。

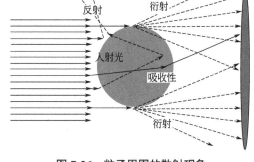

图 7-26　粒子周围的散射现象

这里将简要讨论最常用的理论，采用这些理论描述上述一部分现象，需基于下列假设：

- 粒子是均匀的、球形的；
- 单次散射：在光线落在探测器之前只发生一次散射；
- 非相干散射：粒子在测量体积中随机取向；
- 独立散射：粒子的散射模式不受测量单元中其他粒子的影响。

这些假设限制了该技术只能测量低颗粒浓度（通常低于 1% 的体积）的粒子。根据前两个假设，推导出粒子的散射图是单个粒子散射图的线性组合。

(1) 广义洛伦兹-米氏理论

广义洛伦兹-米氏理论[49-51]给出了严格的光散射描述。它使用在空间的每一个点的麦克斯韦方程，可以解决小散射角和球形粒子[50]，尽管计算时间随着无量纲值 α 粒子大小迅速增加：

$$\alpha = \frac{\pi}{\lambda} x \tag{7-7}$$

$\lambda(m)$ 为光的波长，x 为面积等效直径。对于不同的粒子形状和较大的粒子，洛伦兹-米氏理论计算的散射图变得不够可靠，在这种情况下，用近似理论可以更有效地计算散射图。最有名的是：反常衍射[52]、夫琅和费衍射。

由于附加的假设简化了衍射模式的描述，因此这三种理论都有一定的局限性。

（2）反常衍射

反常衍射理论[52]仅适用于比激光束波长大得多的粒子和相对折射率 m 在 1 左右的值，定义为：

$$m = \frac{m_{par}}{m_{med}} \qquad (7\text{-}8)$$

其中，m_{par} 和 m_{med} 分别是粒子和介质的复折射率。该理论假设衍射可以用几何光学和衍射相结合的方法来描述。由于粒子与介质的折射率不同，通过大粒子折射后的光相对于未受扰动的光具有相当大的相移。这种相移引起了衍射的畸变，并在计算衍射信号时加以考虑。在吸收粒子的情况下，这个理论不再有效。

（3）夫琅和费衍射

在这个理论中，反射和折射的贡献完全被忽略了。只有下列关系成立时才有效[52]：

$$\alpha = \frac{3}{|m-1|} \qquad (7\text{-}9)$$

对于足够大的粒子，用标量衍射理论可以准确地描述其散射特征。球形粒子的角辐照度描述如下：

$$I(\theta) = I_0 \left[\frac{J_1(\alpha \sin\theta)}{\alpha \sin\theta} \right]^2 \qquad (7\text{-}10)$$

式中，J_1 为第一类贝塞尔函数；θ 为观察角度；I_0 为粒子的入射光强度。

球形粒子的衍射模式是众所周知的 Airy 模式，如图 7-27 所示。

4. 形状的影响

晶体的形状对其衍射谱有显著的影响，如图 7-27 和图 7-28，分别显示了球形和矩形颗粒的衍射图。很明显，由于在商业仪器中没有考虑粒子的形状，粒子的形状对 PSD 测量有相当大的影响。

在衍射仪中，粒子一般被认为随机取向从而测得衍射图。因此，得到的图像将是粒子所有可能方向的二维投影的平均值。这会导致晶体粒度分布明显比实际的粒度分布要宽得多，特别是细长的粒子，CSD 具有多模态特征。为了纠正这些形状效应，可以采用两种策略：

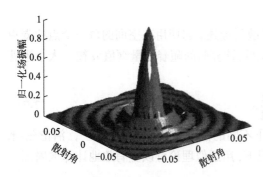 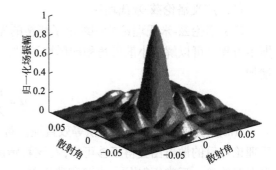

图 7-27　夫琅和费状态下球形颗粒的衍射图（$A=200$）　　图 7-28　矩形颗粒的衍射图样

① 通过与一些独立的尺寸测量装置进行测量粒度分布的比较，对仪器进行校准。该方法是一种实用的方法，可以在不需要制造商参与的情况下实现。但衍射峰增宽等基本问题尚未解决。

② 根据粒子形状信息重新计算散射矩阵。然而，要做到这一点，必须能够重新计算在软件中使用的分散矩阵，因此需要得到仪器制造商的帮助。

过去曾有报道尝试使用探测器平面的方位角变化来确定粒子的形状[53]。不幸的是，目前还没有使用这种技术的商业仪器。

5. 多重散射

在工业悬浮液中，颗粒浓度往往过高，不可避免多次散射的发生。因此，一些商业仪器包含多重散射算法。根据 Hirleman 的报道[54,55]，在两种情况下会发生激光的多次散射：(1) 当粒子间距太小，一个粒子的散射特性取决于相邻粒子的位置和大小；(2) 光路（入射辐射方向的扩展）很大，造成大量的光子在离开介质到达探测器之前不止一次发生散射。结果，衍射角增加，基于单个粒子的单个光子散射的假设的初始数学反演过程高估了小粒子的数量，低估了分布的宽度。

为了解决这个问题，Hirleman 开发了多重散射模型。将逐次散射近似法与类似于 Felton 等[56]的离散纵坐标方法相结合。该构想假设孤立的粒子光散射，轴对称衍射模式，粒子特性（浓度和粒子粒度分布）均匀分布在空间中，粒子大于光的波长，只考虑近正方向的散射光。在此基础上，建立了具有特定圆形二极管串联排列的激光衍射仪的模型。马尔文仪器中的算法是基于 Hirleman 的模型的校正算法[57]，此算法允许传输低至 5%的测量进行。

6. 激光衍射在工业结晶过程监控中的应用

应用激光衍射来监测工业结晶过程中粒度分布变化的例子很少，在工业实践中，对 CSD 监测主要是通过对结晶器中（干）样本的取样，紧接在实验室对样品进行粒度分布分析（计数、筛分、激光衍射等）。在工业环境中直接应用激光衍射仪有许多缺点。最关键的一点是，该技术的使用固体浓度限制在约为 1%（体积分数），而工业结晶器中的产品浓度通常要高一个数量级。因此，在线监测 CSD 需要在线稀释系统，以降低晶体浓度。唯一的替代方法是使用前述的多次散射算法，该算法颗粒浓度最高可达 4%～5%（体积分数）。然而，使用多次散射算法重建的 CSD 质量较差，而最大可用粒子浓度对于大多数工业结晶应用来说不够高。

据报道，自动稀释系统能够实时监测结晶过程中的 CSD[58,59]，它使得使用激光衍射仪在结晶器中对几天内的 CSD 进行实时精确监测成为可能。稀释系统只需要一个恒定的稀释液流和两个可程序控制的气动阀门，就可以进行背景和样品测量（参见图 7-29 所示）。结果表明，在工业结晶器中，配备自动稀释系统的激光衍射仪能够很好地跟踪 CSD 的变化，获得了不局限于平均晶体粒度的 CSD 变化的详细信息。

这些在 Neumann[60]的研究工作中得到了证实，如图 7-30 所示，图中显示了在 11100l 型

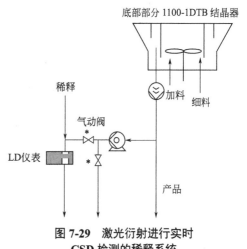

图 7-29　激光衍射进行实时 CSD 检测的稀释系统

DTB 蒸发结晶器中 17 个粒度范围在 45h 内的粒数密度的变化趋势。用 HELOS/ VARIO 激光衍射仪对饱和溶液稀释后的晶体悬浮液进行 CSD 测定。稀释倍数变化到 15 倍左右稳定。图 7-30 所示的结果显示了应用该测量系统能获得的大量信息。分布的峰值，首先在小尺寸的部分出现，并慢慢地移动到大尺寸部分，清楚地显示出晶体生长的动力学特性。图 7-30 还清楚地显示了结晶器是在一个有限循环波动中工作的。这些信息对于流程的操作人员来说非常有价值，可以稳定操作过程并使 CSD 向期望的分布方向发展。结果表明，该系统相当稳定；在 45h 的操作时间里，只有一个主要的堵塞发生在大约 13h 后，并通过冲洗系统解决了该问题。

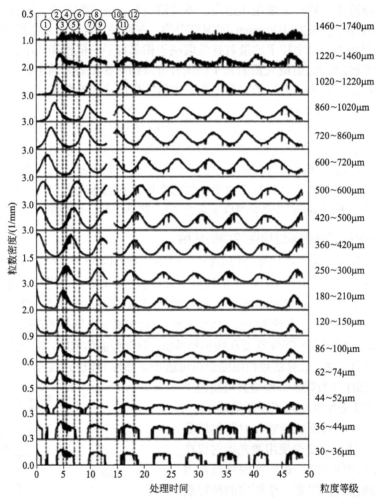

图 7-30　DTB 蒸发结晶器中用自动稀释系统和 Helos 激光衍射仪所测 CSD 随时间变化[60]

但是结合自动稀释系统的激光衍射应用还很少。显然，尽管自动稀释系统在商业上是可行的，但由于担心该系统不够完美，到目前为止还没有被普遍接受。

7. 结论

前向光散射技术是一种强有力的粒子粒度测量技术，被广泛接受为标准技术。其有以下特征属性：

- 总测量量程为 0.05～6000μm；
- 传感器生成基于投影面积的体积分布；
- 分辨率较高；
- 适合在线应用（配备自动稀释系统）；
- 采样和稀释需要降低到体积浓度的 1%左右，多重散射算法可达 4%～5%；
- 无需校准；
- 形状影响使粒度分析复杂化。

总的来说，激光衍射是表征结晶过程中晶体粒度分布的一种强有效技术。结合自动稀释系统，CSD 的在线监测也是可行的，并提供了有价值的动态过程信息，可直接用于控制晶体质量。该技术也有一个重要的缺点，就是仪器不能正确地考虑晶体的形状。对于针状晶体尤其重要，针状晶体经常出现在有机或药物结晶系统，这会造成针状晶体测量的偏差很大。

7.7 在线成像技术

结晶或反应沉淀结晶过程产物的晶体粒度分布（CSD）是决定产品质量和产品性能的主要指标。晶体粒度分布还会影响下游固-液分离步骤的效率，如过滤和干燥。前面几节已经介绍和讨论过，一些 CSD 测量设备是可用的，如激光衍射（LD）、超声衰减（UA）和聚焦光束反射测量（FBRM），然而，所有这些测量仪器在 CSD 的在线监测中都遇到了一个共同的困难——当颗粒的形状偏离了理想的球形时，无法提供可靠的粒度信息。此外，对于 LD 和 UA 仪器，需要从测量信号构建粒度分布，这个粒度分布对非理想（多峰分布）分布也是很复杂的。

视频显微镜已经被证明是这些 CSD 测量工具的一个有价值的选择，因为它不受以上这些问题的困扰。对粒子的直接观测使数据的解释更加直观。需要注意的是，晶体的大小和形状是在没有对晶体的形状或粒度分布作额外假设的情况下得到的。此外，所获得的二维晶体形状信息可以在一次测量中同时表征晶体的大小和形状，而无需大量的校准程序，从而简化了实验并降低了测量成本。从图像分析中获得的形状信息对于监测和控制具有不同晶体结构的化学系统的晶型或晶型转化至关重要[61]。

从图像中获取定量信息需要对图像分割。这意味着需要将感兴趣的对象从背景中分离出来。为此，需要广泛的技术来提高图像质量，如执行背景校正，提高图像的清晰度，纠正重叠和边界问题，等。图像分析技术已经非常成熟，一些商用的离线及在线分析仪器已经投入使用。

大多数商业仪器在受控的流动和照明条件下，通过设计特殊的流动单元对悬浮液进行成像来解决分割问题[62]。这些离线粒度和形状分析仪器有马尔文（Malvern）的 Sysmec FPIA 3000、贝克曼库尔特（Beckman Coulter）的 RapidVUE 和新帕泰克公司的 QICPIC。虽然这些仪器能够提供粒度和形状分布，但是它们需要取样和样品预处理，这里不再讨论。从粒子悬浮物中提取有代表性的样本是困难的[62,63]，耗时而且问题多（不可靠）。还有许多图像分析仪，允许直接监测实验过程中样品的图像信息，如梅特勒-托利多的粒子成像测量仪（PVM）、Pixact 结晶监测系统（PCM）、施瓦茨公司的过程图像分析仪（PIA）和里昂大学的 EZProbe D25 测量仪。结晶过程中的在线图像监测与控制仍然存在图像分割问题。由于背景强度的变化、粒子的重叠和图像的清晰度，这些传感器的定量信息仍然不是很可靠，需要进一步地开发。

在下一节中，将对现有的关于原位图像分析应用的文献进行概述，与其他 CSD 测量仪器进行了比较，并对成像传感器设计的具体方面进行讨论。最后，将通过一些案例的研究阐述成像技术在工业结晶过程在线监测中的应用以及其局限性。

7.7.1 应用与发展

评价晶体产品质量的重要属性之一是 CSD。因此，结晶控制的最主要工作之一是获得有理想 CSD 的产品[64]。从某种意义上来讲，由于晶体的形状随物质的不同而不同，甚至相同的物质但结晶条件不同其形状也会各异，因此晶体粒度的确切定义变得十分重要。这意味着在监测 CSD 的过程中，应考虑形状的差异。这对 CSD 测量仪器提出了很大的挑战。

常用的粒子粒度测量仪器有激光衍射（LD）、激光前向光散射、超声衰减等。LD 记录由晶体产生的衍射，并试图确定具有类似衍射的球形颗粒的直径分布。在 LD 测量中，没有考虑最初晶体的形状。由于用球形模型描述数据和晶体的取向性，LD 往往高估了高占比粒子直径分布的宽度[65]。FBRM 测量晶体的弦长分布（CLD），原则上可以通过推算得到 CSD，但推算需要对粒子形状进行假设，且条件非常苛刻[66]。

使用超声衰减法测量 CSD 需要大量额外的信息，而这些信息可能并不容易获得，或需要根据其他仪器（在大多数情况下为 LD）进行校正。而且，在这两种情况下，粒子的形状都没有被考虑进去。虽然大多数仪器对接近球形的粒子测量效果很好，但当粒子不是球形时，尤其是当它们具有较高纵横比时，测量效果就会受到很大的影响。

这些 CSD 测量中的大部分问题都可以通过成像进行有效地解决。图像分析最大的优点之一是它是一种直观技术。因不需要对粒子的形状做任何假设，也不需要推算算法来获得晶体的粒度分布[67]。另一个优点是图像分析可以用来测量二维的 CSD。此外，在成像过程中通过直接观察可以区分结晶过程中的不同现象，如溶解和聚结，它们都会导致颗粒数量的减少[68]。尽管图像技术有诸多优点，但它的一大局限是对图像的质量很敏感。当晶体的图像为离线拍摄，并且晶体颗粒被良好地分散，没有任何重叠时，它表现出很好的测量效果。在线拍摄的图片背景强度的变化，会带来新的挑战，使得图像分割更加困难。此外，由于与仪器相关的参数——景深也会出现图像分割困难。在在线成像过程中，有限的景深和晶体的随机取向共同导致了边缘厚度的变化（边缘模糊）。即使晶体是垂直于透镜的，由于晶体与透镜之间的距离不同，单个快照中的晶体可能有不同的清晰度。尽管有其局限性，但图像分析提供的直接观察的优势使其成为在线结晶监测和控制的最佳工具之一。Simon 等[69]使用基于内镜的视频成像（BVI）来监测水中碳酸钾水合物的成核出现和测定介稳定区。他们从外部内镜捕获图像，将其转换成灰色格式，并确定其平均灰度强度（MGI）。当图像的 MGI 增加到一定的阈值以上时，说明开始成核。虽然通过 BVI 获得了大量的定性信息，但由于图像的分辨率相对于晶体粒度较低，不适合确定具体的 CSD。内镜光学系统引入了图像畸变，运动物体以轨迹的形式出现。

Calderon de Anda 等[70]描述了用多尺度图像分割方法分析在谷氨酸间歇冷却结晶过程中在线获得的图像。他们使用了葛兰素史克公司（GSK）开发的原型成像系统。虽然图像分割是获取 CSD 定量信息的步骤之一，但作者仅对分割方法进行了阐述。它们只演示了在非常低的晶体浓度下捕获的图像的多尺度图像分割，从而使图像没有重叠晶体并有良好的边界。Patience 和 Rawlings[71]将类似的分割方法与置于显微镜下的流通池结合，以监测在晶习修饰剂存在下氯酸钠悬浮结晶过程中的实时晶体形状变化。他们通过实时监测盒子面积变化，以了解这一过程中的晶习变化。盒子面积（box area）的定义是一个对象的面积与该对象的最小尺寸边界的面积之比。他们使流动在流通池中停止几秒钟，以允许晶体的优先取向。这样可以获得更好的图像质量，同时避免晶体随机取向的图像。为了获得更好的分割效果，他们不得不对每个图像进行光阈值设置和手动对焦。

成像技术定量应用方面的一个例子是确定煤液化领域中的粒径分布。

Kaufman 和 Scott[72]介绍并验证了一种荧光成像方法，该方法能够在液体流化床中实现煤颗粒的原位可视化和粒度分级。当煤颗粒不透明时，通过添加荧光染料使液相发出荧光。在低固相浓度下，利用灰度阈值法可以很容易地实现边缘检测。然而，在固体浓度较高的情况下，由于颗粒高度重叠，需要人工干预来确定图像中哪些颗粒适合粒度分级。在结晶过程中，最早的定量图像分析是由 Puel 等[73]离线完成的。在他们开发的两种新的"工具"中，一种可以通过图像分析测量被检测晶体的特征尺寸。他们用它来分析添加了添加剂的对苯二酚连续结晶过程中的实时晶习变化。他们通过假设棒状晶体的宽度等于它的厚度来使其为三维图像分析。而且，采集样本后通过离线进行图像分析。他们观察到，晶体的重叠使图像分析非常困难，因此需要寻找一种良好的使晶体分散在显微镜下的方法。

Larsen 等[61]进一步提出了一种基于模型的识别算法，旨在从在线结晶图像中提取粒度和形状信息。他们将通过算法确定的晶体投影面积与人工操作员确定的投影面积进行了比较，以确定算法的有效性。他们观察到，随着粒子浓度的增加，算法开始出现问题。与大多数图像分析研究一样，该算法在晶体边缘对比度较低和晶体重叠时效果不是很好。但是，这项工作是分析结晶过程中实时获得图像的第一步，而且该算法在低粒子浓度下还是相当准确的。

Kempkes 等[74]以及 Eggers 等[75]提出了另一种获取二维 CSD 的方法。Kempkes 等提出了一种给出二维轴长度分布（ALD）的算法，该算法基于视频显微镜实时采集图像计算。为了测定 ALD，使用 Calderon de Anda 等[76,77]提出的方法将晶体从背景中挑选出来。然后将与被测晶体面积相同的椭球体应用到该晶体上，确定其长轴和短轴，即 a 轴和 b 轴。Eggers 等提出了一种基于收集到的 ALD 二维 CSD 遗传算法。他们对非常稀的碳纤维粒子溶液进行了实验和模拟。Kempkes、Vetter 和 Mazotti[78]做了进一步的工作，他们提出了一种获得悬浮体的三维粒径分布方法。他们开发了一种装置，使用一个相机和两个镜面，从两个正交的方向同时拍摄同一晶体的图像。从这些图像中，他们确定了 4D 的 ALD，然后通过 Eggers 等开发的遗传算法最终获得 3D CSD。他们将此方法应用于从甲醇中结晶抗坏血酸和从水中结晶谷氨酸的过程中，并称所测定的三维 CSD 与电子显微镜测量的结果基本一致。虽然在这项工作中使用的图像是在低粒子浓度流动池中拍摄的，但这项工作为获得 3D CSD 开辟了新的方向。

7.7.2 结晶过程中应用案例

案例 I

最早在结晶中运用图像分析技术的是由 Puel 等[73]提出的，他们离线测量了晶体特征尺寸，以分析添加了添加剂的对苯二酚连续结晶过程中的晶习的变化。对苯二酚晶体具有棒状结构，用长度、宽度和两边之间宽度来描述，并认为宽度和晶体宽度相等。在与摄像机相连的显微镜下，在载台上离线收集和分析晶体样品。利用形状因子分析图像得到数量分布并将其转化为质量分布，与筛分得到的质量分布进行比较，如图7-31所示。

从图7-31可以看出，两种测量所得到的分布宽度相当，图像分析的变异系数略低。为了得到上述结果，作者计算出10μm到1mm之间的粒子数均超过1000个，是文献中推荐数量的两倍。

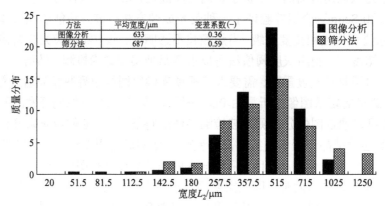

图7-31 对苯二酚晶体的筛分和图像分析两种方法的质量分布比较

案例 Ⅱ

Wang 等[79]使用在线成像技术与图像分析来实时测量针状 B-谷氨酸晶体的长度和宽度，同时估算对晶习变化监测有重要影响的不同晶面的生长速率。在实验中，他们把晶体悬浮液加热到高于饱和温度，并允许一些粒子存在。存留下来的粒子充当冷却结晶的晶种。整个实验过程采用由葛兰素史克公司开发的成像监控系统，其像素分辨率为 640×480，摄像机安装在反应器外，以 30 张/s 的频率获取图像。

晶体长度和宽度随时间变化如图7-32所示。图中每个点平均收集并分析了 300 多幅图像。由于透镜对图像放大的物理限制，图像分析系统的检测下限为 30μm。将通过图像分析得到的基于尺寸的生长速率估算值与文献报道的基于单晶实验的生长速率值进行比较[80]。Kitamura 等在文献中报告的值低于 Wang 等[79]所测得值，后者将偏差归因于两种设置中不同的流体流动条件。

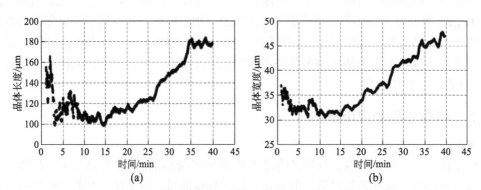

图7-32 针状谷氨酸晶体长度（a）和宽度（b）随时间的变化

（每个点代表前 60s 所取 300 张图片分析的平均值；时间 t=0min，对应的开始温度为 70.7℃）

图像分析已成为监控结晶过程中产品晶体质量的有力手段。随着光学，照明系统和高速、高分辨率的摄像系统的改进，信息的质量得到了极大的提高。最重要的是，这些关于晶体大小和形状变化的有价值的信息在结晶过程中变得"实时"可现。此外，除了形状和大小信息外，图像分析还提供了其他 CSD 测量技术可能无法识别的如溶解或凝聚等不同现象的信息。总的来说，原位成像已经成为操作人员优化结晶过程的有力工具。基于模型的结晶过程控制从原理上来说是可行的，只是需要对 CSD 和形状分布进行实时的稳健估计。在实际应用中，由于图像质量的限制，传感器所能处理的粒子浓度的动态范围较低及图像分析算法的不稳定性等，图像分析的定量分析尚未成熟，所以这些领域有很大的发展空间。

7.8 在线及离线光谱技术

7.8.1 在线折射仪

1. 介绍

估算溶质浓度较准确的方法之一是测量溶液的折射率（RI）。1874 年，德国科学家恩斯特·阿贝教授发明了折射仪。从那时起，折射仪就成为测量溶液浓度的常用实验室仪器。多年来，折射仪一直用于对糖度的精确可靠测量（测量水中的蔗糖量）。也曾有几次尝试将阿贝技术应用于在线浓度监测。

20 世纪 70 年代，第一个在线过程折射仪被引入市场。后来又出现了数字化在线折射仪（DPR），在测量过程中它没有任何漂移，是测量溶液中溶质浓度的一种简单有效的方法。

当光从一种介质传播到另一种介质时，折射仪确定光速的变化。当光从一种介质到另一种介质，例如从空气到水，折射角会发生变化（见图 7-33）。根据折射定律，折射率定义为光线在空气中的进行速度除以在介质中的进行速度，或等于光线入射角与折射角的正弦比值，等于两种介质中阶段速度的比值，即折射率的反比[81,82]。

目前，在线过程折射仪已被证明可以准确、可靠地测量糖浓度和其他溶质浓度。通过 DPR 测量的折射率不受结晶器中晶体和气泡的影响，因此可以用于估计真空结晶器中的母液浓度（溶解物）。母液浓度信号可作为计算结晶器中过饱和度值的输入参数。

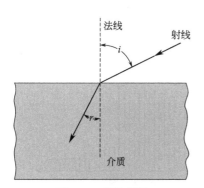

图 7-33　光的折射
（i：入射角，r：折射角）

2. 测量原理

有多种方法可以检测溶液的折射率。在工业过程中，最典型的方法是根据斯涅尔定律通过全内反射来确定临界角。通过与液体接触的棱镜、发光二极管（LED）光源和检测器来计算使用临界折射角。

通常用于 DPR 的 LED 波长是一种可见光，波长为 580nm，即与实验室电子折射仪波长相同。

图 7-34 中光源（L）发出的光被导向棱镜（P）和处理介质（S）之间的界面上。两个棱镜表面（M）充当反射光线的镜面，使光线以不同角度与界面接触。

反射的光线形成图像（ACB），其中（C）是临界角光线的位置。（A）处的光线在过程界面处被全内反射，（B）处的光线被部分反射并部分折射到溶液中。这样，光学图像被分为亮区域（A）

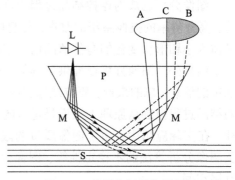

图 7-34　临界角折射仪原理图

和暗区域（B），阴影边缘（C）的位置指示临界角的值，然后可以从该位置确定折射率 n_D。

折射率 n_D 随溶液浓度和温度的变化而变化。当浓度增加时，折射率通常增加。温度越高，折射率越小。阴影边缘根据浓度和温度在光学图像中移动，如图 7-35 所示。溶液、气泡或未溶解粒子的颜色不影响阴影边缘的位置（C）。

阴影边缘的位置可通过 CCD（电荷耦合）元件进行数字测量（图 7-36），并由传感器内部的处理器转换为折射率值 n_D，然后将该值与过程温度一起传输至处理器单元以进行进一步处理、显示和传输。处理器包含相关曲线，可将折射率值和温度转换为所检测介质的浓度值（白利糖度、质量浓度）。

使用 CCD 元件监视阴影边缘意味着测量无漂移且不会随时间变化。

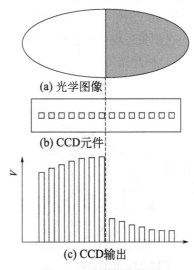

（a）光学图像

（b）CCD元件

（c）CCD输出

图 7-36　光学图像检测

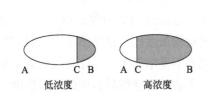

图 7-35　光学图像和阴影边缘的位置（C 处）

3. 仪器的特点和优点

（1）精确度

在线折射仪的测量精度与实验室折射仪相同，这意味着折射率精度为 ±0.0001，这在糖浓度曲线上对应于 ±0.05 白利糖度。如果进行精心设计，可以实现更高的准确性和重复性。测量范围通常预设为 1.32～1.53，对应于 0～100 糖度（白利糖度）。

(2) 测量浓度

通常，溶质浓度是临界角和折射率 n_D 的非线性函数。

图 7-37 显示了蔗糖溶液的质量分数（Brix 刻度）与 RI 的关系。电子组件中的微处理器执行完整的线性化、温度补偿和各种功能测试。

仪器采用校准曲线从折射率值计算溶质浓度。校准曲线随被测介质的不同而变化。浓度信号上的过程温度补偿的大小取决于要测量的介质和过程温度的变化。

(3) 过程温度补偿系数

一般来说，一种物质的折射率随温度的升高而降低，反之亦然。因此，在线折射仪具有内置的温度补偿因子。

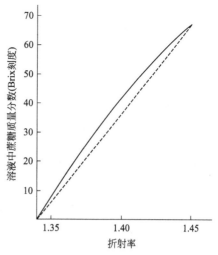

图 7-37　折射率与溶液中蔗糖质量分数的相关性（**Brix 刻度**）

温度补偿系数取决于所检测的介质。一般来说，对于糖溶液，温度每升高 1℃，折射率值降低 0.0002 个单位。

确定溶液的温度补偿后，可用于补偿过程温度的变化，并且将自动修正仪器的输出浓度信号。

对于自动温度补偿，传感器尖端包含一个过程温度探头。微处理器根据温度数据、折射率数据和校准曲线来计算浓度。

(4) 过程传感器

图 7-38 显示了在线折射仪传感器的典型剖视图。

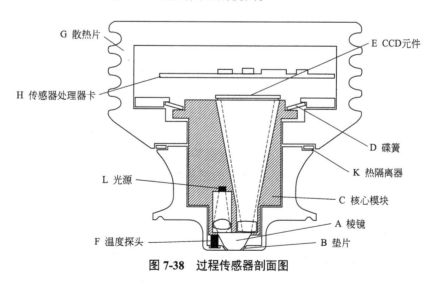

图 7-38　过程传感器剖面图

测量棱镜（A）齐平安装在探头尖端的表面。棱镜（A）和所有其他光学组件均固定在实心核心模块（C）上，核心模块（C）碟簧（D）抵靠棱镜垫片（B）。光源（L）是黄色 LED，接收器是 CCD 元件（E）。通过热隔离器（K）和散热片（G）保护电子设备免受过程热的影响。

传感器处理器卡（H）从 CCD 元件（E）和 Pt-1000 过程温度探头（F）接收原始数据，然后计算折射率 n_D 和过程温度 T。此信息被传输到处理器，被传送到指示变送器盒中或集成到传感器中。

4. 功能和优点

具有数字信号内部转换功能的在线折射仪提供无漂移、无需维护和预先校准的测量。它是一种易于安装的仪器，且不需要任何维护。

临界角折射仪还具有在黑色、浑浊或深色液体中进行测量的优势。它仅检测明暗之间的阴影边缘，并且光强度不受浓度值的影响。

如果棱镜相对于工艺流程成一定角度安装，则在许多情况下，有自清洁效果而无需使用清洁系统。安装在高纯度糖结晶中的仪器通常不需要清洁系统。罐中晶体生长引起的磨蚀作用使棱镜保持清洁。

对于糖真空结晶器，建议尽可能将传感器安装在罐中，而不要安装在旁通管中。建议将如图 7-39 所示的探头传感器嵌入糖真空结晶器，显示出浓度值，并可以将其作为 4～20mA 和以太网 UDP/IP 信号导出。

图 7-39　探针过程折射仪

5. 在结晶中的应用实例

折射仪被广泛用于糖结晶工艺，它也可以用于其他类型的结晶过程。Rozsa[83-85]以折射计测量的监视控制为例，报道了一个糖真空结晶过程。

过饱和度和晶体含量在糖结晶中起决定性作用。在沸腾的整个过程中，过饱和度（SS）是非常重要的参数。没有直接方法可以测量 SS，但是可以使用以下变量来计算：母液的组成、母液温度、被检测溶质在母液中的溶解度。

显然，母液的组成和溶解度必须分别测量。已有研究表明，母液成分对过饱和度 SS 的影响最大，因此对母液成分的评价至关重要。

在一定的 SS 条件下加晶种时，母液浓度变化较大，加晶种之后悬浮液中晶体的生长对折射率无影响。

通过测量温度、密度、电导率、黏度或射频等原始数据计算 SS 时，只有在母液成分不变的情况下才能得到可重复的结果。在实际的糖蒸发结晶过程中，如果母液成分变化了，测量值值得商榷。

使用在线折射仪可解决此问题，该折射仪可在加晶点和加晶完成后溶液的 SS 降低过程中提供有关母液浓度的可靠信息（图 7-40）。

SS 值通常用相对过饱和度来表示，即糖的实际浓度除以饱和度。

在糖结晶过程中，在线折射仪直接安装在罐中（图 7-41）。探针被罐内由于晶体生长而产生的流体流动剪切效应来清扫，使棱镜保持清洁。

通过在线折射仪控制 SS，特别是在加晶种期间和加晶种后不久，可改善晶体粒度分布（CSD），减少细糖晶粒和晶体聚结的数量，以有利于离心过程。

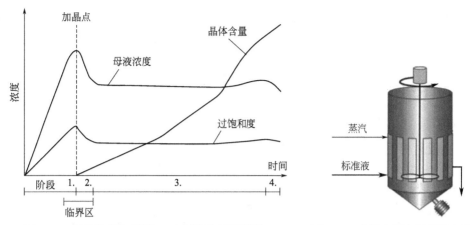

图 7-40　过饱和度和母液 Brix 刻度曲线示意图　　图 7-41　安装在真空结晶器中的 DPR

根据一定的 SS 值进行加晶种，而不是只使用原始数据，可以改善晶体质量，更好地控制和理解结晶过程。这也适用于加晶种之后的操作和控制。

图 7-42 是糖在真空结晶过程中过饱和度的变化图，从中可以看到，除了过饱和度，晶体的含量、母液纯度、密度、悬浮液质量含量、平均粒度和一致性也是基于最初的测量信号的数据或从这些数据中计算出来的。

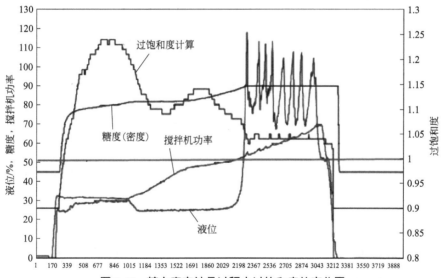

图 7-42　糖在真空结晶过程中过饱和度的变化图

自动加晶种可以在确定的 SS 值处进行，代替传统的人工添加晶种。

通过观察趋势，可以看到在这种特殊情况下，加晶种后，由于缺乏反馈控制，整个过程中的 SS 水平不是恒定的。

6. 结论

使用在线折射仪进行浓度测量是可行的，并且可以连续监测工业结晶器中的 SS。根据其测量原理在线折射仪不受气泡、粒子、晶体或颜色的影响。本节介绍的折射仪能运用于工业结晶器中常用的工艺条件。因此，它可以用于在线过程监控，所获得的折射率测量值与初步的校准相结合，可得到准确的溶质浓度值。

折射率是测定母液中溶质浓度的一个有价值的量,可用于糖真空蒸发结晶过程中 SS 的计算。SS 的实时在线监控为进行真空结晶过程的优化控制提供了手段,从而改善结晶过程的性能并提高产品质量。

7.8.2 ATR-FTIR 光谱学

1. 介绍

衰减全反射傅里叶变换红外(ATR-FTIR)光谱法已被成功应用于监测结晶过程中的液相浓度[86,87]。红外光谱用来确定分子在固态、液态和气态的振动状态之间的能量差异。ATR-FTIR 光谱基于中红外区域的吸收,即吸收一个频率为红外辐射的光子,将分子提升到更高的振动状态(图 7-43)。要使这种吸收过程发生,光子能量必须与样品中振动态的分离相匹配[88,89]。相应的吸收光谱对应于样品吸收的特定红外波长,从而揭示了其分子结构细节。

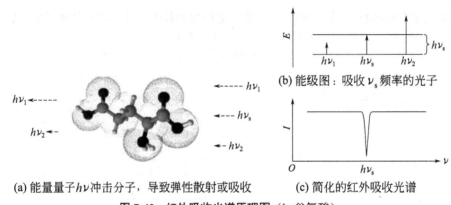

(a) 能量量子 $h\nu$ 冲击分子,导致弹性散射或吸收　　(c) 简化的红外吸收光谱

图 7-43　红外吸收光谱原理图(L-谷氨酸)

在 ATR 光谱学中,测量光束是辅助介质和样品之间的界面内反射。这种辅助介质必须红外通透、折射率高[88]。穿透深度只有几微米,一般按照光束波长且取决于折射率,即 0.5~5μm 之间,因此,ATR 技术可以用来专门测量结晶晶浆的液相,而不会受到分散晶体的干扰。

傅里叶变换(FT)光谱仪与色散仪器相比有许多优点,即减少了测量时间,增加了光通量,因此具有更好的信噪比。从根本上说,FT 光谱仪是一种迈克尔逊干涉仪,利用被测样品干涉图样的傅里叶变换重构光谱[88]。FT 仪器允许同时测量所有波长,而在色散仪器中,单光束会随时间改变波长。因此,与色散仪相比,FT 光谱仪的整体测量时间更短。

2. 物质存在形式的监测

许多有机物在溶液中以多种形式共存的形式存在,如 L-谷氨酸,它在水溶液中发生反应产生四种不同的物质,如图 7-44 所示[90]。物种浓度取决于溶液的 pH 值:在高 pH 值时,二谷氨酸盐离子占优势,降低 pH 值则提高谷氨酸离子的量。游离酸和质子化离子通过质子化反应形成。

图 7-45 (a) 为不同 pH 值下记录的红外光谱,并突出了 L-谷氨酸官能团对应的特征谱带。可以看出,不同的谱带出现在不同的 pH 值下。这些谱带的鉴定可以依据吸光度数据,应用朗伯-比尔定律来确定各类存在形式的浓度。

各官能团的当量测量浓度如图 7-45 (b) 所示。以解离平衡为基础的 L-谷氨酸形态模型的结果也得到了证明。可以看出,这与实验数据吻合良好。

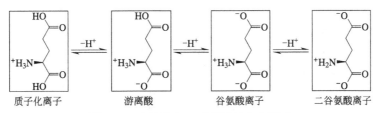

图 7-44　水溶液中 L-谷氨酸的存在形式

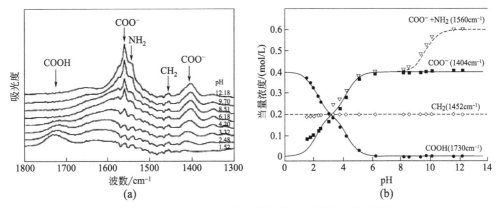

图 7-45　（a）不同 pH 值下 L-谷氨酸水溶液的红外光谱图；
（b）不同官能团的实验（点）和模拟（线）当量浓度与 pH 的关系
（L-谷氨酸的标示浓度为 0.2mol/L；CH₂ 的当量浓度除以 2 可获得更好的可读性）

3. 溶解度测定

ATR-FTIR 光谱可以用来测量溶解度。在 L-谷氨酸为晶型β时，将含有过量 L-谷氨酸晶体的饱和悬浮液从 20℃缓慢加热至 60℃[91]，如图 7-46（a）所示。应用温度稳定区来验证平衡条件。测得的溶解度曲线以及与重量测定的溶解度对比显示于图 7-46（b）。尽管浓度很低，也可以观察到很好的一致性。这种方法可以进行非等温溶解度测量，并成功地被应用于其他体系。由于其测量原理，其能够以±1%的相对较高的精度测量低至 1%（质量分数）的浓度。

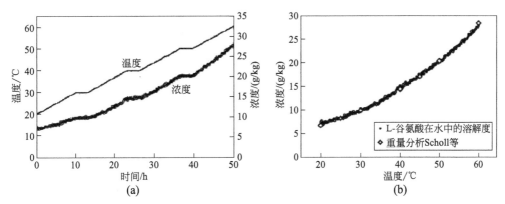

图 7-46　（a）ATR-FTIR 光谱测得的β型 L-谷氨酸浓度与温度的关系和
（b）β型 L-谷氨酸的溶解度与温度的关系

4. 结晶监测与控制

ATR-FTIR 可用于监测过饱和溶液，并可以应用于结晶过程的模型开发、设计和控制[92]。图 7-47 显示的是抗坏血酸在水溶液中的冷却结晶，不同冷却速率对过饱和过程的影响[93]。从图中可以看出，越快的冷却速率可以实现更高的过饱和度。

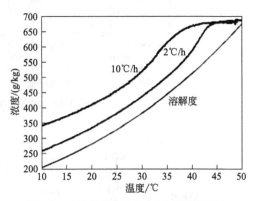

图 7-47　抗坏血酸在不同冷却速率下的冷却结晶浓度-温度图

5. 杂质监测

ATR-FTIR 还可用于监测结晶过程中的杂质水平和不良副产物的形成[94,95]。杂质会对系统的热力学和动力学产生巨大的影响。特别是对于很多制药过程，药物活性成分的结晶过程中通常会存在少量的相似分子结构的杂质，因此杂质的监控对制药过程特别重要。

Derdour 等[94]在他们的研究中使用 ATR-FTIR 测量的杂质浓度可低至 300ppm，但信噪比相对较低。

主要符号说明

英文字母	含义与单位
A	散射矩阵
A_{ij}	探测器元素 J 中一类离子颗粒的总散射模式的贡献
$A(L)$	单晶的表面积，m^2
c_p	比热容，$J/(g \cdot K)$
d（7.3 节）	平行原子平面的间距，μm
d（7.1 节）	直径，nm
I_0	粒子的入射光强度
J_1	第一类贝塞尔函数
L	实测光能矢量
m（7.4 节）	样品质量，g
m（7.6 节）	尺寸种类数目
m（7.6 节）	相对折射率
m_{par}	粒子的复折射率
m_{med}	介质的复折射率
n（7.3 节）	反射级数
n（7.6 节）	探测器元件数
n_D	折射率

$q3$	概率分布函数
Q（7.4 节）	热量，kJ
Q（7.6 节）	未知的尺寸分布
$Q3$	累积分布函数
T	温度，K
t	时间，s
V_0	堆体积或松体积，m^3
V_t	压实体积或沉降体积，m^3
$V(L)$	单晶的体积，m^3
x	面积等效直径，cm

希腊字母	含义与单位
α	休止角，（°）
λ	入射波波长，nm
$\lambda(m)$	光的波长，nm
ρ	晶体质量密度，kg/m^3
θ（7.3 节）	入射光与晶面之间夹角，（°）
θ（7.6 节）	观察角度，（°）
τ	过程的保留时间，s

参考文献

[1] Threlfall T. Training course: understanding polymorphism & crystallisation in the pharmaceutical industry[M]. London: Scientific Update, 2007.

[2] Wedd M W, Price C J, York P, et al. The role of particle characterization in industrial crystallization[J]. Analytical Proceedings, 1993, 30: 455-456.

[3] Beckmann W. Crystallization: basic concepts and industrial applications[M]. Hoboken: John Wiley & Sons, 2013.

[4] Guerin E, Tchoreloff P, Leclerc B, et al. Rheological characterization of pharmaceutical powders using tap testing, shear cell and mercury porosimeter[J]. International Journal of Pharmaceutics, 1999, 189 (1): 91-103.

[5] Hilfiker R. 2006. Polymorphism in the pharmaceutical industry[M]. Weinheim: Wiley-VCH, 2006.

[6] Byrn S R, Pfeiffer R R, Stowell J G. Solid-state chemistry of drugs[M]. 2nd ed. West Lafayette: Ssci Incorporated, 1999.

[7] Zakrzewski A, et al. Solid state characterization of pharmaceuticals[M]. Oxford: Pergamon Press, 2006.

[8] Bernstein J. Polymorphism in molecular crystals[M]. Oxford: Oxford Science Publications, 2002.

[9] Liu W, Wei H, Black S. An investigation of the transformation of carbamazepine from anhydrate to hydrate using in situ FBRM and PVM[J]. Organic Process Research & Development, 2009, 13 (3): 494-500.

[10] Liu W, Wei H, Zhao J, et al. Investigation into the cooling crystallization and transformations of carbamazepine using in situ FBRM and PVM[J]. Org Process Res Dev, 2013, 17 (11): 1406-1412.

[11] Anna K, Maria M, Kyriakos K. Pharmaceutical cocrystals: new solid phase modification approaches for the formulation of APIs[J]. Pharmaceutics, 2018, 10 (1): 18-47

[12] Soares F, Carneiro R L. In-line monitoring of cocrystallization process and quantification of carbamazepine-nicotinamide cocrystal using Raman spectroscopy and chemometric tools[J]. Spectrochim Acta A Mol Biomol Spectrosc, 2017, 180: 1-8.

[13] Yamashita H, Sun C C. Improving dissolution rate of carbamazepine-glutaric acid cocrystal through solubilization by excess coformer[J]. Pharm Res, 2017, 35 (1): 4.

[14] Steed J W, Atwood J L. Supramolecular chemistry[M]. 2nd ed. West Sussex: John Wiley & Sons, 2009.

[15] Kitaigorodskii A L. Molecular crystals and molecules[M]. New York: Elsevier, 2012.

[16] Harris R K. NMR studies of organic polymorphs & solvates[J]. Analyst, 2006, 131 (3): 351-373.

[17] Gao P. Determination of the composition of delavirdine mesylate polymorph and pseudopolymorphmixtures using 13C CP/MAS NMR[J]. Pharmaceutical Research, 1996, 13 (7): 1095-1104.

[18] Höhne G, Mcnaughton J L, Hemminger W, et al. Differential scanning calorimetry[M]. Berlin: Springer Science & Business Media, 2003.

[19] 胡荣祖, 高胜利, 赵凤起, 等. 热分析动力学[M]. 2 版. 北京: 科学出版社, 2008.

[20] De Vries E, Nassimbeni L R, Su H. Inclusion compounds of binaphthol with lutidines-structures, selectivity and kinetics of desolvation[J]. European Journal of Organic Chemistry, 2001, 2001 (10): 1887-1892.

[21] Byrn S R, Pfeiffer R R, Stowell J G. Solid state chemistry of drugs[M]. 2nd ed. West Lafayette: IN SSCI, 1999.

[22] 刘文举. 卡马西平结晶过程及多晶型研究[D]. 天津: 天津大学, 2009.

[23] 王占忠. 红霉素结晶过程研究[D]. 天津: 天津大学, 2007.

[24] 王静康. 化学工程手册-结晶[M]. 2 版. 北京: 化学工业出版社, 1996.

[25] 哈姆斯基. 化学工业中的结晶[M]. 古涛, 叶特林, 译. 北京: 化学工业出版社, 1985.

[26] Liu W, Dang L, Wei H. Thermal, phase transition, and thermal kinetics studies of carbamazepine[J].

Journal of Thermal Analysis & Calorimetry, 2013, 111（3）: 1999-2004.

[27] Ahmed H, Buckton G, Rawlins D A. The use of isothermal microcalorimetry in the study of small degrees of amorphous content of a hydrophobic powder[J]. International Journal of Pharmaceutics, 1996, 130（2）: 195-201 .

[28] Aamir E, Nagy Z K, Rielly C D. Evaluation of the effect of seed preparation method on the product crystal size distribution for batch cooling crystallization processes[J]. Crystal Growth & Design, 2010, 10（11）: 4728-4740.

[29] Lafferrère L, Hoff C, Veesler S. In situ monitoring of the impact of liquid-liquid phase separation on drug crystallization by seeding[J]. Crystal Growth and Design, 2004, 4（6）: 1175-1180..

[30] Schöll J, Bonalumi D, Vicum L, et al. In situ monitoring and modeling of the solvent-mediated polymorphic transformation of L-glutamic acid[J]. Crystal Growth and Design, 2006, 6（4）: 881-891.

[31] Mousaw P, Saranteas K, Prytko B. Crystallization improvements of a diastereomeric kinetic resolution through understanding of secondary nucleation[J]. Organic Process Research & Development , 2008, 12（2）: 243-248.

[32] Scott C, Black S. In-line analysis of impurity effects on crystallisation[J]. Organic Process Research & Development, 2005, 9（6）: 890-893.

[33] Kim S, Lotz B, Lindrud M, et al. Control of the particle properties of a drug substance by crystallization engineering and the effect on drug product formulation[J]. Organic Process Research & Development, 2005, 9（6）: 894-901.

[34] Togkalidou T, Braatz R D, Johnson B K, et al. Experimental design and inferential modeling in pharmaceutical crystallization[J]. AIChE Journal, 2001, 47（1）: 160-168.

[35] Liotta V, Sabesan V. Monitoring and feedback control of supersaturation using ATR-FTIR to produce an active pharmaceutical ingredient of a desired crystal size[J]. Organic Process Research & Development, 2004, 8（3）: 488-494.

[36] Abu Bakar M R, Nagy Z K, Saleemi A N, et al. The impact of direct nucleation control on crystal size distribution in pharmaceutical crystallization processes[J]. Crystal Growth and Design, 2009, 9（3）: 1378-1384.

[37] Woo X Y, Nagy Z K, Tan R B H, et al. Adaptive concentration control of cooling and antisolvent crystallization with laser backscattering measurement[J]. Crystal Growth and Design, 2009, 9（1）: 182-191.

[38] Worlitschek J, Mazzotti M. Choice of the focal point position using lasentec FBRM[J]. Particle & Particle Systems Characterization, 2003, 20（1）: 12-17. .

[39] Kail N, Briesen H, Marquardt W. Advanced geometrical modeling of focused beam reflectance measurements （FBRM）[J]. Particle & Particle Systems Characterization, 2007, 24（3）: 184-192.

[40] Yu W, Erickson K. Chord length characterization using focused beam reflectance measurement probe-methodologies and pitfalls[J]. Powder Technology, 2008, 185（1）: 24-30.

[41] Wynn E J W. Relationship between particle-size and chord-length distributions in focused beam reflectance measurement: stability of direct inversion and weighting[J]. Powder Technology, 2003, 133（1/2/3）: 125-133.

[42] Ruf A, Worlitschek J, Mazzotti M. Modeling and experimental analysis of PSD measurements through FBRM[J]. Particle & Particle Systems Characterization, 2000, 17（4）: 167-179.

[43] Worlitschek J, Hocker T, Mazzotti M. Restoration of PSD from chord length distribution data using the method of projections onto convex sets[J]. Particle & Particle Systems Characterization, 2005, 22（2）: 81-98.

[44] Kempkes M, Eggers J, Mazzotti M. Measurement of particle size and shape by FBRM and in situ

microscopy[J]. Chemical Engineering Science, 2008, 63（19）: 4656-4675.

[45]　Schöll J, Vicum L, Müller M, et al. Precipitation of L-glutamic acid: determination of nucleation kinetics[J]. Chemical Engineering & Technology, 2006, 29（2）: 257-264.

[46]　Yu Z Q, Chow P S, Tan R B H. Interpretation of focused beam reflectance measurement （FBRM） data via simulated crystallization[J]. Organic Process Research & Development, 2008, 12（4）: 646-654.

[47]　Kail N, Briesen H, Marquardt W. Analysis of FBRM measurements by means of a 3D optical model[J]. Powder Technology, 2008, 185（3）: 211-222.

[48]　Swithenbank J, Beer J M, Taylor D S, et al. A laser diagnostic technique for the measurement of droplet and particle size distribution[C]//Experimental Diagnostics in Gas Phase Combustion Systems. New York : American Institute of Aeronautics and Astronautics, 1977, 53: 421-447.

[49]　Bohren C F, Huffman D R. Absorption and scattering of light by small particles[M]. New York: John Wiley & Sons, 2008.

[50]　Boxman A. Particle size measurement for the control of industrial crystallisers[D]. Delft: Delft University of Technology, 1992.

[51]　Dumouchel C, Yongyingsakthavorn P, Cousin J. Light multiple scattering correction of laser-diffraction spray drop-size distribution measurements[J]. International Journal of Multiphase Flow, 2009, 35（3）: 277-287.

[52]　van der Hulst H C. Light scattering by small particles[M]. New York: Dover Publications, 1957.

[53]　Heffels C M G, Heitzmann D, Dan Hirleman E, et al. The use of azimuthal intensity variations in diffraction patterns for particle shape characterization[J]. Particle & Particle Systems Characterization, 1994, 11（3）: 194-199.

[54]　Hirleman E D. Modeling of multiple scattering effects in fraunhofer diffraction particle size analysis[M]//Optical Particle Sizing. Boston: Springer, 1988: 159-175.

[55]　Hirleman E D. General solution to the inverse near-forward-scattering particle-sizing problem in multiple-scattering environments: theory[J]. Applied Optics, 1991, 30（33）: 4832-4838.

[56]　Felton P G, Hamidi A A, Aigal A K. Measurement of drop size distribution in dense sprays by laser diffraction[C]// Proceedings of the Third International Conference on Liquid Atomisation and Spray Systems. London: Institute of Energy, 1986.

[57]　Harvill T L, Hoog J H, Holve D J. In-process particle size distribution measurements and control[J]. Particle & Particle Systems Characterization, 1995, 12（6）: 309-313.

[58]　Eek R. Control and dynamic modelling of industrial suspension crystallisers[D]. Delft: Delft University of Technology, 1995.

[59]　Neumann A M, Kramer H J M. A comparative study of various size distribution[J]. Particle & Particle Systems Characterization, 2002, 19（1）: 17-27.

[60]　Neumann A M. Characterizing industrial crystallizers of different scale and type[D]. Delft: Delft University of Technology, 2004.

[61]　Larsen P A, Rawlings J B, Ferrier N J. Model-based object recognition to measure crystal size and shape distributions from in situ video images[J]. Chemical Engineering Science, 2007, 62（5）: 1430-1441.

[62]　Allen T. Particle Size Measurement[M]. 5th ed. Berlin: Springer, 1996.

[63]　Allen T. Powder Sampling and Particle Size Determination[M]. Amsterdam: Elsevier, 2003.

[64]　Fujiwara M, Chow P S, Ma D L, et al. Paracetamol crystallization using laser backscattering and ATR-FTIR spectroscopy: metastability, agglomeration, and control[J]. Crystal Growth & Design, 2002, 2（5）: 363-370.

[65]　Naito M, Hayakawa O, Nakahira K, et al. Effect of particle shape on the particle size distribution measured with commercial equipment[J]. Powder Technology, 1998, 100（1）: 52-60.

[66] Worlitschek J, Hocker T, Mazzotti M. Restoration of PSD from chord length distribution data using the method of projections onto convex sets[J]. Particle & Particle Systems Characterization, 2005, 22 (2): 81-98.

[67] Patience D B, Rawlings J B. Particle-shape monitoring and control in crystallization processes[J]. American Institute of Chemical Engineers. Journal, 2001, 47 (9): 2125.

[68] Patience D B, Dell'orco P C, Rawlings J B. Optimal operation of a seeded pharmaceutical crystallization with growth-dependent dispersion[J]. Organic Process Research & Development, 2004, 8 (4): 609-615.

[69] Simon L L, Nagy Z K, Hungerbuhler K. Endoscopy-based in situ bulk video imaging of batch crystallization processes[J]. Organic Process Research & Development, 2009, 13 (6): 1254-1261.

[70] de Anda J C, Wang X Z, Lai X, et al. Real-time product morphology monitoring in crystallization using imaging technique[J]. AIChE Journal, 2005, 51 (5): 1406-1414.

[71] Patience D B, Rawlings J B. Particle shape monitoring and control in crystallization processes[J]. AIChE Journal, 2001, 47 (9): 2125-2130.

[72] Kaufman E N, Scott T C. In-situ visualization of coal particle distribution in a liquid fluidized bed using fluorescence microscopy[J]. Powder Technology, 1994, 78 (3): 239-246.

[73] Puel F, Marchal P, Klein J. Habit transient analysis in industrial crystallization using two dimensional crystal sizing technique[J]. Chemical Engineering Research and Design, 1997, 75 (2): 193-205.

[74] Kempkes M, Eggers J, Mazzotti M. Measurement of particle size and shape by FBRM and in-situ microscopy[J]. Chemical Engineering Research and Design, 2008, 63 (19): 4656-4675.

[75] Eggers J, Kemkes M, Mazzotti M. Measurement of size and shape distributions of particles through image analysis[J]. Chemical Engineering Research and Design, 2008, 63 (22): 5513-5521.

[76] de Anda J C, Wang X Z, Roberts K J. Multi-scale segmentation image analysis for the in-process monitoring of particle shape with batch crystallisers[J]. Chemical Engineering Science, 2005, 60 (4): 1053-1065.

[77] de Anda J C, Wang X Z, Lai X, et al. Classifying organic crystals via in-process image analysis and the use of monitoring charts to follow polymorphic and morphological changes[J]. Journal of Process Control, 2005, 15 (7): 785-797.

[78] Kempkes M, Vetter T, Mazzotti M. Measurement of 3D particle size distributions by stereoscopic imaging[J]. Chemical Engineering Science, 2010, 65 (4): 1362-1373.

[79] Wang X Z, de Anda J C, Roberts K J. Real-time measurement of the growth rates of individual crystal facets using imaging and image analysis: a feasibility study on needle-shaped crystals of L-glutamic acid[J]. Chemical Engineering Research and Design, 2007, 85 (7): 921-927.

[80] Kitamura M, Ishizu T. Growth kinetics and morphological change of polymorphs of L-glutamic acid[J]. Journal of Crystal Growth, 2000, 209 (1): 138-145.

[81] Clevett K J. Measurement of refractive index[M]// Process Analyzer Technology. New York: John Wiley & Sons, 1986: 707-725.

[82] Groetsch J. Refractive index analysers[M]//Analytical Instrumentation. New York: Instrument Society of America, 1996: 269-282.

[83] Rozsa L. On-line monitoring of supersaturation in sugar crystallisation[J]. International Sugar Journal, 1996, 98 (1176): 660-675.

[84] Rozsa L. Sugar crystallization: look for the devil in the details -Part 2[J]. International Sugar Journal, 2008a, 110 (1320): 729-739.

[85] Rozsa L. Sugar crystallization: look for the devil in the details -Part 1[J]. International Sugar Journal, 2008b, 110 (1315): 403-413.

[86] Groen H, Roberts K J. Nucleation, growth, and pseudo-polymorphic behavior of citric acid as monitored in situ by attenuated total reflection Fourier transform infrared spectroscopy[J]. The Journal of Physical

Chemistry B，2001，105（43）：10723-10730.

[87] Lewiner F，Klein J P，Puel F，et al. On-line ATR FTIR measurement of supersaturation during solution crystallization processes. Calibration and applications on three solute/solvent systems[J]. Chemical Engineering Science，2001，56（6）：2069-2084.

[88] Schrader B. Infrared and Raman spectroscopy: methods and applications[M]. Weinheim: Wiley-VCH Verlag GmbH，1995.

[89] Shriver D F，Atkins P W. Inorganic Chemistry[M]. Oxford：Oxford University Press，1999.

[90] Schöll J，Vicum L，Müller M，et al. Precipitation of L-glutamic acid: determination of nucleation kinetics[J]. Chemical Engineering & Technology：Industrial Chemistry-Plant Equipment-Process Engineering-Biotechnology，2006，29（2）：257-264.

[91] Cornel J，Lindenberg C，Mazzotti M. Quantitative application of in situ ATR-FTIR and Raman spectroscopy in crystallization processes[J]. Industrial & Engineering Chemistry Research，2008，47（14）：4870-4882.

[92] Zhou G X，Fujiwara M，Woo X Y，et al. Direct design of pharmaceutical antisolvent crystallization through concentration control[J]. Crystal Growth & Design，2006，6（4）：892-898.

[93] Eggers J，Kempkes M，Cornel J，et al. Monitoring size and shape during cooling crystallization of ascorbic acid[J]. Chemical Engineering Science，2009，64（1）：163-171.

[94] Derdour L，Fevotte G，Puel F，et al. Real-time evaluation of the concentration of impurities during organic solution crystallization[J]. Powder Technology，2003，129（1/2/3）：1-7.

[95] Lin Z，Zhou L，Mahajan A，et al. Real-time endpoint monitoring and determination for a pharmaceutical salt formation process with in-line FT-IR spectroscopy[J]. Journal of Pharmaceutical and Biomedical Analysis，2006，41（1）：99-104.

第8章

前沿结晶研究与技术发展

在化工、制药和食品等过程工业中，结晶是一种被广泛用于生产、纯化中间体和产品的有效方法。本书前面章节中介绍了目前工业上常见的几种结晶技术，例如冷却结晶、蒸发结晶、反溶剂法结晶（溶析结晶）、反应结晶、熔融结晶等。对于这些结晶过程，国内外已有大量的研究报道，涵盖了各种因素（例如晶体生长动力学、流体力学条件、操作模式和结晶器结构等）对结晶过程的影响，以及基于化学反应工程发展而来的结晶过程设计方法。

近年来，石油化工、精细化工、生物、医药等行业的快速发展对工业结晶技术提出了更高要求。特别是，随着生命科学、新材料、新能源等新兴领域的迅猛发展，结晶在理论与技术上都面临着新的挑战与机遇，伴随着结晶领域也不断涌现出一些新的方法与技术。本章将简要介绍一些非传统的新型结晶理论、技术与发展趋势。

8.1 晶型控制

在第 1 章中已经介绍了物质的多晶型现象。由于物质的不同晶型可能会严重影响其理化性质，而实现对结晶过程中晶型的控制是保证产物质量与性能的重要环节，也是一直以来多晶型研究的重要课题。特别是近年来药物晶型的专利保护也将晶型研究的重要性提升到另一个高度。多晶型物系的结晶通常由三个过程组成：不同晶型之间的竞争成核、竞争生长以及相互转化。这三个过程中的任一过程受到干扰，都会导致最终产品晶型的变化。本节将介绍关于多晶型热力学的基本知识，并系统总结目前已经提出的许多有效的多晶型控制策略。

8.1.1 多晶型的热力学

1. 基本知识

对于一个具有多晶型的化合物，可分为稳定晶型、亚稳晶型和不稳定晶型。其中，稳定晶型的熵值小、熔点高、化学稳定性最好，但溶出速率、溶解度却最小，因此生物利用度也较差。不稳定晶型则相反。亚稳晶型的性质介于稳定晶型和不稳定晶型之间，但在生产或者贮存过程中亚稳晶型会向稳定晶型发生转变。因此，有必要确定不同晶型之间的稳定性关系。通常，物质的稳定性是由其自由能决定的。式（8-1）～式（8-3）给出了基本热力学状态函数，即焓（H）、熵（S）和吉布斯自由能（G）与温度之间的关系：

$$H(T)=H^0+\int_0^T C_{p,\mathrm{m}}(T)\mathrm{d}T \quad (8\text{-}1)$$

$$S(T)=S^0+\int_0^T \frac{C_{p,\mathrm{m}}(T)}{T}\mathrm{d}T \quad (8\text{-}2)$$

$$G(T)=H(T)-TS(T) \quad (8\text{-}3)$$

式中，$C_{p,\mathrm{m}}$ 表示在恒压下的摩尔热熔；T 是绝对温度；H^0 和 S^0 分别表示在 0K 下的焓值和熵值。根据热力学第三定律，对于完美晶体，其熵值 S^0 为 0。图 8-1 给出了任一固体的焓、自由能、温度与熵的乘积三者与温度之间的关系。

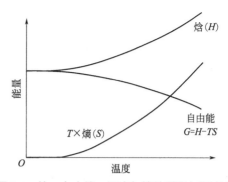

图 8-1　焓、自由能、温度与熵的乘积与温度之间的变化关系

2. 能量-温度图

目前还没有统一的多晶型命名规则。通常来说，可以用以下几种形式来表示多晶型：阿拉伯数字（1，2，3，…），罗马数字（Ⅰ，Ⅱ，Ⅲ，Ⅳ，…），小写或者大写英文字母（a，b，c，…或者 A，B，C，…），小写希腊字母（α，β，γ，…），或者通过物质的性质来命名（如红色晶型，低温晶型，亚稳晶型），等等。当采用罗马数字命名时，通常将熔点最高的晶型标记为晶型Ⅰ，熔点第二高的晶型标记为晶型Ⅱ，以此类推。本节中将使用此种命名形式来介绍一些基本知识。

在式（8-1）~式（8-3）的基础上，可以绘制出不同晶型以及液相（熔体）的焓和吉布斯自由能与温度之间的函数关系，如图 8-2 所示。在任何温度下，自由能（G）最低的相总是该温度下热力学上稳定的相。因此，两种晶型的吉布斯自由能（G_I 和 G_II）分别与相应液相的自由能（G_liq）的交点即为晶型Ⅰ和晶型Ⅱ的熔点（$T_{\mathrm{m,I}}$ 和 $T_{\mathrm{m,II}}$）。

通常，多晶型系统的能量-温度图有以下两种不同的情况：

① 晶型Ⅰ和Ⅱ的自由能曲线在低于晶型Ⅱ的熔点温度下相交（交点温度为 T_t）[如图 8-2（a）]。

② 晶型Ⅰ和Ⅱ的自由能曲线在低于晶型Ⅱ的熔点温度下没有相交[如图 8-2（b）]。

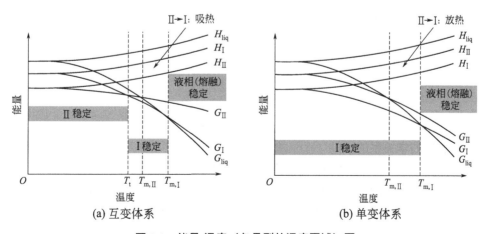

图 8-2　能量-温度（各晶型的温度区域）图

对于第①种情况，晶型 Ⅰ 和 Ⅱ 构成的系统叫作互变系统。当温度范围为 0K 到转变温度（T_t）之间时，晶型 Ⅱ 是热力学上稳定的晶型；在温度范围为转变温度到熔点（$T_{m,\,I}$）之间时，晶型 Ⅰ 是稳定的晶型。对于第②种情况，晶型 Ⅰ 和 Ⅱ 构成的系统叫作单变系统。这里，在低于其熔点的整个温度范围内，晶型 Ⅰ 是热力学上稳定的晶型。很明显，确定一个多晶型系统是互变还是单变，以及确定互变系统中的转变温度具有重要的现实意义。例如，若一个多晶型系统的晶型转变温度是 40℃，而且希望得到的目标晶型在低温下为稳定晶型，那么必须要确定，在可能出现的高温加工步骤或存储过程中，目标晶型不会向在高温下稳定的晶型发生转变。此外，晶型转变还将会影响结晶过程的设计。如果结晶过程的起始温度高于转变温度，目标产品为室温下的稳定晶型且需要避免结晶过程中的晶型转变过程，那么通常必须要确保亚稳晶型首先成核。

式（8-1）～式（8-3）很难被直接应用于实际情况，因为式中的积分是从 0 K 开始的，而物质在 0K 下的性质通常很难测量。然而，可以将这些公式进行转换，将固相自由能与液相自由能作差值，进而可以通过简单的参数求取，如式（8-4）所示。式中积分下限为熔点，此时固相和液相之间的自由能差为零。

$$
\begin{aligned}
\left(G_{\text{I}}-G_{\text{liq}}\right)(T)=&H_{\text{I}}-H_{\text{liq}}+\int_{T_m}^{T}\left[C_{p,m,\text{I}}(T)-C_{p,m,\text{liq}}(T)\right]\mathrm{d}T\\
&-T\left[\frac{H_{\text{I}}-H_{\text{liq}}}{T_{m,\text{I}}}+\int_{T_m}^{T}\frac{C_{p,m,\text{I}}(T)-C_{p,m,\text{liq}}(T)}{T}\mathrm{d}T\right]
\end{aligned}
\tag{8-4}
$$

如果进一步假设在所研究的温度范围内，固相和液相之间的热容差为零，那么可以得到近似方程，如式（8-5）所示，其中晶型 Ⅰ 的熔化焓为 $\Delta H_{\text{melt,I}}=H_{\text{liq}}-H_{\text{I}}$。

$$
G_{\text{I}}-G_{\text{liq}}\approx-\left(\Delta H_{\text{melt,I}}/T_{m,\text{I}}\right)\left(T_{m,\text{I}}-T\right)
\tag{8-5}
$$

根据实验中得到的熔点和熔化焓，利用式（8-5）就可以定量地得到能量-温度图（如图 8-3）。此外，还可以据此计算出在任何温度下两种晶型的溶解度比。

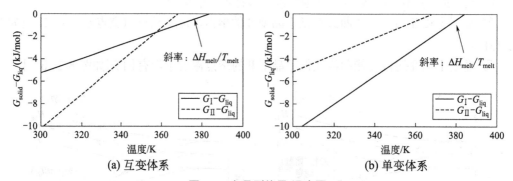

图 8-3　多晶型能量-温度图

3. 预测热力学关系的规则

考虑到多晶型体系中各个固相之间热力学关系的实际相关性，人们已经建立了用来预测多晶型的相对热力学稳定性以及多晶型之间是互变还是单变关系的规则。其中，第一规则最早由 Tammann 在 1926 年提出的[1]，后来由 Burger 和 Ramberger[2] 作了进一步的扩展。表 8-1 总结了著名的 Burger-Ramberger 规则。

表 8-1　Burger-Ramberger 规则

项目	互变体系	单变体系
定义	在温度范围为 $T_t < T < T_{m,I}$，晶型 I 是稳定的 在温度范围为 $0 < T < T_t$，晶型 II 是稳定的	在温度范围为 $0 < T < T_{m,I}$，晶型 I 是稳定的 晶型 II 从来都不是稳定的
由定义引导出的结果	晶型 II 向 I 发生可逆转变 在温度范围为 $0 < T < T_t$，晶型 I 的溶解度高于晶型 II	晶型 II 向 I 发生不可逆转变 晶型 I 的溶解度总是低于晶型 II
规则 1	晶型 II 向 I 的转变是吸热的	晶型 II 向 I 的转变是放热的
规则 2	$\Delta H_{melt,I} < \Delta H_{melt,II}$	$\Delta H_{melt,I} > \Delta H_{melt,II}$
规则 3	$C_{p,m,I} > C_{p,m,II}$	$C_{p,m,I} < C_{p,m,II}$
规则 4	在 0K 时，密度（II）>密度（I）	在 0K 时，密度（II）<密度（I）

可以看出，规则 1 和规则 2 直接遵循图 8-2 和图 8-3。因此，只要在相应的温度范围内，固相和液相之间的热容差为零，则规则 1 和规则 2 是普遍有效的。规则 3 和规则 4 有时候会失效，因此其应用效果稍差。

若能准确地测量熔点和熔化焓，就可以进一步推导出转变温度的计算公式，如下：

$$T_t = \frac{T_{m,I}T_{m,II}\left(\Delta H_{melt,II} - \Delta H_{melt,I}\right)}{T_{m,I}\Delta H_{melt,II} - T_{m,II}\Delta H_{melt,I}} \tag{8-6}$$

通常，物质的熔点和熔化焓可以通过差示扫描量热仪（DSC）来测定。但是，在某些情况下，很难准确测定亚稳晶型 II 的熔点和熔化焓，尤其是在加热过程中晶型 II 向晶型 I 的转变过程太快。该晶型转变过程通常会伴随着焓的转变，即 $\Delta H_{melt,II} - \Delta H_{melt,I}$，这样就可以计算出晶型 II 及晶型 I 的熔化焓，但是仍然无法计算出 T_t，因为 $T_{m,I}$ 是未知的。在这种情况下，可以根据其他方法求得 T_t。

4. 介稳区宽度

对于二元多晶型互变体系，两种晶型在转变温度处具有相同的热力学势能 G 和相同的溶解度[3,4]。此转变温度仅与固体的晶格结构有关，而与结晶时所处的溶剂环境无关，因此改变溶剂只会更改浓度轴，并不会改变转变温度的位置。由于两种晶型的溶解度比仅体现了该温度下的相对热力学势能 G。因此，对于理想溶液，浓度比 c_I/c_{II} 在任何温度下都是恒定的，浓度轴仅需作线性调整。对于非理性溶液，活度比 a_I/a_{II}（$a=\gamma c$）在任何温度下是相同的。浓度轴必须以非线性方式重新缩放，但曲线的形状保持不变（如图 8-4 所示）。

但是，通过改变溶剂，可以大大改变介稳区的宽度（见图 8-5）。对于一个具有多晶型的化合物，如果将其澄清溶液冷却至其中一种晶型的溶解度之外，则该晶型的成核仅发生在其介稳区宽度之外。如果将一定浓度的溶液冷却到两种晶型的介稳区之外，则根据 Ostwald 熟化规则，通常亚稳晶型会首先成核。由于不同晶型的溶解度和介稳区宽度都与溶剂有关，所以在

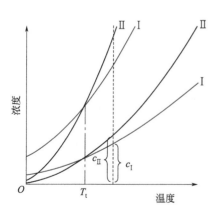

图 8-4　两种晶型在两种不同溶剂中的溶解度随温度的变化曲线

不同的溶剂中即使是在相同浓度下也可能形成不同的晶型。由于其分子结构特点，溶剂甚至可能会促进或抑制特定多晶型的成核，这将在后面的内容中进一步阐述。此外，还可以得出，两种晶型介稳区边界线的交点的温度不必与转变温度一致。这可能会影响晶型转变点的确定。从图 8-5 中可以看出，刚好低于转变点（图 8-5 圆圈内）的温度可以位于多晶型 II 的介稳区宽度之内，但仍在多晶型 I 的介稳区宽度之外。

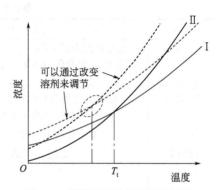

图 8-5 两种晶型在不同溶剂中的溶解度和介稳区宽度

在接近两种晶型介稳区曲线的交点区域，经常观察到伴随多晶型同时出现的现象。在非常高的过饱和度下，通常会形成无定形相作为前驱体，并迅速转变为更稳定的多晶型相。

8.1.2 多晶型的转变方式及机理

根据媒介的不同，晶型转变过程可分为固相晶型转变（solid-state polymorphic transformation，SSPT）和溶剂介导晶型转变（solution-mediated polymorphic transformation，SMPT）。需注意的是，这两种转变的方向都是由体系所处的环境因素（如温度、压力）以及热力学关系决定的。

固相晶型转变过程是在固态下直接进行的，不需要溶剂。晶体若受到高温、高压的影响（如研磨等）经常会发生这种类型的转变。固相晶型转变是晶体内部分子、原子或离子重新排列而形成新结构的过程，其主要包含三个过程：

① 原始分子间作用力的断裂；

② 无序分子形态的形成（中间态）；

③ 新分子间作用力和晶体结构的形成。

溶剂介导晶型转变过程是以溶剂为介质而发生的。其过程主要包含以下几个步骤：①亚稳晶型溶解；②稳定晶型的成核；③稳定晶型的生长。需要注意的是，这种晶型转变的热力学推动力是不同晶型的吉布斯自由能，与所处的溶剂环境无关。每种晶型的吉布斯自由能与其逸度、溶解度密切相关，如式（8-7）所示：

$$\Delta G_{A \to B} = RT \ln\left(\frac{f_A}{f_B}\right) = RT \ln\left(\frac{a_A}{a_B}\right) \approx RT \ln\left(\frac{S_A}{S_B}\right) \tag{8-7}$$

式中，ΔG 为吉布斯自由能；f 为逸度；a 为溶质的活度；S 为晶型的溶解度；R 为理想气体常数；T 为绝对温度。

O'Mahony 等[5]根据控速步骤不同，归纳总结溶液介导晶型转变的四种类型。如图 8-6 所示，其中破折线和点画线分别代表溶液中亚稳晶型和稳定晶型的质量分数随时间的变化，黑色实线表示了溶液中的过饱和度随时间的变化。具体各类型控制步骤描述如下：

① 溶解控制：当溶液中的稳定晶型成核后，溶液的过饱和度快速降低，这意味着亚稳晶型的溶解速率远远小于稳定晶型成核和生长所需消耗掉的溶解度。这种情况下，亚稳晶型的溶解是晶型转变的控速步骤。

② 生长控制：如果稳定晶型的成核发生较快，但成核的数目较少，溶液中的浓度会维持在亚稳晶型的溶解度上，而形成浓度高台（plateau）。在高台末期，溶质的浓度开始下降，

在悬浮液中亚稳晶型已全部消失，此时稳定晶型的生长速率相对于亚稳晶型的溶解速率较小。这种情况下，稳定晶型的生长是晶型转变的控速步骤。一般来说，晶体的生长速率小于溶解速率，所以生长控制的情况比溶解控制更加常见[6,7]。例如，卡马西平从晶型Ⅰ向晶型Ⅱ的转变即为典型的稳定晶型的生长为控速步骤的晶型转变过程[8]。

③ 成核-溶解控制：稳定晶型成核后溶液中的浓度会迅速降低，从这个角度看，与溶解控制（类型①）是非常类似的。但需注意的是，稳定晶型的成核有一段较长的诱导期，在这段诱导期之内，溶液的浓度会维持在亚稳晶型的溶解度上，这点与生长控制（类型②）类似。这说明一旦稳定晶型成核后，晶型转变过程受到亚稳晶型溶解的制约。因此这种类型可被定义为"成核-溶解"为控速步骤的晶型转变过程。这种类型的晶型转变过程的典型特征是溶液中的浓度会维持不变。但是一旦出现了新的晶型，溶液浓度会立即下降。例如，甲糖宁的转晶过程就属于此种类型[9]，在其晶型转变过程中稳定晶型的成核诱导期内，溶液浓度形成了一个高台，此时溶液浓度与亚稳晶型的溶解度一致，之后转晶过程受到稳定晶型溶解的控制。值得一提的是，由于生长控制和成核-溶解控制的相似性，需要根据固相数据，才能区别这两种类型。

④ 成核-生长控制：这种类型与成核-溶解控制（类型③）非常类似，都在晶型转变的过程中，溶液中的浓度存在一个高台，也说明稳定晶型的成核需要一个较长诱导期。但是，当大量固体（>50%）已经完成了从亚稳晶型到稳定晶型的转变时，溶液中的浓度并没有下降，说明转晶过程是稳定晶型的成核和生长过程控制的。类型③和④的区别主要在于，当溶液中稳定晶型的数量大于亚稳定的晶型时，浓度是否开始衰减。例如，他替瑞林（taltirelin）[10]和甘氨酸[11]以及吡拉西坦（piracetam）[12]的晶型转变都是符合类型④的转变过程。

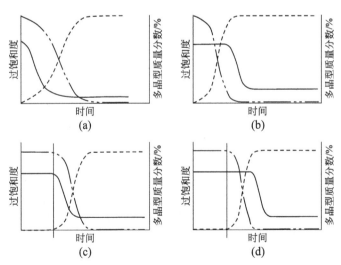

图 8-6　溶液介导转晶的四种典型控制步骤情况[11]

由于多晶型的晶型转变过程包含亚稳晶型的溶解，以及稳定晶型的成核，因此影响这两个过程的因素都可能直接或者间接地影响晶型转变过程。应该注意到，不同操作条件对晶型转变过程影响很大。例如，Su 等[13]观测了不同含量的 α晶型 D-甘露醇（D-mannitol）在 27℃下、乙醇和水混合溶液中（其中乙醇体积分数为 17%）的晶型转变情况。结果显示，当溶质的含量较高时，会延长向β晶型转晶的时间。这是由于在晶体生长条件一定的情况下，高含量的溶质需要更长的成核时间，因而延长了转晶时间。他们进一步研究了 D-甘露醇 α 晶型向稳定的β晶型转变的过程，并发现在不同温度下完成转晶的时间有所不同：在 278K 时需要 500min，但是当温度提高至 313K 时，晶型转变的时间缩短至原来的 1/10[13]。因此，研究不同因素可进一步了解晶型转变机理，可达到控制晶型的目的。

8.1.3 多晶型的控制

通常来说，多晶型将会受到以下几个方面的影响：过饱和度[14,15]、温度[16]、晶种[17-19]、添加剂[20-22]、溶剂[23,24]、界面[25]等。Kitamura 等[26,27]依据不同控制因素的重要程度将这些控制因素分为两大组，如图 8-7 所示。需要指出的是，对于溶液结晶来说，最根本的操作条件是结晶温度和过饱和度，且这两者的变化是同时进行的。另外，溶解度并不是直接的操作因素，但溶解度与过饱和度是直接关联的，并且在多晶型的晶型转变过程中，溶解度也起到了重要的作用。此外，一些新兴的控制多晶型的方法，例如聚合物模板、激光法诱导等也被用以调控不同的晶型。下面将这些方法划分为传统方法和新型方法予以具体介绍。

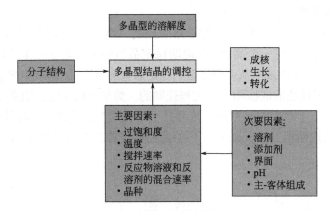

图 8-7　多晶型的控制因素[27]

1. 传统调控策略

（1）温度

噻唑衍生物 BPT 有三种晶型（A，B，C）和两种溶剂化物 BH（水化物）、D（甲醇化物）。当结晶温度为 333 K 时，可同时获得亚稳的 A 晶型和 BH 型，这两种晶型之间存在竞争关系，需通过初始过饱和度来调节。当结晶温度为 323K 时，得到的是 BH 型和 D 型的混合物。但是当结晶温度降至 313K 时，主要的产物为 D 型[26]。由于不同晶型之间的稳定性不同，会发生晶型转变现象。温度效应也在 L-谷氨酸体系中体现，当结晶温度在 283K 到 323K 的区间内时，稳定的β晶型的含量随温度的升高而上升[28]。但应注意到，温度效应在 L-组氨酸体系中并不显著。具体来说，在实验范围区间内（283~313K），L-组氨酸不同晶型的含量并没有改变[29]。从结构上分析可发现，L-谷氨酸两种晶型的构象差异比较明显，但是 L-组氨酸的两种构象差异则相对较小[27]。以上结果说明，温度效应对多晶型的调控并不适用所有的体系。

（2）过饱和度

BPT 丙酯在乙醇溶液中结晶时，如果过饱和度较高，首先出现的是亚稳的 A 晶型，但在过饱和度较低的情况下结晶时，可以直接得到稳定的 B 晶型[30]。说明过饱和度对晶型调控有显著的效应。

(3) 溶剂

通常，溶剂会影响多晶型的生长行为，并进而影响它们的晶习。此外，溶剂还可以在多晶型成核过程中发挥重要作用，即在特定溶液中可以形成特定的晶型。对于有机化合物而言，已有许多例子表明溶剂可以影响产物的晶型，其中主要是通过溶质-溶质分子以及溶质-溶剂分子之间的氢键相互作用，从而导致溶液中形成了潜在晶格结构的分子。

如果分子在气相中具有多个构象异构体，则可以预期它在溶液中也可以存在多个可以快速或缓慢相互转化的构象异构体。溶剂可以促进或抑制构象异构体的形成。其中，质子溶剂可促进易于形成氢键的构象异构体的形成。极性溶剂可以促进极性构象异构体的形成，而极性较小的溶剂则通过疏水相互作用促进极性较小的构象异构体的形成。因此，可以通过选择合适的溶剂来促进特定多晶型的成核[31]。

也有证据表明，在许多情况下，溶液中构象异构体的自组装作用会推动溶液中特定多晶型的成核。例如，对于二苯甲酮和二苯胺的结晶过程，当溶剂为极性溶剂甲醇时，分子之间通过芳香环与环之间接触形成了二聚体；而溶剂为甲苯时，由于 C═O…H—N 氢键作用而产生了二聚体[32]。

如图 8-8 所示，在 2,6-二羟基苯甲酸的结晶过程中发现：在甲苯溶液中溶质主要以羧酸二聚体为主，结晶形成了基于此二聚体结构基元的晶型 I；而在氯仿溶液中主要以氢键连环体形式存在，从而导致了基于连环体为结构基元的晶型 II 成核[33]。

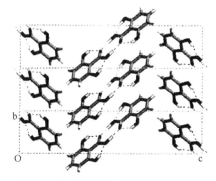 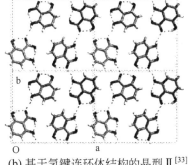

(a) 甲苯中形成了羧酸二聚体结构的晶型 I   (b) 基于氢键连环体结构的晶型 II[33]

图 8-8 2,6-二羟基苯甲酸的两种多晶型

有机分子 2-氨基-4-硝基苯酚是一种多官能团分子，具有许多用于形成氢键的氢键供体和氢键受体位点（见图 8-9）。硝基甲烷可以使氨基官能团溶剂化，从而导致形成具有硝基-羟基链状相互作用的晶格结构。同样，甲醇可以使羟基溶剂化，因此有利于硝基-氨基二聚体的形成。甲苯可以促进氢键相互作用的形成，同时产生硝基-氨基二聚体和由硝基-羟基组成的链状结构。

类似地，对于对氨基苯甲酸，在温度低于 25℃时，在水溶液中可以得到由连环体构成的棱柱形晶体，该晶体是此温度下更稳定的β晶型，而在己烷溶剂中则无法得到β晶型。当温度高于 25℃时，在水溶液中结晶得到的结构单元为羧基二聚体，最终生长得到针状晶体[35]。

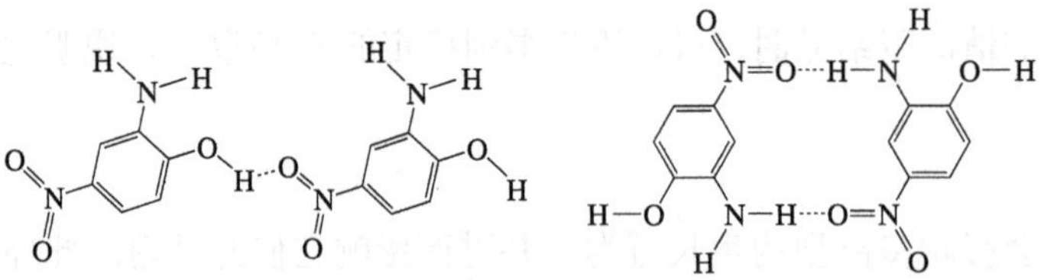

(a) 在硝基甲烷中形成的晶型 I   (b) 在甲醇中形成的晶型 II [34]

图 8-9   2-氨基-4-硝基苯酚的两种多晶型

(4) pH

pH 的影响以甘氨酸为例, 相对于在中性环境 (pH 约为 6.0) 中, 在酸性条件 (pH<3.4) 或者碱性条件 (pH>10.0) 下结晶, 易得到热力学稳定的 γ 晶型[36]。因为甘氨酸的等电点为 5.97, 因此在酸性或者碱性条件下, 溶液中的甘氨酸会带有电荷, 虽然不会完全抑制动力学有利的 α 晶型的生长, 但是也会显著降低产生 α 晶型的数量, 并且增加了产生 γ 晶型的可能性。

(5) 晶种

通常将添加晶种作为获得目标晶型的一种技术。如果目标晶型是稳定晶型, 则仅需添加少量稳定晶型的晶种即可诱导处于介稳区宽度内的过饱和溶液结晶生成稳定晶型。反之, 如果目标晶型是亚稳态的, 通常必须将大量的亚稳晶型的晶种添加到相对于亚稳态晶型为过饱和的溶液中, 从而确保溶液中仅有此亚稳态晶型进一步生长。

在利托那韦 (Ritonavir) 的溶析结晶过程中, 采用添加晶种技术成功得到了亚稳晶型 I。实验过程中为了避免添加的晶种过剩, 应用了反向添加技术。首先, 将少量的晶种加入搅拌的庚烷 (反溶剂) 中。随后, 将利托那韦的乙酸乙酯 (良溶剂) 溶液缓慢加入该庚烷溶液中。最后, 随着添加过程的进行, 越来越多数量的晶型 I 充当了晶种。实验中晶种的初始量仅为最终产品总量的 5%。

在乙酸乙酯/庚烷的混合物中达到平衡后, 将获得的产物过滤, 如果良溶剂:反溶剂为 0:1, 则最终产物大部分仍为晶型 I; 如果良溶剂:反溶剂为 1:1, 则最终产物中两种晶型的比为 50:50; 如果良溶剂:反溶剂增加到 2:1 时, 则产物中有 90% 以上的亚稳晶型 I 均转化成了晶型 II。这是由于两个晶型在混合溶剂中的溶解度差决定了晶型转化过程的推动力。

综合来说, 传统多晶型调节方法在一定程度上推动了多晶型的研究。但由于传统结晶方法具有一定的盲目性, 很难将一种药物的所有晶型都筛选出来。因此, 随着科学技术的发展, 研究人员引入越来越多的新型手段用来调控多晶型。

2. 新型调控策略

(1) 模板法

通过模板来实现对多晶型的调控是目前多晶型控制研究的热点。模板调控晶型的关键在于其表面结构。通常, 模板的表面可以通过人为修饰的方法, "嫁接"上不同的分子或官能团。这些分子或官能团可以与溶液中的溶质分子发生特异性的分子识别, 从而降低了某一特定晶型成核所需的能量壁垒, 最终实现晶型控制。

以不溶性的高分子聚合物作为模板来诱导结晶主要是通过异相成核过程达到多晶型调控的目的。该方法最早是在 2002 年由 Matzger 课题组提出[37]。他们利用不同聚合物探究了聚合物对乙酰氨基酚 (acetaminophen) 以及卡马西平 (carbamazepine) 多晶型的选择性。

此后该方法被成功运用到目前被认为具有最多晶型的化合物 2-（2-硝基苯胺基)-3-氰基-5-甲基噻吩（ROY）上，并成功调控出了 ROY 的所有晶型[38]。在此基础上，他们发现除了小分子药物，聚合物筛选的方法也能够被成功运用于蛋白质结晶中[39]。另外，利用聚合物模板也可获得更多的晶型，例如原本认为托芬那酸（tolfenamic acid）只有两种晶型，但最近利用聚合物模板成功发现其至少存在五种晶型[40]。一般认为聚合物是结晶的抑制剂，但最新的研究结果表明，一些不溶的聚合物可以保护目标分子的官能团，起到促进晶体成核的作用，说明聚合物也可作为成核的促进剂[41]。

此外，2-D 功能化界面是指在一定的载体表面（比如 Au、Si 以及玻璃）连接特定的官能团，这些官能团与药物多晶型分子之间的特殊作用起到调控多晶型的目的。一般来说，2-D 功能化界面主要包括自组装分子膜（self-assembed monolayers，SAMs）[42-45]和朗缪尔单分子膜（Langmuir monolayer）[46-48]。另外，最近的研究结果显示，其他材料（如云母的

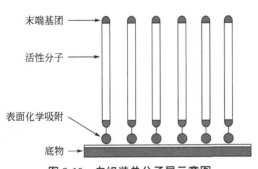

表面）也可以诱导出不同的晶型[49]。相对来说，自组装分子膜是使用最广泛的，其结构如图 8-10 所示。基于此方法，可获得包括蛋白质、半导体、氨基酸以及生物材料的不同晶型。例如，Zhang 等[50]使用含苯基的 SAMs 成功得到甲糖宁（tolbutamide）生物利用度最高的Ⅳ晶型，另外使用甲基-三氟甲基的 SAM 均得到甲糖宁的Ⅱ晶型。茶碱（theophylline）的无水Ⅱ晶型也可通过亲水性的自组装膜得到，如图 8-11 所示[51]。

图 8-10　自组装单分子层示意图

末端基团
活性分子
表面化学吸附
底物

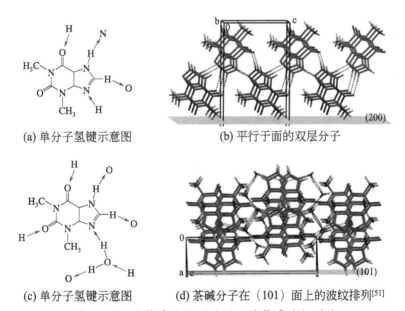

(a) 单分子氢键示意图　(b) 平行于面的双层分子

(c) 单分子氢键示意图　(d) 茶碱分子在（101）面上的波纹排列[51]

图 8-11　无水茶碱（a）、（b）和一水茶碱（c）、（d）

(2) 离子液体

离子液体是指在室温或接近室温下呈现液态且完全由阴、阳离子所组成的盐[52]。近些

年，研究人员将离子液体引入了结晶领域，将其作为一种新型的溶剂用于晶型的调控，取得了很好的效果[53,54]。结晶的本质是分子组装的过程。溶剂与溶质之间的相互作用将会直接影响溶质分子的组装过程。对于传统的溶剂或溶剂混合物，其溶剂分子之间主要存在氢键、诱导力、色散力和取向力；而离子液体却能将静电力引入结晶过程，结果必然会为溶质分子的组装提供更多的可能性。而且，传统溶剂的种类有限，离子液体则种类繁多，化学家们可以通过改变阳离子上的取代基以及阴离子的种类，设计和合成出大量结构不同的离子液体。

Woo-Sik Kim课题组[55]将离子液体与反溶剂结晶相结合，以离子液体[AEIm]BF₄（1-烯丙基-3-乙基咪唑四氟硼酸盐）作为溶剂，以水作为反溶剂，成功筛选出了阿德福韦酯的一种新晶型和一种半水合物；此后，直接以另一种离子液体[BDMIm]BF₄（1-丁基-1,3-二甲基咪唑四氟硼酸盐）作为反溶剂，又获得了阿德福韦酯的另一种新晶型[56]。"重磅药"硫酸氢氯比格雷的药用晶型是晶型Ⅰ，但是晶型Ⅰ很容易向晶型Ⅱ发生转化。Woo-Sik Kim课题组[57]发现离子液体[AEIm]BF₄能显著延长晶型Ⅰ到晶型Ⅱ的转化时间。Zeng等[58]则对离子液体调控晶型的机制进行了探究。选择了一系列在结构上具有相同的阳离子但阴离子部分不同的离子液体作为溶剂，研究产物的晶型与这些溶剂之间的关系。结果表明，模型药物的晶型与离子液体和药物之间的相互作用有关。此外，实验还发现，与在传统溶剂中的结晶现象不同，药物分子在离子液体中的成核前聚体结构与最终晶体内分子的结构无法对应。

尽管离子液体在晶型调控方面有其独特之处，它也存在一个明显的缺点，即离子液体的黏度太大，极大地影响了传热和传质。这在一定程度上限制了其在结晶工艺中的工业化应用。

（3）微通道结晶

微通道结晶技术是一种将微反应技术同结晶过程相结合的新型结晶手段[59,60]。它也是目前结晶研究的前沿方向之一。

图8-12为基于细小液滴的微通道系统的示意图。相比于传统的结晶方法，微通道结晶技术具有以下几个明显的优势：①由于结晶过程

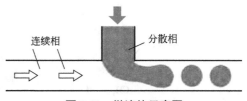

图8-12　微流体示意图

在微通道中进行，所需的样品量极少，有利于开展大规模的筛选实验，例如多晶型的筛选；②微通道中的液滴体积较小，其表面积较大，具有更高的传热效率，控温更为精准，有利于结晶数据的测定；③相邻的液滴被不互溶的连续相隔离，有效避免了相邻液滴之间的传质，保证了单一液滴中浓度的稳定。

近年来，不断有文献报道将微通道技术应用于晶体成核动力学的测定[61]、蛋白质的结晶[62,63]以及晶型控制[64,65]等方面。Jiang等[66]通过研究对比发现L-谷氨酸在传统结晶过程和微流体结晶过程中具有完全不同的结晶行为。在传统结晶过程中，无论过饱和度是高还是低，只有在温度超过25℃时，稳定晶型才能出现。而在微流体中，当体系过饱和度控制为2.5，温度达到10℃时，即可获得纯的稳定晶型。Teshima等[67]利用微通道技术成功制备了L-谷氨酸的亚稳晶型。研究认为，微通道中的液滴具有较大的表面张力，并在结构上表现出了较大的曲率，因此其内部密度驱动下的对流被抑制，只存在简单的扩散传质。这造成

了晶体周围溶质浓度的降低，从而抑制了二次成核以及亚稳晶型向稳定晶型的转化。

（4）伴随多晶型

对于伴随多晶型形成的原因，较为经典的解释是：不同晶型具有不同的成核能垒，根据 Ostwald 规则，当多晶型化合物在溶液中以晶体形式析出时，通常系统会析出一种成核能垒较低的晶型。由于亚稳晶型的成核能垒比较低，亚稳晶型会优先析出。如果不同晶型的成核能垒相近或者某种成核能垒较高的晶型在成核与生长有竞争优势时，出现伴随多晶型。截至目前，科研工作者对伴随多晶型的形成及控制进行了大量的探索与研究。为了探索邻羟基苯甲酸溶析结晶过程中的伴随多晶型现象，Jiang 等[66]研究了不同晶型的成核和生长速率，得出伴随多晶型的形成是两种晶型成核与生长竞争的结果。此外，在 Eflucimibe 的冷却结晶成核动力学实验中，Teychené 等[68]确定晶型 A 和晶型 B 的相对成核速率决定了多晶型的形成。以上都是从动力学的角度研究伴随多晶型。然而，研究发现，结晶热力学同样在调控伴随多晶型过程中起重要作用。Du 等[69]确定了普拉格雷盐酸盐两种晶型的热力学稳定性，采用 FBRM 在线监测普拉格雷盐酸盐反应结晶过程的诱导期，计算了两种晶型的相对成核诱导期，发现晶型 Ⅱ 是动力学优势晶型，最后得出热力学和动力学之间的相互作用是产生伴随多晶型的原因。在此基础上，对于具有互变多晶型的孕二烯酮，Zhu 等[70]从热力学稳定性与成核生长动力学两个方面讨论伴随多晶型现象，利用经典成核理论，综合溶液过饱和度和结晶温度两个因素，成功模拟得到动力学方程预测多晶型组成情况。

综上，我们可以得出，目前人们主要从多晶型间的相对成核与生长速率的大小关系结合热力学稳定性来解释伴随多晶型现象，这为多晶型的调控提供了一定的理论基础。

8.2 络合与萃取结晶

与其他单元操作（精馏和液体萃取）相比，结晶具有能耗低、分离效率高的优势。然而，当在二元相图中遇到共晶或分子加成化合物时，通过结晶分离无法得到纯组分。这种情况下可以采用络合或萃取结晶进行组分分离。

在络合结晶过程中，添加剂（即第三组分）可以选择性地与其中一种组分形成松散的分子络合化合物导致产生固体晶体从而达到分离目的，这一过程甚至可以在达到进料组分的二元共晶温度之前进行。形成的络合物从体系中分离之后，通常通过加热解离，得到所需的组分。

另外一种情况称之为"萃取结晶"。在这个过程中利用第三组分（通常称为溶剂），将一种组分从低共熔混合物中萃取到溶剂的液相中。溶剂在该过程中不形成固相，即使在进料组分的二元共晶温度下也保持液相，据此改变体系的固-液相关系。萃取结晶方法优于络合结晶的特点是待分离的组分以其纯物质形式结晶，不需要分离络合物。

众所周知，由于异构体通常具有相似的化学性质和分子大小、接近的沸点和相当的挥发性，利用传统的精馏和萃取等分离方法从混合物中分离异构体是一项具有挑战性的任务。然而，近沸点异构体因为具有不同的分子构型，通常熔点差异较大，所以络合和萃取结晶方法适用于分离近沸点有机化合物，并保持了结晶分离低能耗的优势。

三元共晶图中的三元共晶点和双峰曲线的相对位置对于通过络合与萃取结晶完成成功

分离是非常重要的。Dikshit 和 Chivate[71,72]
在 1970 年发现对二氯苯是用于分离邻氯
硝基苯和对氯硝基苯二元共晶的优异的
添加剂；并且，根据添加剂的浓度和操作
温度，可以决定分离方式是萃取或加成结
晶。如图 8-13 所示，如果将对二氯苯（溶
剂）加入邻氯硝基苯和对氯硝基苯的低共
熔混合物中直到 x 点，则异构体可以通过
萃取结晶方法分离；如果初始组合物达到
y 点，则采用络合结晶的方法进行分离，
此时加入添加剂对二氯苯后，对氯硝基苯
和对二氯苯的分子将通过初级结晶生成
络合化合物，产生晶体固体，从而可以从
络合物中容易地回收组分对氯硝基苯。比

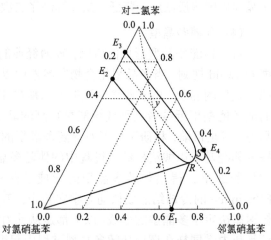

图 8-13　体系三元共晶图：邻氯硝基苯（o-CNB），
对氯硝基苯（p-CNB），对二氯苯
（p-dichlorobenzene）[71]

较这两种方法，萃取结晶过程需要较少的溶剂，而络合结晶过程中对氯硝基苯的回收率略
高，并且可以在更高的温度下操作（–25～40℃，而建议用于萃取结晶的温度是 15℃）。

　　通过构建三元图（如图 8-14 所示），Tare 和 Chivate[73,74]在 1976 年发现，使用对二溴苯
通过萃取结晶也可以成功地分离这对异构体。对二氯苯和对二溴苯均可与邻氯硝基苯形成
简单共晶，而两种共晶与对氯硝基苯又可形成松散的分子络合物。当使用对二溴苯时，溶
剂可以在液相中提取所需组分而不形成任何络合物。

　　上述这两个过程都需要多阶段操作和匹配的用于回收添加剂的处理方法。由于溶剂改
变了固-液平衡，溶剂的选择在两个过程中都是至关重要的。对于这两种分离手段，Tare 和
Chivate[73]在 1976 年提出了一种基于溶剂
选择性的计算方法用于筛选溶剂。在络合
结晶过程中，溶剂通常形成一种与待分离
组分具有不同熔点的弱分子化合物。虽然
络合物形成的机理尚不清楚，但在大多数
情况下人们认为可能是由氢键的形成造
成的。络合物的形成通常引起系统发生可
检测的焓变（大约 400J/mol）。对于给定
的一对化合物，溶剂的适宜性可以通过络
合物生成过程中焓变的实验测量与溶剂
选择性的理论焓变计算来衡量。

　　对适合于络合或萃取结晶过程的设备
的设计和操作，需要用到有关过程动力学
速率的资料，表 8-2 整理了文献中报道的
一些研究[75-96]。

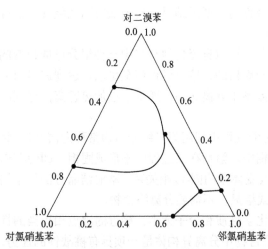

图 8-14　体系的三元共晶图：邻氯硝基苯（o-CNB），
对氯硝基苯（p-CNB），对二溴苯（p-
dibromobenzene）[73,74]

表 8-2 络合和萃取结晶文献

文献	研究内容
Xinai Pan 等（2011）[75]	络合结晶法制备高纯硼酸
Makio Furuichi 等（1997）[76]	荧光去极化法研究洗涤剂对捕光叶绿素 A/B-蛋白络合结晶的影响
Yasuhiro Matsuda 等（2014）[77]	纤维在溶剂中络合结晶聚乳酸凝胶的制备与表征
Tkatch V I 等（2011）[78]	非晶/纳米晶络合材料的络合晶化
Roman Svoboda 等（2013）[79]	Fraser-Suzuki 函数在络合结晶过程动力学分析中的应用
Zijie Yang 等（2009）[80]	络合结晶番茄状氧化锌簇合物
Xiaojian Yang（2018）[81]	可控限域络合结晶法制备纳米层状结构镍铁氢氧化物及其电化学性能的研究
Qilun Wang（2017）[82]	络合结晶法分离提纯间/对甲酚的研究
Enrico A Stura 等（2001）[83]	络合结晶高分子配合物
Zhou，Yuanyuan 等（2015）[84]	溶剂萃取法制备高性能太阳能电池钙钛矿杂化薄膜
FAN Guangyou 等（2009）[85]	萃取结晶法回收碳酸钠实验研究
Sun Yaqin 等（2019）[86]	糖化萃取结晶法回收丁二酸
Yu C 等（2019）[87]	有机溶剂萃取结晶制备 3-氯苯基氯化镁
Kim，Dongwoo 等（2019）[88]	聚合物黏结剂对聚合物黏结炸药中 HMX 萃取结晶回收的影响
Wang D 等（2014）[89]	用复合溶剂提取硫氰酸红霉素
Lu G（2010）[90]	连续结晶器萃取结晶谷氨酸钠
Shibata Junji 等（2012）[91]	萃取结晶汽提高级分离稀有金属
Lei W 等（2015）[92]	萃取结晶棕榈油
Sha Q 等（2006）[93]	萃取结晶法一步生产硫酸钾
Yunzhao Li 等（2015）[94]	反应萃取结晶法制备碳酸钙和氯化氢
Kexun Chen 等（2003）[95]	磁场对超临界二氧化碳萃取结晶穿心莲内酯晶体形貌的影响
Lipatov A 等（2005）[96]	膜萃取结晶法分离石蜡

8.3 离解萃取结晶

一些商业上重要的由近沸点异构/非异构组分组成的混合物，通过常规方法分离无法得到满意的分离效果。在这种情况下，可以依据可逆反应的原理，例如螯合作用和酸碱反应，开发经济上可行的分离工艺路线。在过去的二十年中，一种利用混合物各组分的分配系数和解离常数之间差异的两相方法——离解萃取受到了众多关注。

1987 年，Gaikar 和 Sharma[97,98]等将离解萃取的理论加以拓宽提出了一个离解萃取结晶的分离方法，并成功分离了传统分离方法难以分离的胺及取代胺类混合物等物系。在此基础上，1989 年 Gaikar 等[99,100]又成功采用此方法分离沸点相近的间、对甲酚，3、4-甲基吡啶等物系。1996 年，Lashanizadegan 等[101]采用离解萃取结晶方法成功分离二氯二酸、三氯乙酸；2001 年，Lashanizadegan 等[102]采用解离-萃取-结晶两相法分离邻氯苯甲酸和对氯苯甲酸，在热力学筛选的基础上，分别选择了甲醇和哌嗪作为溶剂和试剂，建立了 *o*-CBA-*p*-CBA-甲醇体系的三元相平衡图。2007 年，兰丽娟等[103]进一步改进工艺，分离了邻、对氯苯甲酸。离解萃取结晶是分离沸点等物系相近体系、有机同分异构体、热敏物料等难分离物系的一种行之有效的方法，在化工分离中起着日益重要的作用。离解萃取结晶本身就是萃取与结晶过程交叉发展的结果，因此该过程理论与机理的发展拓宽了萃取与结晶的理论与工艺过程，还使人们对液-液平衡、液-液-固平衡理论具有更深入的理解。

在离解萃取结晶的过程中，萃取剂与混合物中较强的组分形成络合物，产生单独的、优先形成固体的结晶相。因此，当两种组分 A 和 B 在合适溶剂（A 是较弱组分）中与化学计量不足量的萃取剂 C 接触时，这两个组分对 C 的竞争导致基于相对强度的平衡反应，该反应可以表示为：

$$A-C+B \longleftrightarrow A+B-C \tag{8-8}$$

由于络合物 B-C 在溶剂中微溶并且结晶出来，因此可逆反应的平衡在方程式（8-8）中不断向右移动，导致复合物 B-C 进一步沉淀以增加分离产率。

各种有机酸和碱的工业混合物可以通过在有机相和水相中的离解萃取结晶来分离，分别产生两相和三相体系[97-100]。通过该技术可以实现对含取代基的苯胺、酚和甲酚的分离。用于评估分离难易程度的分离因子对于离解萃取结晶过程通常非常高，在某些情况下，单级即可足以实现完全分离。

在该方法实施中，溶剂在选择性和产率方面起重要作用。通常考虑纯化合物，或者正庚烷、甲苯及二异丙醚的混合物。选择的溶剂应使得较弱的组分和中和剂都具有高溶解度，而沉淀的复合物应基本上不溶。中和剂或萃取剂必须能够选择性地与所需组分相互作用以产生固体中和产物。芳族磺酸例如对甲苯磺酸和对二甲苯磺酸，哌嗪和二氮杂双环辛烷是实验研究中常见的典型中和剂。

已经有学者针对多种物系（参见表 8-3）进行了离解萃取结晶过程的研究，证明了该项涉及反应、萃取和沉淀等跨学科领域的分离技术的可行性。在这个过程中，只有更好地理解涉及两相和三相反应沉淀系统的几种速率过程之间的相互作用，以及溶液相行为的基础研究，才能提高其在分离近沸点混合物、酸性/碱性混合物、同分异构/非异构体混合物中的应用效果。

表 8-3 中的 α 是衡量分离难易程度的量度，它的定义如下：

对于固-液系统：

$$\alpha = \frac{[B-C]_{solid} / [A-C]_{solid}}{[B]_{raffinate} / [A]_{raffinate}} \tag{8-9}$$

对于液-液-固系统：

$$\alpha = \frac{[BH^+]_{solid} + ([BH^+]_a + [B]_a) v_a}{\dfrac{([AH^+]_{solid} + ([AH^+]_a + [A]_a) v_a)}{(v_a [B]_a)/(v_a [A]_a)}} \tag{8-10}$$

式中，v_a 是水相的体积。

表 8-3 离解萃取结晶：用于初步研究的系统

组分	pK_a/25℃	萃取剂	溶剂	α
2,6-二甲基苯酚/对甲酚	10.62/10.28	哌嗪	正庚烷	562
N-Me-苯胺/苯胺	3.5	p-TSA①	90%正庚烷+10%甲苯	134
		p-XSA②		267
N-Et-苯胺/苯胺	5.11	p-TSA	甲苯	18
		p-XSA		78

组分	pK_a/25℃	萃取剂	溶剂	α
N-Me-苯胺/N,N-二-Me-苯胺	4.848/5.15	p-XSA	正庚烷	259
N-Et-苯胺/N,N-二-ET-苯胺	5.12/6.61	p-XSA	正庚烷	41
邻氯苯胺/对氯苯胺	2.65/4.15	p-XSA/p-TSA	90%正庚烷+10%甲苯	正无穷
2,6-二甲基苯胺/2,5-二甲基苯胺	3.95/4.53	p-XSA	正庚烷	98
2,6-二甲基苯胺/2,4-二甲基苯胺	3.95/4.84	p-XSA/p-TSA	正庚烷	330
愈创木酚/对甲酚	9.93/10.28	哌嗪	Di-i-Pr-醚	50
愈创木酚/2,6-二甲基苯酚	9.93/10.62	哌嗪	Di-i-Pr-醚	109
2,4,6-三氯酚	6.37	1mol/L MEA③	甲苯	83
2,4-二氯酚	7.85		Di-n-Bu-醚	84
2,6-二氯酚	6.89			
2-异丙基苯胺	4.42	3mol/L p-TSA	甲苯	95
4-异丙基苯胺	4.87			
3-氯苯胺	3.52	3.5mol/L p-TSA	Di-i-Pr-醚	137
邻甲氧基苯胺	4.52		甲苯	106
间甲酚	10.1	DABCO④	Di-i-Pr-醚	正无穷
对甲酚	10.28	哌嗪	Di-Bu-醚	
间甲苯胺	4.62	正磷酸	正庚烷	65
对甲苯胺	4.98	p-TSA	甲苯	12
3-碳酸甲丙酯	5.66	草酸	甲苯	25
4-碳酸甲丙酯	6.03	p-TSA	正庚烷	125

注：① p-TSA, p-toluene sulfonic acid, 对甲苯磺酸。
② p-XSA, p-xylene sulfonic acid, 对二甲苯磺酸。
③ MEA, monoethanolamine, 单乙醇胺。
④ DABCO: diazabicyclooctane, 三乙烯二胺。

8.4 助溶结晶

"水溶助长剂（hydrotrope）"由 Neuberg 于 1916 年提出[104]。水溶助长剂是一类可增加微溶性有机或无机化合物在水中的溶解度的化合物。它们本身是易溶的有机化合物，可能具有分子溶液结构，也可能是聚结体形式，在高水溶液浓度下有效提高水溶性。由于它们在水溶液中的助溶能力，水溶助长剂主要用于洗涤剂、染料、纸张、纸浆、矿物质和药物溶解。在配制碱性洗涤剂时，配方师需要此类助溶剂来提高非离子表面活性剂体系对温度的稳定性、浊度以及阴离子表面活性剂对温度的稳定性，降低其克拉夫特点。非离子表面活性剂在碱性洗涤剂中是一个关键的组分，因为它们对油脂有优异的洗涤能力，现在市场上已经有很多种不同的非离子表面活性剂。

由于水溶助长剂在高浓度水溶液下起作用，因此在将大多数水溶助长剂溶液用水（即原始溶剂）稀释时，增溶物（或溶质）将沉淀出来。Tavare 和 Gaikar 在 1991 年研究了一种从水溶液中浸出水杨酸的过程，并研究了其沉淀结晶动力学。此外，通过稀硫酸与水杨酸钠进行化学反应可以产生更多的水杨酸。因此，通过单独用水稀释或与稀硫酸反应（即稀释效应和化学反应）可以将水杨酸从其水溶助长剂水溶液中沉淀出来。

这种方法可用于结晶状溶质的提纯，并且母液可循环利用以提高产品收率。

从操作的层面来看，水溶助长剂的使用通常比常规有机溶剂结晶更具吸引力。因为在助溶结晶过程中，溶质的选择性溶解和随后的受控沉淀可以更为有效地分离许多有机体系。Geetha 等[105]在 1991 年报道了以丁基一甘醇硫酸钠（NaBMGS）作为水溶助长剂，在含有邻氯硝基苯和对氯硝基苯混合物的水溶液体系中，用原始溶剂（即水）稀释，选择性沉淀结晶邻氯硝基苯的方法的可行性。邻氯硝基苯和对氯硝基苯的溶解度表现出高于临界水溶助长剂浓度的快速增加。然而，邻氯硝基苯相对于临界水溶助长剂浓度的不溶性增强（大约 20 倍）大于对氯硝基苯（大约 8 倍）。拥有水溶助长剂的这些异构体的溶解度不同程度增加被有效地用于分离纯结晶邻氯硝基苯。在水溶助长剂溶液中增溶的特异性取决于溶质分子结构，并且可以方便地用于异构和非异构混合物的所需组分的选择性沉淀结晶。例如，Raynaud-Lacroze、Tavare 和 Colonia 等[106-108]均在 1993 年探索了利用水溶助长剂枯烯磺酸钠从两种二元混合物（即 1-萘酚与 2-萘酚、邻氯苯甲酸与对氯苯甲酸）的水溶液中选择性沉淀结晶组分的方法。通过这种手段，对于典型的工业过程产品——2-萘酚的纯度可以从 85%提升到 99%，回收率高达 80%，而对氯苯甲酸的纯度可以从 42%提升到 92%，回收率达 70%。1999 年，Tavare[109]提出了一种在助溶剂环境中，由产物反应混合物结晶出高质量、纯晶体的 6-氨基青霉烷酸（6-APA）的新工艺。剩余母液可用水稀释回收结晶苯氧乙酸（PAA），随后浓缩供循环使用的液压绳溶液。在实验室规模的搅拌结晶器中对 6-APA 进行了半间歇结晶实验，研究表明，NaBMGS 在分离产物反应混合物中纯晶体形式的 6-APA 方面更具潜能。

如图 8-15 和图 8-16 所示，通过重量法经实验确定的纯组分溶解度数据表明，两种商售水溶助长剂（即枯烯磺酸钠 NaCS 和 NaBMGS），对于邻位化合物（如邻氯苯甲酸和 1-萘酚）有着明显的选择性。

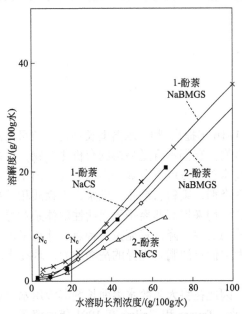

图 8-15　1-萘酚和 2-萘酚的溶解度数据
[T=298K；临界水溶助长剂浓度 c_{N_c} (g/100g 水)=
2（对于 NaCS），c_{N_c}=20（对于 NaBMGS）]

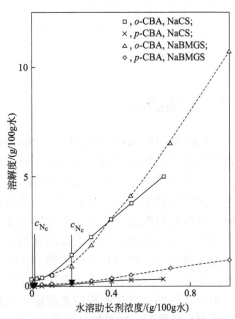

图 8-16　邻氯苯甲酸和对氯苯甲酸的溶解度数据
[T=298K；临界水溶助长剂浓度 c_{N_c} (g/100g 水)=
2（对于 NaCS），c_{N_c}=20（对于 NaBMGS）]

表 8-4 展示了三种二元体系（即 1-萘酚和 2-萘酚、邻氯硝基苯和对氯硝基苯、邻氯苯甲酸和对氯苯甲酸）中形成的全部简单共晶体。三个二元系统均可通过三元图方便地描绘，

每个顶点由三个组分之一（即水和两个二元组分）表示。对于表 8-4 中的三个二元物系，Tavare 和 Colonia[107]在 1994 年通过图 8-17~图 8-19 给出了显示水溶助长剂等值线（即具有相同水溶助长剂浓度的曲线）的三个三元相图。

表 8-4　二元系统：简单的共析

二元物系	组分	熔点/℃	沸点/℃	共晶组分/%	共晶温度/℃
萘酚	1-萘酚	96	288	—	73
	2-萘酚	122	295	38.3	
氯代硝基苯	邻氯硝基苯	32	246	—	14.6
	对氯硝基苯	83	242	33.1	
氯苯甲酸	邻氯苯甲酸	142	—	—	132
	对氯苯甲酸	243	—	14	

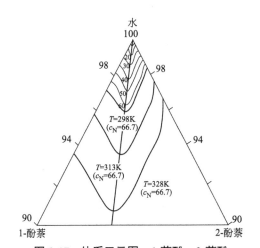

图 8-17　体系三元图：1-萘酚，2-萘酚

[枯烯磺酸钠（NaCS）作为水溶助长剂，
包含水溶助长剂等值线和等温线。

所有组分浓度均以摩尔分数计；c_N=NaCS 的浓度，g/100g 水]

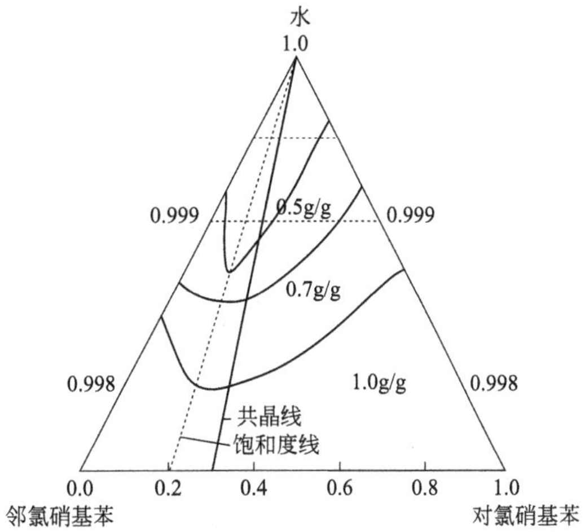

图 8-18　体系三元图：邻氯硝基苯（o-CNB），对氯硝基苯（p-CNB）

[丁基一甘醇硫酸钠（NaBMGS）作为水溶助长剂，
包含共晶线和饱和度线]

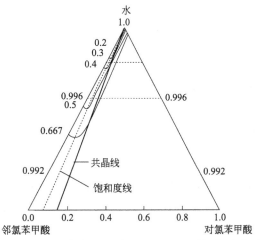

图 8-19　体系三元图：邻氯苯甲酸（o-CBA），对氯苯甲酸（p-CBA）

[硫酸枯烯（NaCS）作为水溶助长剂；包含五个水溶助长剂等值线，共晶线，饱和度线]

图中的共晶线和表示相对于两种异构体饱和溶液的连接线（即饱和度线）提供了关于在共晶点处分离可行性的一些信息。对于萘酚物系来说，水溶助长剂的共晶线和饱和度线都重合，因此水溶助长剂溶液不能成功地改变共晶组合物混合物的纯度。实际上，在共晶组合物的平衡沉淀实验中，在用水稀释时从水溶助长剂溶液中沉淀的产物晶体具有与起始固相混合物几乎相同的组成。对于氯代硝基苯物系与 NaBMGS 来说，共晶线和饱和度线不重合，因此表明存在分离的可能性。平衡沉淀实验——从具有饱和或接近饱和的共晶组成用水稀释溶液开始的实验——实际上证明不可能分离共晶组合物。而当在共晶组合物中加入过量固体的混合物时，相对于两种组分饱和的水溶助溶剂组合物与共晶组合物不同，则证明具有分离可能性。对于氯苯甲酸物系，NaCS 溶液的饱和度线不同于共晶线，并且共晶组分分离可以在两种情况下达成——稀释时在共晶组合物上沉淀几乎饱和的溶液，以及从相对于两种组分饱和的溶液中沉淀并在共晶组合物中加入过量的固体。

综上所述，水溶助长剂是一类化合物，它们在高浓度下可以增加微溶有机或无机化合物在水中的溶解度。大多数水溶助长剂分子在水溶液中自聚集以形成堆叠状组织，并通过类似于最小水溶助长剂浓度的相似联合机理溶解溶质。和许多加溶物一样，水溶助长剂也具有临界或最小的水溶助长剂浓度这一特征。高于该阈值，溶解显著上升并稳定到一定值，产生 S 形溶解度-水溶助长剂浓度曲线。这可能表明分子间相互作用参与溶解过程。水溶助长似乎不同于盐溶或共溶行为，但与胶束溶解有一些相似之处。水溶助长剂和表面活性剂胶束似乎通过高于最低浓度水平的自聚集形成有组织的组装，在表面活性剂胶束中缔合作用更强。大多数水溶助长剂在水溶液中的张力测定行为表明，对于各种水溶助长剂，水的表面张力从 72mN/m 降低至 35～55mN/m 的极限值。与胶束表面活性剂遇到的急剧下降相比，水溶助长剂的表面张力的浓度依赖性降低是逐渐的。与大多数离子胶束相比，大多数水溶助长剂聚集体似乎提供极性略低且具有相当的微黏度的微环境。虽然现有文献普遍认为水溶助长剂本身不具有表面活性，但 Balasubramanian 等[110]在 1989 年指出，大多数水溶助长剂具有胶束表面活性剂的属性特征，在量级和选择性方面具有显著的增容效果。时至今日，越来越多的水溶助长剂被用于农药、洗涤剂等方面，通过向传统配方中加入一定量的水溶助长剂，能够极大改善其性质并降低成本。然而，基于水溶助长剂其特有的选择性，还有很多更有效的改进方式待人们进一步发掘。

8.5　共结晶

与传统结晶相比，共晶（cocrystal）作为一种具有改进原物质物理化学性质能力的新型固体，尤其是在医药领域中，引起学术研究人员和工业届越来越多的关注。在药物研究过程中，活性药物成分（API）的物理化学性质对药物的疗效具有重大影响。为了进一步提高药效，在活性物成分的晶体状态方面进行研究显得尤为重要。在 Wöhler 和 Ling[111,112]发现了氢醌的两种共晶之后，其他研究人员[113-116]发现可以将 API 与适当的配体（coformer）形成共晶，来改善 API 的溶解度、溶出速率、生物利用度等一系列物理化学性质。

关于药物共晶的定义一直以来没有统一的定论，目前被广泛接受的定义是由 Aakeröy 和 Salmon[117]提出的，共晶是结构均一的晶体材料，其中包含以确定的化学计量数比组成的两种或多种组分。基于共晶的定义，药物共晶的定义为 API 与其他生理上可接受的酸、碱、盐、非离子化合物以非共价键（氢键、卤键、π-π 堆积作用、范德瓦耳斯力等）结合在同一晶格中所形成的物质，同时所有组成在室温下均为固体。

热力学相图能为共晶的筛选和优化提供完善的途径。对共晶热力学相图的研究为共晶制备过程中选择合适的配体、溶剂、API 与配体的比例等提供了依据，同时还可以为共晶的制备预测最优条件，可以在很大程度上减少实验量。相图确定了各种固相组成的热力学稳定区域，为共晶的研究提供可视化和直观化的热力学信息。

药物共晶的三元相图对共晶及其他组分的热力学稳定区域进行了定义。三元相图可以用直角三角形或等边三角形进行表示，由于等边三角形相图较为清晰，通常情况下选用等边三角形进行相图绘制[118]，用于表示等温三元相图。三角形的每个角分别代表三种物质，分别为溶剂、API 和配体。典型的 1:1 组成的共晶相图如图 8-20 所示[119]。三角形的边分别代表二元系统 API+溶剂、配体+溶剂和 API+配体。点 a、d 分别是 API 和配体在溶剂中的溶解度，点 b、c 称为不变点，是共晶和一个组分共存于溶液中达到平衡，溶液同时对两固相饱和的点。可以将共晶相图分为六个区域：（Ⅰ）不饱和区，只有液相即溶液存在；（Ⅱ）液相+API；（Ⅲ）液相+API+共晶；（Ⅳ）液相+共晶，也称共晶稳定区域；（Ⅴ）液相+配体+共晶；（Ⅵ）液相+配体。

相图根据 API 与配体的相对溶解度大小的差异，可以分为两种类型，如图 8-20 所示。当 API 的溶解度和配体溶解度处于同一数量级，相差不大时，为对称相图[图 8-20（a）]，操作线（虚线）穿过共晶稳定区域（Ⅳ），可以将 API 和配体按照化学计量比混合制备共晶。当 API 和配体的溶解度相差较大时，共晶稳定区域会发生偏移，此时操作线无法穿过共晶稳定区域[如图 8-20（b）所示]，这种情况下，若将 API 和配体按化学计量比混合制备，一般会得到共晶与 API 的混合物[120]。一般情况下，由于 API 的溶解度远小于配体溶解度，不对称相图要比对称相图更为常见。

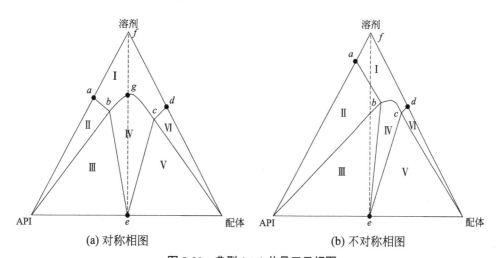

(a) 对称相图　　　　　　　　　　(b) 不对称相图

图 8-20　典型 1:1 共晶三元相图

作为优化 API 理化性质的一种有效手段，药物共晶的制备方法受到研究者们的广泛关注。共晶的制备方法会影响共晶体的最终特性，例如纯度、粒度和形貌，因此共晶制备方法的选择十分重要[121]。迄今为止，已经报道了多种生产共晶的方法，其中蒸发共结晶法、研磨法和冷却共结晶法是三种最常用的手段[122]。共晶的制备方法根据驱动力的不同可分为热力学方法和动力学方法[123]。其中动力学方法涉及非平衡条件，取决于系统能量和反应持续时间，如研磨法、喷雾干燥法和超临界流体技术；而热力学方法在平衡条件下发生，通常需要大量时间才能完成，其中缓慢蒸发法和熔融法最为常见。还可以根据是否使用溶剂分为基于溶剂的方法和无溶剂的方法[123]。基于溶剂的方法是最常见且众所周知的方法，特别是在实验室（小规模）的应用中，但这些方法通常不可放大，并使用大量危险溶剂。无溶剂方法与绿色化学原理相关，因此在学术界和工业界受到越来越多的关注[124]。

自组装模板法诱导晶体成核是现在较为热门的一个研究方向，相比于传统的均相成核，具有成核活化能低，晶体外形[125]、晶型[126]和大小[127]可控的优点。共价键形成的硅烷单分子膜[128]和通过金硫键形成的硫醇-金膜[129]目前是自组装研究中的热点，目前这两种类型的自组装膜是研究晶体成核和生长的主要方向。Feng 和 Wei 等[130]提出了一种新的共晶筛选方法，该方法使用硅氧烷 SAMs 作为茶碱-糖精共晶选择性生长的模板，可以有效地解决对于非对称共晶相图体系采用传统溶剂蒸发法不易获得纯品共晶的缺点，并且进行分子建模以探索 Cl-SAM 对共晶选择性生长的影响，结合能的计算值与实验结果一致。目前由于共晶的选择和表面模板的筛选处于发现步骤，这项工作可以为该领域的未来研究提供一些理论指导，可能具有某些潜在的工业应用。

近几年，多晶型的研究已经引发了人们广泛的关注和极大热情，掀起了很多次的学术热潮。特别是在医药领域，不同晶型的药物具有不同的物理化学性质和生物利用度，导致在临床应用中会产生不同的疗效，因此对药物多晶型的研究显得尤为重要。Tong 等[131] 研究了在异丙醇中利用溶剂介导方法探究乙酰胺-糖精共晶亚稳形式（形式Ⅱ）向稳定形式（形式Ⅰ）的相变过程，分析了从Ⅱ型到Ⅰ型的转变机理。同时进行分子模拟，得出较高的吸附能和更多的活性基团的暴露使分子在（100）表面上的吸附更强的结论，这与实验观察一致；Shen 等[132]首次采用冷却共晶法制备了丙磺舒-4,4'-偶氮吡啶（2∶1）型共晶，并用扫描电镜（SEM）、光学显微镜、粉末 X 射线衍射（PXRD）和傅里叶变换红外光谱（FT-IR）对其进行了表征，测定了其共晶型Ⅰ在 273.15～313.15K 下六种纯溶剂和两种二元溶剂中的溶解度并通过热力学模型得到了其表观溶解焓、熵和 Gibbs 能，探究了丙磺舒-4,4'-偶氮吡啶共晶体的Ⅰ型溶解机理；Tong 和 Dang 等[133]通过探究乙苯甲酰胺（EA）和糖精（SAC）在水溶液中共结晶的过程和动力学选择分析了溶液介导相变共晶的机理，并利用 Johnson-Mehl-Avrami 方程得到的不同温度下相变过程的动力学参数，研究了不同操作因素对转化过程的影响。

通过形成药物共晶来改善药物性能的研究日益增加，对溶解度、溶出速率、生物利用度、稳定性的改善已被频繁报道[134-140]。共晶的工业化问题也受到研究者们的广泛研究，如对其高通量筛选方法和工业规模放大方法的探索[141-143]，以提高产量，减少时间和成本。在共晶筛选方面，实验筛选方法较为准确，但耗时且价格昂贵；计算筛选方法虽然可以减少研究时间和成本，但不能考虑到生成共晶的全部因素，也不能准确预测共晶的一些性质。目前，研究者们在努力改进实验和计算筛选方法，同时将两种方法相结合，以便能够以更合理的方式筛选共晶。研究人员一直将大量精力投入到探索 API 的新共晶中，预计在不久的将来将开发更多其他药物共晶系统，用以改善 API 的性质，同时对共结晶过程的机理有更深入的了解。

表 8-5 整理了报道过的关于共晶的一些研究。

表 8-5 共晶技术文献

文献	研究内容
Almarsson O 等（2004）[113]	药物相组成的晶体工程，药物共晶体是否代表了改进药物的新途径？
Schultheiss N 等（2009）[114]	药物共晶体及其理化性质
Thakuria R 等（2013）[115]	药物共晶体和难溶性药物
Aitipamula S 等（2014）[116]	共晶体中的多态性：综述及对其意义的评估
Aakeroy C 等（2005）[117]	建立具有分子感觉和超分子敏感性的共晶
Holan J 等（2014）[118]	作为溶剂选择工具的共晶三元相图的构建、预测和测量
Xu S 等（2011）[119]	298.15K 和 308.15K 下三元卡马西平-丁二酸-乙醇或丙酮体系的固-液平衡和三元相图
Rager T 等（2009）[120]	三元相图中多组分晶体的稳定性域
Childs S 等（2008）[121]	基于溶解度和溶液成分的筛选策略可生成卡马西平的可药用共晶
Sheikh A 等（2009）[122]	可扩展溶液共晶：以卡马西平-烟酰胺晶型 I 为例
Rodrigues M 等（2018）[123]	药物共晶技术：进步与挑战
Sarkar A 等（2015）[124]	具有良好物理化学性质的阿昔洛韦的共晶
Aakeröy C 等（2009）[134]	使用共晶体系统调节抗癌药物的水溶性和熔融行为
Cho E 等（2010）[135]	通过使用亲水性添加剂的反溶剂法制备出溶解度增强的醋酸孕甾酮微晶
Lee H 等（2010）[136]	使用转盘的共晶固有溶解行为
McNamara D 等（2006）[137]	使用戊二酸共晶以改善低浓度药物的生物利用度
Jung M 等（2010）[138]	吲哚美辛-糖精共晶的生物利用度
Trask A 等（2006）[139]	通过共结晶增强茶碱的物理稳定性
Schultheiss N 等（2009）[140]	药物共晶体及其理化特性
Alhalaweh A 等（2010）[141]	通过喷雾干燥从不饱和系统的化学计量溶液中形成共晶
Thiry J 等（2015）[142]	药品挤出研究综述：关键的工艺参数和规模放大
Duarte I 等（2016）[143]	新型无溶剂喷雾凝结法的绿色共结晶技术

8.6 冷冻结晶

冷冻结晶也称为冷冻浓缩（eutectic freezing crystallization，EFC），主要用于含水物系的冷冻分离和水的去除。冰的结晶焓（334kJ/kg）约为水的蒸发焓（2260J/kg）的七分之一，近年来，随着节能要求的日益提高，通过制冷技术浓缩低浓度流体的技术引起了人们的关注。

目前，该技术在三种领域——处理危险化学废弃物、浓缩食品和净化有机化学品中的报道较多。基本上，所有这些应用都涉及将贫溶液（例如，废水或低盐水）部分冷冻以产生冰晶，实现在母液中浓缩溶液（杂质或盐）而不改变其质量和天然成分的目的。该过程涉及优质冰晶的生产和处理，对其结晶行为的研究对其成功应用至关重要。有效结晶操作和随后的固液分离的关键方面是固体颗粒的粒度、形状和分散度，通过控制获得特定粒度和形状的晶体，可以实现工艺性能和产品质量的改进以及伴随的成本效益。

国际上对其的研究起始于 20 世纪 70 年代，目前主要的研究机构为荷兰的 Delft 大学和南非的 Cape Town 大学。如 Stepakoff[144]、Barduhn[145]、Swenne 和 Thoenes[146,147]、

Nathoo[148]等研究了将 EFC（共晶冷冻结晶）用于卤水处理和工业废水浓缩，取得了一系列的进展，确定了适宜的操作条件，并对结晶介稳区进行了研究。20 世纪 90 年代后期 van der Ham 和 Witkamp[149-152]开发了应用于 NaNO₃、CuSO₄、NH₄H₂PO₄ 水溶液及 KNO₃-HNO₃-H₂O 三元物系间的 EFC 技术，证实了 EFC 技术在这些体系应用的可行性。接着 Vaessen[153-155]于 1998 年设计并安装了冷盘塔式结晶器（cooled disc column crystallizer，CDCC，见图 8-21）和刮壁式冷却结晶器（the scraped cooled wall crystallizer，SCWC）两种类型的体积为 100 L 的低共熔点冷冻结晶器，分别用于 KNO₃-HNO₃-H₂O 三元体系，并对结晶器性能进行了评价，指出这两种形式结晶器可以用于 EFC 过程，并给出了包括洗涤和系统优化的工艺流程。Himawan[156-158]应用 EFC 技术分离工业上烟道脱硫所产生的硫酸镁溶液，进行硫酸镁和冰的回收，并开发出了 SCWC 内基于粒数横算的连续 EFC 一般模型。Genceli[159,160]又在 CDCC 内进行了 MgSO₄ 溶液的连续 EFC 研究，对 MgSO₄·7H₂O 和冰的成核和生长速率进行了估计，对工艺放大做了初步探索，提出了从经济和环境角度考虑应该尽快推进 EFC 基础理论的研究和工业化推广工作。此外，考虑到实际工业废水中组分的复杂性，Randall 等[161]提出了通过分步结晶对多组分溶液中不同目标组分进行分离提纯的工艺，并将其应用于海水脱盐过程中，取得了满意的结果。2012 年，Borbon 和 Ulrich[162]通过利用冰的冷冻产生蛋白质的过饱和度，使其从溶液中结晶出来，这极大地提高了蛋白质的结晶率。2014 年，Ragoonanan 等[163]研究了海藻糖、蔗糖、柠檬酸、酒石酸、苹果酸和乙酸等冻干保护剂和氨基酸缓冲液的结晶倾向。将缓冲液、冻干保护剂和二者混合物的水溶液从室温冷却至–20℃，并对其进行超声波处理以诱导溶质结晶。用 X 射线衍射仪（实验室或同步辐射源）对结晶相进行了鉴定。结果表明，超声波加速海藻糖二水合物在冷冻海藻糖溶液中的结晶。超声波可能有助于评估配方成分在长期冷冻储存和冷冻干燥中的结晶趋势。2019 年，Lin 和 Zhang[164]通过冷冻结晶法分离樟脑油副产物中的 L-α-松油醇。Mountadar 等[165]通过悬浮冷却结晶方法成功脱除废离子交换树脂再生液中的盐，制得纯度较高的冰晶。Leyland 等[166]研究了 Na₂SO₄·H₂O 体系在连续 EFC 过程中多种操作条件的影响，通过比较各种操作条件下的现象，得到了较好的结果，成功消除了 EFC 过程中刮壁上的结垢现象。

一些常见的二元盐水体系共晶温度和组成见图 8-22。

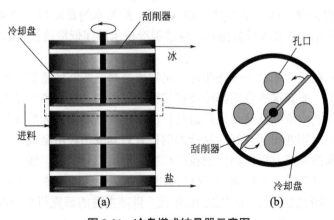

图 8-21 冷盘塔式结晶器示意图

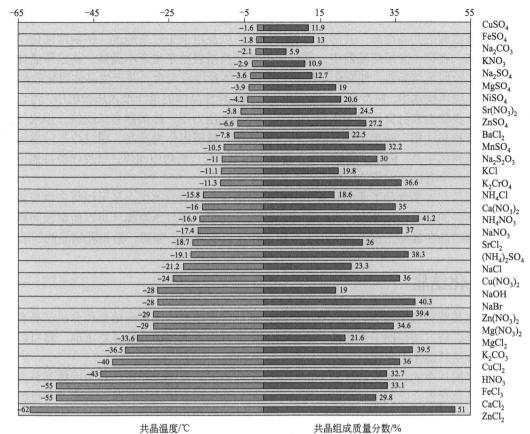

图 8-22　二元盐水体系的几种共晶温度和组成

冷冻结晶技术可以将大量污染废水浓缩成较小的体积，以便于后续处理或处置。例如电镀废水、冷却塔排污、造纸漂白物流以及来自化工厂的各种有机和无机废水都已在实验室和中试规模单位实现了成功处理，该过程得到的纯净水可以实现工业再利用。

从所采用的冷却方式来说，冷冻结晶可以分为间接冷冻和直接接触冷冻。在间接冷冻过程中，预冷的废水或低盐水被送到间接接触式冷冻机中，由在管中流动的制冷剂冷却。之后将离开的冰晶浆液与浓缩液分离，在重力流动柱中用纯水流洗涤并熔化。直接接触冷冻使用二级制冷剂路线并通过冷冻所有水溶液产生纯冰晶，将盐、污染物或产物留在浓缩溶液中。将诸如丁烷、丙烷或碳氟化合物（氟利昂）的有机制冷剂喷射到冷冻结晶器中的预冷进料装料池中，由于冷冻机中的操作压力保持低于制冷剂的蒸汽压力，因此制冷剂通过从溶液中吸收热量而蒸发，从而使其冷冻。高喷射制冷剂迅速（约 10m/s）产生小液滴，低操作压力导致蒸发发生高湍流。之后将得到的主要为离散冰晶的浆液（约 15%固体，约 200μm 大小）泵送至下游分离单元。

以使用直接接触式制冷循环进行海水淡化的技术为例，该技术在物质的最低共熔点附近运行。将预冷的海水引入水平真空室中，真空室在其凝固点下保持略低于海水蒸气压（约 460Pa）的压力。暴露在真空下导致海水中的一部分水分蒸发，蒸发热冷却其余的海水形成冰晶和浓盐的浆液。将该浆料泵送至洗涤塔，该洗涤塔由填充的冰床组成，通过水逆流洗涤。在真空室中产生的低压水蒸气被制冷剂凝华成制冷剂盘管上的薄冰膜。在压缩之后，蒸发的制冷剂进入薄膜蒸发器，将其热量与纯水交换并在高压和高温下形成水蒸气，然后这种水蒸气用于融化冰形成纯净水。该真空冷冻装置不仅可用于稀溶液的浓缩，还可用于结晶盐、酸或碱的共晶冷冻，共沸混合物的分离，以及用于生产高纯度、特制精细化学品的蒸馏冷冻。在第一阶段结晶器中，通过刮擦热交换器表面来生产小晶体。将这些晶体连续加入第二阶段重结晶器，使它们与结晶器内的晶体悬浮液混合，并产生晶体粗化效果。

在食品应用技术中，将冷冻至-25℃以产生各向异性晶体的果汁加入压榨机中，可以以冰的形式一步除去来自食品的 80% 以上的水。在施加压力下，冰晶融合成团块，但果汁浓缩物（即糖和果汁和一些水中存在的任何其他物质）被挤出作为产品。通过冷冻结晶还可以纯化一系列化学品，例如脂肪酸、萘、蒽、二甲苯、酚、医药中间体，以及许多其他化学产品，其是一个有扩展前景的领域。

冷冻结晶在许多食品工业中有着十分重要的用途，它明显的优点是可以将在常规蒸发过程中易损失的挥发性风味组分保留在冷冻浓缩产品中，并且低温操作可以使腐蚀问题最小化。冷冻结晶在食品工业中常应用于浓缩果汁，以及啤酒、咖啡、醋和乳制品的制造。

8.7 乳化结晶

在纯化某些有机物质的时候，乳化结晶比其他常规技术，即溶剂结晶和分级结晶有着更高的效率。该方法借助于合适的非离子试剂和高剪切下的保护性胶体稳定剂，将有机物质在水相中从其熔体中乳化。

通过将搅拌中的含水乳液冷却至由相图限定的温度，使得纯物质结晶为固体而分离，而杂质以低共熔混合物的形式保留在乳液中，然后滤出固体纯物质并用水洗涤。有机物质应该几乎不溶于水，并且应该能够在异质水性介质中熔化和固化并保持稳定。乳液结晶方法具有成本低、简单、高效、可生产高纯度产品，并可分阶段进行等优点。该方法高效率的原因可能是非聚结的结晶产物可以有效地分离和容易地洗涤。

Skoda 和 Van den Tempel[167]通过测量甘油三酯溶液的水乳液中的结晶速率，研究了从油中的过饱和溶液中获得甘油三酯晶体的方法。Walstra 和 van Beresteyn[168]在 1975 年，通过膨胀测定法、差热分析、宽线核磁共振和 X 射线衍射分析等手段，比较了乳脂在散装（即在自由状态）时的结晶状态，以及在具有各种小球尺寸的天然均质和重组乳膏中的球状物中的结晶状态。在乳化体系中开始结晶的温度和相应的结晶速率总是低于非乳化溶液中的温度，分散特性工艺参数和乳化剂类型似乎也影响结晶行为。Dickinson 等[169]已采用超声波脉冲回波技术监测简单和混合乳液中的结晶和熔融行为。2020 年，Kim 等[170]采用乳化结晶法，选择十二醇为 θ 溶剂，二甘醇为非溶剂，研究了聚合物溶液的组成、聚乙烯浓度、搅拌速度、温度等操作条件，观察了乳液在结晶条件下的不稳定性。这种不稳定性对制备的粒子的平均粒径和粒径分布有影响。2011 年，Kluge Johannes 等[171]采用水稀释法和超临界流体萃取法研究了菲的乳化结晶，通过观察结晶乳液样品向平衡方向发展的过程，探讨了颗粒形成的不同物理机制，研究了不同工艺参数对菲结晶的影响。研究表明，该工艺具有良好的重现性，并能在相当大的范围内控制粒径。2014 年，李游等[172]改进了乳化结晶工艺，通过考察乳化剂用量、助剂用量等因素确定了精蒽的最佳生产条件，得到了纯度大于95% 的精蒽，达到国家一级标准。

乳液是在第二种不混溶液体中具有一定尺寸的液滴的显著稳定的悬浮液。这些乳液可以是水包油型（O/W，水不混溶液相在水相中的分散体）或油包水（W/O，水相在水不混溶液相即油相中的分散体）。形成的乳液的类型取决于乳化剂的时间和制备乳液的方式。乳液体系中的液滴尺寸分布可以简单地通过操纵制备参数和油与水相的相对比例来控制。此外，乳液体系中需要存在表面活性剂以确保其稳定性。由于乳液结晶在微滴中发生，乳液结晶可以提供晶体粒度和形态的一定控制。

一些涉及在表面活性剂存在下界面附近的反应沉淀结晶研究已经被报道过。Landau 等[173]在 1985 年报道了 α-甘氨酸在各种 α-氨基酸单层下控制晶体结构的结晶过程。Lu 等[174]的研究表明，通过使用硬脂酸单层从过饱和溶液中控制碳酸钙的结晶可以产生盘状球霰石晶体，而通常在没有单层的情况下只能获得流体动力学稳定的菱形方解石晶体。没有促进输送的液体表面活性剂的膜系统已经被投入使用来控制颗粒生产过程（例如，碳酸钙[175]、陶瓷前体[176]、单分散的无机颗粒通过微乳液[177]）。液体表面活性剂乳液膜系统实际上是含有三个液相的双重乳液。通常，第一相和第三相可彼此混溶，但在第二相中均不可混溶。第一相（即内相）作为直径为 $1\sim10\mu m$ 的微滴分散在第二相（即膜相）中，然后将所得乳液分散在第三相（即外相）中，形成 $1\sim2mm$ 的小球。液体表面活性剂膜系统中可用的高界面面积是分离过程中非常有吸引力且有效的特征。形成的双重乳液可以是水-油-水（W/O/W）或油-水-油（O/W/O）。Davies 等[178]和 Yang 等[179]分别在 1990 年和 1991 年报道了使用液体表面活性剂膜来促进从多组分混合物中输送阳离子的过程。存在的和转移的离子物质之间的化学反应以及随后的沉淀，发生在乳液的内相中。比如一种 Cu^{2+} 的模型体系被用来与质子供体草酸反应产生草酸铜沉淀。尽管细颗粒相的存在有可能增加乳液的稳定性，并且迄今为止还没有任何公开的关于该技术的商业开发的报道，但对于乳液相结晶过程，潜在的应用仍然是可能的。2013 年，Petersen 等[180,181]研究了通过乳化结晶制备固体脂质纳米粒的方法，改进工艺条件，选取最适于生产的乳化剂，得到了性质相对稳定、更优质的晶体颗粒。

8.8　固相反应结晶

由两个或多个液相反应物之间的均相化学反应而产生固体晶体和颗粒产品是许多工业化学品生产中的一个常见过程。由于液相相对于产物组分变得过饱和，液相反应产生的固体产物的沉淀依次或同时产生。这种类型的反应结晶在化学工业中被广泛应用。然而，由于化学反应通常很快，生成的固体产物在不遵循常规沉淀过程的情况下沉积在固体反应物上，随之带来的问题在各种化工过程工业中亦经常遇到。例如，在磷酸生产过程中对岩石磷酸盐的消化，产品灰分硫酸钙或其水化物沉积在岩石表面并延迟其进一步溶解和随后的反应[182-184]。硼酸矿石在酸中的溶解过程中，难溶的产物硼酸堵塞矿物的现象屡见不鲜，其导致了操作上的问题和对于整个反应器性能预测的困难[185,186]。溴离子转化氯化银[187,188]和石灰与烟气反应沉淀碳酸钙[189]也进一步提供了此类的实例。2000 年，Ulrich 等[190]讨论了导致产物结晶的非均相固液反应。通过结合固体反应物的溶解过程、实际反应和结晶动力学，发现了反应固体颗粒的宏观动力学不同。因此，由生成的固体产物组成的固体反应物的表面层是主要问题。如果水合物参与固液反应结晶，其稳定性将对整个反应产生决定性影响。结果表明，固液反应的宏观动力学及其速率受初始添加量（如产物或副产物）的控制。2007 年，Guo 等[191]通过测定成核主要为非均相时的诱导时间，研究了超声对反应结晶的影响，结果表明，在一定的过饱和度下，随着超声能量输入的增加，诱导时间明显缩短。同时分析了超声对非均相成核的作用机理，研究了超声对临界过饱和度的影响。2014 年，Nandi 等[192]以 1,3,5-三氯-2,4,6-三硝基苯（TCTNB）为原料，用 NH_3 在甲苯中胺化制备了热稳定、钝感、高爆性的 1,3,5-三氨基-2,4,6-三硝基苯（TATB），在实验室规模上研究了不同工艺参数对产品质量（粒度和氯化物杂质含量）的影响。最后，在中试装置上建立了工艺流程，优化了工艺条件，实现了所需粒度和氯化物含量的 TATB。

目前，已经报道了几种粒子与流体之间非催化反应的物理模型，其中比较重要的模型有三种：渐进转化模型、未反应或收缩核模型和粒子-颗粒模型。在递进转化模型中，在反应部分和未反应部分之间没有明确边界，液相反应物进入并在整个粒子中反应。该模型也称为体积反应模型[193-200]。在未反应或收缩核模型中，流体反应物通过流体膜扩散，如果一个反应物通过反应产物的多孔灰分到达未反应核的表面，那么就会在那里直接发生反应。对部分反应颗粒切片截面的检查表明，未反应的岩芯通常被灰层包围。产品灰分的厚度增加，但未反应的芯部收缩，总直径保持不变。这个模型也被称为 Sharp 界面模型[201-204]。在粒子-颗粒模型中，流体反应物通过围绕在固体颗粒中的许多小颗粒或颗粒周围的大孔隙扩散。根据锐利界面模型，反应会发生在每个晶粒的表面。谷物模型由 Calvelo 和 Smith 以及 Szekely 和 Evans 提出[205-208]。

尽管导致产品结晶的非均相固液反应和固液气反应在实际中得到了广泛的应用，但结晶文献中对它们的建模和分析却鲜有报道。使用 Sharp 界面模型的 Manteghian 等[186]模拟了固体硼砂和丙酸之间的整体反应。实验结果表明，丙酸与硼砂晶体瞬间反应生成硼酸，主要是作为硼砂晶体未反应硼砂核的外层固体外壳。在尺寸不变的球形颗粒的未反应核模型中，发生了五个阶段：反应物从本体溶液到固液界面的运输；反应物通过灰烬层渗透和扩散到未反应核的表面，相边界过程包括反应物的吸附；产物的化学反应和解吸；产物通过灰烬扩散回外表面；将产物输送到本体溶液中。总反应速率可由上述任一步骤或其组合来控制。图 8-23 示出了此类系统中单级控制阻力的示例。如果液相相对于产物变得过饱和，并且反应随后发生沉淀，则在分析中也会考虑其速率。

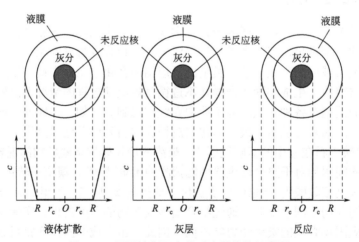

图 8-23 不同控制阻力的反应晶体的示意图

Levenspiel[204]给出了该模型的简化动力学表达式，用于描述悬浮在反应流体中的颗粒在反应过程中保持其组成。通过定义转换系数（$\zeta = r_c/R$，核心半径除以总粒子半径）和标准化时间 T（相对于总转换时间 τ），可以为各种极限情况导出以下表达式：

液膜控制：
$$T = 1 - \zeta^3 \qquad (8\text{-}11)$$

灰层扩散控制:
$$T = 1 - 3\zeta^2 + 2\zeta^3 \qquad (8\text{-}12)$$

反应控制:
$$T = 1 - \zeta \qquad (8\text{-}13)$$

ζ 与固相转化率 x 之间的关系由下式给出:

$$\zeta = (1-x)^{1/3} = \left(\frac{W}{W_0}\right)^{1/3} \qquad (8\text{-}14)$$

式中，W 是未反应固体在颗粒中的总质量；W_0 是颗粒的初始质量。表 8-6 总结了 131g 硼砂和 1.3kg 丙酸在 25℃、1.5L DTB 结晶器中进行的一些试验运行。在所有运行中，固体硼砂和丙酸的浓度随着时间的推移而降低，而水和固体硼酸的浓度则随着时间的推移而增加。

表 8-6　硼砂和丙酸实验条件及结果

运行编号	R-1	R-2	R-3	R-4
平均粒子大小/μm	462.5	462.5	462.5	780
平均搅拌速度/Hz	15	20	42	20
τ/s	600	600	500	2700
$k_g \times 10^4$/(m/s)	0.85	0.99	1.51	0.90
$k_r \times 10^5$/(m/s)	0.16	0.12	0.15	0.13
$k_a \times 10^8$/(m/s)	0.73	0.73	0.73	0.43

然而，硼酸在丙酸中的液体浓度会有一个最大值。研究结果还表明，反应完成时间 τ 由水浓度确定。硼砂在丙酸中的溶解主要受硼砂颗粒大小的影响，搅拌速度的影响要小得多。根据 Levins[209]的研究确定了通过液膜扩散的速率常数代表值 (k_g) 及通过灰层扩散的速率常数 (k_a)，τ 由硼砂晶体的有效扩散系数和平均粒度确定，由实验水浓度分布的初始导数确定的一级表面反应速率常数也包括在表 8-6 中。所有的计算表明，灰层的扩散和化学反应对转化率有重要影响[210]。随着产品灰层的发展，大多数系统的控制步骤可能从化学反应转变为通过灰层的扩散。

8.9　结壳机理研究

结壳是在其运行周期的某个阶段在结晶器内表面上形成的硬质结晶沉积物。在化学工业中，有时会使用诸如水垢、结垢、污垢和盐渍之类的同义词。结晶器中结壳的最常见原因是在金属表面（即传热区域——在盘管、夹套或热交换器管上）附近形成了一个过饱和度高的区域。其他高风险位置包括气液界面，搅拌不良或流速低的区域，以及不同的液流在例如进料口汇合并混合的点。对结壳的研究一般围绕流体流速、温度、浓度等对污垢沉积质量、诱导期、热阻等的影响展开，根据结壳污垢的形貌结构、附着位置、颗粒尺寸等特性，探究表面粗糙度、接触角、表面能等性质对结壳行为的影响。结壳可从清洁不彻底的容器中留下的晶体碎片开始，或者晶体碎片嵌入损坏表面的裂缝和缝隙中，当暴露于过饱和液体时，这些碎片起着晶核的作用并开始生长。

在许多化工单元操作中，结壳可能会带来严重的问题。例如在热交换表面上，结壳会降低传热或蒸发速率，从而降低生产率或增加批处理时间。管道结垢会导致泵送功率需求增加，并且可能经常导致堵塞。通常在液面附近，围绕搅拌轴的结壳会增加搅拌器的功率，并可能因为不平衡旋转而造成搅拌轴的损坏。结壳可能会在蒸发结晶器的蒸汽空间中产生，尤其是在液气界面附近，沉积物的严重堆积会增加蒸汽速度并加剧母液液滴的夹带。同时，突然的堵塞以及由结晶器内表面掉落的结壳引起的搅拌器卡住，可能会造成安全事故和设备损坏。在传感设备和控制设备附近或上方生长的结垢会影响过程控制和产品质量。

结壳形成和随后生长的速率不仅取决于表面的性质和产生的过饱和度，还取决于杂质，这会影响结晶动力学，进而对结晶器中的结壳产生较大影响。高过饱和度通常是结壳问题的根本原因。Duncan 和 Phillips 等[211]证明了亚稳态区宽度与热交换表面引发结垢所需的过冷量之间的近似相等关系。通过测量亚稳态区的宽度或对浸入恒温差溶液中的手指进行目视观察，可以粗略评估结垢倾向。Acevedo 等[212] 总结了连续结晶过程结垢的动力学模型、机理和危险因素的研究进展以及降低结垢风险的各种设计和控制策略。研究晶体结壳的早期阶段及其预防的实验技术已有报道[213-225]。

8.10 相转移机理

在合适的实验条件下，结晶物质可以有两个或多个固相存在。在结晶过程中，第一结晶相为亚稳态的（例如，多晶型物或水合物）并不少见。基于经验观察，Ostwald[226,227]提出一种阶段规则，即不稳定的稳定系统并不一定直接转变为最稳定的状态，而是转变成最接近其稳定状态的状态。自身即进入另一个瞬态阶段，该阶段从原始形成伴随着最小的自由能损失。常被引用的经典例子是硫酸钠溶液，它可以在热力学上稳定的十水合物出现之前于室温下形成七水合物晶体沉淀。其实众所周知的规则中也有许多例外，生成的可能不是最稳定的物质，并且最终会发生相转变而成为更稳定的相。一些亚稳相迅速转变为更稳定的相，而另一些则可以在非常长的时间内表现出相当的稳定性。有些转换是可逆的(对映)，而另一些则是不可逆的(单向)。在某些情况下，亚稳定相可能比稳定相具有更理想的性能，因此，此时重要的是在结晶后迅速分离出结晶物质，以防止发生相变。反之，必须留出足够的时间并创造条件，以确保完全转化为更稳定的相。表 8-7 列出了可能出现的各种类型的亚稳相。

表 8-7 亚稳相

类型	定义	举例
变形	化学上相同但晶体形式不同	硝酸铵（多晶型物：立方，三角形，正交Ⅲ-Ⅳ，四方）；碳（两种同素异形体：石墨和金刚石）；As_2O_3，Sb_2O_3（同形：正构和正交晶）
溶剂	溶剂分子占据晶格位置	盐水合物，例如五水合硫酸铜，水合柠檬酸
化合物	可能的多种离子盐，取决于成分	$KCl \cdot MgCl_2 \cdot 6H_2O$，$NaBr$，尿素，$H_2O$
非晶态固体	无 X 射线衍射图 无结构周期性	磷酸钙，铝 磷酸盐或硫酸盐
凝胶	悬浮液或产生高黏度多核物质的化学反应中的小颗粒之间的胶体相互作用	各种类型的凝胶
两性电解质，液晶和油	当材料以很高的过饱和度沉淀时，它们不是以固体的形式出现，而是以过冷液体的液滴的形式出现	液晶：单组分相 两性电解质：结构胶束聚集体，包括溶剂

多态性在晶体物质中普遍存在。由于多晶型在晶格类型或晶格点间距上不同，它们可以表现出不同的晶体形状，并且通常可以通过视觉或微观结构测定来识别。这些变化与晶习的变化不同，晶习的变化完全是由特定面的相对生长速率的变化引起的，并不影响物质的基本物理性质，所有不同习性的晶体都具有相同的物理性质（例如密度、熔点、溶解度、反应性以及光学和电学行为）。每个多晶型组成一个单独的相，而不同习性的晶体构成同一相。多晶型可以转变成固态，但不同习性的晶体不能。

从热力学角度考虑，只有一种多晶型（除了在转变点）在特定的温度和压力条件下最稳定，在给定的温度下自由能最低，而最稳定相的化学势最低。在平衡时（当固相与其饱和溶液接触时），每种物质在固相和溶液相中的化学势是相同的。由于溶液中物种的活性和浓度与化学势有关，在给定温度下，最稳定的相在任何给定溶剂中的溶解度最低。同样，在给定的压力下，最稳定的相将具有最高的熔点。两相或多相体系表现出单相行为（即具有与温度无关的相对稳定的不可互变的多晶型）或对映行为（即具有相同溶解度的转变温度下的与温度相关的可逆变化）。由于动力学和工艺参数的影响，亚稳相的形成通常伴随着一个相变过程，在相变过程中，固体结构重新排列以获得具有最小自由能的热力学稳定相。这种转变可以通过分子或原子的内部重排（固相转变）或通过与相接触的母液（溶液介导的转变）发生。

一般来说，只有一个特定相具有所需的产品特性，因此，控制结晶条件以获得所需的产品质量成为许多此类结晶过程的核心。通常动力学而非热力学因素主导着这些过程，识别固相或溶液介导的相变很重要，以及理解相变与其他动力学事件之间的相互作用是一个有趣的问题。关于溶液介导的相变报道比较多，例如：铜酞菁[228,229]，碳酸钙[230]，硬脂酸[231,232]，磷酸镁水合物[233]，L-谷氨酸[234]，偶氮分散染料[235]，草酸钙、角砾岩[236]，亚硫酸镁水合物[237]，硫酸钙半水合物[238]。目前已经研究了固态和溶剂介导的多晶转变的作用，例如：硝酸铵[239,240]，油酸[241]，谷氨酸[242]，陶瓷[243]，铌酸盐[244]，淀粉[245]。

8.11　蛋白质结晶

随着生命科学和生物技术的发展，蛋白质结晶成为一个最新的热点研究方向。第一次提到蛋白质晶体的形成，大约可以追溯到 150 年前，涉及从不同物种的血液中结晶血红蛋白[246-249]。这项工作之后，研究了从植物到蛋清的各种蛋白质结晶[250]。这些早期的研究是建立酶是蛋白质的关键[251]。测定蛋白质及其复合物的三维立体结构是研究生物大分子结构与功能关系、揭示生命现象的物理化学本质的科学基础。蛋白质结晶在生物化学物质的纯化和分类中的应用使 1946 年诺贝尔化学奖授予 Sumner、Ropp 和 Stanley；2009 年诺贝尔化学奖授予了三位从事核糖晶体结构和功能研究的科学家；2011 年诺贝尔化学奖授予了准晶体的发现者 Danielle Shechtman，以表彰他们对晶体学研究的贡献，这也为之后蛋白质分子结构的研究打下了基础。

蛋白质结晶在蛋白质工程、药物设计以及蛋白质大分子相关的生物领域中有着举足轻重的地位。蛋白质晶体为研究人员理解生物体中酶、受体以及抗体的结构提供了重要信息，并为药物设计提供了结构基础。但是，蛋白质结晶的过程耗时长、耗费大、成功率低并对环境敏感。此外，生物体内蛋白质的结晶似乎与多种疾病有关。然而，目前蛋白质结晶最普遍的用途是生产用于通过 X 射线衍射测定原子结构的单一、高质量晶体。

蛋白质结晶有多种理论，包括经典成核理论、两步成核理论以及异相成核理论。胃蛋白酶和尿素酶经 Sumner[250]结晶后，X 射线晶体学家试图收集镶嵌晶体的衍射数据。不幸的是，他们通常采用处理无机晶体的方式处理蛋白质晶体，这需要将蛋白质晶体从母液中取出并干燥。尽管没有得到清晰的衍射图案，但也证实了当时许多科学家的想法，即蛋白质不是不同的分子，而是一种缺乏明确结构的胶体。Bernal 和 Crowfoot 于 1934 年决定对悬浮在母液中的胃蛋白酶晶体进行 X 射线衍射实验，发现了与原子距离相对应的晶格间距的尖锐衍射图样[252]。原子结构的测定仍然超出了晶体学家的能力，而位相问题则是主要的绊脚石；Green 等[253]于 1954 年提出了现在普遍采用的多重同晶替换（MIR）技术；Kendrew 等[254]和 Perutz 等[255]相继提出了久肌红蛋白的第一个原子结构和血红蛋白；2011年，Cheng 等[256]率先研究出了基于水相的蛋白质分子印记材料，并通过分子间力将蛋白质分子同化合物成功连接在一起，增加了蛋白质结晶的成功率并显著提升了蛋白质晶体的质量。

掌握蛋白质天然结构的知识对于药物发现等实际应用以及酶学等基础研究都是必不可少的。基于结构的药物设计依赖于疾病相关受体或配体的分子水平结构知识。这些靶点通常是蛋白质，使生物体能够利用许多酶过程中固有的级联效应。在蛋白质靶点被识别并确定其结构后，一种化学物质被专门设计来不可逆地结合该靶点，从而否定其活性。这种基于结构的药物设计最大限度地减少了广泛筛选，通常用于确定合适的药物。Bugg 等[257]报道了一种用于缓解高血压的药物，是基于结构的设计开发出来的，更多的药物正在开发中。此外，了解蛋白质的结构与其在体内的功能之间的关系有助于更好地理解细胞机制。

目前，常用两种方法来确定蛋白质的原子结构模型。其中，核磁共振（NMR）可以提供这样的结构模型。尽管这种方法可以直接、无创地测定蛋白质结构，但由于灵敏度低，它仅适用于小于 30000 分子量的蛋白质[258]。2012 年，德国科学家在使用 X 射线衍射去分析一种蛋白质结构的时候，首次运用了 X 射线衍射。这一进展使得 X 射线衍射在研究蛋白质结构的应用中史无前例地进入了传统 X 射线所不能及的领域。X 射线结晶学并不局限于这些方面，而是需要形成一个高度有序的三维晶体。用于 X 射线衍射实验的晶体对该方法的实用性有重要影响。产生足够大小的晶体（通常在所有维度上至少 0.1mm）通常是一项耗时的任务，这在很大程度上依赖于经验筛选研究。此外，大晶体必须具有高的内部有序性。蛋白质晶体有序度的测量并不简单，但最重要的测量是所采集数据的分辨率极限。需要高分辨率数据[即衍射到<2.0Å（1Å=10^{-10}m）的间距]来区分大蛋白质结构中的单个原子。虽然大而高质量的晶体对于结构的确定是必不可少的，但是它们的生长并没有硬性的规则。事实上，蛋白质晶体生长是一个相当活跃的研究领域，在不久的将来可能会有重大进展。

蛋白质结晶在工业中起着重要的作用。例如，小分子药物的开发通常是通过基于结构的设计方法来加速的，这种设计方法是通过对单个蛋白质晶体的 X 射线衍射研究得到的。但蛋白质结晶也是散装工业酶的重要纯化和包装步骤。重要的工业酶包括各种稳定的蛋白酶以及用于将淀粉转化为甜味剂、淀粉葡萄糖苷酶和葡萄糖异构酶的关键酶。这些酶通常以纯化的形式出售，并用于固定化酶反应器。纯化的关键技术是选择性沉淀或结晶。因此，蛋白质的结晶能力具有工业意义。在医药领域，蛋白质已经占据了一席之地。例如，人类胰岛素现在由重组大肠杆菌生产，沉淀/结晶是其下游处理所需的主要单元操作[259]；蛋白质-蛋白质复合物的结晶，该结晶限制了蛋白质的有效晶型[260]；双层膜微胞的膜蛋白结晶[261]；蛋白质的厌氧结晶，该方法可防止蛋白质在结晶过程中氧化[262]。

8.12 微流体结晶

微流体是一种借助亚毫米至微米微通道产生的流体。而基于微流控芯片，在微尺度下对流体实施观测、操控的技术则被称为微流体技术。由于微流控芯片具有将生物、化学实验室中诸如检测、分离、样品制备等功能微缩在一块银行卡大小的芯片上，故其也被称作芯片实验室。

微流控液滴技术是近年来在微流控芯片上发展起来的一种研究几微米至数百微米尺度范围内微液滴的生成、操控及应用的新技术。20 世纪 90 年代，Kopp 等[263]率先开展芯片电泳研究并提出微全分析系统的概念。21 世纪初，Reyes[264]发表了相关 PDMS 软刻蚀的方法和完成了芯片上微泵阀的成功研制，微流控芯片发展进入了新的阶段。微流控法生成液滴过程中，互不相容的两种液体分别作为连续相和离散相，在固定体积流率的注射泵的驱动下各自进入不同的微通道，当两股流体在交叉点处相遇后，离散相流体继续延伸形成"塞状"或"喷射状"的液柱后在连续相流体的剪切和挤压作用下，由于自由界面不稳定性而破裂，"塞状"或"喷射状"的液柱被夹断，以微小体积（$10^{-5} \sim 10^{-9}$L）单元的形式分散于连续相中形成液滴（见图 8-24）。微液滴常作为微反应器，实现生化反应、试剂快速混合以及微颗粒合成等，极大程度地强化了微流控芯片的低消耗、自动化和高通量等优点。随着微机电系统（MEMS）的不断发展，微流控液滴技术被广泛应用于药物传输、生物工程、疾病防护、化学分析、细胞研究和功能材料合成等诸多领域，并起着至关重要的作用。

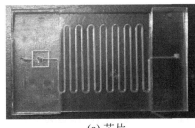
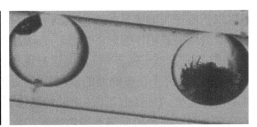

(a) 芯片　　　　　　　　　　　　　　(b) 液滴与晶体

图 8-24　液滴-微流体系统

微流体的迅速发展为结晶过程带来一系列新的应用，包括高通量筛选蛋白质的结晶条件、测量热力学和动力学的数据、调控有机药物和无机物的晶型、测量物质的溶解度等。在微流体装置中进行结晶，会出现许多常规操作下难以得到的结果，比如通过在线检测手段，可以发现新型亚稳态晶型；由于液滴中晶体间相互作用的减少，应用微流体能够更准确地测量结晶的成核速率；在单个微小液滴结晶器内，可以更加容易地制备出单晶；等。

微流体结晶技术用于热力学数据测量，可以有效改善目前常用的测量溶解度的方法耗时长、操作烦琐、浪费原料的缺点。Laval 等[64]首次提出了利用微芯片来测量溶解度曲线，应用他提出的装置和方法，在不到 1h 的时间内仅仅消耗 250μL 溶液就可以测量到己二酸溶解度曲线上的 10 个点。

同时，在结晶过程中，成核是结晶的初始过程，也是影响整个结晶过程和最终产品质量的关键步骤。新兴且发展迅速的微流体技术可作为研究成核的方法，并能更深入地了解成核过程。利用微流体内形成的一个个独立的液滴反应器来测量结晶的成核速率可以获得更准确的结果，这是因为通过隔离晶体的成核和生长过程，减少了晶体之间的相互作用，这样就能够有效地避免异相成核。2009 年，Laval 等[265]应用微流体装置估测了不同过饱和度下硝酸钾的成核速率，与经典成核理论相一致。该方法耗时短，消耗 20 μL 的溶液就可以测出成核动力学数据。除了直接观察液滴内晶体的情况，还可以结合许多新的方法来研究微流体平台上的成核。2011 年，McMullen 等[266]建立了一套能够在线测量反应结晶动力学的装置，可以自动对动力学进行快速测量。Ildefonso 等[267]利用双脉冲技术，可以直接测量出微流体液滴内溶解酵素的初级成核速率，此装置对于一切水溶性分子都是适用的。Chen 等[268]在以蒸发为基础的微流体平台上测量了扑热息痛和甘氨酸在高过饱和度下的平均诱导时间，其结果与在混合完全的液滴中形成的经典成核机理是不一致的，说明了高过饱和度下结晶过程并不满足经典成核理论。

微流体结晶技术还可以用于探测和调控多晶型。Shinohara 等[269]利用微流体装置比表面积大和扩散距离短等特点，在 Y 型微通道中调节甲苯和乙醇溶液的流率，使两相在微通道内形成稳定的界面，然后利用液-液界面沉淀方法进行了 C60 的结晶实验，该装置可以在 C60 的结晶生长过程中精确控制空间、时间、温度、浓度等条件，从而观察到多种 C60 的亚稳态晶型——管状、球状、两端开口的空心柱状、星星状、分支状和树状。2008 年，Laval 等[270]应用微流体装置，形成并储存硝酸钾的微液滴于微通道中，通过缓慢控制降温和升温过程，观察得到形成或溶解晶体的临界温度点，发现在 2 个温度下都会有晶体溶解，猜测硝酸钾至少有 2 种不同的晶型，后通过表征手段证明猜测正确。Ji 等[271]采用 Ca²⁺结合的蛋白质在 T 型 PDMS 装置中进行微流体结晶并进行多晶型控制。微流体处于层流状态，因此可以准确得到扩散控制的质量传递，从而得到沿流动方向的浓度梯度，实现对整个结晶过程的研究。研究结果表明柠檬形的纳米空心球霰石结构仅在 Ca²⁺溶液中并且存在蛋白质浓度梯度时形成，否则形成层状方解石，而这些现象在传统的大体积混合法中是观察不到的。Geneviciute 等[272]研究了在微液滴的液-液界面处的多晶型控制，分别观察到了伴随多晶型以及两种不同的晶型。Thorson 等[273]通过精确控制 48 孔芯片中溶剂和不同反溶剂之间的体积比筛选出多晶型，溶剂和反溶剂通过逐渐扩散混合，避免过高的局部过饱和度，并用显微镜监测晶体以及采用拉曼光谱分析晶体产物。Ildefonso 等[267]在一个操作简单的微流体设备中，首先确定了一种准确测量亚稳区宽度的方法，然后在相图上确定成核为单核的区域，在此区域进行结晶，检测到溶解酵素的亚稳态晶型。

综上所述，微流体结晶对很多领域均有影响，在高通量筛选蛋白质结晶条件、观测结晶成核和生长的动力学、探测多晶型、测量物质温度-浓度的溶解度相图等方面均有广泛的应用。目前，微流体技术的应用已经有很多，如制备纳米粒子、辅助微生物分析、电泳、微囊化、药物输送等等，有的甚至已经应用在商业上。相信在不远的将来，无论是在工业还是在实验室中，微流体技术都会有更多更新的应用。

8.13　二维成核和受限结晶

1927 年，德国科学家 W. Kossel 提出，根据热力学理论，原子或分子必然要贴附到结晶体表面亲和力最大的位置。当一层结晶层铺满晶面后，必须在结晶面上形成一个新的二维晶核，才能继续生长。这就是二维成核结晶的概念。晶体的生长实际上是一个将结晶物质从母相输送到晶体表面并在扭结处将其并入晶体结构的过程。对于以平面为界的晶体生长，表面积分是速率极限步骤。在这种情况下，由于二维成核势垒ΔG^*_{2D}的存在，晶体在相对较低的过饱和度下以片状或逐层方式生长，这意味着在三维方向上的生长是由晶体表面逐层堆叠的生长方式引起的。在逐层生长过程中，台阶源的产生方式是影响晶体生长的关键因素之一。有人认为，如果晶体存在表面错位，则晶体生长遵循螺旋生长机理。这意味着晶体生长方式为螺旋生长，螺旋台阶由晶体表面的一个或多个螺旋位错产生。

对于完美晶体，其生长受二维成核机制控制。在这种情况下，新层的生长或完美晶体表面上台阶的出现将通过二维成核开始。在二维表面形成"岛"后，沿晶体表面生长新层，直至整个表面完全覆盖。

然而，上述机制未考虑到杂质的影响。换句话说，所考虑的系统应该是无尘系统。实际上，在结晶系统中几乎不可避免地存在杂质。这些杂质包括固体尘埃粒子、气泡或液珠、大分子或聚合物分子、在宿主晶体生长过程中出现的次核甚至杂质分子。在正常条件下，它们可以通过流动或对流输送至界面区域并吸附在晶体表面从而形成非均相成核（见图 8-25 所示）。这些吸附的外来粒子既可以作为二维成核（或非均相二维成核）的基质，也可以作为阻碍台阶形成的"障碍物"，从而影响过冷或过饱和溶液中晶体生长的动力学和形貌[274]。此外，表面杂质颗粒的出现与提纯、结晶习性的改变等有直接关系，因此对工业结晶、分离等具有重要意义。

与传统的非均相 3D 成核主要控制外延生长的成核和初始阶段不同，非均相 2D 成核有助于在平坦完美的晶体表面上产生 2D 台阶，从而只影响生长动力学。所谓非均相二维成核是指吸附的外来粒子将作为二维成核的成核中心，如图 8-25。系统地研究其对晶体生长和形貌的影响及其机理，可以更好地了解在一般晶体生长条件下发生的许多与晶体生长相关的现象，并且还可以为如何控制和改变晶体生长和形貌提供新的思路。

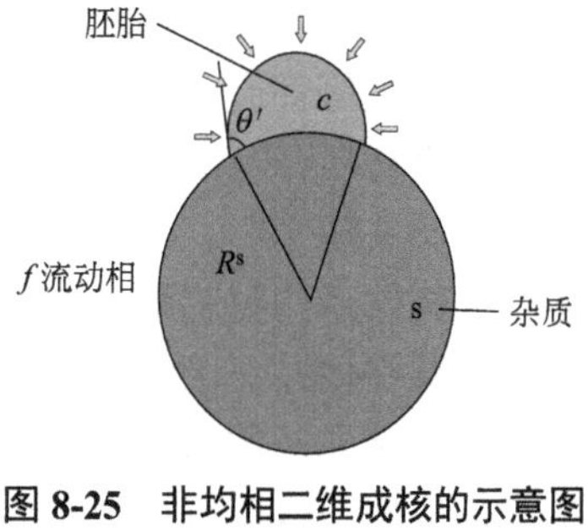

图 8-25　非均相二维成核的示意图

2002 年，Yanagi 等[275]用隧道扫描显微镜观察了吸附在 Cu（100）表面上的铂卟啉衍生物的二维成核生长，证明了超分子的自组装过程由分子动力学控制，这使得人们可以通过分子设计和改变生长条件在纳米尺度上控制其结构；2011 年，Katsuno 等[276]通过蒙特卡洛模拟探究了二维成核过程中杂质对原子核临界尺寸的影响，然而其采用的模型并未考虑杂质的流动性，与实际情况有较大出入，目前流动杂质对临界成核尺寸的影响还有待进一步研究；Nguyen 等[277]在 2012 年利用第一性原理计算和实验数据，通过二维成核生长机制解释了石墨烯在被氧化形成部分氧化石墨烯过程中的结构演化，结果表明石墨烯结构的局部畸变是由原子间形成的新键所导致的，这也间接导致了共吸附氧原子的"共生"行为，这些理论为实验观察到的石墨烯结构提供了解释；Hou

等[278]在 2015 年采用金硫自组装膜和硅烷自组装膜这两种二维功能表面，并利用分子模拟对实验的辅助研究，分别考察了其对药物多晶型和共晶生长的调控意义，探究了硅烷自组装膜对共晶选择性生长的调控机理（见图 8-26），开创了一种采用分子模拟对实验结果进行预测以指导实验的新思路；Rogilo 等[279]在 2016 年用原位超高真空反射电子显微镜研究了硅（111）-（7×7）表面硅薄膜生长初期单原子台阶附近二维孤岛的成核过程，通过研究不同因素下晶体生长动力学的变化，探究了影响晶体生长的主要因素和晶体生长的机理；2017年，Nozawa 等[280]研究了添加聚合物的胶体晶体的二维成核现象，通过测量晶面上不同面积分数的成核率等参数，探究了胶体晶体的二维成核机理以及影响其二维成核的因素。这些研究表明吸附杂质颗粒的接触角、尺寸和密度对二维成核势垒和生长动力学的控制起着至关重要的作用，这对晶体生长的控制、新型材料的制备具有十分重要的指导意义。

 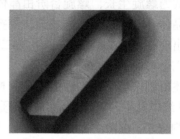

(a) 溶液中摩尔浓度茶碱-糖精=1:2   (b) 溶液中摩尔浓度茶碱-糖精=1:5

图 8-26　茶碱-糖精共晶(001)面在 3-氯丙基三甲氧基硅烷膜表面二维成核微观形貌

近年来，对纳米材料领域的研究取得了很大进展，而聚合物分子由于其固有的纳米尺度结构，对纳米材料的发展具有重要的意义。由于聚合物的结晶度、结构形态等会影响纳米材料的力学性能、热性能、电学性能等，故其决定了材料的实际应用，而聚合物在结晶过程中受到外界环境的限制，常表现出特殊的结晶行为，其结晶熔点、结晶度、结晶动力学、晶体形貌等都会改变，通过控制不同的结晶受限条件可以获得具有特殊结构和性能的纳米聚合物材料[281]。因此，结晶聚合物在特定受限环境下，纳米至微米尺度下的结晶行为受到了广泛关注。

聚合物体系的限制结晶在一维（超薄薄膜、纳米层中的薄片等）、二维（无机纳米多孔板板中的圆柱体）、三维（嵌段共聚物中的液滴或球体）环境下均可发生，根据聚合物体系的不同，可结晶范围可以是纳米尺度或微米尺度。通过限制结晶条件，能够控制聚合物晶体的最佳取向，以使得得到的晶体具备所需要的性质。

1996 年，Frank 等[282]研究了一维环境下膜厚度对聚二正己基硅烷（PDHS）的结晶度、结晶速率的影响，结果表明随着膜厚的降低，PDHS 的结晶度也随之减小，结晶速率也有所降低，这是关于受限结晶的最早的研究。在聚合物薄膜中，随着膜厚度的降低，几何受限效应愈发显著，聚合物分子也愈加稳定，聚合物晶体熔点也愈低，对晶体形貌的影响也愈大。Wang 等[283]在 2009 年通过一种创新的多层共挤工艺制备了数千个聚合物纳米层的组装体，得到了超薄封闭聚氧化乙烯层，且当聚氧化乙烯层厚度在 20nm 以内时，该聚合物受限结晶成类似单晶的高长径比的薄片，该纳米聚合物材料可以以较低的成本融入具有合适阻隔性能的传统聚合物薄膜中，从而降低对环境和能源的影响。Mackey 等[284]在 2011 年以聚碳酸酯（PC）和聚砜（PSF）为受限材料，采用多层共挤法结合等温再结晶的方法，研究了聚偏氟乙烯（PVDF）和聚偏氟乙烯四氟乙烯（PVDF-TFE）的受限结晶，成功地制备了几十到几百层的多层膜，在不同的结晶温度下获得了多种晶体结构。Lee 等[285]在 2014 年开发了一种新型的限制结晶技术，将原本不适用于口服的甘露醇加工成可口服的固体剂型，成功地实现了药物的体外释放，并探索了进一步释放药物的可能性。2015 年，Dwyer 等[286]在多孔赋形剂介质中制备出了具有较高药物溶出度和生物利用度的难溶性药物非诺贝特，通过将非诺贝特在不同孔径的控制孔玻璃中结晶，得到了最适于生长非诺贝特纳米晶体的限制条件，并采用核磁共振技术表征了受限结晶分子的结晶度。Meng[287]在 2019 年以 C.I.颜料红 146（PR 146）为模型化合物，利用胶体体系（即乳化液滴）作为纳米反应器，制备了用于喷墨打印机的纳米 PR 146。通过比较本体溶液、大乳液和小乳液制备的 PR 146 的产物，如图 8-27，研究了空间约束效应及受限空间对颜料结晶过程的影响，提出并解释了微乳液液滴受限结晶过程的机理以及助稳定剂在抗奥斯特瓦尔德熟化中的作用。

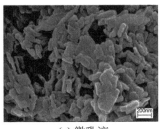 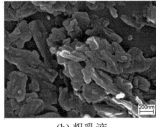 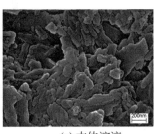

(a) 微乳液　　　　　　　　(b) 粗乳液　　　　　　　　(c) 本体溶液

图 8-27　PR146 在不同溶液中的 SEM 图

对不同类型聚合物受限结晶行为的研究重点并不完全相同。对于均聚物和简单的无规则共聚物，对其受限结晶的研究多集中于薄膜、超薄膜中的空间受限效应和界面效应对聚合物结晶性能的改变及其机理，关注点为膜厚度变化引入的空间效应和界面效应对聚合物结晶性能的影响；对于半晶型嵌段共聚物，对其受限结晶行为的研究多集中于纳米相分离与结晶的竞争过程、纳米相分离区域对于可结晶嵌段结晶生长的空间效应以及嵌段连接点的末端效应对其受限结晶行为的影响。目前的研究主要集中在受限条件下结晶行为的变化，而对受限结晶的本质问题却少有涉及。对于聚合物结晶过程中受限本质的研究还需进一步探究。

8.14　连续管式 COBC 结晶

溶液结晶是在化学工业和制药工业中应用广泛的分离过程之一，传统上是以间歇方式操作的。虽然间歇过程表面上看起来很简单，但其工艺操作及控制是高度复杂的，这可能导致在实现一致的产品规格方面出现问题，例如粒度分布、正确的形态和晶型。这些因素直接影响到下游过程（如过滤等），并最终影响到药物的配方和性能。有时会遇到不符合规格的晶体，因此销毁或重结晶过程是制药工业中其他常见的处理措施。

为了更有效地利用原料和溶剂，连续反应结晶已被公认为改善化学和制药工业生产的关键技术，不仅能节约能源和空间，同时最大限度地减少废弃物的产生和反应器/结晶器的维护和清洁所需的停机时间。

连续结晶器可以有多种形式，但大致可分为两类：混合悬浮混合产品移出（MSMPR）

或柱塞流（PF）。MSMPR 结晶器倾向于采用串级搅拌式结晶器（STC）的形式，而 PF 结晶器则一般采用管式结构。已有很多研究者对 PF 类结晶器进行了开发设计与研究，例如 Ståhl 等[288,289]利用 T 型管式混合器对苯甲酸的反应结晶进行了研究；Gradl 等[290]用直接数值模拟方法模拟了硫酸钡和水杨酸在 T 型管式混合器中的沉淀结晶过程；Alvarez 和 Myerson[291]研究了酮康唑、氟芬那酸和 1-谷氨酸在连续 PF 结晶器中的反溶剂结晶。值得注意的是，Lawton 等[292]设计出了一个新型连续振荡折流板结晶器（COBC，如图 8-28 所示），以实现原料药的 PF 冷却结晶工艺。

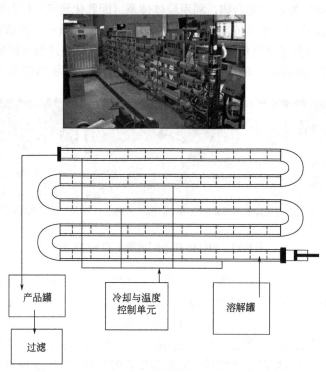

图 8-28 COBC 结晶器的实图与工作原理示意图

COBC 已经进入实用阶段，它可提供快速的混合，并很容易放大（scale-up）或者称为"扩展"（scale-out）。OCBC 目前已经被证明在某些结晶体系中可以缩短结晶时间，减少空间的使用，并能降低能耗；与搅拌式结晶器相比，能够产生出质量更高的产品晶体（在粒度分布和表面特性方面）和实现更好的产品一致性。

当然，如果要确保连续结晶可靠、稳定运行，结晶系统的监测与控制是关键的挑战。Simon 等[293]对结晶系统中粒数衡算模型的使用和当前挑战进行了详细考察。同时，他们还讨论了结晶在线过程分析技术（PAT）的发展。最后，他们结合 PAT 和粒数衡算模型详细探讨了合适的控制策略。

8.15 膜结晶

膜结晶法是近年来为提高结晶操作性能而提出的一种方法。像许多科学发现一样，使用膜材料结晶是源于一个意外的发现，这可追溯至一个世纪以前。1917 年，Kober[294]报道了一项开创性的研究，使用一种致密的聚合膜（硝化纤维袋）从硫酸铵或盐酸的水溶液中渗透蒸发。可透析的溶液在膜组件中由于蒸发达到饱和，盐将在膜的外部结晶出来。Kober 将这种现象命名为"渗透结晶"。从而在两相（气-液或液-液）之间插入膜材料这一结晶方法诞生了。15 年后，Tauber 和 Kleiner[295]对"渗透结晶"工艺进行了进一步研究，证实了 Kober 以前的研究结果，并获得了针状 NaCl 晶体。然而，膜材料厚度大、操作条件难以控制是这一创新工艺的主要局限，而这一问题在很长一段时间内仍未得到解决。2012 年，Drioli 等[296]系统总结了膜结晶的优点、作用机理以及局限性。从 1989 年开始，另一种膜结晶方法——膜蒸馏法被提出用于结晶工艺。从那时起，人们开始探索不同的固体体系的结晶，大多数是通过膜蒸馏方法实现的。Salmón 等[297]总结了膜蒸馏法膜结晶的研究进展，详细介绍了该技术的性能、操作条件、技术难点和创新点，并对其应用前景进行了展望。此外，人们还用膜接触器测试了反应物的混合效应或反溶剂稀释效应。其他的膜过程（如离子交换、渗透汽化、减压渗透等）也偶尔被用于结晶过程，但应用的研究领域非常有限。

过去几年，有很多研究人员致力于膜结晶过程的研究。一般来说，膜过程利用多孔或致密材料作为两相之间的物理半透膜屏障。在传质方面，使用膜结晶会产生附加阻力，这在过程分析中必须加以考虑。同样，从传热的角度来看，膜材料的热导率通常很低。然而，这两个缺点是可以通过现有手段解决的，如选择性传质、改进的流体分布和导致强化传热和传质通量的极高界面面积。这些特性对提高工艺生产率或产品质量具有重要意义。

在结晶过程中，固体产物具有纯度、多晶型、晶体形状和晶粒粒度分布等特征。这些特征定义了产品质量，并受过程驱动力过饱和度的控制。因此，在结晶过程中，控制过饱和度显得尤为重要，而膜结晶是实现这一目标的一种有效途径。

多晶型、晶体形状和晶体粒度分布的优先结晶主要受动力学控制。特别是在药剂学中，表征所有的多晶型并只产生所需的多晶型是非常重要的。根据近些年的相关研究，可以通过膜结晶工艺实现这一目标，为主要工业应用提供了诱人的可能性，但这一技术目前还不成熟，仍有待进一步探索。由于膜结晶器具有控制局部过饱和度的能力，因此也可以用来促进指定多晶型的形成。此外，膜结晶能够直接影响和控制结晶粒度分布，从而提供了达到比间歇结晶器中生产更大晶体粒度的可能性，但截至目前，文献中还没有与间歇反应器的实验比较。

总之，在产品质量目标方面，膜结晶工艺偶尔被报道可提供特定的多晶型产品和较窄的粒度分布。鉴于产品质量指标在固体生产中的重要性，这些定性观察结果建议在膜结晶器中进行更系统的研究和定量描述。

相较于传统结晶，膜结晶得到的晶体具有更好的粒度分布和质量，这是因为在膜结晶过程中，溶质结晶发生在结晶器中的一个单独区域内，这里料液的浓度始终处于过饱和态，有利于晶体的生长，也是得到优质晶体的必要条件，并且膜结晶器内的换热面积也远大于普通结晶热交换器的换热面积，这使得其换热组件占用的空间减小。此外，膜材料的性质对结晶也至关重要，因为表面张力会影响成核速率。

综上所述，固体表面与结晶过程之间的相互作用是一个普遍的问题，在许多情况下，包括膜结晶器，都会引起人们的兴趣。操作条件（浓度、温度、流体力学）、固体材料特性（渗透性、选择性传质、传热等）和界面效应（表面张力、粗糙度等）之间的相互作用都会对结晶结果产生巨大影响。

主要符号说明

英文字母　　含义与单位

a　　溶质的活度，$mol \cdot L^{-1}$

H^0　　0K 下的焓值，$J \cdot kg^{-1}$

k_a　　灰层扩散速率常数，m/s

k_g　　液膜扩散速率常数，m/s

k_r　　反应扩散速率常数，m/s

R（8.1 节）　理想气体常数，$J \cdot K^{-1} \cdot mol^{-1}$

R（8.8 节）　总粒子半径，μm

R_c　　核心半径，μm

S　　过饱和度比

S^0　　0K 下的熵值，$J \cdot K^{-1} \cdot mol^{-1}$

T（8.8 节）　标准化时间（t/τ），s

T（8.1 节、8.4 节）　绝对温度，K

t　　时间，s

T_F　　组分的熔点，K

T_m　　化合物的熔点，K

v_a　　水相体积，L

W　　未反应固体在晶粒中的总质量，g

W_0　　晶粒的初始质量，g

x　　固相转化率

希腊字母　　含义与单位

α　　混合相分离难易程度的量度

ΔG^*_{2D}　　二维成核势垒

τ　　总转换时间，s

ζ　　转换系数

参考文献

[1] Tammann G H J A. The states of aggregation[M]. Mehl F F，trans. London：Constable & Co. Ltd.，1926.

[2] Burger A，Ramberger R. On the polymorphism of pharmaceuticals and other molecular crystals. Ⅱ [J]. Microchimica Acta，1979，72（3）：273-316.

[3] Threlfall T. Crystallisation of polymorphs：thermodynamic insight into the role of solvent[J]. Organic Process Research & Development，2000，4（5）：384-390.

[4] Threlfall T. Structural and thermodynamic explanations of Ostwald's rule[J]. Organic Process Research & Development，2003，7（6）：1017-1027.

[5] O'Mahony M A，Maher A，Croker D M，et al. Examining solution and solid state composition for the solution-mediated polymorphic transformation of carbamazepine and piracetam[J]. Crystal Growth & Design，2012，12（4）：1925-1932.

[6] Kitamura M，Nakamura K. Effects of solvent composition and temperature on polymorphism and crystallization behavior of thiazole-derivative[J]. Journal of Crystal Growth，2002，236（4）：676-686.

[7] Scholl J，Bonalumi D，Vicum L，et al. In situ monitoring and modeling of the solvent-mediated polymorphic transformation of L-glutamic acid[J]. Crystal Growth & Design，2006，6（4）：881-891.

[8] Kelly R C，Rodriguez-Hornedo N. Solvent effects on the crystallization and preferential nucleation of carbamazepine anhydrous polymorphs：a molecular recognition perspective[J]. Organic Process Research & Development，2009，13（6）：1291-1300.

[9] Thirunahari S，Chow P S，Tan R B H. Quality by design（QbD）-based crystallization process development for the polymorphic drug tolbutamide[J]. Crystal Growth & Design，2011，11（7）：3027-3038.

[10] Maruyama S，Ooshima H，Kato J. Crystal structures and solvent-mediated transformation of Taltireline polymorphs[J]. Chemical Engineering Journal，1999，75（3）：193-200.

[11] Yang X，Lu J，Wang X，et al. In situ monitoring of the solution-mediated polymorphic transformation of glycine：characterization of the polymorphs and observation of the transformation rate using Raman

spectroscopy and microscopy[J]. Journal of Raman Spectroscopy，2008，39（10）：1433-1439.

[12] Maher A，Seaton C C，Hudson S，et al. Investigation of the solid-state polymorphic transformations of piracetam[J]. Crystal Growth & Design，2012，12（12）：6223-6233.

[13] Su W，Hao H，Barrett M，et al. The impact of operating parameters on the polymorphic transformation of D-mannitol characterized in situ with Raman spectroscopy，FBRM，and PVM[J]. Organic Process Research & Development，2010，14（6）：1432-1437.

[14] Kee N C S，Tan R B H，Braatz R D. Selective crystallization of the metastable α-form of L-glutamic acid using concentration feedback control[J]. Crystal Growth & Design，2009，9（7）：3044-3051.

[15] Jiang S，ter Horst J H，Jansens P J. Concomitant polymorphism of o-aminobenzoic acid in antisolvent crystallization[J]. Crystal Growth & Design，2008，8（1）：37-43.

[16] Kitamura M，Hironaka S. Effect of temperature on antisolvent crystallization and transformation behaviors of thiazole-derivative polymorphs[J]. Crystal Growth & Design，2006，6（5）：1214-1218.

[17] Kitamura M. Controlling factors and mechanism of polymorphic crystallization[J]. Crystal Growth & Design，2004，4（6）：1153-1159.

[18] Briggs N E B，Schacht U，Raval V，et al. Seeded crystallization of β-L-glutamic acid in a continuous oscillatory baffled crystallizer[J]. Organic Process Research & Development，2015，19（12）：1903-1911.

[19] Beckmann W. Seeding the desired polymorph：background，possibilities，limitations，and case studies[J]. Organic Process Research & Development，2000，4（5）：372-383.

[20] Lee E H，Byrn S R，Carvajal M T. Additive-induced metastable single crystal of mefenamic acid[J]. Pharmaceutical Research，2006，23（10）：2375-2380.

[21] Torbeev V Y，Shavit E，Weissbuch I，et al. Control of crystal polymorphism by tuning the structure of auxiliary molecules as nucleation inhibitors. The β-polymorph of glycine grown in aqueous solutions[J]. Crystal Growth & Design，2005，5（6）：2190-2196.

[22] Kitamura M，Ishizu T. Kinetic effect of L-phenylalanine on growth process of L-glutamic acid polymorph[J]. Journal of Crystal Growth，1998，192（1/2）：225-235.

[23] Long S，Parkin S，Siegler M A，et al. Polymorphism and phase behaviors of 2-（phenylamino）nicotinic acid[J]. Crystal Growth & Design，2008，8（11）：4006-4013.

[24] Musumeci D，Hunter C A，McCabe J F. Solvent effects on acridine polymorphism[J]. Crystal Growth & Design，2010，10（4）：1661-1664.

[25] Jacquemain D，Wolf S G，Leveiller F，et al. Two-dimensional crystallography of amphiphilic molecules at the air-water interface[J]. Angewandte Chemie International Edition in English，1992，31（2）：130-152.

[26] Kitamura M. Controlling factor of polymorphism in crystallization process[J]. Journal of Crystal Growth，2002，237：2205-2214.

[27] Kitamura M. Strategy for control of crystallization of polymorphs[J]. CrystEngComm，2009，11（6）：949-964.

[28] Kitamura M. Polymorphism in the crystallization of L-glutamic acid[J]. Journal of Crystal Growth，1989，96（3）：541-546.

[29] Kitamura M. Crystallization behavior and transformation kinetics of L-histidine polymorphs[J]. Journal of Chemical Engineering of Japan，1993，26（3）：303-307.

[30] Kitamura M，Hara T，Takimoto-Kamimura M. Solvent effect on polymorphism in crystallization of BPT propyl ester[J]. Crystal Growth & Design，2006，6（8）：1945-1950.

[31] Derdour L，Skliar D. A review of the effect of multiple conformers on crystallization from solution and strategies for crystallizing slow inter-converting conformers[J]. Chemical Engineering Science，2014，106：275-292.

[32] Davey R J，Schroeder S L M，ter Horst J H. Nucleation of organic crystals—a molecular perspective[J].

Angewandte Chemie International Edition, 2013, 52（8）: 2166-2179.

[33] Davey R J, Blagden N, Righini S, et al. Crystal polymorphism as a probe for molecular self-assembly during nucleation from solutions: the case of 2,6-dihydroxybenzoic acid[J]. Crystal Growth & Design, 2001, 1（1）: 59-65.

[34] Blagden N, Cross W I, Davey R J, et al. Can crystal structure prediction be used as part of an integrated strategy for ensuring maximum diversity of isolated crystal forms? The case of 2-amino-4-nitrophenol[J]. Physical Chemistry Chemical Physics, 2001, 3（17）: 3819-3825.

[35] Gracin S, Rasmuson Å C. Polymorphism and crystallization of p-aminobenzoic acid[J]. Crystal Growth & Design, 2004, 4（5）: 1013-1023.

[36] Lee I S, Kim K T, Lee A Y, et al. Concomitant crystallization of glycine on patterned substrates: the effect of pH on the polymorphic outcome[J]. Crystal Growth & Design, 2008, 8（1）: 108-113.

[37] Lang M D, Grzesiak A L, Matzger A J. The use of polymer heteronuclei for crystalline polymorph selection[J]. Journal of the American Chemical Society, 2002, 124（50）: 14834-14835.

[38] Price C P, Grzesiak A L, Matzger A J. Crystalline polymorph selection and discovery with polymer heteronuclei[J]. Journal of the American Chemical Society, 2005, 127（15）: 5512-5517.

[39] Foroughi L M, Kang Y-N, Matzger A J. Polymer-induced heteronucleation for protein single crystal growth: structural elucidation of bovine liver catalase and concanavalin a forms[J]. Crystal Growth & Design, 2011, 11（4）: 1294-1298.

[40] López-Mejías V, Kampf J W, Matzger A J. Polymer-induced heteronucleation of tolfenamic acid: structural investigation of a pentamorph[J]. Journal of the American Chemical Society, 2009, 131（13）: 4554-4555.

[41] Pfund L Y, Price C P, Frick J J, et al. Controlling pharmaceutical crystallization with designed polymeric heteronuclei[J]. Journal of the American Chemical Society, 2015, 137（2）: 871-875.

[42] Carter P W, Hillier A C, Ward M D. Nanoscale surface topography and growth of molecular crystals: the role of anisotropic intermolecular bonding[J]. Journal of the American Chemical Society, 1994, 116（3）: 944-953.

[43] Hiremath R, Basile J A, Varney S W, et al. Controlling molecular crystal polymorphism with self-assembled monolayer templates[J]. Journal of the American Chemical Society, 2005, 127（51）: 18321-18327.

[44] Love J C, Estroff L A, Kriebel J K, et al. Self-assembled monolayers of thiolates on metals as a form of nanotechnology[J]. Chemical Reviews, 2005, 105（4）: 1103-1169.

[45] Wei T, Sajib M S J, Samieegohar M, et al. Self-assembled monolayers of an azobenzene derivative on silica and their interactions with lysozyme[J]. Langmuir, 2015, 31（50）: 13543-13552.

[46] Lu F, Zhou G, Zhai H J, et al. Nucleation and growth of glycine crystals with controllable sizes and polymorphs on Langmuir-Blodgett films[J]. Crystal Growth & Design, 2007, 7（12）: 2654-2657.

[47] Rapaport H, Kuzmenko I, Berfeld M, et al. From nucleation to engineering of crystalline architectures at air-liquid interfaces[J]. The Journal of Physical Chemistry B, 2000, 104（7）: 1399-1428.

[48] Amos F F, Sharbaugh D M, Talham D R, et al. Formation of single-crystalline aragonite tablets/films via an amorphous precursor[J]. Langmuir, 2007, 23（4）: 1988-1994.

[49] Campbell J M, Meldrum F C, Christenson H K. Characterization of preferred crystal nucleation sites on mica surfaces[J]. Crystal Growth & Design, 2013, 13（5）: 1915-1925.

[50] Zhang J, Liu A, Han Y, et al. Effects of self-assembled monolayers on selective crystallization of tolbutamide[J]. Crystal Growth & Design, 2011, 11（12）: 5498-5506.

[51] Cox J R, Dabros M, Shaffer J A, et al. Selective crystal growth of the anhydrous and monohydrate forms of theophylline on self-assembled monolayers[J]. Angewandte Chemie（International Ed in English）, 2007, 46（12）: 1988-1991.

[52] Ventura S P M, e Silva F A, Quental M V, et al. Ionic-liquid-mediated extraction and separation processes

for bioactive compounds: past, present, and future trends[J]. Chemical Reviews, 2017, 117 (10): 6984-7052.

[53] An J-H, Jin F, Kim H S, et al. Application of ionic liquid to polymorphic transformation of anti-viral/HIV drug adefovir dipivoxil[J]. Archives of Pharmacal Research, 2016, 39 (5): 646-659.

[54] Martins I C B, Gomes J R B, Duarte M T, et al. Understanding polymorphic control of pharmaceuticals using lmidazolium-based ionic liquid mixtures as crystallization directing agents[J]. Crystal Growth & Design, 2017, 17 (2): 428-432.

[55] An J H, Kim J M, Chang S M, et al. Application of ionic liquid to polymorphic design of pharmaceutical ingredients[J]. Crystal Growth & Design, 2010, 10 (7): 3044-3050.

[56] An J H, Kim W S. Antisolvent crystallization using ionic liquids as solvent and antisolvent for polymorphic design of active pharmaceutical ingredient[J]. Crystal Growth & Design, 2013, 13 (1): 31-39.

[57] An J H, Jin F, Kim H S, et al. Investigation of the polymorphic transformation of the active pharmaceutical ingredient clopidogrel bisulfate using the ionic liquid AEImBF (4) [J]. Crystal Growth & Design, 2016, 16 (4): 1829-1836.

[58] Zeng Q, Mukherjee A, Muller P, et al. Exploring the role of ionic liquids to tune the polymorphic outcome of organic compounds[J]. Chemical Science, 2017, 9 (6): 1510-1520.

[59] Shi H H, Xiao Y, Ferguson S, et al. Progress of crystallization in microfluidic devices[J]. Lab on a Chip, 2017, 17 (13): 2167-2185.

[60] 蒋楠. 液滴-微流体环境下 L-谷氨酸多晶型现象研究[D]. 天津：天津大学，2016.

[61] Galkin O, Vekilov P G. Are nucleation kinetics of protein crystals similar to those of liquid droplets? [J]. Journal of the American Chemical Society, 2000, 122 (1): 156-163.

[62] Yamaguchi H, Maeki M, Yamashita K, et al. Controlling one protein crystal growth by droplet-based microfluidic system[J]. The Journal of Biochemistry, 2013, 153 (4): 339-346.

[63] Maeki M, Yoshizuka S, Yamaguchi H, et al. X-ray diffraction of protein crystal grown in a nano-liter scale droplet in a microchannel and evaluation of its applicability[J]. Analytical Sciences, 2012, 28 (1): 65-65.

[64] Laval P, Giroux C, Leng J, et al. Microfluidic screening of potassium nitrate polymorphism[J]. Journal of Crystal Growth, 2008, 310 (12): 3121-3124.

[65] Ding L, Zong S, Dang L, et al. Effects of inorganic additives on polymorphs of glycine in microdroplets[J]. CrystEngComm, 2018, 20 (2): 164-172.

[66] Jiang N, Wang Z, Dang L, et al. Effect of supersaturation on L-glutamic acid polymorphs under droplet-based microchannels[J]. Journal of Crystal Growth, 2016, 446: 68-73.

[67] Teshima Y, Maeki M, Yamashita K, et al. A method for generating a metastable crystal in a microdroplet[J]. CrystEngComm, 2013, 15 (46): 9874-9877.

[68] Teychené S, Biscans B. Nucleation kinetics of polymorphs: induction period and interfacial energy measurements[J]. Crystal Growth & Design, 2008, 8 (4): 1133-1139.

[69] Du W, Yin Q, Bao Y, et al. Concomitant polymorphism of prasugrel hydrochloride in reactive crystallization[J]. Industrial & Engineering Chemistry Research, 2013, 52 (46): 16182-16189.

[70] Zhu L, Wang L Y, Sha Z L, et al. Interplay between thermodynamics and kinetics on polymorphic appearance in the solution crystallization of an enantiotropic system, gestodene[J]. Crystal Growth & Design, 2017, 17 (9): 4582-4595.

[71] Dikshit R C, Chivate M R. Separation of ortho and para nitrochlorobenzenes by extractive crystallisation [J]. Chemical Engineering Science, 1970, 25 (2): 311-317.

[72] Dikshit R C, Chivate M R. Selectivity of solvent for extractive crystallisation[J]. Chemical Engineering Science, 1971, 26 (5): 719-727.

[73] Tare J P，Chivate M R . Selection of a solvent for adductive crystallization[J]. Chemical Engineering Science，1976，31（10）：893-899.

[74] Tare J P，Chivate M R. Separation of close boiling isomers by adductive and extractive crystallization[J]. AIChE Symposium Series，1976，72：95-99.

[75] 潘欣艾，叶俊伟，王浩宇，等.络合结晶法制备高纯硼酸的研究[J].无机盐工业，2011，43（10）：18-21.

[76] Furuichi M，Nishimoto E，Koga T，et al. Detergent effects on the light-harvesting chlorophyll A/B-protein complex crystallization revealed by fluorescence depolarization[J]. Biochemical and Biophysical Research Communications，1997，233（2）：555-558.

[77] Matsuda Y，Fukatsu A，Wang Y，et al. Fabrication and characterization of poly（L-lactic acid） gels induced by fibrous complex crystallization with solvents[J]. Polymer，2014，55（16）：4369-4378.

[78] Tkatch V I，Rassolov S G，Popov V V，et al. Complex crystallization mode of amorphous/nanocrystalline composite Al$_{86}$Ni$_2$Co$_{5.8}$Gd$_{5.7}$Si$_{0.5}$[J]. Journal of Non-Crystalline Solids，2011，357（7）：1628-1631.

[79] Svoboda R，Málek J. Applicability of Fraser-Suzuki function in kinetic analysis of complex crystallization processes[J]. Journal of Thermal Analysis and Calorimetry，2013，111（2）：1045-1056.

[80] Yan Z，Zhu K，Chen W P. Tomato-like ZnO clusters with complex crystallization[J]. Journal of nanoscience and nanotechnology，2009，9（11）：6627-6630.

[81] 杨晓健. 可控限域络合结晶法制备纳米层状结构镍铁氢氧化物及其电化学性能的研究[D].北京：北京化工大学，2018.

[82] 王启纶. 络合结晶法分离提纯间/对甲酚的研究[D].天津：天津大学，2017.

[83] Stura E A，Graille M，Charbonnier J B. Crystallization of macromolecular complexes：combinatorial complex crystallization[J]. Journal of Crystal Growth，2001，232（1/4）：573-579.

[84] Zhou Y，Game O S，Pang S，et al. Microstructures of organometal trihalide perovskites for solar cells：their evolution from solutions and characterization[J]. The Journal of Physical Chemistry Letters，2015，6（23）：4827-4839.

[85] 樊光友，刘有智，祁贵生，等.萃取结晶法回收碳酸钠实验研究[J].盐湖研究，2009，17（03）：44-47.

[86] Sun Y，Zhang X，Zheng Y，et al. Sugaring-out extraction combining crystallization for recovery of succinic acid[J]. Separation and Purification Technology，2019，209：972-983.

[87] Yu C，Zhu S，et al. Synthesizing 3-chlorobenzeneboronic acid comprises e.g. preparing 3-chlorophenyl magnesium chloride by reacting with magnesium，reacting with trimethyl borate，hydrolyzing，and subjecting to organic solvent extraction and crystallization：CN109232620-A[P]. 2019-01-18.

[88] Kim D，Kim H，Huh E，et al. Effect of a polymer binder on the extraction and crystallization-based recovery of HMX from polymer-bonded explosives[J]. Journal of Industrial and Engineering Chemistry，2019，79：124-130.

[89] Wang D，Wang L，et al. Composite solvent used for extraction and crystallization of erythromycin thiocyanate，comprises alkanes and benzene homologues：CN103483407-A[P]. 2014-01-01.

[90] Lu G. Continuous crystallizer for extraction crystallization in monosodium glutamate production in food industry，has condensate tank connected with condensing pump，and surface cooler whose uncooled gas outlet is connected with vacuum pump：CN101732885-A[P]. 2010-06-16.

[91] Shibata J，Murayama N，Niinae M，et al. Development of adavanced separation technology of rare metals using extraction and crystallization stripping[J]. Materials Transactions，2012，53（12）：2181-2186.

[92] Lei W，Wang L，et al. Crystallization extraction of palm oil，involves heat-fractionating，cooling，crystallizing，and filtering，with addition of palm oil ester having melting point of preset range to to-be-fractionated oil：CN104293485-A[P]. 2015-01-21.

[93] Sha Q, Duan J, et al. One step method for production of potassium sulphate using extraction crystallization reaction: CN1785810-A[P]. 2006-06-14.

[94] Li Y, Song X, Chen G, et al. Preparation of calcium carbonate and hydrogen chloride from distiller waste based on reactive extraction-crystallization process[J]. Chemical Engineering Journal, 2015, 278: 55-61.

[95] Chen K, Zhang X, Pan J, et al. Influence of magnetic field on the morphology of the andrographolide crystal from supercritical carbon dioxide extraction-crystallization[J]. Journal of Crystal Growth, 2003, 258 (1/2): 163-167.

[96] Lipatov D A, Myasnikov S K, Kulov N N. Separation of paraffins by membrane extraction combined with crystallization[J]. Theoretical Foundations of Chemical Engineering, 2005, 39 (2): 110-117.

[97] Gaikar V G, Sharma M M. Dissociation extractive crystallization[J]. Industrial & Engineering Chemistry Research, 1987, 26 (5): 1045-1048.

[98] Gaikar V G, Sharma M M. New strategies for separations through reactions[J]. Sadhana, 1987, 10 (1/2): 163-183.

[99] Gaikar V G, Mahapatra A, Sharma M M. Separation of close boiling point mixtures (*p*-cresol/*m*-cresol, guaiacol/alkylphenols, 3-picoline/4-picoline, substituted anilines) through dissociation extractive crystallization[J]. Industrial & Engineering Chemistry Research, 1989, 28 (2): 199-204.

[100] Gaikar V G, Sharma M M. Separations through reactions and other novel strategies[J]. Separation and Purification Reviews, 1989, 18 (2): 111-176.

[101] Lashanizadegan A, et al. Dissociation extractive crystallization: separation of di-and trichloroacetic acids [J]. Chemical Engineering Research and Design, 1996, 74 (7): 773-781.

[102] Lashanizadegan A, Newsham D M T, Tavare N S. Separation of chlorobenzoic acids by dissociation extractive crystallization[J]. Chemical Engineering Science, 2001, 56 (7): 2335-2346.

[103] Lan L J, Tang J H, et al. Separation of *o*-chlorobenzoic acid and *p*-chlorobenzoic acid by dissociation extraction crystallization[J]. Journal of Yantai University (Nature Science and Engineering Edition), 2007, 20 (3): 227-230.

[104] Neuberg C. Hydrotropy[J]. Biochem. Z., 1916, 76 (1): 107-108.

[105] Geetha K K, Tavare N S, Gaikar V G. Separation of *o* and *p* chloronitrobenzenes through hydrotropy[J]. Chemical Engineering Communications, 1991, 102 (1): 211-224.

[106] Colonia E J, Dixit A B, Tavare N S. Separation of *o*-and *p*-chlorobenzoic acids: hydrotropy and precipitation[J]. Journal of Crystal Growth, 1993, 166 (1/2/3/4): 976-980.

[107] Tavare N S, Colonia E J. Separation of eutectics of chloronitrobenzenes through hydrotropy[J]. Journal of Chemical & Engineering Data, 1994, 42 (3): 631-635.

[108] Raynaud-Lacroze P O, Tavare N S. Separation of 2-naphthol: hydrotropy and precipitation[J]. Industrial & Engineering Chemistry Research, 1993, 32 (4): 685-691.

[109] Tavare N S, Jadhav V K. Separation through crystallization and hydrotropy:: the 6-aminopenicillanic acid (6-APA) and phenoxyacetic acid (PAA) system[J]. Journal of Crystal Growth, 1999, 198: 1320-1325.

[110] Balasubramanian D, Srinivas V, Gaikar V G, et al. Aggregation behavior of hydrotropic compounds in aqueous solution[J]. The Journal of Physical Chemistry, 1989, 93 (9): 3865-3870.

[111] Wöhler F. Untersuchungen über das chinon[J]. Annalen Der Chemie Und Pharmacie, 1844, 51 (2): 145-163.

[112] Ling A R, Baker J L. XCVI.—halogen derivatives of quinone part Ⅲ. Derivatives of quinhydrone[J]. Journal of the Chemical Socirty, 1893, 63: 1314-1327.

[113] Almarsson O, Zaworotko M J. Crystal engineering of the composition of pharmaceutical phases. Do pharmaceutical co-crystals represent a new path to improved medicines? [J]. Chemical Communications,

2004，17：1889-1896.

[114] Schultheiss N，Newman A. Pharmaceutical cocrystals and their physicochemical properties[J]. Crystal Growth & Design，2009，9（6）：2950-2967.

[115] Thakuria R，Delori A，Jones W，et al. Pharmaceutical cocrystals and poorly soluble drugs[J]. International Journal of Pharmaceutics，2013，453（1）：101-125.

[116] Aitipamula S，Chow P S，Tan R B H. Polymorphism in cocrystals：a review and assessment of its significance[J]. Crystengcomm，2014，16（17）：3451-3465.

[117] Aakeroy C B，Salmon D J. Building co-crystals with molecular sense and supramolecular sensibility[J]，CrystEngComm，2005，7（72）：439-448.

[118] Holan J，Stepanek F，Billot P，et al. The construction，prediction and measurement of co-crystal ternary phase diagrams as a tool for solvent selection[J]. European Journal of Pharmaceutical Sciences，2014，63：124-131.

[119] Xu S，Dang L，Wei H. Solid-liquid phase equilibrium and phase diagram for the ternary carbamazepine-succinic acid-ethanol or acetone system at （298.15 and 308.15）K[J]. Journal of Chemical and Engineering Data，2011，56（6）：2746-2750.

[120] Rager T，Hilfiker R. Stability domains of multi-component crystals in ternary phase diagrams[J]. Zeitschrift Fur Physikalische Chemie-International Journal of Research in Physical Chemistry & Chemical Physics，2009，223（7）：793-813.

[121] Childs S L，Rodriguez-Hornedo N，Reddy L S，et al. Screening strategies based on solubility and solution composition generate pharmaceutically acceptable cocrystals of carbamazepine[J]. Crystengcomm，2008，10（7）：856-864.

[122] Sheikh A Y，Rahim S A，Hammond R B，et al. Scalable solution cocrystallization：case of carbamazepine-nicotinamide I[J]. Crystengcomm，2009，11（3）：501-509.

[123] Rodrigues M，Baptista B，Lopes J A，et al. Pharmaceutical cocrystallization techniques. Advances and challenges[J]. International Journal of Pharmaceutics，2018，547（1/2）：404-420.

[124] Sarkar A，Rohani S. Cocrystals of acyclovir with promising physicochemical properties[J]. Journal of Pharmaceutical Sciences，2015，104（1）：98-105.

[125] Lee A Y，Ulman A，Myerson A S. Crystallization of amino acids on self-assembled monolayers of rigid thiols on gold[J]. Langmuir，2002，18（15）：5886-5898.

[126] Hiremath R，Basile J A，Varney S W，et al. Controlling molecular crystal polymorphism with self-assembled monolayer templates[J]. Journal of the American Chemical Society，2005，127（51）：18321-18327.

[127] Lee A Y，Lee I S，Dette S S，et al. Crystallization on confined engineered surfaces： a method to control crystal size and generate different polymorphs[J]. Journal of the American Chemical Society，2005，127（43）：14982-14983.

[128] Sagiv J. Organized monolayers by adsorption. 1. Formation and structure of oleophobic mixed monolayers on solid surfaces[J]. Journal of the American Chemical Society，1980，102（1）：92-98.

[129] Nuzzo R G，Allara D L. Adsorption of bifunctional organic disulfides on gold surfaces[J]. Journal of the American Chemical Society，1983，105（13）：4481-4483.

[130] Feng Y，Dang L，Wei H. Analyzing solution complexation of cocrystals by mathematic models and in-situ ATR-FTIR spectroscopy[J]. Crystal Growth & Design，2012，12（4）：2068-2078.

[131] Tong Y，Wang Z，Yang E，et al. Insights into cocrystal polymorphic transformation mechanism of ethenzamide-saccharin：a combined experimental and simulative study[J]. Crystal Growth & Design，2016，16（9）：5118-5126.

[132] Shen Y，Zong S，Dang L，et al. Solubility and thermodynamics of probenecid-4,4'-azopyridine cocrystal

in pure and binary solvents[J]. Journal of Molecular Liquids，2019，290：111195.

[133]　Tong Y，Zhang P，Dang L，et al. Monitoring of cocrystallization of ethenzamide-saccharin：insight into kinetic process by in situ Raman spectroscopy[J]. Chemical Engineering Research & Design，2016，109：249-257.

[134]　Aakeröy C B，Forbes S，Desper J. Using cocrystals to systematically modulate aqueous solubility and melting behavior of an anticancer drug[J]. Journal of the American Chemical Society，2009，131（47）：17048-17049.

[135]　Cho E，Cho W，Cha K-H，et al. Enhanced dissolution of megestrol acetate microcrystals prepared by antisolvent precipitation process using hydrophilic additives[J]. International Journal of Pharmaceutics，2010，396（1/2）：91-98.

[136]　Lee H G，Zhang G G Z，Flanagan D R. Cocrystal intrinsic dissolution behavior using a rotating disk[J]. Journal of Pharmaceutical Sciences，2011，100（5）：1736-1744.

[137]　McNamara D P，Childs S L，Giordano J，et al. Use of a glutaric acid cocrystal to improve oral bioavailability of a low solubility API[J]. Pharmaceutical Research，2006，23（8）：1888-1897.

[138]　Jung M S，Kim J S，Kim M S，et al. Bioavailability of indomethacin-saccharin cocrystals[J]. Journal of Pharmacy and Pharmacology，2010，62（11）：1560-1568.

[139]　Trask A V，Motherwell W D S，Jones W. Physical stability enhancement of theophylline via cocrystallization[J]. International Journal of Pharmaceutics，2006，320（1/2）：114-123.

[140]　Schultheiss N，Newman A. Pharmaceutical cocrystals and their physicochemical properties[J]，Crystal Growth & Design，2009，9（6）：2950-2967.

[141]　Alhalaweh A，Velaga S P. Formation of cocrystals from stoichiometric solutions of incongruently saturating systems by spray drying[J]. Crystal Growth & Design，2010，10（8）：3302-3305.

[142]　Thiry J，Krier F，Evrard B. A review of pharmaceutical extrusion：critical process parameters and scaling-up[J]. International Journal of Pharmaceutics，2015，479：227-240.

[143]　Duarte I，Andrade R，Pinto J F，et al. Green production of cocrystals using a new solvent-free approach by spray congealing[J]. International Journal of Pharmaceutics，2016，506（1/2）：68-78.

[144]　Stepakoff G L，Siegelman D，Johnson R，et al. Development of a eutectic freezing process for brine disposal[J]. Desalination，1974，15（1）：25-38.

[145]　Barduhn A J，Manudhane A. Temperatures required for eutectic freezing of natural waters[J]. Desalination，1979，28（3）：233-241.

[146]　Swenne D A. The eutectic crystallization of NaCl · 2H$_2$O and ice[D]. Netherlands：Eindhoven University of Technology，1983.

[147]　Swenne D A，Thoenes D. The eutectic crystallization of sodium chloride dihydrate and ice[J]. Journal of Separation Process Technology，1985，6：7-25.

[148]　Nathoo J，Jivanji R，Lewis A. Freezing your brines off：eutectic freeze crystallization for brine treatment[C]//International Mine Water Conference. 2009：431-437.

[149]　Van der Ham F. Eutectic freeze crystallization[J]. Brookings Papers on Economic Activity，1999，25（1）：253-316.

[150]　van der Ham F，et al. Eutectic freeze crystallization：Application to process streams and waste water purification[J]. Chemical Engineering and Processing：Process Intensification，1998，37（2）：207-213.

[151]　van der Ham F，Witkamp G J，Graauw J D. Eutectic freeze crystallization simultaneous formation and separation of two solid phases[J]. Journal of Crystal Growth，1999，198/199（1）：744-748.

[152]　van der Ham F，Seckler M M，Witkamp G J. Eutectic freeze crystallization in a new apparatus：the cooled disk column crystallizer[J]. Chemical Engineering & Processing Process Intensification，2004，43（2）：161-167.

[153] Vaessen R J C. Development of scraped eutectic freeze crystallizers[D]. Delft: Delft University of Technology, 2003.

[154] Vaessen R J C, Seckler M M, Witkamp G J. Eutectic freeze crystallization with an aqueous KNO₃-HNO₃ solution in a 100-L cooled-disc column crystallizer[J], Industrial Engineering and Chemistry Research, 2003, 42 (20): 4874-4880.

[155] Vaessen R J C, et al. Evaluation of the performance of a newly developed eutectic freeze crystallizer: scraped cooled wall crystallizer[J]. Chemical Engineering Research and Design, 2003, 81 (10): 1363-1372.

[156] Himawan C, Vaessen R J C, Seckler M M, et al. Recovery of magnesium sulfate and ice from magnesium sulfate industrial solution by eutectic freezing[J]. Proceeding of the 15th International Symp. On Industrial Crystallization, 2002, 951-955.

[157] Himawan C. Characterization and population balance modelling of eutectic freeze crystallization[D]. Deft: Technical Univesity of Deft, 2005.

[158] Himawan C, Witkamp G J. Crystallization kinetics of MgSO₄·12H₂O from different scales of batch cooling scraped crystallizers[J]. Crystal Research and Technology, 2006, 41 (9): 865-873.

[159] Genceli F E, Gartner R, Witkamp G J. Eutectic freeze crystallization in a 2nd generation cooled disk column crystallizer for MgSO₄·H₂O system[J]. Journal of Crystal Growth, 2005, 275 (1/2): 1369-1372.

[160] Genceli F E, Lutz M, Spek A L, et al. Crystallization and characterization of a new magnesium sulfate hydrate MgSO₄·11H₂O[J]. Crystal Growth & Design, 2007, 7 (12): 2460-2466.

[161] Randall D G, Nathoo J, Lewis A E. A case study for treating a reverse osmosis brine using eutectic freeze crystallization—Approaching a zero waste process[J]. Desalination, 2011, 266 (1/2/3): 256-262.

[162] Borbón V D, Ulrich J. Solvent freeze out crystallization of lysozyme from a lysozyme-ovalbumin mixture[J]. Crystal Research and Technology, 2012, 47 (5): 541-547.

[163] Ragoonanan V, Suryanarayanan R. Ultrasonication as a potential tool to predict solute crystallization in freeze-concentrates[J]. Pharmaceutical Research, 2014, 31 (6): 1512-1524.

[164] Lin Z, Zhang Y. Separation of L-alpha-terpineol from camphor oil by-product involves using freeze crystallization method: CN109485547-A[P]. 2019-03-19.

[165] Mountadar S, Guessous M, Rich A, et al. Desalination of spent ion-exchange resin regeneration solutions by suspension freeze crystallization[J]. Desalination, 2019, 468: 114059.

[166] Leyland D, Chivavava J, Lewis A E. Investigations into ice scaling during eutectic freeze crystallization of brine streams at low scraper speeds and high supersaturation[J]. Separation and Purification Technology, 2019, 220: 33-41.

[167] Skoda W, den Tempel M V. Crystallization of emulsified triglycerides[J]. Journal of Colloid Science. 1963, 18 (6): 568-584.

[168] Walstra P, van Beresteyn E C H V. Crystallization of milk fat in the emulsified state[J]. NethMilk. DairyJ. 1975, 29: 35-65.

[169] Dickinson E, Goller M I, McClements D J, et al. Monitoring crystallization in simple and mixed oil-in-water emulsions using ultrasonic velocity measurement, in food polymers[J]. Gels and Colloids, 1991: 171-179.

[170] Kim J K, Kim K J, Kim I H. Study on preparation of a low density polyethylene particle by emulsion crystallization[J]. Journal of Chemical Engineering of Japan, 2002, 35 (11): 1169-1177.

[171] Kluge J, Joss L, Viereck S, et al. Emulsion crystallization of phenanthrene by supercritical fluid extraction of emulsions[J]. Chemical Engineering Science, 2012, 77: 249-258.

[172] Li Y, Zhang C T, et al. Study on the preparation of semen by liquid film crystallization[J]. Fuel and Chemical Processes, 2014, 45 (3): 1-3.

[173] Landau E M，Levanon M，Leiserowitz L，et al. Transfer of structural information from Langmuir monolayers to three-dimensional growing crystals[J]. Nature，1985，318（6044）：353-356.

[174] Lu H B，Ma C L，Cui H，et al. Controlled crystallization of calcium phosphate under stearic acid monolayers[J]. Journal of Crystal Growth，1995，155（1/2）：120-125.

[175] Nakahara Y，Mizuguchi M，Miyata K I . Effects of surfactants on CaCO$_3$ spheres prepared by interfacial reaction method[J]. Journal of Colloid & Interface Science，1979，68（3）：401-407.

[176] Cima M J，Rhine W E. Powder processing for microstructural control in ceramic superconductors[J]. MOE，1987，2（313）：329-336.

[177] Kandori K，Kon-No K，Kitahara A . Formation of ionic water/oil microemulsions and their application in the preparation of CaCO$_3$ particles[J]. Journal of Colloid & Interface Science，1988，122（1）：78-82.

[178] Davies G A，Yang M，Garside J. The selective separation and precipitation of salts in a liquid surfactant membrane system，in Mersmann[J]. Industrial Crystallization，1990：163-168.

[179] Yang M . The preparation of solids in a liquid membrane emulsion：the control of particle size[J]. Powder Technology，1991，65（1/2/3）：235-242.

[180] Petersen S，Chaleepa K，Ulrich J. Importance of emulsions in crystallization—applications for fat crystallization[J]. Frontiers of Chemical Science and Engineering，2013，7（1）：43-48.

[181] Petersen S，Ulrich J . Role of emulsifiers in emulsion technology and emulsion crystallization[J]. Chemical Engineering & Technology，2013，36（3）：398-402.

[182] Becker P. Phosphorous and phosphoric acid[M]//Fertilizer Science and Technology Series. New York：Marcel Dekker，1983.

[183] Sietse V，Meszaros Y，Marchee W，et al. The digestion of phosphate ore in phosphoric acid[J]. Industrial & Engineering Chemistry Research，1987，26（12）：2501-2505.

[184] Elnashaie S S，Al-Fariss T F，Abdel Razik S M，et al. Investigation of acidulation and coating of Saudi phosphate rocks. 1. Batch acidulation[J]. Industrial & Engineering Chemistry Research，1990，29（12）：2389-2401.

[185] Imamutdinova V M. Rates of dissolution of borates in acetic acid solutions[J]. Zh Prikl Khim，1970，43：452-455.

[186] Manteghian M，Tavare N S，Garside J. Production of boric acid through reaction of borax with propionic acid[J]. Industrial Crystallization，1990，90：279-284.

[187] Zuckerman B. Formation of mixed silver halides by a conversion process[J]. Photogr Sci Eng，1976，20（3）：111-116.

[188] Sugimoto T. Preparation of monodispersed colloidal particles[J]. Advances in Colloid and Interface Science，1987，28：65-108.

[189] Laine J. Manufacture of precipitated calcium carbonate[J]. PaPeri Puu，1980，62（11）：725-734.

[190] Ulrich J，Bechtloff B. Zur kinetik heterogener reaktionskristallisationen—Übersicht und beispiele[J]. Chemie Ingenieur Technik，2000，72（9）：966-966.

[191] Guo Z，Jones A G，Hao H，et al. Effect of ultrasound on the heterogeneous nucleation of BaSO$_4$ during reactive crystallization[J]. Journal of Applied Physics，2007，101（5）：054907.

[192] Nandi A K，Kshirsagar A S，Thanigaivelan U，et al. Process optimization for the gas-liquid heterogeneous reactive crystallization process involved in the preparation of the insensitive high explosive TATB[J]. Central European Journal of Energetic Materials，2014，11（1）：31-57.

[193] Ausman J M，Watson C C. Mass transfer in a catalyst pellet during regeneration[J]. Chemical Engineering Science，1962，17（5）：323-329.

[194] Ishida M，Wen C Y. Comparison of kinetic and diffusional models for solid-gas reactions[J]. AIChE Journal，1968，14（2）：311-317.

[195]   Wen C Y. Noncatalytic heterogeneous solid-fluid reaction models[J]. Industrial & Engineering Chemistry，1968，60（9）：34-54.

[196]   Bowen J H，Cheng C K. A diffuse interface model for fluid-solid reaction[J]. Chemical Engineering Science，1969，24（12）：1829-1831.

[197]   Mantri V B，Gokarn A N，Doraiswamy L K. Analysis of gas-solid reactions：formulation of a general model[J]. Chemical Engineering Science，1976，31（9）：779-785.

[198]   Duduković M P，Lamba H S. Solution of moving boundary problems for gas-solid noncatalytic reactions by orthogonal collocation[J]. Chemical Engineering Science，1978，33（3）：303-314.

[199]   Duduković M P，Lamba H S. A zone model for reactions of solid particles with strongly adsorbing species[J]. Chemical Engineering Science，1978，33（4）：471-478.

[200]   Ramachandran P A，Doraiswamy L K. Modeling of noncatalytic gas-solid reactions[J]. AIChE Journal，1982，28（6）：881-900.

[201]   Yagi S. Studies on combustion of carbon particles in flames and fluidized beds[J]. Symposium（International）on Combustion，1955，5（1）：231-244.

[202]   Shen J，Smith J M. Diffusional effects in gas-solid reactions[J]. Industrial & Engineering Chemistry Fundamentals，1965，4（3）：293-301.

[203]   White D E，Carberry J J. Kinetics of gas-solid non-catalytic reaction[J]. The Canadian Journal of Chemical Engineering，1965，43（6）：334-337.

[204]   Levenspiel O. Chemical reaction engineering[J]. Industrial & Engineering Chemistry Research，1999，38（11）：4140-4143.

[205]   Calvelo A，Smith J M. Intrapellet transport in gas-solid non-catalytic reactions[M]. Butter worths：Proceedings of Chemeca 70，1971.

[206]   Szekely J，Evans J W. A structural model for gas-solid reactions with a moving boundary[J]. Chemical Engineering Science，1970，25（6）：1091-1107.

[207]   Szekely J，Evans J W. Studies in gas-solid reactions：Part I. A structural model for the reaction of porous oxides with a reducing gas[J]. Metallurgical Transactions，1971，2（6）：1691-1698.

[208]   Szekely J，Evans J W. Studies in gas-solid reactions：Part II. An experimental study of nickel oxide reduction with hydrogen[J]. Metallurgical Transactions，1971，2（6）：1699-1710.

[209]   Levins D M. Particle-liquid hydrodynamics and mass transfer in a stirred vessel，Part II-mass transfer[J]. Trans Inst Chem Engrs，1972，50：132-146.

[210]   Manteghian M. Reactive crystallization of borax with organic acids[D]. Manchester：University of Manchester，1989.

[211]   Duncan A G，Phillips R H. The dependence of heat exchanger fouling on solution undercooling[J]. J Sep Proc Technol，1979：29-35.

[212]   Acevedo D，Yang X，Liu Y C，et al. Encrustation in continuous pharmaceutical crystallization processes—A review[J]. Organic Process Research & Development，2019，23（6）：1134-1142.

[213]   Chandler J L. Effect of supersaturation and flow conditions on the initiation of scale formation[J]. Trans Inst Chem Eng，1964，42：24-34.

[214]   Duncan A G，West C D. Prevention of incrustation on crystalliser heat exchangers by ultrasonic vibration[J]. Trans Inst Chem Eng，1972，50：109-114.

[215]   Toussaint A G，Donders A J M. The mixing criterion in crystallization by cooling[J]. Chemical Engineering Science，1974，29（1）：237-245.

[216]   Veverka F，Nyvlt J. Growth of scale on a cooling surface during the stirring of a crystal suspension[J]. Chem Prum，1979，29：123-127.

[217]   Veverka F，Nyvlt J. Characterization of systems by tendency to develop scale[J]. Chem Prum，1979，29：

580-582.

[218] Veverka F，Nyvlt J. Temperature regime and start of scaling[J]. Chem Prum. 1979，29：623-626.

[219] Wohlk W，Hofmann G. Encrustation problems-possible avoidance[J]. Chemie Ingenieur Technik，1980，52（11）：898-900.

[220] Goldmann G，Spott G. Encrustation in crystallization plant—A new practically oriented method of measurement[J]. Chemie Ingenieur Technic，1981，53（9）：713-716.

[221] Shock R A W. Encrustation of crystallizers[J]. Sep Proc Technol，1983，4（1）：1-13.

[222] Vendel M，Rasmuson Å C. Initiation of incrustation by crystal collision[J]. Chemical Engineering Research and Design，2000，78（5）：749-755.

[223] Getaz M A，Journet G，Love D J，et al. Some notes on developments in high grade continuous evaporating crystallization[J]. Zuckerindustry，2008，133（4）：272.

[224] Ron R，Zbaida D，Kafka I Z，et al. Attenuation of encrustation by self-assembled inorganic fullerene-like nanoparticles[J]. Nanoscale，2014，6（10）：5251.

[225] Ionescu D，Buchmann B，Heim C，et al. Oxygenic photosynthesis as a protection mechanism for cyanobacteria against iron-encrustation in environments with high Fe^{2+} concentrations[J]. Frontiers in Microbiology，2014，5：459.

[226] Ostwald W. Lehrbuch der allgemeinen Chemie[M]. Leipzig：Engelmann，1886.

[227] Ostwald W. Studien über die bildung und umwandlung fester körper[J]. Zeitschrift Für Physikalische Chemie，1897，22（1）：289-330.

[228] Honigmann B. α-β transformation of copper phthalocyanine in organic suspensions[J]. Particle Growth in Suspensions，1973，38：283-297.

[229] Cardew P T，Davey R J. The kinetics of solvent-mediated phase transformations[J]. Proceedings of the Royal Society of London A Mathematical and Physical Sciences，1985，398（1815）：415-428.

[230] Bischoff J L. Catalysis，inhibition，and the calcite-aragonite problem：[part]2，The vaterite-aragonite transformation[J]. American Journal of Science，1968，266（2）：80-90.

[231] Sato K，Boistelle R. Stability and occurrence of polymorphic modifications of the stearic acid in polar and nonpolar solutions[J]. Journal of Crystal Growth，1984，66（2）：441-450.

[232] Sato K，Suzuki K，Okada M，et al. Solvent effects on kinetics of solution-mediated transition of stearic acid polymorphs[J]. Journal of Crystal Growth，1985，72（3）：699-704.

[233] Boistelle R，Abbona F，Madsen H E L. On the transformation of struvite into newberyite in aqueous systems[J]. Physics and Chemistry of Minerals，1983，9（5）：216-222.

[234] Kitamura M. Polymorphism in the crystallization of L-glutamic acid[J]. Journal of Crystal Growth，1989，96（3）：541-546.

[235] Davey R J，Richards J. A solvent mediated phase transformation in an aqueous suspension of an azo disperse dye[J]. Journal of Crystal Growth，1985，71（3）：597-601.

[236] Brečević L，Škrtić D，Garside J. Transformation of calcium oxalate hydrates[J]. Journal of Crystal Growth，1986，74（2）：399-408.

[237] Rieger A，Söhnel O，Krajca I. Precipitation in the Mg^{+2}-Na^{+}- SO_3^{-2} - SO_4^{-2} aqueous system[J]. Chemical Engineering Communications，1992，112（1）：31-38.

[238] de Vreugd C H，Witkamp G J，van Rosmalen G M. Growth of gypsum Ⅲ. Influence and incorporation of lanthanide and chromium ions[J]. Journal of Crystal Growth，1994，144（1/2）：70-78.

[239] Cardew P T，Davey R J，Ruddick A J. Kinetics of polymorphic solid-state transformations[J]. Journal of the Chemical Society，Faraday Transactions 2：Molecular and Chemical Physics，1984，80（6）：659-668.

[240] Davey R J，Guy P D，Ruddick A J. The Ⅳ→Ⅲ polymorphic phase transition in aqueous slurries of

ammonium nitrate[J]. Journal of Colloid and Interface Science, 1985, 108 (1): 189-192.

[241] Suzuki M, Ogaki T, Sato K. Crystallization and transformation mechanisms of α, β-and γ-polymorphs of ultra-pure oleic acid[J]. Journal of the American Oil Chemists' Society, 1985, 62 (11): 1600-1604.

[242] Schöll J, Vicum L, Müller M, et al. Precipitation of l-glutamic acid: determination of nucleation kinetics[J]. Chemical Engineering & Technology: Industrial Chemistry-Plant Equipment-Process Engineering-Biotechnology, 2006, 29 (2): 257-264.

[243] Zhou D, Wang H, Yao X, et al. Phase transformation in BiNbO$_4$ ceramics[J]. Applied Physics Letters, 2007, 90 (17): 172910.

[244] Gao K, Xue D. Nanostructured niobates via phase transformation[J]. Nanoscience and Nanotechnology Letters, 2011, 3 (3): 378-382.

[245] Gamarano D D, Pereira L M, et al. Crystal structure transformations in extruded starch plasticized with glycerol and urea[J]. Polymer Bulletin, 2020, 77 (9): 4971-4992.

[246] Lehmann K G. Lehrbuch der physiologischen Chemie[M]. Leipzig: Engelmann, 1853.

[247] Reichert E T, Brown A P. The differentiation and specificity of corresponding proteins and other vital substances in relation to biological classification and organic evolution: the crystallography of hemoglobins[M]. Washington: Carnegie Institution of Washington, 1909.

[248] Debru C. L'Espirit des proteines: histoire et philosophie biochimiques[J]. Journal of the History of Biology, 1984, 17 (3): 429-431.

[249] McPherson A. A brief history of protein crystal growth[J]. Journal of Crystal Growth, 1991, 110 (1/2): 1-10.

[250] Sumner J B. The isolation and crystallization of the enzyme urease: preliminary paper[J]. Journal of Biological Chemistry, 1926, 69 (2): 435-441.

[251] Dounce A L, Allen P Z. Fifty years later: recollections of the early days of protein crystallization[J]. Trends in Biochemical Sciences, 1988, 13 (8): 317-320.

[252] Bernal J D, Crowfoot D. X-ray photographs of crystalline pepsin[J]. Nature, 1934, 133 (3369): 794-795.

[253] Green D W, Ingram V M, Perutz M F. The structure of haemoglobin-Ⅳ. Sign determination by the isomorphous replacement method[J]. Proceedings of the Royal Society of London. Series A. Mathematical and Physical Sciences, 1954, 225 (1162): 287-307.

[254] Kendrew J C, Bodo G, Dintzis H M, et al. A three-dimensional model of the myoglobin molecule obtained by X-ray analysis[J]. Nature, 1958, 181 (4610): 662-666.

[255] Perutz M F, Rossmann M G, Cullis A F, et al. Structure of hæmoglobin: a three-dimensional Fourier synthesis at 5.5-Å. resolution, obtained by X-ray analysis[J]. Nature, 1960, 185 (4711): 416-422.

[256] Cheng Z, Ito S, Nishio N, et al. Establishment of induced pluripotent stem cells from aged mice using bone marrow-derived myeloid cells[J]. Journal of Molecular Cell Biology, 2011, 3 (2): 91-98.

[257] Bugg C E, Carson W M, Montgomery J A. Drugs by design[J]. Scientific American, 1993, 269 (6): 92-98.

[258] Branden C, Tooze J. Prediction, engineering, and design of protein structures[J]. Introduction to Protein Structure, Garland Publishing Inc, 1991, 3: 247-268.

[259] Datar R, Rosen C G. Downstream process economics[M]//Separation Processes in Biotechnology. New York: Marcel Dekker, 1990: 741-793.

[260] Radaev S, Sun P D. Crystallization of protein-protein complexes[J]. Journal of Applied Crystallography, 2002, 35 (6): 674-676.

[261] Faham S, Ujwal R, Abramson J, et al. Practical aspects of membrane proteins crystallization in bicelles[J]. Current Topics in Membranes, 2009, 63: 109-125.

[262] Senda M，Senda T. Anaerobic crystallization of proteins[J]. Biophysical Reviews，2018，10（2）：183-189.

[263] Kopp M U，Crabtree H J，Manz A . Developments in technology and applications of microsystems.[J]. Current Opinion in Chemical Biology，1997，1（3）：410-419.

[264] Reyes D R，Ghanem M M，Whitesides G M，et al. Glow discharge in microfluidic chips for visible analog computing[J]. Lab on a Chip，2002，2（2）：113-116.

[265] Laval P，Crombez A，Salmon J B. Microfluidic droplet method for nucleation kinetics measurements[J]. Langmuir，2009，25（3）：1836-1841.

[266] McMullen J P，Jensen K F. Rapid determination of reaction kinetics with an automated microfluidic system[J]. Organic Process Research & Development，2011，15（2）：398-407.

[267] Ildefonso M，Candoni N，Veesler S. Heterogeneous nucleation in droplet-based nucleation measurements[J]. Crystal Growth & Design，2013，13（5）：2107-2110.

[268] Chen K，Goh L，He G，et al. Identification of nucleation rates in droplet-based microfluidic systems[J]. Chemical Engineering Science，2012，77：235-241.

[269] Shinohara K，Fukui T，Abe H，et al. Screening of C60 crystallization using a microfluidic system[J]. Langmuir，2006，22（15）：6477-6480.

[270] Laval P，Giroux C，Leng J，et al. Microfluidic screening of potassium nitrate polymorphism[J]. Journal of Crystal Growth，2008，310（12）：3121-3124.

[271] Ji B，Cusack M，Freer A，et al. Control of crystal polymorph in microfluidics using molluscan 28 kDa Ca^{2+}-binding protein[J]. Integrative Biology，2010，2（10）：528-535.

[272] Geneviciute L，Florio N，Lee S. Toward polymorph control in an inorganic crystal system by templated nucleation at a microdroplet liquid interface: potassium hexacyanoferrate（Ⅱ）trihydrate[J]. Crystal Growth & Design，2011，11（10）：4440-4448.

[273] Thorson M R，Goyal S，Schudel B R，et al. A microfluidic platform for pharmaceutical salt screening[J]. Lab on a Chip，2011，11（22）：3829-3837

[274] Liu X Y . New understanding for two-dimensional nucleation （Ⅱ）[J]. Surface Review & Letters，2001，8（5）：423-428.

[275] Yanagi H，Mukai H，Ikuta K，et al. Molecularly resolved dynamics for two-dimensional nucleation of supramolecular assembly[J]. Nano Letters，2002，2（6）：601-604.

[276] Katsuno H，Katsuno K，Sato M . Effect of immobile impurities on two-dimensional nucleation[J]. Phys Rev E Stat Nonlin Soft Matter Phys，2011，84（2）：021605.

[277] Nguyen M T，Erni R，Passerone D . Two-dimensional nucleation and growth mechanism explaining graphene oxide structures[J]. Physical Review B，2012，86（11）：115406.

[278] Hou X，Feng Y，Zhang P et al. Selective crystal growth of theophylline-saccharin cocrystal on self-assembled monolayer from incongruent system[J]. Crystal Growth & Design，2015，15（10）：4918-4924.

[279] Rogilo D I，Rybin N E，Kosolobov S S，et al. Nucleation of two-dimensional si islands near a monatomic step on an atomically clean Si（111）-（7×7）surface[J]. Optoelectronics，Instrumentation and Data Processing，2016，52（3）：286-291.

[280] Nozawa J，Uda S，Guo S，et al. Two-dimensional nucleation on the terrace of colloidal crystals with added polymers[J]. Langmuir，2017，33（13）：3262-3269.

[281] 张凤波，于佩潜，谢续明.聚合物受限结晶的研究进展[J].功能高分子学报，2008，21（04）：452-462.

[282] Frank C W，Rao V，et al. Structure in thin and ultrathin spin-cast polymer films[J].Science，1996，273（5277）：912-915.

[283] Wang H P，Keum J K，et al. Confined crystallization of polyethylene oxide in nanolayer assemblies[J]. Science，2009，323（5915）：757.

[284] Mackey M，Flandin L，Hiltner A，et al. Confined crystallization of PVDF and a PVDF-TFE copolymer in nanolayered films[J]. Polym Sci B Polym Phys，2011，49：1750-1761.

[285] Lee H，Lee J . Confined crystallization of drug in directionally freeze-dried water-soluble template[J]. Journal of Industrial & Engineering Chemistry，2015，21：1183-1190.

[286] Dwyer L M，Michaelis V K，et al. Confined crystallization of fenofibrate in nanoporous silica[J]. CrystEngComm，2015，17：7922-7929.

[287] Meng X Z，Wang Y L，et al. Confined crystallization of pigment red 146 in emulsion droplets and its mechanism.[J]. Nanomaterials （Basel，Switzerland），2019，9（3）：379.

[288] Ståhl M，Åslund B L，Rasmuson Å C. Reaction crystallization kinetics of benzoic acid[J]. Aiche Journal，2001，47（7）：1544-1560.

[289] Ståhl M，Åslund B，Rasmuson Å C. Aging of reaction-crystallized benzoic acid[J]. Industrial & Engineering Chemistry Research，2004，43（21）：6694-6702.

[290] Gradl J，Schwarzer H C，Schwertfirm F，et al. Precipitation of nanoparticles in a T-mixer：coupling the particle population dynamics with hydrodynamics through direct numerical simulation[J]. Chemical Engineering and Processing，2006，45（10）：908-916.

[291] Alvarez A J，Myerson A S . Continuous plug flow crystallization of pharmaceutical compounds[J]. Crystal Growth & Design，2010，10（5）：2219-2228.

[292] Lawton S，Steele G，Shering P，et al. Continuous crystallization of pharmaceuticals using a continuous oscillatory baffled crystallizer[J]. Organic Process Research & Development，2009，13（6）：1357-1363.

[293] Simone E，Cenzato M V，Nagy Z K . A study on the effect of the polymeric additive HPMC on morphology and polymorphism of ortho-aminobenzoic acid crystals[J]. Journal of Crystal Growth，2016，446：50-59.

[294] Kober P A. Pervaporation，perstillation and percrystallization[J]. Journal of the American Chemical Society，1917，39（5）：944-948.

[295] Tauber H，Kleiner I S. Studies on crystalline urease：Ⅳ. The "antitryptic" property of crystalline urease[J]. The Journal of General Physiology，1931，15（2）：155-160.

[296] Drioli E，Di Profio G，Curcio E. Progress in membrane crystallization[J]. Current Opinion in Chemical Engineering，2012，1（2）：178-182.

[297] Salmón I R，Luis P. Membrane crystallization via membrane distillation[J]. Chemical Engineering and Processing-Process Intensification，2018，123：258-271.